中国国家标准汇编

2006年修订-27

中国标准出版社　编

中国标准出版社

北　京

图书在版编目（CIP）数据

中国国家标准汇编：2006年修订.27/中国标准出版社编.—北京：中国标准出版社，2007
ISBN 978-7-5066-4714-4

Ⅰ.中… Ⅱ.中… Ⅲ.国家标准-汇编-中国-2006
Ⅳ.T-652.1

中国版本图书馆CIP数据核字（2007）第168382号

中国标准出版社出版发行
北京复兴门外三里河北街16号
邮政编码:100045
网址 www.spc.net.cn
电话:68523946 68517548
中国标准出版社秦皇岛印刷厂印刷
各地新华书店经销
*
开本 880×1230 1/16 印张 39.5 字数 1 181 千字
2007年12月第一版 2007年12月第一次印刷
*
定价 200.00 元

ISBN 978-7-5066-4714-4

出 版 说 明

1.《中国国家标准汇编》是一部大型综合性国家标准全集，自1983年起，按国家标准顺序号以精装本、平装本两种装帧形式陆续分册汇编出版。《汇编》在一定程度上反映了我国建国以来标准化事业发展的基本情况和主要成就，是各级标准化管理机构，工矿企事业单位，农林牧副渔系统，科研、设计、教学等部门必不可少的工具书。

2. 由于标准的动态性，每年有相当数量的国家标准被修订，这些国家标准的修订信息无法在已出版的《汇编》中得到反映。为此，自1995年起，新增出版在上一年度被修订的国家标准的汇编本。

3. 修订的国家标准汇编本的正书名、版本形式、装帧形式与《中国国家标准汇编》相同，视篇幅分设若干册，但不占总的分册号，仅在封面和书脊上注明"2006年修订-1，-2，-3，……"等字样，作为对《中国国家标准汇编》的补充。读者配套购买则可收齐前一年新制定和修订的全部国家标准。

4. 修订的国家标准汇编本的各分册中的标准，仍按顺序号由小到大排列(不连续)；如有遗漏的，均在当年最后一分册中补齐。

5. 2006年度发布的修订国家标准分27册出版。本分册为"2006年修订-27"，收入新修订的国家标准22项。

中国标准出版社

2007年10月

目　录

ICS 25.040.30
J 07

GB

中华人民共和国国家标准

GB/T 19659.4—2006/ISO 15745-4:2003

工业自动化系统与集成 开放系统应用集成框架 第4部分:基于以太网控制系统的参考描述

Industrial automation systems and integration—Open systems application integration framework—Part 4:Reference description for Ethernet-based control systems

(ISO 15745-4:2003,IDT)

2006-12-13 发布　　　　2007-07-01 实施

中华人民共和国国家质量监督检验检疫总局
中国国家标准化管理委员会　发布

前　言

GB/T 19659《工业自动化系统与集成　开放系统应用集成框架》分为如下几部分：

——第1部分：通用的参考描述；

——第2部分：基于ISO 11898的控制系统的参考描述；

——第3部分：基于IEC 61158的控制系统的参考描述；

——第4部分：基于以太网控制系统的参考描述。

本部分为GB/T 19659的第4部分。

本部分等同采用ISO 15745-4:2003《工业自动化系统与集成　开放系统应用集成框架　第4部分：基于以太网控制系统的参考描述》(英文版)。

为便于使用，本部分作了下列编辑性修改：

a) 将"本国际标准"和ISO 15745改为"GB/T 19659"，有些地方因考虑编程和保留原国际标准的应用需要，将ISO 15745保留或改为GB/T 19659(ISO 15745)。也有将ISO 15745-1改为GB/T 19659的第1部分或GB/T 19659.1；将ISO 15745-2改为GB/T 19659的第2部分或GB/T 19659.2；将ISO 15745-3改为GB/T 19659的第3部分或GB/T 19659.3；将ISO 15745-4改为GB/T 19659的第4部分或GB/T 19659.4。

b) 将规范性引用文件和参考文献中已转化为国家标准的国际标准编号改为国家标准编号。

c) 为了便于标准的使用，本部分编制时在有关的属性、语义及描述语句或描述表等英文原语后面用括号标注上中文的含义，同时也在相应的中文语句后面用括号标注上对应的英文。

本部分的附录A、附录B、附录C为规范性附录。

本部分由中国机械工业联合会提出。

本部分由全国工业自动化系统与集成标准化技术委员会归口。

本部分主要起草单位：北京机械工业自动化研究所。

本部分主要起草人：黎晓东、黄双喜、王成、杨书评。

引　言

在GB/T 19659(ISO 15745)中所描述的应用集成框架(AIF)定义了一些元素和规则,它们便于:

——利用集成模型系统地组织和表达应用系统的集成需求;

——采用应用互操作专规(AIP)的方式开发接口规范,它可实现适用资源的选取以及“已构建”应用系统的文档编制。

GB/T 19659.1—2005(ISO 15745-1:2003)定义了描述集成模型和AIP的通用元素及规则,还有它们的组件专规,即:过程专规、信息交换专规和资源专规。GB/T 19659.1—2005(ISO 15745-1:2003)的图1给出了GB/T 19659(ISO 15745)的背景,以及AIP的组成部分的结构概况。

GB/T 19659(ISO 15745)的本部分扩展了GB/T 19659.1—2005(ISO 15745-1:2003)中所描述的通用AIF,它通过定义特定技术的元素及规则来描述通信网络专规和特定的基于Ethernet[1)]的控制系统(ADS-net[2)],FL-net[3)]和Ethernet/IP™[4)])的设备专规中有关通信方面的功能。Ethernet/IP™技术采用了在IEC 61784-1中所规定的IEC 61158专规。

特别地,GB/T 19659(ISO 15745)本部分描述了设备专规和通信网络专规的特定技术专规模板。在AIP内,设备专规实例或通信网络专规实例属于GB/T 19659.1—2005(ISO 15745-1:2003)中所定义的资源专规的组成部分。设备专规和通信网络专规XML实例文件包含在采用GB/T 19659.1—2005(ISO 15745-1:2003)的7.2.5中规定的ProfileHandle_DataType所构建的资源专规XML实例中。

利用GB/T 19659.1—2005(ISO 15745-1:2003)的元素及规则定义的AIF能够容易地与由本部分标准所规定的元素及规则定义的组件专规集成。

---

1) 在本标准中Ethernet作为ISO/IEC 8802-3的同义词。

2) ADS-net是用于描述JIS-TR B0012(自律分布系统网络)的商标名称。此处的说明只是为了便利本标准的用户,而不表示对商标持有者或其产品的支持。符合本标准并不需要使用商标名称ADS-net。

3) FL-net是用于描述JEM 1479的商标名称。此处的说明只是为了便利本标准的用户,而不表示对商标持有者或其产品的支持。符合本标准并不需要使用商标名称FL-net。

4) Ethernet/IP™是国际组织ControlNet和ODVA的商标名称。此处的说明只是为了便利本标准的用户,而不表示对商标持有者或其产品的支持。符合本标准并不需要使用商标名称Ethernet/IP™。但若使用商标名称Ethernet/IP™则需得到国际组织ControlNet或ODVA的许可。

工业自动化系统与集成 开放系统应用集成框架 第4部分:基于以太网控制系统的参考描述

1 范围

GB/T 19659 的本部分定义了为描述通信网络专规和特定基于 Ethernet 控制系统的设备专规中有关通信方面的功能所采用的特定技术的元素和规则。

注:用于描述集成模型和应用互操作性专规的通用元素和规则以及它们的组件专规(过程专规、信息交换专规和资源专规)已在 GB/T 19659.1—2005 中规定。

本部分拟与 GB/T 19659.1—2005 一起使用来描述应用集成框架。

2 规范性引用文件

下列文件中的条款通过 GB/T 19659 的本部分的引用而成为本部分的条款。凡是注日期的引用文件,其随后所有的修改单(不包括勘误的内容)或修订版均不适用于本部分,然而,鼓励根据本部分达成协议的各方研究是否可使用这些文件的最新版本。凡是不注日期的引用文件,其最新版本适用于本部分。

GB/T 4880.2—2000 语种名称代码 第2部分:3字母代码(eqv ISO 639-2:1998)

GB/T 9387.4—1996 信息处理系统 开放系统互连 基本参考模型 第4部分:管理框架(idt ISO/IEC 7498-4:1989)

GB/T 19659.1—2005 工业自动化系统与集成 开放系统应用集成框架 第1部分:通用的参考描述(ISO 15745-1:2003,IDT)

ISO/IEC 8802-3:2000 信息技术 系统间远程通信和信息交换 局域网和城域网 特殊要求 第3部分:带碰撞检测的载波侦听多址访问(CSMA/CD)的访问方法和物理层规范

ISO/IEC 10646-1:2000 信息技术 通用多八位编码字符集(UCS) 第1部分:体系结构和基本多语言方案

IEC 61158(所有部分) 测量和控制用数字数据通信 工业控制系统用现场总线

IEC 61784-1:2003 测量和控制用数字数据通信 第1部分:与工业控制系统用现场总线相关的连续和离散制造的专规集

IEEE Std 754:1985(R1990) 二进制浮点算法 IEEE 标准

JEM 1479:2002 协议规范 工厂自动化控制链路网络(FL-net)

JIS-TR B0012:2000 自律分布系统网络(ADS-net)

REC-xml-20001006 可扩展标记语言(XML)1.0第2版,W3C于2000年10月6日推荐

REC-xmlschema-1-20010502 XML模式 第1部分:结构,W3C于2001年5月2日推荐

REC-xmlschema-2-20010502 XML模式 第2部分:数据类型,W3C于2001年5月2日推荐

RFC 768:1980 用户数据报协议,Internet 工程任务组(IETF),征求意见稿(RFC)

RFC 791:1981 互联网协议,Internet 工程任务组(IETF),征求意见稿(RFC)

RFC 793:1981 传输控制协议,Internet 工程任务组(IETF),征求意见稿(RFC)

RFC 894:1984 以太网上 IP 数据报文传输的标准,Internet 工程任务组(IETF),征求意见稿

(RFC)

RFC 1738:1994 统一资源定位符(URL),Internet 工程任务组(IETF),征求意见稿(RFC)

RFC 1759:1995 打印机 MIB,Internet 工程任务组(IETF),征求意见稿(RFC)

UML V1.4 OMG 统一建模语言规范(版本 1.4,2001 年 9 月)

3 术语和定义

GB/T 19659.1 确立的术语和定义适用于 GB/T 19659 的本部分。

注:本文中所使用的 UML 术语和符号已在 GB/T 19659.1—2005 的附录 A 中说明。

4 缩略语

AIF 应用集成框架 Application Integration Framework

AIP 应用互操作性专规 Application Interoperability Profile

ASCII 美国信息交换标准码 American Standard Code for Information Interchange(见 ISO/IEC 10646)

CIP™[5)] 通用工业协议 Common Industrial Protocol

EDS 电子数据单 Electronic Data Sheet

IAS 工业自动化系统 Industrial Automation Systems

IP 互联网协议 Internet Protocol(见 RFC 791 和 RFC 894)

MAC 媒体访问控制 Media Access Control

MCG 群播组 MultiCast Group

OSI 开放系统互连 Open System Interconnection

TCD 事务处理代码 Transaction Code

TCP 传输控制协议 Transmission Control Protocol(见 RFC 793)

UDP 用户数据报协议 User Datagram Protocol(见 RFC 768)

UML 统一建模语言 Unified Modelling Language(见 UML V1.4)

XML 可扩展标记语言 eXtensible Markup Language(见 REC-xml-20001006)

5 特定技术元素及规则

5.1 集成模型和 IAS 接口

AIP 开发者应采用 GB/T 19659.1 中所描述的规则来开发集成模型,并且应确保基于 Ethernet 的设备和通信网络专规(无论是表达接口的需求,还是来自现有设备/通信网络的需求)包含必要的 IAS 接口。包含在专规中的 IAS 接口应在表头给以标识(见 GB/T 19659.1—2005 7.2.2)。

注:IAS 接口已在 GB/T 19659.1 的附录 B 中予以说明。

5.2 专规模板

5.2.1 概述

基于 Ethernet 的特定技术专规模板来自于 GB/T 19659.1 中第 7 章所规定的通用专规模板。

5.2.2 内容及语法

GB/T 19659(ISO 15745)规定了采用 XML 模式(REC-xmlschema-1-20010502 和 REC-

5) CIP™ 是国际组织 ControlNet 和 ODVA 的商标名称。此处的说明只是为了便利本标准的用户,而不表示对商标持有者或其产品的支持。符合本标准并不需要使用商标名称 CIP™。但若使用商标名称 CIP™ 则需得到国际组织 ControlNet 或 ODVA 的许可。

xmlschema-2-20010502)及通用结构的专规模板。基于这些模板的设备和通信网络专规主要包括：

——标识接入设备所需的信息；

——通过网络可访问的设备数据的描述；

——设备所支持的通信能力的描述；

——附加的制造商专用的信息。

但是，某些基于 Ethernet 的技术仍使用特殊的遗留 ASCII 语法。因此，出于向下兼容性考虑，任何技术的模板定义(附录 A 至附录 C)都包含下列各项或相关的部分：

——通信网络和设备专规模板，在 GB/T 19659.1 中定义；

——GB/T 19659(ISO 15745)模板，以封装包含遗留 ASCII 语法的文件(“包装”)；

——遗留 ASCII 语法。

5.2.3 表头

在 GB/T 19659.1—2005 的 7.2.2 中所定义的专规头模板用于 Ethernet 专用技术专规模板。每种技术采用一个或若干个名称来标识该技术或其特定组件(见表 1)。所选择的名称应保存在首部的属性 ProfileTechnology(专规技术)中。

表 1 ProfileTechnology(专规技术)名称

ProfileTechnology(专规技术)名称	技术
ADS-net	ADS-net
FL-net	FL-net
EtherNet/IP	EtherNet/IP
CIP	EtherNet/IP
EDS	EtherNet/IP

5.3 特定技术专规

基于 Ethernet 技术的特定技术通信网络专规结构和设备专规结构中有关通信的功能在第 6 章中予以说明。这些技术包括：

——ADS-net(见 6.1)；

——FL-net(见 6.2)；

——EtherNet/IP(见 6.3)。

相关的专规模板定义在附录 A 至附录 C 中规定。

6 基于 Ethernet 控制系统的设备和通信网络专规

6.1 ADS-net

6.1.1 设备专规

6.1.1.1 概要

图 1 表示 ADS-net 设备专规的类结构。

ADS-net 设备专规的可用格式在 A.2 中说明。

描述 ADS-net 设备专规模板的 XML 模式见 A.2.3。此 XML 模式的文件名为“ADS-net _Device _Profile.xsd”。

注：图 1 所示的 ADS-net 设备专规类图定义了主要的类。这些类还可进一步细分；详细说明在附录 A 中定义。

描述 ADS-net 设备专规模板的 XML 模式在 A.2 中加以定义。

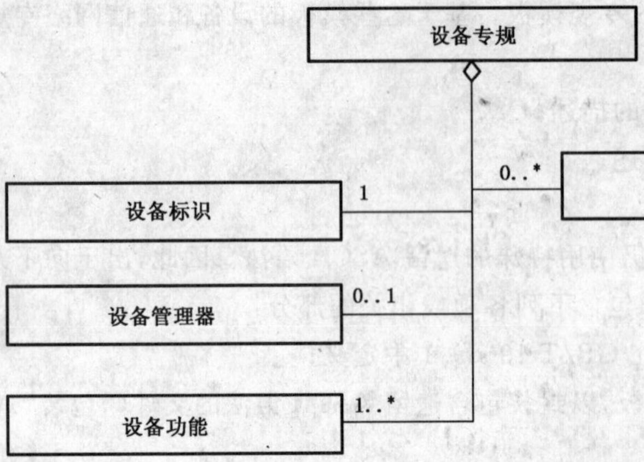

图 1　ADS-net 设备专规类图

6.1.1.2　**设备标识(DeviceIdentity)**

DeviceIdentity(设备标识)类包含唯一地标识该设备的若干属性,并支持检索设备信息的若干服务。

这些属性提供如下信息:

——制造商标识(VendorName 制造商名);

——设备标识(ProductCode 产品代码,ProductRevision 产品版本,DeviceName 设备名称)。

6.1.1.3　**设备管理器(DeviceManager)**

DeviceManager(设备管理器)类包含若干属性,并支持监控和配置设备的若干服务。

这些属性提供如下信息:

——设备状态(DeviceState)。

6.1.1.4　**设备功能(DeviceFunction)**

DeviceFunction(设备功能)类包含若干属性,并支持管理(例如:配置)设备功能的若干服务。

这些属性提供如下信息:

——数据字段数(DFNO);

——逻辑节点数(LNODENO);

——模式(MODE)。

6.1.1.5　**应用过程(ApplicationProcess)**

ApplicationProcess(应用过程)类包含一些属性,并支持对 ADS-net 上执行的应用程序进行通信控制的若干服务。

这些属性提供如下信息:

——生产者 TCD 表(Producer-TCD-List);

——消费者 TCD 表(Consumer-TCD-List);

——优先权(Priority)。

6.1.2　**通信网络专规**

6.1.2.1　**概述**

图 2 表示 ADS-net 通信网络专规的类结构。

ADS-net 通信网络专规的可用格式在 A.3 中说明。

描述 ADS-net 通信网络专规模板的 XML 模式在 A.3.3 中定义。此 XML 模式的文件名为"ADS-net_CommNet_Profile.xsd"。

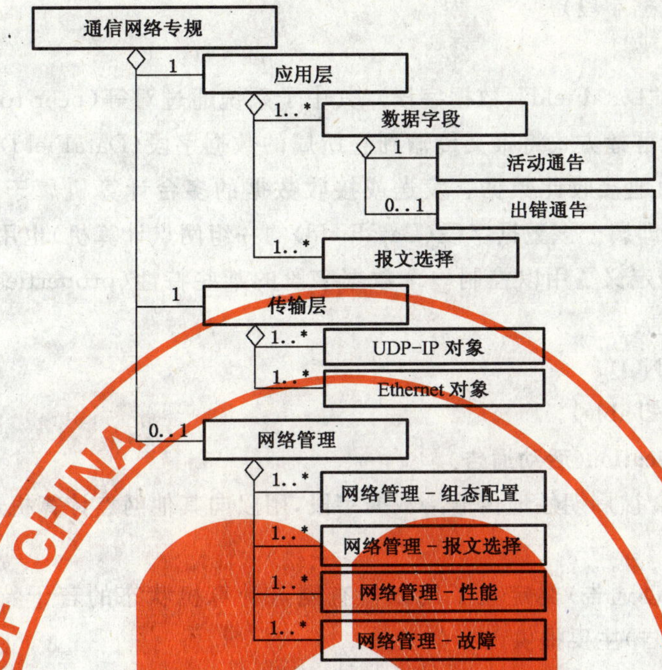

图 2　ADS-net 通信网络专规类图

6.1.2.2　应用层(ApplicationLayers)

6.1.2.2.1　概述

ADS-net 的 ApplicationLayers(应用层)类描述了 ADS-net 通信网络集成模型中上面 3 个 OSI 层的综合专规。它阐述了所支持的应用服务元素及相关的服务。

图 3 表示 ADS-net 的 ApplicationLayers(应用层)类的定义。

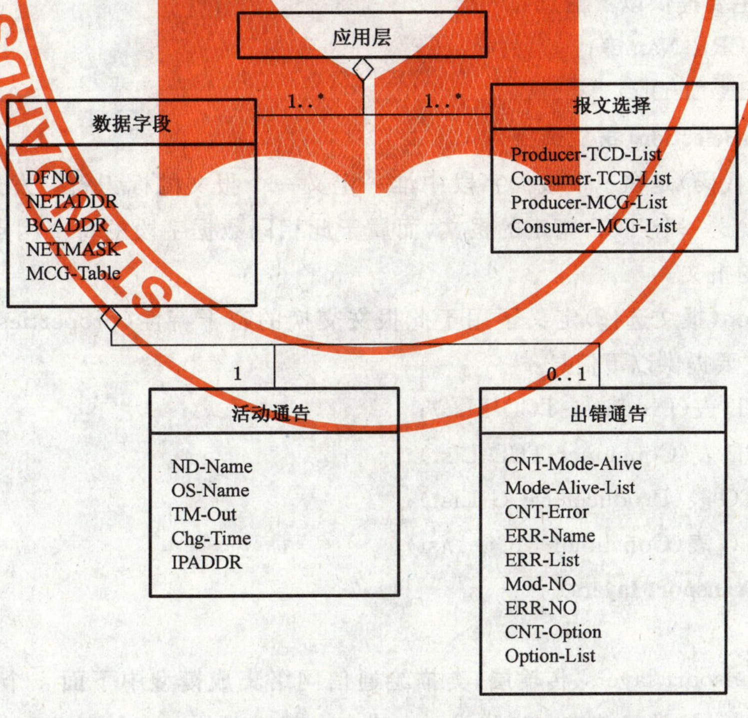

图 3　ADS-net 的 ApplicationLayers(应用层)类图

6.1.2.2.2 **DataField(数据字段)**

6.1.2.2.2.1 **概述**

ADS-net 定义了域名“DataField”(数据字段),其中子系统通过对等(peer-to-peer)报文传递来共享信息。每个网点计算机以群播方式将报文传输到它所属的数据字段(DataField),而属于相同数据字段的其他网点计算机可自动地接收此数据。发送或接收数据的多台计算机属于同一个数据字段(DataField)。群播组(MCG)(即属于该数据字段(DataField)的一组网点计算机)也用于使群播局部化。

DataField(数据字段)定义了用以控制一个数据字段的某些特性(properties)。属性 DataField(数据字段)主要提供以下信息:

——数据字段数(DFNO);

——群播组表(MAG-Table)。

6.1.2.2.2.2 **AliveNotification(活动通告)**

一个“keep alive” 报文被周期性地传输给数据字段,用以向其他网点计算机通告发送方网点计算机的状态。

AliveNotification(活动通告)类定义了用以检查网点计算机状态的若干特性(properties)。属性 AliveNotification(活动通告)主要提供以下信息:

——网点名称(ND-Name);

——超时(TM-Out)。

6.1.2.2.2.3 **ErrorNotification(出错通告)**

当一个网点计算机出现故障时,此故障信息被包含在“keep alive”报文内在一个“keep alive”报文传输周期内传输给数据字段。属于相同数据字段的网点计算机都能够检测到此故障(出错)状态。

ErrorNotification(出错通告)类定义了说明此故障信息的若干特性(properties)。属性 ErrorNotification(出错通告)主要提供以下信息:

——出错名称(ERR-Name);

——出错表(ERR-List)。

6.1.2.2.3 **MessageSelection(报文选择)**

TCD(事务处理代码)是在一个数据字段中惟一定义一个报文的标识符。发送器以群播方式给某个特定的数据字段发送一个 TCD 指定的报文,而属于此相同数据字段的每个网点计算机根据其 TCD 自动地只选择相关的报文。

MessageSelection(报文选择)定义了用于此报文交换的若干特性(properties)。属性 MessageSelection(报文选择)主要提供以下信息:

——生产者 TCD 表(Producer-TCD-List);

——消费者 TCD 表(Consumer-TCD-List);

——生产者 MCG 表(Producer-MCG-List);

——消费者 MCG 表(Consumer-MCG-List)。

6.1.2.3 **传输层(Transport layers)**

6.1.2.3.1 **概述**

ADS-net 的 Transport layers(传输层)类描绘通信网络集成模型中下面 4 个 OSI 层的综合专规。Transport layers(传输层)类又被进一步分成一个或多个基于 Ethernet 的对象和一个 UDP/IP 对象。

6.1.2.3.2 **EthernetObject(Ethernet 对象)**

EthernetObject(Ethernet 对象)定义了用以实现 ADS-net 的以太网的若干特性(properties)。属性

EthernetObject(Ethernet 对象)提供以下信息:

——介质类型(MediaType);

——通信速率(CommRate);

——指示器(Indicators);

——MAC 地址(MACAddress);

——出错日志(ErrorLog)。

6.1.2.3.3 **UDP-IPObject(UDP-IP 对象)**

UDP-IPObject(UDP-IP 对象)定义了用以实现 ADS-net 的 UDP/IP 的若干特性(properties)。属性 UDP-IPObject(UDP-IP 对象)提供以下信息:

——IP 地址(IPADDR);

——群播组信息(UDP-IP-MCGs);

——主机名(HostName);

——出错日志(ErrorLog)。

6.1.2.4 **网络管理(Network management)**

6.1.2.4.1 **概述**

ADS-net 的 Network management(网络管理)类描述了 ADS-net 通信网络集成模型的网络配置和性能调整能力。

它又被细分为几个子类,如图 2 所示。

6.1.2.4.2 **Nm-Configuration(网络管理-配置)**

6.1.2.4.2.1 **概述**

Nm-Configuration(网络管理-配置)定义了与 ADS-net 有关的网络配置的若干特性(properties)。属性 Nm-Configuration(网络管理-配置)主要提供以下信息:

——活动数据字段编号列表(ActiveDataFieldNoList);

——活动节点编号列表(ActiveNodeNoList);

——活动群播组编号列表(ActiveMulticastGroupNoList)。

6.1.2.4.2.2 **Nm-MessageSelection(网络管理-报文选择)**

Nm-MessageSelection(网络管理-报文选择)定义了用于管理报文选择的若干特性(properties)。属性 Nm-MessageSelection(网络管理-报文选择)提供以下信息:

——活动生产者 TCD 所支持的列表(ActiveProducerTCDSupportedList);

——活动消费者 TCD 所支持的列表(ActiveConsumerTCDSupportedList)。

6.1.2.4.2.3 **Nm-Performance(网络管理-性能)**

Nm-Performance(网络管理-性能)定义了用于性能监控的若干特性(properties)。属性 Nm-Performance(网络管理-性能)主要提供以下信息:

——交换报文的数量(MessageTransaction)。

6.1.2.4.3 **Nm-Fault(网络管理-故障)**

Nm-Fault(网络管理-故障)定义了用于故障监控的若干特性(properties)。属性 Nm-Fault(网络管理-故障)提供以下信息:

——故障节点表(FaultNodeList)。

6.2 **FL-net**

6.2.1 **设备专规**

6.2.1.1 概述

图 4 表示 FL-net 设备专规的类结构。

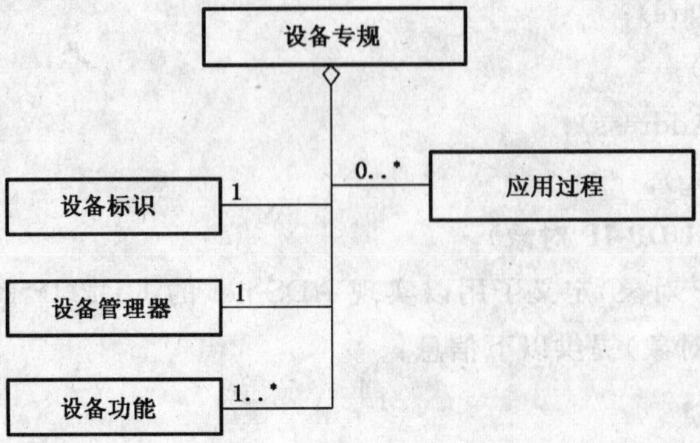

图 4 FL-net 设备专规类图

FL-net 设备专规的可用格式在 B.1 中描述。

描述 FL-net 设备专规模板的 XML 模式在 B.1.5 中定义。此 XML 模式的文件名为"FL-net_Device_Profile.xsd"。

注 1：图 4 所示的 FL-net 设备专规类图定义了主要的类。某些类还可进一步细分；详细说明见附录 B。

注 2：所有这些类都映射到 B.1.5 中定义的相同的 XML 模式。

6.2.1.2 设备标识(DeviceIdentity)

DeviceIdentity(设备标识)类在图 5 中定义，其子类列于表 2。

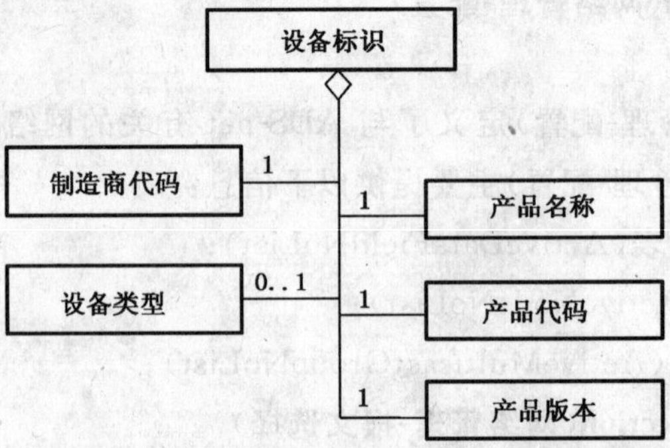

图 5 FL-net 的 DeviceIdentity(设备标识)类图

表 2 DeviceIdentity(设备标识)对象的元素

类 元 素	说 明
VendorCode(制造商代码)	设备的制造商或卖主的代码
ProductName(产品名称)	制造商专用产品名称
ProductCode(产品代码)	标识该产品的惟一 ID。其格式由制造商决定
ProductRevision(产品版本)	制造商专用的产品版本号
DeviceType(设备类型)	FL-net 特定的设备类型(见表 B.1)

6.2.1.3 设备管理器(DeviceManager)

6.2.1.3.1 概述

图 6 说明了 DeviceManager(设备管理器)对象的类结构。

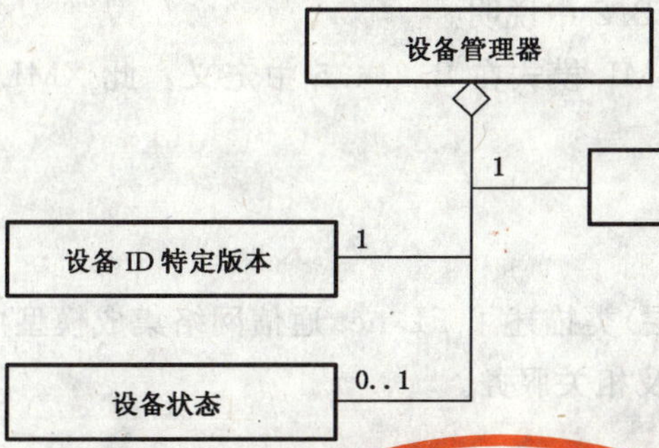

图 6　FL-net 的 DeviceManager(设备管理器)的类图

6.2.1.3.2　**DeviceIDSpecRev(设备 ID 特定版本)**

DeviceIDSpecRev(设备 ID 特定版本)对象描述 FL-net Identity(标识)对象的版本。

6.2.1.3.3　**CommuServiceManager(通信服务管理器)**

CommuServiceManager(通信服务管理器)描述负责监控和配置的通信服务。

6.2.1.3.4　**DeviceState(设备状态)**

DeviceState(设备状态)对象用于描述设备的状态。

6.2.1.4　**DeviceFunction(设备功能)**

DeviceFunction(设备功能)对象包含若干属性,并支持设备功能管理(例如:配置)的若干服务。

注:在本部分中未对 DeviceFunction 类进行定义。

6.2.1.5　**ApplicationProcess(应用过程)**

ApplicationProcess(应用过程)对象包含若干属性,并支持符合应用需求的若干服务。

这些属性主要提供以下信息:

——装备名称(PlantName)。

为实现应用过程的特定表达,可定义若干个附加子类和附加属性来描述此应用过程。

6.2.2　**通信网络专规**

6.2.2.1　**概述**

图 7 说明了 FL-net communication network profile(FL-net 通信网络专规)对象的类结构。

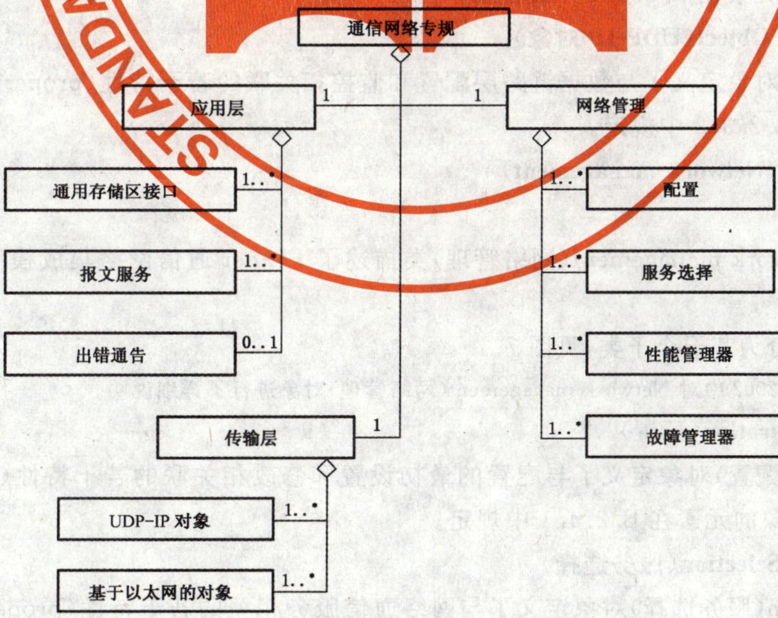

图 7　FL-net 通信网络专规的类图

FL-net 通信网络专规的可用格式在 B.2 中说明。

描述 FL-net 通信网络专规模板的 XML 模式在 B.2.4.5 中定义。此 XML 模式的文件名 为"FL-net_CommNet _Profile.xsd"。

6.2.2.2 应用层(ApplicationLayers)

6.2.2.2.1 概述

FL-net 的 ApplicationLayers(应用层)类描述了 FL-net 通信网络集成模型中上面 3 个 OSI 层的综合专规。它说明了支持的应用服务元素及相关服务。

它可进一步分为若干个子类,见图 7。

注:在 JEM 1479:2002 中对 ApplicationLayers 对象进行了详细说明。

6.2.2.2.2 ComMemoryInterface(通用存储区接口)

ComMemoryInterface(通用存储区接口)对象定义了与通用存储区接口相关联的若干特性(properties)。ComMemoryInterface(通用存储区接口)对象的元素在 B.2.2.1 中规定。

6.2.2.2.3 MessageService(报文服务)

MessageService(报文服务)对象定义了与设备中报文服务相关的若干特性(properties)。MessageService(报文服务)对象的元素在 B.2.2.2 中规定。

6.2.2.2.4 ErrorNotification(出错通告)

ErrorNotification(出错通告)对象定义了与网络及设备的出错项有关的若干特性(properties)。ErrorNotification(出错通告)对象的元素在 B.2.2.3 中规定。

6.2.2.3 TransportLayers(传输层)

6.2.2.3.1 概述

FL-net 的 Transport layers(传输层)类描述了 FL-net 通信网络集成模型中下面 4 个 OSI 层的综合专规。

它可进一步细分为若干个子类,见图 7。

6.2.2.3.2 EthernetBasedObject(基于以太网的对象)

EthernetBasedObject 对象定义了与 FL-net 的物理层相关的若干特性(properties)。EthernetBasedObject 对象的元素在 B.2.3.1 中规定。

6.2.2.3.3 UDP-IPObject(UDP-IP 对象)

UDP-IPObject 对象定义了与数据链路层配置和监控相关联的若干特性(properties)。UDP-IPObject 对象的元素在 B.2.3.2 中规定。

6.2.2.4 网络管理(Network management)

6.2.2.4.1 概述

FL-net 的 Network management(网络管理)类描述了 FL-net 通信网络集成模型的网络配置和性能调整能力。

它可进一步细分为若干个子类,见图 7。

注:在 JEM 1479:2002 中对 Network management(网络管理)对象进行了详细说明。

6.2.2.4.2 Configuration(配置)

Configuration(配置)对象定义了与配置的最初设置和修改相关联的若干特性(properties)。Configuration(配置)对象的元素在 B.2.4.1 中规定。

6.2.2.4.3 ServiceSelection(服务选择)

ServiceSelection(服务选择)对象定义了与网络通信服务相关的若干特性(properties)。ServiceSelection(服务选择)对象的元素在 B.2.4.2 中规定。

6.2.2.4.4 PerformanceManager(性能管理器)

PerformanceManager(性能管理器)对象定义了与网络中数据交换的性能相关的若干特性(properties)。PerformanceManager(性能管理器)对象的元素在 B.2.4.3 中规定。

6.2.2.4.5 FaultManager(故障管理器)

FaultManager(故障管理器)对象定义了与 FL-net 的故障项相关的若干特性(properties)。FaultManager(故障管理器)对象的元素在 B.2.4.4 中规定。

6.3 Ethernet/IP

6.3.1 设备专规

6.3.1.1 概述

图 8 说明了 EtherNet/IP 设备专规的类结构。

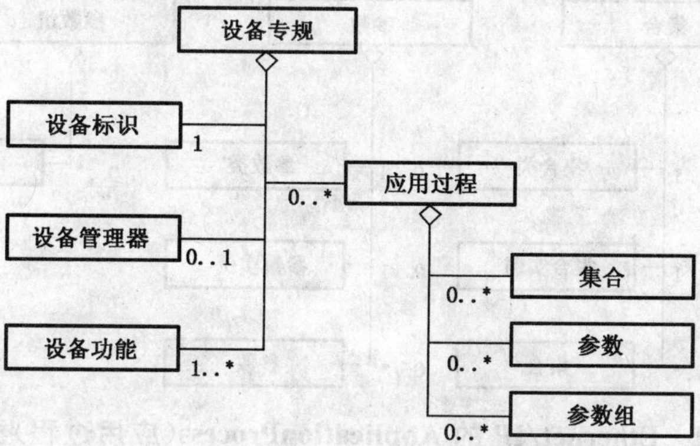

图 8 Ethernet/IP 设备专规的类图

Ethernet/IP 设备专规的可用格式在 C.2 中描述。

描述 Ethernet/IP 设备专规模板的 XML 模式在 C.2.1.3.3 中规定。此 XML 模式的文件名为"CIP_Device_Profile.xsd"。

注：图 8 所示的 Ethernet/IP 设备专规的类图定义了主要类。这些类可进一步细分；详细说明见附录 C。

描述将遗留 Ethernet/IP EDS 封装到 GB/T 19659(ISO 15745)设备专规模板的 XML 模式在 C.2.2.2 中定义。此 XML 模式的文件名为"EDS_Device_Profile_wrapper.xsd"。遗留的 EDS ASCII 语法本身在 C.4 中描述。

6.3.1.2 Device identity(设备标识)

DeviceIdentity(设备标识)类包含惟一标识设备的属性，并支持允许检索该设备信息的若干服务。

这些属性主要提供以下信息：

——制造商标识(名称及标识代码)；

——设备标识(设备类型，产品名称，版本，序列号)；

——设备类别；

——附加信息的存储位置(例如：图标)。

6.3.1.3 DeviceManager(设备管理器)

DeviceManager(设备管理器)类包含若干属性，并支持用来监控和配置设备的若干服务。

这些属性主要提供以下信息：

——Ethernet/IP 标识对象的版本；

——关于设备结构的信息(用于集成在模块化系统中的设备)。

这些服务允许：

——设备复位；

——DeviceManager(设备管理器)属性的检索。

6.3.1.4 DeviceFunction(设备功能)

DeviceFunction(设备功能)类包含若干属性,并支持设备功能管理(例如:配置)的若干服务。

示例:DeviceFunction(设备功能)对象的示例如下:Overload(超载),PresenceSensing(存在检测),AnalogueInput(模拟输入),DiscreteOutput(离散输出)。

注:在 GB/T 19659.2 中未对 DeviceFunction(设备功能)类进行定义。

6.3.1.5、ApplicationProcess(应用过程)

图 9 说明了 ApplicationProcess 类的类结构。

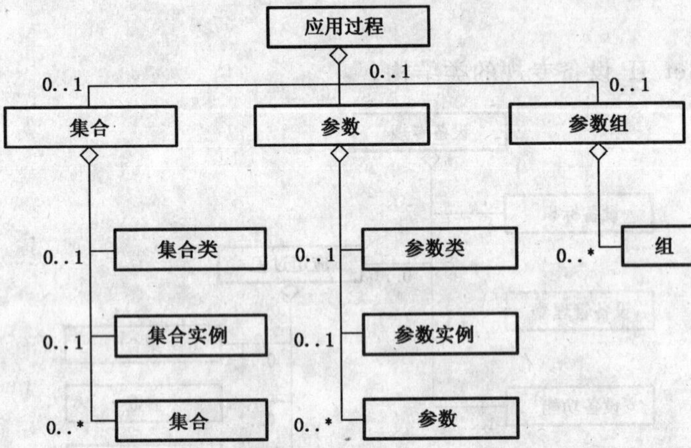

图 9 Ethernet/IP 的 ApplicationProcess(应用过程)类图

为了优化通信,Assembly(集合)类将若干个应用过程数据项汇集成一个单独的块。Parameter(参数)类为访问各个应用过程数据项提供标准化的接口。ParameterGroup(参数组)类指明了用于特定目的(例如:配置,监控)的相关参数组。

Assembly(集合)类和 Parameter(参数)类支持类和实例层的属性及服务。

Assem(集合)类、Param(参数)类和 Group(组)类规定了主要类的各种实例。

注:Assembly(集合)类和 Parameter(参数)类分别对应于 Ethernet/IP 中的 Assembly(集合)对象和 Parameter(参数)对象。在 IEC 61158-5(类型 2)和 IEC 61158-6(类型 2)中,对 Assembly(集合)对象作了详细的说明。

6.3.2 通信网络专规

6.3.2.1 概述

图 10 说明了 Ethernet/IP 通信网络专规的类结构。

Ethernet/IP 通信网络专规的可用格式在 C.3 中说明。

描述 Ethernet/IP 通信网络专规模板的 XML 模式在 C.3.1.3 中定义。此 XML 模式的文件名为“ENet_CommNet_Profile.xsd”。

描述将遗留 Ethernet/IP EDS 封装到 GB/T 19659(ISO 15745)通信网络专规模板的 XML 模式在 C.3.2.2 中定义。此 XML 模式的文件名为“EDS_CommNet _Profile_wrapper.xsd”。遗留的 EDS ASCII 语法本身在 C.4 中说明。

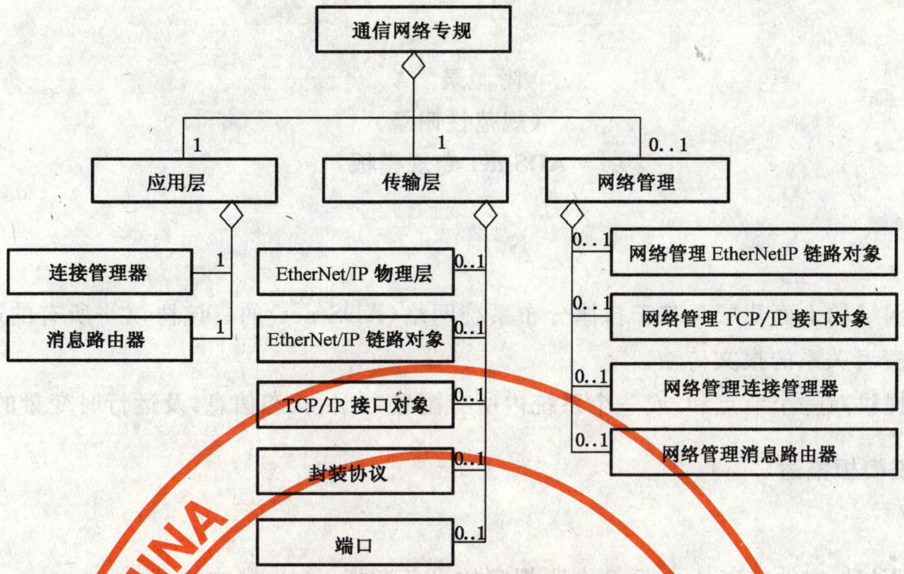

图 10　Ethernet/IP 通信网络专规的类图

6.3.2.2　应用层(ApplicationLayers)

Ethernet/IP 的 ApplicationLayers(应用层)类描述了 Ethernet/IP 通信网络集成模型的上面 3 个 OSI 层的综合专规。

它又进一步细分成若干个子类,如图 10 所示:

——ConnectionManager(连接管理器)定义与连接和连接管理有关的特性;

——MessageRouter(消息路由器)定义与在设备中路由的内部消息有关的特性。

注:相应的 ConnectionManager(连接管理器)对象和 MessageRouter(消息路由器)对象,在 IEC 61158-5:2003 和 IEC 61158-6:2003(类型 2)中作了完整说明。

6.3.2.3　传输层(Transport layers)

Ethernet/IP 的 Transport layers(传输层)类描述了 Ethernet/IP 通信网络集成模型中下面 4 个 OSI 层的综合专规。

它又进一步细分为若干个子类,如图 10 所示:

——ENPhysicalLayer(Ethernet/IP 物理层)定义了物理层特性(例如:连接器,显示);

——Ethernet/IPLinkObject(Ethernet/IP 链路对象)定义了与数据链路层配置和监控相关的特性;

——TCP/IPInterfaceObject(TCP/IP 接口对象)定义了与 TCP/IP 配置和监控相关的特性;

——EncapsulationProtocol(封装协议)定义了关于将应用报文封装为 TCP/IP 的特性;

——Ports(端口)定义了能由一个链路到另一个链路路由消息的设备端口。

注:相应的 Ethernet Link(以太网链路)对象和 TCP/IP Interface(TCP/IP 接口)对象,在 IEC 61158-4:2003(类型 2)中作了详细说明。EncapsulationProtocol(封装协议)选项的说明详见 IEC 61158-6:2003(类型 2)。

6.3.2.4　网络管理(Network management)

Ethernet/IP 的 Network management(网络管理)类描述了 Ethernet/IP 通信网络集成模型的网络配置和性能调整能力。

它又进一步细分为若干个子类,如图 10 所示:

——NM-EthernetIPLinkObject(网络管理 EthernetIP 链路对象)、NM-TCPIPInterfaceObject(网络管理 TCP/IP 接口对象)、NM-ConnectionManager(网络管理连接管理器)和 NMMessageRouter(网络管理消息路由器)定义了与相应对象的类别管理相关的特性。

附 录 A
(规范性附录)
ADS-net 专规模板

A.1 概述

ADS-net 网络的上面几层是基于自律分布系统网络(ADS-net)的。该协议将所有的通信建模为使用生产者—消费者关系的报文传输。

ADS-net 提供对一个节点和/或一个系统内所有配置数据、状态信息,及运行时变量的访问。

A.2 设备专规模板描述

A.2.1 概述

设备专规 XML 文件应遵从 A.2.3 中所规定的设备专规 XML 模式。

此 XML 模式的内容出自 6.1.1 中所示的设备专规类图,并通过附加元素对其进行扩展,以实现通信网络需求或能力的完整描述。

A.2.2 XML 模式元素的语义

A.2.2.1 DeviceIdentity(设备标识)

DeviceIdentity(设备标识)元素的语义在表 A.1 中说明。它们均用于 ADS-net 运行时环境中,以提供全部设备标识的信息。

表 A.1 DeviceIdentity(设备标识)元素

元 素	描述及语义
VendorName(制造商名称)	设备制造商的名称
ProductCode(产品代码)	制造商产品中设备的标识符(最大 6 字符)
ProductRevision(产品版本)	产品的版本号
DeviceName(设备名称)	设备的名称

每个属性的语义详见文献资料 MSTC/JOP 1101:1999。

A.2.2.2 DeviceManager(设备管理器)

DeviceManager(设备管理器)元素的子元素 DeviceManager-Attributes(设备管理器属性)的语义在表 A.2 中规定。它们均用于 ADS-net 运行时环境。

表 A.2 DeviceManager-Attributes(设备管理器属性)元素

元 素	描述及语义
DeviceState(设备状态)	设备的状况

A.2.2.3 DeviceFunction(设备功能)

DeviceFunction(设备功能)元素的子元素 DeviceFunction-Attributes(设备功能属性)的语义在表 A.3中规定。它们均用于 ADS-net 运行时环境。

表 A.3 DeviceFunction-Attributes(设备功能属性)元素

元　　素	描述及语义
DFNO	数据字段编号(十进制表示法:0～255)
LNODENO	逻辑节点编号(十进制表示法:0～4095)
MODE	报文模式(十进制表示法:0～1) 0=在线模式 1=测试模式

每个属性的语义详见文献资料 MSTC/JOP 1101:1999。

A.2.2.4 ApplicationProcess(应用过程)

ApplicationProcess(应用过程)元素的子元素 ApplicationProcess-Attributes(应用过程属性)的语义在表 A.4 中规定。

表 A.4 ApplicationProcess-Attribute(应用过程属性)元素

元　　素	描述及语义
Produer-TCD-List(生产者 TCD 表)	自应用过程发送的报文的 TCD 表(十进制表示法:1～65534)
Consumer-TCD-List(消费者 TCD 表)	由应用过程接收的报文的 TCD 表(十进制表示法:1～65534)
Priority(优先权)	与报文相关的优先权(十进制表示法:0～7),在发送和接收报文时使用。

每个属性的语义详见文献资料 MSTC/JOP 1101:1999。

A.2.3 ADS-net_Device_Profile.xsd

```
<?xml version="1.0" encoding="UTF-8"?>
<xsd:schema xmlns:xsd="http://www.w3.org/2001/XMLSchema">
  <xsd:annotation>
    <xsd:documentation>Device Profile- ISO 15745 Part 4</xsd:documentation>
  </xsd:annotation>
  <xsd:simpleType name="ProfileClassID_DataType">
    <xsd:restriction base="xsd:string">
      <xsd:enumeration value="AIP"/>
      <xsd:enumeration value="Process"/>
      <xsd:enumeration value="InformationExchange"/>
      <xsd:enumeration value="Resource"/>
      <xsd:enumeration value="Device"/>
      <xsd:enumeration value="CommunicationNetwork"/>
      <xsd:enumeration value="Equipment"/>
      <xsd:enumeration value="Human"/>
      <xsd:enumeration value="Material"/>
    </xsd:restriction>
  </xsd:simpleType>
  <xsd:complexType name="ISO15745Reference_DataType">
    <xsd:sequence>
      <xsd:element name="ISO15745Part" type="xsd:positiveInteger"/>
      <xsd:element name="ISO15745Edition" type="xsd:positiveInteger"/>
```

```
      <xsd:element name="ProfileTechnology" type="xsd:string"/>
    </xsd:sequence>
  </xsd:complexType>
  <xsd:simpleType name="IASInterface_DataType">
    <xsd:union>
      <xsd:simpleType>
        <xsd:restriction base="xsd:string">
          <xsd:enumeration value="CSI"/>
          <xsd:enumeration value="HCI"/>
          <xsd:enumeration value="ISI"/>
          <xsd:enumeration value="API"/>
          <xsd:enumeration value="CMI"/>
          <xsd:enumeration value="ESI"/>
          <xsd:enumeration value="FSI"/>
          <xsd:enumeration value="MTI"/>
          <xsd:enumeration value="SEI"/>
          <xsd:enumeration value="USI"/>
        </xsd:restriction>
      </xsd:simpleType>
      <xsd:simpleType>
        <xsd:restriction base="xsd:string">
          <xsd:length value="4"/>
        </xsd:restriction>
      </xsd:simpleType>
    </xsd:union>
  </xsd:simpleType>
  <xsd:element name="ISO15745Profile">
    <xsd:complexType>
      <xsd:sequence>
        <xsd:element ref="ProfileHeader"/>
        <xsd:element ref="ProfileBody"/>
      </xsd:sequence>
    </xsd:complexType>
  </xsd:element>
  <xsd:annotation>
    <xsd:documentation>ADS-net Device Profile Template</xsd:documentation>
  </xsd:annotation>
  <xsd:element name="ProfileHeader">
    <xsd:complexType>
      <xsd:sequence>
        <xsd:element name="ProfileIdentification" type="xsd:string"/>
        <xsd:element name="ProfileRevision" type="xsd:string"/>
        <xsd:element name="ProfileName" type="xsd:string"/>
```

```
          <xsd:element name="ProfileSource" type="xsd:string"/>
          <xsd:element name="ProfileClassID" type="ProfileClassID_DataType"/>
          <xsd:element name="ProfileDate" type="xsd:date" minOccurs="0"/>
          <xsd:element name="AdditionalInformation" type="xsd:anyURI" minOccurs="0" max-
Occurs="unbounded"/>
          <xsd:element name="ISO15745Reference" type="ISO15745Reference_DataType"/>
          <xsd:element name="IASInterfaceType" type="IASInterface_DataType" minOccurs=
"0" maxOccurs="unbounded"/>
        </xsd:sequence>
      </xsd:complexType>
    </xsd:element>
    <xsd:element name="ProfileBody">
      <xsd:complexType>
        <xsd:sequence>
          <xsd:element ref="DeviceIdentity" minOccurs="1" maxOccurs="1"/>
          <xsd:element ref="DeviceManager" minOccurs="0" maxOccurs="1"/>
          <xsd:element ref="DeviceFunction" minOccurs="1" maxOccurs="unbounded"/>
          <xsd:element ref="ApplicationProcess" minOccurs="0" maxOccurs="unbounded"/>
        </xsd:sequence>
      </xsd:complexType>
    </xsd:element>
    <xsd:element name="DeviceIdentity">
      <xsd:complexType>
        <xsd:sequence>
          <xsd:element name="VendorName" type="xsd:string"/>
          <xsd:element name="ProductCode" type="xsd:string"/>
          <xsd:element name="ProductRevision" type="xsd:string"/>
           <xsd:element name="DeviceName" minOccurs="0" maxOccurs="1" type="xsd:
string"/>
        </xsd:sequence>
      </xsd:complexType>
    </xsd:element>
    <xsd:element name="DeviceManager">
      <xsd:complexType>
        <xsd:sequence>
          <xsd:element ref="DeviceManager-Attributes" minOccurs="0" maxOccurs="1"/>
          <xsd:element ref="DeviceManager-Operations" minOccurs="0" maxOccurs="1"/>
        </xsd:sequence>
      </xsd:complexType>
    </xsd:element>
    <xsd:element name="DeviceManager-Attributes">
      <xsd:complexType>
        <xsd:sequence>
```

```
        <xsd:element name="DeviceState" minOccurs="1" maxOccurs="1" type="xsd:
string"/>
      </xsd:sequence>
    </xsd:complexType>
  </xsd:element>
  <xsd:element name="DeviceManager-Operations">
    <xsd:complexType>
      <xsd:sequence>
        <xsd:element name="Get_Attribute_Single" minOccurs="0" maxOccurs="1"/>
        <xsd:element name="Set_Attribute_Single" minOccurs="0" maxOccurs="1"/>
      </xsd:sequence>
    </xsd:complexType>
  </xsd:element>
  <xsd:element name="DeviceFunction">
    <xsd:complexType>
      <xsd:sequence>
        <xsd:element ref="DeviceFunction-Attributes" minOccurs="1" maxOccurs="1"/>
        <xsd:element ref="DeviceFunction-Operations" minOccurs="0" maxOccurs="1"/>
      </xsd:sequence>
    </xsd:complexType>
  </xsd:element>
  <xsd:element name="DeviceFunction-Attributes">
    <xsd:complexType>
      <xsd:sequence>
        <xsd:element name="DFNO" minOccurs="1" maxOccurs="unbounded" type="xsd:un-
signedByte"/>
        <xsd:element name="LNODENO" minOccurs="1" maxOccurs="unbounded"
type="xsd:unsignedShort"/>
        <xsd:element name="MODE" minOccurs="1" maxOccurs="1" type="xsd:unsigned-
Short"/>
      </xsd:sequence>
    </xsd:complexType>
  </xsd:element>
  <xsd:element name="DeviceFunction-Operations">
    <xsd:complexType>
      <xsd:sequence>
        <xsd:element name="Get-Attribute-Single" minOccurs="0" maxOccurs="1"/>
        <xsd:element name="Set-Attribute-Single" minOccurs="0" maxOccurs="1"/>
        <xsd:element name="Get-Attribute-All" minOccurs="0" maxOccurs="1"/>
        <xsd:element name="Set-Attribute-All" minOccurs="0" maxOccurs="1"/>
        <xsd:element name="Create" minOccurs="0" maxOccurs="1"/>
        <xsd:element name="Delete" minOccurs="0" maxOccurs="1"/>
      </xsd:sequence>
```

```
      </xsd:complexType>
    </xsd:element>
    <xsd:element name="ApplicationProcess">
      <xsd:complexType>
        <xsd:sequence>
          <xsd:element ref="ApplicationProcess-Attributes" minOccurs="0" maxOccurs="1"/>
          <xsd:element ref="ApplicationProcess-Operations" minOccurs="0" maxOccurs="1"/>
        </xsd:sequence>
      </xsd:complexType>
    </xsd:element>
    <xsd:element name="ApplicationProcess-Attributes">
      <xsd:complexType>
        <xsd:sequence>
          <xsd:element name="Producer-TCD-List" minOccurs="1" maxOccurs="unbounded"
type="xsd:string"/>
          <xsd:element name="Consumer-TCD-List" minOccurs="1" maxOccurs="unbounded"
type="xsd:string"/>
          <xsd:element name="Priority" minOccurs="1" maxOccurs="unbounded" type="xsd:
unsignedShort"/>
        </xsd:sequence>
      </xsd:complexType>
    </xsd:element>
    <xsd:element name="ApplicationProcess-Operations">
      <xsd:complexType>
        <xsd:sequence>
          <xsd:element name="Get-Attribute-Single" minOccurs="0" maxOccurs="1"/>
          <xsd:element name="Set-Attribute-Single" minOccurs="0" maxOccurs="1"/>
          <xsd:element name="Get-Attribute-All" minOccurs="0" maxOccurs="1"/>
          <xsd:element name="Set-Attribute-All" minOccurs="0" maxOccurs="1"/>
          <xsd:element name="Create" minOccurs="0" maxOccurs="1"/>
          <xsd:element name="Delete" minOccurs="0" maxOccurs="1"/>
        </xsd:sequence>
      </xsd:complexType>
    </xsd:element>
</xsd:schema>
```

A.3 ADS-net 通信网络专规模板描述

A.3.1 概述

通信网络专规 XML 文件应遵从 A.3.3 中所规定的通信网络专规 XML 模式。

此 XML 模式的内容出自 6.1.2 中所示的通信网络专规类图，并通过附加元素对其进行扩展，从而实现对通信网络需求或能力的全面描述。

A.3.2 XML 模式元素的语义

A.3.2.1 ApplicationLayers(应用层)

A.3.2.1.1 **DataField(数据字段)**

A.3.2.1.1.1 **概述**

这一元素指明用于控制数据字段的所支持的实例属性。

DataField(数据字段)对应于子系统(即:网点计算机或应用程序)通过对等报文交换共享信息的域。这些报文在某个数据字段内被惟一地标识。通过规定数据字段编号作为报文标识符的组成部分,网点计算机能够共享信息。数据字段或是通过每个网络地址或子网地址实现(面向不同节点计算机之间的通信),或是通过内存来实现(面向一个节点计算机中不同应用程序之间的通信)。

数据字段由其数据字段编号(DFNO)惟一地标识。系统内的每个数据字段都被分配一个惟一的DFNO,范围是1～255。DFNO0被保留用于当前节点内的通信。

元素 DataField(数据字段)的子元素 DataField-Attributes(数据字段属性)的语义在表 A.5 中规定。

表 A.5 DataField-Attributes(数据字段属性)元素

元 素	描述及语义
DFNO	数据字段编号(十进制表示法:0～255)
NETADDR	以互联网标准"."格式描述的子网地址,例如:"×××.×××.×××.×××"
BCADDR	以互联网标准"."格式描述的广播地址
NETMASK	以互联网标准"."格式描述的子网掩码
MCG-Table	在此数据字段中所使用的MCG编号表(十进制表示法:0～255)

每个属性的语义详见文献资料 MSTC/JOP 1101:1999。

A.3.2.1.1.2 **AliveNotification(活动通告)**

此元素规定了用于某个网点计算机状况检查的若干属性。

AliveNotification(活动通告)元素的语义在表 A.6 中规定。

表 A.6 AliveNotification(活动通告)元素

元 素	描述及语义
ND-Name(节点名称)	节点名称(ASCII字符串,最多9个字符)
OS-Name(操作系统名称)	制造商设备名称(ASCII字符串,最多9个字符)。推荐遵从以下规则:"BN_MN" BN:制造商标识符(2字符) MN:制造商定义的设备或操作系统名称
TM-Out(超时)	监控时间间隔的活动信号超时,以秒计。在一个节点停止发送一个活动信号之后至该节点被认为处于"dead"状态之前所经历的时间段
Chg-Time(变化时间)	节点状态发生变化的时间。推荐采用格林威治平均时(自1970年0点0分0秒以来所经历的时间,以秒计)。如果不能采用格林威治平均时,则规定为0
IPADDR(IP地址)	以互联网标准"."格式描述的LAN(局域网)的IP地址

每个属性的语义详见文献资料 MSTC/JOP 1101:1999。

A.3.2.1.1.3 **ErrorNotification(出错通告)**

此元素规定了用于某个网点计算机的故障检查的若干属性。

元素 ErrorNotification(出错通告)的语义在表 A.7 中规定。

表 A.7 ErrorNotification(出错通告)元素

元　　素	描述及语义
CNT-Mode-Alive	报告其自身处于活动状态的模块的数量
Mod-Alive-List	所有模块的状态列表(dead 或 alive)
CNT-error	已报告的出错个数
ERR-Name	出错名称
ERR-List	出错编号表
Mod-NO	模块编号(1 或更高)
ERR-NO	出错编号,它惟一地由 ERR-Name 标识
CNT-Option	可选信息的长度
Option-List	可选信息的列表

每个属性的语义详见文献资料 MSTC/JOP 1101:1999。

A.3.2.1.2 MessageSelection(报文选择)

此元素规定了用于 ADS-net 中报文交换的若干属性。

一个报文惟一地由 TCD(事务处理代码)标识。变送器采用群播传输方式给一个特定的数据字段内的一个群播组发送一则与 TCD 相关的报文。该指定的群播组内的节点只接收 TCD 与其相关的报文。

元素 MessageSelection(报文选择)的子元素 MessageSelection-Attributes(报文选择属性)的语义在表 A.8 中规定。

表 A.8 MessageSelection-Attributes(报文选择属性)元素

元　　素	描述及语义
Producer-TCD-List(生产者 TCD 表)	TCD 的列表(十进制表示法:1～65534),用于要发送的报文
Consumer-TCD-List(消费者 TCD 表)	TCD 的列表(十进制表示法:1～65534),用于要接收的报文
Producer-MCG-List(生产者 MCG 表)	MCG 编号的列表(十进制表示法:0～255),用于发送报文
Consumer-MCG-List(消费者 MCG 表)	MCG 编号的列表(十进制表示法:0～255),用于接收报文

每个属性的语义详见文献资料 MSTC/JOP 1101:1999。

A.3.2.2 TransportLayers(传输层)

A.3.2.2.1 EthernetObject(Ethernet 对象)

此元素规定了用于 ADS-net 的 Ethernet 的属性。

EthernetObject(Ethernet 对象)定义了与数据链路层配置和监控相关的属性。

元素 EthernetObject(Ethernet 对象)的子元素 EthernetObject-Attributes(Ethernet 对象属性)的语义在表 A.9 中规定。

表 A.9 EthernetObject-Attributes(Ethernet 对象属性)元素

元　　素	描述及语义
MediaType(介质类型)	Ethernet 媒介的类型(例如:10Base-T,100Base-TX)
CommRate(通信速率)	通信速率取决于 Ethernet 介质(例如:100 Mbps)
Indicators(指示器)	Ethernet 介质的状况
MACAddress(MAC 地址)	MAC 地址
ErrorLog(出错记录)	在物理层和数据链路层所出现的错误列表

A.3.2.2.2 **UDP-IPObject(UDP-IP 对象)**

此元素规定了用于 ADS-net 的 UDP/IP 的属性。

元素 UDP-IPObject(UDP-IP 对象)的子元素 UDP-IPObject-Attributes(UDP-IP 对象属性)的语义在表 A.10 中规定。

表 A.10 UDP-IPObject-Attributes(UDP-IP 对象属性)元素

元　　素	描述及语义
IPADDR(IP 地址)	以互联网标准“.”格式描述的 IP 地址
UDP-IP-MCGs	此元素的语义在表 A.11 中说明
HostName(主机名称)	与 IP 地址对应的设备的主机名称
ErrorLog(出错日志)	在传输层出现的错误列表

表 A.11 UDP-IP-MCGs 元素

元　　素	描述及语义
McgNumber(群播组编号)	群播组的标识号(十进制表示法:0～255)
PortNumber(端口号)	用于群播组的端口号

每个属性的语义详见文献资料 MSTC/JOP 1101:1999。

A.3.2.3 **NetworkManagement(网络管理)**

A.3.2.3.1 **Nm-Configuration(网络管理-配置)**

此元素规定了用于网络配置的属性。

元素 Nm-Configuration(网络管理配置)的子元素 Nm-Configuration-Attributes(网络管理配置属性)的语义在表 A.12 中规定。

表 A.12 Nm-Configuration-Attributes(网络管理配置属性)元素

元　　素	描述及语义
ActiveDataFieldNoList (活动数据字段编号)	在目标系统中所使用的数据字段编号表(十进制表示法:0～255)
ActiveNodeNoList (活动节点编号表)	在目标系统中运行的节点编号表(十进制表示法:0～4095)。此表通过收集活动的报文信息构成。
ActiveMulticastGroupNoList (活动群播组编号表)	在目标系统中所使用的 MCG 编号表(十进制表示法:0～255)

每个描述的语义详见文献资料 MSTC/JOP 1101:1999。

A.3.2.3.2 **Nm-MessageSelection(网络管理报文选择)**

此元素规定了用于报文选择的若干属性。

元素 Nm-MessageSelection(网络管理报文选择)的子元素 Nm-MessageSelection-Attributes(网络管理报文选择属性)的语义在表 A.13 中规定。

表 A.13 Nm-MessageSelection-Attributes(网络管理报文选择属性)元素

元　　素	描述及语义
ActiveProducerTCDSupportedList (支持的活动生产者 TCD 列表)	TCD 的列表(十进制表示法:1～65534),用于要发送的所有报文
ActiveConsumerTCDSupportedList (支持的活动消费者 TCD 列表)	TCD 的列表(十进制表示法:1～65534),用于要接收的所有报文

表 A.13(续)

元　素	描述及语义
ActiveProducerMulticastGroupSupported List(支持的活动生产者群播组列表)	MCG 编号表(十进制表示法:0～255),用于所有报文的发送
ActiveComsumerMulticastGroupSupported List(支持的活动消费者群播组列表)	MCG 编号表(十进制表示法:0～255),用于所有报文的接收

每个描述的语义详见文献资料 MSTC/JOP 1101:1999。

A.3.2.3.3　**Nm-Performance(网络管理性能)**

此元素规定了用于性能监控的属性。

元素 Nm-Performance(网络管理性能)的子元素 Nm-Performance-Attributes(网络管理性能属性)的语义在表 A.14 中规定。

表 A.14　Nm-Performance-Attributes(网络管理性能属性)元素

元　素	描述及语义
MessageTransaction(报文事务处理)	一台设备发送和接收的报文的数量

A.3.2.3.4　**Nm-Fault(网络管理故障)**

此元素规定了用于故障监控的属性。

元素 Nm-Fault(网络管理故障)的子元素 Nm-Fault-Attributes(网络管理故障属性)的语义在表 A.15 中规定。

表 A.15　Nm-Fault-Attributes(网络管理故障属性)元素

元　素	描述及语义
FaultNodeList(故障节点表)	诊断为故障的节点编号表(十进制表示法:0～4095)
NotificationOfFaultProgram(故障程序的通告)	由活动报文所检测到的故障模块的标识符

每个描述的语义详见文献资料 MSTC/JOP 1101:1999。

A.3.3　**ADS-net_CommNet _Profile.xsd**

```
<? xml version="1.0" encoding="UTF-8"? >
<xsd:schema xmlns:xsd="http://www.w3.org/2001/XMLSchema">
  <xsd:annotation>
    <xsd:documentation>Communication Profile - ISO 15745 Part 4</xsd:documentation>
  </xsd:annotation>
  <xsd:simpleType name="ProfileClassID_DataType">
    <xsd:restriction base="xsd:string">
      <xsd:enumeration value="AIP"/>
      <xsd:enumeration value="Process"/>
      <xsd:enumeration value="InformationExchange"/>
      <xsd:enumeration value="Resource"/>
      <xsd:enumeration value="Device"/>
      <xsd:enumeration value="CommunicationNetwork"/>
      <xsd:enumeration value="Equipment"/>
      <xsd:enumeration value="Human"/>
      <xsd:enumeration value="Material"/>
```

```
      </xsd:restriction>
    </xsd:simpleType>
    <xsd:complexType name="ISO15745Reference_DataType">
      <xsd:sequence>
        <xsd:element name="ISO15745Part" type="xsd:positiveInteger"/>
        <xsd:element name="ISO15745Edition" type="xsd:positiveInteger"/>
        <xsd:element name="ProfileTechnology" type="xsd:string"/>
      </xsd:sequence>
    </xsd:complexType>
    <xsd:simpleType name="IASInterface_DataType">
      <xsd:union>
        <xsd:simpleType>
          <xsd:restriction base="xsd:string">
            <xsd:enumeration value="CSI"/>
            <xsd:enumeration value="HCI"/>
            <xsd:enumeration value="ISI"/>
            <xsd:enumeration value="API"/>
            <xsd:enumeration value="CMI"/>
            <xsd:enumeration value="ESI"/>
            <xsd:enumeration value="FSI"/>
            <xsd:enumeration value="MTI"/>
            <xsd:enumeration value="SEI"/>
            <xsd:enumeration value="USI"/>
          </xsd:restriction>
        </xsd:simpleType>
        <xsd:simpleType>
          <xsd:restriction base="xsd:string">
            <xsd:length value="4"/>
          </xsd:restriction>
        </xsd:simpleType>
      </xsd:union>
    </xsd:simpleType>
    <xsd:element name="ISO15745Profile">
      <xsd:complexType>
        <xsd:sequence>
          <xsd:element ref="ProfileHeader"/>
          <xsd:element ref="ProfileBody"/>
        </xsd:sequence>
      </xsd:complexType>
    </xsd:element>
    <xsd:annotation>
      <xsd:documentation>ADS-net Communication Network Profile Template</xsd:documenta-
tion>
```

```
    </xsd:annotation>
    <xsd:element name="ProfileHeader">
      <xsd:complexType>
        <xsd:sequence>
          <xsd:element name="ProfileIdentification" type="xsd:string"/>
          <xsd:element name="ProfileRevision" type="xsd:string"/>
          <xsd:element name="ProfileName" type="xsd:string"/>
          <xsd:element name="ProfileSource" type="xsd:string"/>
          <xsd:element name="ProfileClassID" type="ProfileClassID_DataType"/>
          <xsd:element name="ProfileDate" type="xsd:date" minOccurs="0"/>
          <xsd:element name="AdditionalInformation" type="xsd:anyURI" minOccurs="0" maxOccurs="unbounded"/>
          <xsd:element name="ISO15745Reference" type="ISO15745Reference_DataType"/>
          <xsd:element name="IASInterfaceType" type="IASInterface_DataType" minOccurs="0" maxOccurs="unbounded"/>
        </xsd:sequence>
      </xsd:complexType>
    </xsd:element>
    <xsd:element name="ProfileBody">
      <xsd:complexType>
        <xsd:sequence>
          <xsd:element ref="ApplicationLayers"/>
          <xsd:element ref="TransportLayers"/>
          <xsd:element ref="NetworkManagement" minOccurs="0"/>
        </xsd:sequence>
      </xsd:complexType>
    </xsd:element>
    <xsd:element name="ApplicationLayers">
      <xsd:complexType>
        <xsd:sequence>
          <xsd:element ref="DataField" maxOccurs="unbounded"/>
          <xsd:element ref="MessageSelection" maxOccurs="unbounded"/>
        </xsd:sequence>
      </xsd:complexType>
    </xsd:element>
    <xsd:element name="DataField">
      <xsd:complexType>
        <xsd:sequence>
          <xsd:element ref="DataField-Attributes"/>
          <xsd:element ref="DataField-Operations" minOccurs="0"/>
          <xsd:element ref="AliveNotification"/>
          <xsd:element ref="ErrorNotification" minOccurs="0"/>
        </xsd:sequence>
```

```
    </xsd:complexType>
  </xsd:element>
  <xsd:element name="DataField-Attributes">
    <xsd:complexType>
      <xsd:sequence>
        <xsd:element name="DFNO" type="xsd:unsignedByte"/>
        <xsd:element name="NETADDR" type="xsd:unsignedInt"/>
        <xsd:element name="BCADDR" type="xsd:unsignedInt"/>
        <xsd:element name="NETMASK" type="xsd:unsignedInt"/>
        <xsd:element name="MCG-Table" type="xsd:string"/>
      </xsd:sequence>
    </xsd:complexType>
  </xsd:element>
  <xsd:element name="DataField-Operations">
    <xsd:complexType>
      <xsd:sequence>
        <xsd:element name="Get_Attribute_Single" minOccurs="0"/>
        <xsd:element name="Set_Attribute_Single" minOccurs="0"/>
        <xsd:element name="Get_Attribute_All" minOccurs="0"/>
        <xsd:element name="Set_Attribute_All" minOccurs="0"/>
      </xsd:sequence>
    </xsd:complexType>
  </xsd:element>
  <xsd:element name="AliveNotification">
    <xsd:complexType>
      <xsd:sequence>
        <xsd:element name="ND-Name" type="xsd:string"/>
        <xsd:element name="OS-Name" type="xsd:string"/>
        <xsd:element name="TM-Out" type="xsd:nonNegativeInteger"/>
        <xsd:element name="Chg-Time" type="xsd:nonNegativeInteger"/>
        <xsd:element name="IPADDR" type="xsd:unsignedInt"/>
      </xsd:sequence>
    </xsd:complexType>
  </xsd:element>
  <xsd:element name="ErrorNotification">
    <xsd:complexType>
      <xsd:sequence>
        <xsd:element name="CNT-Mode-Alive" type="xsd:string"/>
        <xsd:element name="Mod-Alive-List" type="xsd:string" minOccurs="0"/>
        <xsd:element name="CNT-Error" type="xsd:string"/>
        <xsd:element name="ERR-Name" type="xsd:string" minOccurs="0"/>
        <xsd:element name="ERR-List" type="xsd:string" minOccurs="0"/>
        <xsd:element name="Mod-NO" type="xsd:string" minOccurs="0"/>
```

```
        <xsd:element name="ERR-NO" type="xsd:string" minOccurs="0"/>
        <xsd:element name="CNT-Option" type="xsd:string"/>
        <xsd:element name="Option-List" type="xsd:string" minOccurs="0"/>
      </xsd:sequence>
    </xsd:complexType>
  </xsd:element>
  <xsd:element name="MessageSelection">
    <xsd:complexType>
      <xsd:sequence>
        <xsd:element ref="MessageSelection-Attributes"/>
        <xsd:element ref="MessageSelection-Operations" minOccurs="0"/>
      </xsd:sequence>
    </xsd:complexType>
  </xsd:element>
  <xsd:element name="MessageSelection-Attributes">
    <xsd:complexType>
      <xsd:sequence>
        <xsd:element name="Producer-TCD-List" type="xsd:string" minOccurs="0"/>
        <xsd:element name="Consumer-TCD-List" type="xsd:string" minOccurs="0"/>
        <xsd:element name="Producer-MCG-List" type="xsd:string" minOccurs="0"/>
        <xsd:element name="Consumer-MCG-List" type="xsd:string" minOccurs="0"/>
      </xsd:sequence>
    </xsd:complexType>
  </xsd:element>
  <xsd:element name="MessageSelection-Operations">
    <xsd:complexType>
      <xsd:sequence>
        <xsd:element name="Get_Attribute_Single" minOccurs="0"/>
        <xsd:element name="Set_Attribute_Single" minOccurs="0"/>
        <xsd:element name="Get_Attribute_All" minOccurs="0"/>
        <xsd:element name="Set_Attribute_All" minOccurs="0"/>
        <xsd:element name="Create" minOccurs="0"/>
        <xsd:element name="Delete" minOccurs="0"/>
      </xsd:sequence>
    </xsd:complexType>
  </xsd:element>
  <xsd:element name="TransportLayers">
    <xsd:complexType>
      <xsd:sequence>
        <xsd:element ref="EthernetObject" maxOccurs="unbounded"/>
        <xsd:element ref="UDP-IPObject" maxOccurs="unbounded"/>
      </xsd:sequence>
    </xsd:complexType>
```

```
</xsd:element>
<xsd:element name="EthernetObject">
  <xsd:complexType>
    <xsd:sequence>
      <xsd:element ref="EthernetObject-Attributes"/>
      <xsd:element ref="EthernetObject-Operations" minOccurs="0"/>
    </xsd:sequence>
  </xsd:complexType>
</xsd:element>
<xsd:element name="EthernetObject-Attributes">
  <xsd:complexType>
    <xsd:sequence>
      <xsd:element name="MediaType" type="xsd:string"/>
      <xsd:element name="CommRate" type="xsd:unsignedInt"/>
      <xsd:element name="Indicators" type="xsd:string" minOccurs="0"/>
      <xsd:element name="MACAddress" type="xsd:string"/>
      <xsd:element name="ErrorLog" type="xsd:string" minOccurs="0"/>
    </xsd:sequence>
  </xsd:complexType>
</xsd:element>
<xsd:element name="EthernetObject-Operations">
  <xsd:complexType>
    <xsd:sequence>
      <xsd:element name="Get-Attribute-Single" minOccurs="0"/>
      <xsd:element name="Set-Attribute-Single" minOccurs="0"/>
      <xsd:element name="Get_Attribute_All" minOccurs="0"/>
      <xsd:element name="Set_Attribute_All" minOccurs="0"/>
    </xsd:sequence>
  </xsd:complexType>
</xsd:element>
<xsd:element name="UDP-IPObject">
  <xsd:complexType>
    <xsd:sequence>
      <xsd:element ref="UDP-IPObject-Attributes"/>
      <xsd:element ref="UDP-IPObject-Operations" minOccurs="0"/>
    </xsd:sequence>
  </xsd:complexType>
</xsd:element>
<xsd:element name="UDP-IPObject-Attributes">
  <xsd:complexType>
    <xsd:sequence>
      <xsd:element name="IPADDR" type="xsd:string"/>
      <xsd:element ref="UDP-IP-MCGs" maxOccurs="unbounded"/>
```

```
        <xsd:element name="HostName" type="xsd:string"/>
        <xsd:element name="ErrorLog" type="xsd:string" minOccurs="0"/>
      </xsd:sequence>
    </xsd:complexType>
  </xsd:element>
  <xsd:element name="UDP-IP-MCGs">
    <xsd:complexType>
      <xsd:sequence>
        <xsd:element name="McgNumber" type="xsd:unsignedShort"/>
        <xsd:element name="PortNumber" type="xsd:unsignedShort"/>
      </xsd:sequence>
    </xsd:complexType>
  </xsd:element>
  <xsd:element name="UDP-IPObject-Operations">
    <xsd:complexType>
      <xsd:sequence>
        <xsd:element name="Get-Attribute-Single" minOccurs="0"/>
        <xsd:element name="Set-Attribute-Single" minOccurs="0"/>
        <xsd:element name="Get_Attribute_All" minOccurs="0"/>
        <xsd:element name="Set_Attribute_All" minOccurs="0"/>
      </xsd:sequence>
    </xsd:complexType>
  </xsd:element>
  <xsd:element name="NetworkManagement">
    <xsd:complexType>
      <xsd:sequence>
        <xsd:element ref="Nm-Configuration" minOccurs="0" maxOccurs="unbounded"/>
        <xsd:element ref="Nm-MessageSelection" minOccurs="0" maxOccurs="unbounded"/>
        <xsd:element ref="Nm-Performance" minOccurs="0" maxOccurs="unbounded"/>
        <xsd:element ref="Nm-Fault" minOccurs="0" maxOccurs="unbounded"/>
      </xsd:sequence>
    </xsd:complexType>
  </xsd:element>
  <xsd:element name="Nm-Configuration">
    <xsd:complexType>
      <xsd:sequence>
        <xsd:element ref="Nm-Configuration-Attributes"/>
        <xsd:element ref="Nm-Configuration-Operations" minOccurs="0"/>
      </xsd:sequence>
    </xsd:complexType>
  </xsd:element>
  <xsd:element name="Nm-Configuration-Attributes">
    <xsd:complexType>
```

```
    <xsd:sequence>
      <xsd:element name="ActiveDataFieldNoList" type="xsd:string"/>
      <xsd:element name="ActiveNodeNoList" type="xsd:string"/>
      <xsd:element name="ActiveMulticastGroupNoList" type="xsd:string"/>
    </xsd:sequence>
  </xsd:complexType>
</xsd:element>
<xsd:element name="Nm-Configuration-Operations">
  <xsd:complexType>
    <xsd:sequence>
      <xsd:element name="Get-Attribute-Single" minOccurs="0"/>
      <xsd:element name="Set-Attribute-Single" minOccurs="0"/>
      <xsd:element name="Get_Attribute_All" minOccurs="0"/>
      <xsd:element name="Set_Attribute_All" minOccurs="0"/>
    </xsd:sequence>
  </xsd:complexType>
</xsd:element>
<xsd:element name="Nm-MessageSelection">
  <xsd:complexType>
    <xsd:sequence>
      <xsd:element ref="Nm-MessageSelection-Attributes"/>
      <xsd:element ref="Nm-MessageSelection-Operations" minOccurs="0"/>
    </xsd:sequence>
  </xsd:complexType>
</xsd:element>
<xsd:element name="Nm-MessageSelection-Attributes">
  <xsd:complexType>
    <xsd:sequence>
      <xsd:element name="ActiveProducerTCDSupportedList" type="xsd:string"/>
      <xsd:element name="ActiveConsumerTCDSupportedList" type="xsd:string"/>
        < xsd: element name = " ActiveProducerMulticastGroupSupportedList " type = " xsd:
string"/>
        < xsd: element name = " ActiveConsumerMulticastGroupSupportedList " type = " xsd:
string"/>
    </xsd:sequence>
  </xsd:complexType>
</xsd:element>
<xsd:element name="Nm-MessageSelection-Operations">
  <xsd:complexType>
    <xsd:sequence>
      <xsd:element name="Get_Attribute_Single" minOccurs="0"/>
      <xsd:element name="Set_Attribute_Single" minOccurs="0"/>
      <xsd:element name="Get_Attribute_All" minOccurs="0"/>
```

```
      <xsd:element name="Set_Attribute_All" minOccurs="0"/>
    </xsd:sequence>
  </xsd:complexType>
</xsd:element>
<xsd:element name="Nm-Performance">
  <xsd:complexType>
    <xsd:sequence>
      <xsd:element ref="Nm-Performance-Attributes" minOccurs="0"/>
      <xsd:element ref="Nm-Performance-Operations" minOccurs="0"/>
    </xsd:sequence>
  </xsd:complexType>
</xsd:element>
<xsd:element name="Nm-Performance-Attributes">
  <xsd:complexType>
    <xsd:sequence>
      <xsd:element name="MessageTransaction" type="xsd:unsignedInt"/>
    </xsd:sequence>
  </xsd:complexType>
</xsd:element>
<xsd:element name="Nm-Performance-Operations">
  <xsd:complexType>
    <xsd:sequence>
      <xsd:element name="Get-Attribute-Single" minOccurs="0"/>
      <xsd:element name="Set-Attribute-Single" minOccurs="0"/>
    </xsd:sequence>
  </xsd:complexType>
</xsd:element>
<xsd:element name="Nm-Fault">
  <xsd:complexType>
    <xsd:sequence>
      <xsd:element ref="Nm-Fault-Attributes" minOccurs="0"/>
      <xsd:element ref="Nm-Fault-Operations" minOccurs="0"/>
    </xsd:sequence>
  </xsd:complexType>
</xsd:element>
<xsd:element name="Nm-Fault-Attributes">
  <xsd:complexType>
    <xsd:sequence>
      <xsd:element name="FaultNodeList" type="xsd:string"/>
      <xsd:element name="NotificationOfFaultProgram" type="xsd:string" minOccurs="0"
maxOccurs="unbounded"/>
    </xsd:sequence>
  </xsd:complexType>
```

```
  </xsd:element>
  <xsd:element name="Nm-Fault-Operations">
    <xsd:complexType>
      <xsd:sequence>
        <xsd:element name="Get-Attribute-Single" minOccurs="0"/>
        <xsd:element name="Set-Attribute-Single" minOccurs="0"/>
        <xsd:element name="Get-Attributes-All" minOccurs="0"/>
        <xsd:element name="Set-Attributes-All" minOccurs="0"/>
      </xsd:sequence>
    </xsd:complexType>
  </xsd:element>
</xsd:schema>
```

附　录　B
（规范性附录）
FL-net 专规模板

B.1　设备专规模板描述

B.1.1　概述

在 B.1.5 中所定义的设备专规模板 XML 模式包含 6.2.1 中设备专规类图的映射。除了所映射的类和属性外，它还包含能够全面描述设备需求或功能的附加元素。

B.1.2　设备标识(DeviceIdentity)

此元素规定了 DeviceIdentity(设备标识)对象的若干属性和操作，以及完整设备标识的附加信息。

表 B.1 描述了 DeviceType(设备类型)对象的元素。

表 B.1　DeviceType(设备类型)对象的元素

元　　素	描述及语义
PC	可编程扩展器
NC	数控装置
RC	机器人控制器
computer	个人计算机，面板计算机，工作站
SP-"XXX"	XXX 是制造商指定的设备名称

B.1.3　设备管理器(DeviceManager)

B.1.3.1　概述

此元素规定了 DeviceManager(设备管理器)对象的若干属性和操作，以及设备管理的附加信息。

B.1.3.2　DeviceIDSpecRev(设备 ID 特定版本)对象

表 B.2 描述了 6.2.1.3.2 中所定义的 DeviceIDSpecRev(设备 ID 特定版本)对象的元素。

表 B.2　DeviceIDSpecRev(设备 ID 特定版本)对象的元素

元　　素	描述及语义
COMVER	DeviceIdentity(设备标识)的版本
Date(日期)	定义标识的日期

B.1.3.3　CommuServiceManager(通信服务管理器)对象

表 B.3 描述了 6.2.1.3.3 中定义的 CommuServiceManager(通信服务管理器)对象的元素。

表 B.3　CommuServiceManager(通信服务管理器)对象的元素

元　　素	描述及语义
DM-NodeNumber(DM 节点数)	FL-net 中所使用的节点数
DM-ComMemory1Datafield(DM 通用存储区 1 数据字段)	设备中所使用的通用存储区 1 的数据字段
DM-ComMemory2Datafield(DM 通用存储区 2 数据字段)	设备中所使用的通用存储区 2 的数据字段
DM-MessageServiceList(DM 报文服务列表)	设备中所使用的报文服务的列表

B.1.3.4　DeviceState(设备状态)对象

表 B.4 描述了 6.2.1.3.4 中所定义的 DeviceState(设备状态)对象的元素。

表 B.4 DeviceState(设备状态)对象的元素

元　　素	描述及语义
RUN-STOP(运行—停止)	设备状态的指示(运行或停止)
Normal(正常)	设备正常状态的指示
Warning(警戒)	设备故障状态的指示——设备仍在运行
Alarm(报警)	设备故障状态的指示——设备不运行
InRingState	设备通信状态的指示

B.1.4 应用过程

此元素规定了 ApplicationProcess(应用过程)对象的若干属性和操作,以及附加元素。

表 B.5 描述了 6.2.1.5 中所定义的 PlantName(装备名称)对象的元素。

表 B.5 PlantName(装备名称)对象的元素

元　　素	描述及语义
PlantName(装备名称)	装备或过程的名称

B.1.5 FL-net 设备专规模板 XML 模式

```
<? xml version="1.0" encoding="UTF-8"? >
<xsd:schema xmlns:xsd="http://www.w3.org/2001/XMLSchema">
  <xsd:annotation>
    <xsd:documentation>Device Profile - ISO 15745 Part 4</xsd:documentation>
  </xsd:annotation>
  <xsd:simpleType name="ProfileClassID_DataType">
    <xsd:restriction base="xsd:string">
      <xsd:enumeration value="AIP"/>
      <xsd:enumeration value="Process"/>
      <xsd:enumeration value="InformationExchange"/>
      <xsd:enumeration value="Resource"/>
      <xsd:enumeration value="Device"/>
      <xsd:enumeration value="CommunicationNetwork"/>
      <xsd:enumeration value="Equipment"/>
      <xsd:enumeration value="Human"/>
      <xsd:enumeration value="Material"/>
    </xsd:restriction>
  </xsd:simpleType>
  <xsd:complexType name="ISO15745Reference_DataType">
    <xsd:sequence>
      <xsd:element name="ISO15745Part" type="xsd:positiveInteger"/>
      <xsd:element name="ISO15745Edition" type="xsd:positiveInteger"/>
      <xsd:element name="ProfileTechnology" type="xsd:string"/>
    </xsd:sequence>
  </xsd:complexType>
  <xsd:simpleType name="IASInterface_DataType">
    <xsd:union>
```

```
        <xsd:simpleType>
          <xsd:restriction base="xsd:string">
            <xsd:enumeration value="CSI"/>
            <xsd:enumeration value="HCI"/>
            <xsd:enumeration value="ISI"/>
            <xsd:enumeration value="API"/>
            <xsd:enumeration value="CMI"/>
            <xsd:enumeration value="ESI"/>
            <xsd:enumeration value="FSI"/>
            <xsd:enumeration value="MTI"/>
            <xsd:enumeration value="SEI"/>
            <xsd:enumeration value="USI"/>
          </xsd:restriction>
        </xsd:simpleType>
        <xsd:simpleType>
          <xsd:restriction base="xsd:string">
            <xsd:length value="4"/>
          </xsd:restriction>
        </xsd:simpleType>
      </xsd:union>
    </xsd:simpleType>
    <xsd:element name="ISO15745Profile">
      <xsd:complexType>
        <xsd:sequence>
          <xsd:element ref="ProfileHeader"/>
          <xsd:element ref="ProfileBody"/>
        </xsd:sequence>
      </xsd:complexType>
    </xsd:element>
    <xsd:annotation>
      <xsd:documentation>FL-net Device Profile Template</xsd:documentation>
    </xsd:annotation>
    <xsd:element name="ProfileHeader">
      <xsd:complexType>
        <xsd:sequence>
          <xsd:element name="ProfileIdentification" type="xsd:string"/>
          <xsd:element name="ProfileRevision" type="xsd:string"/>
          <xsd:element name="ProfileName" type="xsd:string"/>
          <xsd:element name="ProfileSource" type="xsd:string"/>
          <xsd:element name="ProfileClassID" type="ProfileClassID_DataType"/>
          <xsd:element name="ProfileDate" type="xsd:date" minOccurs="0"/>
          <xsd:element name="AdditionalInformation" type="xsd:anyURI" minOccurs="0" max-
Occurs="unbounded"/>
```

```
        <xsd:element name="ISO15745Reference" type="ISO15745Reference_DataType"/>
        <xsd:element name="IASInterfaceType" type="IASInterface_DataType" minOccurs=
"0" maxOccurs="unbounded"/>
      </xsd:sequence>
    </xsd:complexType>
  </xsd:element>
  <xsd:element name="ProfileBody">
    <xsd:complexType>
      <xsd:sequence>
        <xsd:element ref="DeviceIdentity" minOccurs="0"/>
        <xsd:element ref="DeviceManager" minOccurs="0"/>
        <xsd:element ref="DeviceFunction" maxOccurs="unbounded"/>
        <xsd:element ref="ApplicationProcess" minOccurs="0" maxOccurs="unbounded"/>
      </xsd:sequence>
    </xsd:complexType>
  </xsd:element>
  <xsd:element name="DeviceIdentity">
    <xsd:complexType>
      <xsd:sequence>
        <xsd:element ref="DeviceIdentity-Attributes"/>
        <xsd:element ref="DeviceIdentity-Operations" minOccurs="0"/>
      </xsd:sequence>
    </xsd:complexType>
  </xsd:element>
  <xsd:element name="DeviceIdentity-Attributes">
    <xsd:complexType>
      <xsd:sequence>
        <xsd:element name="VendorCode" type="xsd:string"/>
        <xsd:element name="ProductName" type="xsd:string"/>
        <xsd:element name="ProductCode" type="xsd:string"/>
        <xsd:element name="ProductRevision" type="xsd:string"/>
        <xsd:element name="DeviceType" minOccurs="0">
          <xsd:simpleType>
            <xsd:union>
              <xsd:simpleType>
                <xsd:restriction base="xsd:string">
                  <xsd:enumeration value="PC"/>
                  <xsd:enumeration value="NC"/>
                  <xsd:enumeration value="RC"/>
                  <xsd:enumeration value="computer"/>
                </xsd:restriction>
              </xsd:simpleType>
              <xsd:simpleType>
```

```
              <xsd:restriction base="xsd:string">
                <xsd:pattern value="SP-\*.{0,32}\*"/>
              </xsd:restriction>
            </xsd:simpleType>
          </xsd:union>
        </xsd:simpleType>
      </xsd:element>
    </xsd:sequence>
  </xsd:complexType>
</xsd:element>
<xsd:element name="DeviceIdentity-Operations">
  <xsd:complexType>
    <xsd:sequence>
      <xsd:element name="Get_Attribute_All" minOccurs="0"/>
      <xsd:element name="Get_Attribute_Single" minOccurs="0"/>
    </xsd:sequence>
  </xsd:complexType>
</xsd:element>
<xsd:element name="DeviceManager">
  <xsd:complexType>
    <xsd:sequence>
      <xsd:element ref="DeviceManager-Attributes"/>
      <xsd:element ref="DeviceManager-Operations" minOccurs="0"/>
    </xsd:sequence>
  </xsd:complexType>
</xsd:element>
<xsd:element name="DeviceManager-Attributes">
  <xsd:complexType>
    <xsd:sequence>
      <xsd:element name="DeviceIDSpecRev">
        <xsd:complexType>
          <xsd:sequence>
            <xsd:element name="COMVER">
              <xsd:simpleType>
                <xsd:restriction base="xsd:integer">
                  <xsd:minInclusive value="1"/>
                </xsd:restriction>
              </xsd:simpleType>
            </xsd:element>
            <xsd:element name="Date" type="xsd:date"/>
          </xsd:sequence>
        </xsd:complexType>
      </xsd:element>
```

```
<xsd:element name="CommuServiceManager">
  <xsd:complexType>
    <xsd:sequence>
      <xsd:element name="DM-NodeNumber">
        <xsd:simpleType>
          <xsd:restriction base="xsd:integer">
            <xsd:minInclusive value="1"/>
            <xsd:maxInclusive value="255"/>
          </xsd:restriction>
        </xsd:simpleType>
      </xsd:element>
      <xsd:element name="DM-ComMemory1Datafield">
        <xsd:simpleType>
          <xsd:restriction base="xsd:integer">
            <xsd:minInclusive value="0"/>
            <xsd:maxInclusive value="63"/>
          </xsd:restriction>
        </xsd:simpleType>
      </xsd:element>
      <xsd:element name="DM-ComMemory2Datafield">
        <xsd:simpleType>
          <xsd:restriction base="xsd:integer">
            <xsd:minInclusive value="0"/>
            <xsd:maxInclusive value="8195"/>
          </xsd:restriction>
        </xsd:simpleType>
      </xsd:element>
      <xsd:element name="DM-MessageServiceList" type="xsd:unsignedShort"/>
    </xsd:sequence>
  </xsd:complexType>
</xsd:element>
<xsd:element name="DeviceState" minOccurs="0">
  <xsd:complexType>
    <xsd:sequence>
      <xsd:element name="RUN-STOP" type="xsd:boolean"/>
      <xsd:element name="Normal" type="xsd:boolean"/>
      <xsd:element name="Warning" type="xsd:boolean"/>
      <xsd:element name="Alarm" type="xsd:boolean"/>
      <xsd:element name="InRingState" type="xsd:boolean"/>
    </xsd:sequence>
  </xsd:complexType>
</xsd:element>
</xsd:sequence>
```

```
    </xsd:complexType>
  </xsd:element>
  <xsd:element name="DeviceManager-Operations">
    <xsd:complexType>
      <xsd:sequence>
        <xsd:element name="Get_Attribute_All" minOccurs="0"/>
        <xsd:element name="Get_Attribute_Single" minOccurs="0"/>
      </xsd:sequence>
    </xsd:complexType>
  </xsd:element>
  <xsd:element name="DeviceFunction">
    <xsd:complexType>
      <xsd:sequence>
        <xsd:any namespace="##any"/>
      </xsd:sequence>
    </xsd:complexType>
  </xsd:element>
  <xsd:element name="ApplicationProcess">
    <xsd:complexType>
      <xsd:sequence>
        <xsd:element ref="ApplicationProcess-Attributes"/>
        <xsd:element ref="ApplicationProcess-Operations" minOccurs="0"/>
      </xsd:sequence>
    </xsd:complexType>
  </xsd:element>
  <xsd:element name="ApplicationProcess-Attributes">
    <xsd:complexType>
      <xsd:sequence>
        <xsd:element name="PlantName" type="xsd:string"/>
        <xsd:choice maxOccurs="unbounded">
          <xsd:element ref="externalelement" minOccurs="0" maxOccurs="unbounded"/>
        </xsd:choice>
      </xsd:sequence>
    </xsd:complexType>
  </xsd:element>
  <xsd:element name="externalelement">
    <xsd:complexType>
      <xsd:sequence>
        <xsd:any namespace="##any"/>
      </xsd:sequence>
    </xsd:complexType>
  </xsd:element>
  <xsd:element name="ApplicationProcess-Operations">
```

```
    <xsd:complexType>
      <xsd:sequence>
        <xsd:element name="Get-Attribute-Single" minOccurs="0"/>
        <xsd:element name="Set-Attribute-Single" minOccurs="0"/>
        <xsd:element name="Get-Attribute-All" minOccurs="0"/>
        <xsd:element name="Set-Attribute-All" minOccurs="0"/>
      </xsd:sequence>
    </xsd:complexType>
  </xsd:element>
</xsd:schema>
```

B.2 FL-net 通信网络专规模板描述

B.2.1 概述

在 B.2.4.5 中所定义的通信网络专规模板 XML 模式包含图 7 所示的通信网络专规类图的映射。除了所映射的类和属性外，它还包含能够全面描述通信网络需求或功能的附加元素。

B.2.2 应用层(ApplicationLayers)

B.2.2.1 ComMemoryInterface(通用存储区接口)对象

表 B.6 描述了 6.2.2.2.2 中所定义的 ComMemoryInterface(通用存储区接口)对象的元素。子元素 ComMemory1AllocationList(通用存储区 1 地址表)和 ComMemory2AllocationList(通用存储区 2 地址表)提供存储区(地址)分配信息。它们的属性在表 B.7 中说明。

表 B.6 ComMemoryInterface(通用存储区接口)的元素

元　素	描述及语义
ComMemory1AllocationList(通用存储区 1 地址表)	通用存储区 1 的(地址)分配
ComMemory2AllocationList(通用存储区 2 地址表)	通用存储区 2 的(地址)分配
NodeNumber(节点数)	节点数
DataAvailability(数据可用性)	通用存储区上数据可用性的信息
DataConsistency(数据一致性)	数据的一致性
Cyclic(循环)	循环的数据交换

表 B.7 ComMemoryAllocationList(通用存储区地址表)的属性

元　素	描述及语义
Size(大小)	数据大小
FieldNumber(字段编号)	通用存储区数据字段编号

B.2.2.2 MessageService(报文服务)对象

表 B.8 描述了 6.2.2.2.3 中所定义的 MessageService(报文服务)对象的元素。

表 B.8 MessageService(报文服务)对象

元　素	描述及语义
NodeNumberList(节点编号表)	节点编号的列表
TCDList(TCD 表)	TCD 的列表

B.2.2.3 ErrorNotification(出错通告)对象

表 B.9 描述了 6.2.2.2.4 中所定义的 ErrorNotification(出错通告)对象的元素。

表 B.9 ErrorNotification(出错通告)对象

元　　素	描述及语义
ActiveNodeNumberList(活动节点编号表)	活动节点的编号列表
NodeStatus(节点状态)	节点的状态

B.2.3 传输层(TransportLayers)

B.2.3.1 EthernetBasedObject(基于以太网的对象)对象

表 B.10 描述了 6.2.2.3.2 中所定义的 EthernetBasedObject(基于以太网的对象)对象的元素。

表 B.10 EthernetBasedObject(基于以太网的对象)对象的元素

元　　素	描述及语义
MediaType(介质类型)	以太网媒介的类型(例如:10Base-5,10Base-T,100Base-TX)
CommRate(通信速率)	通信速率取决于以太网介质(例如:10Mbps,100Mbps)
Indicators(指示器)	以太网媒介的状况
MACAddress(MAC 地址)	MAC 地址
ErrorLog(出错日志)	在物理层和数据链路层出现的错误列表

B.2.3.2 UDP-IPObject(UDP-IP 对象)对象

表 B.11 描述了 6.2.2.3.3 中所定义的 UDP-IPObject(UDP-IP 对象)对象的元素。

表 B.11 UDP-IPObject(UDP-IP 对象)对象的元素

元　　素	描述及语义
IPADDR(IP 地址)	IP 地址
PortNumber(端口号)	FL-net 中所定义的端口号
HostName(主机名)	与 IP 地址对应的设备的主机名称
ErrorLog(出错记录)	在传输层出现的错误列表

B.2.4 网络管理(NetworkManagement)

B.2.4.1 Configuration(配置)对象

表 B.12 描述了 6.2.2.4.2 中所定义的 Configuration(配置)对象的元素。

表 B.12 Configuration(配置)对象的元素

元　　素	描述及语义
SpecificationMajorVersion(规范的主版本)	FL-net 规范的主版本
SpecificationMinorVersion(规范的副版本)	FL-net 规范的副版本
InRingManager	与参与的网络相关的 Manager(管理器)对象
ConnectionManager(连接管理器)	与连接相关的 Manager(管理器)对象
Indicators(指示器)	FL-net 规范的状况

B.2.4.2 ServiceSelection(服务选择)对象

表 B.13 描述了 6.2.2.4.3 中所定义的 ServiceSelection(服务选择)对象的元素。

表 B.13 ServiceSelection 对象的元素

元　　素	描述及语义
NM-MessageTypeList(网络管理报文类型表)	报文类型的列表
NM-TCDList(网络管理 TCD 表)	要发送的报文的 TCD 的列表
NM-VendorCodeList(网络管理制造商代码表)	制造商代码的列表

B.2.4.3 PerformanceManager(性能管理)对象

表 B.14 描述了 6.2.2.4.4 中所定义的 PerformanceManager(性能管理)对象的元素。

表 B.14 PerformanceManager(性能管理)对象的元素

元　　素	描述及语义
TokenMonitoringTime(令牌监控时间)	下一个节点重建令牌之前的最大时间
TokenHoldTime(令牌持有时间)	一个节点允许持有令牌的最小时间
MinimumFrameInterval(帧传输的最小时间间隔)	帧传输之间的最小时间间隔
RefreshCycleAvailableTime(可用的刷新循环时间)	刷新循环时间
MessageTransmissionSchedule(报文传输时间表)	报文传输的时间表

B.2.4.4 FaultManager(故障管理器)对象

表 B.15 描述了 6.2.2.4.5 中所定义的 FaultManager(故障管理器)对象的元素。

表 B.15 FaultManager(故障管理器)对象的元素

元　　素	描述及语义
FaultNodeList(故障节点表)	活动节点的编号列表
ErrorName(出错名称)	分配给每一个错误的出错名称
ErrorLog(出错日志)	在 FL-net 通信中所出现的错误列表
ComMemoryAreaOverlap(通用存储区重叠)	通用存储区地址发生重叠的信息
NodeNumberConflict(节点编号冲突)	节点编号发生冲突的信息

B.2.4.5 XML 模式:FL-net_CommNet_Profile.xsd

```
<?xml version="1.0" encoding="UTF-8"?>
<xsd:schema xmlns:xsd="http://www.w3.org/2001/XMLSchema">
  <xsd:annotation>
    <xsd:documentation>Communication Profile - ISO 15745 Part 4</xsd:documentation>
  </xsd:annotation>
  <xsd:simpleType name="ProfileClassID_DataType">
    <xsd:restriction base="xsd:string">
      <xsd:enumeration value="AIP"/>
      <xsd:enumeration value="Process"/>
      <xsd:enumeration value="InformationExchange"/>
      <xsd:enumeration value="Resource"/>
      <xsd:enumeration value="Device"/>
      <xsd:enumeration value="CommunicationNetwork"/>
      <xsd:enumeration value="Equipment"/>
      <xsd:enumeration value="Human"/>
```

```
    <xsd:enumeration value="Material"/>
   </xsd:restriction>
  </xsd:simpleType>
  <xsd:complexType name="ISO15745Reference_DataType">
   <xsd:sequence>
    <xsd:element name="ISO15745Part" type="xsd:positiveInteger"/>
    <xsd:element name="ISO15745Edition" type="xsd:positiveInteger"/>
    <xsd:element name="ProfileTechnology" type="xsd:string"/>
   </xsd:sequence>
  </xsd:complexType>
  <xsd:simpleType name="IASInterface_DataType">
   <xsd:union>
    <xsd:simpleType>
     <xsd:restriction base="xsd:string">
      <xsd:enumeration value="CSI"/>
      <xsd:enumeration value="HCI"/>
      <xsd:enumeration value="ISI"/>
      <xsd:enumeration value="API"/>
      <xsd:enumeration value="CMI"/>
      <xsd:enumeration value="ESI"/>
      <xsd:enumeration value="FSI"/>
      <xsd:enumeration value="MTI"/>
      <xsd:enumeration value="SEI"/>
      <xsd:enumeration value="USI"/>
     </xsd:restriction>
    </xsd:simpleType>
    <xsd:simpleType>
     <xsd:restriction base="xsd:string">
      <xsd:length value="4"/>
     </xsd:restriction>
    </xsd:simpleType>
   </xsd:union>
  </xsd:simpleType>
  <xsd:element name="ISO15745Profile">
   <xsd:complexType>
    <xsd:sequence>
     <xsd:element ref="ProfileHeader"/>
     <xsd:element ref="ProfileBody"/>
    </xsd:sequence>
   </xsd:complexType>
  </xsd:element>
  <xsd:annotation>
   <xsd:documentation>FL-net Communication Network Profile Template </xsd:
```

```
documentation>
  </xsd:annotation>
  <xsd:element name="ProfileHeader">
    <xsd:complexType>
      <xsd:sequence>
        <xsd:element name="ProfileIdentification" type="xsd:string"/>
        <xsd:element name="ProfileRevision" type="xsd:string"/>
        <xsd:element name="ProfileName" type="xsd:string"/>
        <xsd:element name="ProfileSource" type="xsd:string"/>
        <xsd:element name="ProfileClassID" type="ProfileClassID_DataType"/>
        <xsd:element name="ProfileDate" type="xsd:date" minOccurs="0"/>
        <xsd:element name="AdditionalInformation" type="xsd:anyURI" minOccurs="0" max-
Occurs="unbounded"/>
        <xsd:element name="ISO15745Reference" type="ISO15745Reference_DataType"/>
        <xsd:element name="IASInterfaceType" type="IASInterface_DataType" minOccurs=
"0" maxOccurs="unbounded"/>
      </xsd:sequence>
    </xsd:complexType>
  </xsd:element>
  <xsd:element name="ProfileBody">
    <xsd:complexType>
      <xsd:sequence>
        <xsd:element ref="ApplicationLayers"/>
        <xsd:element ref="TransportLayers"/>
        <xsd:element ref="NetworkManagement" minOccurs="0"/>
      </xsd:sequence>
    </xsd:complexType>
  </xsd:element>
  <xsd:element name="ApplicationLayers">
    <xsd:complexType>
      <xsd:sequence>
        <xsd:element ref="ComMemoryInterface" minOccurs="0" maxOccurs="unbounded"/>
        <xsd:element ref="MessageService" minOccurs="0" maxOccurs="unbounded"/>
        <xsd:element ref="ErrorNotification" minOccurs="0"/>
      </xsd:sequence>
    </xsd:complexType>
  </xsd:element>
  <xsd:element name="ComMemoryInterface">
    <xsd:complexType>
      <xsd:sequence>
        <xsd:element ref="ComMemoryInterface-Attributes"/>
        <xsd:element ref="ComMemoryInterface-Operations" minOccurs="0"/>
      </xsd:sequence>
```

```
      </xsd:complexType>
    </xsd:element>
    <xsd:element name="ComMemoryInterface-Attributes">
      <xsd:complexType>
        <xsd:sequence>
          <xsd:element name="ComMemory1AllocationList" minOccurs="0" maxOccurs="unbounded">
            <xsd:complexType>
              <xsd:attribute name="Size">
                <xsd:simpleType>
                  <xsd:restriction base="xsd:integer">
                    <xsd:minInclusive value="0"/>
                    <xsd:maxInclusive value="64"/>
                  </xsd:restriction>
                </xsd:simpleType>
              </xsd:attribute>
              <xsd:attribute name="FieldNumber">
                <xsd:simpleType>
                  <xsd:restriction base="xsd:integer">
                    <xsd:minInclusive value="0"/>
                    <xsd:maxInclusive value="63"/>
                  </xsd:restriction>
                </xsd:simpleType>
              </xsd:attribute>
            </xsd:complexType>
          </xsd:element>
          <xsd:element name="ComMemory2AllocationList" minOccurs="0" maxOccurs="unbounded">
            <xsd:complexType>
              <xsd:attribute name="Size">
                <xsd:simpleType>
                  <xsd:restriction base="xsd:integer">
                    <xsd:minInclusive value="0"/>
                    <xsd:maxInclusive value="8196"/>
                  </xsd:restriction>
                </xsd:simpleType>
              </xsd:attribute>
              <xsd:attribute name="FieldNumber">
                <xsd:simpleType>
                  <xsd:restriction base="xsd:integer">
                    <xsd:minInclusive value="0"/>
                    <xsd:maxInclusive value="8195"/>
                  </xsd:restriction>
```

```
                </xsd:simpleType>
              </xsd:attribute>
            </xsd:complexType>
          </xsd:element>
          <xsd:element name="NodeNumber" type="xsd:string" minOccurs="0" maxOccurs=
"unbounded"/>
          <xsd:element name="DataAvailability" type="xsd:boolean" minOccurs="0" maxOccurs
="unbounded"/>
          <xsd:element name="DataConsistency" type="xsd:boolean" minOccurs="0" maxOccurs
="unbounded"/>
          <xsd:element name="Cyclic" type="xsd:boolean" minOccurs="0" maxOccurs="un-
bounded"/>
        </xsd:sequence>
      </xsd:complexType>
    </xsd:element>
    <xsd:element name="ComMemoryInterface-Operations">
      <xsd:complexType>
        <xsd:sequence>
          <xsd:element name="Get_Attribute_Single" minOccurs="0"/>
          <xsd:element name="Set_Attribute_Single" minOccurs="0"/>
          <xsd:element name="Apply_Attributes" minOccurs="0"/>
        </xsd:sequence>
      </xsd:complexType>
    </xsd:element>
    <xsd:element name="MessageService">
      <xsd:complexType>
        <xsd:sequence>
          <xsd:element ref="MessageService-Attributes"/>
          <xsd:element ref="MessageService-Operations" minOccurs="0"/>
        </xsd:sequence>
      </xsd:complexType>
    </xsd:element>
    <xsd:element name="MessageService-Attributes">
      <xsd:complexType>
        <xsd:sequence>
          <xsd:element name="NodeNumberList" type="xsd:unsignedShort" minOccurs="0"
maxOccurs="unbounded"/>
          <xsd:element name="TCDList" type="xsd:unsignedInt" minOccurs="0" maxOccurs=
"unbounded"/>
        </xsd:sequence>
      </xsd:complexType>
    </xsd:element>
    <xsd:element name="MessageService-Operations">
```

```
      <xsd:complexType>
        <xsd:sequence>
          <xsd:element name="Get_Attribute_All" minOccurs="0"/>
          <xsd:element name="Get_Attribute_Single" minOccurs="0"/>
        </xsd:sequence>
      </xsd:complexType>
    </xsd:element>
    <xsd:element name="ErrorNotification">
      <xsd:complexType>
        <xsd:sequence>
          <xsd:element name="ActiveNodeNumberList" type="xsd:unsignedInt" minOccurs="0"
maxOccurs="unbounded"/>
          <xsd:element name="NodeStatus" type="xsd:unsignedInt" minOccurs="0" maxOccurs
="unbounded"/>
        </xsd:sequence>
      </xsd:complexType>
    </xsd:element>
    <xsd:element name="TransportLayers">
      <xsd:complexType>
        <xsd:sequence>
          <xsd:element ref="EthernetBasedObject" maxOccurs="unbounded"/>
          <xsd:element ref="UDP-IPObject" maxOccurs="unbounded"/>
        </xsd:sequence>
      </xsd:complexType>
    </xsd:element>
    <xsd:element name="EthernetBasedObject">
      <xsd:complexType>
        <xsd:sequence>
          <xsd:element ref="EthernetBasedObject-Attributes"/>
          <xsd:element ref="EthernetBasedObject-Operations" minOccurs="0"/>
        </xsd:sequence>
      </xsd:complexType>
    </xsd:element>
    <xsd:element name="EthernetBasedObject-Attributes">
      <xsd:complexType>
        <xsd:sequence>
          <xsd:element name="MediaType" type="xsd:string"/>
          <xsd:element name="CommRate" type="xsd:unsignedInt"/>
          <xsd:element ref="Indicators" type="xsd:string" minOccurs="0"/>
          <xsd:element name="MACAddress" type="xsd:string"/>
          <xsd:element name="ErrorLog" type="xsd:unsignedInt" minOccurs="0"/>
        </xsd:sequence>
      </xsd:complexType>
```

```
    </xsd:element>
    <xsd:element name="EthernetBasedObject-Operations">
      <xsd:complexType>
        <xsd:sequence>
          <xsd:element name="Get-Attribute-Single" minOccurs="0"/>
          <xsd:element name="Set-Attribute-Single" minOccurs="0"/>
          <xsd:element name="Get-Attributes-All" minOccurs="0"/>
          <xsd:element name="Clear" minOccurs="0"/>
        </xsd:sequence>
      </xsd:complexType>
    </xsd:element>
    <xsd:element name="UDP-IPObject">
      <xsd:complexType>
        <xsd:sequence>
          <xsd:element ref="UDP-IPObject-Attributes"/>
          <xsd:element ref="UDP-IPObject-Operations" minOccurs="0"/>
        </xsd:sequence>
      </xsd:complexType>
    </xsd:element>
    <xsd:element name="UDP-IPObject-Attributes">
      <xsd:complexType>
        <xsd:sequence>
          <xsd:element name="IPADDR" type="xsd:string"/>
          <xsd:element name="PortNumber" type="xsd:unsignedShort" minOccurs="0" maxOc-
curs="unbounded"/>
          <xsd:element name="HostName" type="xsd:string"/>
          <xsd:element name="ErrorLog" type="xsd:unsignedInt" minOccurs="0"/>
        </xsd:sequence>
      </xsd:complexType>
    </xsd:element>
    <xsd:element name="UDP-IPObject-Operations">
      <xsd:complexType>
        <xsd:sequence>
          <xsd:element name="Get-Attribute-Single" minOccurs="0"/>
          <xsd:element name="Set-Attribute-Single" minOccurs="0"/>
          <xsd:element name="Get-Attributes-All" minOccurs="0"/>
          <xsd:element name="Clear" minOccurs="0"/>
        </xsd:sequence>
      </xsd:complexType>
    </xsd:element>
    <xsd:element name="NetworkManagement">
      <xsd:complexType>
        <xsd:sequence>
```

```
      <xsd:element ref="Configuration" maxOccurs="unbounded"/>
      <xsd:element ref="ServiceSelection" maxOccurs="unbounded"/>
      <xsd:element ref="PerformanceManager" maxOccurs="unbounded"/>
      <xsd:element ref="FaultManager" maxOccurs="unbounded"/>
    </xsd:sequence>
  </xsd:complexType>
</xsd:element>
<xsd:element name="Configuration">
  <xsd:complexType>
    <xsd:sequence>
      <xsd:element ref="Configuration-Attributes"/>
      <xsd:element ref="Configuration-Operations" minOccurs="0"/>
    </xsd:sequence>
  </xsd:complexType>
</xsd:element>
<xsd:element name="Configuration-Attributes">
  <xsd:complexType>
    <xsd:sequence>
      <xsd:element ref="SpecificationMajorVersion" minOccurs="0"/>
      <xsd:element ref="SpecificationMinorVersion" minOccurs="0"/>
      <xsd:element ref="InRingManager" minOccurs="0"/>
      <xsd:element ref="ConnectionManager" minOccurs="0"/>
      <xsd:element ref="Indicators" minOccurs="0"/>
    </xsd:sequence>
  </xsd:complexType>
</xsd:element>
<xsd:element name="SpecificationMajorVersion">
  <xsd:simpleType>
    <xsd:restriction base="xsd:integer">
      <xsd:minInclusive value="1"/>
      <xsd:maxInclusive value="15"/>
    </xsd:restriction>
  </xsd:simpleType>
</xsd:element>
<xsd:element name="SpecificationMinorVersion">
  <xsd:simpleType>
    <xsd:restriction base="xsd:integer">
      <xsd:minInclusive value="0"/>
      <xsd:maxInclusive value="15"/>
    </xsd:restriction>
  </xsd:simpleType>
</xsd:element>
<xsd:element name="InRingState" type="xsd:string"/>
```

```
<xsd:element name="ConnectionManager" type="xsd:string"/>
<xsd:element name="Indicators" type="xsd:string"/>
<xsd:element name="Configuration-Operations">
  <xsd:complexType>
    <xsd:sequence>
      <xsd:element name="Get-Attribute-Single" minOccurs="0"/>
      <xsd:element name="Set-Attribute-Single" minOccurs="0"/>
      <xsd:element name="Get-Attributes-All" minOccurs="0"/>
      <xsd:element name="Set-Attributes-All" minOccurs="0"/>
      <xsd:element name="Clear" minOccurs="0"/>
    </xsd:sequence>
  </xsd:complexType>
</xsd:element>
<xsd:element name="ServiceSelection">
  <xsd:complexType>
    <xsd:sequence>
      <xsd:element ref="ServiceSelection-Attributes"/>
      <xsd:element ref="ServiceSelection-Operations" minOccurs="0"/>
    </xsd:sequence>
  </xsd:complexType>
</xsd:element>
<xsd:element name="ServiceSelection-Attributes">
  <xsd:complexType>
    <xsd:sequence>
      <xsd:element name="NM-MessageTypeList" type="xsd:unsignedShort" maxOccurs=
"unbounded"/>
      <xsd:element name="NM-TCDList" type="xsd:unsignedInt" maxOccurs="unbounded"/>
      <xsd:element name="NM-VendorCodeList" type="xsd:string" minOccurs="0" maxOc-
curs="unbounded"/>
    </xsd:sequence>
  </xsd:complexType>
</xsd:element>
<xsd:element name="ServiceSelection-Operations">
  <xsd:complexType>
    <xsd:sequence>
      <xsd:element name="Get_Attribute_All" minOccurs="0"/>
      <xsd:element name="Get_Attribute_Single" minOccurs="0"/>
    </xsd:sequence>
  </xsd:complexType>
</xsd:element>
<xsd:element name="PerformanceManager">
  <xsd:complexType>
    <xsd:sequence>
```

```
          <xsd:element ref="PerformanceManager-Attributes"/>
          <xsd:element ref="PerformanceManager-Operations" minOccurs="0"/>
        </xsd:sequence>
      </xsd:complexType>
    </xsd:element>
    <xsd:element name="PerformanceManager-Attributes">
      <xsd:complexType>
        <xsd:sequence>
          <xsd:element name="TokenMonitoringTime" type="xsd:unsignedShort" minOccurs="0"/>
          <xsd:element name="TokenHoldTime" type="xsd:unsignedShort" minOccurs="0"/>
          <xsd:element name="MinimumFrameInterval" minOccurs="0"/>
          <xsd:element name="RefreshCycleAvailableTime" type="xsd:unsignedShort" minOccurs="0" maxOccurs="unbounded"/>
          <xsd:element name="MessageTransmissionSchedule" type="xsd:unsignedShort" minOccurs="0" maxOccurs="unbounded"/>
        </xsd:sequence>
      </xsd:complexType>
    </xsd:element>
    <xsd:element name="PerformanceManager-Operations">
      <xsd:complexType>
        <xsd:sequence>
          <xsd:element name="Get-Attribute-Single" minOccurs="0"/>
          <xsd:element name="Set-Attribute-Single" minOccurs="0"/>
          <xsd:element name="Get-Attributes-All" minOccurs="0"/>
          <xsd:element name="Set-Attributes-All" minOccurs="0"/>
        </xsd:sequence>
      </xsd:complexType>
    </xsd:element>
    <xsd:element name="FaultManager">
      <xsd:complexType>
        <xsd:sequence>
          <xsd:element ref="FaultManager-Attributes"/>
          <xsd:element ref="FaultManager-Operations" minOccurs="0"/>
        </xsd:sequence>
      </xsd:complexType>
    </xsd:element>
    <xsd:element name="FaultManager-Attributes">
      <xsd:complexType>
        <xsd:sequence>
          <xsd:element name="FaultNodeList" type="xsd:unsignedShort" minOccurs="0" maxOccurs="unbounded"/>
          <xsd:element name="ErrorName" minOccurs="0" maxOccurs="unbounded"/>
```

```
        <xsd:element name="ErrorLog" type="xsd:unsignedInt" minOccurs="0"/>
        <xsd:element name="ComMemoryAreaOverlap" type="xsd:boolean" minOccurs="0" maxOccurs="unbounded"/>
        <xsd:element name="NodeNumberConflict" type="xsd:boolean" minOccurs="0" maxOccurs="unbounded"/>
      </xsd:sequence>
    </xsd:complexType>
  </xsd:element>
  <xsd:element name="FaultManager-Operations">
    <xsd:complexType>
      <xsd:sequence>
        <xsd:element name="Get-Attribute-Single" minOccurs="0"/>
        <xsd:element name="Set-Attribute-Single" minOccurs="0"/>
        <xsd:element name="Get-Attributes-All" minOccurs="0"/>
        <xsd:element name="Set-Attributes-All" minOccurs="0"/>
        <xsd:element name="Clear" minOccurs="0"/>
      </xsd:sequence>
    </xsd:complexType>
  </xsd:element>
</xsd:schema>
```

附 录 C
(规范性附录)
Ethernet/IP 专规模板

C.1 概述

Ethernet/IP 网络的上面几层是基于通用工业协议(CIP)的。该协议将所有的通信实体和应用实体建模为对象。符合 CIP 的报文传送需要在相应的对象实例(或它们的属性)上执行服务。这一模式提供了在节点内对所有配置、状态和运行时变量数据的显式访问。同时,I/O 连接允许与 I/O 数据库的直接数据交换,而无需进行中间处理。在上述两种情况下,可采用 CIP 路径(即:一个定义应用对象实例、属性和/或连接端点的八位位组串流)对一台设备内的所有数据引用进行规定。

对于带有 CIP 通信接口的设备的远程配置,可提供多种选择,包括:

——以打印或电子版保存的设备信息;

——专用参数对象(Parameter Objects),它提供对各个配置/参数值的公共接口,它还可嵌入附加的配置信息,例如:描述性文本、数据类型、数据限制和缺省值;

——专用配置集合(Configuration Assembly),它允许成批上传和下载配置数据,其方式是对各个配置/参数数据值分组;

——上述方法的组合。

目前基于 CIP 设备的可用配置工具采用特殊格式的 ASCII 文件(称为电子数据单,即 EDS),它提供:

——标识接入设备所需要的信息;

——通过网络可访问的设备数据的描述(例如:可配置的参数);

——设备所支持的通信能力的描述(例如:连接);

——附加的制造商专用信息。

EDS 允许配置工具自动操作设备的配置过程。EDS 的要求为执行 CIP 环境下的设备配置提供了一种开放的、一致的和兼容的方法。

EDS 信息非常类似于通信网络专规和设备专规中所需要的信息,因此,后续的各节规定了用于以下方面的格式:

——通信网络和设备专规模板,在 GB/T 19659.1 中定义;

——在 GB/T 19659(ISO 15745)模板中遗留 EDS 文件的封装(“wrapper 包装”);

——遗留 EDS,包括通用的语义信息。

注:特定设备的 Ethernet/IP EDS(电子数据单)可以采用适当的格式单从相应的 XML 设备和通信网络专规文件中导出。

C.2 设备专规模板描述

C.2.1 设备专规模板描述——基于 XML

C.2.1.1 概述

设备专规 XML 文件应符合 C.2.1.3.3 中所规定的设备专规 XML 模式。

此 XML 模式的内容出自 6.3.1 中所示的设备专规类图,并通过附加元素对其进行扩展,以允许对设备需求或能力的全面描述。

C.2.1.2 XML 模式元素的语义

C.2.1.2.1 ProfileBody(专规主体)

这一主要元素与提供专规文件的附加信息的一组属性相关。

这些属性的语义在C.4.1.4.2中规定。

C.2.1.2.2 DeviceIdentity(设备标识)

此元素规定了所支持的Identity(标识)对象的实例属性和操作(见IEC 61158-5:2003和IEC 61158-6:2003(类型2)),以及全部设备标识的附加信息。在适当的情况下,它也指明这些实例属性的实际值。

DeviceIdentity(设备标识)元素的子元素DeviceIdentity_InstanceAttributes(设备标识实例属性)的语义在表C.1中规定。

表C.1 DeviceIdentity_InstanceAttributes(设备标识实例属性)元素

XML模式元素	对象属性	语 义
SpecificationConformance(规范一致性)	无	用于指明Ethernet/IP规范的引用版本的字符串
VendCode(制造商代码),ProdType(产品类型),ProdCode(产品代码),ProdRevision(产品版本)	有	见C.4.1.4.3
VendName(制造商名称),ProdTypeStr(产品类型串),ProdName(产品名称),Catalog(目录),Icon(图标),ExcludeFromAdapteRackConnection(排除适配器轨道连接)	无	见C.4.1.4.3
Status(状况),SerialNumber(序列号)	有	不可用
State(状态),ConfigurationConsistencyValue(配置一致性值),HeartbeatInterval(脉动间隙)	有	不可用
DeviceClassification(设备分类)	无	见C.4.1.4.4和C.4.2.2.1

C.2.1.2.3 DeviceManager(设备管理器)

此元素规定了所支持的Identity Object(标识对象)的类属性和操作(见IEC 61158-5:2003和IEC 61158-6:2003(类型2)),以及设备管理的附加信息。在适当的情况下,它也指明这些实例属性的实际值。

元素DeviceManager(设备管理器)的子元素Modular(模块)的语义在C.4.1.5.2中规定。

C.2.1.2.4 DeviceFunction(设备功能)

此元素的内容在本标准中不作详细说明。

C.2.1.2.5 ApplicationProcess(应用过程)

C.2.1.2.5.1 Assembly(集合)

此元素规定了所支持的Assembly Object(集合对象)的类、实例属性和操作(见IEC 61158-5:2003和IEC 61158-6:2003(类型2)),以及各个实例的描述。

元素Assembly(集合)的子元素Assem(集合)、ProxyAssem(代理集合)和ProxiedAssem(所代理的集合)的语义在C.4.1.4.8和C.4.1.5.3.2中规定。

C.2.1.2.5.2 Parameter(参数)

此元素规定了所支持的Parameter Object(参数对象)的类、实例属性和操作,以及各个实例的描述。

元素Parameter(参数)的子元素Parameter_ClassAttributes(参数类别属性)的语义在C.4.1.4.5中规定。

元素Parameter(参数)的子元素Param(参数),ProxyParam(代理参数)和ProxiedParam(所代理的

参数)的语义在 C.4.1.4.6 和 C.4.1.5.3.1 中规定。

C.2.1.2.5.3 ParameterGroup(参数组)

此元素规定了用于特定目的有关参数构成的组。

元素 ParameterGroup(参数组)的子元素 Group(组)的语义在 C.4.1.4.7 中规定。

C.2.1.3 XML 模式

C.2.1.3.1 MasterTemplateTypes.xsd

注:此 XML 模式包含 GB/T 19659.1—2005 中定义为主模板的部分的全部形式。

```
<?xml version="1.0" encoding="UTF-8"?>
<xsd:schema xmlns:xsd="http://www.w3.org/2001/XMLSchema">
  <!-- Target namespaces are not specified in this master template -->
  <xsd:annotation>
    <xsd:documentation> * HEADER DATA TYPES * </xsd:documentation>
  </xsd:annotation>
  <xsd:simpleType name="ProfileClassID_DataType">
    <xsd:restriction base="xsd:string">
      <xsd:enumeration value="AIP"/>
      <xsd:enumeration value="Process"/>
      <xsd:enumeration value="InformationExchange"/>
      <xsd:enumeration value="Resource"/>
      <xsd:enumeration value="Device"/>
      <xsd:enumeration value="CommunicationNetwork"/>
      <xsd:enumeration value="Equipment"/>
      <xsd:enumeration value="Human"/>
      <xsd:enumeration value="Material"/>
    </xsd:restriction>
  </xsd:simpleType>
  <xsd:complexType name="ISO15745Reference_DataType">
    <xsd:sequence>
      <xsd:element name="ISO15745Part" type="xsd:positiveInteger"/>
      <xsd:element name="ISO15745Edition" type="xsd:positiveInteger"/>
      <xsd:element name="ProfileTechnology" type="xsd:string"/>
    </xsd:sequence>
  </xsd:complexType>
  <xsd:simpleType name="IASInterface_DataType">
    <xsd:union>
      <xsd:simpleType>
        <xsd:restriction base="xsd:string">
          <xsd:enumeration value="CSI"/>
          <xsd:enumeration value="HCI"/>
          <xsd:enumeration value="ISI"/>
          <xsd:enumeration value="API"/>
          <xsd:enumeration value="CMI"/>
          <xsd:enumeration value="ESI"/>
```

```
            <xsd:enumeration value="FSI"/>
            <xsd:enumeration value="MTI"/>
            <xsd:enumeration value="SEI"/>
            <xsd:enumeration value="USI"/>
          </xsd:restriction>
        </xsd:simpleType>
        <xsd:simpleType>
          <xsd:restriction base="xsd:string">
            <xsd:length value="4"/>
          </xsd:restriction>
        </xsd:simpleType>
      </xsd:union>
    </xsd:simpleType>
    <xsd:annotation>
      <xsd:documentation> * ISO 15745 DEFINED DATA TYPES * </xsd:documentation>
    </xsd:annotation>
    <xsd:complexType name="ProfileHandle_DataType">
      <xsd:sequence>
        <xsd:element name="ProfileIdentification" type="xsd:string"/>
        <xsd:element name="ProfileRevision" type="xsd:string"/>
        <xsd:element name="ProfileLocation" type="xsd:anyURI" minOccurs="0" maxOccurs=
"1"/>
      </xsd:sequence>
    </xsd:complexType>
</xsd:schema>
```

C.2.1.3.2 CIPDataTypes.xsd

注：此 XML 模式定义了其他 XML 模式中所使用的 XML 模式项(例如:数据类型,元素类型,属性组)。

```
<?xml version="1.0" encoding="UTF-8"?>
<xsd:schema xmlns:xsd="http://www.w3.org/2001/XMLSchema">
  <!-- Target namespaces are not specified in this master template -->
  <xsd:annotation>
    <xsd:documentation> * CIP DATA TYPES * </xsd:documentation>
  </xsd:annotation>
  <xsd:simpleType name="dt_USINT">
    <xsd:restriction base="xsd:unsignedByte"/>
  </xsd:simpleType>
  <xsd:simpleType name="dt_UINT">
    <xsd:restriction base="xsd:unsignedShort"/>
  </xsd:simpleType>
  <xsd:simpleType name="dt_UDINT">
    <xsd:restriction base="xsd:unsignedInt"/>
  </xsd:simpleType>
  <xsd:simpleType name="dt_ULINT">
```

```
    <xsd:restriction base="xsd:unsignedLong"/>
  </xsd:simpleType>
  <xsd:simpleType name="dt_SINT">
    <xsd:restriction base="xsd:byte"/>
  </xsd:simpleType>
  <xsd:simpleType name="dt_INT">
    <xsd:restriction base="xsd:short"/>
  </xsd:simpleType>
  <xsd:simpleType name="dt_DINT">
    <xsd:restriction base="xsd:int"/>
  </xsd:simpleType>
  <xsd:simpleType name="dt_LINT">
    <xsd:restriction base="xsd:long"/>
  </xsd:simpleType>
  <xsd:simpleType name="dt_BYTE">
    <xsd:restriction base="xsd:hexBinary">
      <xsd:maxLength value="1"/>
    </xsd:restriction>
  </xsd:simpleType>
  <xsd:simpleType name="dt_WORD">
    <xsd:restriction base="xsd:hexBinary">
      <xsd:maxLength value="2"/>
    </xsd:restriction>
  </xsd:simpleType>
  <xsd:simpleType name="dt_DWORD">
    <xsd:restriction base="xsd:hexBinary">
      <xsd:maxLength value="4"/>
    </xsd:restriction>
  </xsd:simpleType>
  <xsd:simpleType name="dt_LWORD">
    <xsd:restriction base="xsd:hexBinary">
      <xsd:maxLength value="8"/>
    </xsd:restriction>
  </xsd:simpleType>
  <xsd:simpleType name="dt_REAL">
    <xsd:restriction base="xsd:float"/>
  </xsd:simpleType>
  <xsd:simpleType name="dt_LREAL">
    <xsd:restriction base="xsd:double"/>
  </xsd:simpleType>
  <xsd:simpleType name="dt_EDS_Char_Array">
    <xsd:restriction base="xsd:string"/>
  </xsd:simpleType>
```

```
<xsd:simpleType name="dt_EPATH">
  <xsd:list itemType="et_EPATH_item"/>
</xsd:simpleType>
<xsd:simpleType name="dt_STRINGI">
  <xsd:restriction base="xsd:string"/>
</xsd:simpleType>
<xsd:simpleType name="dt_EDS_Date">
  <xsd:restriction base="xsd:date"/>
</xsd:simpleType>
<xsd:simpleType name="dt_EDS_Time_Of_Day">
  <xsd:restriction base="xsd:time"/>
</xsd:simpleType>
<xsd:simpleType name="dt_EDS_Revision">
  <xsd:restriction base="xsd:string">
    <xsd:pattern value="[0-9]\.[1-9]|[1-9]\.[0-9]|[1-9]\.[1-9]"/>
  </xsd:restriction>
</xsd:simpleType>
<xsd:simpleType name="dt_EDS_URL">
  <xsd:restriction base="xsd:anyURI">
    <xsd:pattern value="http://.*"/>
    <xsd:pattern value="ftp://.*"/>
    <xsd:pattern value=".*"/>
  </xsd:restriction>
</xsd:simpleType>
<xsd:simpleType name="at_AccessType_OptionalGet">
  <xsd:restriction base="xsd:NMTOKEN">
    <xsd:enumeration value="None"/>
    <xsd:enumeration value="Get"/>
  </xsd:restriction>
</xsd:simpleType>
<xsd:simpleType name="at_AccessType_OptionalSet">
  <xsd:restriction base="xsd:NMTOKEN">
    <xsd:enumeration value="None"/>
    <xsd:enumeration value="Get"/>
    <xsd:enumeration value="Set"/>
  </xsd:restriction>
</xsd:simpleType>
<xsd:simpleType name="at_AccessType_Mandatory">
  <xsd:restriction base="xsd:NMTOKEN">
    <xsd:enumeration value="Get"/>
    <xsd:enumeration value="Set"/>
  </xsd:restriction>
</xsd:simpleType>
```

```
<xsd:simpleType name="et_VendorSpecificKeyword">
  <xsd:restriction base="xsd:string">
    <xsd:pattern value="[1-9][0-9]{0,4}_([A-Z]|[a-z]|[0-9])([A-Z]|[a-z]|[0-9]|[_])*"/>
  </xsd:restriction>
</xsd:simpleType>
<xsd:simpleType name="et_EPATH_item">
  <xsd:union>
    <xsd:simpleType>
      <xsd:restriction base="xsd:string">
        <xsd:pattern value="([0-9]|[a-f]|[A-F]){2}"/>
      </xsd:restriction>
    </xsd:simpleType>
    <xsd:simpleType>
      <xsd:restriction base="xsd:NMTOKEN">
        <xsd:enumeration value="SLOT"/>
        <xsd:enumeration value="SLOT_MINUS_ONE"/>
        <xsd:enumeration value="SYMBOL_ANSI"/>
      </xsd:restriction>
    </xsd:simpleType>
    <xsd:simpleType>
      <xsd:restriction base="xsd:string">
        <xsd:pattern value="Param[1-9][0-9]{0,4}"/>
        <xsd:pattern value="\[Param[1-9][0-9]{0,4}\]"/>
        <xsd:pattern value="ProxyParam[1-9][0-9]{0,4}"/>
        <xsd:pattern value="\[ProxyParam[1-9][0-9]{0,4}\]"/>
      </xsd:restriction>
    </xsd:simpleType>
  </xsd:union>
</xsd:simpleType>
<xsd:simpleType name="et_ParamReference">
  <xsd:restriction base="xsd:NMTOKEN">
    <xsd:pattern value="Param[1-9][0-9]{0,4}([:][0-9]{1,2})*"/>
    <xsd:pattern value="ProxyParam[1-9][0-9]{0,4}([:][0-9]{1,2})*"/>
  </xsd:restriction>
</xsd:simpleType>
<xsd:simpleType name="et_AssemReference">
  <xsd:restriction base="xsd:NMTOKEN">
    <xsd:pattern value="Assem[1-9][0-9]{0,4}"/>
    <xsd:pattern value="ProxyAssem[1-9][0-9]{0,4}"/>
  </xsd:restriction>
</xsd:simpleType>
<xsd:attributeGroup name="ag_FileDescription">
```

```xml
    <xsd:attribute name="DescText" type="dt_EDS_Char_Array" use="required"/>
    <xsd:attribute name="CreateDate" type="dt_EDS_Date" use="required"/>
    <xsd:attribute name="CreateTime" type="dt_EDS_Time_Of_Day" use="required"/>
    <xsd:attribute name="ModDate" type="dt_EDS_Date" use="optional"/>
    <xsd:attribute name="ModTime" type="dt_EDS_Time_Of_Day" use="optional"/>
    <xsd:attribute name="Revision" type="dt_EDS_Revision" use="required"/>
    <xsd:attribute name="HomeURL" type="dt_EDS_URL" use="optional"/>
    <xsd:attribute name="SpecificationConformance" type="dt_EDS_Char_Array" use="re-
quired"/>
  </xsd:attributeGroup>
</xsd:schema>
```

C.2.1.3.3 CIP_Device_Profile.xsd

注：此 XML 模式包括以下文件："MasterTemplateTypes.xsd"（见 C.2.1.3.1）和"CIPDataTypes.xsd"（见 C.2.1.3.2）。

```xml
<?xml version="1.0" encoding="UTF-8"?>
<xsd:schema xmlns:xsd="http://www.w3.org/2001/XMLSchema" elementFormDefault="quali-
fied">
  <!-- Target namespaces are not specified in this master template -->
  <xsd:redefine schemaLocation="MasterTemplateTypes.xsd">
    <xsd:complexType name="ISO15745Reference_DataType">
      <xsd:complexContent>
        <xsd:restriction base="ISO15745Reference_DataType">
          <xsd:sequence>
            <xsd:element name="ISO15745Part" type="xsd:positiveInteger"/>
            <xsd:element name="ISO15745Edition" type="xsd:positiveInteger"/>
            <xsd:element name="ProfileTechnology" type="xsd:string" fixed="CIP"/>
          </xsd:sequence>
        </xsd:restriction>
      </xsd:complexContent>
    </xsd:complexType>
  </xsd:redefine>
  <xsd:include schemaLocation="CIPDataTypes.xsd"/>
  <xsd:element name="ISO15745Profile">
    <xsd:complexType>
      <xsd:sequence>
        <xsd:element ref="ProfileHeader"/>
        <xsd:element ref="ProfileBody"/>
      </xsd:sequence>
    </xsd:complexType>
  </xsd:element>
  <xsd:annotation>
    <xsd:documentation> * HEADER SECTION * </xsd:documentation>
  </xsd:annotation>
```

```
<xsd:element name="ProfileHeader">
  <xsd:complexType>
    <xsd:sequence>
      <xsd:element name="ProfileIdentification" type="xsd:string"/>
      <xsd:element name="ProfileRevision" type="xsd:string"/>
      <xsd:element name="ProfileName" type="xsd:string"/>
      <xsd:element name="ProfileSource" type="xsd:string"/>
      <xsd:element name="ProfileClassID" type="ProfileClassID_DataType" fixed="Device"/>
      <xsd:element name="ProfileDate" type="xsd:date" minOccurs="0"/>
      <xsd:element name="AdditionalInformation" type="xsd:anyURI" minOccurs="0"/>
      <xsd:element name="ISO15745Reference" type="ISO15745Reference_DataType"/>
      <xsd:element name="IASInterfaceType" type="IASInterface_DataType" minOccurs=
"0" maxOccurs="unbounded"/>
    </xsd:sequence>
  </xsd:complexType>
</xsd:element>
<xsd:annotation>
  <xsd:documentation> * BODY SECTION * </xsd:documentation>
</xsd:annotation>
<xsd:element name="ProfileBody">
  <xsd:complexType>
    <xsd:sequence>
      <xsd:element ref="DeviceIdentity"/>
      <xsd:element ref="DeviceManager" minOccurs="0"/>
      <xsd:element ref="DeviceFunction" maxOccurs="unbounded"/>
      <xsd:element ref="ApplicationProcess" minOccurs="0"/>
      <xsd:element name="ExternalProfileHandle" type="ProfileHandle_DataType" minOc-
curs="0"/>
    </xsd:sequence>
    <xsd:attributeGroup ref="ag_FileDescription"/>
  </xsd:complexType>
</xsd:element>
<xsd:element name="DeviceIdentity">
  <xsd:complexType>
    <xsd:sequence>
      <xsd:element name="DeviceIdentity_InstanceAttributes">
        <xsd:complexType>
          <xsd:sequence>
            <xsd:element name="VendCode">
              <xsd:complexType>
                <xsd:simpleContent>
                  <xsd:extension base="dt_UINT">
                    <xsd:attribute name="Access_Rule" type="at_AccessType_Mandatory"
```

```
use="required" fixed="Get"/>
                    </xsd:extension>
                  </xsd:simpleContent>
                </xsd:complexType>
              </xsd:element>
              <xsd:element name="VendName">
                <xsd:complexType>
                  <xsd:simpleContent>
                    <xsd:extension base="dt_EDS_Char_Array"/>
                  </xsd:simpleContent>
                </xsd:complexType>
              </xsd:element>
              <xsd:element name="SpecificationConformance" type="dt_EDS_Char_Array" mi-
nOccurs="0"/>
              <xsd:element name="ProdType">
                <xsd:complexType>
                  <xsd:simpleContent>
                    <xsd:extension base="dt_UINT">
                      <xsd:attribute name="Access_Rule" type="at_AccessType_Mandatory"
use="required" fixed="Get"/>
                    </xsd:extension>
                  </xsd:simpleContent>
                </xsd:complexType>
              </xsd:element>
              <xsd:element name="ProdTypeStr">
                <xsd:complexType>
                  <xsd:simpleContent>
                    <xsd:extension base="dt_EDS_Char_Array"/>
                  </xsd:simpleContent>
                </xsd:complexType>
              </xsd:element>
              <xsd:element name="ProdCode">
                <xsd:complexType>
                  <xsd:simpleContent>
                    <xsd:extension base="dt_UINT">
                      <xsd:attribute name="Access_Rule" type="at_AccessType_Mandatory"
use="required" fixed="Get"/>
                    </xsd:extension>
                  </xsd:simpleContent>
                </xsd:complexType>
              </xsd:element>
              <xsd:element name="ProdRevision">
                <xsd:complexType>
```

```
                    <xsd:sequence>
                        <xsd:element name="MajRev" type="dt_USINT"/>
                        <xsd:element name="MinRev" type="dt_USINT"/>
                    </xsd:sequence>
                    <xsd:attribute name="Access_Rule" type="at_AccessType_Mandatory" use
="required" fixed="Get"/>
                </xsd:complexType>
            </xsd:element>
            <xsd:element name="Status" minOccurs="0">
                <xsd:complexType>
                    <xsd:attribute name="Access_Rule" type="at_AccessType_Mandatory" use
="required" fixed="Get"/>
                </xsd:complexType>
            </xsd:element>
            <xsd:element name="SerialNumber" minOccurs="0">
                <xsd:complexType>
                    <xsd:attribute name="Access_Rule" type="at_AccessType_Mandatory" use
="required" fixed="Get"/>
                </xsd:complexType>
            </xsd:element>
            <xsd:element name="ProdName">
                <xsd:complexType>
                    <xsd:simpleContent>
                        <xsd:extension base="xsd:string">
                            <xsd:attribute name="Access_Rule" type="at_AccessType_Mandatory"
use="required" fixed="Get"/>
                        </xsd:extension>
                    </xsd:simpleContent>
                </xsd:complexType>
            </xsd:element>
            <xsd:element name="State" minOccurs="0">
                <xsd:complexType>
                    <xsd:attribute name="Access_Rule" type="at_AccessType_OptionalGet" use
="required"/>
                </xsd:complexType>
            </xsd:element>
            <xsd:element name="ConfigurationConsistencyValue" minOccurs="0">
                <xsd:complexType>
                    <xsd:attribute name="Access_Rule" type="at_AccessType_OptionalGet" use
="required"/>
                </xsd:complexType>
            </xsd:element>
            <xsd:element name="HeartbeatInterval" minOccurs="0">
```

```
            <xsd:complexType>
              <xsd:attribute name="Access_Rule" type="at_AccessType_OptionalSet" use
="required"/>
            </xsd:complexType>
          </xsd:element>
          <xsd:element name="Catalog" type="xsd:string" minOccurs="0"/>
          <xsd:element name="Icon" type="xsd:string" minOccurs="0"/>
          <xsd:element name="ExcludeFromAdapterRackConnection" type="xsd:string"
minOccurs="0"/>
          <xsd:element name="DeviceClassification" minOccurs="0">
            <xsd:complexType>
              <xsd:sequence>
                <xsd:element name="Class" maxOccurs="unbounded">
                  <xsd:complexType>
                    <xsd:sequence>
                      <xsd:element name="MainClass">
                        <xsd:simpleType>
                          <xsd:union>
                            <xsd:simpleType>
                              <xsd:restriction base="xsd:NMTOKEN">
                                <xsd:enumeration value="ControlNet"/>
                                <xsd:enumeration value="DeviceNet"/>
                                <xsd:enumeration value="EthernetIP"/>
                              </xsd:restriction>
                            </xsd:simpleType>
                            <xsd:simpleType>
                              <xsd:restriction base="et_VendorSpecificKeyword"/>
                            </xsd:simpleType>
                          </xsd:union>
                        </xsd:simpleType>
                      </xsd:element>
                      <xsd:element name="SubClass" type="xsd:NMTOKEN" minOccurs
="0" maxOccurs="unbounded"/>
                    </xsd:sequence>
                    <xsd:attribute name="id" use="required">
                      <xsd:simpleType>
                        <xsd:restriction base="xsd:ID">
                          <xsd:pattern value="Class[1-9][0-9]{0,4}"/>
                        </xsd:restriction>
                      </xsd:simpleType>
                    </xsd:attribute>
                  </xsd:complexType>
                </xsd:element>
```

```
            </xsd:sequence>
          </xsd:complexType>
        </xsd:element>
        <xsd:any namespace="##any"/>
      </xsd:sequence>
    </xsd:complexType>
  </xsd:element>
  <xsd:element name="DeviceIdentity_InstanceOperations" minOccurs="0">
    <xsd:complexType>
      <xsd:sequence>
        <xsd:element name="Get_Attribute_All">
          <xsd:complexType>
            <xsd:attribute ref="SupportedService" fixed="true"/>
          </xsd:complexType>
        </xsd:element>
        <xsd:element name="Reset">
          <xsd:complexType>
            <xsd:attribute ref="SupportedService" fixed="true"/>
          </xsd:complexType>
        </xsd:element>
        <xsd:element name="Get_Attribute_Single">
          <xsd:complexType>
            <xsd:attribute ref="SupportedService"/>
          </xsd:complexType>
        </xsd:element>
        <xsd:any namespace="##any"/>
      </xsd:sequence>
    </xsd:complexType>
  </xsd:element>
  <xsd:any namespace="##any" minOccurs="0" maxOccurs="unbounded"/>
</xsd:sequence>
</xsd:complexType>
</xsd:element>
<xsd:element name="DeviceManager">
  <xsd:complexType>
    <xsd:sequence>
      <xsd:element name="DeviceIdentity_ClassAttributes" minOccurs="0">
        <xsd:complexType>
          <xsd:sequence>
            <xsd:element name="ObjectRevision">
              <xsd:complexType>
                <xsd:attribute name="Access_Rule" type="at_AccessType_OptionalGet" use
="required"/>
```

```
                </xsd:complexType>
            </xsd:element>
            <xsd:element name="MaxInstance">
                <xsd:complexType>
                    <xsd:attribute name="Access_Rule" type="at_AccessType_OptionalGet" use
="required"/>
                </xsd:complexType>
            </xsd:element>
            <xsd:element name="MaxIDClassAttributes">
                <xsd:complexType>
                    <xsd:simpleContent>
                        <xsd:extension base="xsd:string">
                            <xsd:attribute name="Access_Rule"
type="at_AccessType_OptionalGet" use="required"/>
                        </xsd:extension>
                    </xsd:simpleContent>
                </xsd:complexType>
            </xsd:element>
            <xsd:element name="MaxIDInstanceAttributes">
                <xsd:complexType>
                    <xsd:simpleContent>
                        <xsd:extension base="xsd:string">
                            <xsd:attribute name="Access_Rule" type="at_AccessType_OptionalGet"
use="required"/>
                        </xsd:extension>
                    </xsd:simpleContent>
                </xsd:complexType>
            </xsd:element>
            <xsd:any namespace="##any" minOccurs="0" maxOccurs="unbounded"/>
        </xsd:sequence>
    </xsd:complexType>
</xsd:element>
<xsd:element name="DeviceIdentity_ClassOperations" minOccurs="0">
    <xsd:complexType>
        <xsd:sequence>
            <xsd:element name="Get_Attribute_All">
                <xsd:complexType>
                    <xsd:attribute ref="SupportedService"/>
                </xsd:complexType>
            </xsd:element>
            <xsd:element name="Reset">
                <xsd:complexType>
                    <xsd:attribute ref="SupportedService"/>
```

```
            </xsd:complexType>
          </xsd:element>
          <xsd:element name="Get_Attribute_Single">
            <xsd:complexType>
              <xsd:attribute ref="SupportedService"/>
            </xsd:complexType>
          </xsd:element>
          <xsd:element name="Find_Next_Object_Instance">
            <xsd:complexType>
              <xsd:attribute ref="SupportedService"/>
            </xsd:complexType>
          </xsd:element>
          <xsd:any namespace="##any" minOccurs="0" maxOccurs="unbounded"/>
        </xsd:sequence>
      </xsd:complexType>
    </xsd:element>
    <xsd:element name="Modular" minOccurs="0">
      <xsd:complexType>
        <xsd:choice>
          <xsd:element name="Chassis">
            <xsd:complexType>
              <xsd:sequence>
                <xsd:element name="DefineSlotsInRack" type="dt_UINT"/>
                <xsd:element name="SlotDisplayRule" type="et_ParamReference" minOc-
curs="0"/>
                <xsd:any namespace="##any" minOccurs="0" maxOccurs="unbound-
ed"/>
              </xsd:sequence>
            </xsd:complexType>
          </xsd:element>
          <xsd:element name="Module">
            <xsd:complexType>
              <xsd:sequence>
                <xsd:element name="Width" type="dt_UINT"/>
                <xsd:element name="Rack" maxOccurs="unbounded">
                  <xsd:complexType>
                    <xsd:sequence>
                      <xsd:element name="VendCode" type="dt_UINT"/>
                      <xsd:element name="ProdType" type="dt_UINT"/>
                      <xsd:element name="ProdCode" type="dt_UINT"/>
                      <xsd:element name="MajRev" type="dt_USINT"/>
                      <xsd:element name="MinRev" type="dt_USINT"/>
                      <xsd:element name="LegalSlot" type="dt_UINT" maxOccurs="
```

```
unbounded"/>
                        <xsd:any namespace="##any" minOccurs="0" maxOccurs="un-
bounded"/>
                    </xsd:sequence>
                    <xsd:attribute name="id" use="required">
                        <xsd:simpleType>
                            <xsd:restriction base="xsd:ID">
                                <xsd:pattern value="Rack[1-9][0-9]{0,4}"/>
                            </xsd:restriction>
                        </xsd:simpleType>
                    </xsd:attribute>
                </xsd:complexType>
            </xsd:element>
            <xsd:element name="ExternalID" type="dt_EPATH" minOccurs="0"/>
            <xsd:element name="GenericID" type="dt_EPATH" minOccurs="0"/>
            <xsd:element name="ExternIDExactMatch" minOccurs="0">
                <xsd:simpleType>
                    <xsd:restriction base="xsd:NMTOKEN">
                        <xsd:enumeration value="Yes"/>
                        <xsd:enumeration value="No"/>
                    </xsd:restriction>
                </xsd:simpleType>
            </xsd:element>
            <xsd:element name="Query" minOccurs="0">
                <xsd:complexType>
                    <xsd:sequence>
                        <xsd:element name="Path" type="dt_EPATH"/>
                        <xsd:element name="Service" type="dt_USINT"/>
                        <xsd:element name="Size">
                            <xsd:simpleType>
                                <xsd:restriction base="dt_USINT">
                                    <xsd:minInclusive value="1"/>
                                    <xsd:maxInclusive value="16"/>
                                </xsd:restriction>
                            </xsd:simpleType>
                        </xsd:element>
                        <xsd:element name="ExternalID" type="dt_EPATH"/>
                    </xsd:sequence>
                </xsd:complexType>
            </xsd:element>
            <xsd:any namespace="##any" minOccurs="0" maxOccurs="unbound-
ed"/>
        </xsd:sequence>
```

```
                </xsd:complexType>
              </xsd:element>
            </xsd:choice>
          </xsd:complexType>
        </xsd:element>
        <xsd:any namespace="##any"/>
      </xsd:sequence>
    </xsd:complexType>
  </xsd:element>
  <xsd:element name="DeviceFunction">
    <xsd:complexType>
      <xsd:sequence>
        <xsd:any namespace="##any" minOccurs="0" maxOccurs="unbounded"/>
      </xsd:sequence>
    </xsd:complexType>
  </xsd:element>
  <xsd:element name="ApplicationProcess">
    <xsd:complexType>
      <xsd:sequence>
        <xsd:element name="Parameter" minOccurs="0">
          <xsd:complexType>
            <xsd:sequence>
              <xsd:element name="Parameter_Class" minOccurs="0">
                <xsd:complexType>
                  <xsd:sequence>
                    <xsd:element name="Parameter_ClassAttributes">
                      <xsd:complexType>
                        <xsd:sequence>
                          <xsd:element name="ObjectRevision" minOccurs="0">
                            <xsd:complexType>
                              <xsd:attribute name="Access_Rule" type="at_AccessType_Op-
tionalGet" use="required"/>
                            </xsd:complexType>
                          </xsd:element>
                          <xsd:element name="MaxInstance">
                            <xsd:complexType>
                              <xsd:attribute name="Access_Rule" type="at_AccessType_
Mandatory" use="required" fixed="Get"/>
                            </xsd:complexType>
                          </xsd:element>
                          <xsd:element name="ParameterClassDescriptor">
                            <xsd:complexType>
                              <xsd:simpleContent>
```

```
                    <xsd:extension base="xsd:string">
                      <xsd:attribute name="Access_Rule" type="at_AccessType
_Mandatory" use="required" fixed="Get"/>
                    </xsd:extension>
                  </xsd:simpleContent>
                </xsd:complexType>
              </xsd:element>
              <xsd:element name="ConfigurationAssemblyInstance">
                <xsd:complexType>
                  <xsd:simpleContent>
                    <xsd:extension base="xsd:string">
                      <xsd:attribute name="Access_Rule" type="at_AccessType
_Mandatory" use="required" fixed="Get"/>
                    </xsd:extension>
                  </xsd:simpleContent>
                </xsd:complexType>
              </xsd:element>
              <xsd:element name="NativeLanguage" minOccurs="0">
                <xsd:complexType>
                  <xsd:simpleContent>
                    <xsd:extension base="xsd:string">
                      <xsd:attribute name="Access_Rule" type="at_AccessType
_OptionalSet" use="required"/>
                    </xsd:extension>
                  </xsd:simpleContent>
                </xsd:complexType>
              </xsd:element>
              <xsd:any namespace="##any" minOccurs="0" maxOccurs="un-
bounded"/>
            </xsd:sequence>
          </xsd:complexType>
        </xsd:element>
        <xsd:element name="Parameter_ClassOperations" minOccurs="0">
          <xsd:complexType>
            <xsd:sequence>
              <xsd:element name="Get_Attribute_All">
                <xsd:complexType>
                  <xsd:attribute ref="SupportedService"/>
                </xsd:complexType>
              </xsd:element>
              <xsd:element name="Reset">
                <xsd:complexType>
                  <xsd:attribute ref="SupportedService"/>
```

```
                    </xsd:complexType>
                  </xsd:element>
                  <xsd:element name="Get_Attribute_Single">
                    <xsd:complexType>
                      <xsd:attribute ref="SupportedService" fixed="true"/>
                    </xsd:complexType>
                  </xsd:element>
                  <xsd:element name="Set_Attribute_Single">
                    <xsd:complexType>
                      <xsd:attribute ref="SupportedService"/>
                    </xsd:complexType>
                  </xsd:element>
                  <xsd:element name="Restore">
                    <xsd:complexType>
                      <xsd:attribute ref="SupportedService"/>
                    </xsd:complexType>
                  </xsd:element>
                  <xsd:element name="Save">
                    <xsd:complexType>
                      <xsd:attribute ref="SupportedService"/>
                    </xsd:complexType>
                  </xsd:element>
                  <xsd:any namespace="##any" minOccurs="0" maxOccurs="un-
bounded"/>
                </xsd:sequence>
              </xsd:complexType>
            </xsd:element>
          </xsd:sequence>
        </xsd:complexType>
      </xsd:element>
      <xsd:element name="Parameter_Instance" minOccurs="0">
        <xsd:complexType>
          <xsd:sequence>
            <xsd:element name="Parameter_InstanceAttributes" minOccurs="0">
              <xsd:complexType>
                <xsd:sequence>
                  <xsd:element name="ParameterValue">
                    <xsd:complexType>
                      <xsd:attribute name="Access_Rule" type="at_AccessType_
Mandatory" use="required" fixed="Set"/>
                    </xsd:complexType>
                  </xsd:element>
                  <xsd:element name="LinkPathSize">
```

```
<xsd:complexType>
    <xsd:attribute name="Access_Rule" type="at_AccessType_Mandatory" use="required" fixed="Set"/>
</xsd:complexType>
</xsd:element>
<xsd:element name="LinkPath">
  <xsd:complexType>
    <xsd:attribute name="Access_Rule" type="at_AccessType_Mandatory" use="required" fixed="Set"/>
  </xsd:complexType>
</xsd:element>
<xsd:element name="ParamDescriptor">
  <xsd:complexType>
    <xsd:attribute name="Access_Rule" type="at_AccessType_Mandatory" use="required" fixed="Get"/>
  </xsd:complexType>
</xsd:element>
<xsd:element name="DataType">
  <xsd:complexType>
    <xsd:attribute name="Access_Rule" type="at_AccessType_Mandatory" use="required" fixed="Get"/>
  </xsd:complexType>
</xsd:element>
<xsd:element name="DataSize">
  <xsd:complexType>
    <xsd:attribute name="Access_Rule" type="at_AccessType_Mandatory" use="required" fixed="Get"/>
  </xsd:complexType>
</xsd:element>
<xsd:element name="ParameterName">
  <xsd:complexType>
    <xsd:attribute name="Access_Rule" type="at_AccessType_OptionalGet" use="required"/>
  </xsd:complexType>
</xsd:element>
<xsd:element name="UnitsString">
  <xsd:complexType>
    <xsd:attribute name="Access_Rule" type="at_AccessType_OptionalGet" use="required"/>
  </xsd:complexType>
</xsd:element>
<xsd:element name="HelpString">
  <xsd:complexType>
```

```
                <xsd:attribute name="Access_Rule" type="at_AccessType_Op-
tionalGet" use="required"/>
            </xsd:complexType>
        </xsd:element>
        <xsd:element name="MinimumValue">
            <xsd:complexType>
                <xsd:attribute name="Access_Rule" type="at_AccessType_Op-
tionalGet" use="required"/>
            </xsd:complexType>
        </xsd:element>
        <xsd:element name="MaximumValue">
            <xsd:complexType>
                <xsd:attribute name="Access_Rule" type="at_AccessType_Op-
tionalGet" use="required"/>
            </xsd:complexType>
        </xsd:element>
        <xsd:element name="DefaultValue">
            <xsd:complexType>
                <xsd:attribute name="Access_Rule" type="at_AccessType_Op-
tionalGet" use="required"/>
            </xsd:complexType>
        </xsd:element>
        <xsd:element name="ScalingMultiplier">
            <xsd:complexType>
                <xsd:attribute name="Access_Rule" type="at_AccessType_Op-
tionalGet" use="required"/>
            </xsd:complexType>
        </xsd:element>
        <xsd:element name="ScalingDivider">
            <xsd:complexType>
                <xsd:attribute name="Access_Rule" type="at_AccessType_Op-
tionalGet" use="required"/>
            </xsd:complexType>
        </xsd:element>
        <xsd:element name="ScalingBase">
            <xsd:complexType>
                <xsd:attribute name="Access_Rule" type="at_AccessType_Op-
tionalGet" use="required"/>
            </xsd:complexType>
        </xsd:element>
        <xsd:element name="ScalingOffset">
            <xsd:complexType>
                <xsd:attribute name="Access_Rule" type="at_AccessType_Op-
```

```
tionalGet" use="required"/>
                            </xsd:complexType>
                        </xsd:element>
                        <xsd:element name="MultiplierLink">
                            <xsd:complexType>
                                <xsd:attribute name="Access_Rule" type="at_AccessType_Op-
tionalGet" use="required"/>
                            </xsd:complexType>
                        </xsd:element>
                        <xsd:element name="DivisorLink">
                            <xsd:complexType>
                                <xsd:attribute name="Access_Rule" type="at_AccessType_Op-
tionalGet" use="required"/>
                            </xsd:complexType>
                        </xsd:element>
                        <xsd:element name="BaseLink">
                            <xsd:complexType>
                                <xsd:attribute name="Access_Rule" type="at_AccessType_Op-
tionalGet" use="required"/>
                            </xsd:complexType>
                        </xsd:element>
                        <xsd:element name="OffsetLink">
                            <xsd:complexType>
                                <xsd:attribute name="Access_Rule" type="at_AccessType_Op-
tionalGet" use="required"/>
                            </xsd:complexType>
                        </xsd:element>
                        <xsd:element name="DecimalPrecision">
                            <xsd:complexType>
                                <xsd:attribute name="Access_Rule" type="at_AccessType_Op-
tionalGet" use="required"/>
                            </xsd:complexType>
                        </xsd:element>
                        <xsd:any namespace="##any" minOccurs="0" maxOccurs="un-
bounded"/>
                    </xsd:sequence>
                </xsd:complexType>
            </xsd:element>
            <xsd:element name="Parameter_InstanceOperations" minOccurs="0">
                <xsd:complexType>
                    <xsd:sequence>
                        <xsd:element name="Get_Attribute_All">
                            <xsd:complexType>
```

```
                <xsd:attribute ref="SupportedService"/>
              </xsd:complexType>
            </xsd:element>
            <xsd:element name="Get_Attribute_Single">
              <xsd:complexType>
                <xsd:attribute ref="SupportedService" fixed="true"/>
              </xsd:complexType>
            </xsd:element>
            <xsd:element name="Set_Attribute_Single">
              <xsd:complexType>
                <xsd:attribute ref="SupportedService" fixed="true"/>
              </xsd:complexType>
            </xsd:element>
            <xsd:element name="Get_Enum_String">
              <xsd:complexType>
                <xsd:attribute ref="SupportedService"/>
              </xsd:complexType>
            </xsd:element>
            <xsd:any namespace="##any" minOccurs="0" maxOccurs="un-
bounded"/>
          </xsd:sequence>
        </xsd:complexType>
      </xsd:element>
    </xsd:sequence>
  </xsd:complexType>
</xsd:element>
<xsd:element name="Param" minOccurs="0" maxOccurs="unbounded">
  <xsd:complexType>
    <xsd:complexContent>
      <xsd:extension base="et_ParamType">
        <xsd:attribute name="id" use="required">
          <xsd:simpleType>
            <xsd:restriction base="xsd:ID">
              <xsd:pattern value="Param[1-9][0-9]{0,4}"/>
            </xsd:restriction>
          </xsd:simpleType>
        </xsd:attribute>
      </xsd:extension>
    </xsd:complexContent>
  </xsd:complexType>
</xsd:element>
<xsd:element name="ProxyParam" minOccurs="0" maxOccurs="unbounded">
  <xsd:complexType>
```

```
          <xsd:complexContent>
            <xsd:extension base="et_ProxyParamType">
              <xsd:attribute name="id" use="required">
                <xsd:simpleType>
                  <xsd:restriction base="xsd:ID">
                    <xsd:pattern value="ProxyParam[1-9][0-9]{0,4}"/>
                  </xsd:restriction>
                </xsd:simpleType>
              </xsd:attribute>
            </xsd:extension>
          </xsd:complexContent>
        </xsd:complexType>
      </xsd:element>
      <xsd:element name="ProxiedParam" minOccurs="0" maxOccurs="unbounded">
        <xsd:complexType>
          <xsd:complexContent>
            <xsd:extension base="et_ParamType">
              <xsd:attribute name="id" use="required">
                <xsd:simpleType>
                  <xsd:restriction base="xsd:ID">
                    <xsd:pattern value="ProxiedParam[1-9][0-9]{0,4}"/>
                  </xsd:restriction>
                </xsd:simpleType>
              </xsd:attribute>
            </xsd:extension>
          </xsd:complexContent>
        </xsd:complexType>
      </xsd:element>
      <xsd:any namespace="##any" minOccurs="0" maxOccurs="unbounded"/>
    </xsd:sequence>
  </xsd:complexType>
</xsd:element>
<xsd:element name="Assembly" minOccurs="0">
  <xsd:complexType>
    <xsd:sequence>
      <xsd:element name="Assembly_Class" minOccurs="0">
        <xsd:complexType>
          <xsd:sequence>
            <xsd:element name="Assembly_ClassAttributes" minOccurs="0">
              <xsd:complexType>
                <xsd:sequence>
                  <xsd:element name="ObjectRevision">
                    <xsd:complexType>
```

```
                              <xsd:attribute name="Access_Rule" type="at_AccessType_
Mandatory" use="required" fixed="Get"/>
                            </xsd:complexType>
                          </xsd:element>
                          <xsd:element name="MaxInstance">
                            <xsd:complexType>
                              <xsd:attribute name="Access_Rule" type="at_AccessType_Op-
tionalGet" use="required"/>
                            </xsd:complexType>
                          </xsd:element>
                          <xsd:any namespace="##any" minOccurs="0" maxOccurs="un-
bounded"/>
                        </xsd:sequence>
                      </xsd:complexType>
                    </xsd:element>
                    <xsd:element name="Assembly_ClassOperations" minOccurs="0">
                      <xsd:complexType>
                        <xsd:sequence>
                          <xsd:element name="Create">
                            <xsd:complexType>
                              <xsd:attribute ref="SupportedService"/>
                            </xsd:complexType>
                          </xsd:element>
                          <xsd:element name="Delete">
                            <xsd:complexType>
                              <xsd:attribute ref="SupportedService"/>
                            </xsd:complexType>
                          </xsd:element>
                          <xsd:element name="Get_Attribute_Single">
                            <xsd:complexType>
                              <xsd:attribute ref="SupportedService" fixed="true"/>
                            </xsd:complexType>
                          </xsd:element>
                          <xsd:any namespace="##any" minOccurs="0" maxOccurs="un-
bounded"/>
                        </xsd:sequence>
                      </xsd:complexType>
                    </xsd:element>
                  </xsd:sequence>
                </xsd:complexType>
              </xsd:element>
              <xsd:element name="Assembly_Instance" minOccurs="0">
                <xsd:complexType>
```

```
<xsd:sequence>
  <xsd:element name="Assembly_InstanceAttributes" minOccurs="0">
    <xsd:complexType>
      <xsd:sequence>
        <xsd:element name="NumberOfMembers">
          <xsd:complexType>
            <xsd:attribute name="Access_Rule" type="at_AccessType_Op-
tionalGet" use="required"/>
          </xsd:complexType>
        </xsd:element>
        <xsd:element name="AssemblyMemberList">
          <xsd:complexType>
            <xsd:attribute name="Access_Rule" type="at_AccessType_Op-
tionalSet" use="required"/>
          </xsd:complexType>
        </xsd:element>
        <xsd:element name="AssemblyData">
          <xsd:complexType>
            <xsd:attribute name="Access_Rule" type="at_AccessType_
Mandatory" use="required" fixed="Set"/>
          </xsd:complexType>
        </xsd:element>
        <xsd:any namespace="##any" minOccurs="0" maxOccurs="un-
bounded"/>
      </xsd:sequence>
    </xsd:complexType>
  </xsd:element>
  <xsd:element name="Assembly_InstanceOperations" minOccurs="0">
    <xsd:complexType>
      <xsd:sequence>
        <xsd:element name="Delete">
          <xsd:complexType>
            <xsd:attribute ref="SupportedService"/>
          </xsd:complexType>
        </xsd:element>
        <xsd:element name="Get_Attribute_Single">
          <xsd:complexType>
            <xsd:attribute ref="SupportedService" fixed="true"/>
          </xsd:complexType>
        </xsd:element>
        <xsd:element name="Set_Attribute_Single">
          <xsd:complexType>
            <xsd:attribute ref="SupportedService"/>
```

```
                        </xsd:complexType>
                    </xsd:element>
                    <xsd:element name="Get_Member">
                        <xsd:complexType>
                            <xsd:attribute ref="SupportedService"/>
                        </xsd:complexType>
                    </xsd:element>
                    <xsd:element name="Set_Member">
                        <xsd:complexType>
                            <xsd:attribute ref="SupportedService"/>
                        </xsd:complexType>
                    </xsd:element>
                    <xsd:element name="Insert_Member">
                        <xsd:complexType>
                            <xsd:attribute ref="SupportedService"/>
                        </xsd:complexType>
                    </xsd:element>
                    <xsd:element name="Remove_Member">
                        <xsd:complexType>
                            <xsd:attribute ref="SupportedService"/>
                        </xsd:complexType>
                    </xsd:element>
                    <xsd:any namespace="##any" minOccurs="0" maxOccurs="un-
bounded"/>
                </xsd:sequence>
              </xsd:complexType>
            </xsd:element>
          </xsd:sequence>
        </xsd:complexType>
      </xsd:element>
      <xsd:element name="Assem" minOccurs="0" maxOccurs="unbounded">
        <xsd:complexType>
          <xsd:complexContent>
            <xsd:extension base="et_AssemType">
              <xsd:attribute name="id" use="required">
                <xsd:simpleType>
                  <xsd:restriction base="xsd:ID">
                    <xsd:pattern value="Assem[1-9][0-9]{0,4}"/>
                  </xsd:restriction>
                </xsd:simpleType>
              </xsd:attribute>
            </xsd:extension>
          </xsd:complexContent>
```

```
            </xsd:complexType>
          </xsd:element>
          <xsd:element name="ProxyAssem" minOccurs="0" maxOccurs="unbounded">
            <xsd:complexType>
              <xsd:complexContent>
                <xsd:extension base="et_AssemType">
                  <xsd:attribute name="id" use="required">
                    <xsd:simpleType>
                      <xsd:restriction base="xsd:ID">
                        <xsd:pattern value="ProxyAssem[1-9][0-9]{0,4}"/>
                      </xsd:restriction>
                    </xsd:simpleType>
                  </xsd:attribute>
                </xsd:extension>
              </xsd:complexContent>
            </xsd:complexType>
          </xsd:element>
          <xsd:element name="ProxiedAssem" minOccurs="0" maxOccurs="unbounded">
            <xsd:complexType>
              <xsd:complexContent>
                <xsd:extension base="et_AssemType">
                  <xsd:attribute name="id" use="required">
                    <xsd:simpleType>
                      <xsd:restriction base="xsd:ID">
                        <xsd:pattern value="ProxiedAssem[1-9][0-9]{0,4}"/>
                      </xsd:restriction>
                    </xsd:simpleType>
                  </xsd:attribute>
                </xsd:extension>
              </xsd:complexContent>
            </xsd:complexType>
          </xsd:element>
          <xsd:any namespace="##any" minOccurs="0" maxOccurs="unbounded"/>
        </xsd:sequence>
      </xsd:complexType>
    </xsd:element>
    <xsd:element name="ParameterGroup" minOccurs="0">
      <xsd:complexType>
        <xsd:sequence>
          <xsd:element name="Group" minOccurs="0" maxOccurs="unbounded">
            <xsd:complexType>
              <xsd:sequence>
                <xsd:element name="NameString" type="dt_EDS_Char_Array"/>
```

```
                <xsd:element name="NumberOfMembers" type="dt_UINT"/>
                <xsd:choice maxOccurs="unbounded">
                  <xsd:element name="ParameterRef" type="dt_UINT"/>
                  <xsd:element name="VariantRef" type="xsd:NMTOKEN"/>
                  <xsd:any namespace="##any" minOccurs="0" maxOccurs="unbounded"/>
                </xsd:choice>
              </xsd:sequence>
              <xsd:attribute name="id" use="required">
                <xsd:simpleType>
                  <xsd:restriction base="xsd:ID">
                    <xsd:pattern value="Group[1-9][0-9]{0,4}"/>
                  </xsd:restriction>
                </xsd:simpleType>
              </xsd:attribute>
            </xsd:complexType>
          </xsd:element>
        </xsd:sequence>
      </xsd:complexType>
    </xsd:element>
    <xsd:any namespace="##any" minOccurs="0" maxOccurs="unbounded"/>
  </xsd:sequence>
 </xsd:complexType>
</xsd:element>
<xsd:attribute name="SupportedService" use="required">
 <xsd:simpleType>
  <xsd:restriction base="xsd:boolean">
    <xsd:pattern value="true|false"/>
  </xsd:restriction>
 </xsd:simpleType>
</xsd:attribute>
<xsd:complexType name="et_ParamType">
 <xsd:sequence>
  <xsd:element name="LinkPathSize" type="dt_USINT" minOccurs="0"/>
  <xsd:element name="LinkPath" type="dt_EPATH" minOccurs="0"/>
  <xsd:element name="ParamDescriptor" type="dt_WORD"/>
  <xsd:element name="DataType">
    <xsd:simpleType>
      <xsd:union memberTypes="dt_USINT dt_EPATH"/>
    </xsd:simpleType>
  </xsd:element>
  <xsd:element name="DataSize" type="dt_USINT"/>
  <xsd:element name="ParameterName" type="dt_EDS_Char_Array"/>
```

```
        <xsd:element name="UnitsString" type="dt_EDS_Char_Array"/>
        <xsd:element name="HelpString" type="dt_EDS_Char_Array"/>
        <xsd:element name="MinimumValue" minOccurs="0"/>
        <xsd:element name="MaximumValue" minOccurs="0"/>
        <xsd:element name="DefaultValue" minOccurs="0"/>
        <xsd:element name="ScalingMultiplier" type="dt_UINT" minOccurs="0"/>
        <xsd:element name="ScalingDivider" type="dt_UINT" minOccurs="0"/>
        <xsd:element name="ScalingBase" type="dt_UINT" minOccurs="0"/>
        <xsd:element name="ScalingOffset" type="dt_INT" minOccurs="0"/>
        <xsd:element name="MultiplierLink" type="dt_UINT" minOccurs="0"/>
        <xsd:element name="DivisorLink" type="dt_UINT" minOccurs="0"/>
        <xsd:element name="BaseLink" type="dt_UINT" minOccurs="0"/>
        <xsd:element name="OffsetLink" type="dt_INT" minOccurs="0"/>
        <xsd:element name="DecimalPrecision" type="dt_USINT" minOccurs="0"/>
        <xsd:element name="InternationalParameterName" type="dt_EDS_Char_Array" minOccurs
="0"/>
        <xsd:element name="InternationalEngineeringUnits" type="dt_EDS_Char_Array" minOc-
curs="0"/>
        <xsd:element name="InternationalHelpString" type="dt_EDS_Char_Array" minOccurs="
0"/>
        <xsd:element name="Enum" minOccurs="0">
          <xsd:complexType>
            <xsd:sequence maxOccurs="unbounded">
              <xsd:element name="EnumValue" type="dt_LINT"/>
              <xsd:element name="EnumName" type="dt_EDS_Char_Array"/>
            </xsd:sequence>
          </xsd:complexType>
        </xsd:element>
        <xsd:any namespace="##any" minOccurs="0" maxOccurs="unbounded"/>
      </xsd:sequence>
    </xsd:complexType>
    <xsd:complexType name="et_ProxyParamType">
      <xsd:complexContent>
        <xsd:extension base="et_ParamType">
          <xsd:sequence>
            <xsd:element name="ProxyParamSizeAdder" minOccurs="0">
              <xsd:complexType>
                <xsd:sequence>
                  <xsd:element name="MinimumValue"/>
                  <xsd:element name="MaximumValue"/>
                  <xsd:element name="DefaultValue"/>
                </xsd:sequence>
              </xsd:complexType>
```

```
          </xsd:element>
        </xsd:sequence>
      </xsd:extension>
    </xsd:complexContent>
  </xsd:complexType>
  <xsd:complexType name="et_AssemType">
    <xsd:sequence>
      <xsd:element name="AssemblyName" type="dt_EDS_Char_Array" minOccurs="0"/>
      <xsd:element name="AssemblyPath" type="dt_EPATH" minOccurs="0"/>
      <xsd:element name="AssemblyDataSize" type="dt_UINT" minOccurs="0"/>
      <xsd:element name="AssemblyDescriptor" type="dt_WORD" minOccurs="0"/>
      <xsd:element name="AssemblyMember" minOccurs="0" maxOccurs="unbounded">
        <xsd:complexType>
          <xsd:choice>
            <xsd:element name="MemberSize" type="dt_UINT"/>
            <xsd:element name="MemberReference" type="et_MemberReferenceType"/>
            <xsd:element name="VariantReference">
              <xsd:complexType/>
            </xsd:element>
            <xsd:choice>
              <xsd:sequence>
                <xsd:element name="MemberSize" type="dt_UINT"/>
                <xsd:element name="MemberReference" type="et_MemberReferenceType"/>
              </xsd:sequence>
              <xsd:sequence>
                <xsd:element name="MemberSize" type="dt_UINT"/>
                <xsd:element name="VariantReference">
                  <xsd:complexType/>
                </xsd:element>
              </xsd:sequence>
            </xsd:choice>
          </xsd:choice>
        </xsd:complexType>
      </xsd:element>
      <xsd:any namespace="##any" minOccurs="0" maxOccurs="unbounded"/>
    </xsd:sequence>
  </xsd:complexType>
  <xsd:simpleType name="et_MemberReferenceType">
    <xsd:union memberTypes="et_AssemReference et_ParamReference dt_UDINT dt_EPATH
xsd:NMTOKEN"/>
  </xsd:simpleType>
</xsd:schema>
```

C.2.2 设备专规模板描述——EDS 文件的 XML 封装

C.2.2.1 概述

用来封装 EDS 文件的设备专规 XML 文件应符合 C.2.2.2 中所规定的设备专规 XML 模式。

元素 ExternalProfileHandle(外部专规处理)的子元素(用于引用现有 EDS 文件)的语义在表 C.2 中规定。根据属性 WrapperReference 的值,对 EDS 文件的引用有以下两种方式:通过 EDS 文件本身的标识元素,或通过此 EDS 描述的产品的标识元素。

注 1:相关标识元素的选择应根据 wrapper 文件的预期用法进行。

表 C.2 ExternalProfileHandle(外部专规处理)元素

XML 模式元素	WrapperReference=FILEINFO (文件信息)	WrapperReference=DEVICEINFO (设备信息)
ProfileIdentification(专规标识)	EDS 文件描述文本[a]	VendorID(制造商标识符),Device Type(设备类型),Product Code[b](产品代码)
ProfileRevision(专规版本)	EDS Revision[a](EDS 版本)	Product Revision[b](产品版本)
ProfileLocation(专规地址)	EDS HomeURL[a](EDS 主页——统一资源定位地址)	Icon File Name[b](图标文件名)

a 详见 C.4.1.4.2。

b 详见 C.4.1.4.3。

元素 DeviceIdentiry(设备标识)、DeviceManager(设备管理器)、DeviceFunction(设备功能)和 ApplicationProcess(应用过程)如果出现,则应符合 C.2.1.3.3 中所规定的格式。

注 2:这可用于遗留 EDS 格式和完整 XML 格式之间的转换阶段。

C.2.2.2 XML 模式:EDS_Device_Profile_wrapper.xsd

注:此 XML 模式包括文件"MasterTemplateTypes.xsd"(见 C.2.1.3.1)。

```
<?xml version="1.0" encoding="UTF-8"?>
<xsd:schema xmlns:xsd="http://www.w3.org/2001/XMLSchema">
  <!-- Target namespaces are not specified in this master template -->
  <xsd:redefine schemaLocation="MasterTemplateTypes.xsd">
    <xsd:complexType name="ISO15745Reference_DataType">
      <xsd:complexContent>
        <xsd:restriction base="ISO15745Reference_DataType">
          <xsd:sequence>
            <xsd:element name="ISO15745Part" type="xsd:positiveInteger"/>
            <xsd:element name="ISO15745Edition" type="xsd:positiveInteger"/>
            <xsd:element name="ProfileTechnology" type="xsd:string" fixed="EDS"/>
          </xsd:sequence>
        </xsd:restriction>
      </xsd:complexContent>
    </xsd:complexType>
  </xsd:redefine>
  <xsd:element name="ISO15745Profile">
    <xsd:complexType>
      <xsd:sequence>
        <xsd:element ref="ProfileHeader"/>
```

```
        <xsd:element ref="ProfileBody"/>
      </xsd:sequence>
    </xsd:complexType>
  </xsd:element>
  <xsd:annotation>
    <xsd:documentation> * HEADER SECTION * </xsd:documentation>
  </xsd:annotation>
  <xsd:element name="ProfileHeader">
    <xsd:complexType>
      <xsd:sequence>
        <xsd:element name="ProfileIdentification" type="xsd:string"/>
        <xsd:element name="ProfileRevision" type="xsd:string"/>
        <xsd:element name="ProfileName" type="xsd:string"/>
        <xsd:element name="ProfileSource" type="xsd:string"/>
        <xsd:element name="ProfileClassID" type="ProfileClassID_DataType" fixed=
"Device"/>
        <xsd:element name="ProfileDate" type="xsd:date" minOccurs="0"/>
        <xsd:element name="AdditionalInformation" type="xsd:anyURI" minOccurs="0"/>
        <xsd:element name="ISO15745Reference" type="ISO15745Reference_DataType"/>
        <xsd:element name="IASInterfaceType" type="IASInterface_DataType" minOccurs=
"0" maxOccurs="unbounded"/>
      </xsd:sequence>
    </xsd:complexType>
  </xsd:element>
  <xsd:annotation>
    <xsd:documentation> * BODY SECTION * </xsd:documentation>
  </xsd:annotation>
  <xsd:element name="ProfileBody">
    <xsd:complexType>
      <xsd:sequence>
        <xsd:element name="DeviceIdentity" minOccurs="0">
          <xsd:complexType>
            <xsd:sequence>
              <xsd:any namespace="##any"/>
            </xsd:sequence>
          </xsd:complexType>
        </xsd:element>
        <xsd:element name="DeviceManager" minOccurs="0">
          <xsd:complexType>
            <xsd:sequence>
              <xsd:any namespace="##any"/>
            </xsd:sequence>
          </xsd:complexType>
```

```
        </xsd:element>
        <xsd:element name="DeviceFunction" maxOccurs="unbounded">
          <xsd:complexType>
            <xsd:sequence>
              <xsd:any namespace="##any"/>
            </xsd:sequence>
          </xsd:complexType>
        </xsd:element>
        <xsd:element name="ApplicationProcess" minOccurs="0">
          <xsd:complexType>
            <xsd:sequence>
              <xsd:any namespace="##any"/>
            </xsd:sequence>
          </xsd:complexType>
        </xsd:element>
        <xsd:element name="ExternalProfileHandle">
          <xsd:complexType>
            <xsd:complexContent>
              <xsd:extension base="ProfileHandle_DataType">
                <xsd:attribute name="WrapperReference" use="optional" default="FILEIN-
FO">
                  <xsd:simpleType>
                    <xsd:restriction base="xsd:NMTOKEN">
                      <xsd:enumeration value="FILEINFO"/>
                      <xsd:enumeration value="DEVICEINFO"/>
                    </xsd:restriction>
                  </xsd:simpleType>
                </xsd:attribute>
              </xsd:extension>
            </xsd:complexContent>
          </xsd:complexType>
        </xsd:element>
      </xsd:sequence>
    </xsd:complexType>
  </xsd:element>
</xsd:schema>
```

C.3 通信网络专规模板描述

C.3.1 通信网络专规模板描述——基于 XML

C.3.1.1 概述

通信网络专规 XML 文件应符合 C.3.1.2 中所规定的通信网络专规 XML 模式。

此 XML 模式的内容出自 6.3.2 中所示的通信网络专规类图，并通过附加元素对其进行扩展，从而允许对通信网络需求或能力的全面描述。

C.3.1.2 XML模式元素的语义

C.3.1.2.1 **ProfileBody(专规主体)**

这一主元素与提供专规文件附加信息的一组属性有关。

这些属性的语义在C.4.1.4.2中规定。

C.3.1.2.2 **ApplicationLayers(应用层)**

C.3.1.2.2.1 **ConnectionManager(连接管理器)**

此元素规定了所支持的ConnectionManager(连接管理器)对象的实例属性和操作(见IEC 61158-5:2003和IEC 61158-6:2003(类型2)),以及各个连接实例的描述。

元素ConnectionDescription(连接描述)的子元素Connection(连接)、ProxyConnect(代理连接)和ProxiedConnect(所代理的连接)的语义在C.4.1.4.9和C.4.1.5.3.3中规定。

C.3.1.2.2.2 **MessageRouter(消息路由器)**

此元素规定所支持的MessageRouter(消息路由器)对象的实例属性和操作(见IEC 61158-5:2003和IEC 61158-6:2003(类型2))。

C.3.1.2.3 **TransportLayers(传输层)**

C.3.1.2.3.1 **ENPhysicalLayer(Ethernet 物理层)**

此元素唯一标识物理层,其内容在本标准中不作详细说明。

C.3.1.2.3.2 **EthernetIPLinkObject(EthernetIP 链路对象)**

此元素规定了所支持的EthernetIPLinkObject(EthernetIP链路对象)的实例属性和操作(见IEC 61158-4:2003(类型2))。

C.3.1.2.3.3 **TCPIPInterfaceObject(TCPIP 接口对象)**

此元素规定了所支持的TCPIPInterfaceObject(TCPIP接口对象)的实例属性和操作(见IEC 61158-4:2003(类型2))。

C.3.1.2.3.4 **EncapsulationProtocol(封装协议)**

此元素规定了所支持的关于将应用报文封装为TCP/IP的属性和操作(见IEC 61158-6:2003(类型2))。

C.3.1.2.3.5 **Ports(端口)**

此元素指明从一个链路到另一个链路路由消息的设备端口。

元素Ports(端口)的子元素Port的语义在C.4.1.4.10和C.4.2.2.2中规定。

C.3.1.2.4 **NetworkManagement(网络管理)**

C.3.1.2.4.1 **NM-EthernetIPLinkObject(网络管理 EthernetIP 链路对象)**

此元素规定了所支持的Ethernet/IPLinkObject(Ethernet/IP链路对象)的类属性和操作(见IEC 61158-4:2003(类型2))。

C.3.1.2.4.2 **NM-TCPIPInterfaceObject(网络管理 TCPIP 接口对象)**

此元素规定了所支持的TCP/IPInterfaceObject(TCP/IP接口对象)的类属性和操作(见IEC 61158-4:2003(类型2))。

C.3.1.2.4.3 **NM-ConnectionManager(网络管理连接管理器)**

此元素规定了所支持的ConnectionManager(连接管理器)对象的类属性和操作(见IEC 61158-5:2003和IEC 61158-6:2003(类型2))。

C.3.1.2.4.4 **NM-MessageRouter(网络管理消息路由器)**

此元素规定了所支持的MessageRouter(消息路由器)对象的类属性和操作(见IEC 61158-5:2003和IEC 61158-6:2003(类型2))。

C.3.1.3 **XML模式:ENet_CommNet_Profile.xsd**

注:此XML模式包含以下文件,即:“MasterTemplateTypes.xsd”(见C.2.1.3.1)和“CIPDataTypes.xsd”(见

C.2.1.3.2)。

```
<? xml version="1.0" encoding="UTF-8"? >
<xsd:schema xmlns:xsd="http://www.w3.org/2001/XMLSchema" elementFormDefault="quali-
fied">
  <! -- Target namespaces are not specified in this master template -->
  <xsd:redefine schemaLocation="MasterTemplateTypes.xsd">
    <xsd:complexType name="ISO15745Reference_DataType">
      <xsd:complexContent>
        <xsd:restriction base="ISO15745Reference_DataType">
          <xsd:sequence>
            <xsd:element name="ISO15745Part" type="xsd:positiveInteger" fixed="4"/>
            <xsd:element name="ISO15745Edition" type="xsd:positiveInteger" fixed="1"/>
              <xsd:element name="ProfileTechnology" type="xsd:string" fixed="Ethernet/
IP"/>
          </xsd:sequence>
        </xsd:restriction>
      </xsd:complexContent>
    </xsd:complexType>
  </xsd:redefine>
  <xsd:include schemaLocation="CIPDataTypes.xsd"/>
  <xsd:element name="ISO15745Profile">
    <xsd:complexType>
      <xsd:sequence>
        <xsd:element ref="ProfileHeader"/>
        <xsd:element ref="ProfileBody"/>
      </xsd:sequence>
    </xsd:complexType>
  </xsd:element>
  <xsd:annotation>
    <xsd:documentation> * HEADER SECTION * </xsd:documentation>
  </xsd:annotation>
  <xsd:element name="ProfileHeader">
    <xsd:complexType>
      <xsd:sequence>
        <xsd:element name="ProfileIdentification" type="xsd:string"/>
        <xsd:element name="ProfileRevision" type="xsd:string"/>
        <xsd:element name="ProfileName" type="xsd:string"/>
        <xsd:element name="ProfileSource" type="xsd:string"/>
        <xsd:element name="ProfileClassID" type="ProfileClassID_DataType" fixed="Commu-
nicationNetwork"/>
        <xsd:element name="ProfileDate" type="xsd:date" minOccurs="0"/>
        <xsd:element name="AdditionalInformation" type="xsd:anyURI" minOccurs="0"/>
        <xsd:element name="ISO15745Reference" type="ISO15745Reference_DataType"/>
```

```
        <xsd:element name="IASInterfaceType" type="IASInterface_DataType" fixed="
CSI"/>
      </xsd:sequence>
    </xsd:complexType>
  </xsd:element>
  <xsd:annotation>
    <xsd:documentation> * BODY SECTION * </xsd:documentation>
  </xsd:annotation>
  <xsd:element name="ProfileBody">
    <xsd:complexType>
      <xsd:sequence>
        <xsd:element ref="ApplicationLayers"/>
        <xsd:element ref="TransportLayers"/>
        <xsd:element ref="NetworkManagement" minOccurs="0"/>
      </xsd:sequence>
      <xsd:attributeGroup ref="ag_FileDescription"/>
    </xsd:complexType>
  </xsd:element>
  <xsd:element name="ApplicationLayers">
    <xsd:complexType>
      <xsd:sequence>
        <xsd:element ref="ConnectionManager"/>
        <xsd:element ref="MessageRouter"/>
        <xsd:any namespace="##any" minOccurs="0" maxOccurs="unbounded"/>
      </xsd:sequence>
    </xsd:complexType>
  </xsd:element>
  <xsd:element name="TransportLayers">
    <xsd:complexType>
      <xsd:sequence>
        <xsd:element ref="ENPhysicalLayer" minOccurs="0"/>
        <xsd:element ref="EthernetIPLinkObject" minOccurs="0"/>
        <xsd:element ref="TCPIPInterfaceObject" minOccurs="0"/>
        <xsd:element ref="EncapsulationProtocol" minOccurs="0"/>
        <xsd:element ref="Ports" minOccurs="0"/>
        <xsd:any namespace="##any" minOccurs="0" maxOccurs="unbounded"/>
      </xsd:sequence>
    </xsd:complexType>
  </xsd:element>
  <xsd:element name="NetworkManagement">
    <xsd:complexType>
      <xsd:sequence>
        <xsd:element ref="NM-EthernetIPLinkObject" minOccurs="0"/>
```

```
          <xsd:element ref="NM-TCPIPInterfaceObject" minOccurs="0"/>
          <xsd:element ref="NM-ConnectionManager" minOccurs="0"/>
          <xsd:element ref="NM-MessageRouter" minOccurs="0"/>
          <xsd:any namespace="##any" minOccurs="0" maxOccurs="unbounded"/>
        </xsd:sequence>
      </xsd:complexType>
    </xsd:element>
    <xsd:element name="ConnectionManager">
      <xsd:complexType>
        <xsd:sequence>
          <xsd:element name="ConnectionManager_InstanceAttributes" minOccurs="0">
            <xsd:complexType>
              <xsd:sequence>
                <xsd:element name="OpenReqs">
                  <xsd:complexType>
                    <xsd:attribute name="Access_Rule" type="at_AccessType_OptionalSet" use
="required"/>
                  </xsd:complexType>
                </xsd:element>
                <xsd:element name="OpenFormatRejects">
                  <xsd:complexType>
                    <xsd:attribute name="Access_Rule" type="at_AccessType_OptionalSet" use
="required"/>
                  </xsd:complexType>
                </xsd:element>
                <xsd:element name="OpenResourceRejects">
                  <xsd:complexType>
                    <xsd:attribute name="Access_Rule" type="at_AccessType_OptionalSet" use
="required"/>
                  </xsd:complexType>
                </xsd:element>
                <xsd:element name="OpenOtherRejects">
                  <xsd:complexType>
                    <xsd:attribute name="Access_Rule" type="at_AccessType_OptionalSet" use
="required"/>
                  </xsd:complexType>
                </xsd:element>
                <xsd:element name="CloseReqs">
                  <xsd:complexType>
                    <xsd:attribute name="Access_Rule" type="at_AccessType_OptionalSet" use
="required"/>
                  </xsd:complexType>
                </xsd:element>
```

```
<xsd:element name="CloseFormatRejects">
  <xsd:complexType>
    <xsd:attribute name="Access_Rule" type="at_AccessType_OptionalSet" use
="required"/>
  </xsd:complexType>
</xsd:element>
<xsd:element name="CloseOtherRejects">
  <xsd:complexType>
    <xsd:attribute name="Access_Rule" type="at_AccessType_OptionalSet" use
="required"/>
  </xsd:complexType>
</xsd:element>
<xsd:element name="ConnTimeouts">
  <xsd:complexType>
    <xsd:attribute name="Access_Rule" type="at_AccessType_OptionalSet" use
="required"/>
  </xsd:complexType>
</xsd:element>
<xsd:element name="NumConnEntries">
  <xsd:complexType>
    <xsd:attribute name="Access_Rule" type="at_AccessType_OptionalGet" use
="required"/>
  </xsd:complexType>
</xsd:element>
<xsd:element name="ConnOpenBits">
  <xsd:complexType>
    <xsd:attribute name="Access_Rule" type="at_AccessType_OptionalGet" use
="required"/>
  </xsd:complexType>
</xsd:element>
<xsd:element name="CpuUtilization">
  <xsd:complexType>
    <xsd:attribute name="Access_Rule" type="at_AccessType_OptionalGet" use
="required"/>
  </xsd:complexType>
</xsd:element>
<xsd:element name="MaxBuffSize">
  <xsd:complexType>
    <xsd:attribute name="Access_Rule" type="at_AccessType_OptionalGet" use
="required"/>
  </xsd:complexType>
</xsd:element>
<xsd:element name="BufSizeRemaining">
```

```
                <xsd:complexType>
                  <xsd:attribute name="Access_Rule" type="at_AccessType_OptionalGet" use
="required"/>
                </xsd:complexType>
              </xsd:element>
              <xsd:any namespace="##any" minOccurs="0" maxOccurs="unbounded"/>
            </xsd:sequence>
          </xsd:complexType>
        </xsd:element>
        <xsd:element name="ConnectionManager_InstanceOperations" minOccurs="0">
          <xsd:complexType>
            <xsd:sequence>
              <xsd:element name="Get_Attribute_All">
                <xsd:complexType>
                  <xsd:attribute ref="SupportedService"/>
                </xsd:complexType>
              </xsd:element>
              <xsd:element name="Set_Attribute_All">
                <xsd:complexType>
                  <xsd:attribute ref="SupportedService"/>
                </xsd:complexType>
              </xsd:element>
              <xsd:element name="Get_Attribute_List">
                <xsd:complexType>
                  <xsd:attribute ref="SupportedService"/>
                </xsd:complexType>
              </xsd:element>
              <xsd:element name="Set_Attribute_List">
                <xsd:complexType>
                  <xsd:attribute ref="SupportedService"/>
                </xsd:complexType>
              </xsd:element>
              <xsd:element name="Get_Attribute_Single">
                <xsd:complexType>
                  <xsd:attribute ref="SupportedService"/>
                </xsd:complexType>
              </xsd:element>
              <xsd:element name="Set_Attribute_Single">
                <xsd:complexType>
                  <xsd:attribute ref="SupportedService"/>
                </xsd:complexType>
              </xsd:element>
              <xsd:element name="Forward_Close">
```

```
          <xsd:complexType>
            <xsd:attribute ref="SupportedService" fixed="true"/>
          </xsd:complexType>
        </xsd:element>
        <xsd:element name="Unconnected_Send">
          <xsd:complexType>
            <xsd:attribute ref="SupportedService"/>
          </xsd:complexType>
        </xsd:element>
        <xsd:element name="Forward_Open">
          <xsd:complexType>
            <xsd:attribute ref="SupportedService" fixed="true"/>
          </xsd:complexType>
        </xsd:element>
        <xsd:element name="Get_Connection_Data">
          <xsd:complexType>
            <xsd:attribute ref="SupportedService"/>
          </xsd:complexType>
        </xsd:element>
        <xsd:element name="Search_Connection_Data">
          <xsd:complexType>
            <xsd:attribute ref="SupportedService"/>
          </xsd:complexType>
        </xsd:element>
        <xsd:element name="Ex_Forward_Open">
          <xsd:complexType>
            <xsd:attribute ref="SupportedService"/>
          </xsd:complexType>
        </xsd:element>
        <xsd:element name="Get_Object_Owner">
          <xsd:complexType>
            <xsd:attribute ref="SupportedService"/>
          </xsd:complexType>
        </xsd:element>
        <xsd:any namespace="##any" minOccurs="0" maxOccurs="unbounded"/>
      </xsd:sequence>
    </xsd:complexType>
  </xsd:element>
  <xsd:element ref="ConnectionDescriptions" minOccurs="0"/>
 </xsd:sequence>
</xsd:complexType>
</xsd:element>
<xsd:element name="ConnectionDescriptions">
```

```
<xsd:complexType>
  <xsd:sequence>
    <xsd:element name="Connection" minOccurs="0" maxOccurs="unbounded">
      <xsd:complexType>
        <xsd:complexContent>
          <xsd:extension base="et_ConnectionType">
            <xsd:attribute name="id" use="required">
              <xsd:simpleType>
                <xsd:restriction base="xsd:ID">
                  <xsd:pattern value="Connection[1-9][0-9]{0,4}"/>
                </xsd:restriction>
              </xsd:simpleType>
            </xsd:attribute>
          </xsd:extension>
        </xsd:complexContent>
      </xsd:complexType>
    </xsd:element>
    <xsd:element name="ProxyConnect" minOccurs="0" maxOccurs="unbounded">
      <xsd:complexType>
        <xsd:complexContent>
          <xsd:extension base="et_ConnectionType">
            <xsd:attribute name="id" use="required">
              <xsd:simpleType>
                <xsd:restriction base="xsd:ID">
                  <xsd:pattern value="ProxyConnect[1-9][0-9]{0,4}"/>
                </xsd:restriction>
              </xsd:simpleType>
            </xsd:attribute>
          </xsd:extension>
        </xsd:complexContent>
      </xsd:complexType>
    </xsd:element>
    <xsd:element name="ProxiedConnect" minOccurs="0" maxOccurs="unbounded">
      <xsd:complexType>
        <xsd:complexContent>
          <xsd:extension base="et_ConnectionType">
            <xsd:attribute name="id" use="required">
              <xsd:simpleType>
                <xsd:restriction base="xsd:ID">
                  <xsd:pattern value="ProxiedConnect[1-9][0-9]{0,4}"/>
                </xsd:restriction>
              </xsd:simpleType>
            </xsd:attribute>
```

```
              </xsd:extension>
            </xsd:complexContent>
          </xsd:complexType>
        </xsd:element>
        <xsd:any namespace="##any" minOccurs="0" maxOccurs="unbounded"/>
      </xsd:sequence>
    </xsd:complexType>
    <xsd:key name="ConnectionName">
      <xsd:selector xpath="Connection|ProxyConnect|ProxiedConnect"/>
      <xsd:field xpath="Name_String"/>
    </xsd:key>
  </xsd:element>
  <xsd:element name="MessageRouter">
    <xsd:complexType>
      <xsd:sequence>
        <xsd:element name="MessageRouter_InstanceAttributes" minOccurs="0">
          <xsd:complexType>
            <xsd:sequence>
              <xsd:element name="Object_List">
                <xsd:complexType>
                  <xsd:simpleContent>
                    <xsd:extension base="xsd:string">
                      <xsd:attribute name="Access_Rule" type="at_AccessType_Optional-
Get"/>
                    </xsd:extension>
                  </xsd:simpleContent>
                </xsd:complexType>
              </xsd:element>
              <xsd:element name="MaximumConnectionSupported">
                <xsd:complexType>
                  <xsd:simpleContent>
                    <xsd:extension base="dt_UINT">
                      <xsd:attribute name="Access_Rule" type="at_AccessType_Optional-
Get"/>
                    </xsd:extension>
                  </xsd:simpleContent>
                </xsd:complexType>
              </xsd:element>
              <xsd:any namespace="##any" minOccurs="0" maxOccurs="unbounded"/>
            </xsd:sequence>
          </xsd:complexType>
        </xsd:element>
        <xsd:element name="MessageRouter_InstanceOperations" minOccurs="0">
```

```
        <xsd:complexType>
          <xsd:sequence>
            <xsd:element name="Get_Attribute_All">
              <xsd:complexType>
                <xsd:attribute ref="SupportedService"/>
              </xsd:complexType>
            </xsd:element>
            <xsd:element name="Get_Attribute_List">
              <xsd:complexType>
                <xsd:attribute ref="SupportedService"/>
              </xsd:complexType>
            </xsd:element>
            <xsd:element name="Get_Attribute_Single">
              <xsd:complexType>
                <xsd:attribute ref="SupportedService"/>
              </xsd:complexType>
            </xsd:element>
            <xsd:any namespace="##any" minOccurs="0" maxOccurs="unbounded"/>
          </xsd:sequence>
        </xsd:complexType>
      </xsd:element>
    </xsd:sequence>
  </xsd:complexType>
</xsd:element>
<xsd:element name="ENPhysicalLayer">
  <xsd:complexType>
    <xsd:sequence>
      <xsd:any namespace="##any" minOccurs="0" maxOccurs="unbounded"/>
    </xsd:sequence>
  </xsd:complexType>
</xsd:element>
<xsd:element name="EthernetIPLinkObject">
  <xsd:complexType>
    <xsd:sequence>
      <xsd:element name="EthernetIPLinkObject_InstanceAttributes" minOccurs="0">
        <xsd:complexType>
          <xsd:sequence>
            <xsd:element name="InterfaceSpeed">
              <xsd:complexType>
                <xsd:attribute name="Access_Rule" type="at_AccessType_Mandatory" use
="required" fixed="Get"/>
              </xsd:complexType>
            </xsd:element>
```

```
            <xsd:element name="InterfaceFlags">
              <xsd:complexType>
                <xsd:attribute name="Access_Rule" type="at_AccessType_Mandatory" use
="required" fixed="Get"/>
              </xsd:complexType>
            </xsd:element>
            <xsd:element name="PhysicalAddress">
              <xsd:complexType>
                <xsd:attribute name="Access_Rule" type="at_AccessType_Mandatory" use
="required" fixed="Get"/>
              </xsd:complexType>
            </xsd:element>
            <xsd:element name="InterfaceCounters">
              <xsd:complexType>
                <xsd:attribute name="Access_Rule" type="at_AccessType_OptionalGet" use
="required"/>
              </xsd:complexType>
            </xsd:element>
            <xsd:element name="MediaCounters">
              <xsd:complexType>
                <xsd:attribute name="Access_Rule" type="at_AccessType_OptionalGet" use
="required"/>
              </xsd:complexType>
            </xsd:element>
            <xsd:any namespace="##any" minOccurs="0" maxOccurs="unbounded"/>
          </xsd:sequence>
        </xsd:complexType>
      </xsd:element>
      <xsd:element name="EthernetIPLinkObject_InstanceOperations" minOccurs="0">
        <xsd:complexType>
          <xsd:sequence>
            <xsd:element name="Get_Attribute_All">
              <xsd:complexType>
                <xsd:attribute ref="SupportedService"/>
              </xsd:complexType>
            </xsd:element>
            <xsd:element name="Get_Attribute_Single">
              <xsd:complexType>
                <xsd:attribute ref="SupportedService" fixed="true"/>
              </xsd:complexType>
            </xsd:element>
            <xsd:element name="Get_and_Clear">
              <xsd:complexType>
```

```
              <xsd:attribute ref="SupportedService"/>
            </xsd:complexType>
          </xsd:element>
          <xsd:any namespace="##any" minOccurs="0" maxOccurs="unbounded"/>
        </xsd:sequence>
      </xsd:complexType>
    </xsd:element>
  </xsd:sequence>
 </xsd:complexType>
</xsd:element>
<xsd:element name="TCPIPInterfaceObject">
 <xsd:complexType>
  <xsd:sequence>
    <xsd:element name="TCPIPInterfaceObject_InstanceAttributes" minOccurs="0">
      <xsd:complexType>
        <xsd:sequence>
          <xsd:element name="Status">
            <xsd:complexType>
              <xsd:attribute name="Access_Rule" type="at_AccessType_Mandatory" use
="required" fixed="Get"/>
            </xsd:complexType>
          </xsd:element>
          <xsd:element name="ConfigurationCapability">
            <xsd:complexType>
              <xsd:attribute name="Access_Rule" type="at_AccessType_Mandatory" use
="required" fixed="Get"/>
            </xsd:complexType>
          </xsd:element>
          <xsd:element name="ConfigurationControl">
            <xsd:complexType>
              <xsd:attribute name="Access_Rule" type="at_AccessType_Mandatory" use
="required" fixed="Set"/>
            </xsd:complexType>
          </xsd:element>
          <xsd:element name="PhysicalLinkObject">
            <xsd:complexType>
              <xsd:attribute name="Access_Rule" type="at_AccessType_Mandatory" use
="required" fixed="Get"/>
            </xsd:complexType>
          </xsd:element>
          <xsd:element name="InterfaceConfiguration">
            <xsd:complexType>
              <xsd:attribute name="Access_Rule" type="at_AccessType_Mandatory" use
```

```
="required" fixed="Set"/>
                </xsd:complexType>
              </xsd:element>
              <xsd:element name="HostName">
                <xsd:complexType>
                  <xsd:attribute name="Access_Rule" type="at_AccessType_Mandatory" use
="required" fixed="Set"/>
                </xsd:complexType>
              </xsd:element>
              <xsd:any namespace="##any" minOccurs="0" maxOccurs="unbounded"/>
            </xsd:sequence>
          </xsd:complexType>
        </xsd:element>
        <xsd:element name="TCPIPInterfaceObject_InstanceOperations" minOccurs="0">
          <xsd:complexType>
            <xsd:sequence>
              <xsd:element name="Get_Attribute_All">
                <xsd:complexType>
                  <xsd:attribute ref="SupportedService"/>
                </xsd:complexType>
              </xsd:element>
              <xsd:element name="Set_Attribute_All">
                <xsd:complexType>
                  <xsd:attribute ref="SupportedService"/>
                </xsd:complexType>
              </xsd:element>
              <xsd:element name="Get_Attribute_Single">
                <xsd:complexType>
                  <xsd:attribute ref="SupportedService" fixed="true"/>
                </xsd:complexType>
              </xsd:element>
              <xsd:element name="Set_Attribute_Single">
                <xsd:complexType>
                  <xsd:attribute ref="SupportedService" fixed="true"/>
                </xsd:complexType>
              </xsd:element>
              <xsd:any namespace="##any" minOccurs="0" maxOccurs="unbounded"/>
            </xsd:sequence>
          </xsd:complexType>
        </xsd:element>
      </xsd:sequence>
    </xsd:complexType>
  </xsd:element>
```

```
<xsd:element name="EncapsulationProtocol">
  <xsd:complexType>
    <xsd:sequence>
      <xsd:element name="EncapsulationProtocol_Attributes" minOccurs="0">
        <xsd:complexType>
          <xsd:sequence>
            <xsd:element name="ProtocolVersion" type="dt_USINT"/>
            <xsd:any namespace="##any" minOccurs="0" maxOccurs="unbounded"/>
          </xsd:sequence>
        </xsd:complexType>
      </xsd:element>
      <xsd:element name="EncapsulationProtocol_Operations" minOccurs="0">
        <xsd:complexType>
          <xsd:sequence>
            <xsd:element name="NOP">
              <xsd:complexType>
                <xsd:attribute ref="SupportedService" fixed="true"/>
              </xsd:complexType>
            </xsd:element>
            <xsd:element name="ListServices">
              <xsd:complexType>
                <xsd:attribute ref="SupportedService" fixed="true"/>
              </xsd:complexType>
            </xsd:element>
            <xsd:element name="ListIdentity">
              <xsd:complexType>
                <xsd:attribute ref="SupportedService" fixed="true"/>
              </xsd:complexType>
            </xsd:element>
            <xsd:element name="ListInterfaces">
              <xsd:complexType>
                <xsd:attribute ref="SupportedService"/>
              </xsd:complexType>
            </xsd:element>
            <xsd:element name="RegisterSession">
              <xsd:complexType>
                <xsd:attribute ref="SupportedService" fixed="true"/>
              </xsd:complexType>
            </xsd:element>
            <xsd:element name="UnRegisterSession">
              <xsd:complexType>
                <xsd:attribute ref="SupportedService" fixed="true"/>
              </xsd:complexType>
```

```
              </xsd:element>
              <xsd:element name="SendRRData">
                <xsd:complexType>
                  <xsd:attribute ref="SupportedService" fixed="true"/>
                </xsd:complexType>
              </xsd:element>
              <xsd:element name="SendUnitData">
                <xsd:complexType>
                  <xsd:attribute ref="SupportedService" fixed="true"/>
                </xsd:complexType>
              </xsd:element>
              <xsd:element name="IndicateStatus">
                <xsd:complexType>
                  <xsd:attribute ref="SupportedService"/>
                </xsd:complexType>
              </xsd:element>
              <xsd:element name="Cancel">
                <xsd:complexType>
                  <xsd:attribute ref="SupportedService"/>
                </xsd:complexType>
              </xsd:element>
              <xsd:any namespace="##any" minOccurs="0" maxOccurs="unbounded"/>
            </xsd:sequence>
          </xsd:complexType>
        </xsd:element>
      </xsd:sequence>
    </xsd:complexType>
  </xsd:element>
  <xsd:element name="Ports">
    <xsd:complexType>
      <xsd:sequence>
        <xsd:element name="Port" minOccurs="0" maxOccurs="unbounded">
          <xsd:complexType>
            <xsd:sequence>
              <xsd:element name="PortTypeName">
                <xsd:simpleType>
                  <xsd:union>
                    <xsd:simpleType>
                      <xsd:restriction base="xsd:NMTOKEN">
                        <xsd:enumeration value="ControlNet"/>
                        <xsd:enumeration value="ControlNet_Redundant"/>
                        <xsd:enumeration value="TCP"/>
                        <xsd:enumeration value="DeviceNet"/>
```

```
                        </xsd:restriction>
                      </xsd:simpleType>
                      <xsd:simpleType>
                        <xsd:restriction base="et_VendorSpecificKeyword"/>
                      </xsd:simpleType>
                    </xsd:union>
                  </xsd:simpleType>
                </xsd:element>
                <xsd:element name="PortName" type="dt_EDS_Char_Array" minOccurs="0"/>
                <xsd:element name="PortObject" type="dt_EPATH" minOccurs="0"/>
                <xsd:element name="PortNumber" type="dt_UINT"/>
                <xsd:element name="PortSpecific">
                  <xsd:complexType>
                    <xsd:sequence>
                      <xsd:any namespace="##any" minOccurs="0" maxOccurs="unbound-
ed"/>
                    </xsd:sequence>
                  </xsd:complexType>
                </xsd:element>
                <xsd:any namespace="##any" minOccurs="0" maxOccurs="unbounded"/>
              </xsd:sequence>
              <xsd:attribute name="id" use="required">
                <xsd:simpleType>
                  <xsd:restriction base="xsd:ID">
                    <xsd:pattern value="Port[1-9][0-9]{0,4}"/>
                  </xsd:restriction>
                </xsd:simpleType>
              </xsd:attribute>
            </xsd:complexType>
          </xsd:element>
        </xsd:sequence>
      </xsd:complexType>
    </xsd:element>
    <xsd:element name="NM-EthernetIPLinkObject">
      <xsd:complexType>
        <xsd:sequence>
          <xsd:element name="EthernetIPLinkObject_ClassAttributes" minOccurs="0">
            <xsd:complexType>
              <xsd:sequence>
                <xsd:element name="ObjectRevision">
                  <xsd:complexType>
                    <xsd:attribute name="Access_Rule" type="at_AccessType_Mandatory" fixed
="Get"/>
```

```
                </xsd:complexType>
              </xsd:element>
              <xsd:element name="MaxInstance">
                <xsd:complexType>
                  <xsd:attribute name="Access_Rule" type="at_AccessType_Mandatory" fixed
="Get"/>
                </xsd:complexType>
              </xsd:element>
              <xsd:any namespace="##any" minOccurs="0" maxOccurs="unbounded"/>
            </xsd:sequence>
          </xsd:complexType>
        </xsd:element>
        <xsd:element name="EthernetIPLinkObject_ClassOperations" minOccurs="0">
          <xsd:complexType>
            <xsd:sequence>
              <xsd:element name="Get_Attribute_All">
                <xsd:complexType>
                  <xsd:attribute ref="SupportedService"/>
                </xsd:complexType>
              </xsd:element>
              <xsd:element name="Get_Attribute_Single">
                <xsd:complexType>
                  <xsd:attribute ref="SupportedService"/>
                </xsd:complexType>
              </xsd:element>
              <xsd:any namespace="##any" minOccurs="0" maxOccurs="unbounded"/>
            </xsd:sequence>
          </xsd:complexType>
        </xsd:element>
      </xsd:sequence>
    </xsd:complexType>
  </xsd:element>
  <xsd:element name="NM-TCPIPInterfaceObject">
    <xsd:complexType>
      <xsd:sequence>
        <xsd:element name="TCPIPInterfaceObject_ClassAttributes" minOccurs="0">
          <xsd:complexType>
            <xsd:sequence>
              <xsd:element name="ObjectRevision">
                <xsd:complexType>
                  <xsd:attribute name="Access_Rule" type="at_AccessType_Mandatory" fixed
="Get"/>
                </xsd:complexType>
```

```
              </xsd:element>
              <xsd:element name="MaxInstance">
                <xsd:complexType>
                  <xsd:attribute name="Access_Rule" type="at_AccessType_Mandatory" fixed
="Get"/>
                </xsd:complexType>
              </xsd:element>
              <xsd:any namespace="##any" minOccurs="0" maxOccurs="unbounded"/>
            </xsd:sequence>
          </xsd:complexType>
        </xsd:element>
        <xsd:element name="TCPIPInterfaceObject_ClassOperations" minOccurs="0">
          <xsd:complexType>
            <xsd:sequence>
              <xsd:element name="Get_Attribute_All">
                <xsd:complexType>
                  <xsd:attribute ref="SupportedService"/>
                </xsd:complexType>
              </xsd:element>
              <xsd:element name="Get_Attribute_Single">
                <xsd:complexType>
                  <xsd:attribute ref="SupportedService"/>
                </xsd:complexType>
              </xsd:element>
              <xsd:any namespace="##any" minOccurs="0" maxOccurs="unbounded"/>
            </xsd:sequence>
          </xsd:complexType>
        </xsd:element>
      </xsd:sequence>
    </xsd:complexType>
  </xsd:element>
  <xsd:element name="NM-ConnectionManager">
    <xsd:complexType>
      <xsd:sequence>
        <xsd:element name="ConnectionManager_ClassAttributes" minOccurs="0">
          <xsd:complexType>
            <xsd:sequence>
              <xsd:element name="ObjectRevision">
                <xsd:complexType>
                  <xsd:attribute name="Access_Rule" type="at_AccessType_OptionalGet"/>
                </xsd:complexType>
              </xsd:element>
              <xsd:element name="MaxInstance">
```

```
              <xsd:complexType>
                <xsd:attribute name="Access_Rule" type="at_AccessType_OptionalSet"/>
              </xsd:complexType>
            </xsd:element>
            <xsd:element name="OptionalAttributeList">
              <xsd:complexType>
                <xsd:attribute name="Access_Rule" type="at_AccessType_OptionalGet"/>
              </xsd:complexType>
            </xsd:element>
            <xsd:any namespace="##any" minOccurs="0" maxOccurs="unbounded"/>
          </xsd:sequence>
        </xsd:complexType>
      </xsd:element>
      <xsd:element name="ConnectionManager_ClassOperations" minOccurs="0">
        <xsd:complexType>
          <xsd:sequence>
            <xsd:element name="Get_Attribute_All">
              <xsd:complexType>
                <xsd:attribute ref="SupportedService"/>
              </xsd:complexType>
            </xsd:element>
            <xsd:element name="Get_Attribute_List">
              <xsd:complexType>
                <xsd:attribute ref="SupportedService"/>
              </xsd:complexType>
            </xsd:element>
            <xsd:element name="Get_Attribute_Single">
              <xsd:complexType>
                <xsd:attribute ref="SupportedService"/>
              </xsd:complexType>
            </xsd:element>
            <xsd:any namespace="##any" minOccurs="0" maxOccurs="unbounded"/>
          </xsd:sequence>
        </xsd:complexType>
      </xsd:element>
    </xsd:sequence>
  </xsd:complexType>
</xsd:element>
<xsd:element name="NM-MessageRouter">
  <xsd:complexType>
    <xsd:sequence>
      <xsd:element name="MessageRouter_ClassAttributes" minOccurs="0">
        <xsd:complexType>
```

```
      <xsd:sequence>
        <xsd:element name="ObjectRevision">
          <xsd:complexType>
            <xsd:attribute name="Access_Rule" type="at_AccessType_OptionalGet"/>
          </xsd:complexType>
        </xsd:element>
        <xsd:element name="OptionalAttributeList">
          <xsd:complexType>
            <xsd:attribute name="Access_Rule" type="at_AccessType_OptionalGet"/>
          </xsd:complexType>
        </xsd:element>
        <xsd:element name="OptionalServiceList">
          <xsd:complexType>
            <xsd:attribute name="Access_Rule" type="at_AccessType_OptionalGet"/>
          </xsd:complexType>
        </xsd:element>
        <xsd:element name="MaxIDClassAttributes">
          <xsd:complexType>
            <xsd:attribute name="Access_Rule" type="at_AccessType_OptionalGet"/>
          </xsd:complexType>
        </xsd:element>
        <xsd:element name="MaxIDInstanceAttributes">
          <xsd:complexType>
            <xsd:attribute name="Access_Rule" type="at_AccessType_OptionalGet"/>
          </xsd:complexType>
        </xsd:element>
        <xsd:any namespace="##any" minOccurs="0" maxOccurs="unbounded"/>
      </xsd:sequence>
    </xsd:complexType>
  </xsd:element>
  <xsd:element name="MessageRouter_ClassOperations" minOccurs="0">
    <xsd:complexType>
      <xsd:sequence>
        <xsd:element name="Get_Attribute_All">
          <xsd:complexType>
            <xsd:attribute ref="SupportedService"/>
          </xsd:complexType>
        </xsd:element>
        <xsd:element name="Get_Attribute_List">
          <xsd:complexType>
            <xsd:attribute ref="SupportedService"/>
          </xsd:complexType>
        </xsd:element>
```

```
        <xsd:element name="Get_Attribute_Single">
          <xsd:complexType>
            <xsd:attribute ref="SupportedService"/>
          </xsd:complexType>
        </xsd:element>
        <xsd:any namespace="##any" minOccurs="0" maxOccurs="unbounded"/>
      </xsd:sequence>
    </xsd:complexType>
  </xsd:element>
  </xsd:sequence>
 </xsd:complexType>
</xsd:element>
<xsd:attribute name="SupportedService" use="required">
 <xsd:simpleType>
  <xsd:restriction base="xsd:boolean">
   <xsd:pattern value="true|false"/>
  </xsd:restriction>
 </xsd:simpleType>
</xsd:attribute>
<xsd:complexType name="et_ConnectionType">
 <xsd:sequence>
  <xsd:element name="Trigger_Transport" type="dt_DWORD"/>
  <xsd:element name="Connection_Parameters" type="dt_DWORD"/>
  <xsd:element name="O-T_RPI" minOccurs="0">
   <xsd:simpleType>
    <xsd:union memberTypes="dt_UDINT et_ParamReference"/>
   </xsd:simpleType>
  </xsd:element>
  <xsd:element name="O-T_Size" minOccurs="0">
   <xsd:simpleType>
    <xsd:union memberTypes="dt_UINT et_ParamReference"/>
   </xsd:simpleType>
  </xsd:element>
  <xsd:element name="O-T_Format" minOccurs="0">
   <xsd:simpleType>
    <xsd:union memberTypes="et_ParamReference et_AssemReference"/>
   </xsd:simpleType>
  </xsd:element>
  <xsd:element name="T-O_RPI" minOccurs="0">
   <xsd:simpleType>
    <xsd:union memberTypes="dt_UDINT et_ParamReference"/>
   </xsd:simpleType>
  </xsd:element>
```

```
        <xsd:element name="T-O_Size" minOccurs="0">
          <xsd:simpleType>
            <xsd:union memberTypes="dt_UINT et_ParamReference"/>
          </xsd:simpleType>
        </xsd:element>
        <xsd:element name="T-O_Format" minOccurs="0">
          <xsd:simpleType>
            <xsd:union memberTypes="et_ParamReference et_AssemReference"/>
          </xsd:simpleType>
        </xsd:element>
        <xsd:element name="Config1_Size" minOccurs="0">
          <xsd:simpleType>
            <xsd:union memberTypes="dt_UINT et_ParamReference"/>
          </xsd:simpleType>
        </xsd:element>
        <xsd:element name="Config1_Format" minOccurs="0">
          <xsd:simpleType>
            <xsd:union memberTypes="et_ParamReference et_AssemReference"/>
          </xsd:simpleType>
        </xsd:element>
        <xsd:element name="Config2_Size" minOccurs="0">
          <xsd:simpleType>
            <xsd:union memberTypes="dt_UINT et_ParamReference"/>
          </xsd:simpleType>
        </xsd:element>
        <xsd:element name="Config2_Format" minOccurs="0">
          <xsd:simpleType>
            <xsd:union memberTypes="et_ParamReference et_AssemReference"/>
          </xsd:simpleType>
        </xsd:element>
        <xsd:element name="Name_String" type="dt_EDS_Char_Array"/>
        <xsd:element name="Help_String" type="dt_EDS_Char_Array"/>
        <xsd:element name="Path"/>
        <xsd:any namespace="##any" minOccurs="0" maxOccurs="unbounded"/>
      </xsd:sequence>
    </xsd:complexType>
</xsd:schema>
```

C.3.2 通信网络专规模板描述——EDS 文件的 XML 封装

C.3.2.1 概述

用来封装 EDS 文件的通信网络专规 XML 文件应符合 C.3.2.2 中所规定的通信网络专规 XML 模式。

元素 ExternalProfileHandle(外部专规处理)的子元素(用于引用现有 EDS 文件)的语义在表 C.2 中规定。根据属性 WrapperReference 的值,对 EDS 文件的引用有以下两种方式:通过 EDS 文件本身的标识元素，或通过此 EDS 所描述的产品的标识元素。

注：相关标识元素的选择应按照该 Wrapper 文件的期望用法进行。

C.3.2.2　XML 模式：EDS_CommNet_Profile_wrapper.xsd

注：此 XML 模式包含文件“MasterTemplateTypes.xsd”(见 C.2.1.3.1)。

```
<?xml version="1.0" encoding="UTF-8"?>
<xsd:schema xmlns:xsd="http://www.w3.org/2001/XMLSchema">
  <!-- Target namespaces are not specified in this master template -->
  <xsd:redefine schemaLocation="MasterTemplateTypes.xsd">
    <xsd:complexType name="ISO15745Reference_DataType">
      <xsd:complexContent>
        <xsd:restriction base="ISO15745Reference_DataType">
          <xsd:sequence>
            <xsd:element name="ISO15745Part" type="xsd:positiveInteger"/>
            <xsd:element name="ISO15745Edition" type="xsd:positiveInteger"/>
            <xsd:element name="ProfileTechnology" type="xsd:string" fixed="EDS"/>
          </xsd:sequence>
        </xsd:restriction>
      </xsd:complexContent>
    </xsd:complexType>
  </xsd:redefine>
  <xsd:element name="ISO15745Profile">
    <xsd:complexType>
      <xsd:sequence>
        <xsd:element ref="ProfileHeader"/>
        <xsd:element ref="ProfileBody"/>
      </xsd:sequence>
    </xsd:complexType>
  </xsd:element>
  <xsd:annotation>
    <xsd:documentation>* HEADER SECTION *</xsd:documentation>
  </xsd:annotation>
  <xsd:element name="ProfileHeader">
    <xsd:complexType>
      <xsd:sequence>
        <xsd:element name="ProfileIdentification" type="xsd:string"/>
        <xsd:element name="ProfileRevision" type="xsd:string"/>
        <xsd:element name="ProfileName" type="xsd:string"/>
        <xsd:element name="ProfileSource" type="xsd:string"/>
        <xsd:element name="ProfileClassID" type="ProfileClassID_DataType" fixed="Commu-
nicationNetwork"/>
        <xsd:element name="ProfileDate" type="xsd:date" minOccurs="0"/>
        <xsd:element name="AdditionalInformation" type="xsd:anyURI" minOccurs="0"/>
        <xsd:element name="ISO15745Reference" type="ISO15745Reference_DataType"/>
```

```
        <xsd:element name="IASInterfaceType" type="IASInterface_DataType" fixed=
"CSI"/>
      </xsd:sequence>
    </xsd:complexType>
  </xsd:element>
  <xsd:annotation>
    <xsd:documentation>* BODY SECTION *</xsd:documentation>
  </xsd:annotation>
  <xsd:element name="ProfileBody">
    <xsd:complexType>
      <xsd:sequence>
        <xsd:element name="ExternalProfileHandle">
          <xsd:complexType>
            <xsd:complexContent>
              <xsd:extension base="ProfileHandle_DataType">
                <xsd:attribute name="WrapperReference" use="optional" default="FILEIN-
FO">
                  <xsd:simpleType>
                    <xsd:restriction base="xsd:NMTOKEN">
                      <xsd:enumeration value="FILEINFO"/>
                      <xsd:enumeration value="DEVICEINFO"/>
                    </xsd:restriction>
                  </xsd:simpleType>
                </xsd:attribute>
              </xsd:extension>
            </xsd:complexContent>
          </xsd:complexType>
        </xsd:element>
      </xsd:sequence>
    </xsd:complexType>
  </xsd:element>
</xsd:schema>
```

C.4 电子数据单(EDS)

C.4.1 通用 CIP 的 EDS 要求

C.4.1.1 概述

这一节规定了电子数据单(EDS)的文件编码要求，这些要求对于基于 CIP 的所有网络都是通用的。EDS 编码要求定义了用于 CIP 产品的标准文件编码格式，而与配置工具的主机平台或文件系统无关。

本条中所采用的术语“文件”(file)系指与配置工具的文件系统相关的所有认可的文件格式，与文件的存储介质无关。

EDS 文件被定义为 ASCII 文件，它包括能够从网络访问的设备对象的 ASCII 表示法(例如：Parameter(参数)和 Assembly(集合))，以及支持对象寻址所需的附加信息。

C.4.1.2 EDS 内容

C.4.1.2.1 EDS 结构

全部 EDS 应包含在单个文件中。一个 EDS 应由若干个段(节)组成。表 C.3 总结了这些段(节)的结构(它们对于若干个基于 CIP 的网络是通用的)、相应的合法段(节)分界符,以及在 EDS 中这些段(节)的次序。

表 C.3 CIP EDS 文件结构

段(节)名称	合法分界符	位置	必需/可选的
File Description(文件描述)	[File]	1	必需的
Device Description(设备描述)	[Device]	2	必需的
Device Classification(设备分类)	[Device Classification]	a	可选的
Parameter Class(参数类别)	[ParamClass]	a	可选的
Parameters(参数)	[Params]	a	可选的
Parameter Groups(参数组)	[Parameters]	a	可选的
Assembly(集合)	[Assembly]	a	可选的
Connection Characteristic(连接特性)	[Connection Manager]	a	可选的
Ports(端口)	[Port]	a	可选的
Modular(模块)	[Modular]	a	可选的
Vendor Specific(制造商专用的)	[VendorID_vendorspecifickeyword]	最后	可选的

a 可选组的位置在必需组的后面。

电子数据单(EDS)的内容应按照如下要求进行安排:

——所有 EDS 文件应包含 File Description(文件描述)段(节),它应是该 EDS 文件中的第 1 段(节),并采用合法分界符[File];

——所有 EDS 文件应包含 Device Description(设备描述)段(节),它应紧跟在 File Description(文件描述)段(节)之后,并采用合法分界符[Device];

——本规范中描述的可选段(节)可以采用任意次序出现,只要在此 EDS 文件中不存在位于它之前的引用;

——可选的 Vendor Specific(制造商专用的)段(节)应采用 C.4.1.2.2.11 中规定的合法分界符[VendorID_vendorspecifickeyword],并应位于本部分中所定义的所有段(节)之后。

C.4.1.2.2 EDS 格式规则

C.4.1.2.2.1 概述

EDS 文件应由段(节)、登入项、字段、注释和空白符组成。这一节规定了在定义一个 EDS 文件时所应遵守的规则。

C.4.1.2.2.2 EDS 空白符

在 EDS 文件中可使用空白符,但当它出现于字段和双引号字符数组之外时,则应被所有的 EDS 解释器所忽略。

EDS 解释器对于以下字符应视为空白字符。这些字符可由解释器读取但不作为人可读的字符译码,它们在文件中表示为空格。

——空白字符;

——新的一行;

——回车;

——换行;

——制表符(垂直和水平);

——换页;

——文件标记的结束;

——注释。

C.4.1.2.2.3 关键字字符

在 EDS 文件中的所有关键字应由以下所列的 ASCII 字符组成:

——大写字母 A～Z;

——小写字母 a～z;

——数字 0～9;

——特殊下划线字符"_";

——空格字符。

只有在段(节)关键字中才采用空格。它应该只出现在段(节)名称的内部,多个连续空格是无效的。

C.4.1.2.2.4 段(节)

EDS 文件应分成两种,即:必需的段(节)和可选的段(节)。

C.4.1.2.2.5 段(节)分界符

EDS 文件中的每个段(节)应由方括号内的段(节)关键字(合法分界符)来分界。有效的段(节)合法分界符在表 C.3 中规定。

C.4.1.2.2.6 段(节)关键字

每个段(节)关键字被定义为段(节)关键字的开始分界符"["与结束分界符"]"之间的文本。在段(节)关键字中采用的有效字符在 C.4.1.2.2.3 中定义。段(节)关键字分为两种类型:公用的和制造商专用的。

C.4.1.2.2.7 段(节)次序

每个必需的段(节)应根据 C.4.1.2 中的规定按照所要求的次序排列。可选段(节)可全部省略,或使用空白数据占位字符。除制造商专用的(Vendor Specific)段(节)外,可选段(节)可按任意次序排列。制造商专用的(Vendor Specific)段(节)应位于 EDS 文件的最后。

C.4.1.2.2.8 登入项

EDS 文件中的每个段(节)应包含一个或多个登入项,它们以一个登入项关键字开始,其后跟随一个等号"="。登入项关键字的含义应是全局(global)范围的,允许在一个段(节)中所定义的关键字用于另一个段(节)。每个登入项应以分号";"结束。一个登入项可延续若干行,其长度以逗号","来界定该字段。

C.4.1.2.2.9 登入项关键字

登入项关键字应由 C.4.1.2.2.3 中所定义的惟一一组关键字符组成。登入项关键字分为两种类型:公用和制造商专用的。

C.4.1.2.2.10 公用关键字

公用关键字一般在相关制造商协会制定的 CIP(通用工业协议)规范中规定。公用关键字决不能以任何数字开始。

C.4.1.2.2.11 制造商专用的关键字

关键字可以是制造商专用的。这些关键字应以公司的制造商标识符(VendorID)开始,其后是下划线"_",接下来才是其他内容(VendorID_VendorSpecificKeyword)。VendorID(制造商标识符)应为十进制数,但不得以 0 开始。每个制造商负责维护和编制他们的制造商专用关键字。

C.4.1.2.2.12 登入项字段

每个登入项应包含一个或多个字段。逗号(,)分界符应分隔所有的字段。字段的含义应取决于该段(节)的上下文。按本部分的定义,登入项字段或者是必需的或者是可选的。逗号(,)之间的空格或空白应该用于未提供的可选字段。分号(;)可表示不存在跟随的可选字段。术语"字段编号"(Field Number)应指示该字段在登入项中的位置。对字段的编号应以数字 1 开始,自左向右(或自上而下)进行。

C.4.1.2.2.13 字段关键字

字段关键字应由 C.4.1.2.2.3 中定义的惟一一组关键字符组成。字段关键字分为两种类型:公用的和制造商专用的。

C.4.1.2.2.14 复杂数据字段

某些登入项字段应以数据来规定,该数据不得由逗号(,)分界符之间的单一值表示。通过采用一对或多对花括号字符({})能够对登入项字段作进一步的界定。花括号内的内容应被视为单一项(item)或单一登入项(entry)。内容可包含在多对花括号内。

C.4.1.2.2.15 注释

注释应以美圆符号($)和新的行字符来分界。EDS 解释器对于注释分界符之间的所有字符应作为空格对待。出现在字段或双引号字符数组内的 $ 注释分界符不得作为注释分界符对待。

示例:

注释的一些示例如:

```
$ This is a valid comment line            <NL>
1,2,3;                                    $ This is a valid comment <NL>
$ comment cannot span <NL>
more than one line <NL>                   <= This is an error-no $
```

C.4.1.2.2.16 EDS 格式结构示例

图 C.1 中的范例重点说明了电子数据单(EDS)的结构。

```
[section name]
$ Comment-extends to end of line
Entry1=Fieldl,Field2,Field3;                  $ Entire entry on one line
Entry2=Fieldl,Field2,Field3,Field4;           $ Entire entry on one line

Entry3=                                       $ Multiple line entry
    Field1,                                   $ Field1
     Field2,                                  $ Field2
     Field3;                                  $ Field3

Entry4=                                       $ Combination
    Field1,Field2,                            $ Fields 1 and 2 on one line
     Field3,                                  $ Field3
    Field4;                                   $ Field4

Entry5=   1,                                  $ Field 1 specifies the value 1
      {1,2,3};                                $ Field 2 specifies an array or
                                              $ structure with three values

Entry6= {44,{22,33,11} };                     $ Entry 6 specifies a single field.
                                              $ The field contains two sets of data.
                                              $ The first set is the single value 44
                                              $ The second set contains three values

65535_Entry=                                  $ Vendor Specific entry for
        Field1,Field2;                        $ Vendor-ID 65535 with two fields
```

图 C.1 EDS 格式结构示例(资料性)

C.4.1.2.3 文件命名要求

基于磁盘的EDS文件没有规定文件命名规范，但DOS/Windows环境下的文件除外，这些文件应具有附加于该文件名的后缀“.EDS”。

C.4.1.3 EDS数据编码要求

C.4.1.3.1 概述

这一部分规定了EDS文件的数据编码要求。

包含在EDS文件中的信息可能描述了所要配置的设备中对象实例的属性。EDS文件中的所有数据应为ASCII文本，而对象类和实例属性则不需要为ASCII格式(可用的数据类型在CIP规范中进行定义)。因此，需要在EDS文件中的数据与对象属性之间进行转换：这种转换在以下各条中说明。

CIP规范中所规定的基本数据类型也用于EDS的其他元素，但是，其含义按以下各节中的说明进行转换(见C.4.1.3.3～C.4.1.3.10)。

某些数据类型只在EDS文件中使用(见C.4.1.3.11～C.4.1.3.14)。

C.4.1.3.2 ASCII字符文件约定

EDS文件中的所有数据均应采用8-bit ASCII字符来编码，这里关于“ASCII字符”的所有引用均表示8-bit ASCII字符格式(按照ISO/IEC 10646-1:2000的Row 00，表1和表2的定义)。不能在ANSI终端机上显示的字符不得用于标识符名称和数据表达。有效的ASCII字符值应包括换行字符、制表符和32～126的十进制数。

C.4.1.3.3 字符串约定——EDS_Char_Array

C.4.1.3.3.1 概述

EDS文件中的所有串数据应为固定长度的字符串(没有空(null)结束符)，并且包含在双引号中(EDS_Char_Array数据类型)。

串数据约定的形式有两种。包含在双引号之间的字符应被转换成8- bit ASCII字符。而包含在大写字母L之后的双引号之间的字符应被转换成UNICODE(16- bit)字符。

示例1：“This results in a string composed by 8-bit characters”

示例2：L“A string of UNICODE characters，including the Greek character Pi\u03C0”

注：文本\u03C0表示单个的16- bit字符，其值为03C0。在UNICODE字符集中，这是ISO 10646:2003/AMD2:2006表10中Row3基本希腊字母 —— 小写“Pi”字符。字符换码顺序的描述在C.4.1.3.3.5中说明。

C.4.1.3.3.2 串字段中不足字符的处理

EDS解释器应采用字段中字符右对齐格式，对于该串的剩余长度，以前置空格(ASCII 0x20)填入所有未指定的字符。

示例：如果一个参数是最大长度为8的串，它接收到串“123AB”，则该串被解释为“～～～123AB”，这里的波浪线(～)表示空格。

C.4.1.3.3.3 串字段中多余字符的处理

如果给定的串字段中包含的字符太多，则EDS解释器应自左向右截留一些字符。

示例：如果参数是最大长度为8的串，它接收到串“123ABCDEFG”，则将该串截取后解释为“123ABCDE”。

C.4.1.3.3.4 串拼接

对于中间未插入逗号的多个串，应将它们拼接。

示例1：

行：　　“ABC”“123”“XYZ”

解释为：　　“ABC123XYZ”

该串也可以分成各个单独的行。

示例2：

以下行：

“ABC”　　$这是一条注释

"123"

"XYZ"

也解释为：　"ABC123XYZ"

对于UNICODE串(长串)，只在第1个双引号前面有大写L。

示例3：L"ABC""123""XYZ"与L"ABC123XYZ"含义相同。

C.4.1.3.3.5　串换码序列

EDS解释器应识别表C.4中所列的所有换码序列。其解释是由应用指定的。

表C.4　串换码序列

换码序列	解　释
\\	\
\n	换行
\t	制表符
\v	垂直制表符
\b	空格
\r	回车
\f	换页
\a	BELL字符(0x07)
\"	"(双引号)
\'	'(单引号)
\xnn	单字节，它包含以十六进制表示的"nn"值
\unnnn	双字节，它包含以十六进制表示的"nnnn"值。串换码的这种格式只有在作为结果的串数据为16 bit长度的情况下才有效，例如：串规范的'L'格式。

如果遇到表C.4中未列出的序列，解释设备应拒绝整个串，并指示出错。EDS文件只应包含表C.4中所定义的换码序列。

C.4.1.3.4　ASCII串约定(STRING,SHORT_STRING,STRING2)

在对象属性中所使用的所有串数据类型(STRING，SHORT_STRING,STRING2)应被转换成EDS文件中的EDS_Char_Array。

C.4.1.3.5　STRING1

CIP通用串STRING(STRING1)数据类型在EDS文件中作为复杂数据表达来编码。STRING1登入项的全部内容应位于一对花括号内。语言成员的数量(规定为USINT)的后面应跟随语言成员的定义，每个成员定义位于一对花括号内，并用逗号分隔。对STRING1登入项的每个语言成员应规定为4个字段。第1个字段(语言选择)应表达为双引号内的固定长度为3的字符串——语言代码按ISO 639-2/T中的定义。串数据类型的表示应采用CIP规范中对于STRING、STRING2、STRINGN或SHORT_STRING所定义的数据类型代码。字符集选择应被表达为UINT(按照IANA MIB印刷代码(RFC 1579))。语言成员的串内容部分应表示为串或长串。

示例：

下面用3种语言表达STRING1登入项：

```
Field1(字段 1)={3,
            {"eng",0xD0,4,"This is an ASCII English language string"},
            {"spa",0xD5,1000,L"Españoles palabras" },      $ "西班牙文字"
```

$ 采用 UNICODE

{"deu",0xD0,4,"Spanische WÖrter auf Deush" } $“德文中的西班牙文字”

};

C.4.1.3.6 **CIP 路径(EPATH)**

CIP EPATH 数据类型(主要用于定义 CIP 路径串),应采用 GB/T 19659.3(ISO 15745-3)中为 EDS_Char_Array 所定义的基本格式来编码。此外,CIP 路径或其他 EPATH 数据的串内容应包含两个相邻的十六进制字符组,其间用空格分隔。大写或小写字母均可。

示例 1:"20 04 24 01"。

示例 2:"20 05 24 02 30 04"。

C.4.1.3.7 **ASCII 无符号整数约定——(USINT,UINT,UDINT,ULINT)**

无符号整数数据类型表示正整数值。无符号整数数据应以十进制或十六进制表示法输入,字符间无空格,也没有逗号。如果采用十六进制表示法来表示无符号整数字符,则应在该无符号整数字符之前加入两字符 0x,其间无空格。

合法 USINT 数据的范围是:

十进制表示法: 0～255

十六进制表示法: 0x0～0xFF

合法 UINT 数据的范围是:

十进制表示法: 0～65535

十六进制表示法: 0x0～0xFFFF

合法 UDINT 数据的范围是:

十进制表示法: 0～4294967295

十六进制表示法: 0x0～0xFFFFFFFF

合法 ULINT 数据的范围是:

十进制表示法: 0～18446744073709551615

十六进制表示法: 0x0～0xFFFFFFFFFFFFFFFF

前置的 0 不得用于十进制表示法,但可用于十六进制表示法。对于十六进制表示法,大小写字母均可,而且对于 ULINT 类型而言,总的字符数应限制在 10(0x 外加 8 位)或 18(0x 外加 16 位)。

示例:十进制 UINT 值 254 可以表示为 254(十进制),或 0xFE(十六进制),或 0x000000FE(十六进制);但 0254(十进制)和 0x0000000FE(十六进制)都是非法的。

C.4.1.3.8 **ASCII 带符号整数约定——(SINT,INT,DINT,LINT)**

数据类型 SINT,INT,DINT 和 LINT 表示带符号整数数据值。带符号整数数据应以十进制或十六进制表示法输入,字符间无空格,也没有逗号。如果采用十六进制表示法来表达带符号整数字符,则应在该带符号整数字符之前加入两字符 0x,其间无空格。

合法 SINT 数据的范围是:

十进制表示法: －128～127

十六进制表示法: 0x80～0x7F

合法 INT 数据的范围是:

十进制表示法: －32768～32767

十六进制表示法: 0x8000～0x7FFF

合法 DINT 数据的范围是:

十进制表示法: －2147483648～2147483647

十六进制表示法: 0x80000000～0x7FFFFFFF

合法 LINT 数据的范围是:

十进制表示法：　　　　　　−9223372036854775808～9223372036854775807

十六进制表示法：　　　　　0x8000000000000000～0x7FFFFFFFFFFFFFFF

前置的 0 不得用于十进制表示法，但可用于十六进制表示法。对于十六进制表示法，大小写字母均可，而且对于 LINT 类型而言，总的字符数应限制在 10(0x 外加 8 位)或 18(0x 外加 16 位)。

示例：十进制 INT 值 254 可以表示为 254(十进制)，或 0xFE(十六进制)，或 0x000000FE(十六进制)；但 0254(十进制)和 0x0000000FE(十六进制)都是非法的。

C.4.1.3.9　ASCII 字约定——(BYTE，WORD，DWORD，LWORD)

数据类型 BYTE，WORD，DWORD 和 LWORD 表达可按位编址的值。这些值可视为逐位位置值，并不用它们来表达带符号或无符号整数值。但为方便起见，这些值应以十进制、十六进制或二进制表示法输入，字符间无空格，也没有逗号。如果采用十六进制和二进制表示法来表达值字符，则应分别在该值字符之前加入两字符 0x(十六进制)或 0b(二进制)，其间无空格。

合法 BYTE 数据的范围是：

十进制表示法：　　　　0～255

十六进制表示法：　　　0x0～0xFF

二进制表示法：　　　　0b00000000～0b11111111

合法 WORD 数据的范围是：

十进制表示法：　　　　0～65535

十六进制表示法：　　　0x0～0xFFFF

二进制表示法：　　　　0b0000000000000000～0b1111111111111111

合法 DWORD 数据的范围是：

十进制表示法：　　　　0～4294967295

十六进制表示法：　　　0x0～0xFFFFFFFF

二进制表示法：　　　　0b00000000000000000000000000000000～
0b11111111111111111111111111111111

合法 LWORD 数据的范围是：

十进制表示法：　　　　0～18446744073709551615

十六进制表示法：　　　0x0～0xFFFFFFFFFFFFFFFF

二进制表示法：　　　　0b00000000000000000000000000000000-
00000000000000000000000000000000～
0b11111111111111111111111111111111-
11111111111111111111111111111111

前置的 0 不得用于十进制表示法，但可用于十六进制和二进制表示法。对于十六进制表示法，大小写字母均可；而对于 LWORD 类型而言，总的字符数应限制在 10(0x 外加 8 位)或 18(0x 外加 16 位)。

示例：十进制 WORD 值 254 可以表示为 254(十进制)，或 0xFE(十六进制)，或 0x000000FE(十六进制)；但 0254(十进制)和 0x0000000FE(十六进制)都是非法的。

C.4.1.3.10　ASCII 浮点数约定(REAL，LREAL)

数据类型 REAL 和 LREAL 表示二进制浮点数值。这些数据格式的内部表示法由 IEEE 754 标准描述。本标准描述数字值和比特序列(解释为“非数字”(NaN)符号值和正负无穷大)。浮点数值可作为整数值(基于十进制浮点数表示法的值)输入，或采用基值和指数形式的偏移以“科学”表示法输入。整数值与数据类型 INT、DINT 或 LINT 所示的值相同。这些值不能用来表达小数(分数)值。十进制浮点数值是包含全部整数和小数部分的值。整数与小数部分之间用小数点或句点符号“.”分隔。值的指数(科学)表示法格式与小数值表示法相同，但附有指数部分。此指数部分一般是以 10 为底的幂，该幂为带符号整数。

注：浮点数值的最大精确度取决于内部二进制格式的容量，也就是，编码尾数可用的二进制数字的个数。因此，在浮点数值的十进制表示法（或科学表示法的尾数部分）中采用很多位十进制数字，更多的是为了表达方便，而非出于对精确度的考量。EDS定义了对于十进制数字位数的限制。

合法 REAL 数据（单精度的 IEEE、32 位格式）的范围依据以下公式：

$$值 = (-1)^{s} \cdot 2^{e-127}\ m$$

其中：

——“s”是符号位的值；

——“e”是 8 位指数。该指数的允许范围是－126 至＋127；

——“m”是标准化的 24 位尾数（23 位用于内部存储，加上 1 个隐藏位）。这就允许尾数值的范围是 0～16777215。

“e”和“m”的组合允许近似绝对值范围是：0 至 3 4028 e^{38}。

EDS 采用的 REAL 数据的浮点数值表示法范围是：

整数（定点）表示法：－16777215～16777215

十进制（浮点）表示法：0.0～±9999999999999999

其中，除小数点和符号字符外，总的数字位数不得超过 16。小数点字符和符号字符可省略（如果省略符号字符，则默认符号为＋）。

科学表示法：0.0～±nn.nnnnnnnnnE±xxxx

其中，尾数部分总的数字位数不得超过 11 位（小数点和符号字符除外），指数部分数字的位数不得超过 4 位（字符“E”和符号字符除外）。小数点可位于尾数中的任意处。在尾数中可省略小数点字符和符号字符（如果省略符号字符，则默认符号为＋）。

合法 LREAL 数据（双精度 IEEE，64 位格式）的范围依据以下公式：

$$值 = (-1)^{s} \cdot 2^{e-1\,023}\ m$$

其中：

——“s”是符号位的值；

——“e”是 11 位指数。该指数的允许范围是－1 022 至＋1 023；

——“m”是标准化的 53 位尾数（52 位用于内部存储，加上 1 个隐藏位）。这就允许尾数值的范围是 0～9007199254740991。

“e”和“m”的组合允许近似绝对值范围是：0 至 1 7976 e^{308}。

EDS 对于 LREAL 数据采用以下的浮点数值表示法：

整数（定点）表示法：　－9007199254740991～9007199254740991

十进制（浮点）表示法：　0.0～±9999999999999999

其中，除小数点和符号字符外，总的数字位数不得超过 16。小数点字符和符号字符可省略（如果省略符号字符，则默认符号为＋）。

科学表示法：0.0～±nnnn.nnnnnnnnnnnnE±xxxx

其中，尾数部分总的数字位数不得超过 16 位（小数点和符号字符除外），指数部分数字的位数不得超过 4 位（字符“E”和符号字符除外）。小数点可位于尾数中的任意处。在尾数中可省略小数点字符和符号字符（如果省略符号字符，则默认符号为＋）。

除了上述值外，浮点表示法还允许两种类型的输入：“Not a Number”或 NaN（非数字）符号，以及两种无限值形式。有两种类型的 NaN：Signaling NaN（信号 NaN）和 Quiet NaN（静态 NaN）。无限值表示法也有两种形式：正无限值（无限大）和负无限值（无限小）。对于这两种情况，保留以下特殊字，并用它们来表达相关浮点符号的登入项：

——静态 NaN QUIET-NAN；

——信号 NaN SIGNAL-NAN；

——正无限值 INFINITY(或+INFINITY);

——负无限值 -INFINITY。

C.4.1.3.11 EDS_Date(EDS 日期)

数据类型 EDS_Date 应为 mm-dd-yyyy(月-日-年)格式,其中 mm 是月份,dd 是该月份中的日期,yyyy 是年份。mm-dd-yyyy 中的月、日、年部分的有效值应为:

——mm 01~12

——dd 01~31(取决于年份和月份)

——yyyy 1996~9999

两字符表达年份可用于 EDS_Date 数据类型为 mm-dd-yy 格式的情况,其中 mm 是月份,dd 是该月份中的日期,yy 是年份。在此情况下,年份的两个字符之前还隐含有 19,也就是说如果 yy=96,则表示 1996 年。mm-dd-yy 参数的月、日、年部分的有效值应为:

——mm 01~12

——dd 01~31(取决于年份和月份)

——yy 96~99(年份的两个字符之前还隐含有“19”)

注:不推荐两字符的年份表示法。

C.4.1.3.12 EDS_Time_Of_Day(EDS 日时)

数据类型 EDS_Time_Of_Day 应为 hh:mm:ss(小时-分-秒)格式,其中 hh 是小时,mm 是分,ss 是秒。小时、分、秒的有效值应为:

——hh 00~23

——mm 00~59

——ss 00~59

C.4.1.3.13 EDS_Revision(EDS 版本)

数据类型 EDS_Revision 应为 Major_Revision. Minor_Revision(主版本号.副版本号)格式,其有效值为:

——Major_Revision(主版本号) 0~9

——Minor_Revision(副版本号) 0~9

0.0 的 EDS_Revision(EDS 版本)应为无效。

示例:EDS_Revision(EDS 版本)是 1.4 表示:Major_Revision(主版本号)为 1,Minor_Revision(副版本号)为 4。

C.4.1.3.14 EDS_URL(EDS 统一资源定位符)

在 EDS 需求中对 EDS_URL(EDS 统一资源定位符)的所有引用都是为了对通过互联网机制定位和访问资源所必须的信息进行形式化。对于 EDS_URL(EDS 统一资源定位符)应采用 GB/T 19659.2 中为 EDS_Char_Array 定义的基本格式来编码。此外,EDS_URL(EDS 统一资源定位符)的串内容应遵从互联网的网络工作组 RFC 1738 所定义的“统一资源定位符(URL)”格式。对于 EDS 文件中所作的技术规范而言,EDS_URL(EDS 统一资源定位符)应限于以下格式的一种:

——http;

——ftp;

——file(文件)。

C.4.1.4 基本的 EDS 文件要求

C.4.1.4.1 概述

本条描述了 EDS 的基本段(节),它们对于某些基于 CIP 的网络是通用的。本条还规定了相应的用法要求。表 C.5 列出这些段(节)定义所在的章节号。

表 C.5　基本段(节)定义

EDS 段(节)	定义所在的章条
File Description(文件描述)段(节)	C.4.1.4.2
Device Description(设备描述)段(节)	C.4.1.4.3
Device Classification(设备分类)段(节)	C.4.1.4.4
Parameter Class(参数类别)段(节)	C.4.1.4.5
Parameter(参数)段(节)	C.4.1.4.6
Parameter Group(参数组)段(节)	C.4.1.4.7
Assembly(集合)段(节)	C.4.1.4.8
Connection Manager(连接管理器)段(节)	C.4.1.4.9
Port(端口)段(节)	C.4.1.4.10
Modular(模块化)段(节)	C.4.1.5.2

C.4.1.4.2　文件描述段(节)

文件描述段(节)应包含 EDS 文件的管理信息。配置工具应读取此信息,对其进行格式化,并将信息显示给用户。用户也能通过文本文件阅读器访问此段(节),并显示未格式化的信息。此段(节)不得要求修改,除非用户手动修改此文件。文件描述段(节)应包含表 C.6 所列的登入项。

表 C.6　文件描述格式

登入项名称	登入项关键字	字段编号	数据类型	必须的/可选的
File Description Text(文件描述文本)	DescText	1	EDS_Char_Array	必须的
File Creation Date(文件创建日期)	CreateDate	1	EDS_Date	必须的
File Creation Time(文件创建时间)	CreateTime	1	EDS_Time_Of_Day	必须的
Last Modification Date (最后修改日期)	ModDate	1	EDS_Date	有条件的
Last Modification Time (最后修改时间)	ModTime	1	EDS_Time_Of_Day	有条件的
EDS Revision(EDS 版本)	Revision	1	EDS_Revision	必须的
Home URL(主统一资源定位符)	HomeURL	1	EDS_URL	可选的

文件描述段(节)中的登入项应提供表 C.7 所列的信息。

表 C.7　文件描述登入项

登　入　项	说　　明
File Description Text (文件描述文本)	由配置工具显示的单行文本。EDS 开发者应为此登入项赋予有意义的文本行。所有字符数组应放置在双引号内
File Creation Date (文件创建日期)	由 EDS 开发者指定的 EDS 的创建日期。仅仅为了方便起见,此日期可以提供关于文件的版本信息。配置工具不能使用此信息来执行任何类型的版本控制,但它可显示其内容
File Creation Time (文件创建时间)	由 EDS 开发者指定的 EDS 的创建时间。仅仅为了方便起见,此时间可以提供关于文件的版本信息。配置工具不能使用此信息来执行任何类型的版本控制,但它可显示其内容

表 C.7(续)

登 入 项	说 明
Last Modification Date (最后修改日期)	上次修改 EDS 的日期。允许修改 EDS 文件的配置工具在必要时应更新此字段。仅仅为了方便起见,配置工具应显示此登入项的内容(若存在的话)。如果配置工具修改此 EDS,则配置工具应更新此字段。但是,如果此 EDS 文件是由人工修改或通过文本编辑器修改的,则也应更新此字段。 若属于以下任一情况,则此登入项是必需的: ——EDS 文件由软件工具修改; ——出现 Last Modification Time(最后修改时间)登入项。
Last Modification Time (最后修改时间)	上次修改 EDS 的时间。允许修改 EDS 文件的配置工具在必要时应更新此登入项。仅仅为了方便起见,配置工具应显示此登入项的内容(若存在的话)。如果配置工具修改此 EDS,则配置工具应更新此字段。但是,如果此 EDS 文件是由人工修改或通过文本编辑器修改的,则也应更新此字段
EDS Revision (EDS 版本)	EDS 的版本。EDS Revision(EDS 版本)不一定与产品的版本(Revision)有关系,它只是该 EDS 文件本身的版本
Home URL (主统一资源定位符)	主 EDS 文件、图标文件和与此 EDS 有关的其他文件的统一资源定位符(URL)。Home URL 应指定引用此 EDS 文件主版本的完全合格的 URL。此外,被引用的区域(无文件名规范)用于指定包含其他相关文件(与 EDS 描述的设备相关的文件)的区域

图 C.2 是一个典型[File]段(节)的示例。

```
[File]
    DescText="Smart Widget EDS File";
    CreateDate=04-03-94;                    $ created
    CreateTime=17:51:44;
    ModDate=04-06-94;                       $ last changed
    ModTime=22:07:30;
    Revision=2.1;                           $ Revision of EDS
    HomeURL="http://www.odva.org/EDS/example.eds";
```

图 C.2 [File]段(节)示例(资料性)

C.4.1.4.3 设备描述段(节)

设备描述段(节)应包含关于设备制造商的信息,包括一些与设备 Identity Object(标识对象)中相同的值。设备描述段(节)应包含表 C.8 中所规定的登入项。

表 C.8 设备描述格式

登入项名称	登入项关键字	字段编号	数据类型	必须的/可选的
Vendor ID[a,b](制造商标识符)	VendCode	1	UINT	必须的
Vendor Name(制造商名称)	VendName	1	EDS_Char_Array	必须的
Device Type[a,b](设备类型)	ProdType	1	UNIT	必须的
Device Type String(设备类型串)	ProdTypeStr	1	EDS_Char_Array	必须的
Product Code[a,b](产品代码)	ProdCode	1	UINT	必须的

表 C.8（续）

登入项名称	登入项关键字	字段编号	数据类型	必须的/可选的
Major Revision[a,b]（主版本号）	MajRev	1	USINT	必须的
Minor Revision[a]（副版本号）	MinRev	1	USINT	必须的
Product Name[c]（产品名称）	ProdName	1	EDS_Char_Array	必须的
Catalog Number（分类号）	Catalog	1	EDS_Char_Array	可选的
Exclude from Adapter Rack Connection（排除适配器轨道连接）	ExcludeFromAdapterRackConnection	1	EDS_Char_Array	可选的
Icon File Name（图标文件名）	Icon	1	EDS_Char_Array	可选的

a 此登入项表示 IdentityObject（标识对象）的一个属性。

b 此登入项用于将 EDS 与一个特定的产品/版本（product/revision）相匹配。

c 此登入项表示 IdentityObject（标识对象）的一个属性，尽管数据类型可能略有差别。

设备描述字段的登入项名称描述了惟一的数据登入项行号。

配置工具应使用设备描述段（节）中所要求的登入项来使 EDS 与所配置的设备相匹配。设备描述段（节）中的登入项应提供表 C.9 所列的信息。

表 C.9 设备描述登入项

登 入 项	说 明
Vendor ID（制造商标识符）	IdentityObject（标识对象）所定义的制造商数字标识符，属性 1
Vendor Name（制造商名称）	文本的制造商名称。在显示时，可截取部分文本以满足显示的容量限制
Device Type（设备类型）	IdentityObject（标识对象）所定义的设备数字标识符，属性 2
Device Type String（设备类型串）	在相应的 CIP 设备专规中定义的设备类型的文本化描述。各个制造商可选择制造商专用的设备类型的串
Product Code（产品代码）	IdentityObject（标识对象）所定义的制造商指定的数字产品代码标识符，属性 3。每个产品代码应具有它自己的 EDS
Major Revision（主版本号）	IdentityObject（标识对象）所定义的制造商指定的主版本号，属性 4。当格式、适配、或设备的功能发生改变时，产品的主版本号可能递增。对主版本号的修改应由配置工具进行，以使设备与 EDS 相匹配
Minor Revision（副版本号）	IdentityObject（标识对象）所定义的制造商指定的副版本号，属性 4。副版本号应用于标识产品中不影响用户配置选择的修改（例如：固件错误的修复，附加的 LED、内部硬件的改变）。对副版本号的更改不需由配置工具进行，也不需要使设备与 EDS 相匹配
Product Name（产品名称）	IdentityObject（标识对象）所定义的文本化的产品名称，属性 7。在显示时，可截取部分文本以满足显示时的容量限制
Catalog Number（分类号）	文本的分类号或模型号。一个或多个分类号可能与特定的产品代码有关 注：在多个分类号的情况下，提供与实际情况同样多的分类号仍然是有用的。例如：1438-BAC7XX，此处的“XX”表示此产品代码/EDS 所支持的分类号中的变量。

表 C.9(续)

登 入 项	说 明
ExcludeFromAdapterRackConnection(排除适配器轨道连接)	此字段用于描述是否要求基于轨道的设备从适配器轨道连接中排除。如果此字段值是串"Yes",则可通过重新设置相关的槽掩码位(输入、输出和配置)将此模块从适配器轨道中排除。如果此字段值是串"No",或者此可选字段被省略,则应设置相关的槽掩码位
Icon File Name(图标文件名)	图标文件的文件名。它标识包含设备的图形表达的文件。该文件应具有 *.ICO MSWindows 格式,并应包含最小 16×16 的图标。该文件还可包含 32×32、48×48 和 64×64 图标。图标文件的地址是 HomeURL 关键字(没有 HomeURL 文件名部分)所指定的地址和由此关键字指明的文件名的组合。只有在 HomeURL 关键字存在时,才出现图标文件名这一关键字

图 C.3 是一个典型的设备[Device]段(节)的示例。

```
[ Device ]
   VendCode=65535;
   VendName="Widget-Works,Inc.";
   ProdType=0;
   ProdTypeStr="Generic";
   ProdCode=42;
   MajRev=1;                          $ Device Major Revision
   MinRev=1;                          $ Device Minor Revision
   ProdName="Smart-Widget";
   Catalog="1499-DVG";
   Icon="example.ico";
```

图 C.3 [Device]段(节)示例(资料性)

C.4.1.4.4 设备分类段(节)

设备分类段(节)应将 EDS 所描述的设备分类为一种或多种设备类别。所有分类的登入项关键字应由字符数组"Class"和一个十进制数组合而成。数字应从 1 开始作为第 1 类,每增加一个类别就应以升序加 1。

每个分类登入项的字段编号应是变化的,以允许类似于文件系统目录结构的树状分类结构。公共类的子类应被保留。对制造商专用的分类进行子分类可由制造商自行决定。第 1 个字段应表达树状结构中的最高层,并且应是下列字段关键字之一:

——ControlNet;

——DeviceNet;

——EthernetIP;

——制造商专用的字段关键字。

制造商专用的字段关键字应以公司的制造商标识符(Vendor ID)开始,后跟下划线"_",然后是其他有关内容(VendorID_VendorSpecificField)。VendorID(制造商标识符)应以十进制表示,但前面不应包含 0。每个制造商负责维护和编制他们的制造商专用的字段关键字。

C.4.1.4.5 参数类别段(节)

参数类别段(节)应标识 EDS 所描述的配置参数的通用属性,这些属性对应于 CIP 对象库(Object Library)中所定义的 Parameter Object(参数对象)类属性的子集。

参数类别段(节)应包含表 C.10 中所规定的登入项。

表 C.10　参数类别格式

登入项名称	登入项关键字	字段编号	数据类型	必须的/可选的
Max Instances(最大实例数)	MaxInst	1	UINT	必须的
Parameter Class Descriptor(参数类别描述符)	Descriptor	1	WORD	必须的
Configuration Assembly Instance(配置集合实例)	CfgAssembly	1	UINT	必须的

参数类别段(节)中的登入项应提供表 C.11 所列的信息。

表 C.11　参数类别登入项

登　入　项	说　明
Max Instances(最大实例数)	它标识包含在与 EDS 相关的设备中的配置参数的总数
Parameter Class Descriptor (参数类别描述符)	它包含描述设备的参数对象的行为特性的位标志
Configuration Assembly Instance (配置集合实例)	它规定包含设备配置数据的 Assembly Object(集合对象)的实例

参数类别描述符(Parameter Class Descriptor)登入项应包含表 C.12 所定义的描述参数特性的位。表 C.12 中未定义的位不能使用,并应设置为 0。

表 C.12　参数类别描述符位值

位	名　称	位值及含义
0	支持单个参数访问	0=参数不能被单独访问。只使用配置集合 1=参数能被单独访问
1	支持所有属性	0=在设备内只有参数的当前值可用 1=在设备内参数的所有配置数据均可用
2	非易失存储器保存命令	0=参数被自动保存 1=参数不被自动地保存。要将所期望的参数保存在非易失存储器中时,需执行非易失存储器保存命令
3	参数保存在非易失存储器	0=参数未被保存在非易失存储器 1=所有参数都被保存在非易失存储器

图 C.4 是一个典型参数类别[ParamClass]段(节)的示例。

```
[ParamClass ]
  MaxInst=3;
  Descriptor=0x0E;
  CfgAssembly=3;
```

图 C.4　[ParamClass]段(节)的示例(资料性)

C.4.1.4.6　参数段(节)

参数段(节)应标识设备中的配置参数。登入项关键字应为以下字符数组之一:"Param",

"ProxyParam"和"ProxiedParam",并包含设备的参数实例数(十进制),例如:"Param1"。实际的参数对象实例可以(但不是必须)在设备中实现。相反,不要求所有参数对象实例在 EDS 中都具有相应的"ParamN"登入项。但是,当参数对象实例存在于一个节点内,而且如果此参数也在 EDS 内描述时,那么,在"ParamN"中"N"的值应等于该参数对象实例。

每个登入项应包含表 C.13 所列的格式字段。关键字"ProxyParam"和"ProxiedParam" 作为模块化 EDS 需求的组成部分,将在 C.4.1.5.3.1 中进一步定义。

表 C.13 参数格式

字段名称	字段编号	数据类型	必须的/可选的
Reserved(保留)	1	USINT	必须的
Link Path Size(链路路径大小)	2	USINT	可选的
Link Path(链路路径)	3	EPATH	可选的
Descriptor(描述符)	4	WORD	必须的
Data Type(数据类型)	5	USINT/EPATH	必须的
Data Size(数据大小)	6	USINT	必须的
Parameter Name(参数名称)	7	EDS_Char_Array	必须的
Units String(单字符串)	8	EDS_Char_Array	必须的
Help String(帮助串)	9	EDS_Char_Array	必须的
Minimum Value(最小值)	10	Data type	有条件的[a]
Maximum Value(最大值)	11	Data type	有条件的[a]
Default Value(缺省值)	12	Data type	必须的
Scaling Multiplier(放大倍数)	13	UINT	可选的
Scaling Divider(缩小倍数)	14	UINT	可选的
Scaling Base(缩放基准)	15	UINT	可选的
Scaling Offset(缩放偏移)	16	UINT	可选的
Multiplier Link(放大链路)	17	UINT	可选的
Divisor Link(缩小链路)	18	UINT	可选的
Base Link(基本链路)	19	UINT	可选的
Offset Link(偏移链路)	20	UINT	可选的
Decimal Precision(十进制精度)	21	USINT	可选的
International Parameter Name(国际参数名称)	22	STRING1	可选的
International Engineering Units(国际工程单位)	23	STRING1	可选的
International Help String(国际帮助串)	24	STRING1	可选的

a 这些在表 C.17 中进一步说明。

参数段(节)中的登入项应提供表 C.14 和表 C18 中所列的信息。

表 C.14 中所列的参数字段对于所有的参数都是通用的。

表 C.14 通用参数字段

字 段	说 明
Reserved(保留)	此第 1 个字段应包含一个 0
Link Path Size(链路路径大小)	用于表示路径的字节数。如果链路大小不符合字段"Link Path"(链路路径)的字节数,则应忽略"Link Size"(链路大小)。如果对此参数不可从链路寻址,则此字段应为空。如果此字段为空而字段"Link Path"(链路路径)不为空,则"Link Size"(链路大小)应等于字段"Link Path"(链路路径)的字节数
Link Path(链路路径)	到达重新获取参数值的那个对象属性的 CIP 路径。此路径应作为字符数组登入,采用 IEC 61158-6:2003(类型 2)所描述的路径表示法,并采用 C.4.1.3.6 中所规定的格式。如果此 Param N 登入项所描述的参数不能直接从网络寻址,则此字段应为空。如果此字段包含一个空(null)串"",则此 Param N 登入项所描述的参数应作为 Parameter(参数)对象的第 N 个实例的数据属性(实例属性 1)来寻址(即:采用路径"20 0F 24 N 30 01")
Descriptor(描述符)	参数描述符。它包含描述单个参数行为特性的位标志(见表 C.15)
Data Type(数据类型)	数据类型标识符,按照 IEC 61158-6:2003(类型 2:Data Type Reporting)定义。此标识符应作为 USINT 或 EPATH 来编码。 注:EDS 文件的老版本可能使用表 C.16 中定义的 USINT 数据类型标识符,但这些标识符现已被淘汰。这里提供它们是出于兼容的原因。
Data Size(数据大小)	数据大小值(数字的)。对于串和 EPATH 数据类型,此字段规定每个字符或登入项的字节数。因此,对于数据类型 STRING 和 EPATH,规定此值为 1。对于数据类型 STRING2,规定此值为 2。对于数据类型 STRINGN,则规定此值为"N"
Parameter Name(参数名称)	文本的参数名。必要时,可对重新获取的文本进行截取以符合所允许的最大字符数组长度
Units String(单字符串)	单字符数组的文本化显示。必要时,可对重新获取的文本进行截取以符合所允许的最大字符数组长度
Help String(帮助串)	文本的帮助字符数组。必要时,可对重新获取的文本进行截取以符合所允许的最大字符数组长度
Minimum Value(最小值)	其含义及基于参数数据类型的要求见表 C.17
Maximum Value(最大值)	其含义及基于参数数据类型的要求见表 C.17
Default Value(缺省值)	赋予参数数据值的缺省数字值
International Parameter Name(国际参数名称)	以 STRING 表示法表达的参数名称
International Engineering Units(国际工程单位)	以 STRING 表示法表达的工程单位
International Help String(国际帮助串)	以 STRING1 表示法表达的帮助串

描述符字段的位应按照表 C.15 的定义。

表 C.15 描述符字段的位定义

位	定 义	位值及含义
0	支持可设置的路径	0=不能设置链接路径 1=能设置链接路径
1	支持枚举串	0=不支持枚举串 1=支持并可读取枚举串
2	支持缩放	0=不支持缩放 1=支持缩放。实现缩放属性,并将值以工程单位提供给用户
3	支持缩放链路	0=不支持缩放链路 1=缩放属性的值可从其他参数恢复
4	只读参数	0=参数值能被写入(设置)和读取(获取) 1=参数值只能被读取(获取),不能被设置
5	监控参数	0=参数值不能由设备实时地更新 1=参数值能由设备实时地更新
6	支持扩展的精度缩放	0=不支持扩展的精度缩放 1=可实现扩展的精度缩放,并将值以工程单位提供给用户
7	支持非串行枚举串	0=不支持非串行枚举串 1=支持非串行枚举串
8	允许枚举值和单个值	0=既不支持枚举值,也不支持单个值 1=支持枚举值和单个值
9~15	保留	保留这些位并设置为 0

EDS 文件的老版本可采用表 C.16 中所规定的数据类型标识符。

表 C.16 数据类型标识符(现已淘汰)

数据类型标识符	定 义	数据类型描述
1	WOED	16-bit 字
2	UINT	16-bit 无符号整数
3	INT	16-bit 带符号整数
4	BOOL	布尔数
5	SINT	短整数
6	DINT	双整数
7	LINT	长整数
8	USINT	无符号短整数
9	UDINT	无符号双整数
10	ULINT	无符号长整数

表 C.16（续）

数据类型标识符	定　义	数据类型描述
11	REAL	单精度浮点格式(IEEE 754)
12	LREAL	双精度浮点格式(IEEE 754)
13	ITIME	持续时间(短)
14	TIME	持续时间
15	FTIME	持续时间(高分辨率)
16	LTIME	持续时间(长)
17	DATE	日期
18	TIME_OF_DAY	时日
19	DATE_AND_TIME	日期和时间
20	STRING	每个字符串 8-bit
21	STRING2	每个字符串 16-bit
22	STRINGN	每个字符串 N 字节
23	SHORT_STRING	短 N 字节字符串
24	BYTE	8-bit 串
25	DWORD	32-bit 串
26	LWORD	64-bit 串

表 C.17 根据参数数据类型，规定了最小/最大值登入项的含义和特定需求。

表 C.17　最小和最大值登入项的语义

数据类型	描述和语义	最小值语义	最大值语义	必须的/可选的/不允许的
BYTE	bit 串——8-bit 长度	对这些数据类型的最小和最大值未作定义，因此在 EDS 文件中也未对它们进行规定		不允许的
WORD	bit 串——16-bit 长度			
DWORD	bit 串——32-bit 长度			
LWORD	bit 串——64-bit 长度			
STRING[a]	串 (2 字节长度指示符，每个字符 1 字节)	最小串长度	最大串长度	必须的
STRING2[a]	串 (2 字节长度指示符，每个字符 2 字节)	最小串长度	最大串长度	必须的
STRINGN[a]	串 (2 字节长度指示符，每个字符 N 字节)	最小串长度	最大串长度	必须的
SHORT_STRING[a]	字符串 (1 字节长度指示符，1 字节字符)	最小串长度	最大串长度	必须的

表 C.17（续）

数据类型	描述和语义	最小值语义	最大值语义	必须的/可选的/不允许的
EPATH[a]	枚举路径	最小串长度	最大串长度	可选的
所有其他数据类型		可赋值给该数据值的最小数字值。	可赋值给该数据值的最大数字值。	可选的[b]

a 数据类型 STRING、STRING2、STRINGN、SHORT_STRING 和 EPATH 没有最小值或最大值规范。最小值和最大值字段用于表达最小和最大串或路径长度。在这些情况下，参数 Data Size(数据大小)用于表示每个字符或编码登入项所需要的字节数。

b 如果对最小值和/或最大值未作规定，则参数数据值的最小和/或最大值按 IEC 61158-5:2003(类型 2)的规定，根据参数数据类型确定。

表 C.18 所列出的参数字段是可选的，而且只有在采用下列数据类型时才有意义：SINT、INT、DINT、LINT、USINT、UINT、UDINT、ULINT、REAL 和 LREAL。在其他数据类型中，这些字段的规范是被禁止的。

表 C.18 保留用于数字数据类型的参数字段

字　段	说　明
Scaling Multiplier(放大倍数)	应用于当前参数数据值的数字放大倍数
Scaling Divider(缩小倍数)	应用于当前参数数据值的数字缩小倍数
Scaling Base(缩放基准)	应用于当前参数数据值的数字基值
Scaling Offset(缩放偏移)	应用于当前参数数据值的数字偏移值
Multiplier Link(放大链路)	指向 Parameter Object(参数对象)实例或其他对象属性(包含应用于当前参数数据值的数字放大倍数)的参数个数
Divisor Link(缩小链路)	指向 Parameter Object(参数对象)实例或其他对象属性(包含应用于当前参数数据值的数字缩小倍数)的参数个数
Base Link(基本链路)	指向 Parameter Object(参数对象)实例或其他对象属性(包含应用于当前参数数据值的数字基值)的参数个数
Offset Link(偏移链路)	指向 Parameter Object(参数对象)实例或其他对象属性(包含应用于当前参数数据值的数字偏移值)的参数个数
Decimal Precision (十进制精度)	应用于当前参数数据值的数字精度值

缩放不应由包含参数的设备来执行，而由显示工具来执行。如果支持缩放，则显示工具应使用图 C.5 所示的公式来确定来自于参数实际值的参数工程值(即：要显示的值)。如果不支持缩放，则图 C.5 所示的等式应采用十进制精度(Decimal Precision)＝0。

$$\text{工程值} = \frac{(\text{实际值}+\text{偏移})\times\text{乘数}\times\text{基数}}{\text{除数}\times 10^{\text{十进制精度}}}$$

图 C.5　参数缩放公式

第2个关键字也出现于[Params]段(节)。此关键字应用于为用户提供参数选择的枚举表。所有枚举参数的登入项关键字应由字符数组"Enum"和与 Param(参数)登入项相对应的十进制数组合而成。每个 Enum(枚举)登入项应由成对的整数和串组成。

图 C.6 是一个典型参数[Param]段(节)的示例。

```
[Params]
    Param1 =0,1,"20 02",0xOE94,1,1,"Preset","V","User Manual p33",
          0,5,1,1,1,1,0,0,0,0,0,2;
    Param2=                          $ parameter instance
    0,                               $ First field shall equal 0
    6,"20 04 24 01 30 03",           $ path size,path
    0x0A94,                          $ descriptor-in hex format
    1,                               $ data type
    1,                               $ data size
    "Trigger",                       $ name
    "Hz",                            $ units
    "User Manual p49",               $ help string
    0,2,0,                           $ min,max,default data values
    1,1,1,0,                         $ mult,div,base,offset scaling
    ,,,,                             $ mult,div,base,offset links not used
    2;                               $ decimal places
    Param3=                          $ not addressable from link
    0,,,0x0082,8,1,"speed control","","",3,12,3,,,,,,,,,;
    Enum3=3,"stop",8,"slow",12,"fast";
```

图 C.6　[Params]段(节)示例

C.4.1.4.7　参数组段(节)

参数组段(节)应标识一台设备中所有的参数组。每个参数组应包含该组中参数的列表。每个组的登入项关键字应由字符数组"Group"和参数组编号(十进制)组合而成,例如:"Group1"。十进制数应从1开始,并以升序递增1。

实际的 Parameter Group(参数组)对象实例可以(但不是必须)在设备中实现。相反,不要求所有 Parameter Group(参数组)对象实例在 EDS 中都有相应的"Group N"登入项。但是,当 Parameter Group(参数组)对象实例出现在一个节点内,而且如果此 Parameter Group(参数组)也在 EDS 内描述时,那么,在"Group N"中"N"的值应等于 Parameter Group(参数组)对象实例。

每个登入项中的字段应包含组名、组内的成员个数,以及该组中参数的实例个数。参数组段(节)应包含表 C.19 所示的字段。

表 C.19　参数组格式

字段名称	字段编号	数据类型	必须的/可选的
Group Name String(组名称串)	1	EDS_Char_Array	必须的
Number of Members(成员个数)	2	UINT	必须的
Parameter(参数)	3 至(成员个数+2)	UINT	必须的

图 C.7 是一个典型 Parameter Group(参数组)段(节)的示例。

```
[Groups]
    Group1="Setup",2,1,2;                    $ group 1
    Group2="Monitor",2,2,3;                  $ group 2
    Group3="Maintenance",2,1,3;              $ group 3
```

图 C.7 [Groups]段(节)示例

C.4.1.4.8 集合段(节)

集合(Assembly)段(节)描述数据块的结构。通常此数据块是 Assembly(集合)对象的数据属性。但是,EDS 的这一段(节)也可用于描述任何复杂的结构。此数据块的描述与 Assembly(集合)对象描述其成员列表的机制是类似的。

"Revision"(版本号)登入项关键字应具有一个 16-bit 整数字段,此字段应为设备内 Assembly(集合)对象的版本(类属性 1)。如果不出现此可选登入项,则 Assembly(集合)对象的版本应为 2(类属性 2)。

所有集合的登入项关键字应由括号中的字符数组之一("Assem"、"ProxyAssem" ,"ProxiedAssem")与设备的 Assembly(集合)对象实例数(十进制)组合而成,例如:"Assem1"。如果 Assembly(集合)对象的特定实例可以从链路寻址,则 EDS 文件中的 Assem 数与设备中的 Assembly 实例数应一一对应。关键字"ProxyAssem"(代理集合)和"ProxiedAssem"(所代理的集合)将在 C.4.1.5.3.2 中作为模块化 EDS 需求的组成部分进一步定义。

每个登入项应包含表 C.20 所示的格式字段。

表 C.20 关键字 AssemN 格式

字段名称	字段编号	数据类型	必须的/可选的
Name(名称)	1	EDS_Char_Array	可选的
Path(路径)	2	EDS_Char_Array	可选的
Size(大小)	3	UINT	有条件的
Descriptor(描述符)	4	WORD	可选的
Reserved(保留)	5,6	Empty	
Member Size(成员大小)	7,9,11…	UINT	有条件的
Member Reference(成员引用)	8,10,12…	AssemN,ProxyAssemN,ParamN,ProxyParamN,udint,或 EPATH	有条件的

第 1 个字段(称为"Name"——名称)是表达数据块名称的一个串。此可选字段可用于用户接口。

第 2 个字段(称为 "Path"——路径)是指定逻辑路径的一个串。此路径应标识设备内数据块的地址。如果此 AssemN 登入项所描述的块不能直接从链路寻址,则该字段应为空(Empty)。如果此字段是一个空(null)串"",则该数据块应作为 Assembly(集合)对象的第 N 个实例的数据属性(实例属性 3)寻址。

第 3 个字段(称为"Size"——大小)是数据块的大小(以字节来表示)。如果此字段和"Member Size"(成员大小)/"Member Reference"(成员引用)字段都未出现,则数据块的大小应为 0。上述两个字段都可以出现,但由于它们都规定数据块的大小,因此它们所规定的大小应一致。

第 4 个字段(称为 Descriptor——描述符)是描述 Assembly(集合)某些特性的位字段。此字段的各个位应按表 C.21 中的规定来设置。

字段 5 和字段 6 应保留，并且应为空。

其余字段应是成对的，也就是“Member Size”（成员大小）字段与“Member Reference”（成员引用）字段为一对，从而使字段的总数是偶数。每个登入项中字段对的数目应是不同的。这些字段对与 Assembly（集合）对象成员表相对应。

“Member Reference”（成员引用）字段的允许值应为下列值之一：

——[Params]段（节）的 ParamN 或 ProxyParamN 引用；

——[Assemly]段（节）的 AssemN 或 ProxyAssemN 引用；

——表达路径（EPATH）的串；

——UDINT 常数；

——空字段；

——C.4.1.5.3.2 中为模块化 EDS 所规定的附加值。

表 C.21 Assembly（集合）描述符字段的位定义

位	名 称	含 义
0	Allow Value Edit （允许值编辑）	如果此位被设置为（1），作为值定义的 Assembly（集合）的 Member Reference（成员引用）字段的内容是可编辑的。 如果此位被设置为（0），这些 Member Reference（成员引用）字段的内容是不可编辑的。 如果此字段为空，默认含义为复位（0）。 被视为值的 Member Reference（成员引用）是以下值之一：UDINT 常数，或由数据段（Data Segment）组成的路径
1～15		保留

如果“Member Reference”（成员引用）字段为空，则“Member Size”（成员大小）字段所指定的位数应作为 Assembly（集合）对象内的填充字使用。对于包含空串的“Member Reference”（成员引用）字段，应把它视为空字段。“Member Reference”（成员引用）字段及其对应的“Member Size”（成员大小）字段不能同时为空（Empty）。如果“Member Reference”（成员引用）字段指定了 EPATH，则此路径应由下列二者之一组成：逻辑段（Logical Segment）（设备内一个对象的路径），或数据段（Data Segment）。

“Member Size”（成员大小）字段应具有若干单元的位。如果“Member Size”（成员大小）字段为空，则应采用相应的“Member Reference”（成员引用）字段所定义的大小。所定义的 Param（参数）登入项的大小应按其第 6 字段（Size）所给予的（大小）。所定义的 Assem（集合）登入项的大小应按其第 3 字段（Size）所给予的（大小）。

成员应位于数据块的最低有效位，类似于它们在 Assembly（集合）对象中的位置。如果“Member Size”（成员大小）字段小于相应的“Member Reference”（成员引用）字段所定义的大小，则采用相应的“Member Reference”（成员引用）字段的最低有效位。如果“Member Size”（成员大小）字段大于相应的“Member Reference”（成员引用）字段所定义的大小，则在整个成员之后跟填充字 0，从而使成员扩展到“Member Size”（成员大小）。所表达的数据块应为整数字节。所有成员大小的总和应等于 AssemN Size（集合 N 大小）字段（当以位表示时）。

图 C.8 是一个典型[Assembly]（集合）段（节）的示例。在此示例中，Assem5 是 1 字节长，并具有缺省值 0x21。

```
[Params]
    Param1 =
            0,                                  $ first field shall equal 0
            6,"20 OF 24 01 30 01",              $ path size,path
            0x0000,                             $ descriptor
            2,                                  $ data type:16-bit WORD
            2,                                  $ data size in bytes
            "Idle state",                       $ name
            "",                                 $ units
            "User Manual p48",                  $ help string
            0,2,1,                              $ min,max,default data values
            0,0,0,0,                            $ mult,dev,base,offset scaling not used
            0,0,0,0,                            $ mult,dev,base,offset link not used
            0;                                  $ decimal places not used
    Param2 =
            0,6,"20 OF 24 02 30 01", $ path size,path
            0x0000,2,2,
            "Fault state","","User Manual p49",
            0,2,2,0,0,0,0,0,0,0,0,0;
[Assembly]
      Revision=2;
      Assem5="configuration","20 04 24 05 30 03",1,,,,
            4,Param1,
            8,Param2,
            1,;
```

图 C.8 [Assembly]段(节)示例

注：关键字 Variant 与十进制数的组合(例如："Variant1")被保留，用于今后 Assembly 段(节)中新登入项类型的定义。

C.4.1.4.9 连接管理器段(节)

C.4.1.4.9.1 内容

连接管理器(Connection Manager)段(节)应包含关于一台设备所支持的应用连接类型数的信息。此段(节)在连接管理器对象(Connection Manager Object)之后建模。此处使用的许多术语在 IEC 61158-5:2003 和 IEC 61158-6:2003(类型 2)中描述。每个登入项关键字应由以下字符数组之一与十进制数组合而成："Connection"(连接)，"ProxyConnect"(代理连接)，"ProxiedConnect"(所代理的连接)。例如："Connection1"(连接 1)，"ProxyConnect1"(代理连接 1)或"ProxiedConnect1"(所代理的连接 1)。十进制数应从 1 开始，并在每增加一个"Connection"登入项时以升序增 1。对于附加的登入项"ProxyConnect"(代理连接)和"ProxiedConnect"(所代理的连接)，不要求以 1 开始，也不要求在每增加一个这样的登入项时以升序增 1。关键字"ProxyConnect"(代理连接)和"ProxiedConnect"(所代理的连接)将在 C.4.1.5.3.3 中作为模块化 EDS 需求的组成部分进行详细说明。

每个登入项应包含表 C.22 中所规定的格式字段。

表 C.22 连接管理器(Connection Manager)格式

字段名称	字段编号	数据类型	必须的/可选的
Trigger and transport(触发并传输)	1	DWORD	必须的
Connection Parameters(连接参数)	2	DWORD	必须的

表 C.22（续）

字段名称	字段编号	数据类型	必须的/可选的
O⇒T RPI （O⇒T 所请求的数据包时间间隔）	3	UDINT 或 ParamN 或 ProxyParamN	可选的
O⇒T size(O⇒T 大小)	4	UINT 或 ParamN 或 ProxyParamN	有条件的
O⇒T format(O⇒T 格式)	5	ParamN 或 ProxyParamN 或 AssemN 或 ProxyAssemN	有条件的
T⇒O RPI （T⇒O 所请求的数据包时间间隔）	6	UDINT 或 ParamN 或 ProxyParamN	可选的
T⇒O size(T⇒O 大小)	7	UINT 或 ParamN 或 ProxyParamN	有条件的
T⇒O format(T⇒O 格式)	8	ParamN 或 ProxyParamN 或 AssemN 或 ProxyAssemN	有条件的
Config ＃1 size(配置＃1 大小)	9	UINT 或 ParamN 或 ProxyParamN	可选的
Config ＃1 format(配置＃1 格式)	10	ParamN 或 ProxyParamN 或 AssemN 或 ProxyAssemN	可选的
Config ＃2 size(配置＃2 大小)	11	UINT 或 ParamN 或 ProxyParamN	可选的
Config ＃2 format(配置＃2 格式)	12	ParamN 或 ProxyParamN 或 AssemN 或 ProxyAssemN	可选的
Connection name string(连接名称串)	13	EDS_Char_Array	必须的
Help string(帮助串)	14	EDS_Char_Array	必须的
Path(路径)	15	EDS_Char_Array	必须的

C.4.1.4.9.2 触发和传输掩码

触发和传输掩码的位分配如表 C.23 所示。对于连接所支持的每个触发模式，一位设置为 1(接通)，所有其他位设置为 0(断开)。对于客户机/服务器位：0＝客户机，1＝服务器。只能将传输类型之一设置为 1(接通)。

表 C.23 触发和传输掩码位分配

位	位 定 义
0	0 类：空
1	1 类：重复检测
2	2 类：应答
3	3 类：校验
4	4 类：非块
5	5 类：非块，分段
6	6 类：群播，分段
7～15	类：保留
16	触发：循环
17	触发：状态变更

表 C.23(续)

位	位 定 义
18	触发:应用
19～23	触发:保留
24	传输类型:只侦听
25	传输类型:只输入
26	传输类型:拥有者专用
27	传输类型:拥有者冗余
28～30	保留
31	客户机=0 / 服务器=1

C.4.1.4.9.3 连接参数

连接类型和优先权掩码的位分配如表 C.24 所示。对于连接所支持的每个连接类型和优先权,一位设置为 1(接通),所有其他位都设置为 0(断开)。

表 C.24 连接参数位分配

位	位 定 义
0	支持 O⇒T 固定大小(字节长度)
1	支持 O⇒T 可变大小(字节长度)
2	支持 T⇒O 固定大小(字节长度)
3	支持 T⇒O 可变大小(字节长度)
4～5	在适配器轨道连接的 O⇒T 实时数据包中每个槽的 O⇒T 字节数: 0=1 字节 1=2 字节 2=4 字节 3=8 字节
6～7	在适配器轨道连接的 T⇒O 实时数据包中每个槽的 T⇒O 字节数: 0=1 字节 1=2 字节 2=4 字节 3=8 字节
8～10	O⇒T 实时传送格式: 0=连接是纯数据而且是非模态的 1=采用 0 数据长度包指示空闲(idle)模式 2=保留 3=脉动 4=32 位运行/空闲首部 5～7 保留
11	保留

表 C.24（续）

位	位定义
12～14	T⇒O 实时传送格式： 0＝连接是纯数据而且是非模态的 1＝采用 0 数据长度包，指示空闲(idle)模式 2＝保留 3＝脉动 4＝32 位运行/空闲首部 5～7 保留
15	保留
16	O⇒T 连接类型：NULL(空)
17	O⇒T 连接类型：MULTICAST(群播)
18	O⇒T 连接类型：POINT2POINT(点对点)
19	O⇒T 连接类型：保留
20	T⇒O 连接类型：NULL(空)
21	T⇒O 连接类型：MULTICAST(群播)
22	T⇒O 连接类型：POINT2POINT(点对点)
23	T⇒O 连接类型：保留
24	O⇒T 优先权：LOW(低)
25	O⇒T 优先权：HIGH(高)
26	O⇒T 优先权：SCHEDULED(预定的)
27	O⇒T 优先权：保留
28	T⇒O 优先权：LOW(低)
29	T⇒O 优先权：HIGH(高)
30	T⇒O 优先权：SCHEDULED(预定的)
31	T⇒O 优先权：保留

C.4.1.4.9.4　O⇒T RPI

O⇒T RPI 表示所请求的数据包时间间隔的微秒数。O⇒T RPI 应为 UDINT 类型，或 [Params] 段(节)(该段对 UDINT 求值)的登入项 Param(参数)或 ProxyParam(代理参数)。如果此字段为空，则对 O⇒T RPI 没有任何限制。

C.4.1.4.9.5　O⇒T 大小

O⇒T 大小是发送给目标传输器的字节数。它不包含传输序列数。O⇒T 大小应为 UINT 类型，或 [Params]段(节)(该段对 UINT 求值)的登入项 Param(参数)或 ProxyParam(代理参数)。如果此字段为空，则 O⇒T 格式的预定大小应在添加可选 run/idle header(运行/空闲首部)大小之后使用。

C.4.1.4.9.6　O⇒T 格式

登入项 O⇒T 格式定义了该连接的消费者缓存器的结构。有效的格式描述符应是 EDS 文件内的标识符，包括：

——[Params]段(节)的登入项 Param(参数)或 ProxyParam(代理参数)；

——[Assembly]段(节)的登入项 Assem(集合)或 ProxyAssem(代理集合)。

此字段可为空，说明未规定消费格式。如果 O⇒T 大小字段为空，则此字段不得为空。如果出现此字段，则 O⇒T 格式不得包括 32-bit run/idle header(运行/空闲首部)。

C.4.1.4.9.7 T⇒O RPI

T⇒O RPI 表示所请求的数据包时间间隔的微秒数。T⇒O RPI 应为 UDINT 类型，或 [Params] 段(节)(该段对 UINT 求值)的登入项 Param(参数)或 ProxyParam(代理参数)。如果此字段为空，则对 T⇒O RPI 没有任何限制。

C.4.1.4.9.8 T⇒O 大小

T⇒O 大小是目标传输器所产生的字节数。它不包含传输序列数。T⇒O 大小应为 UINT 类型，或 [Params] 段(节)(该段对 UINT 求值)的登入项 Param(参数)或 ProxyParam(代理参数)。如果此字段为空，则 T⇒O 格式的预定大小应在添加可选 run/idle header(运行/空闲首部)之后使用。

C.4.1.4.9.9 T⇒O 格式

登入项 T⇒O 格式定义了该连接的生产者缓存器的结构。有效的格式描述符应为 EDS 文件内的标识符，包括：

——[Params]段(节)的登入项 Param(参数)或 ProxyParam(代理参数)；

——[Assembly]段(节)的登入项 Assem(集合)或 ProxyAssem(代理集合)。

此字段可为空，说明未规定生产格式。如果 T⇒O 大小字段为空，则此字段不得为空。如果存在此字段，则 T⇒O 格式应包括状况表头(status header)。

C.4.1.4.9.10 配置

字段 Config ＃1 size(配置＃1 大小)和 Config ＃2 size(配置＃2 大小)应指明附加于 Forward_Open 中路径的可选数据段的大小。该数据段应为由 Config ＃1 format(配置＃1 格式)和 Config ＃2 format(配置＃2 格式)所描述的两个缓存器的拼接。其大小为字节个数，其类型为 UINT，或 [Params] 段(节)(该段对 UINT 求值)的登入项 Param(参数)或 ProxyParam(代理参数)。如果字段 config size (配置大小)中有一个字段为空，则应采用相应的 config format(配置格式)字段的原有大小。

有效的 config format(配置格式)字段应为 EDS 文件内的标识符，包括：

——[Params]段(节)的登入项 Param(参数)或 ProxyParam(代理参数)；

——[Assembly]段(节)的登入项 Assem(集合)或 ProxyAssem(代理集合)。

字段 config format(配置格式)可为空，说明未规定配置格式。如果 config size(配置大小)和 configformat(配置格式)字段均为空，则对 Forward_Open 的 path(路径)不附加任何数据段。

C.4.1.4.9.11 连接名称串

连接名称串(字符数组)可以通过工具显示。连接名称串在 EDS 文件内所有 Connection(连接)登入项中应是惟一的。

C.4.1.4.9.12 帮助串

文本化的帮助字符数组可通过工具显示。如果没有提供帮助串，则采用 null(空)串，此处将空串定义为其内没有任何字符的双引号“”。

C.4.1.4.9.13 路径

路径引用目标对象。路径应作为 CIP Path(EPATH)输入，采用 IEC 61158-6:2003(类型 2)中所描述的填充路径表示法，并按照 C.4.1.3.6 中所规定的格式。除了 C.4.1.3.6 中所规定格式外，路径字段还可包含下列的其他引用：

——[Params]段(节)的登入项 Param(参数)或 ProxyParam(代理参数)；

——关键字 SLOT；

——关键字 SYMBOL_ANSI；

——关键字 SLOT_MINUS_ONE。

登入项 Param / ProxyParam(参数/代理参数)应对 USINT，UINT 或 UDINT 求值。Param / ProxyParam(参数/代理参数)的值应按小端法(little endian)的顺序插入到路径字段。路径内的 Param

/ ProxyParam(参数/代理参数)引用应位于方括号内,如图 C.9 所示。当位于方括号内时,Param / ProxyParam(参数/代理参数)的值应是路径的本地值——相同的登入项 Param / ProxyParam(参数/代理参数)在 EDS 中的其他位置可能有不同的值。如果 Param / ProxyParam(参数/代理参数)未封闭在方括号内,其值在 EDS 文件中的任何位置都应是相同的。

关键字 SLOT 总是对 USINT 求值。关键字 SLOT 的替代值应对应于底板上模块的位置。

关键字 SLOT_MINUS_ONE 总是对 USINT 求值。关键字 SLOT_MINUS_ONE 的替代值应对应于底板上的模块位置减一。

关键字 SYMBOL_ANSI 应对通过用户接口输入的扩展符号段求值(见 IEC 61158-6:2003(类型2))。扩展的符号段应为 ANSI 扩展符号(CIP 路径类型=0x91)。例如,串"CAB"应对下列(填充的)扩展符号段求值:0x91 0x43 0x41 0x42 0x00。

C.4.1.4.9.14 连接管理器段(节)的示例(资料性)

图 C.9 是一个典型的[Connection Manager](连接管理器)段(节)的示例。

```
[Params]
   Param1=                           $ specifies read buffer
      0,,,                           $ no path means not directly accessible
      0x0004,                        $ descriptor:support scaling
      8,1,                           $ USINT,1 byte
      "Read",                        $ name
      "","",                         $ units & help string
      64,95,64,                      $ min,max,default data values
      1,1,1,-63,                     $ mult,div,base,offset scaling
      0,0,0,0,0;                     $ mult,div,base,offset link & decimal
                                     $ (not used)
   Param2=                           $ specifies write buffer
   0,,,                              $ no path means not directly accessible
   0x0004,                           $ descriptor:support scaling
   8,1,                              $ USINT,1 byte
   "Write",                          $ name
   "","",                            $ units & help string
   160,191,160,                      $ min,max,default data values
   1,1,1,-159,                       $ mult,div,base,offset scaling
   0,0,0,0,0;                        $ mult,div,base,offset link & decimal
                                     $ (not used)
[Connection Manager]
   Connection1=
   0x04010002,                       $ trigger & transport
                                     $ class 1,cyclic,exclusive-owner
   0x44244401,                       $ point/multicast & priority & realtime format
                                     $ fixed,32-bit headers,scheduled,
                                     $ O=>T point-to-point,T=>O multicast
   ,16,,                             $ O=>T RPI,size,format
   ,12,,                             $ T=>O RPI,size, format
   ,,                                $ config part 1(not used)
   ,,                                $ config part 2(not used)
   "read/write",                     $ connection name
   "",                               $ Help string
   "20 04 24 01 2C[Param2]2C[Param1]";
```

图 C.9 [Connection Manager] 段(节)示例

C.4.1.4.10 端口段(节)

Port(端口)段(节)描述设备内可提供的CIP可路由端口。每个CIP可路由端口在该段(节)中有相应的登入项。所有端口的登入项关键字由字符数组"Port"与对应于该端口对象的实例的十进制数组合而成。例如:Port1是Port(端口)对象的实例1。

注:CIP可路由端口是能够与另一个CIP端口(连接到另一个CIP链路)交换CIP消息的端口。

每个登入项应包含表C.25所列的格式字段。

表C.25 Port(端口)登入项格式

字段名称	字段编号	数据类型	必须的/可选的
Port Type Name(端口类型名称)	1	字段关键字	必须的
Port Name(端口名称)	2	EDS_Char_Array	可选的
Port Object(端口对象)	3	EDS_Char_Array	可选的
Port Number(端口号)	4	UINT	必须的
Reserved(保留)	5,6	Empty(空)	未使用
Port Specific(端口特定的)	7,8…	端口特定的	端口特定的

第1个字段(称为"Port Type Name"——端口类型名称)应为下列关键字之一:

——ControlNet;

——ControlNet_Redundant;

——TCP(指示具备Ethernet/IP功能的TCP端口);

——DeviceNet;

——制造商专用的字段关键字,以设备的制造商标识符(Vendor ID)和下划线开始("65535_")。

可选的"Port Name"(端口名称)字段是表示该端口名称的一个串,它可以由用户接口使用。"Port Object"(端口对象)字段应为一个路径(EPATH),它标识了与该端口相关的特定网络链路对象。

端口号1(Port1)对应于底板"Port"(端口)。不能路由CIP消息的带有底板的设备没有端口号1。

图C.10是一个典型[Port]段(节)的示例。

```
[Port]
    Port1=DeviceNet,
        "Port A",             $ name of port
        "20 03 24 01",        $ instance one of the DeviceNet object
        2;                    $ port number 2
    Port2=65535_Chassis,
        "Chassis",            $ name of port
        "20 9A 24 01",        $ vendor specific backplane object
        1;                    $ port number 1
```

图C.10 [Port]段(节)示例

C.4.1.5 模块化EDS文件要求

C.4.1.5.1 概述

本条描述了模块化EDS的概念和内容,并规定了用法要求。

C.4.1.5.2 模块化段(节)

C.4.1.5.2.1 内容

[Modular]段(节)描述基于机架的系统。模块化设备有两种:

——机架(chassis);

——模块(module)。

C.4.1.5.2.2 机架设备

描述机架的[Modular]段(节)应包含所要求的关键字"DefineSlotsInRack"(定义轨道内的槽数)。这一登入项的单个字段应为16-bit无符号整数(UINT),它指示机架上槽的个数。即使为此机架定义了电子键,也不需要从链路寻址。在[Connection Manager](连接管理器)段(节)的路径定义中所采用的关键字SLOT(槽)的范围应为0～(槽的个数减1)。

关键字"SlotDisplayRule"(槽显示规则)是可选的。这一登入项的单个字段应为[Param](参数)段(节)(仅仅ParamN)的一个参数,它定义内部与外部槽号之间的转换。

图C.11是说明机架设备的EDS的示例,包括[Modular]段(节)。

```
[File]
    DescText="Wonder Chassis EDS file";
    CreateDate=09-01-1997;
    CreateTime=17:23:00;
    Revision=1.1;
[Device]
    VendCode=65535;
    VendName="Widget Works,Inc. ";
    ProdType=101;
    ProdTypeStr="Widget Works Generic";
    ProdCode=1;
    MajRev=1;
    MinRev=1;
    ProdName="Widget Chassis";
    Catalog="1234-chassis";

[ Params ]
  Param1=
     0,                          $ first field shall equal 0
     ,,                          $ path size,path
     0x0004,                     $ descriptor
     8,                          $ data type:32-bit Unsigned Long Integer
     1,                          $ data size in bytes
     "Slot Naming Convention",   $ name
     "",                         $ units
     "",                         $ help string
     0,4,0,                      $ min,max,default data values
     0,0,0,0,                    $ mult,dev,base,offset scaling
     0,0,0,0,                    $ mult,dev,base,offset link not used
     0;                          $ decimal places not used
  Enum1="0","n/a",1,"0",2,"1",3,"2",4,"3";
[Modular]
    DefineSlotsInRack    =5;
    SlotDisplayRule      =Paraml;
```

图C.11 描述机架的[Modular]段(节)

C.4.1.5.2.3 模块设备(基本登入项)

描述模块的[Modular]段(节)包含"Width"(宽度)和"Rack"(轨道)登入项。

所要求的带有关键字"Width"(宽度)的登入项应有单独字段,它指示该模块所占用的机架的槽个数。该字段应为16-bit无符号整数(UINT)。

(可插入模块的)所有机架的登入项关键字应由字符数组"Rack"(轨道)与十进制数组合而成。数字应以第1个机架的1开始,每增加一个机架以升序增1。"Rack"(轨道)登入项的字段如表C.26所示。

表 C.26 Rack(轨道)登入项格式

字段名称	字段编号	数据类型	必须的/可选的
Vendor ID(制造商标识符)	1	UINT	必须的
Product Type(产品类型)	2	UINT	必须的
Product Code(产品代码)	3	UINT	必须的
Major Revision(主版本号)	4	USINT	必须的
Minor Revision(副版本号)	5	USINT	必须的
Reserved(保留)	6,7,8	空	未使用
Legal Slot(合法槽)	9,10,11…	UINT	必须的

字段"Vendor ID"(制造商标识符)、"Product Type"(产品类型)、"Product Code"(产品代码)、"Major Revision"(主版本号)和"Minor Revision"(副版本号)指明了可插入模块的机架的电子键。保留字段应为空。字段Legal Slot(合法槽)应标识可插入模块的那些槽。模块的EDS应包含可插入模块的每个机架的"Rack"(轨道)登入项。

图C.12是一个典型[Modular]段(节)的示例。

```
[Modular]
    Width=1;
    Rack1=                              $ this module can plug into
        65535,101,1,1,1,,,,             $ slots 1,2,3 and 4 of
        1,2,3,4;                        $ this five slot chassis
```

图 C.12 [Modular]段(节)示例

C.4.1.5.2.4 模块化设备(附加登入项)

C.4.1.5.2.4.1 概述

附加登入项在EDS中进行定义,以允许不支持CIP的基于机架的系统中模块的设备标识和设备键控。

为此,模块化设备主要分为两大类:

——具有CIP链路连接并且从链路可寻址相应的标识(Identity)对象的模块,这些模块放置在slot0(槽0)(例如:通信适配器);

——不具有CIP链路连接或可寻址的标识(Identity)对象的模块,因此,这些模块不能放置在slot0(槽0)(例如:I/O模块)。

注:CIP提供其他机制用于支持CIP链路可寻址的标识(Identity)对象的模块的设备标识和设备键控。

C.4.1.5.2.4.2 不具有链路可寻址的标识(Identity)对象的模块的登入项

描述一个不含有链路可寻址的标识(Identity)对象的模块的[Modular]段(节)可包含登入项关键字“ExternalID”(外部标识符)。此关键字应具有一个单独字段。该字段为标识该模块的字节串。对此字节串的编码,应采用与规定 EPATH 相同的格式。

图 C.13 是一个典型[Modular]段(节)的示例,该段(节)描述一个不含有链路可寻址的标识(Identity)对象的模块。

```
[Modular]
    Width=1;

    Rack1=                          $ this module can plug into
        65535,101,1,1,1,,,,         $ slots 1,2,3 and 4 of
        1,2,3,4;                    $ this five slot chassis

    Rack2=
        65535,101,2,1,1,,,,
        1,2,3,4,5,6,7;

    ExternalID="12 34";
```

图 C.13 [Modular]段(节)示例(不含有链路可寻址标识(Identity)对象的模块)

C.4.1.5.2.4.3 具有链路连接并位于 slot0 的模块的登入项

描述一个具有链路连接并位于 slot0 的模块的[Modular]段(节)可包含以下任意登入项关键字或它们的组合。

关键字“GenericID”(通用标识符)应具有一个单独字段。该字段是一个字节串,当不需要模块键控时,此字节串应包含在模块连接的数据段,以代替 ExternID(外部标识符)关键字。对此字节串的编码,应采用与规定 EPATH 相同的格式。

关键字“ExternalIDExactMatch”(外部标识符完全匹配)应具有一个单独字段,和一个“Yes”或“No”的值。“Yes”说明 ExternalID(外部标识符)指定了一台特定设备;“No”表示 ExternalID(外部标识符)指定了一组兼容设备中的一台。如果省略关键字“ExternalIDExactMatch”(外部标识符完全匹配),则默认条件是 ExternalID(外部标识符)指定一台特定设备。

关键字“Query”(查询)具有 4 个字段。第 1 个字段是路径,它标识链路可寻址的属性,该属性包含一个外部标识符的数组,机架上除 slot0(槽 0)外每个槽有一个属性。第 2 个字段是用于路径查询的服务(即:1——获取所有属性,或 14——获取单个属性)。第 3 个字段是一个整数(数据),它决定用于标识每个模块的字节数,其范围是 1～16。如果机架上是一个双槽模块,则该模块的外部标识符应在由查询返回的数组中出现两次。查询仅寻址到 slot0 的模块。第 4 个字段是出现空槽时返回的 ExternalID(外部标识符),对此字段的编码应采用与规定 EPATH 相同的格式。

图 C.14 是一个典型[Modular]段(节)的示例,该段(节)描述了一个具有位于 slot0 的链路连接的模块。

```
[Modular]
  Width=1;

  Rack1=                          $ this module can only plug into
    65535,101,1,1,1,,,,           $ slot 0 of this five slot chassis
    0;
  Rack2=65535,101,2,1,1,,,        0;
  Query="20 04 24 07 30 03",1,2,"FF FF";
  GenericID="00 00";
  ExternalIDExactMatch=No;
```

图 C.14 [Modular]段(节)示例(含有位于 slot0 的链路连接的模块)

C.4.1.5.3 基本 EDS 段(节)的模块化附加

C.4.1.5.3.1 参数段(节)的附加

关键字"ProxyParam"(代理参数)和"ProxiedParam"(所代理的参数)用于描述 CIP 适配器设备所代理的参数,以表示不支持 CIP 协议的另一台设备。此类示例有 Ethernet/IP 适配器模块(代理连接的设备),该模块位于带有模拟 I/O 模块(连接所代理的设备)的多槽 I/O 轨道中。

关键字"ProxyParam"(代理参数)出现于充当代理服务器的设备的 EDS 中。

关键字"ProxiedParam"(所代理的参数)出现于所代理的设备的 EDS 中。

在[Modular]段(节)中的信息用于将包含关键字"ProxyParam"(代理参数)的 EDS 文件与包含关键字"ProxiedParam"(所代理的参数)的 EDS 文件相关联。当两个 EDS 文件都规定了匹配 Rack(轨道)登入项时,这种关联才存在。

十进制数(由"ProxyParam"和"ProxiedParam"组合而成)用于将"ProxyParam"(代理参数)与"ProxiedParam"(所代理的参数)相匹配。彼此匹配的一对"ProxyParam"(代理参数)和"ProxiedParam"(所代理的参数)的字段值应组合在一起,从而形成出现在单一"Param"(参数)登入项中的相同字段值信息。这种组合应采用"ProxyParam"(代理参数)的字段值来完成,字段值是关键字"Module"的情况除外。当"ProxyParam"(代理参数)中所规定的字段值是"Module"时,应采用"ProxiedParam"(所代理的参数)中所规定的字段值。如果在"ProxyParam"(代理参数)中"ProxiedParam"(所代理的参数)的相应字段值不为"Module",那么,可以指定"ProxiedParam"登入项的字段值,但不得使用这些字段值,它们仅用于编制文档。

另一个关键字也出现于[Param]段(节)。此关键字用于将最小、最大和缺省值填充到"ProxyParam"的最小、最大和缺省值项。登入项其关键字为"ProxyParamSizeAdder"(代理参数大小添加器)和相应的"ProxyParam"(代理参数)登入项的十进制数的组合。每个"ProxyParam"(代理参数)登入项应由最小值(Minimum Value)、最大值(Maximum Value)和缺省值(Default Value)字段组成。这些字段的定义与"Param"定义相匹配。关键字"ProxyParamSizeAdder"(代理参数大小添加)为模块连接(例如:"ProxyConnect")的适配器提供一种方式,以将适配器数据添加到模块数据并返回连接的组合数据。

还有一个关键字也出现于[Param]段(节),它对应于"ProxyParam"(代理参数)、"ProxyEnum"(代理枚举)。"ProxyEnum"(代理枚举)与"Enum"(枚举)有相同的定义,只不过"ProxyEnum"(代理枚举)与"ProxyParam"(代理参数)相关联,而不是与"Param"(参数)相关联。第 2 个关键字也出现于[Param]段(节),它对应于"ProxiedParam"(所代理的参数)、"ProxiedEnum"(所代理的枚举)。"ProxiedEnum"(所代理的枚举)与"Enum"(枚举)有相同的定义,只不过它与"ProxiedParam"(所代理的参数)相关联,而不是与“Param”(参数)相关联。

C.4.1.5.3.2 集合段(节)的附加

C.4.1.5.3.2.1 附加登入项关键字

关键字“ProxyAssem”(代理集合)和“ProxiedAssem”(所代理的集合)用于描述 CIP 适配器设备所代理的集合,以表示不支持 CIP 协议的另一台设备。此类示例有 Ethernet 适配器模块(代理连接的设备),该模块位于带有模拟 I/O 模块(连接所代理的设备)的多槽 I/O 轨道中。

关键字“ProxyAssem”(代理集合)应出现于充当代理服务器的设备的 EDS 中;关键字“ProxiedAssem”(所代理的集合)应出现于所代理的设备的 EDS 中。

在[Modular]段(节)中的信息用于将包含关键字“ProxyAssem”(代理集合)的 EDS 文件与包含关键字“ProxiedAssem”(所代理的集合)的 EDS 文件相关联。当两个 EDS 文件都规定了匹配 Rack(轨道)登入项时,这种关联才存在。

十进制数(由“ProxyAssem”和“ProxiedAssem”组合而成)用于将“ProxyAssem”(代理集合)与“ProxiedAssem”(所代理的集合)相匹配。彼此匹配的一对“ProxyAssem”(代理集合)和“ProxiedAssem”(所代理的集合)的字段值应组合在一起,从而构成出现在单一“Assem”(集合)登入项中的相同字段值信息。这种组合应采用“ProxyAssem”(代理集合)的字段值来完成,字段值是关键字“Module”(模块)或“ModuleMemberList”(模块成员表)的情况除外。当“ProxyAssem”(代理集合)中所规定的字段值是“Module”时,应采用“ProxiedAssem”(所代理的集合)中所规定的字段值。字段值“Module”不得用于“MemberSize”(成员大小)和“MemberReference”(成员引用)字段。只能使用“ModuleMemberList”(模块成员表)来代替“MemberSize”(成员大小)和“MemberReference”(成员引用)字段对。当“ProxyAssem”(代理集合)中所规定的字段值是“ModuleMemberList”(模块成员表)时,应采用在“ProxiedAssem”(所代理的集合)中所规定的所有“MemberSize”(成员大小)和“MemberReference”(成员引用)字段。如果在“ProxyAssem”(代理集合)中“ProxiedAssem”(所代理的集合)的相应字段值不为“Module”,则可以指定“ProxiedAssem”(所代理的集合)登入项的字段值,但不得使用这些字段值,它们仅用于编制文档。

C.4.1.5.3.2.2 附加字段关键字

适配器轨道连接是与基于轨道的适配器设备(包含轨道上模块的数据)的连接。这种连接也可用于发送轨道上模块的配置和键控数据(例如:在连接建立时)。

下列关键字是允许用于 Assembly(集合)段(节)内“MemberReference”(成员引用)字段的附加值,它说明由集合成员所定义的数据的特定用法。

——ExternalID(外部标识符);

——InputSlotMask0(输入槽掩码 0)或 InputSlotMask1(输入槽掩码 1);

——OutputSlotMask0(输出槽掩码 0)或 OutputSlotMask1(输出槽掩码 1);

——ConfigSlotMask0(配置槽掩码 0)或 ConfigSlotMask1(配置槽掩码 1)。

关键字“ExternalID”(外部标识符)规定,此集合成员应包含下列二值之一:模块设备“ExternalID”值(如果需要设备键控),或适配器 EDS 中所定义的“GenericID”(通用标识符)值(如果不需要模块键控)。

关键字“ExternalID”与十进制数的组合(例如:ExternalID2)用于实现适配器轨道连接的各个设备键控。在“ExternalIDN”中的十进制(正)数“N”指定了轨道中的槽 N。关键字“ExternalIDN”规定,此集合成员应包含下列二值之一:槽 N 的模块设备“ExternalID”值(如果需要对此槽进行设备键控),或适配器 EDS 中定义的“GenericID”值(如果不需要对此槽进行模块键控)。

注:键控对于槽 0 不可用。

关键字“InputSlotMask0”或“InputSlotMask1”应指示在集合中输入槽掩码的位置。输入槽掩码是位的数组,它表示是否包括适配器轨道连接中模块原始数据的目标数据。如果使用关键字“InputSlot-Mask0”,则此数组中的位0代表槽0,位1代表槽1,依次类推。如果使用关键字“InputSlotMask1”,则此数组中的位0代表槽1,位1代表槽2,依次类推。在同一集合中不得同时使用“InputSlotMask0”和“InputSlotMask1”。必须采用前面所述的“MemberSize”(成员大小)字段。

关键字“OutputSlotMask0”或“OutputSlotMask1”应指示在集合中输出槽掩码的位置。输出槽掩码是位的数组,它表示是否包括适配器轨道连接中模块目标数据的原始数据。如果使用关键字“Out-putSlotMask0”,则此数组中的位0代表槽0,位1代表槽1,依次类推。如果使用关键字“OutputSlot-Mask1”,则此数组中的位0代表槽1,位1代表槽2,依次类推。在同一集合中不得同时使用“Out-putSlotMask0”和“OutputSlotMask1”。必须采用前面所述的“MemberSize”(成员大小)字段。

关键字“ConfiguSlotMask0”或“ConfiguSlotMask1”应指示在集合中配置槽掩码的位置。配置槽掩码是位的数组,它表示是否包括(在适配器轨道连接的建立服务中)模块的配置数据。如果使用关键字“ConfigSlotMask0”,则此数组中的位0代表槽0,位1代表槽1,依次类推。如果使用关键字“Con-figSlotMask1”,则此数组中的位0代表槽1,位1代表槽2,依次类推。在同一集合中不得同时使用“ConfigSlotMask0”和“ConfigSlotMask1”。必须采用前面所述的“MemberSize”(成员大小)字段。

C.4.1.5.3.3 连接管理器段(节)的附加

关键字“ProxyConnect”(代理连接)和“ProxiedConnect”(所代理的连接)用于描述CIP适配器设备所代理的连接,以表示不支持CIP协议的另一台设备。此类示例有Ethernet/IP适配器模块(代理连接的设备),该模块位于带有模拟I/O模块(连接所代理的设备)的多槽I/O轨道中。

登入项“ProxyConnect”(代理连接)关键字应出现于充当代理服务器的设备的EDS中。在上述示例中,应为Ethernet/IP适配器模块。

登入项“ProxiedConnect”(所代理的连接)关键字应出现于所代理的设备的EDS中。在上述示例中,应为模拟I/O模块。

在[Modular]段(节)中的信息应用于将包含关键字“ProxyConnect”(代理连接)的EDS文件与包含关键字“ProxiedConnect”(所代理的连接)的EDS文件相关联。当两个EDS文件都规定了匹配Rack(轨道)登入项时,这种关联才存在。

十进制数(由“ProxyConnect”和“ProxiedConnect”组合而成)应用于将“ProxyConnect”(代理连接)与“ProxiedConnect”(所代理的连接)相匹配。彼此匹配的一对“ProxyConnect”(代理连接)和“ProxiedConnect”(所代理的连接)的字段值应组合在一起,从而形成存在于单独“Connection”(连接)登入项中的相同字段值信息。这种组合应采用“ProxyConnect”(代理连接)的字段值来完成,字段值是关键字“Module”(模块)的情况除外。在这些情况下,应采用在相关联的“ProxiedConnect”(所代理的连接)中所规定的字段值。如果在登入项“ProxyConnect”(代理连接)中“ProxiedConnect”(所代理的连接)的相应字段值不为“Module”,则可以指定“ProxiedConnect”(所代理的连接)登入项的字段值,但不得采用这些字段值,它们仅用于编制文档。字段“ProxyConnect”(代理连接)“connection name string”(连接名称串)的字段值不应为“Module”,“ProxyConnect”(代理连接)一般用于指定“connection name string”(连接名称串)。

C.4.1.5.3.4 扩展的EDS段(节)的示例(资料性)

图C.15和图C.16是说明Parameter(参数)、Assembly(集合)和Connection Manager(连接管理器)段(节)的模块化EDS扩展用法示例。

```
[Params]
  Param1=        0,,,0x0010,2,2,"Target Brror Codes",
                      "","",0,0xFFFF,0,0,0,0,0,0,0,0,0,0;
  ProxyParam1=0,,,0x0000,2,2,"input size",
                 "","",Module,Module,Module,0,0,0,0,,,,,0;
  ProxyParamSizeAdder1=4,4,4;
[Assembly]
  Assem1="connection input format",,,,,,
    32,Param1,
      ,ProxyAssem1,
      ,ProxyAssem2;
  ProxyAssem1="real time input format","20 7D 24 SLOT 30 0A",,,,,
    ModuleMemberList;
  ProxyAssem2="real time status format","20 7D 24 SLOT 30 0B",,,,,
    ModuleMemberList;
[Connection Manager]
  ProxyConnect1=0x010100002,0x44244401,
       2,0,,2,ProxyParam1,Assem1,,,,,"Listen Only","",
       "01 SLOT_MINUS_ONE 20 04 24 03 2C 04 2C 02";|
```

图 C.15　ProxyParam(代理参数)和 ProxyAssem(代理集合)登入项的示例

```
[Params]
  ProxiedParam1=,,,,,,"input xize","","",0,2,2,,,,,,,,,;
[Assembly]
  ProxiedAssem1="real time input format",,,,,;
  ProxiedAssem2="real time status format",,,,,,16;
[Connection Manager]
  ProxiedConnect1=,,,0,,,,,,,,,,,,;
```

图 C.16　成对 ProxiedParam(所代理的参数)和 ProxiedAssem(所代理的集合)登入项的示例

C.4.2　Ethernet/IP 专用 EDS 要求

C.4.2.1　Ethernet/IP EDS 内容

本条规定了专门用于基于 Ethernet/IP 网络的电子数据单(EDS)文件的编码要求。

表 C.27 总结了可能出现于 Ethernet/IP EDS 中的段(节)结构、相应的合法段(节)分界符,以及这些段(节)在 EDS 中的先后次序。这些段(节)中的一部分对于某些基于 CIP 的网络是通用的,如果需要的话,它们对于 Ethernet/IP 的特定用法在 C.4.2.2 中作了详细规定。其他段(节)可能是 Ethernet/IP 专用的,将在 C.4.2.4 中规定。

表 C.27　Ethernet/IP EDS 文件结构

段(节)名称	合法分界符	位置	必须的/可选的
File Description(文件描述)	[File]	1	必须的
Device Description(设备描述)	[Device]	2	必须的
Device Classification(设备分类)	[Device Classification]	a	必须的

表 C.27(续)

段(节)名称	合法分界符	位置	必须的/可选的
Parameter Class(参数类别)	[ParamClass]	a	可选的
Parameters(参数)	[Param]	a	可选的
Parameter Groups(参数组)	[Groups]	a	可选的
Assembly(集合)	[Assembly]	a	可选的
Connection Characteristics(连接特性)	[Connection Manager]	a	有条件的[b]
Port(端口)	[Port]	a	可选的
Modular(模块化)	[Modular]	a	可选的
Vendor Specific(制造商专用的)	[Vendorspecifickeyword]	最后	可选的

a 这些组的位置只需跟随在 Device Description(设备描述)和 Device Classification(设备分类)段(节)之后。
b 如果实现相应的功能,则这些段(节)是必须的;否则,可省略。

对 Ethernet/IP EDS 内容应按如下作进一步安排:

——所有 Ethernet/IP EDS 文件应包含设备分类(Device Classification)段(节),设备分类段应采用合法分界符[Device Classification],并可位于文件描述(File Description)段(节)之后的任意位置;

——只要在 EDS 文件中不出现前置的引用,本规范中所描述的可选的和有条件的段(节)可以按任意次序出现。

C.4.2.2 通用 CIP 要求的实现

C.4.2.2.1 设备分类段(节)

对于任何 Ethernet/IP 兼容的设备,其 EDS 的设备分类(Device Classification)段(节)应至少包含一个 ClassN(类别 N)关键字登入项,其第 1 个字段设置为 EthernetIP。Ethernet/IP 分类的其他子分类应予以保留。

C.4.2.2.2 端口段(节)

在 EDS 的端口(Port)段(节),对应于 Ethernet/IP 兼容端口的 PortN(端口 N)登入项应按如下设置:

——字段"Port Type Name"(端口类型名称)应具有值"TCP";

——可选字段"Port Object"(端口对象)应设置为此端口的 TCP/IP Interface 对象的路径;

——没有附加要求,超出 CIP 通用子条款(见 C.4.1.4.10)中所规定的要求被安排在"Port Name"(端口名称)和"Port Number"(端口号)字段。

注:Ethernet/IP 设备的 EDS 不得直接引用 Ethernet/IP 端口的 Link(链路)对象(例如:Ethernet Link(以太网链路)对象),因为它能够通过此端口的 TCP/IP Interface(接口)对象引用。

C.4.2.3 附加数据编码要求

对于 Ethernet/IP EDS 文件,没有附加的数据编码要求。

C.4.2.4 附加文件要求

对于 Ethernet/IP EDS 文件,没有附加文件要求。

参 考 文 献

[1] GB/Z 19219—2003 工业自动化 时限通信体系结构 时限通信系统的用户需求和网络管理(ISO/TR 13283:1998,IDT)

[2] IEC /PAS 61499-1:2000 工业测量和控制系统的功能块 第1部分:体系结构

[3] IEC TS 61915:2003 低压开关设备和控制设备 连网工业设备用设备专规的编制原则

[4] MSTC/JOP 1101:1999 自律分布系统的协议规范 R3.0

[5] ODVA/CI Ethernet/IP:2001,Ethernet/IP 规范(版本1.0)

ICS 07.060
A 45

中华人民共和国国家标准

GB/T 19721.3—2006

海洋预报和警报发布 第3部分:海冰预报和警报发布

The issue of marine forecasts and warnings—
Part 3:The issue of sea ice forecasts and warnings

2006-06-19 发布　　　　2006-12-01 实施

中华人民共和国国家质量监督检验检疫总局
中国国家标准化管理委员会　发布

前　言

GB/T 19721《海洋预报和警报发布》分为3个部分：

——第1部分：风暴潮预报和警报发布；

——第2部分：海浪预报和警报发布；

——第3部分：海冰预报和警报发布。

本部分为GB/T 19721的第3部分。

本部分的附录A、附录B为资料性附录。

本部分由国家海洋局提出。

本部分由国家海洋标准计量中心归口。

本部分起草单位：国家海洋环境预报中心。

本部分主要起草人：张启文、王喜年、许富祥。

引　言

本部分是参考了国内外相关学科的技术规定、借鉴了国外海冰预报和警报发布范例、总结了国内海冰预报和警报发布经验而制定的，并与风暴潮预报和警报发布、海浪预报和警报发布组成了我国第一个海洋预报和警报发布标准。

海洋预报和警报发布
第3部分:海冰预报和警报发布

1 范围

GB/T 19721的本部分确立了海冰预报和警报发布的原则,规定了海冰预报和警报发布的等级划分条件及预报和警报发布的内容、程序、技术要求等。

本部分适用于所有海洋预报部门。

2 术语和定义

下列术语和定义适用于GB/T 19721的本部分。

2.1

海冰 sea ice

所有在海上出现的冰统称海冰,除由海水直接冻结而成的冰外,它还包括来源于陆地的河冰、湖冰和冰川冰。

2.2

海冰灾害 disaster of sea ice

因海冰引起的航道阻塞、船只损坏及海上设施和海岸工程损坏等灾害。

2.3

海冰边缘线 edge of sea ice

浮冰区与海水交界处。

2.4

海冰返冻 return freeze of sea ice

融冰期间,在2 d内,海冰外缘线迅速增长30 n mile以上的现象。

2.5

单层冰厚 monolayer thickness of sea ice

由海水直接冻结,无重叠和堆积的海冰厚度。

3 目的

统一海冰预报和警报发布程序、内容,将预报和警报发布工作纳入科学化、标准化、制度化轨道。

4 基本原则

按照国际(WMO)标准与中国海海冰为一年冰的具体情况相结合的原则及多年来海冰预报的经验而制定出预报和警报。每年冬季应定时发布海冰预报,当冰情达到正常年份且将迅速发展或出现海冰返冻时应发布海冰警报。

5 要求

5.1 预报和警报划分

5.1.1 预报

海冰预报从每年11月份始至翌年3月终冰止,预报产品有年度展望、月、旬、周及逐日预报。

具体发布时间：

——年度展望11月20日发布；

——月预报逢26日发布；

——旬预报逢9日发布(2月下旬28日发布)；

——周预报逢周五发布；

——逐日预报。

5.1.2 警报

发布警报应符合下列条件：

a) 辽东湾单层冰厚达到30 cm；浮冰外缘线达到70 n mile，且海冰在未来5天内将增长15 n mile以上时；

b) 黄海北部单层冰厚达到25 cm；浮冰外缘线达到25 n mile，且海冰在未来5天内将增长10 n mile以上时；

c) 渤海湾单层冰厚达到20 cm；浮冰外缘线达到30 n mile，且海冰在未来5天内将增长10 n mile以上时；

d) 莱州湾单层冰厚达到20 cm；浮冰外缘线达到20 n mile，且海冰在未来5天内将增长10 n mile以上时；

e) 出现海冰返冻时。

5.2 预报和警报内容

5.2.1 预报

预报内容包括：预报海区、冰情概况、冰期、流冰范围、一般冰厚和最大冰厚等。

5.2.2 警报

警报内容包括：预报海区、冰情概况、冰期、流冰范围、一般冰厚、最大冰厚和防冰预警提示等。

5.3 发布方式

预报和警报通过信函、广播、电视、互联网等方式发布。

5.4 发布格式

国家和地方各级海洋预报部门发布海冰预报和警报的格式应统一，发布时间和预报、警报中出现的时间一律采用标准北京时，浮冰外缘线离湾底距离均采用 n mile，冰厚均采用 cm(参见附录A、附录B)。

5.5 资料

发布预报和警报所需的资料包括：沿岸海洋站及海上观测资料、航空、雷达和卫星遥感海冰资料、气象资料等。

6 归档

归档资料应包括：海冰预报和警报单，与海冰实况进行对比检验的结果，重要调查报告。

附 录 A
（资料性附录）
海冰预报示例

2001年12月渤海及黄海北部冰情预报

冰情概况：根据海洋站观测，目前渤海及黄海北部沿岸无冰。

预　　计：2001年12月渤海北部冰情将接近常年，南部偏轻；辽东湾将于12月上旬中期出现初冰，渤海湾12月中旬后期出现初冰，莱州湾1月上旬出现初冰。各预报海区流冰范围及单层冰厚预报如表A.1和图A.1。

表 A.1　各海区结冰范围与冰厚预报

海　区	流冰范围/（n mile）	一般冰厚/cm	最大冰厚/cm
辽东湾	25～35	5～10	15
渤海湾	＜3	＜3	—
莱州湾	—	—	—
黄海北部	5左右	5左右	10

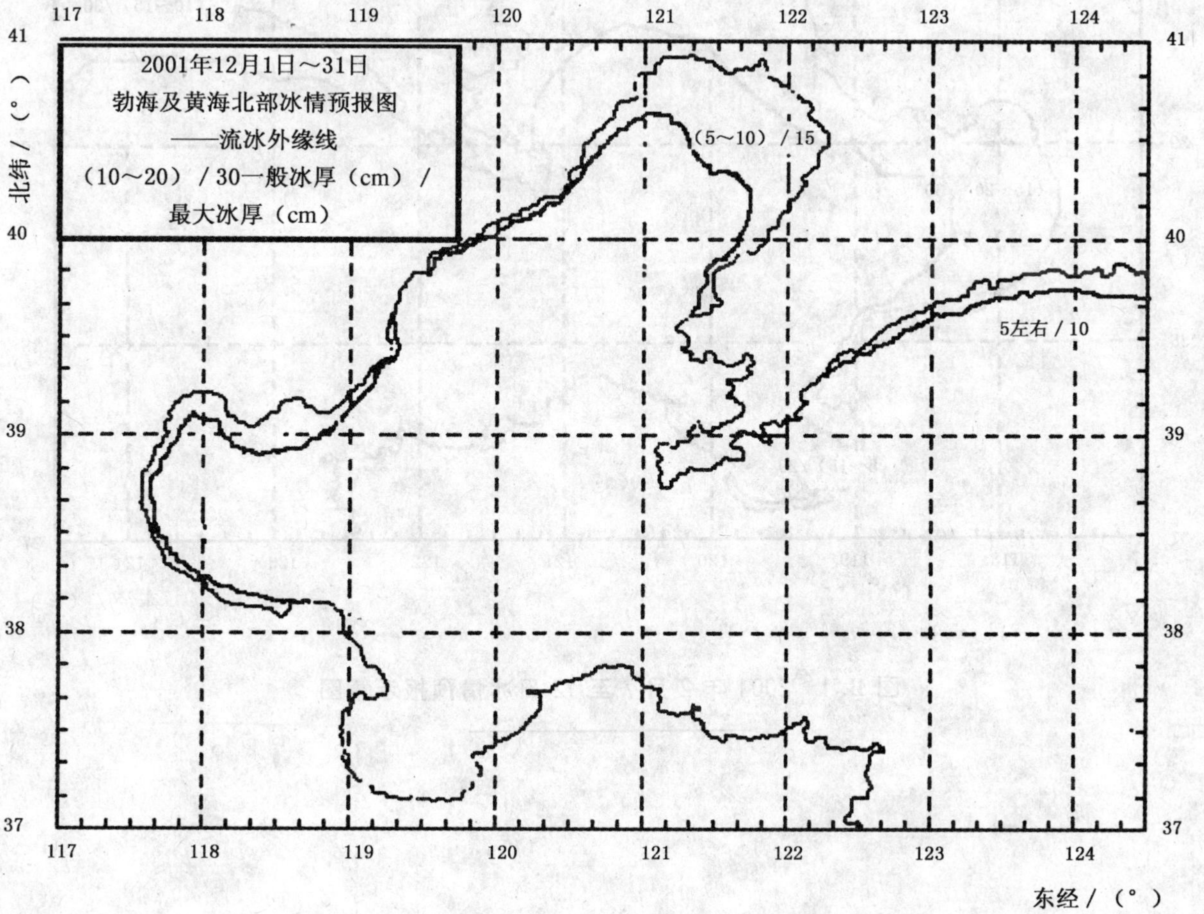

图 A.1　2001年12月冰情预报示意图

附 录 B
（资料性附录）
海冰警报示例

渤海冰情警报

冰情概况：根据海洋站观测和2月6日NOAA卫星海冰图像分析，辽东湾流冰范围约70 n mile，主要类别有灰白冰、灰冰和莲叶冰，间有白冰。

预　　计：2001年2月7至12日渤海辽东湾冰情将比常年同期偏重。海冰增长较快，流冰范围8 n mile ～100 n mile，一般冰厚30 cm～40 cm，最大冰厚60 cm。对海上交通运输、生产作业、海上设施和海岸工程有严重影响，请有关部门和单位及时收悉国家海洋预报台发布的海冰预报，做好防冰安全工作，避免海冰的危害。冰情预报示意如图B.1。

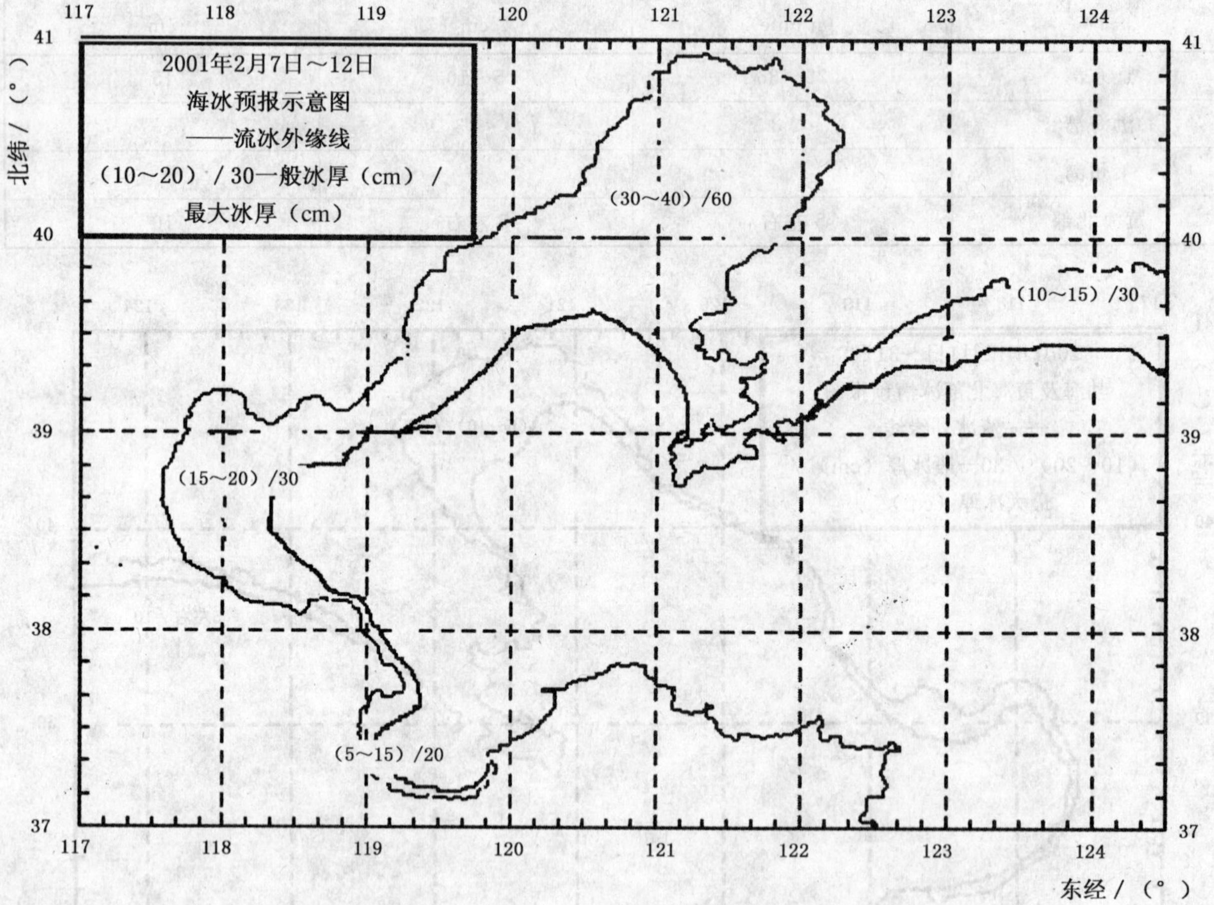

图 B.1　2001年2月7至12日冰情预报示意图

ICS 75.180.01
E 92

中华人民共和国国家标准

GB/T 19829.3—2006/ISO 15663-3:2001

石油天然气工业　寿命周期费用分析
第3部分:实施指南

**Petroleum and natural gas industries—Life cycle costing—
Part 3: Implementation guidelines**

(ISO 15663-3:2001,IDT)

2006-03-29 发布　　2006-09-01 实施

中华人民共和国国家质量监督检验检疫总局
中国国家标准化管理委员会　发布

前 言

GB/T 19829《石油天然气工业　寿命周期费用分析》分为三个部分：

——第 1 部分：方法论；

——第 2 部分：方法论和计算方法应用指南；

——第 3 部分：实施指南。

本部分为 GB/T 19829 的第 3 部分。

本部分等同采用 ISO 15663-3:2001《石油天然气工业　寿命周期费用分析　第 3 部分:实施指南》(英文版)。

本部分由中国石油天然气集团公司提出。

本部分由全国石油钻采设备和工具标准化技术委员会(SAC/TC 96)归口。

本部分起草单位:中国石油勘探开发研究院、中国石化国际石油勘探开发有限公司、中国海洋石油总公司研究中心开发设计院。

本部分主要起草人:罗宏志、侯郁、时忠民。

ISO 引言

ISO 15663 旨在促进石油工业普遍采用统一的寿命周期费用分析方法。如果统一方法得到国际认可,势将加速其采纳和应用,效果更为显著。

寿命周期费用分析是对各种资产中与购置及所有权相关的费用与收入之差进行的系统考虑。这是一个对整个资产寿命周期的费用和收入差异进行反复的估算、规划和监测的过程。它通常用于项目早期阶段,对主要采购方案进行评估,但也同样应用于寿命周期内的各阶段,达到多种不同的深度。

标准的这部分内容为实施过程提供指南而制定,可用于将寿命周期费用分析的结构和功能性方面引入海上石油和天然气业务领域。它着重于工业界常见的实施性内容,既有通用性,又有适于各有关方面的特殊细节。主要内容包括:

——机构组织内的寿命周期费用分析:怎样进行组织、协调和管理;

——合同中的应用:在资质预审、招标和响应等过程中纳入寿命周期费用分析的程序性因素;

——风险和不确定性:在风险分担或风险转移框架(例如联合体)内,从合同约定立场出发的基本观点;

——沟通:穿过供应链(操作者—承包商—供应商),怎样才能达到和维持配置控制或审查跟踪。

经验证明:

——对操作者,寿命周期费用分析很容易与现有的评估方法相结合,在油气田开发的整个寿命过程中,将费用和收入进行量化和优化。

——对承包商,利用寿命周期费用分析所提供的方法,使其功能扩展到如维修管理、综合性服务协议、工程服务合同和寿命周期费用分析咨询等领域。

——对供应商,寿命周期费用分析为服务和质量提高提供了通用和一致的依据,因此其作用已远远超出其在技术合格性和最低价格方面的意义。

寿命周期费用分析技术的引进和应用对石油生产行业的各方,既有受惠的机会,也是挑战。

本部分标准旨在为操作者、承包商、供应商引入和应用寿命周期费用分析技术提供实用性指南。它力求在工业界的常规性通行做法内强调与寿命周期费用分析相联系的事项。在图 1 中,反映出其演化情形。

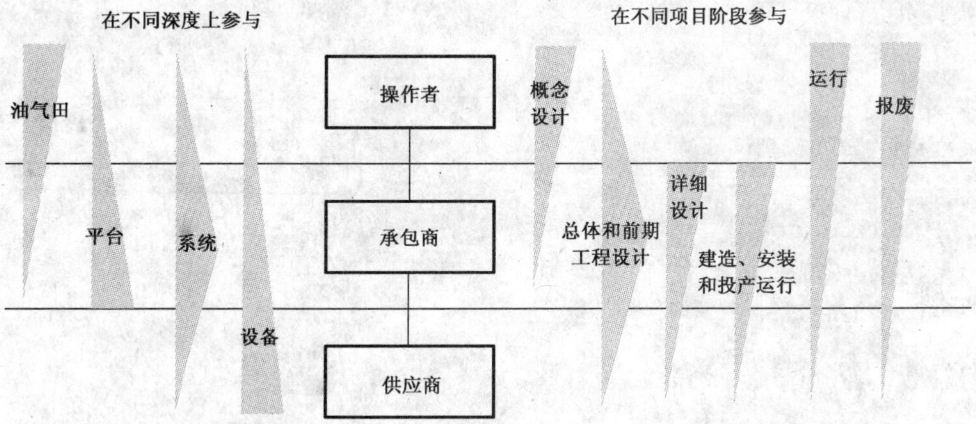

图 1 参与各方的传统作用正在演化并变得不清楚

从图1可看到：

——供应商常常参与项目早期阶段，例如在“供给”期，此时他们可以在系统设计区间增加附加价值。

——承包商和供应商在概念设计和运行支持之中，发挥的作用在逐渐增长。

对一个寿命周期费用分析的实施策略来说，由两个关键部分组成。即界面问题(参与者在交界处的关系)和用来帮助管理并代表跨越界面的信息的内部经营程序。

在应用期间，这两部分就成为非规范性的寿命周期费用分析实施策略所必需的条件，同它所形成的合同一起，提供了一个基本框架，以助于发展和引入一个工程和设计方案，并在策略实施的各个阶段对策略进行支持。

应该注意到，对工厂和设备的整个寿命费用进行优化可能要求提高销售价格，寿命费用/寿命周期费用分析原则在设备制造的业务中的综合应用可以达到性能的最优化，而销售价格不会有明显的增长。

因此，设备的供应商和买方都需要努力确保通过寿命周期分析的处理来使设备的任何可能的价值得到增加，而非价格增长。

本部分标准结构组成如下：

——项目或油田寿命周期：应用条款特定为寿命周期的不同阶段；

——通用条款：所有参与者共同的关注点，关键是一个焦点问题的需要，或者在各机构内的协调；

——操作者；

——承包商；

——供应商。

上述实施条款被每一个参与者都认为是相当重要的。

考虑到工业界不同公司之间存在着文化和方法的差异，本部分标准并非规范性的文件，而是按一系列标题，将各事项分开，并加以说明。其指导原则是，寿命周期费用分析的专业并非鼓励存在，应与现有的支持功能相结合，以拓展其能力。

石油天然气工业　寿命周期费用分析
第3部分:实施指南

1　范围

本部分给出了对石油和天然气工业的钻井、采油和管道输送设备的开发和使用进行寿命周期费用分析的实施指南。本部分描述的寿命周期费用分析可用于对拥有多个费用构成或资产阶段的方案进行决策。此方法应用广泛,尤其是考虑以下因素进行决策时:

——工艺概念设计;
——设备定位;
——项目实施策略;
——健康、安全和环境;
——系统概念和规模设计;
——设备型号;
——设备配置;
——布局;
——维修与后勤支持策略;
——人员策略;
——人员水平;
——运行策略;
——设施改造;
——备件和支持策略;
——再利用和处置。

本部分适用于所有的项目决策,但计划和过程管理的程度将取决于投入成本的规模和能产生的潜在价值。

在对新投资项目决策或在日常的经济优化运行中,本指南是很有价值的。

2　术语、定义和缩略语

下列术语、定义和缩略语适用于本部分。

2.1　术语和定义

2.1.1

效益　benefit

资本资产的新增部分,营业收入或项目工作环境的改善。

2.1.2

预算　budget

作为项目成本控制机制由管理层或用户认可的测算值。

2.1.3

资本投资　capital expenditure

用于购买、安装和投产运行某个资本资产的资金。

2.1.4

约束条件 constraint

从外部或内部施加给项目，当超出该限制条件，方案就落选。

2.1.5

费用分解结构 cost breakdown structure

与某个组织机构用来记录和报告费用的方法有关的结构。

2.1.6

关键费用因素 cost driver

其改变将对方案的寿命周期费用发生重大影响的主要费用构成。

2.1.7

费用构成 cost element

某个方案的寿命周期费用中参与具体工作的可识别部分。

2.1.8

寿命周期 life-cycle

一项设备或一项功能从研究开始到处置(包括处置在内)的全部发展阶段。

2.1.9

寿命周期费用 life-cycle cost

某一具体功能或和设备在其整个寿命周期内所发生的全部费用的贴现累计总和。

2.1.10

寿命周期费用分析 life-cycle costing

对两个或多个不同方案的寿命周期费用差异进行评估的过程。

2.1.11

净现值 net present value

所有贴现费用和收入的总和。

2.1.12

运行费用 operating expenditure

用于操作和维护，包括诸如后勤和备件等相关的费用。

2.1.13

敏感性分析 sensitively analysis

为了确定最终结论是否对假设的变化敏感，对寿命周期费用分析结果进行检验的过程。

2.2 缩略语

CAPEX:	资本投资
EPIC	工程、采购、安装和投产运行
FEED	前期工程设计
FMEA	失效模式和影响分析
FMECA	失效模式、影响和严重度分析
NPV	净现值
OPEX	运行费用
OREDA	近海可靠性数据库
RCM	可靠性为中心的维修
WLC	全寿命期费用

3　资产寿命周期内的寿命周期费用分析

3.1　概述

寿命周期费用分析的主要目的是在油气田开发或项目中，帮助产生尽可能多的附加值，即利润。通过逐渐优化的过程，增加利润增长的机会来达到这一目的。在整个寿命周期内结合使用寿命周期费用分析就可实现最大利润。尽管各阶段的寿命周期费用分析原则都相同，但在以下各方面和各组织机构都不尽相同。

——需要采取的措施

——各参与者的作用

图2为“标准”的油气田或项目的寿命周期及其各阶段的一些技术决策，它们可以作为寿命周期费用研究的课题。

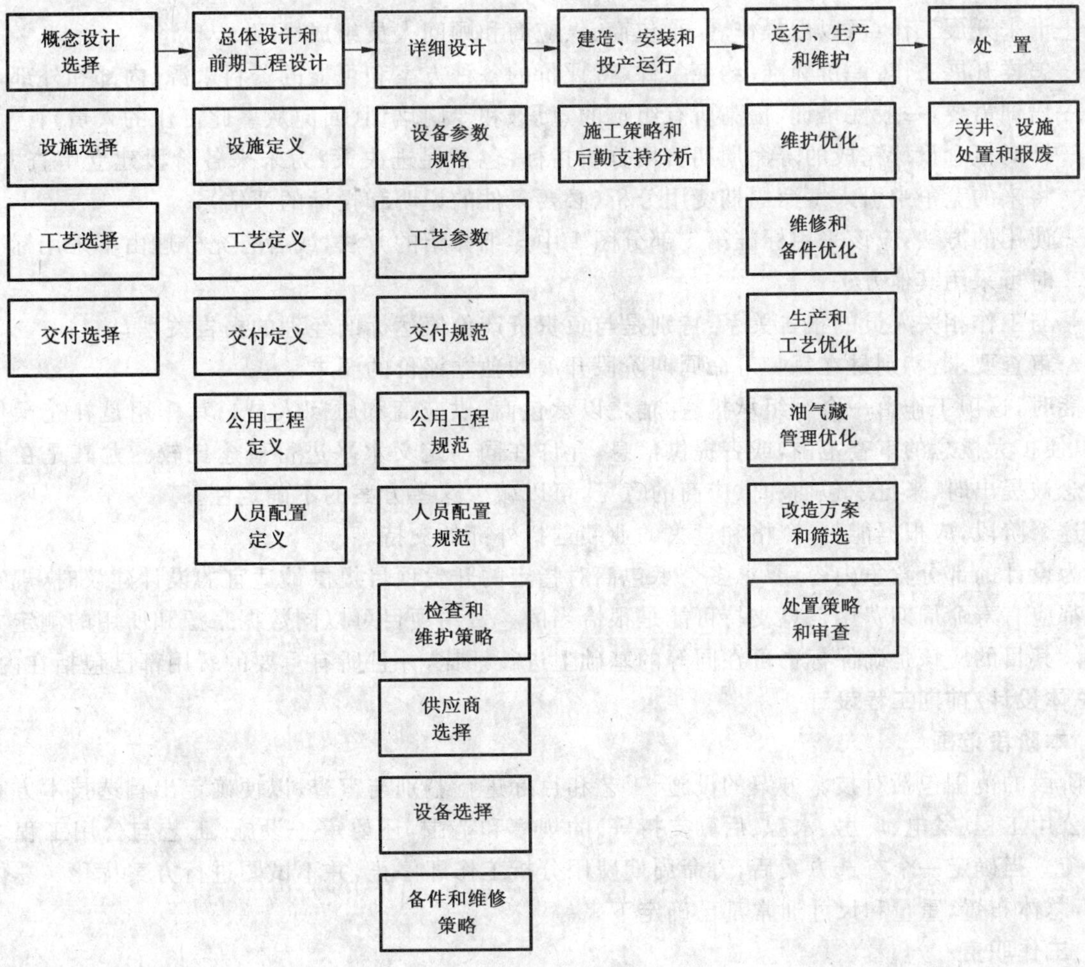

图2　技术过程

图2中的寿命周期程序既适用于油气田的原计划开发，又适用于后续的设计变更。

近年来，因为来自操作者的业务压力，从方案构思到投产完成的时间大大缩短。承包商和供应商的选择在项目寿命周期中提早出现，对他们能力和成绩不断注重。各种承包策略应运而生，出现了伙伴性、联盟性以及框架性协议。寿命周期就是在这种背景下进行探讨的。

3.2　概念设计选择

3.2.1　本阶段范围

本阶段范围通常包括主要技术方案的粗略对比。既考虑过程和结果，也考虑采购方案(租用或购买)和运行与支持方案。工作内容常包括对各种技术方案的审查和对比。其重点集中在以最粗浅程度对重大费用与收入权衡上。

3.2.2 工作职责

此阶段常由操作联合承包商完成,在加快采购计划内或联盟框架内,承包商将协助对概念设计进行评价。供应商则可能限于对重大成套项目提出建议。

3.2.3 寿命周期费用分析工作

在概念设计刚开始时,应该任命一个协调员,负责制定整体计划的寿命周期费用分析策略。在大多数情况下,协调员来自操作者。制定策略的出发点是确保寿命周期费用分析有利于工程与设计,有利于支持和承包策略。实际上,这要求与内部其他职能部门和合作伙伴进行讨论,并达成一致意见。

还应该考虑为系统的概念设计及以后各阶段工作纲要制订详细的工作计划。此计划应包括如下内容:

——资源要求:明确内部资源和外部资源的预算;
——谁来开展工作:可以由操作者、承包商、供应商和顾问人员组成小组;
——怎样开展工作:评价标准、约束条件、待评价的各种方案和可能的资料来源(内部和外部);
——培训需要:一般性培训(提高所有组员的意识)和专门培训(面向从事此工作的人员);
——针对概念设计完成的寿命周期费用分析指标:包括促进决策,为未来各阶段建立审查办法,在将来的竞争中引入寿命周期费用分析(必要条件的说明和投标的评估);
——使用的方法:应该采用标准第1部分图1中详细介绍的方法,或者有充分理由不采用标准方法时可采用其他方法;
——与工作相关人员的报告关系:特别是与负责资产价值达标的经理的报告关系;
——审查要求:特别是在每一寿命周期阶段开展的独立评价的要求。

可能时,这项工作由一个小组承担,并辅之以承包商、供应商和顾问人员。其作用是补充操作者的专长,以便扩大概念的审查范围,或者提供信息,允许在同一定义水平进行概念比较。尤其是在十分新颖的概念被提出时,来自承包商和供应商的意见,可以减少这些方案的不确定性。

在这个阶段,应根据能力、资格和过去的业绩选择外部的支持。

作为设计的部分竞争内容,要求多个承包商对指定的开发项目提供最适宜的设计建议时,规定每一个标书都应有寿命周期费用信息支持可能是很恰当的。费用项目可以同数据来源和所用的测定方法一起确定。其目的应该是确保标书可在同等的基础上进行评比,并且所有重要的费用都已包括在内。

3.3 总体设计/前期工程设计

3.3.1 本阶段范围

本阶段的范围包括对技术方案的设施、工艺和目标进行鉴别与审查,以便确定出首选技术方案。确定所需公用工程(发电、厂房、水源、后勤支持等)的规模和范围,还要审查设施/工艺与公用工程之间的费用平衡。当确定一个首选方案后,寿命周期费用分析工作即停止,并不试图进行方案优化。总体设计完成时,总体布置,重量和尺寸通常都已确定下来。

3.3.2 工作职责

本阶段工作常由操作者与承包商联合承担,对技术方案进行评价。供应商则可能根据他们在成本和各方案性能方面的专业知识发挥其应有作用。

3.3.3 寿命周期费用分析工作

在概念选择期间开展的寿命周期费用分析工作将包括鉴别首选方案及其相应的总体工程和设计,支持和承包策略,最后形成要求规范。这就规定了在此阶段的寿命周期费用分析工作的内容。这正处在对参与竞争的设备方案的决策过程的初步阶段。

本阶段的寿命周期费用分析的主要目的是评价各种备选方法满足具体功能条件的情况,而非对指定系统方案进行优化。本阶段中,寿命周期费用分析工作最大特点是了解何时应停止工作。例如,若在概念确定阶段通过寿命周期费用分析了解到向平台供水是个问题(或为风险项或为关键费用因素),那么,若确定余热蒸发可以解决该问题的话,总体设计中该工作便可以结束。这样,在详细设计中寿命周期费用分析的目标便可以放在余热蒸发方法的确定与优化之上。

本阶段工作内容还需要来自操作者、承包商和供应商除合约事项以外的其他投入。操作者可以提供运行与支持方面的经验与数据,承包商有可能承担大部分工作量,而供应商则可以在自身专长领域中帮助确定和评价具体系统。

3.4 详细设计阶段

3.4.1 工作范围

此阶段的工作范围包括按照在总体设计期间所确定的约束条件对系统和设备进行优化。

3.4.2 工作职责

承包商的作用应该是提供系统的界定,维护整体设施配置并处理整合事宜。供应商的最佳定位通常是承担在此阶段寿命周期费用分析的主要工作量,需要对承包商提供的功能性规范做出反应。

3.4.3 寿命周期费用分析工作

在详细设计期间,寿命周期费用分析将考虑对总体设计中选定的系统方案优化。总体设计中,还对不同的工艺和系统按其在寿命周期费用中的作用进行排序。寿命周期费用的大多数有可能发生在一小部分工艺过程中,而这一小部分工艺过程就将成为工作重点。在详细设计中,这一小部分工艺过程往往具有最大的增值潜力。

这种方法也同样适用于系统优化工作,降低成本最大的机会可能存在于在系统级的关键费用因素中。

供应商最好定位于系统优化工作中,由承包商进行协助。承包商的重点应放在设施级的整合事项上,包括运行和维护策略。承包商和供应商在系统边界上相互依存。

供应商对寿命费用分析的作用取决于其寿命周期分析能力,在一些情况下也需要承包商提供寿命周期费用分析帮助。关键系统的供应商可能在早期阶段就介入。必要时,寿命周期费用分析的专长应该成为选择供应商的标准之一。

在此阶段,特别要强调对一些单价较低、常被视为"零散"的项目进行细致的选择评价。因为这些项目普遍多见,对维护工作量具有潜在影响,它们多对资产维护的寿命周期费用具有显著作用,在很多情况下也有助于削减生产成本。

供应商常常会提供所生产的产品对寿命周期费用的潜在影响方面的信息。应进一步考虑的方面有:

——承压管件;
——垫圈;
——气体探测器;
——仪表阀门;
——各种管架。

搞好这项工作的一个办法是编制如下3个表格:可用来判断在每个表格中有多少个项目应进行寿命周期费用分析研究。

设备	价值

设备	安装号

设备	重要性

编制这样的表格,就可以集中体现出在哪些设备上寿命周期费用分析研究可能收益最大。当设备原值高时,这些研究可以将成本降低到最少,而维持原定功能不变。对原值低的设备,如果安装的量多,研究也将很有意义。如承压管件之类的项目,占资本投资比例并不大,但如果其质量差,则可能导致收入减少,停机时间长和相当多的更换花费。

第三个表格指的是最关键的设备。根据有关规律性及可用性方面的研究或根据以前经验,可以得出有关难度主要因素的排序结果。提供一个主要难以获得的贡献者的排序。对每一个表格中排在领先的都应该进行深入的研究,系统则得到优化。

对承包商的主要挑战是获得供应商使寿命周期费用最小化的承诺,尤其在优化会导致较低费用的采购方案时,也就是,怎样鼓励供应商提高净现值。一个可能的办法是将供应商的作用扩展进入项目的早期(将其列为首选供应商)和后期(支持),从而增加供应商的总收入。在第 7 章中将对此进行深入讨论。

在此阶段中,操作者对详细设计具有支持作用,提供自身的运行和支持数据。正是在这个阶段,获取资料的难度变得最明显。系统级的优化需要更详细的运行和费用支持数据,如果要求以合同承诺进行支持时,不确定因素的增加将导致额外的风险费用增加和价格升高。将操作的支持数据提供给所有需要知道的人,对操作者是一件有益的事。此时所发现的不足,可转化为运行和支持阶段数据收集系统的要求。

值得指出的是,根据寿命周期费用对供应商进行筛选存在一系列困难。主要包括:

——各供应商收集设备性能数据的方法不同;

——在计划的应用中,设备性能可能不一样;

——对设备性能预测使用的采样数据可能太少。

在多数情况下,如果将不同供应商的方案进行比较,其数据的不确定性将很高,分析中应考虑到这一点。如果所对比的不同设备来自同一个供应商,不确定性就会降低。最有效的方法,是根据供应商的设备范围及其寿命周期费用分析能力来选择供应商,然后在完成定货后,与供应商共同努力,以使为规定用途提供的设备最优化。

3.5 建造、安装和投产运行

3.5.1 工作范围

本阶段的工作范围包括对变更控制的支持,还有项目经理对总支持成本让步所产生影响的评估。

3.5.2 工作职责

此阶段的工作应多由承包商承担。供应商要帮助评估安装变更对设备预期性能的影响。

3.5.3 寿命周期费用分析工作

本阶段的寿命周期费用分析是一项政策性工作,审查让步性和变更性建议,以确定其对整体盈利性的影响。由于可能存在着大量的小让步,可能需要进行一定形式的过滤来减少不必要的工作量。要建立一些程序,仔细斟酌设备级的小让步,确保不会带来明显的设施级影响。会造成计划偏离的重大问题应进行寿命周期费用分析,以审查方案、时间和收入之间的平衡。

3.6 运行和维护

3.6.1 工作范围

本阶段的工作将包括支持大范围的研究,涉及设施运行和支持的各方面。对设施的改造可能也会涉及寿命周期费用分析的研究。如果要涉及重大改造,需要考虑以上关于概念设计、总体设计、详细设计和投产运行中各要点。

3.6.2 工作职责

本项工作将由操作者、承包商和供应商共同完成,具体视合同内容(谁负责运行和支持)和审查的课题而定。

3.6.3 寿命周期费用分析工作

关于运行和维护的承包策略将始于概念设计阶段，并在随后的项目阶段中确立和实施。在运行阶段，寿命周期费用分析的作用是帮助审查可能由如下因素引起的变化：

——问题，如报废；

——产量、水或气体含量的改变；

——因改进开采技术或采用新的回接方法带来的设施寿命的延长；

——提出费用的改进程序，诸如维护优化、条件检测和备件策略等领域提出费用改进的方案；

——因现有支持性合同到期，需要重新评估、谈判和可能的竞争。

在所有情况中，项目周期都会重复、经历概念设计、总体设计和详细设计等过程。周期也可能加速运行，但多数的情况下，都可以提前进行变化的计划和预测。

在支持项目被承包出去时，可能要采取一些鼓励性措施。寿命周期费用分析可以帮助对具体奖励办法进行估价和确定。而且，运行过程中的寿命周期费用分析可以承担为未来项目提供信息的更广泛的职责。运行史及专家的判断意见可以使这一阶段的寿命周期费用分析研究比其他阶段的研究更容易。

3.7 处置

3.7.1 工作范围

本阶段的工作包括审查何时和如何对资产的全部或一部分停产和进行处置。

3.7.2 工作职责

本项工作可能应由操作者与专业承包商联合承担。

3.7.3 寿命周期费用分析工作

在较早几个阶段开展的工作应已考虑到本阶段的各方案。在总体设计期间应该就基本处置计划达成了一致意见，还应根据实际生产经验确定其具体时间、进度和最终策略。一般的方案有：

——设施停运和处置；

——设施整体或部分改造；

——在油气田寿命终止前适时出售资产（设施和油气田）。

对比这些方案，在前两个方案与资产出售方案之间有一个时间差。当要考虑出售资产时，可通过寿命周期费用分析来调查研究成本、收入和时间的平衡关系。

打算采取停运和处置时，评估处置方案的方法的出发点放在选择最好的实际方案，同时考虑成本、安全和环境等因素。这些技术在不断发展，费用分析包括采用影子定价法和按能量价值估价的方法。该领域的发展将来可能对较早阶段的估价指标带来影响。

4 常见实施问题

4.1 概述

如下所列，有一些实施性问题对寿命周期的全过程中开展寿命周期费用分析研究的成败具有关键性作用：

——寿命周期费用分析协调员：寿命周期费用分析的焦点是需要所有参与者（操作者、承包商和供应商）将寿命周期费用分析引入各组织机构并加以管理；

——对所采用方法进行培训，提高一般性意识；

——指定一个通用且统一的数据源以及可用作所有寿命周期费用分析研究依据的基本假设条件。详见 4.4；

——合同：通过标书规格、招标筹备、评估和所形成的合同，将寿命周期费用分析引入承包过程；

——数据和不确定性：关于怎样纳入研究的常见问题；

——价值确定和评估：当评估指标由操作者规定时，各方均需理解并采用这些原则。

上述各方面都将在下面进行讨论。

4.2 寿命周期分析协调员

4.2.1 概述

指定一个项目寿命周期费用分析协调员的主要目的是确保寿命周期费用分析的职责贯穿整个项目全过程。在其他方面，协调员的责任是确保：

——在发展阶段，影响项目寿命周期费用的所有问题都纳入考虑；

——成本和收入之间的可能平衡点一直在工作程序中处于中心位置；

——有关寿命周期费用分析的要求和结果外部客户和供应商均了解知晓；

——在寿命周期费用研究中发现的问题应在所要求的时间和预算内得到解决。

4.2.2 寿命周期费用分析协调员的作用和责任

4.2.2.1 概述

寿命周期分析协调员的作用和责任可归纳为：

——制订和策划项目的寿命周期费用分析策略；

——制定内部寿命周期费用分析程序；

——促进和协调研究工作；

——负责移交和保持项目的连续性；

——负责培训工作。

其作用范围随项目和组织形式的不同而异，可为兼职或全职。

4.2.2.2 制订和策划项目寿命周期费用分析策略

在一个典型的项目中，寿命周期费用分析协调员所要负责的策略性事项包括：

——早期评估和寿命周期费用分析研究设计方案对概念设计和前期工程设计的支持范围；

——对通用数据与假设建档和存档；

——确定在任何资格预审活动中寿命周期费用分析的涉足范围；

——在标书文件中提出寿命周期费用分析信息的要求；

——按业务背景评价对标书的响应，并为设计筛选提供输入意见；

——建立运行和支持的初步预算；

——在工程决标前，确定风险报酬策略的关键组成部分。

确保以下各项也是寿命周期费用分析协调员的职责：

——在项目全过程采用统一的方法；

——及早确定所有与寿命周期费用分析有关的重大决策点；

——全面确定评估程序的范围。

此外，协调员还负责确定资源要求和研究进度。

4.2.2.3 制定内部寿命周期费用分析程序

寿命周期费用分析程序的要求应该按下列两个层次进行考虑：

——程序是否需要描述怎样进行寿命周期费用分析，什么时候进行，进行到何种深度，等等；

——现有组织/项目程序是否需要改变，确保不妨碍寿命周期费用分析的执行或是不为其执行设置障碍，例如，设计对采办的关系，或者说按照最低资本投资原则购买。其挑战在于，要将程序改变，使寿命周期费用分析作为工作中的固有内容。这是分析程序制订中最困难的部分，因为这相当于要改变组织机构的文化。

4.2.2.4 促进和协调研究工作

策划资源要求的评估和确定属寿命周期费用分析协调员的职责。在评估过程的初期，协调员主要负责如下工作：

——确立寿命周期费用分析评估目标；

——确定研究方案；

——商定评价指标；

——建立对研究有影响或承担研究各功能之间的通讯链；

——明确寿命周期费用分析和其他功能要求之间的冲突，例如，如果规定了可用性和可靠性目标。他们是否与净现值的规定目标保持一致。

4.2.2.5 负责移交和保持项目连续性

在一项开发工作或项目的全过程，可能会发生许多的人事变化(不仅是寿命周期费用分析协调员的职能)，在不同的项目阶段，工作的焦点会在操作者、承包商、供应商之间转移。寿命周期费用分析协调员的作用就是要建立一定程序确保连续性得到保持。协调员所建议的连续性保持和审查支持主要机制就是保持通用数据和假定条件的文档。

4.2.3 寿命周期费用分析协调员在项目中的地位

协调员与所有实际的业务职能互动，并试图在项目中发挥核心作用。协调员在工程/设计和商业职能中发挥着疏通作用，将技术方案转化为对商务和经营策略的影响。多数情况下，信息的流动都呈双向，协调员既搜集信息同时又提供信息。在一个组织机构内所有职能不可能同时出现，例如，承包商和供应商就不可能具有经济职能。

4.2.4 寿命周期费用分析协调员技能设定和背景

寿命周期费用分析协调员的作用中最重要的属性是：

——业务的重点，能在技术和商务职能之间架起一道沟通的桥梁；

——广泛地理解组织内的所有职能(如要求大范围互动时)；

——良好的沟通技巧，最重要的工作内容是界面管理；还有

——一个相对高级的人才。

寿命周期费用分析寓于大多数现有职能的能力之中，各自有其优势，例如：

——确保运行费用在采办阶段发挥作用是运行和维护专家的基本要求；

——评估人应具有必需的成本分析背景，通常对工程方面有广泛了解；

——风险和安全专家是全组织的或全项目的行家，习惯与各种广泛的职能沟通；

——工程/设计专家意识到方案对整体要求的影响。

4.3 培训和能力

一个项目所需要的寿命周期分析的培训，随项目的规模大小和复杂程度，以及合同条款和条件的不同而异。例如，一个复杂的高压/高温天然气处理工程，拥有最先进的技术，其要求进行寿命周期费用分析的地方就比一个简单的石油处理平台多许多。寿命周期费用分析技术也广泛应用于综合性项目，而在 EPIC 总包合同项目中就不多见。

假设是一个相当复杂的综合性项目，几乎要求所有的项目人员都要熟悉寿命周期费用分析的目标和原则。这可以通过项目手册、项目程序等，或通过多数员工都参与的开工会，或班组会来达到这种效果。另一个宣传寿命周期费用分析信息的场合是价值工程/成本降低会。要使该方法奏效，项目高级管理层表现出对寿命周期费用分析的承诺至关重要。

应该为工程经理和他的主要工程师和所有其他项目工程师提供更多的寿命周期费用分析培训。这包括一个一天的课程，用来讲解寿命周期费用分析的原理和实际应用。在这个课程中，还应培训对适用技术和模式(可应用的)的应用。然后从主要工程师到其他任何需要应用寿命周期费用分析的工程师逐级进行进一步培训。这些培训可以在岗进行。

寿命周期费用分析的培训应该由寿命周期费用分析协调员进行管理和审查，以确保所用方法的一致性及其与项目的寿命周期费用分析原则保持一致。

4.4 确立通用统一的数据源和假设条件

应该建立并保持一个关于通用、统一的数据源和假设条件的文件档案。此文件像一个媒介，贯穿项

目的各阶段使其保持连续性，贯穿供应链上下保持寿命周期费用分析的信息联络。它的执行（文件、数据库或模型）及合同的内容随项目或组织机构有所变化，但它的目的为：

——为业务提供寿命周期费用分析的支持信息；

——为寿命周期费用分析输入到风险管理中提供起点。主要的假设条件和敏感性分析一起提供的信息纳入风险纪录；

——为招标提供寿命周期费用分析支持信息；

——使项目后期各阶段的工作人员能够对早期的假设条件进行确认或质疑，并深入了解最初决策的理由；

——在寿命周期中支持项目的审查和审计过程。

一般可以为：

——在概念设计时由操作者初次确立；

——在总体设计中由承包商更新；

——在详细设计过程中由承包商输入供应商的信息得以保持；

——在运行和支持阶段充当基准条件，以评估变更建议内容。

信息内容将随项目而演变，一些构成可能要与其他文件相互参照，以避免重复或出现可能的错误。

4.5 合同

4.5.1 概述

对所有实施事项来说，将寿命周期费用分析纳入合同框架内被看作是成功的关键因素。这可以通过两个途径达到：

——通过演变：一种低风险的办法，将一部分付款与寿命周期费用分析业绩相关联，渐渐引入寿命周期费用分析。或

——通过剧变：一种较高风险的办法，寿命周期费用分析直接引入作为工程承包的基础。此方法要求寿命周期费用分析意识具有较高的水平，建立了良好的数据源，参与项目的人员具有专长。

在下列现有的工作中，需要考虑在合同执行背景下应用寿命周期费用分析：

——资质预审，包括承包商和供应商；

——编制招标文件，确定在标书响应要求和随后的评估要求；

——决标和决标后的合同履行。

4.5.2 资质预审

从所有用户的立场出发，资质预审的目的都是减少最终投标人的数量，达到便于管理的程度。扩展资质预审的指标，引入寿命周期费用分析，则可能会涉及揭示下列各方面：

——投标人测算和产生寿命周期费用分析预测值的内部程序和怎样在寿命周期费用分析方面与国际标准相关联，其目的是获取相应信息，使寿命周期费用分析与他们所分析的工程和经营过程相结合；

——以前应用寿命周期费用分析的相关经验，尤其注意的是由此带来的好处；

——他们对工作适用的财务和经济规则的理解程度；

——他们对于支持寿命周期费用分析数据的获取程度；

——表示同意承包寿命周期费用分析工作内容；

——对相应专业的熟悉程度，例如可靠性预测（FMECA，FMEA，可用性模型等等），后勤支持分析（RCM，培训，维护、手册等等），性能模拟，备件模拟等。

为了使承包商和供应商能在项目早期阶段发生作用，可能要制定合同框架协定，使分散的各研究作为操作者整体风险降低计划的一部分。此方法的优点在于：

——提供经济性能渠道征求专家建议；

——不妨碍在随后项目阶段的竞争；

——通过合作协定，使项目全过程各阶段保持连续性。

此方法将使寿命周期费用分析在计划中的作用明显提高，同时加强了参与者之间的沟通和提高其意识。

4.5.3 投标文件的编制

随着从发现到首次油气采出时间的缩短，概念设计、总体设计和详细设计之间的合约性区别越变越模糊。契约性要求会跨越传统的项目阶段界限，重要的是，寿命周期费用分析的要求应与之适应。投标文件应反映出这样的必要性，应明确对诸如下列的问题有所响应，从而保持各阶段中寿命周期费用分析的连续性：

——投标者在计划中开展寿命周期费用分析的途径；

——应考虑的方案的范围和如何解决问题；

——所使用的测算方法；

——所采用的模拟技术；

——采用成果的分析方法(敏感性分析与平衡性分析，确定关键费用因素)；

——如何在计划期间处理寿命周期费用分析的风险；

——陈述应获得来自操作者的信息(经济指标、设计定义水平、费用结构分解)；

——对克服资料不足和减少不确定因素方面的建议。

为了减少投标人澄清问题的可能性，操作者应提供下列一些信息：

——所考虑的具体方案，如对基线方案的要求；

——将提供的资料，如成本费率(人工费、运输费等)，期望的收入、产量、税收和所要求的回报率；

——报告要求，如报告频繁程度、深度，有关转移到项目下一阶段的要求；

——标识方法：在整体响应中，寿命周期费用分析建议的重要性。

在这些信息当中，有些可能对操作者敏感，可能会代之以“工业准则”或编造的数据。一旦合同签订，便能得到真实的数据资料。

在投标响应中将寿命周期费用分析估算包括在内的前提条件是操作者已进行了初步分析，问题已提出，并确定了所要求相应的时间安排。投标人用通用和统一的方式对寿命周期费用分析要求做出响应。除上述确定的内容外，还有下列一些辅助性特点：

——费用构成规范：投标人应采用的费用结构分解(如初步工作已指出关键费用因素)；

——契约意向陈述：在未来合同谈判中要包括的费用构成的规范，举例来说，所有的资本投资和所选择的支持性构成和运行费用数据；

——“标准”模式问题：在所有投标人的响应中都要采用的模式。不但具有使响应标准化的好处，这种方法还使操作有责任建立一种全面适用的模式；

——项目对比结果的发布：这是所有以前各项工作的结果，推举出了最令人满意的项目，其目的是为投标人提供一个应达到或改进的目标；

——支持性审查：这是一种对投标人的要求，以审查响应中所用数据的合理程度。其重点在于确保投标人不要做出过于乐观的估计，尤其在支持性工作方面。

为了充分认识到寿命周期费用分析的益处，标书宜采用功能性规格，因为使用规定的技术规范会限制投标人的创新能力，降低寿命周期费用分析的潜在价值。

4.5.4 合同授予

目前工业界趋向于使用利益分享式合同制，其风险/报偿策略重点放在计划的资本投资构成上，将寿命周期费用分析纳入这一过程。基于资本投资决策能更好地体现出与潜在下游效果有关的投资价值，在这一合同机制下，操作性和支持性各方应通过下列措施考虑：

——坚持所有资本投资改进建议都进行寿命周期费用评估，特别是审查维持净现值可接受水平方面的风险；

——将操作功能视为寿命周期费用分析计划的协调因素；

——将寿命周期费用分析估算值用作操作与支持性预算的依据；

——坚持不考虑减少项目净现值的资本投资削减方案。

当前大多数承包商和供应商对于投产运行后怎样使用设施和系统尚缺少考虑，一种将合同内容拓展入运行和支持阶段的低风险方法应包括：

——将低风险工作内容或支持性费用构成视为承包商或供应商固定价格支持性工作内容的对象；

——扩展合同条款，将针对规定的业绩目的，如所要求的可用性或可靠性等服务条款包括在内；

——根据各系统和设备的净现值作用得出支持性合同价值，确定风险/回报方案。

这些变化的结果促使承包商和供应商的支持性工作中采用准确的数据采集分析方法，由数据来决定合同状态。这也更有利于将来计划的预测，但实际资料和假定资料对比中的困难是不能低估的。问题在于：

——有足够的把握认定业绩与预测不符之前必然先经历许多失败教训；

——经营条件可能与原来设想不一样；

——不良的操作或维护做法会造成许多事故。

4.5.5 联合运作

联合作业和合伙是海上业务日益突出的特点。在前些章节中所提的一般特征也适用于这种合同形式。另外，还有一些特殊问题需要在分工协议中加以解决：

——关于怎样处理设计优化引起的潜在矛盾的政策性规定，如资本投资和运行费用的权衡可能会改变各参与者投资份额的金融价值；

——关于寿命周期费用分析资源寻求和职责的确定。随着技术和商业责任日益转向承包商，他们有可能承担寿命周期费用分析工作，由供应商给予支持；

——所有参与者都使用统一标准开展寿命周期费用分析，例如，统一的程序和统一的模型等；

——共享寿命周期费用分析信息；

——达成一致意见的投资标准。当承包商和供应商认为风险很大时，这尤其适用。在这种情况下，投资标准将受他们关于投资回报的要求的影响。

4.6 数据和不确定性/新技术

风险大多数来自不确定性或者资料的缺乏。例如，新技术引进，就中短期而言，可靠的操作和支持性成本资料的可用性被视为各参与者合同谈判中将寿命周期费用分析成功引入的潜在障碍。就长期而言，承包商和供应商参与平台，系统和设备的操作和维护将加速相关资料收集体系的建立，新技术的性能评估无疑是产生不确定性的来源之一。

可以肯定，数据资料是改进的一个侧面。公司要想发挥寿命周期费用分析的优势就必须考虑：

——从油气田生产得到信息反馈；

——如何实现正确操作，改善可靠性和维修数据(参见 ISO 14224)；

——寿命周期费用分析资料的标准化。

尽量减少数据中不确定性影响的步骤如下所示：

——重点放在承包商和供应商的可能方案或报价之间的设计差异，例如，缺乏支持的证据，并认识到使用寿命周期费用分析来区分不同供应商提供的同类技术方案本身并不可能增加价值。但是，只要拥有依据资料，这就要仔细考虑这一方面，事实上，这可能证实对于区分不同供应商的类似技术方案十分有帮助。一些供应商可能面临这样的挑战，要以不同的方式从操作者/维修者手中收集数据，这并不影响以合理方式运用这些资料。这些供应商积极地搜索、收集和校正那些有关自己产品对寿命周期费用分析影响的数据，肯定会赢得机会在项目早期阶段就展示自己；

——相似类比法：用比较法评估相似设备；

——用一般“准则”或工业标准进行高水平评估；

——进行敏感性分析，以测试潜在误差和不确定性对净现值的影响；

——拓展正规风险管理技术将寿命周期费用分析问题包含进来；

——从其他学科引进正规方法，例如可靠性分析、失效模式影响和严重度分析、培训需求分析等，来为预测提供实际依据；

——扩大到要求承包商和供应商用正规方法，例如上一步骤提出的那些方法，来支持自己的报价；

——采用通用统一的记录方式记载所有重要资料及工作的假设条件；

——利用上述各种手段来确定在各项工作中引用低风险合同支持服务条款，以此来积累承包商和供应商的运营和支持服务经验与知识。

5 操作者角度

5.1 概述

操作者、承包商和供应商的意见应由所有各方审查和了解，即操作者除了自己的意见外，还应当了解其他两方的意见。这样就会对寿命周期费用分析的挑战和好处有更深入了解。

“操作者”这一术语一般在大型勘探生产公司中沿用，这些公司的主要重点放在收入之上，同时承担有关安全、生产和成本的一切责任。随着承包商和供应商在整个寿命周期涉足越来越广，操作者这一作用正在演变。

图2从寿命周期费用分析实施的角度描述了操作着各方面的作用：

——在概念设计阶段作的决策中明确大多数寿命周期费用。由于由操作者开始整个工作过程，他们对寿命周期费用的影响最大：操作者负责整体工程、设计和支持服务策略以及寿命周期费用分析在计划中应用的程度。他们的承诺将决定着合作伙伴和供应商的态度和承诺；

——鉴于各参与方作用相互重叠，越来越多的开发工作采用联合伙伴方式，一体化团队是未来业务越来越显著的特点。这对于操作者在寿命周期费用分析工作中的作用，尤其是对自身要求的明确与描述乃至与合作伙伴和供应商的沟通都很有影响；

——随着参与到概念阶段以及后来的运行和支持阶段逐渐增长（由供应商帮助），承包商的作用逐渐扩大。风险转移/分担在这一过程十分有用，但仅仅是测算寿命周期费用分析性能的可以接受的实际方法。通过提供一个共同的沟通的基础，寿命周期费用分析能够用来帮助建立风险管理机制。

从上述诸因素来看，操作者在开展寿命周期费用分析时应考虑到下列要点：

——承诺：主要是承包商和供应商所关注的内容，操作者应指定需应用寿命周期费用分析，但最终根据最有竞争性的最低资本投资做出采购决定。相反，操作者可将寿命周期费用分析指定为竞争中决策指标之一，但由于合同只延伸到资本投资之上，操作者找到的承包商做出的将是一种表面性的响应；

——焦点：要兑现承诺，在操作者的组织机构内虚设“倡导者”，将寿命周期分析观点引入到工程、设计与支持服务策略中。在现行组织机构中，完全可以集中到这一焦点上；

——风险：寿命周期费用分析给已有的风险评价和管理方法带来自身独有的看法，这是一个界面问题；

——承包策略：这将反映概念阶段最初提出的工程设计和支持服务策略。最终目标根据所有各界面上寿命周期费用分析进行承包。以寿命周期费用分析为主的合同由于存在检查方面的问题实施起来颇有难度。

5.2 寿命周期费用分析承诺

来自其他业务行业的经验表明，贯穿整个工业界的寿命周期费用分析的承诺将是清楚的信息、逐渐的引入和时间的综合体。操作者首先应把寿命周期费用分析纳入现有的公司批准的工作内，以将寿命周期费用分析视为内部应用程序。当操作者的内部程序和实践被转化为对外的要求时，就能取得承包商的承诺。

在现有的内部程序中体现寿命周期费用分析法所采用的实际步骤包括：

——指定专门机构或个人负责资本投资、操作成本及收入的交付；

——制定评价寿命周期费用分析的公司标准；

——关于所有评估应考虑的最小方案范围的综述，如：

——关于超出基建投资阶段涉及重大成本的竞争性方案评价的一般内容、格式和结构的定义；

——为了有效应用寿命周期费用分析方法，建立和公布最小门限值；

——将审批程序扩展到项目各个阶段资本投资及操作成本预算的重新审查和重新设定上。

如何将以上这些转化为对承包商的要求，主要有以下措施：

——将内部程序纳入招标文件关于外部政策描述之中；

——关于作为资格预审标准之一的"寿命周期费用分析方法"的工作实践及能力的描述；

——由操作者将寿命周期费用分析有关信息和资料提供给承包商。如，操作在上一阶段进行研究得到的一些结论以目标形式转达给承包商；

——在总评标程序中应公布附在寿命周期费用分析后的加权方法；

——阐明随后合同可能含有操作和/或支持服务内容的意图。

5.3 寿命周期费用分析——重点工作

5.3.1 概述

寿命周期费用分析在工业界的成功应用需要每个组织机构设置有一个职能点（操作者、承包商和供应商）。这一点很关键——协调员在一个项目中的关键作用——他们的作用、责任和界面作用，现行的项目职能中哪一部分可能具备这种作用。本节专门讨论有关操作者的各项事宜，而第 4 章主要讲述对所有参与者都共有的因素。

在操作者组织机构内部，协调员的独特作用是：

——确定寿命周期费用分析策略：是操作者最先执行总体开发过程，寿命周期费用分析协调员应促进工程设计和支持策略；

——提供连续性：只有操作者审视宏伟蓝图，并涉足于项目各阶段，协调员应承担责任维持所有阶段的连续性。

5.3.2 确定策略

操作者的寿命周期费用分析协调员应努力促进并受制于工程、设计和支持策略的某些组成部分。工程设计和支持策略将在合同策略中执行，这一点在第 4 条中有详细讨论。

工程设计策略的各项内容包括以下商业要点：

——资产所有权：在租借或租赁方案与购买相对比时，寿命周期费用分析的作用有很大意义；

——竞争：如何对项目进行竞争，将确定着寿命周期费用分析法在资格预审、要求规范和招标评估中的作用和范围；

——采办货源：联盟与合作关系会对技术解决方案和运行与维护方案具有限制作用。

工程和设计策略也应当考虑如下的工作计划要点：

——油田投产日期：加速采办的范围，其价值和净现值对变化的敏感性；

——油气田开发：在较大的油气田开发计划的意义。

还应考虑以下其他要点：

——采办界限：处于采办的界限或界限外的事项也许具有寿命周期费用分析的意义，例如，下游设施；

——工作分解结构：在采办的每一阶段都应该考虑的深度，例如，在什么时候将整个设施按工艺、系统和设备级别来考虑；

——费用结构分解:在采办的每一阶段都应该考虑的深度,例如,1、2、3 和 4 级测算值;

——预算考虑:在资本投资支出中存在什么经济约束条件会限制商务、计划和技术方案的范围,会限制为改善净现值做出的资本投资与运行费用之间的平衡;

——重点:在考虑采办时,什么起到支配作用。一些采办可能受商务因素影响较多,而另一些采办可能受技术因素影响较多。寿命周期费用分析应该有助于找出在下一工作阶段将出现的主导事项。

支持服务策略要素将包括以下商务因素:

——操作和支持方案:通过找出哪些构成能够明确确定和进行成本分析,寿命周期费用分析有助于评估承包商/供应商的运行和支持潜力;

——采办策略的"命中"影响:采办过程中的决策可能会限制寿命周期费用分析所考虑的运行和支持的方案范围,例如,在这方面的独立竞争范围;

——业绩:通过从寿命周期费用分析的角度确定数据要求,寿命周期费用分析法有助于确定关键支持服务要素的合同业绩指标;

——在运行和支持服务中的灵活性:鉴于整个寿命期间可能发生的变化(油气田规模、产量、化学性质等等),寿命周期费用分析法能量化油气田不确定性的影响和资本投资/操作费用的平衡结果;

——处置:寿命周期费用分析能够展示资产重新利用或复苏的机会,激起当前运行与支持阶段维持其实质状态所产生的影响。

支持策略内容应包括以下工作方面的要点:

——时机选择:关于操作和支持决策可延期多长时间,例如,直到可以获得更好的寿命周期费用分析参数;

——进度安排:寿命周期费用分析可以评估合同规定的支持服务在不同时期的影响,其中考虑到生产动态、寿命延长、维修周期和计划内改造更新;

——其他支持服务计划:评价外部依赖性因素的影响,例如现有备件库、首选供应商、设备和内部基础设施;

——供货范围:至于工程和设计策略,寿命周期费用分析法可帮助支持服务考虑在工作结构分解和费用结构分解两方面的运行和支持深度;

——预算考虑:可以用寿命周期费用分析法来判断,整体设施和单个组成的运行和支持预算是否可以在通常认可的数额基础上增减。

5.3.3 提供连续性

作为寿命周期费用分析过程的发起者,协调员有责任确保在不同项目阶段做出的所有寿命周期费用分析重大假设是一致的和可以进行审查的。提供连续性的机制是把所有的相关的信息收集起来,合成一个文件。至于如何执行,取决于组织的喜好——可以采取文件的形式,或是数据库形式,也可交叉参考其他的文件材料。它最重要的特征是不断进行,在整个项目的寿命周期中随时更新。如:

——在概念设计阶段由操作者提出;

——在总体设计中由承包人更新;

——在详细设计过程中,由承包商维护,输入来自供应商的信息;

——在运行和支持阶段用作基准条件,来评估所建议的变更。

5.4 风险

寿命周期费用分析法的一个组成部分是对所推举的方案及其设计和与设计、支持和合同策略相关的主要风险和风险大小(按净现值)的确认。

寿命周期费用分析的结果,将有助于完善风险记载。协调员可通过担负以下职责,帮助进行风险管理:

——以通用和统一的方式量化风险评估的主观结果。这一般集中在高风险上，并且可以测定其对净现值的影响；

——通过确定关键费用因素，加大对评估的重视。

一旦纳入风险记载中，协调员就能够帮助在具体的领域中制定风险缓解策略，例如：

——通过审查能提高操作业绩的资本投资/操作费用的平衡情况，把收入的风险降到最低限度；

——量化计划偏离和加速效果，并输入风险/报酬方案中；

——评估作为承包策略的一部分将支持工作的具体组成部分进行风险转移。

5.5 合同框架

5.5.1 概述

当前，大多数由操作者订立的油田开发合同是以资本投资为基础的。这些合同有各种不同的执行方式。从总合同到承包商也分担一些风险的利益分享合同，寿命周期费用分析法引入了对操作费用的考虑。它可将不同程度的风险转移纳入到现有的合同框架中，已知以下两个步骤可以展示对合同的可能影响程度：

——第一步：应用寿命周期费用分析来影响设计；

——第二步：应用寿命周期费用分析帮助确定和承包操作和支持性工作内容。

这些步骤表明，寿命周期费用分析法作为整体承包策略的一部分，正受到越来越多的承诺和依赖。它可以通过渐变的方式引入(在各项目中逐个、逐渐引用不同方法，每一种方法建立在经验之上)或者通过剧变的方式引入(多种方法同时运用到同一个项目中去)。

从合同角度出发，各方法将在下文讨论。

5.5.2 影响设计

这是寿命周期费用分析的起点，操作者的主要目的是在资本投资、操作费用和收入平衡的背景下，运用一种量化的方法来评估不同的设计方案。为影响设计，需在项目中采用一种快速有效的方法判断资本投资的新增量。这就意味着投放资本需具有灵活性；应明确一种清晰的项目程序，它与寿命周期费用分析结果相关联。

对承包商来说，这种做法没有任何合同意义，只不过是要求开展寿命周期费用分析以支持所指定的设计。在明确合同要求中，操作者应：

——对承包商提出作为工作程序的一部分开展寿命周期费用分析的要求；

——确定评估标准，承包商将以此来评估平衡效果。

另外，操作者可提供获得更多资料的联系方法，并为达到预期工作水平与深度提供指导，该工作的结果并不一定延伸到以后工作阶段中。

5.5.3 支持工作的承包要素

在该步骤中，操作者通过固定价格的操作与支持服务合同力图将风险逐渐转移给承包商。除了以前步骤的合同要求外，操作者还应：

——陈述其签订具体服务合同的意向；

——将承包出去的支持服务内容设定财务目标；

——提出支持服务期间的时间安排。

该步骤的实际结果是操作者或许希望寻求单独的估算值以明确目标，并加强对承包商承担的风险评估的关注。

5.5.4 合同管理

为了在以寿命周期费用分析为基础的合同框架内，支持激励方案，应制定一种标准的费用分析系统来检查业绩和成绩。与此相关的工作应包括收集实际成本与业绩数据以供分析及与指定的目标对照。在合同框架内，投标文件应清楚指定该工作的责任。

作为合同的一部分，谈判的主要内容应包括未来依据实际操作经验做出的变更怎样才能适应合同期与激励条款。合同应包括以下已认可的方法：

——为改善操作费用进一步提出建议以及这些建议怎样与寿命周期费用分析内容相结合，尤其要审查维修的风险，或改善净现值；

——组建操作者、承包商/供应商小组对所提议的变更进行评价和商定；

——数据收集及其在支持业绩评估中的作用。

6 承包商角度

6.1 概述

关于操作者、承包商和供应商的意见应由所有各方审查和了解。承包商除了自己的意见外，还应该了解其他两方的意见。这样就会对寿命周期费用分析的挑战和好处有更深入地了解。

承包商在一个项目开展寿命周期费用分析的依据来自操作者的要求。在某些合同中，工程承包商的任务会限制在根据所给的现场数据、最终产品要求和特定的经济评价标准等来确定项目寿命周期费用分析的最佳解决方案。近来的某些案例中，承包商的责任已经延伸到了资产寿命周期的早期和后期阶段。

承包商在深度及项目阶段方面的涉及范围如图1所示。

承包商与操作者和供应商的关系，起着关键作用，由此也是工业界寿命周期费用分析成功引入和不断发展的关键。承包商内部开展寿命周期费用分析的关键问题是：

——能力的开发和组织：不管操作者和承包商之间的合同关系如何，寿命周期费用分析工作大部分都可能由承包商完成，由操作者协调和制定高层次的要求；

——合同风险：承包商的作用延伸进入项目早期和后期阶段，从而也导致更加深入的涉及寿命周期费用分析风险的确定和评价，同时假设出支持性工作的合同风险。

6.2 能力的开发和组织

为了满足操作者的要求，承包商开发寿命周期费用分析能力。

对承包商内部组织来说，寿命周期费用分析只不过是寻找解决方案的另一种功能。这可以由现有的项目组成员（通过合适的培训）或由中央功能来实现，例如现有的项目服务或操作支持小组。将寿命周期费用分析的专长统一管理的优点是使整个组织具有一致性。

操作者要求中指出的限制条件中，寿命周期费用分析方法可以经过调整做出经济性响应。主要包括以下各步骤：

——合同中确定寿命周期费用分析的要求；

——同操作者一起确定项目具体的经济评价标准，如贴现率；

——进行原油初步评估，确定对净现值有重大影响的那些组分，也就是关键费用因素；

——如果对某项构成施加强大影响的机会有限，应重点关注那些影响较大者；

——集中力量于高风险项目上；

——数据的要求要能够反映设计界定水平，集中于设计差异之上和应用敏感性分析来定量描述数据和估算值的不确定性；

——使用来自操作者、承包商、供应商或其他组织的最为可靠的数据；

——在组织内部建立一个标准的方法，以便适应或响应操作者的不同要求。这可以涉及很多方面，如模拟方法、费用和工作结构分解等。

关键设备和系统的供应商是这一过程的有机组成部分，不管它是通过竞争还是以伙伴关系出现。寿命周期费用分析方法是许多标准中唯一一个用于选择供应商的标准。这些标准可以分为两大类：

——一类是其产品的寿命周期费用分析对最佳方案的开发不会增加任何价值以及供应商没有要求发展寿命周期费用分析能力，诸如船内厨具等在用物品供应商；

——那些从寿命周期费用分析观点来看，可以优化设计的系统和装备供应商。应当考虑那些将工作委托给已经开发出寿命周期费用分析能力的关键设备供应商以提高寿命周期费用分析的可靠性的供应商。对于其他方,承包商将需要在其设备和系统评估时提供重要支持。

6.3 风险——合同角度

6.3.1 概述

对于承包商来说,寿命周期费用是一个帮助其业务拓展进入诸如维护管理、综合服务协议及工程服务的一种方法。这些也会给承包商带来新的风险与返工的可能性,具体取决于操作者所规定的合同服务范围。下面的基本步骤指出了寿命周期费用分析在支持现有业务和延伸业务(支持性合同)中的作用。每一步代表了承包商财务风险的加大。

——步骤 1:设计权衡方案

寿命周期费用分析被用作设计权衡的工具,对承包商来说,其财务风险会来自技术性能保证。

——步骤 2:支持内容的合同

当寿命周期费用分析被操作者用于帮助确定操作和支持内容及其承包时,对承包商来说,通过报价将产生直接的财务后果。

6.3.2 设计权衡

操作者要求的保证可能还需伴随有针对无法达到技术性能要求的惩罚条款。寿命周期费用分析可以为评价不同性能对生产收入的影响提供定量的依据。

——审查所规定的性能水平:稍微放宽就有可能使承包商能够提供一个低成本和低风险的解决方案,从而提高操作者的净现值;

——依据承包商在合同所规定的净现值目标方面的业绩,评价奖惩水平。

适用于承包商和操作者讨论这些问题的最方便的方法是包含数据源和有关假设的文件。

承包商可以使用的最有效的工作调整方法是自上而下的方法。这要集中考虑所审查的方案范围,降低所考虑的深度,以保证全面覆盖。在开发的早期阶段,如概念设计和总体设计,有可能将工作推迟到后面的阶段,保证无损工作价值。

7 供应商角度

7.1 概述

操作者、承包商和供应商的意见应由所有各方审查和了解,也就是来自供应商行业各方除了自己的意见外,还应当了解其他两方的意见。这样就会对寿命周期费用分析的挑战和好处有更深入的了解。

在深入程度和项目阶段方面供应商的涉及范围如图 1 所示(参见引言)。

对于供应商,寿命周期费用分析是用来改进服务和质量,从而显示其作用的一种方法,而不仅仅是供应设备。因此,来自客户的寿命周期费用分析规定,并非构成威胁,而是一种带来更多机会和收益的可能性,通过供应商参与,使油气田开发项目各阶段增加价值。

供应商要实现这种可能性,就需要具有一种价值优化能力。另外在操作性数据、内部权限和合同方面还存在不容忽视的挑战。

7.2 寿命周期费用分析的应用对供应商的影响

由于客户对开展寿命周期费用分析的要求在不断增加,其对供应商产生的影响不同于对客户的影响。

对于操作者,寿命周期费用分析与优化资本投资、操作费用和收益相关,一般重点放在资本投资/操作费用的权衡上。所以,对于操作者,寿命周期费用分析主要集中在成本费用上。对于供应商,寿命周期费用分析对收入(产品销售)和支出都有影响。如图 3 所示。

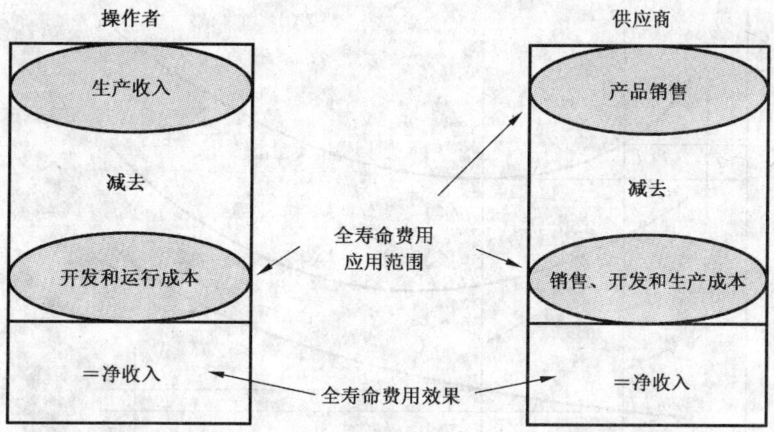

图 3　寿命周期费用分析会影响供应商的收入和成本

寿命周期费用分析的目的是优化操作者的盈利能力。对供应商的后果是，对其销售收入和成本都有不利的影响。为了防止这种不利影响，供应商应重视寿命周期费用分析的应用，改进为自己创收的产品质量。

短期内供应商应注意以下关键领域：

——在需求量强劲的市场中赢得合同的能力；

——供应商在赋予客户附加值方面的能力与表现力方面的内部资历；

——客户的作用和资格；

——变化的速度。

以下为保持长期竞争力应努力的各关键领域：

a)　将经济性与企业所有功能相结合，降低生产成本，下列为降低成本应考虑的诸因素

——生产；

——维护；

——仓储；

——后勤；

——市场营销；

——采购。

b)　推行以寿命周期费用分析为基础的新型系统化方法

供应商不再仅仅销售设备，而采用成套组合方法以满足全部客户的要求。

供应商应当能够表现出对项目寿命周期的理解，并且知道如何在生产能力、设计能力、产品开发能力、维护支持能力以及优化能力等方面努力降低成本。

在以上各方面，供应商应能够展示自己如何使用各种设备/系统。

目前，供应商已能够通过其设备及其价格反映出在生产和设计领域的能力。将来，随着供应商加大参与油田开发项目力度，焦点将更多地转移到企业的整体能力上来。供应商的产品将成为一种获取最经济有效的解决方案的能力，使整体组合在寿命期内完成其功能作用。

7.3　供应商的潜在收益

供应商在应用寿命周期费用分析中的机会如图 4 所示。

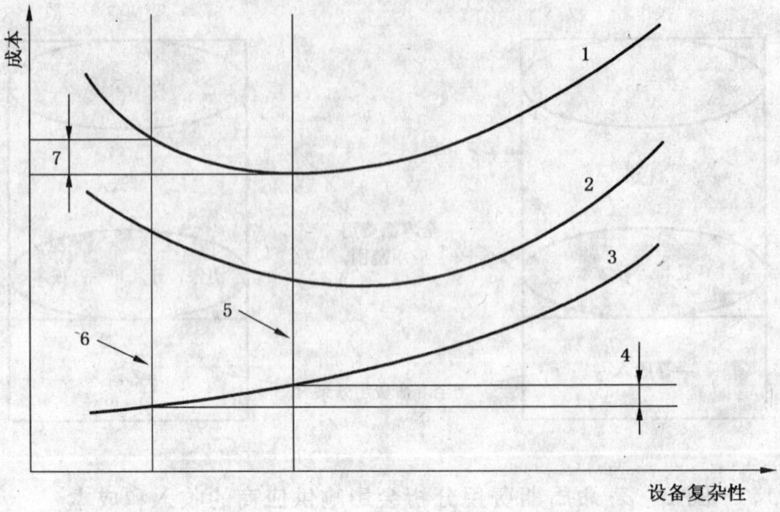

1——操作者的总成本(全寿命费用);

2——操作成本;

3——资本投资;

4——供应商的机会;

5——最佳方案;

6——最低可接受技术标准;

7——操作者的机会。

图4　寿命周期费用分析法为供应商提供了展示较高成本设备附加值的机会

功能性规范的采用会得到这样的解决办法,通过最低价格的竞争,达到最低合格技术性能。这可能既不是操作者也不是供应商的最佳利益所在。使用寿命周期费用分析可以获得最佳方案(由操作者决策指标来衡量),即使初始成本加大,操作者的盈利能力仍最大化。这为供应商提供一种可能性,通过提供高价值设备,向用户展示附加价值,以提高供应商自身的盈利性。

如果供应商让操作者对供应商设备投入的总成本有了了解,就会产生下列效果:

——通过展示操作者获取的附加价值,因所提高的质量、效率或维修性而有所回报,供应商的收入增高;

——用户以较低的总成本得到设备应有的功能,从而提高了盈利性;

——通过承包各支持性工作,供应商能更好地定位,扩大自己的供应范围。

此外,供应商在设计改进方面的作用,例如参与总体设计和前期工程设计,将根据商务竞争得到补偿。

在提供资本投资加大的方案(经未来操作成本节省期望值证实)方面,操作者应了解到,一些风险的存在可能使未来期望值不一定实现。

7.4　沟通

7.4.1　沟通回路

基于寿命周期费用分析的采购目的有:

对于操作者或承包商,根据项目获得的附加值来评价供应商提供的解决方案。

对于供应商,根据供应商的产品范围,评价和选择出能够给用户最大价值的解决方案。

操作者和承包商注意力一般应集中于标书评估上。然而,从供应商的观点来看,最大的潜力在于从供应商所能提供的各种方案中得出符合要求的最佳方案。所有参与者目标的达到最重要的因素是双向沟通,见图5。为了保证供应商能够提供满足要求的最佳方案,用户就下列方面沟通,或供应商就下列方面提出要求:

——要求，例如：能力和寿命期间操作水平；

——寿命期间的评价标准和如何平衡操作费用与投资（通常用净现值，及规定的贴现率进行评估）；

——限制条件，如：平台甲板上的重量、功耗及维护空间或通道方法（一般由前期工作所决定）；

——供应商控制力之外的成本参数，如：能源费用，以便供应商能够在各种可能方案之间权衡，如：低效率低价格对高效率高价格。

对于供应商，沟通内容集中于：

——确保拥有足够的信息优化所提供的产品来满足用户的要求；

——如：在低费用、维修性、效率或可靠性等方面，向用户演示方案的价值。

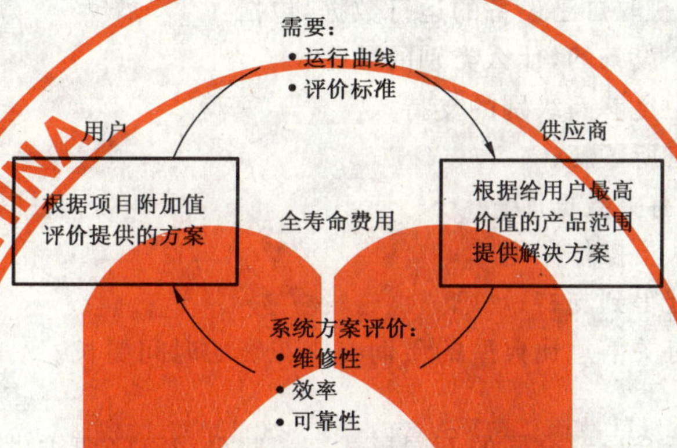

图 5　供应商应确保建立双向沟通方式

用户只评价所提供的方案，然而，供应商通常因缺乏关于用户需求的信息以及对总价值和评价标准的理解，不能从自身产品范围中提供最符合用户要求的解决方案。

7.4.2　**寿命周期费用分析质询的响应**

回答寿命周期费用分析方面的质询时，主要问题是：

——澄清评价标准及其影响；

——确定寿命期间用户的要求、操作水平及条件；

——澄清提供数据的可能性以及标书的数据要求；

——确定关键费用因素；

——综合起来，以关键费用因素为主，给出最低寿命周期费用的组合方案；

——在标书响应中，展示整个组合方案的价值。

重点应该放在如何评价标书（用户将寿命周期费用分析放到何等重要的位置）和用户的要求。明确关键费用因素之后，就能确定出降低费用的潜力（来自支持或维护策略中的设计改进或变更），按照对报价的影响评价那些表明能降低寿命周期的方案。

应把重点放在显示出使用户有附加价值之处，以及如何就组合方案的价值或降低成本潜力进行沟通之上。

7.4.3　**供应商或分包商的寿命周期费用分析评估**

寿命周期费用分析标书评价要求：

——技术和商业综合评价；

——量化技术差异和商业评价的组成部分；

——关键费用因素和确定影响这些因素的构成/参数。

为了进行专业评价，预先确定基线是有益的。在多数寿命周期费用分析评价中，该基线是所关注方案之间的差异，而不是总体寿命周期费用的量化。一个常见的误区是审查设备实际相同的细节，而费用的差异小于数据的不确定性。正是在效率曲线、容量、配置及可用性数据等形式上的设计差异可鉴别和量化成本的差异。在寿命周期费用评估中，重点应放在各方案的设计差异之上。

7.4.4 数据

对于供应商主要的挑战之一是获得自己设备的运行及历史数据,为了表示关于提供寿命周期费用分析为主的方案承诺,供应商应建立一个连续收集数据及调整的系统和程序。这将为以下提供依据：

——确定关键费用因素；

——确定其产品为用户盈利能力所发挥的作用；

——保持市场上的竞争力。

多数操作者不愿提供数据,但是他们的构成方式不一定令人可以直接利用。它常常分布于机构各个部门的不同的数据库中,总体查看可能有困难。获取信息需要花费时间和精力,且数据可能是不准确的,供应商应有明确的战略获取自己设备的运行数据,包括：

——明确要求收集哪个设备的,什么类别的数据；

——得到操作者机构中足够高级别的支持；

——对相关运作部门有所了解；

——开发、了解及解释有关数据库；

——确定和指定关键人员操作数据库；

——从这些关键人员处得到支持；

——提前计划和收集有关信息比典型的质询响应花费的时间更长。

7.5 合同

应用寿命周期费用分析会导致合同的不同形式。一些公司已经要求供应商的组合方案中保证包含有未来寿命周期费用分析,即使费用发生后也很难进行量化。费用实际发生金额与估计的差异的原因也难以说明。从而在获取合法约束性保证方面提出了挑战。

另一个障碍是几乎没有供应商愿意承担整个寿命周期费用的责任。除非,他们已经采取措施收集和了解他们设备的操作费用资料,他们将面对相当严重的成本不确定性,招致高风险费用。这意味成本增加。

另一途径是在影响关键费用因素的构成方面要求给予保证,如效率曲线及随时间的性能变化。这似乎很自然,因为在这些方面的参数改善能力是选择供应商的出发点。

购买及维修相结合的合同越来越流行。这使得以寿命周期费用分析为主的评标工作更加容易,因为供应商直接负责操作费用的主要构成部分。

对于所有各方,操作者、工程承包商和供货商,在涉及寿命周期费用分析的合同条款中,最困难的可能是奖励和激励政策。在当前环境中,所有各方均共同致力于一个工作设施,将重点和奖励放在时间和资本投资上。问题在于各方的总体经济目标有差异。

操作者的盈利性来自于整个寿命周期的业绩和费用。而工程承包商和供应商的盈利性与获自操作者的合同付款及工程小时数有关,一般在资本投资目标及时间等方面成为技术合格方案时便得到奖励。

只要操作者将重点放在以尽可能低的资本投资区开发油气田,则激励政策将促使各方向同一目标努力。将重点放在寿命周期费用分析上,需要采用另一种与奖励和激励政策不同的方法。

对于供应商,如何分解成本节约/价值增加容易得多。只要将寿命周期费用分析作为评价标准,则供应商的决定可用图6表示：

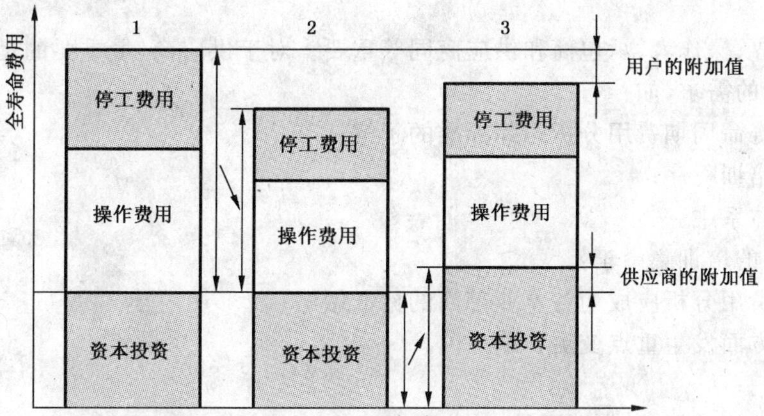

图 6　激励政策应使参与者共享效益

具有较低的操作费用和停工费用的方案(见图 6 的第 2 列)比起资本投资相同的传统的方案(见图 6 的第 1 列),可给用户带来较高的价值。为了让供应商提供寿命周期费用分析优化的方案,通常有可能需要增加投资,以保证供应商效益,增加的投资将向用户转嫁,表现为较高的初期价格。其结果见图 6 的第 3 列。供应商和用户分担由此增加的投资,共享所增加的效益。关键是供应商应能向用户表明所增加的投资会带来相应的回报。激励政策可以作为一种方法写入合同内,以保障供应商和操作者的这种合作。

不管采用何种方法,激励政策应界定奖励和惩罚限度。任何担保的目的都是确保承诺得以实施。如果起用惩罚条款,其结果不应导致承包商破产,但可导致合同不盈利。操作者和承包商都应该明了需要在奖励/激励政策和供应商的财务承诺之间作出权衡,供应商的责任是提供达到目标的机制。其目的是,在操作者获取的任何净现值改进中,确保供应商分享到合理的份额。

当考虑到多少份额才是公平时,供应商需要了解以寿命周期费用分析为主的合同具有的不确定性,可能导致操作者较高的初期价格和较高的未来运行费用,这些费用无法从供应商处收回。每一个合同都应具体考虑并制定合适的合同条款。

7.6　内部竞争

7.6.1　挑战

将寿命周期费用分析归入本机构时,供应商面临的主要挑战是:

——将经济分析/寿命周期费用分析融入工程业务中,使寿命周期费用分析成为针对用户要求的工程过程的组成部分;

——让用户相信所提供的其他方案将为用户带来最大的效益;

——确定项目早期的任务并帮助明确项目要求。

第一条最困难。这需要将公司的日常工作重新集中在为用户增加价值上,使公司的文化改变。这需要全公司都参与,所有的专业业务部门参与,包括市场、销售、工程、开发等。这需要指派协调员,其职能见第 4 章。

第二条和第三条也同等重要,包括培养展示供应商自身解决方案的价值和优化水平的能力。这样,供应商通过其专长的工艺/系统及其在其他行业专门领域的丰富经验可以使项目的早期阶段(概念和总体设计)价值显著提高。

在其专有技术领域,供应商比操作者和承包商可能拥有更加广泛的经验。供应商有可能为油气工业和其他行业提供满足不同需求的方案。这意味着,供应商可能比操作者和承包商能更准确地评价所竞争领域中的要求。这种竞争有助于不同概念的评价,并最终发展为总体设计中系统方案的规范和评价。

7.6.2　**培训**

培训对于工业界、操作者、承包商和供应商同等重要。对于供应商，最重要的是，通过工业界各种动议，深入了解操作者的需求，如：

——建立起对寿命周期费用分析国际标准的了解；

——常见工业培训程序；

——融入教育体系中。

在内部，供应商的培训集中于：

——寿命周期费用分析应成为各专业部门的标准做法；

——只在技术方面发生重点变更；

——跨专业部门；

——实现公司目标的渠道。

7.6.3　**实施方法**

在开展寿命周期费用分析评价时，重要的是，认识到应站在用户的立场进行费用评价，这是应进行优化的价值所在。应该牢记以下各因素：

——采用用户的计算/优化假定条件；

——达到合适的深度，针对设计的差异；

——参照以往的操作经验；

——清楚了解评价标准(可以有不同的标准)。

参 考 文 献

[1] ISO 14224 石油天然气工业 设备可靠性和维修数据的采集与交换

[2] ISO 15663-1:2000 石油天然气工业 寿命周期费用分析 第1部分:方法论

ICS 91.120.30
A 59

中华人民共和国国家标准

GB/T 19889.5—2006/ISO 140-5:1998

声学 建筑和建筑构件隔声测量 第5部分:外墙构件和外墙空气声隔声的现场测量

Acoustics—Measurement of sound insulation in buildings and of building elements—Part 5: Field measurements of airborne sound insulation of facade elements and facades

(ISO 140-5:1998,IDT)

2006-07-25 发布

2006-12-01 实施

中华人民共和国国家质量监督检验检疫总局
中国国家标准化管理委员会 发布

前言

GB/T 19889《声学　建筑和建筑构件隔声测量》分为以下部分：

——第1部分：侧向传声受抑制的实验室测试设施要求；

——第2部分：数据精密度的确定、验证和应用；

——第3部分：建筑构件空气声隔声的实验室测量；

——第4部分：房间之间空气声隔声的现场测量；

——第5部分：外墙构件和外墙空气声隔声的现场测量；

——第6部分：楼板撞击声隔声的实验室测量；

——第7部分：楼板撞击声隔声的现场测量；

——第8部分：重质标准楼板覆面层撞击声改善量的实验室测量；

——第10部分：小建筑构件空气声隔声的实验室测量。

本部分为GB/T 19889的第5部分。

本部分等同采用ISO 140-5：1998《声学　建筑和建筑构件隔声测量　第5部分　外墙构件和外墙空气声隔声的现场测量》。

本部分按国家标准的要求对ISO 140-5：1998做了一些编辑性修改。

本部分附录A和附录B为规范性附录，附录C、附录D、附录E和附录F为资料性附录。

本部分由中国科学院提出。

本部分由全国声学标准化技术委员会(SAC/TC 17)归口。

本部分起草单位：华南理工大学、浙江省环境保护科学设计研究院。

本部分主要起草人：吴硕贤、赵越喆、张继萍。

声学 建筑和建筑构件隔声测量 第5部分：外墙构件和外墙空气声隔声的现场测量

1 范围

GB/T 19889 的本部分规定了两套分别测量建筑物整个外墙与外墙构件空气声隔声的方法（整墙测量法与构件测量法），其中构件测量法用于测定外墙构件，例如窗户的隔声量。最精确的构件测量法是用扬声器作为声源的方法；其他精确性略差的构件测量法为采用现场交通噪声作为声源的方法。另一方面，整墙测量法旨在确定已有交通条件下的户外和户内声压级差。最精确的整墙测量法是利用实际的交通噪声作为声源。此外，也可采用扬声器作为人工声源。表1给出了这些方法的概述。

表1 各种测量方法汇总表

序号	测量方法	引文出处	测量结果	应用场合
构件隔声测量				
1	扬声器噪声测量构件隔声	第5章	$R'_{45°}$	确定外墙构件表观隔声量的首选方法
2	道路交通噪声测量构件隔声	第6章	$R'_{tr,s}$	当道路交通噪声声级足够高时，可作为方法1的替代方法
3	铁路噪声测量构件隔声	附录D（资料性附录）	$R'_{rt,s}$	当铁路噪声声级足够高时，可作为方法1的替代方法
4	航空噪声测量构件隔声	附录D（资料性附录）	$R'_{at,s}$	当航空噪声声级足够高时，可作为方法1的替代方法
外墙隔声测量				
5	扬声器噪声测量外墙隔声	第5章	$D_{ls,2m,nT}$ $D_{ls,2m,n}$	作为方法6,7及8的替代方法
6	道路交通噪声测量外墙隔声	第6章	$D_{tr,2m,nT}$ $D_{tr,2m,n}$	确定暴露于道路交通噪声的外墙隔声量的首选方法
7	铁路噪声测量外墙隔声	附录D（资料性附录）	$D_{rt,2m,nT}$ $D_{rt,2m,n}$	确定暴露于铁路噪声的外墙隔声量的首选方法
8	航空噪声测量外墙隔声	附录D（资料性附录）	$D_{at,2m,nT}$ $D_{at,2m,n}$	确定暴露于航空噪声的外墙隔声量的首选方法

扬声器噪声测量构件隔声法可获得表观隔声量，在某些情况下［例如考虑到测量精密度时（见7.1）］，可将其与在实验室中依照 GB/T 19889.3 或 GB/T 19889.10 测量得到的隔声量作比较。当测量的目的在于评价某一外墙构件的实验室隔声性能与现场隔声性能的关系时，此方法为优选方法。

道路交通噪声测量构件隔声法的用途与扬声器噪声测量法相同。当由于实际原因而不能采用后一种方法时，采用道路交通噪声测量法就特别有用。上述两种方法经常会得出略微不同的结果。道路交通噪声测量法往往会给出比扬声器噪声测量法略低的隔声量。在附录D中，还补充了相应的航空与铁路噪声测量法。

道路交通噪声测量外墙隔声法可测得相对于距外墙外立面 2 m 处噪声级的外墙实际隔声值。当测量目的在于评价包括所有侧向传声影响在内的整个外墙相对于临近道路指定位置噪声的隔声性能时,此方法是首选的方法,其结果不可用于同实验室测量结果作对比。

扬声器噪声测量外墙隔声法亦可测得相对于距其外立面 2 m 处的噪声级的外墙隔声值,当由于实际原因而无法采用实际噪声作为噪声源时,此方法尤其适合,其结果不可用于同实验室测量结果作对比。

2 规范性引用文件

下列文件中的条款通过 GB/T 19889 的本部分的引用而成为本部分的条款。凡是注日期的引用文件,其随后所有的修改单(不包括勘误的内容)或修订版均不适用于本部分,然而,鼓励根据本部分达成协议的各方研究是否可使用这些文件的最新版本。凡是不注日期的引用文件,其最新版本适用于本部分。

GB/T 3241—1998 倍频程和分数倍频程滤波器(eqv IEC 61260:1995)

GB/T 15173—1994 声校准器(eqv IEC 60942:1988)

GB/T 19889.2—2005 声学 建筑和建筑构件隔声测量 第 2 部分:数据精密度的确定、验证和应用(ISO 140-2: 1991,IDT)

GB/T 19889.3—2005 声学 建筑和建筑构件隔声测量 第 3 部分:建筑构件空气声隔声的实验室测量(ISO 140-3: 1995,IDT)

GB/T 19889.10—2006 声学 建筑和建筑构件隔声测量 第 10 部分:小建筑构件空气声隔声的实验室测量(ISO 140-10:1991,IDT)

GB/T 50121—2005 建筑隔声评价标准

GB/T 20247—2006 声学 混响室吸声测量 (ISO 354:2003,IDT)

IEC 61672-1:2002 电声 声级计 第 1 部分:规范

3 术语和定义

GB/T 19889.3 确立的及下列术语和定义适用于本部分。

3.1

测试表面平均声压级 average sound pressure level on a test surface

$L_{1,s}$

声压平方的表面和时间的平均值与基准声压(20 μPa)平方之比的以 10 为底的对数,再乘以 10,单位为分贝(dB)。表面平均在整个测试表面上进行,包括来自外墙和测试试件的反射作用。

3.2

室内平均声压级 average sound pressure level in a room

L_2

声压平方的空间和时间的平均值与基准声压(20 μPa)平方之比的以 10 为底的对数,再乘以 10,单位为分贝(dB)。空间平均在整个测试室内进行,但不包括受声源直接辐射或边界附近(例如墙、窗户等)对结果具有显著影响的区域。

3.3

等效连续声压级 equivalent continuous sound pressure level

L_{eq}

一种连续的稳态声的声压级值,其在测量时间内,具有与所考虑的声级随时间变化的声音相同的均方声压,单位为分贝(dB)。

3.4

隔声量(传声损失)　sound reduction index (sound transmission loss)

R

入射至被测试件上的声功率 W_1 与透过试件辐射至接收室的声功率 W_2 之比值,取以 10 为底的对数再乘以 10,单位为分贝(dB)。见式(1):

$$R = 10\lg\left(\frac{W_1}{W_2}\right) \qquad \cdots\cdots(1)$$

注:也可使用传声损失这个术语,它与隔声量等同。

3.5

表观隔声量　apparent sound reduction index

R'

入射至被测试件上的声功率 W_1 与透射到接收室的总声功率之比值,取以 10 为底的对数再乘以 10,见式(2)。如果由侧向传声构件或其他构件辐射至接收室的声功率显著,则透射到接收室的总声功率为由被测试件辐射入接收室的声功率 W_2 加上由侧向传声构件或其他构件辐射至接收室的声功率 W_3 之和:

$$R' = 10\lg\left(\frac{W_1}{W_2 + W_3}\right) \qquad \cdots\cdots(2)$$

3.6

表观隔声量　apparent sound reduction index

$R'_{45°}$

表示当采用扬声器作为声源,且入射角为 45°时,建筑构件的空气声隔声量,按式(3)计算。此处入射角指扬声器主轴指向被测试件中心时,与外墙面法线之夹角。

$$R'_{45°} = L_{1,s} - L_2 + 10\lg\left(\frac{S}{A}\right) - 1.5 \qquad \cdots\cdots(3)$$

式中:

$L_{1,s}$——被测试件表面的平均声压级,定义见 3.1;

L_2——接收室内平均声压级,定义见 3.2;

S——被测试件的面积,按附录 A 的规定确定;

A——接收室的吸声量。

注:此公式是基于如下假设,即声波仅从一个角度即 45°方向入射至试件,并且接收室的声场充分扩散。

3.7

表观隔声量　apparent sound reduction index

$R'_{tr,s}$

表示当声源是交通噪声且户外传声器位置是置于测试表面时建筑构件的空气声隔声量,按式(4)计算。

$$R'_{tr,s} = L_{eq,1,s} - L_{eq,2} + 10\lg\left(\frac{S}{A}\right) - 3 \qquad \cdots\cdots(4)$$

式中:

$L_{eq,1,s}$——被测试件表面的等效连续声压级的平均值,其值考虑了来自被测试件及外墙立面的声反射的影响;

$L_{eq,2}$——接收室等效连续声压级的平均值;

S 和 A——同 3.6 的规定。

3.8

声压级差　level difference

D_{2m}

距外墙表面 2 m 处的户外声压级 $L_{1,2m}$ 与接收室内按空间和时间平均的声压级 L_2 之间的声压级差，单位为分贝(dB)，见式(5)。

$$D_{2m} = L_{1,2m} - L_2 \quad \cdots\cdots\cdots\cdots(5)$$

注：当利用交通噪声作为声源时，用 $D_{tr,2m}$ 来表示；
当利用扬声器作为声源时，用 $D_{1s,2m}$ 来表示。

3.9

标准化声压级差　standardized level difference

$D_{2m,nT}$

经接收室混响时间修正后的声压级差，单位为分贝(dB)，见式(6)。

$$D_{2m,nT} = D_{2m} + 10\lg\left(\frac{T}{T_0}\right) \quad \cdots\cdots\cdots\cdots(6)$$

式中：$T_0 = 0.5$ s。

注：当利用交通噪声作为声源时，用 $D_{tr,2m,nT}$ 来表示；
当利用扬声器作为声源时，用 $D_{1s,2m,nT}$ 来表示。

3.10

规范化声压级差　normalized level difference

$D_{2m,n}$

经接收室吸声量修正后的声压级差，单位为分贝(dB)，见式(7)。

$$D_{2m,n} = D_{2m} - 10\lg\left(\frac{A}{A_0}\right) \quad \cdots\cdots\cdots\cdots(7)$$

式中：$A_0 = 10\ m^2$。

注：当利用交通噪声作为声源时，用 $D_{tr,2m,n}$ 来表示；
当利用扬声器作为声源时，用 $D_{1s,2m,n}$ 来表示。

4　测量设备

4.1　通则

传声器直径不应大于 13 mm。

声压级测量仪器应符合 IEC 61672-1:2002 关于 1 级仪器的要求。测量系统应采用 GB/T 15173—1994 规定的关于 1 级或优于 1 级的声校准器来校准。

1/3 倍频程滤波器或倍频程滤波器应符合 GB/T 3241—1998 的规定。

混响时间测量仪器应符合 GB/T 20247—2006 的规定。

4.2　扬声器

扬声器指向性应满足在自由场中所测各频带的各位置声压级差小于 5 dB。此项测量是在一个与受测试件的方向和尺寸相同的假想平面上进行的。

注：当对一个边长尺寸超过 5 m 的较大的被测试件采用扬声器法进行测量时，可仅要求各位置的声压级差不大于 10 dB。但这一点应在测量报告中说明。

5　扬声器噪声测量法

5.1　通则

本节叙述扬声器噪声测量构件隔声和扬声器噪声测量外墙隔声两套方法。

扬声器噪声测量构件隔声可测得表观隔声量。在一定场合下，测试结果可用于与实验室中测得的构件隔声量作比较。

扬声器噪声测量外墙隔声法用来评价整个外墙或特定环境下整栋建筑的空气声隔声状况。测试结果不能与实验室测试结果作比较。

5.2 原理

扬声器应置于建筑物外离外墙距离为 d 的一个或多个位置，其辐射声波的入射角 θ 应等于 45°±5°（见图 1）。

在被测试件表面（当为构件隔声测量时）或距建筑物外墙面 2 m（当为外墙隔声测量时）处以及在接收室内测得平均声压级后，即可算出表观隔声量 $R'_{45°}$ 或声压级差 $D_{1s,2m}$。

1——外墙面法线；
2——垂直面；
3——水平面；
4——扬声器。

图 1 扬声器噪声测量隔声的几何表示图

5.3 声场的产生

所产生的声场应是稳态声场并且在所考虑的频率范围内具有连续频谱。若测量是以 1/3 倍频程进行，则其中心频率应至少从 100 Hz～3 150 Hz，最好是从 50 Hz～5 000 Hz。若测量是以倍频程进行，则其中心频率应至少从 125 Hz～2 000 Hz，最好是从 63 Hz～4 000 Hz。此外，处于同一倍频程中的各 1/3 倍频程之间的声功率级差在 125 Hz 倍频程中不得大于 6 dB，在 250 Hz 倍频程中不得大于 5 dB，在其他中心频率更高的倍频程中不得大于 4 dB。

在所有测量频带中，声源应有足够的声功率，使接收室的声压级至少比接收室背景噪声级高出 6 dB。

5.4 扬声器位置

选择扬声器位置并确定其至外墙的距离为 d 时，应使得在被测试件上声压级的变化最小。最好将声源放置在地面上，或者将声源放置在离地面尽可能高的地方。

当利用扬声器噪声测量构件隔声时，声源距被测试件中心的距离 r 应至少为 5 m（d>3.5 m）。当利用扬声器噪声测量外墙隔声时，r 应至少为 7 m（d>5 m），声波入射角应为 45°±5°（见图 1）。

5.5 在接收室内测量

5.5.1 通则

在接收室中可通过将单个传声器从一处移至另一处，或者通过固定的传声器阵列，或者通过连续移动或摆动传声器等方法来获得平均声压级。不同传声器位置处的声压级应按能量对所有声源位置加以平均。此外，还应测量背景噪声级 L_b。

5.5.2 传声器位置

在每个房间内应至少采用 5 个传声器位置来测出每个声场的平均声压级。这些位置应当在各个房间最大允许的空间范围内均匀分布。

在可能情况下，传声器位置的距离应当不小于如下数值：

——各传声器之间间隔为 0.7 m；

——任一传声器位置与房间界面或物体之间为 0.5 m；

——任一传声器位置与被测试件间为 1.0 m。

当采用连续移动或摆动传声器测量时，其扫测半径应至少为 0.7 m。扫测平面应倾斜，以便能够覆盖大部分可达的室内空间并且不应当位于与房间任一界面小于 10°的平面上，扫测时间应不小于 15 s。

5.5.3 背景噪声修正

应对背景噪声进行测量以便确保在接收室中的测量结果不受外部噪声、接收系统的电噪声或声源与接收系统的电串音等噪声的影响。

背景声级应至少低于信号与背景噪声的叠加声级 6 dB(最好低 10 dB 以上)。若两者的声级差小于 10 dB，但大于 6 dB，应按式(8)对声压级加以修正。

$$L = 10\lg(10^{L_{sb}/10} - 10^{L_b/10}) \quad \cdots\cdots(8)$$

式中：

L——修正后的信号声压级，单位为分贝(dB)；

L_{sb}——信号与背景噪声叠加后的声压级值，单位为分贝(dB)；

L_b——背景噪声级，单位为分贝(dB)。

若在任一频带中，两者的声压级差小于或等于 6 dB，均采用声压级差 6 dB 的修正值 1.3 dB。此时，在测量报告中应对 D_n、D_{nT}或 R'值加以说明，以便清楚地表明报告中这些指标的数值是测量值的极限值[参见第 9 章中 i)规定]。

5.5.4 混响时间测量和吸声量计算

在式(7)的修正项中含有吸声量项。根据 GB/T 20247—2006，吸声量是由混响时间通过赛宾公式加以确定的：

$$A = \frac{0.16V}{T} \quad \cdots\cdots(9)$$

式中：

A——吸声量，单位为平方米(m^2)；

V——接收室容积，单位为立方米(m^3)；

T——接收室混响时间，单位为秒(s)。

根据 GB/T 20247—2006，混响时间是从声源停止发声后由低于起始声压级 5 dB 开始的衰变曲线确定的。所采用的量程既不能小于 20 dB，也不能过大，以至于所观察到的衰变曲线不能用一条直线来近似。选用的衰变曲线的下端应至少比背景噪声级高出 10 dB。

对各个频带的声衰变测量至少测 6 次。对每种情况至少应采用 1 个声源位置和 3 个传声器位置。每个测点要有两个读数。

采用移动传声器方法时应符合 5.5.2 的要求，但扫测时间不应少于 30 s。

注：若混响时间很短(如小于 0.4 s)，采用移动传声器方法可能会有问题。

5.6 扬声器噪声测量构件隔声

5.6.1 测试要求

如果测量目的在于获得能与实验室测量结果相比较的结果，则须采用如下步骤：

a) 确认待测墙面构造与规定构造一致，并依据生产厂家的规程正确安装；

b) 确定外墙的隔声量，以确保通过被测试件周边墙体的声透射不至对接收室中的声压级产生显著的贡献。

如果测量的目的在于同实验室中测量的窗户的隔声量作比较，则还应确认测试洞口的面积是否能代表实验室中的测试洞口的面积，并且龛的开口和龛中窗户的位置应当符合 GB/T 19889.3 的要求。

附录 C 给出如何执行上述检查的例子。当怀疑被测试件周边墙体的声透射可能过高，而不可被接受时，应按附录 B 中给出的步骤进行检查。

5.6.2 在外墙构件外表面测量

在被测试件表面确定平均声压级 $L_{1,s}$ 的方法，一是直接将传声器固定在被测试件上，使传声器的轴线与外墙表面平行。传声器可朝上或朝下放置，或者是使传声器轴线指向被测试件的法线方向。当为前一种情况时，传声器膜中心与被测试件的距离应小于或等于 10 mm，这取决于传声器的直径；当为后一种情形时，传声器膜的中心与被测试件的距离为小于或等于 3 mm。将传声器固定在被测试件表面时，可用一种强的粘贴胶带来固定(参见图 2)，并且为传声器安装半球风罩。

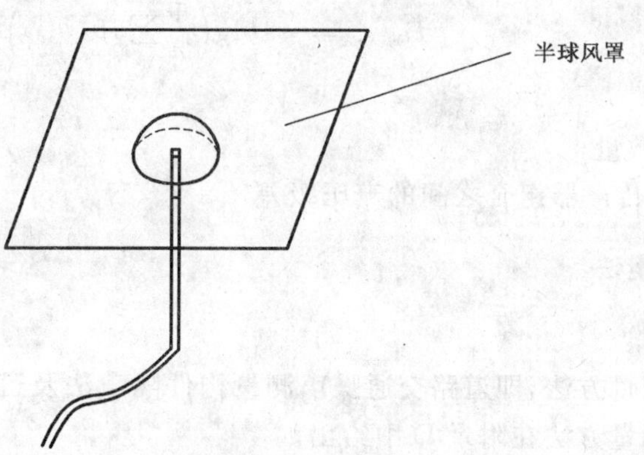

图 2 平置于被测试件表面上的传声器

当在户外和户内同时进行测量，并且把传声器固定在被测试件表面时，宜选用那种不会对被测试件的隔声产生影响的传声器和连接电缆。

依据各传声器位置之间的声压级差来选择 3 至 10 个传声器位置，将这些位置均匀但不对称地分布在测量表面上。建议开始时先选定 3 个位置($n=3$)。若两个位置之间某一频率的声压级差大于 n dB，则应增加传声器的位置，至多增加至 10 个。如果被测试件是安装在外墙面的凹面处，则应当选择 10 个传声器位置。如果各传声器位置间的声压级差有大于 10 dB 者，应在测量报告中写明。

作为在若干固定位置进行测量的替代方法，只要传声器与外墙构件的距离能保持固定，并且背景噪声可维持在比信号声压级低 10 dB 的水平，则可采用移动传声器进行扫测的方法。

n 个位置的平均值由式(10)计算得出：

$$L_{1,s} = 10\lg(10^{L_1/10} + 10^{L_2/10} + \cdots + 10^{L_n/10}) - 10\lg(n) \quad \cdots\cdots\cdots\cdots(10)$$

式中：

$L_1, L_2, \cdots, L_n$——在位置 1,2,…,n 处测得的声压级。

注：声压级差可能与测点离地面高度 h、凹进处、阳台和被测试件的位置等因素有关。

5.7 扬声器噪声测量外墙隔声

5.7.1 测试要求

无特别要求。

5.7.2 在外墙前测量

将传声器置于外墙外侧中间部位，距离应满足：

a) 离外墙面(2.0±0.2)m，或者

b) 离阳台、护栏或其他类似的凸出部位 1.0 m。

传声器位置应高于接收室地面 1.5 m。

如果外墙面的主体部位是如同屋顶的一种倾斜的构造，则测量点与顶端的距离不应比测量点与外墙垂直面的凸出部位的距离近。如果待测房间有不止一面外墙或者此房间很大，则应参见 5.7.3 来测量。标注所测得的声压级为 $L_{1,2m}$。

注：由于存在不可控制的干涉效应，会产生系统误差，特别是在低频段。

5.7.3 对大房间或由不止一面墙体组成的外墙的测量

若房间很大或房间由不止一面外墙构成，则通常不可能仅用一个声源位置进行测量。在这些场合，应采用几个声源位置。各个位置都应符合 5.4 的规定。声源位置的数量依照扬声器的指向性以及外墙的面积而定(参见 4.2)。

5.7.4 测量结果的计算

若采用几个声源位置，计算每一位置的声压级差，并用式(11)来计算平均值：

$$D_{1s,2m} = -10\lg\left(\frac{1}{n}\sum 10^{-D_i/10}\right) \qquad \cdots\cdots(11)$$

式中：

n——声源位置数量；

D_i——各对声源-传声器组合之间的声压级差。

6 道路交通噪声测量法

6.1 通则

本节描述两套测量方法，即道路交通噪声测量构件隔声法及道路交通噪声测量外墙隔声法。相应的铁路及航空噪声测量方法在附录 D 中给出。

道路交通噪声测量构件隔声可获得对构件表观隔声量的估计值，在特定场合下，该值可用于同实验室的测量结果相比较。

注：考虑到背景噪声的影响，本方法通常限于测量 $R'_W < 40$ dB 的构件隔声量。

道路交通噪声测量外墙隔声法用来评价整个外墙或特定环境下整栋建筑的空气声隔声状况。测试结果不能与实验室测试结果作比较。

6.2 原理

如果声波是从不同方向以变化的声强(例如在繁忙道路上的交通噪声)入射至被测试件时，则应在被测试件的内外两侧同时测量作为频率函数的等效声压级，由此获得隔声量或声压级差。

6.3 测试要求

在测量接收室背景噪声时，背景噪声级应至少低于所测的等效声压级 10 dB，当利用既有的道路交通噪声作为声源时，测量时间内应至少有 50 辆车驶过测试地段。

考虑到交通噪声的不稳定性，测量等效声压级时，应在被测试件的内外两侧同时进行。测试时应避开安静的时段，即避开交通噪声未超过背景噪声 10 dB 的时段。

注：依照 5.5.3 对背景噪声的修正通常不能正常地执行。

6.4 频率范围

如果测量是依照 1/3 倍频程进行时，其中心频率应至少从 100 Hz～3 150 Hz，最好是从 50 Hz～

5 000 Hz。当测量是依照倍频程进行时，中心频率应至少从 125 Hz～2 000 Hz，最好从 63 Hz～4 000 Hz。

6.5 道路交通噪声测量构件隔声

6.5.1 通则

如果测量的目的在于与实验室测量结果作比较或者在于得出某一外墙构件有代表性的结果，则可能的话，应遵照 5.6 所给出的步骤来测量。如果由于实际的原因，不能执行上述步骤，则道路交通噪声测量构件隔声是一种替代方法。无论何种情形，都应满足 5.6.1 的要求。

注：在某些场合下，尽管 GB/T 19889 的本部分的规定不能完全满足，仍需要利用道路交通噪声测量构件隔声时，在测量报告中，应写明与 GB/T 19889 的本部分要求有哪些偏离之处。

6.5.2 声场的产生

测量时应满足如下要求：

a) 道路交通流应大体沿直线分布，并且该交通流应当位于测点从外墙面张开的±60°的视角范围内。在此范围内，交通流偏离直线的范围允许位于从交通线与外墙面法线交点作出的交通线的切线±15°的范围内（参见图 3）；

b) 由交通线与外墙面之间最短距离处观察的仰角应小于 40°；

c) 从交通流的整个宽度望过去，整个外墙面应尽可能处于自由视野范围内；

d) 交通线与整个外墙面之间的最小水平距离应至少为被测外墙宽的 3 倍或为 25 m，取两者中较大者（参见 6.5.1 的注）。

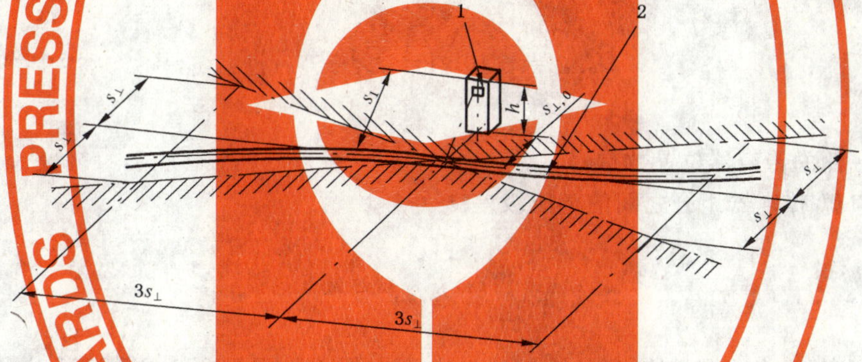

1——受声点；

2——交通线。

注：$s_\perp$——受声点与交通线之间的距离；

$s_{\perp,0}$——受声点与交通线之间的水平距离；

h——受声点与交通线之间的高度差。

图 3 长直交通线的环境

6.5.3 等效声压级测量

依照 5.6.2 规定，将传声器置于被测试件外侧。若外墙是平面，没有较大的凹面或阳台，则可采用 3 个传声器位置，并将其不对称地沿测量表面分布。若外墙面具有较大的凹面或阳台，则采用 5 个传声器位置，并测出声压级 $L_{1,eq,s}$。

依照 5.5 的规定在接收室进行测量。

6.5.4 混响时间测量与吸声量计算

测量步骤按 5.5.4 规定进行。

6.6 道路交通噪声测量外墙隔声

6.6.1 通则

除了 6.3 规定者外，无其他限制。

6.6.2 声场的产生

无特殊的要求。

6.6.3 等效声压级测量

将传声器置于外墙外侧当中部位，距离应满足：

a) 离外墙面(2.0±0.2)m；或者

b) 离阳台、护栏或其他类似的凸出部位 1.0 m。

传声器位置应高出接收室地面 1.5 m。

若外墙的主体部位如同屋顶的倾斜构造，则传声器位置应靠近外墙垂直面的凸出部位，而不是靠近屋顶布置。若待测的房间由不止一面外墙构成，则传声器应位于每道外墙的前面。标注所测出的声压级为 $L_{1,\mathrm{eq},2\mathrm{m}}$。

注：由于存在不可控制的干涉效应，将会产生系统误差，尤其是在低频段。

在接收室内的测量可按照 5.5 规定的办法进行。

注：除了按 1/3 倍频程或倍频程进行测量外，还可直接进行 A 计权的测量。

6.6.4 混响时间测量与吸声量计算

按 5.5.4 给出的步骤进行。

若直接进行 A 计权测量，则当计算 $D_{\mathrm{n}T}$ 和 D_{n} 时，应采用 500 Hz 的混响时间和吸声量。

6.6.5 测量结果的计算

若在声源一侧采用多个传声器位置进行测量，计算每一位置的声压级差，并用式(12)来计算平均值：

$$D_{\mathrm{tr},2\mathrm{m}} = -10\lg\left(\frac{1}{n}\sum 10^{-D_i/10}\right) \qquad \cdots\cdots(12)$$

式中：

n——声源一侧的传声器位置数量；

D_i——各对声源-传声器组合之间的声压级差。

7 精密度

7.1 通则

本测量方法能给出令人满意的重复性。这一点可根据 GB/T 19889.2—2005 中给出的方法来确定，特别是当测试步骤和仪器设备有所变化时更应随时加以验证。

注 1：GB/T 19889.2—2005 中给出若干种对可重复性数值的要求。

注 2：由于窗户和小外墙构件的隔声量与其尺寸有关，因此如果某种构件的实际面积有别于在实验室中的测试试件，则其实际隔声量与实验室的测试结果将有较大的差异。当两种情况下测试试件(尤其是窗户的玻璃)的面积比最大达到 2∶1 时，隔声单值评价量之差未必大于 3 dB。若一种构件，其面积大于已测试过的试件，通常其隔声量也会有所降低。

7.2 扬声器噪声测量构件隔声

如果布置在户外的各传声器不同位置之间的声压级差小于 10 dB，则按本方法测得的计权表观隔声量 $R'_{45°,\mathrm{w}}$ 可以比在实验室内测得的相应的隔声量高出 0～2 dB(假定两者的安装条件，包括龛的尺寸、被测试件的种类和尺寸均相同)。在某些频带，尤其是在低于 250 Hz 的频段，两者的差别可能还会更大些。此外，应当考虑本测量方法的可重复性。作为比较测量，实验室测量法测得的 R_{W} 值按照 GB/T 6379.1[2] 规定，其再现性标准偏差约为 2 dB。

7.3 扬声器噪声测量外墙隔声

本方法测试结果的再现性标准偏差约为 2 dB。

7.4 道路交通噪声测量构件与外墙隔声

道路交通噪声测量构件隔声和外墙隔声的精密度尚不清楚。

8 结果表述

当涉及外墙构件及外墙的空气声隔声时，应报告包括所有测量频带的标准化声压级差 D_{nT} 或表观隔声量 R'，精确至 0.1 dB。测量结果可用表格的形式和/或用曲线的形式表示。应采用下列尺寸绘制对应于对数频率坐标的声压级差或表观隔声量的 dB 值图：

——5 mm 代表一个 1/3 倍频程；

——20 mm 代表 10 dB。

建议首选根据附录 E 中给出的格式来报告测试结果，以便测试报告更简明扼要，又能给出关于被测对象、测试步骤和测试结果等所有重要信息。

当需要由 1/3 倍频程计算倍频程的数值时，可通过各倍频程中的 3 个 1/3 倍频程的数值，按式(13)来计算得出：

$$X_{oct} = -10\lg\left(\sum_{n=1}^{3}\frac{10^{-X_{1/3oct,n}/10}}{3}\right) \qquad \cdots\cdots(13)$$

式中：

X——可以是规范化声压级差、标准化声压级差或者表观隔声量，单位为分贝(dB)。

9 测试报告

测试报告中应说明：

a) 测试依据为 GB/T 19889 的本部分；

b) 测量单位名称；

c) 测试场地说明；

d) 委托单位名称和地址；

e) 测试日期；

f) 对外墙构件和外墙的描述；

g) 接收室容积；

h) 测试表面面积；

i) 作为频率函数的表观隔声量、标准化声压级差或规范化声压级差，以及相应的单值评价量及频谱修正量；

j) 背景噪声情况；

k) 所采用的测量方法；

l) 与 GB/T 19889 本部分的偏离情况。

当欲确定单值评价量时，可参照 GB/T 50121—2005 的规定进行。

附　录　A
（规范性附录）
面积 S 的确定

确定外墙构件，例如窗户或门的隔声量时，其面积 S 等于安装窗户或门的洞口的净面积。在测试报告中应给出关于面积 S 的说明。

当欲测量接收室整个外墙的隔声量时，其面积 S 等于能从接收室看到的外墙部分的面积。

附　录　B
（规范性附录）
试件周边墙体声透射控制

在被测试件表面并且仅在被测试件内侧用 10 cm 厚的岩棉覆盖，其上再覆盖至少双层 12 mm 厚的石膏板，然后测量其隔声量。如果测量表明可获得在整个频率范围或部分频率范围有小于 6 dB 的隔声量的改善，则表明其四周墙体的声透射过高，测试无效。此时，不能在隔声量的改善值小于 6 dB 的频率范围内将其测量结果与实验室的测量结果作准确的比较。

附 录 C
（资料性附录）
测试要求验证示例

C.1 被测试件鉴定

欲判断被测试件同实验室的测试试件是否相同，可以进行如下检验：

——窗户的构造类型；

——玻璃的种类和厚度；

——玻璃板的数量；

——玻璃板之间空气层的厚度；

——密闭的玻璃板间空腔的气体种类；

——密封条的数量；

——是否有防尘密封圈（在双层窗框之间的窗户内）；

——窗框的材料和品种。

C.2 安装检查

为了确认按照厂家的说明进行安装，可进行如下检查：

——外观检查；

——拆卸部分或全部构件；

——进行声学检查，例如在被测试件与窗框和墙之间的缝隙封闭后进行测量。如果隔声量有所变化，就说明存在漏声。

附 录 D
（资料性附录）
利用航空和铁路噪声的测量方法

D.1 引言

机场附近每次飞机飞行时的航空噪声通常会经过若干种不同的传播路径侵入建筑物中，这与噪声频谱组成的变化同时发生。因此，本节所描述的利用航空噪声作为测量建筑隔声量的方法是基于按时间积分的噪声指标。铁路噪声也一并包括在本附录中，因为它也具有类似的时间特性。

D.2 通则

本附录描述了构件隔声测量与整墙隔声测量两套方法。

构件测量法可估算构件表观隔声量，在特定场合下，可作为对建筑物某一构件隔声性能的评价指标。不过，本方法由于测量精密度未知，故要谨慎使用。

整墙测量法用于测量整个外墙甚至是整栋建筑相对于离外墙外侧 2 m 处的声压级为参考值的隔声量。其结果不可用于与实验室的测量结果作比较。

D.3 术语和定义

下列术语和定义适用于本附录。

D.3.1

暴露声级 sound exposure level

L_E

离散噪声事件的暴露声级由式(D.1)定义：

$$L_E = 10\lg \frac{1}{t_0}\int_{t_1}^{t_2} \frac{p^2(t)}{p_0^2}\mathrm{d}t \qquad \cdots\cdots(D.1)$$

式中：

$p(t)$——瞬时声压，单位为帕(Pa)；

t_2-t_1——可包括所有有关显著的噪声事件的足够长的时间间隔；

p_0——基准声压，$p_0=20\ \mu$Pa；

t_0——基准时间，$t_0=1$ s。

注：暴露声级也称为“单个事件声压级”。

D.3.2

暴露声级差 sound exposure level difference

D_{E2m}

户外暴露声级 $L_{E1,2m}$ 与接收室中空间平均暴露声级 L_{E2} 之差，见式(D.2)：

$$D_{E2m} = L_{E1,2m} - L_{E2} \qquad \cdots\cdots(D.2)$$

注1：当利用航空噪声作为声源时，用 $D_{at,E2m}$ 表示；

注2：当利用铁路噪声作为声源时，用 $D_{rt,E2m}$ 表示。

D.3.3

标准化暴露声级差 standardized sound exposure level difference

$D_{E2m,nT}$

经接收室混响时间修正后的暴露声级差，见式(D.3)：

$$D_{E2m,nT} = D_{E2m} + 10\lg\left(\frac{T}{T_0}\right) \quad\cdots\cdots(D.3)$$

式中：$T_0 = 0.5$ s。

注：当利用航空噪声作为声源时，用 $D_{at,E2m,nT}$ 表示；

注：当利用铁路噪声作为声源时，用 $D_{rt,E2m,nT}$ 表示。

D.3.4

规范化暴露声级差　normalized sound exposure level difference

$D_{E2m,n}$

经接收室吸声量修正后的暴露声级差，见式(D.4)：

$$D_{E2m,n} = D_{E2m} - 10\lg\left(\frac{A}{A_0}\right) \quad\cdots\cdots(D.4)$$

式中：$A_0 = 10$ m²。

注1：当利用航空噪声作为声源时，用 $D_{at,E2m,n}$ 表示；

注2：当利用铁路噪声作为声源时，用 $D_{rt,E2m,n}$ 表示。

D.3.5

表观隔声量　apparent sound reduction index

$R'_{at,s}$

当利用航空噪声作为声源，且户外传声器置于测试表面上时，所测得的建筑构件的空气声隔声量见式(D.5)：

$$R'_{at,s} = L_{E1,s} - L_{E2} + 10\lg\left(\frac{S}{A}\right) - 3 \quad\cdots\cdots(D.5)$$

式中：

$L_{E1,s}$——包括从被测试件和外墙面声反射影响在内的被测试件表面的平均暴露声级，单位为分贝(dB)；

L_{E2}——接收室的平均暴露声级，单位为分贝(dB)；

S——被测试件的表面面积，单位为平方米(m²)；

A——接收室的吸声量，单位为平方米(m²)。

D.3.6

表观隔声量　apparent sound reduction index

$R'_{rt,s}$

以铁路噪声作为声源，且户外传声器置于测试表面时，所测得的建筑构件的空气声隔声量见式(D.6)：

$$R'_{rt,s} = L_{E1,s} - L_{E2} + 10\lg\left(\frac{S}{A}\right) - 3 \quad\cdots\cdots(D.6)$$

式中：

$L_{E1,s}$——包括从被测试件和外墙面声反射影响在内的被测试件表面的平均暴露声级，单位为分贝(dB)；

L_{E2}——接收室的平均暴露声级，单位为分贝(dB)；

S 和 A——同 D.3.5 的定义。

D.4　测量设备

参见 4.1 的规定。

D.5　测量

D.5.1　通则

利用航空噪声和铁路噪声作为声源，同时测量户外和户内某些位置处的声压级，据此计算得出相关的噪声指标。

D.5.2 测试要求

户外户内的航空或铁路噪声声压级应当足够高，确保测量在有关频率范围内不受背景噪声的影响。

D.5.3 频率范围

若测量是依照1/3倍频程进行时，其中心频率至少为从100 Hz～3 150 Hz，最好采用从50 Hz～5 000 Hz；当测量是依照倍频程进行时，其中心频率至少应从125 Hz～2 000 Hz，最好是从63 Hz～4 000 Hz。

D.5.4 构件测量法

D.5.4.1 概述

若测量的目的在于同实验室的测量结果作比较，或者在于测得某一外墙构件的有代表性的隔声量，则可能的话，可遵循5.6中规定的步骤进行测量。如果由于实际的原因，不能按这些步骤进行测量，则本附录所描述的采用航空噪声或铁路噪声作为声源的测量构件隔声的方法可作为替代的方法采用。不过，无论如何，5.6.1中规定的测试要求都应予以满足。

注：在某些场合下，尽管GB/T 19889本部分规定的要求不能充分满足，仍必须利用航空或铁路噪声测量构件隔声时，应当在测量报告中，报道与GB/T 19889本部分的偏离情况。

D.5.4.2 声场的产生

除D.5.2中规定者外，无其他限制。

D.5.4.3 暴露声级的测量

按5.6.2的规定将传声器置于被测试件外侧表面上。若外墙表面是平的，无大的凹进处和阳台，则可采用3个传声器位置，将其不对称分布在测量表面上。若外墙面具有大的凹进处或阳台，则采用5个传声器位置。测量至少包括5个噪声事件的暴露声级。在每个噪声事件之间，可以移动传声器位置，注明噪声事件i的暴露声级为$L_{E1i,s}$。

在接收室中，采用至少5个传声器位置，将其均匀地分布在室内最大允许空间中。当噪声事件的持续时间足够长，即等于或长于扫测周期时，可采用移动传声器来进行扫测。扫测时，扫测半径应不小于0.7 m。扫测平面应加以倾斜，使其能覆盖室内大部分允许空间，并且不处在与室内界面成10°角的任一平面内，扫测周期应不小于15 s。

可能的话，应不小于下述最小距离：

——各传声器之间为0.7 m；

——任一传声器与室内边界和物体之间为0.5 m；

——任一传声器与被测试件之间为1.0 m。

在室内与在户外测量同一事件的暴露声级，若采用离散的传声器测量，则允许相对于户外各传声器位置，在室内只采用一个传声器位置进行对应测量。注明所测量的事件i的暴露声级为L_{E2i}。

D.5.4.4 混响时间测量与吸声量计算

同5.5.4的规定。

D.5.4.5 测量结果的计算

按照GB/T 50121—2005的规定计算表观隔声量$R'_{at,s}$或$R'_{rt,s}$及计权表观隔声量$R'_{at,s,w}$或$R'_{rt,s,w}$。若针对几个噪声事件，则应计算各个传声器位置的表观隔声量，然后按式(D.7)求平均值：

$$R'_s = -10\lg\left(\frac{1}{n}\sum 10^{-R'_i/10}\right) \qquad \text{(D.7)}$$

式中：

n——噪声事件数；

R'_i——第i个噪声事件的表观隔声量。

注：表观隔声量可用于评价当不存在显著的侧向传声时，某一外墙构件的隔声性能。

D.5.5 整墙测量法

D.5.5.1 声场的产生

除 D.5.2 规定者外，无其他限制。

D.5.5.2 暴露声级的测量

将传声器置于外墙外侧当中部位，距外墙立面(2.0±0.2)m。传声器高度应高出接收室地面 1.5 m。

若外墙的主体部分是如屋顶那种倾斜构造，则传声器位置应选在使之距外墙垂直面的突出部位比距屋顶更靠近或相等距离处。若房间是由不止一面外墙构成，则应将传声器置于外部噪声级最高的外墙前。所测量的暴露声级用 $D_{E1,2m}$ 来表示。

注 1：由于受不可控制的干涉效应的影响，在低频段将会产生系统误差。

注 2：当利用航空噪声作为声源时，常会出现户外传声器被遮蔽的情况与外墙不同的场合，此时也会出现与未发生此种情况的场合不同的系统误差。

按 5.5 的规定在接收室中进行测量。当采用离散的传声器位置进行测量时，允许对各个噪声事件仅采用一个传声器位置进行测量。

测量至少包括 5 个噪声事件的暴露声级。

注 3：除了依照 1/3 倍频程测量外，还可直接进行 A 计权测量。

D.5.5.3 混响时间测量与吸声量计算

按 5.5.4 的规定进行。

D.5.5.4 测量结果的计算

当利用数次噪声事件时，需计算各次事件的声压级差并按式(D.8)求平均值：

$$D_{E2m} = -10\lg\left(\frac{1}{n}\sum 10^{-D_i/10}\right) \quad \cdots\cdots\cdots\cdots (D.8)$$

式中：

n——噪声事件数；

D_i——第 i 个噪声事件的声压级差。

D.6 精密度

由于不清楚本项测量的精密度，因此利用本项测量的结果时应多加小心。

其他事项参见 7.1。

D.7 结果表述

参见第 8 章规定。

D.8 测试报告

参见第 9 章的规定。

附 录 E
（资料性附录）
按 1/3 倍频程表述测量结果的格式

本附录给出对外墙构件与外墙空气声隔声现场测量结果表述格式的一个例子。在此表述格式中，参考曲线的值取自 GB/T 50121—2005。采用该标准的最新版本。应当提供参考曲线或者至少应根据 GB/T 50121—2005 中描述的步骤用平移参考曲线来取代。例子中显示出 $R'_{45°}$ 的测试结果。本表述格式也可相应地用于其他测量值的场合。

外墙构件和外墙空气声隔声现场测量的表观隔声量
根据 GB/T 19889.5—2006

委托方： 测试日期：

关于建筑构造和测试安排的描述和确认：

测试试件的面积 S m² ……………参考曲线的频率范围

接收室容积 m³ ———————参考曲线(GB/T 50121—2005)

11

频率 f/Hz	$R'_{45°}$/(1/3 倍频程)dB
50	
63	
80	
100	
125	
160	
200	
250	
315	
400	
500	
630	
800	
1 000	
1 250	
1 600	
2 000	
2 500	
3 150	
4 000	
5 000	

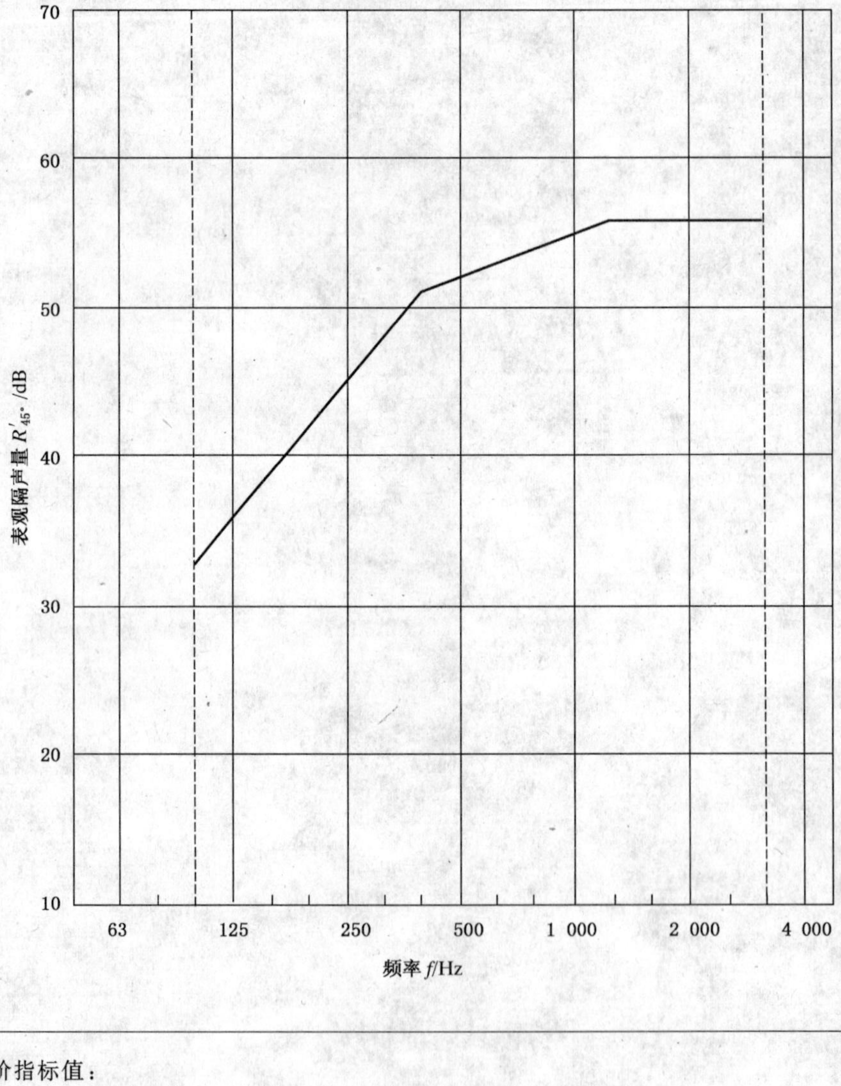

12

依据 GB/T 50121—2005 的评价指标值：

$R'_{45°,w}(C;C_{tr})$=(　;　)dB；　$C_{50-3\,150}$=　dB；　$C_{50-5\,000}$=　dB；　$C_{100-5\,000}$=　dB；

根据工程法现场测量结果所进行的评价：

$C_{tr,50-3\,150}$=　dB；　$C_{tr,50-5\,000}$=　dB；　$C_{tr,100-5\,000}$=　dB

测试报告编号： 测试机构名称：

日期： 签名：

附 录 F
（资料性附录）
参 考 文 献

［1］ GT/B 19889.10—2006 声学 建筑和建筑构件隔声测量 第10部分:小建筑构件空气声隔声的实验室测量

［2］ GB/T 6379.1—2004 测量方法与结果的准确度(正确度与精密度) 第1部分:总则与定义

ICS 91.120.30
A 59

中华人民共和国国家标准

GB/T 19889.8—2006/ISO 140-8:1997

声学　建筑和建筑构件隔声测量 第8部分:重质标准楼板覆面层撞击声改善量的实验室测量

Acoustics—Measurement of sound insulation in buildings and of building elements—Part 8: Laboratory measurements of the reduction of transmitted impact noise by floor coverings on a heavyweight standard floor

(ISO 140-8: 1997, IDT)

2006-07-25 发布　　2006-12-01 实施

中华人民共和国国家质量监督检验检疫总局
中国国家标准化管理委员会　发布

前　言

GB/T 19889《声学　建筑和建筑构件隔声测量》分为以下部分：

——第 1 部分：侧向传声受抑制的实验室测试设施要求；

——第 2 部分：数据精密度的确定、验证和应用；

——第 3 部分：建筑构件空气声隔声的实验室测量；

——第 4 部分：房间之间空气声隔声的现场测量；

——第 5 部分：外墙构件和外墙空气声隔声的现场测量；

——第 6 部分：楼板撞击声隔声的实验室测量；

——第 7 部分：楼板撞击声隔声的现场测量；

——第 8 部分：重质标准楼板覆面层撞击声改善量的实验室测量；

——第 10 部分：小建筑构件空气声隔声的实验室测量。

本部分为 GB/T 19889 的第 8 部分，等同采用 ISO 140-8:1997《声学　建筑和建筑构件隔声测量　第 8 部分：重质标准楼板覆面层撞击声改善量的实验室测量》。

本部分按国家标准的要求对 ISO 140-8:1997 做了一些编辑性修改。

本部分的附录 A 为规范性附录，附录 B 为资料性附录。

本部分由中国科学院提出。

本部分由全国声学标准化技术委员会(SAC/TC 17)归口。

本部分起草单位：中国建筑科学研究院、同济大学、中国科学院声学研究所、湖南省建筑科学院。

本部分主要起草人：谭华、王季卿、丁国强、吕亚东、林杰、谭正炎。

声学　建筑和建筑构件隔声测量
第8部分:重质标准楼板覆面层撞击声
改善量的实验室测量

1　范围

GB/T 19889的本部分规定了一种测量用于降低撞击噪声传递的楼板面层的声学性能的方法。本部分的目的是确立一种在标准测试条件下测定楼板覆面层撞击声改善量的方法。本测试方法仅限于规定实验室条件下,以人工声源(标准撞击器)作噪声源的物理测量方法,而不涉及测量结果的主观意义。

本部分适用于测量覆盖在标准楼板上的各种单层或多层楼板面层材料。对于多层材料,既可在工厂预制,也可在测试现场组装。本测量方法仅适用于实验室测量,不涉及楼板覆面层现场效果评价的任何条款。

2　规范性引用文件

下列文件中的条款通过GB/T 19889的本部分的引用而成为本部分的条款。凡是注日期的引用文件,其随后所有的修改单(不包括勘误的内容)或修订版均不适用于本部分,然而,鼓励根据本部分达成协议的各方研究是否可使用这些文件的最新版本。凡是不注日期的引用文件,其最新版本适用于本部分。

GB/T 3241—1998　倍频程和分数倍频程滤波器(eqv IEC 61260:1995)

GB/T 19889.1—2005　声学　建筑和建筑构件隔声测量　第1部分:侧向传声受抑制的实验室测试设施要求(ISO 140-1:1997,IDT)

GB/T 19889.2—2005　声学　建筑和建筑构件隔声测量　第2部分:数据精密度的测定、验证和应用(ISO 140-2:1991,IDT)

GB/T 19889.6—2005　声学　建筑和建筑构件隔声测量　第6部分:楼板撞击声隔声的实验室测量(ISO 140-6:1998,IDT)

GB/T 19889.7—2005　声学　建筑和建筑构件隔声测量　第7部分:楼板撞击声隔声的现场测量(ISO 140-7:1998,IDT)

GB/T 20247—2006　声学　混响室吸声测量(ISO 354:2003,IDT)

GB/T 50121—2005　建筑隔声评价标准

IEC 60942:2002　电声　声校准器

IEC 61672-1:2002　电声学　声级计　第1部分:规范

3　术语和定义

下列术语和定义适用于GB/T 19889的本部分。

3.1

室内平均声压级　average sound pressure level in a room

L

声压平方的空间和时间的平均值与基准声压平方之比,取以10为底的对数乘以10,单位为分贝(dB)。空间平均要在整个测试室内进行,但不包括声源直接辐射区或边界(墙等)附近对声场有重要影响的区域。

若使用连续移动的传声器测量，L 由式(1)确定：

$$L = 10\lg \frac{\frac{1}{T_m}\int_0^{T_m} p^2(t)\,dt}{p_0^2} \qquad \cdots\cdots(1)$$

式中：

p——声压，单位为帕(Pa)；

p_0——基准声压，取值 20 μPa；

T_m——积分平均时间，单位为秒(s)。

若使用固定位置的传声器进行测量，L 由式(2)确定：

$$L = 10\lg \frac{p_1^2 + p_2^2 + \cdots + p_n^2}{n \times p_0^2} \qquad \cdots\cdots(2)$$

式中：

$p_1, p_2, \cdots, p_n$——室内 n 个不同位置声压的均方根值。

实际上，通常是测量声压级 L_j，此时 L 由式(3)确定：

$$L = 10\lg\left(\frac{1}{n}\sum_{j=1}^{n} 10^{L_j/10}\right) \qquad \cdots\cdots(3)$$

式中：

L_j——室内 n 个不同位置的声压级，从 $L_1 \sim L_n$。

3.2

撞击声压级　impact sound pressure level

L_i

当被测楼板由标准撞击声源激发时，在接收室内测得的 1/3 倍频程的平均声压级，单位为分贝(dB)。

3.3

规范化撞击声压级　normalized impact sound pressure level

L_n

撞击声压级 L_i 加上一个以 dB 为单位的修正项，修正项等于接收室实测的吸声量 A 与参考吸声量 A_0之比的以 10 为底的对数乘以 10，单位为分贝(dB)，按式(4)计算：

$$L_n = L_i + 10\lg \frac{A}{A_0} \qquad \cdots\cdots(4)$$

式中：

A——接收室测量的吸声量，单位为平方米(m^2)；

A_0——取值 10 m^2。

3.4

撞击声改善量；撞击声压级降低量　improvement of impact sound insulation ；reduction of impact sound pressure level

ΔL

楼板覆盖面层之后 1/3 倍频程的规范化撞击声压级的降低量，单位为分贝(dB)，按式(5)计算：

$$\Delta L = L_{n,0} - L_{n,1} \qquad \cdots\cdots(5)$$

式中：

$L_{n,0}$——重质标准楼板覆盖面层之前的规范化撞击声压级，单位为分贝(dB)；

$L_{n,1}$——重质标准楼板覆盖面层之后的规范化撞击声压级，单位为分贝(dB)。

注：如果测试期间接收室的声吸收不变，则撞击声改善量可视为与规范化撞击声压级的降低量相等。

4 测量设备

测量设备应满足第6章的测量要求。

标准撞击器应符合附录A的规定。

声压级测量设备准确度应满足IEC 61672-1:2002中规定的1级要求。在每次测量前应使用满足IEC 60942:2002规定的1级精度要求的校准器对包括传声器在内的整个测量系统进行校准。用于在平面行波声场中测量并已作过校准的声级计,还应进行扩散声场的修正。

滤波器应满足GB/T 3241—1998的规定。

混响时间的测量设备应满足GB/T 20247—2006的规定。

5 测试安排

5.1 通则

实验室为两间上下对正毗邻的房间,上室为声源室,下室为接收室,两室之间由供安装被测楼板面层的标准测试楼板隔开。声源室与接收室之间的空气声隔声应满足下述条件:在任一频带内,从声源室传递到接收室的空气声声压级比撞击声声压级至少低10 dB,见GB/T 19889.1—2005。

5.2 测试设施的具体要求

5.2.1 声源室

声源室的大小和形状无特殊要求。

5.2.2 接收室

接收室应满足GB/T 19889.1—2005的要求。

5.2.3 标准测试楼板

用于安装被测面层的标准测试楼板应为厚度120^{+40}_{-20} mm的钢筋混凝土楼板,建议新建的实验室采用140 mm厚的楼板,楼板应具有均质的结构和均匀的厚度。楼板面积应满足如下条件:在接收室一侧的可视面积至少10 m^2;在声源室一侧,覆盖第I类楼板面层(见5.3.3)时,保证测试区域位于距楼板边界至少0.5 m的范围之内。

5.2.4 标准测试楼板表面条件

应保证标准测试楼板表面平整,在200 mm水平距离上的误差不超过±1 mm。楼板表面也应有足够的硬度以供撞击器的撞击。若测试楼板表面有找平层,还应保证找平层与楼板之间的连接牢固,并且不会起壳、开裂或变碎。

5.3 试件的准备和安装

5.3.1 试件分类

根据楼板面层的类型进行试件分类,试件尺寸既可稍大于带支撑脚的撞击器,也可等于楼板面积(见6.6)。

5.3.1.1 第Ⅰ类试件(小试件)

第I类试件指软质面层(塑料、橡皮、软木、席垫或其他的合成品)。软质面层可直接覆盖在楼板上,也可用粘接剂粘贴到楼板上,具体安装方法要在测试报告中注明。

5.3.1.2 第Ⅱ类试件(大试件)

第II类试件包括匀质的硬质面层和至少一层硬质材料的复合面层。拼装式的楼板面层可在承受载荷的状况下进行测试,宜用20 kg/m^2～25 kg/m^2的均布载荷来模拟通常的家具陈设,在楼板面层上的分布荷载宜布置成每平方米压一件重物。

5.3.1.3 第Ⅲ类试件(满覆材料)

第Ⅲ类试件指从墙到墙覆盖室内整个楼面的软质面层。宜采用大试件测试,但无需加荷载。

5.3.1.4 其他类型的材料

若某种材料无法归入上述三类，则由测试实验室决定是用小试件还是用大试件测试。

5.3.2 安装

严格按照制造商的安装指导书安装，特别要注意试件边缘部位的安装。

5.3.2.1 用粘接剂粘贴

用粘接剂粘贴面层时要格外小心，粘接剂通常涂满整个面。若采用不连续的其他施胶方法，则要在报告中准确说明使用方法。严格按照制造商的安装作业指导书安装，尤其要注意粘接剂的用量和固化时间，还要在测试报告中说明粘接剂的种类、型号和固化时间。

5.3.2.2 试件测试前的养护期

对现浇混凝土浮筑楼板面层的测试，要待通常的养护期满（例如，普通混凝土的养护期建议为三周）后才能进行。

5.3.3 试件的大小和数量

5.3.3.1 第Ⅰ类试件

安装三块试件（见5.2.3），试件宜取自同一产品的不同生产批次，每块试件的大小应足以放得下整个撞击器。

5.3.3.2 第Ⅱ类和第Ⅲ类试件

试件要覆盖室内的整个楼板面，或者面积至少 10 m^2，且试件的短边不小于 2.3 m。

5.4 温度和湿度的影响

试件表面的声学性能通常和温度或湿度有关，对试件上表面中心的温度以及声源室内的空气湿度要进行测量和报告。楼板温度宜在18℃～25℃的范围之内。

6 测试步骤和计算

6.1 声场的产生

撞击声应由标准撞击器（见附录A）产生。

除测试第Ⅰ类试件外，撞击器在试件上应至少放置四个随机分布的不同位置，撞击器位置与楼板边界之间的距离不应小于 0.5 m。

撞击器开始撞击时的撞击声压级可能会显示出随时间变化的特性，在噪声级未达到稳定的情况下，不宜开始测量。若在发声 5 min 后仍达不到稳定条件，宜控制测量时段，选在符合测量要求的时段进行测量，试验报告中应给出测量时段。

在软质面层材料上进行测量时，标准撞击器要满足附录 A 中给出的特定要求，有关在软质楼板面层上放置标准撞击器的建议见附录A。

6.2 撞击声压级的测量

撞击声压级可以用单个传声器在室内不同位置进行测量获得，也可以用固定的传声器阵列或一个连续移动或转动的传声器获得，传声器在各位置所测得的声压级应取全部撞击位置下的能量平均值[见式（1）～式（3）]。

6.2.1 传声器位置

应至少采用四个传声器位置，并均匀分布在测试室可供测量的最大允许空间内。至少一对传声器对应于两个撞击器位置，另一对传声器对应于其他两个撞击器位置（见6.6）。

以下为最小间距，若有可能宜取更大的间距：

——传声器位置之间为 0.7 m；

——任一传声器位置与测试室边界或扩散体之间为 0.7 m；

——任一传声器位置与被撞击器激励的楼板之间为 1.0 m。

采用移动传声器时，扫测半径不应小于 1.0 m，移动平面应倾斜以便覆盖大部分可供测量的空间。

移动平面与房间各个面的夹角应大于10°，扫测时间不应少于15 s。

6.2.2 平均时间

各固定的传声器位置上读取平均值的平均时间：对中心频率低于400 Hz的频带，不应少于6 s；对中心频率较高的频带，平均时间可以稍短，但不应少于4 s。使用移动传声器时，平均时间应覆盖全部扫测位置且不应少于30 s。

6.3 测量的频率范围

声压级测量应采用1/3倍频程滤波器，并应至少包括以下中心频率，单位为赫兹(Hz)：

100	125	160	200	250	315
400	500	630	800	1 000	1 250
1 600	2 000	2 500	3 150	4 000	5 000

若需要低频范围的附加信息，使用含以下中心频率的1/3倍频程滤波器进行扩展测量，单位为赫兹(Hz)：

50　　63　　80

GB/T 19889.6—2005的附录C中给出了在低频带进行扩展测量的导则。

6.4 混响时间测量和吸声量计算

式(4)修正项中的吸声量由赛宾公式计算确定，式(6)中的混响时间按GB/T 20247—2006的规定测量。

$$A = \frac{0.16\,V}{T} \qquad \cdots\cdots(6)$$

式中：

A——吸声量，单位为平方米(m^2)；

V——接收室体积，单位为立方米(m^3)；

T——混响时间，单位为秒(s)。

按GB/T 20247—2006的规定，根据衰变曲线确定混响时间时，取值应在低于起始声压级5 dB的地方开始，取值范围为20 dB，其下限应比测量系统的整体背景噪声至少高出10 dB。

每一频带的混响衰变至少要测量12次。对每一种情况，至少要使用两个扬声器位置和三个传声器位置，并在每个传声器位置上有两次读数。

可以使用符合6.2.1要求的移动传声器，但其扫测时间不应少于30 s。

6.5 背景噪声修正

为保证接收室内的测量不受诸如试验室外面的噪声或接收系统电噪声等外部声的影响，应测量背景噪声级。用一只传声器哑头代替传声器可检验接收系统的电噪声。注意由撞击器产生并传入接收室的空气声不能影响接收室的撞击声压级。

背景噪声级应比信号和背景噪声叠加后的总声压级至少低6 dB(宜低15 dB以上)。若声压级差值小于15 dB，但大于6 dB，按式(7)计算修正后的信号声压级：

$$L = 10\lg(10^{L_{sb}/10} - 10^{L_b/10}) \qquad \cdots\cdots(7)$$

式中：

L——修正后的信号声压级，单位为分贝(dB)；

L_{sb}——信号和背景噪声叠加后的总声压级，单位为分贝(dB)；

L_b——背景噪声声压级，单位为分贝(dB)。

若任一频带的声压级差值小于或等于6 dB，则采用6 dB差值时的修正量1.3 dB进行修正，此时应在测试报告中说明所得出的撞击声改善量值为测量极限值(例如：用$\Delta L_n > \times\times$ dB的形式给出结果)。

6.6 撞击器的位置

6.6.1 撞击器的调节

附录A中给出了调节撞击器锤头下落高度的导则。当测量覆盖整个楼板面的试件时，撞击器的锤头距试件边界的距离应至少 100 mm(撞击器位置与楼板边界之间的距离不应小于 0.5 m)。

6.6.2 第Ⅰ类材料

先在三块试件上相继放置撞击器,并要完全置于每块试件之上;再在紧靠试件两侧的光裸楼板面上相继放置撞击器,撞击器锤子的连线要始终与试件的长边平行(见图 1)。

单位为毫米

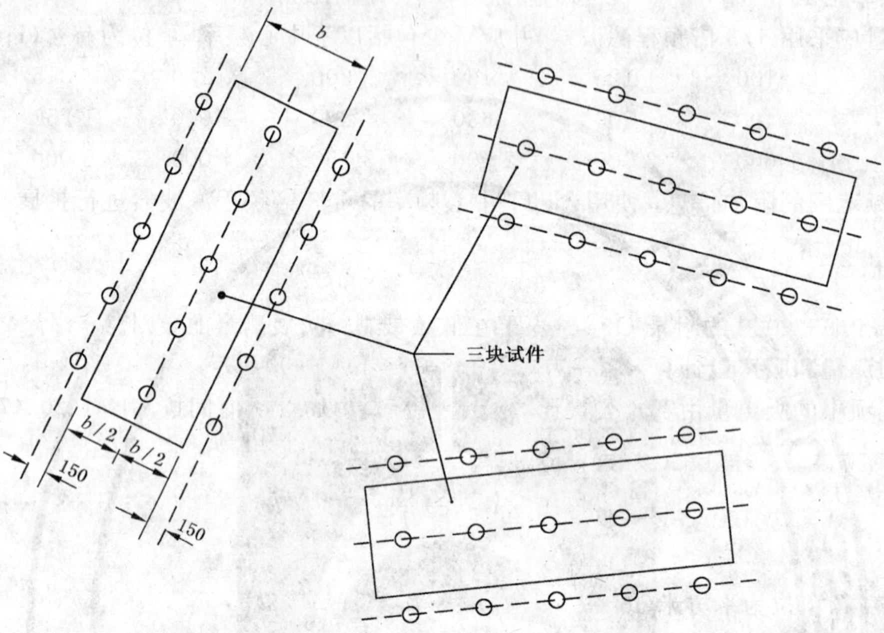

注:撞击器相继撞击试件和光裸楼板时锤子位置见图中小圆圈。

图 1 第Ⅰ类楼板面层试件的典型测试布置方式

对各试件而言,对应于光裸楼板状况下的撞击声压级为该试件两侧撞击位置上所测噪声级的算术平均值。

6.6.3 第Ⅱ类和第Ⅲ类材料

相继将撞击器放在光裸楼板上和覆盖面层试件后的楼板上。

为获得测量数据的可靠平均值,每组测量(光裸楼板和覆盖面层楼板)均应采用足够多的撞击器位置,任何情况下,撞击器位置均不应少于 4 个。

7 精密度

测量程序应具有足够的重复性,应按 GB/T 19889.2—2005 给出的方法确定其重复性,并应时常校验,特别是当测量程序或仪器设备发生变化时要随时校验。

注:所要求的重复率见 GB/T 19889.2—2005。

8 结果表述

楼板覆面层改善撞击声效果的测试报告中,应以表格和曲线的形式给出各测量频率下的撞击声改善量 ΔL 值,修约到一位小数。绘制对应于对数频率标尺的撞击声改善量 dB 值曲线图应采用下列尺寸:

——5 mm 代表一个 1/3 倍频程;

——20 mm 代表 10 dB。

推荐使用附录 B 中的格式,这种简明形式的测试报告列出了所有关于测试对象、测试步骤和测试结果的重要信息。

若还需要给出倍频程的撞击声改善量，应按式(8)分别从该倍频带内的3个1/3倍频带的数值计算得出各倍频带的数值：

$$\Delta L_{\mathrm{oct}} = -10\lg\left(\sum_{n=1}^{3}\frac{10^{-\Delta L_{1/3\mathrm{oct},n}/10}}{3}\right) \quad \cdots\cdots(8)$$

若多次测量，应计算各频带所有测量结果的算术平均值。

9 测试报告

测试报告应包括下列内容：

a) 测试依据为GB/T 19889的本部分；

b) 测试实验室的名称和地址；

c) 试件制造商的名称和产品编号；

d) 委托单位或委托人(客户)名称和地址；

e) 测试日期；

f) 接收室的大小、形状、墙体构造和厚度；

g) 测试楼板的尺寸；

h) 楼板面层试件的有关情况：复合面层构造、粘接剂、制造商的名称和地址、商品名称以及试件货源；

i) 试件的详细说明，包括类型、质量、表面尺寸和厚度(承受载荷见5.3.1.2)，可附图说明；

j) 安装的方法，特别是施胶状况、面密度和固化时间、浮筑楼板混凝土的养护时间；

k) 声源室的温度和湿度；

l) 传声器的数目和位置；

m) 如果加了荷载，荷载的数目、位置和加载时间；

n) 撞击器支脚的材料、尺寸和数量；

o) 测试是否对试件造成可见的损伤(例如细纹)；

注：试件最好能保存在实验室供以后复测。

p) 被测楼板面层随频率变化的撞击声改善量ΔL、计权撞击声改善量ΔL_{W}和频谱修正量$C_{\mathrm{I},\Delta}$；

q) 测试用光裸重质楼板随频率变化的规范化撞击声压级$L_{\mathrm{n},0}$、计权规范化撞击声压级$L_{\mathrm{n},0,\mathrm{W}}$，和频谱修正量$C_{\mathrm{I},0}$以及基准楼板覆面层后的计权规范化撞击声压级$L_{\mathrm{n,r,W}}$和频谱修正量$C_{\mathrm{I,r}}$(见GB/T 50121—2005)；

r) 测试步骤和设备简述(见6.6)。

附 录 A
（规范性附录）
对标准撞击器的要求

撞击设备应满足第6章的要求。

撞击器应有五个锤子，排列在一直线上。相邻两锤中心线的距离应为（100±3)mm。

撞击器支脚中心与邻近锤子中心线的距离不应小于100 mm。支脚应装有隔振垫。

每个锤子撞击楼板的冲力应为500 g的有效质量从40 mm的高度自由落下的冲力，冲力的允许偏差为±5%。因要考虑操纵锤子时的摩擦力，不仅应保证锤子的质量和下落高度，而且应保证锤子的撞击速度处于下述范围：若每个锤子的质量处于(500±12)g范围，可得出锤子的撞击速度应为(0.886±0.022)m/s；若能保证锤子质量处于(500±6)g之内，则速度的允许偏差可放宽至±0.033 m/s。

锤子的下落方向应垂直于试验表面，误差在±0.5°范围之内。

带有撞击面的撞击锤应是直径为(300±0.2)mm的圆柱。锤头撞击面应采用硬质钢材，并且形状为曲率半径(500±100)mm的球面。是否满足这一要求可按照下述方法进行检验：

a) 用测量仪沿着至少两条与撞击面中心点相切并相互正交的线移动，对撞击面进行测量。如果测量结果处于图A.1中给出的容差范围内，则撞击面的曲率就符合规定要求。

图A.1中的曲线表示半径为500 mm的弯曲度，两曲线之间的距离是使曲率半径为400 mm和600 mm的曲线均落在容差极限范围内的极限距离，测量准确度应至少为0.01 mm。

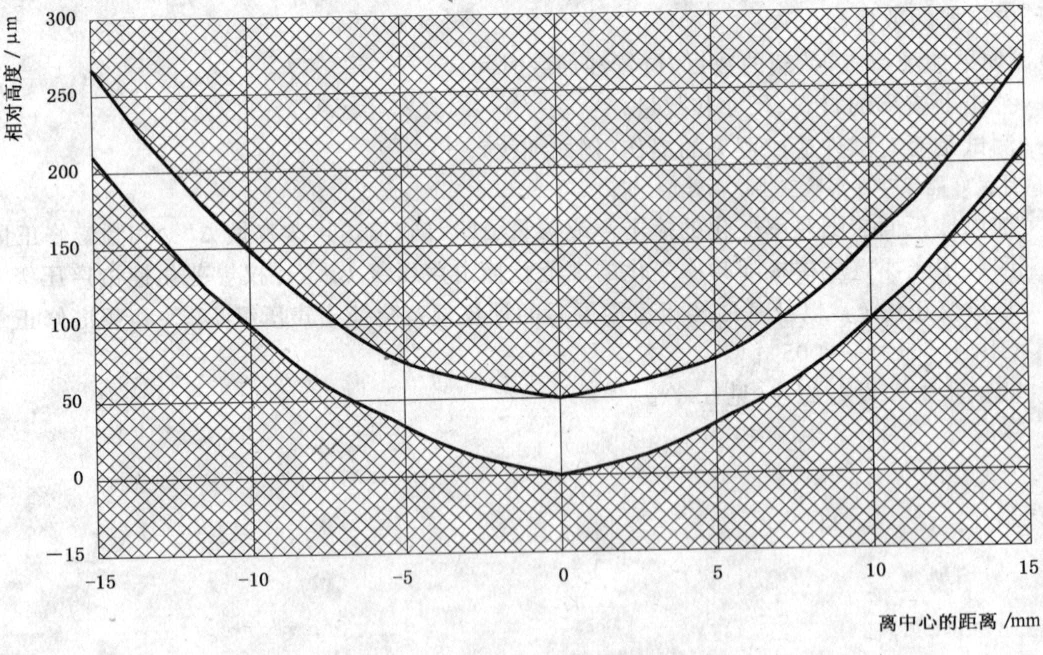

注：为使锤头曲率不超出容差极限，锤头中心相对高度的自由选择范围为0～50 μm。

图A.1 锤头曲率的容差极限

b) 锤头的曲率可用放在直径20mm圆环上的三触点式球径计测试。

撞击器应自驱动工作，两锤撞击之间的平均时间应为（100±5)ms，相继撞击之间的时间应为（100±20)ms 。

锤子撞击和锤子提起之间的时间应小于80 ms。

当用标准撞击器测试带有软质面层或不平整表面楼板的撞击声时，应保证可使锤子下落至撞击器支撑脚平面以下至少 4 mm。

所有对标准撞击器的调整工作和查验是否达到要求的检定工作都应在平整的硬质面上进行，撞击器应可用于任何条件的试验表面。

若试验表面铺有特别软的面层或表面很不平整，以至于锤子下落高度达不到所要求的 40 mm，即锤子下落不到支撑脚平面时，可以在支脚下铺放垫层以保证准确的 40 mm 下落高度。

应在标准实验室条件下定期校验撞击器是否满足各项要求，应在平整度达到±0.1 mm、水平倾斜度达到±0.1°的试验面上进行测试。

对于未作改动的撞击器，某些参数只需测量一次，其中包括锤子之间的距离、撞击器的支脚、锤子直径、锤子的质量(整修过的锤头除外)、撞击和提起之间的时间以及锤头可能的最大下落高度。

锤的速度、锤头的直径和曲率、锤的下落方向以及锤撞击之间的时间应定期校验。

校验测量的不确定度不应超过容差值的 20%。

附 录 B
（资料性附录）
结 果 表 述

本附录给出了表述重质标准楼板覆面层撞击声改善量实验室测量结果的实例。

重质标准楼板覆面层撞击声改善量的实验室测量，依据 GB/T 19889.8

制造商：　　　　　　　　　　　　　产品编号：
客户：　　　　　　　　　　　　　　测试室认证号：
试件安装者：　　　　　　　　　　　测试日期：
测试设施、试件和测试安排描述：

试件面密度：kg/m²
养护或固化时间：h
声源室温度：℃
声源室湿度：%
声源室容积：m³
接收室容积：m³

-----按 GB/T 50121 评价的频率范围

频率 f/Hz	$L_{u,0}$ 1/3 倍频程/dB	ΔL 1/3 倍频程/dB
50		
63		
80		
100		
125		
160		
200		
250		
315		
400		
500		
630		
800		
1 000		
1 250		
1 600		
2 000		
2 500		
3 150		
4 000		
5 000		

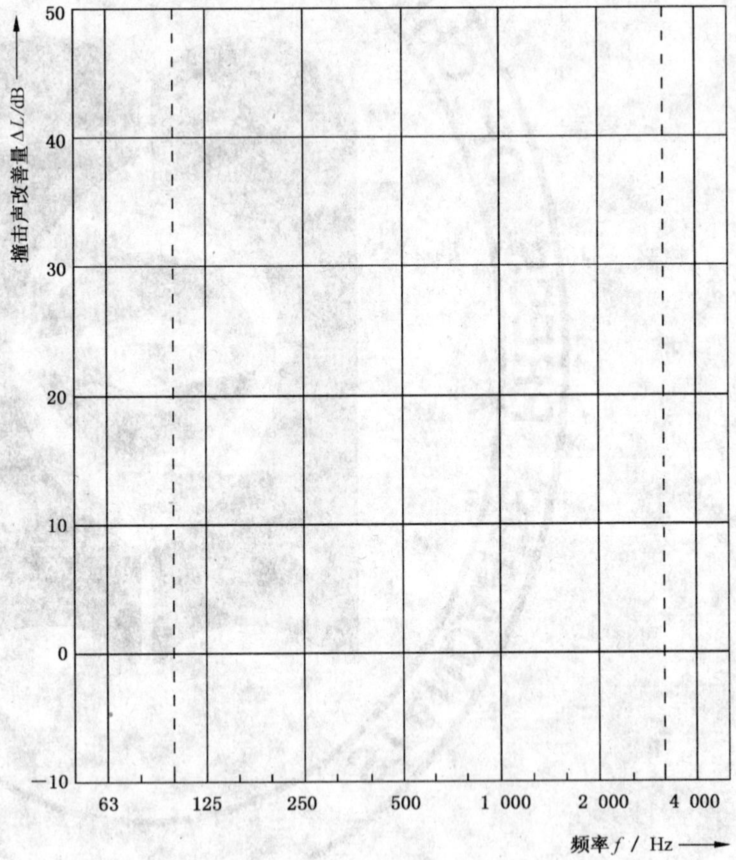

按照 GB/T 50121 的评价结果：
ΔL_W =　　　dB；　$C_{I,\Delta}$ =　　　dB；　$C_{I,r}$ =　　　dB；　$C_{I,r,50\text{-}2\,500}$ =　　　dB
本结果是在实验室条件下用人工声源进行测试得到的。

测试报告编号：　　　　　　　　　　测试机构名称：
日期：　　　　　　　　　　　　　　签字：

ICS 91.120.30
A 59

中华人民共和国国家标准

GB/T 19889.10—2006/ISO 140-10:1991

声学 建筑和建筑构件隔声测量 第10部分:小建筑构件空气声隔声的实验室测量

Acoustics—Measurement of sound insulation in buildings and of building elements—Part 10: Laboratory measurements of airborne sound insulation of small building elements

(ISO 140-10: 1991, IDT)

2006-07-25 发布

2006-12-01 实施

中华人民共和国国家质量监督检验检疫总局
中国国家标准化管理委员会
发布

前言

GB/T 19889《声学 建筑和建筑构件隔声测量》分为以下部分：

——第1部分：侧向传声受抑制的实验室测试设施要求

——第2部分：数据精密度的确定、验证和应用

——第3部分：建筑构件空气声隔声的实验室测量

——第4部分：房间之间空气声隔声的现场测量

——第5部分：外墙构件和外墙空气声隔声的现场测量

——第6部分：楼板撞击声隔声的实验室测量

——第7部分：楼板撞击声隔声的现场测量

——第8部分：重质标准楼板覆面层撞击声改善量的实验室测量

——第10部分：小建筑构件空气声隔声的实验室测量

本部分为GB/T 19889的第10部分，等同采用ISO 140-10:1991《声学 建筑和建筑构件隔声测量 第10部分：小建筑构件空气声隔声的实验室测量》。

本部分按国家标准的要求对ISO 140-10:1991做了一些编辑性修改。

本部分的附录A、附录B和附录C为规范性附录。

本部分由中国科学院提出。

本部分由全国声学标准化技术委员会(SAC/TC 17)归口。

本部分起草单位：中国建筑科学研究院、同济大学、中国科学院声学研究所。

本部分主要起草人：谭华、丁国强、王季卿、吕亚东、林杰。

声学 建筑和建筑构件隔声测量 第10部分:小建筑构件空气声隔声的实验室测量

1 范围

GB/T 19889 的本部分给出了如下小建筑构件在扩散声场条件下空气声隔声的实验室测量方法。测量结果可用于指导开发具有适当隔声性能的建筑构件,也可根据测量结果对这类构件按其隔声性能进行分级,以及评估这类构件对建筑中隔墙结构隔声的影响。

本部分的适用对象是指面积小于 1 m^2、且侧向尺度确定的各种建筑构件,但不包括门和窗。这些建筑构件在两个相邻的房间之间、或一个房间与独立于建筑体的毗邻户外空间之间进行传声。

适用本部分的一些设备举例如下:

——通风设备;

——通风口(空调器);

——室外进气口;

——电气管道(电缆管);

——传输密封系统。

本方法不适用于测量组合单元中的组成部件,因为组成部件的相关声透射或许取决于各构件之间的相互影响。

2 规范性引用文件

下列文件中的条款通过 GB/T 19889 的本部分的引用而成为本部分的条款。凡是注日期的引用文件,其随后所有的修改单(不包括勘误的内容)或修订版均不适用于本部分,然而,鼓励根据本部分达成协议的各方研究是否可使用这些文件的最新版本。凡是不注日期的引用文件,其最新版本适用于本部分。

GB/T 19889.1—2005 声学 建筑和建筑构件隔声测量 第1部分:侧向传声受抑制的实验室测试设施要求(ISO 140-1:1997,IDT)

GB/T 19889.3—2005 声学 建筑和建筑构件隔声测量 第3部分:建筑构件空气声隔声的实验室测量(ISO 140-3:1995,IDT)

GB/T 50121—2005 建筑隔声评价标准

3 术语和定义

下列术语和定义适用于 GB/T 19889 的本部分:

3.1

构件规范化声压级差 element-normalized level difference

$D_{n,e}$

声源室内与接收室内的平均声压级之差加上以 dB 表示的修正项。修正项等于参考吸声量与接收室测量的吸声量之比取以 10 为底的对数乘以 10,单位为分贝(dB)。构件规范化声压级差用 $D_{n,e}$ 表示,由式(1)确定:

$$D_{n,e} = L_1 - L_2 + 10\lg\frac{A_0}{A} \quad \cdots\cdots(1)$$

式中：

L_1——声源室内的平均声压级，单位为分贝(dB)；

L_2——接收室内的平均声压级，单位为分贝(dB)；

A_0——参考吸声量(实验室测量取 10 m^2)；

A——接收室测量的吸声量，单位为平方米(m^2)。

4 测试设备

测试设备应满足 GB/T 19889.3—2005 中对设备的规定。

5 实验室要求

5.1 测试室

实验室测试设施应满足 GB/T 19889.1—2005 的规定。

5.2 间壁

由于试件尺寸远小于测试设施中的洞口尺寸，为了安装试件，测试洞口内应建造一个具有足够高隔声量的间壁。并且要求通过此间壁以及其他间接途径的声透射与通过试件的声透射相比，达到可忽略不计的程度。如果此条件不能满足，则应对测试结果进行侧向传声影响的修正。

为确定侧向传声，应对测试洞口内间壁的表观隔声量进行测量，测量可在间壁开挖试件孔之前进行，也可在将试件孔两边用高隔声量的金属板封堵后进行。

用式(1)计算此时的构件规范化声压级差，可方便地表述侧向传声状况，与 $D_{n,e}$ 对应的侧向声透射用 $D_{n,e,F}$ 表示。

如果某试件的构件规范化声压级差的测量值小于($D_{n,e,F}-10$)dB，通过间接途径传递的声音可忽略不计；如果此测量值大于或等于($D_{n,e,F}-10$)dB，则应按附录 A 规定的方法进行修正。

注：当比较侧向传声和经试件传声两者间的测量结果后得出不理想的低差值时，可通过增加间壁内试件的嵌装数量来加以改善(见 6.3.3)。

6 试件的安装和操作

6.1 通则

由于小建筑构件的隔声与其试件尺寸有很大关系，因此，要得到可靠的测试结果，试件尺寸要采用实际尺寸。

6.2 试件安装

要仔细模拟试件单元的接头以及四周正常的连接和密封，以保证试件的安装能代表现场的实际情况。

如果试件是能够开启的，则在安装试件时应使它能够按正常方式打开和关闭，并在测试之前至少开关 10 次。

为了使试件周围的墙达到真实厚度，可能需要对间壁厚度进行增减，附录 B 给出了局部增减间壁厚度的规则。

6.3 试件位置

6.3.1 安装位置

小构件单元安装在一个或几个反射面附近与安装在间壁上面但远离任何相邻墙面时，这两种情况下的传声可能会有明显的差别。因此，被测设备在间壁上的安装位置应能反映实际的使用情况。对可用于几个不同位置下的设备进行测量时，其安装位置至少要靠近两个房间共有的一条边上。

对于通常靠近相邻反射墙安置的送排气装置和电气管道，试件的具体安装位置见 6.4 和 6.5。其他类型设备的安装位置，应遵守 6.3.1.1～6.3.1.3 中的规则。

6.3.1.1 **远离反射墙面使用的设备**

设备的安装位置要远离与间壁垂直并相邻的任一墙面、地面或天花板，其间距不得小于 1.00 m，如果有几个设备同时安装测试，则间距可取 0.85 m。

6.3.1.2 **靠近墙边使用的设备**

设备的安装位置要靠近一个相邻的墙面、地面或天花板，但远离墙角，离其他墙边的距离至少 1 m（如果有几个设备同时安装测试，则该距离可取 0.85 m）。设备边缘与所靠墙边之间的距离取 0.1 m（制造商另有技术规定的除外）。

6.3.1.3 **靠近墙角使用的设备**

设备的安装位置要靠近一个墙角，其与所靠墙角之间的距离采用制造商的推荐值。

如果测试洞口无法满足自然的边角条件，则有必要通过附加与间壁成直角的反射板，对安装条件进行模拟。具体方法见附录 C。要保证对声源室和接收室两边都进行模拟。

6.3.2 **安装位置数**

由于被测的建筑构件小，再加上声场的空间变化，从而导致测试结果和安装位置密切相关。考虑到这一因素，最好被测构件在间壁上分别采用三个安装位置进行测试，这些安装位置应满足下列二者条件之一：

a) 按 6.3.1 的规定模拟安装条件；

b) 各安装位置之间的距离至少为 1.2 m。

注 1：测试结果对安装位置的依赖性也同样存在于有等效墙角的情况，有必要采用多个等效墙角的位置来安装试件，以达到可接受的测量精密度。

注 2：加装反射板来模拟靠墙角或靠墙边的安装条件时，可采用变换反射板的位置及方向的方法来获得在不同位置下的测试平均值。

6.3.3 **小构件数**

为了获得一个较好的信噪比，可同时对多个试件进行测试。此时，用式(2)代替式(1)：

$$D_{n,e} = L_1 - L_2 + 10\lg \frac{nA_0}{A} \quad \cdots\cdots(2)$$

式中：

$D_{n,e}$——单个小构件的构件规范化声压级差，单位为分贝(dB)；

n——安装的小构件的数量。

6.4 **通风设备的安装**

试件的安装方式既要能代表现场的实际情况，又要遵守上述安装规则使试件位于相对于房间表面的典型位置上。对通常靠近天花板安装的通风设备，其试件应靠近与间壁成直角的反射面安装，并且离墙角的距离至少 1 m（如果几个构件同时安装测试，则该距离可取 0.85 m），设备边缘与相邻表面应相距 0.1 m。这一原则也适用于那些正常使用并按产品安装要求定位和固定的设备附件。

如果设备附带气流控制部件，应保证设备在正常使用所规定的典型状态下运行，如果该状态下的气流开口并非最大，还应增加在最大气流开口条件下的测试。

如果装置对不同厚度的墙体连续可调，应保证试件至少要安装在可调范围的两个极限厚度的墙体上进行测试。

6.5 **电气管线的安装**

试件的安装方式既要能代表现场的实际情况，又要遵守上述安装规则使试件位于相对于房间表面的典型位置上。对通常直接安装在墙上的电缆管，其试件应按制造商的技术要求靠近与间壁成直角的反射面安装。这一原则也适用于那些正常使用并按产品安装要求定位和固定的设备附件。

试件在声源室和接收室两边要各自留出至少 2m 长的外露连续导管，导管端头附加标准端盖。

穿墙管线通常带有防漏声的附件，为了测试这些附件的实际密封和隔声性能，建议电缆管内装填满额定数量的电缆。

注：声学性能会随电缆管内电缆线的数量而变化。

如果采用加装反射板的方法来模拟管道靠墙边安装，应保证反射板的长度至少与管道长度相等。

7 测试步骤和计算

实验室测试步骤和计算应符合 GB/T 19889.3—2005 中相应条文的规定。

8 精密度

测量方法的精密度要求与 GB/T 19889.3—2005 中的要求相同。

9 结果表述

为在测试报告中清楚表述测试样品的空气声隔声，应以表格和（或）曲线图形式给出所有测量频带的构件规范化声压级差 $D_{n,e}$ 值，并精确到一位小数。应采用下述比例绘制对应于对数频率标尺的构件规范化声压级差的 dB 值图：

——5 mm 代表一个 1/3 倍频程；

——20 mm 代表 10 dB。

此外，还要给出计权构件规范化声压级差 $D_{n,e,w}$，应按照 GB/T 50121—2005 中规定的方法计算 $D_{n,e,w}$，将其作为单值评价量。

10 测试报告

测试报告应包括下列内容：

a) 测试依据为 GB/T 19889 的本部分；

b) 检测实验室的名称和地址；

c) 测试报告编号；

d) 委托单位或个人（客户）的名称和地址（可选项）；

e) 取样方式和其他情况；

f) 试件制造商或供应商的名称和地址；

g) 试件说明，包括型号、尺寸、断面图和操作条件；

h) 测试日期；

i) 测试期间的试件状况和环境数据（如温度）；

j) 测试仪器设备及编号、声源室和接收室的容积、以及试件安装条件介绍，包括试件在间壁墙上的位置、相对于相邻墙、楼板、天花板和反射板的距离；

k) 作为频率函数的构件规范化声压级差。如果测量值受到侧向传声的影响，宜给出侧向声透射的 $D_{n,e,F}$ 值，以及对测量值进行了侧向传声影响修正以后的测试结果值；

l) 只能给出范围的测试结果（即测量极限值，由于背景噪声或侧向传声的影响，而使某一频带的构件隔声不能有效地测出）；

m) 报告日期和相关人员签名。

附 录 A
（规范性附录）
侧向传声影响的修正

将安装小建筑构件时测得的 $D_{n,e,M}$ 值与间壁墙上无试件洞时测得的代表侧向传声的 $D_{n,e,F}$ 值进行比较，如果 $D_{n,e,F}-D_{n,e,M}$ 差值小于 10 dB，但大于或等于 6 dB，则试件的 $D_{n,e}$ 值由式(A.1)给出，单位为分贝(dB)。

$$D_{n,e}=10\lg\frac{1}{(10^{-D_{n,e,M}/10}-10^{-D_{n,e,F}/10})} \qquad \cdots\cdots\cdots\cdots(A.1)$$

式中：

$D_{n,e}$——修正以后，试件的构件规范化声压级差，单位为分贝(dB)；

$D_{n,e,M}$——含侧向传声影响在内、未经修正的构件规范化声压级差，单位为分贝(dB)；

$D_{n,e,F}$——间壁墙上开试件洞之前或试件洞被封堵之后的测量值，单位为分贝(dB)。

如果某频带内 $D_{n,e,F}-D_{n,e,M}$ 差值小于 6 dB，则采用对应于 6 dB 的修正值 1.3 dB 进行修正，在这种情况下，测试报告(见第 10 章)要给出 $D_{n,e,F}$ 值，并标明此处的 $D_{n,e}$ 值为最小值。

附 录 B
（规范性附录）
间壁墙厚度的局部改变

B.1 间壁墙厚度的局部增加

为模拟各种厚墙的安装条件，可采用在原有的间壁结构上局部加装附加板的方法，而不用改变整个间壁墙的厚度。所加装的附加板的外边界离试件任何部位的距离应至少 0.5 m。

B.2 间壁墙厚度的局部减少

如果为了获得足够高的侧向传声损失，而使用了一个较厚的间壁墙，就需要减少试件周边墙体的厚度，使墙厚符合实际安装条件。在这种情况下，试件周边局部墙厚的断面应符合图 B.1 所示的要求。

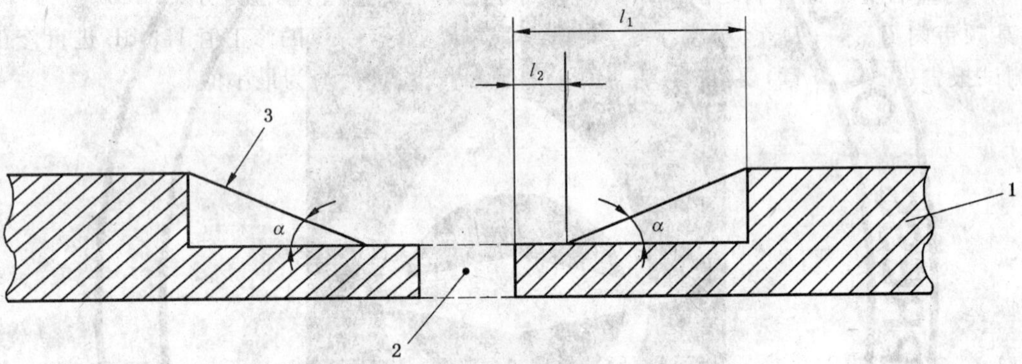

1——间壁墙；

2——试件；

3——面密度大于 10 kg/m^2、倾斜角 $\alpha<30°$的附加过渡板（该板周边用胶带密封）。

图 B.1 局部减少间壁墙厚度的示意图

图 B.1 中的附加过渡板还应满足下列要求：

$l_1>0.6$ m；

$l_2<0.1$ m；

$\alpha<30°$。

附 录 C
（规范性附录）
墙角和墙边位置的模拟

墙角的模拟如图 C.1 所示。墙边的模拟只要用一块板，板的尺寸应至少为 1.2 m×2.4 m，安装板时要注意不应使其与任一房间界面呈平行状态。

如果要在声源室和接收室都加装反射板，应保证两室内板的位置和方向完全一致。

板的面密度应大于 7 kg/m^2；在频率大于 100 Hz 以后，板的吸声系数应小于 0.1。

对板和间壁墙的连接部位要进行密封，例如可采用强力胶带。由于安装在间壁墙上的反射板有可能影响间壁墙的传声性能，所以在测量侧向传声时，间壁墙上也要装上反射板。

单位为米

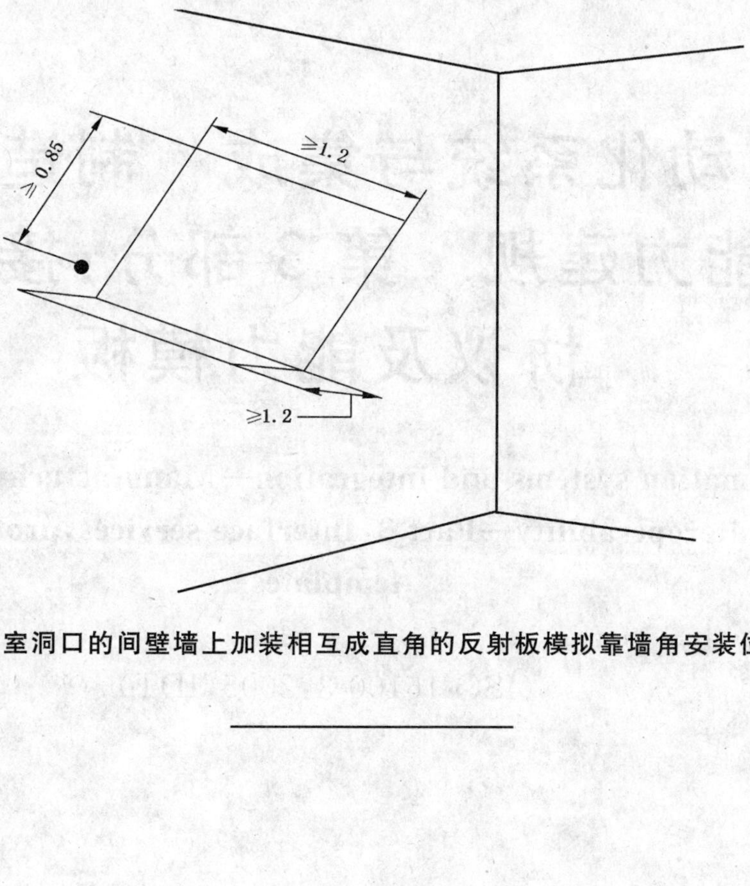

图 C.1　实验室洞口的间壁墙上加装相互成直角的反射板模拟靠墙角安装位置的示意图

ICS 25.040
L 67

中华人民共和国国家标准

GB/T 19902.3—2006/ISO 16100-3:2005

工业自动化系统与集成　制造软件互操作性能力建规　第3部分:接口服务、协议及能力模板

Industrial automation systems and integration—Manufacturing software capability profiling for interoperability—Part 3: Interface services, protocols and capability templates

(ISO 16100-3:2005, IDT)

2006-12-13 发布　　2007-07-01 实施

中华人民共和国国家质量监督检验检疫总局
中国国家标准化管理委员会　发布

前言

GB/T 19902《工业自动化系统与集成 制造软件互操作性能力建规》分为如下几部分：

——第1部分：框架；

——第2部分：建规方法论；

——第3部分：接口服务、协议及能力模板；

——第4部分：一致性测试方法、标准及报告。

本部分为GB/T 19902的第3部分。

本部分等同采用ISO 16100-3:2005《工业自动化系统与集成 制造软件互操作性能力建规 第3部分：接口服务、协议及能力模板》(英文版)。

本部分的技术内容和组成结构与ISO 16100-3:2005一致，在编写格式上符合我国国家标准GB/T 1.1—2000《标准化工作导则 第1部分：标准的结构和编写规则》。根据我国国家标准的制定要求和为方便使用，做了如下编辑性的改动：

a) 大写的英文缩略语保留英文原名，去掉ISO前言。

b) 将"本国际标准"和ISO 16100改为"GB/T 19902"。将ISO 16100-3改为GB/T 19902的本部分或本部分。

c) 将规范性引用文件中已转化为国家标准的国际标准编号改为国家标准编号，并将相应的国家标准采用的国际标准版本号放在国家标准编号后的括弧内，便于使用和查阅。未转化的国际标准保留。

d) 删去了原文中不符合我国标准编写要求的字句。

本部分的附录A、附录B、附录C为资料性附录。

本部分为首次制定。

本部分由中国机械工业联合会提出。

本部分由全国工业自动化系统与集成标准化技术委员会归口。

本部分由北京机械工业自动化所负责起草。

主要起草人：黎晓东、王茜、杨书评、王成。

引　言

编制 GB/T 19902 的动机来自于工业和经济环境，特别是：

a) 逐步增加的卖方解决方案基础；

b) 在应用独立开发的标准过程时，用户面临的困难愈来愈多；

c) 向模块化和系统集成工具可互操作集发展的需求；

d) 认识到应用软件及熟练使用这些软件是企业的资产。

GB/T 19902 是一个计算机可解释并且人可读取的关于能力专规表示方法的国家标准。其目标是提供一个制造应用软件能力表示的方法，它存在于制造应用的全生命周期，与具体系统体系结构和执行平台无关。

本部分的某些图是根据 UML 构造的，假设读者对 UML 有一定的认识，不是对所有图中概念在文本里都给出了解释。

在本部分中，类(对象)和服务的引用采用特定命名规则，如下例所示：

ServiceAccessPoint	服务访问点对象
registerProfile	专规注册的服务原语

工业自动化系统与集成　制造软件互操作性能力建规　第3部分:接口服务、协议及能力模板

1　范围

GB/T 19902 的本部分规定了接口服务和协议的需求,这些服务及协议用于访问和编辑能力专规与相关模板,这些模板用于 GB/T 19902.2—2005 第5章所定义的能力建规的方法中。

访问能力专规及执行这些专规的匹配过程的具体服务在本部分中做了定义。

本部分只适用于制造领域软件单元的互操作性,而制造领域软件单元的可互交换性不在本部分的讨论范围内。

2　规范性引用文件

下列文件中的条款通过 GB/T 19902 的本部分的引用而成为本部分的条款。凡是注日期的引用文件,其随后所有的修改单(不包括勘误的内容)或修订版均不适用于本部分,然而,鼓励根据本部分达成协议的各方研究是否可使用这些文件的最新版本。凡是不注日期的引用文件,其最新版本适用于本部分。

GB/T 19902.1—2005　工业自动化系统与集成　制造软件可互操作性能力建规　第1部分:框架(ISO 16100-1:2002,IDT)

GB/T 19902.2—2005　工业自动化系统与集成　制造软件可互操作性能力建规　第2部分:建规方法论(ISO 16100-2:2003,IDT)

IEEE 1320-1:1998　功能建模语言标准　IDEF0 的语法和语义

OMG ad/2003-04-01　统一建模语言:超结构(v2.0)

REC-xml—1998　可扩展标记语言(XML)1.0 W3C 推荐

REC-soap12—2002　SOAP(版本1.2)　第1部分:消息框架

REC-xmlschema-1—2001　XML Schema　第1部分:结构

3　术语和定义

GB/T 19902 的本部分使用如下术语和定义。

3.1　本部分的定义

3.1.1

能力专规接口　capability profile interface

功能性服务访问点,在本部分的5.4中描述能够提供一组用于处理能力专规的服务。

注:在 GB/T 19902.2—2005 中提到的一些实现里,CPI 能够由一个数据库服务器实现。

3.1.2

能力专规服务提供者　capability profile service provider

实现能力专规接口的软件。

3.1.3

簇　cluster

制造资源单元集合。

3.1.4

组件 component

制造软件单元的一部分,包括制造软件组件。

3.1.5

消费者 consumer

〈专规〉专规或者匹配等级结果的用户。

3.1.6

匹配器 matcher

对提供的能力专规与请求的能力专规进行比较的机制。

3.1.7

匹配等级 matching level

〈专规〉定性评价一个 MSU 能力专规满足一个制造活动的软件功能性需求的程度。

3.1.8

MSU 可互操作性 MSU interoperability

一个 MSU 在与另一个 MSU 交换一组应用信息的过程中,支持一个接口规范的特殊用途的能力。

3.1.9

MSU 可互交换性 MSU interchangeability

为了在一个特殊的制造活动中执行一个需求功能,一个 MSU 能够取代另一个 MSU 的能力。

3.1.10

产生者 producer

〈专规〉专规或者匹配等级结果的生成器。

3.1.11

参考能力类结构 reference capability class structure

用于能力建规的能力类层次表示模式。

3.1.12

参考字典 reference dictionary

在参考能力类结构中的能力类列表。

3.1.13

模式 schema

XML 元数据定义。

3.1.14

模板 template

制造软件能力专规的模式。

3.1.15

类型 1 匹配器 type Ⅰ matcher

能够处理来自相同能力类结构的建规的匹配器。

3.1.16

类型 2 匹配器 type Ⅱ matcher

能够处理来自相同或不同能力类结构的专规的匹配器。

3.2 来自 GB/T 19902.1—2005 的可应用定义

考虑本文档的需求,采用 GB/T 19902.1—2005 中的下列术语和定义。对 GB/T 19902.1—2005

具体章条的引用标注在定义后面的方括号“[]”中。遵从 ISO/IEC 导则的第 2 部分的 C.1.4,在这里重复的一些定义在必要时加上了注释。

3.2.1

能力　capability

〈软件〉一组功能和服务以及评价能力提供者性能的标准。

[3.3]

3.2.2

能力建规　capability profiling

在软件互操作框架中从特殊接口定义所提供的服务中选择一组服务。

[3.4]

3.2.3

制造软件　manufactuing software

一类自动化系统中的软件资源类型,通过使得控制和信息在制造过程的自动化系统组件之间、组件与其他企业资源之间以及供应链或需求链的企业间流动,从而为制造应用(如 CAD/PDM 等)提供价值。

[3.10]

3.2.4

制造软件能力　manufactuing software capability

在一组给定的制造条件下,遵循一组性能评价标准的制造软件功能与服务集。

[3.14]

3.2.5

制造软件能力专规　manufactuing software capability profile

满足一个制造应用需求的制造软件能力的简明表示。

[3.15]

3.2.6

制造软件组件　manufacturing software component

为了支撑特殊制造任务的执行而使用的一类制造软件资源。

[3.11]

3.2.7

制造软件单元　manufacturing software unit

指一类软件资源,它由一个或多个制造软件组件构成,在一个制造活动中执行一定的功能,扮演一定的角色,同时支持与其他软件单元间的公共信息交换机制。

[3.12]

3.3　来自 GB/T 19902.2—2005 的可应用定义

考虑本文档的需求,采用 GB/T 19902.2—2005 中的下列术语和定义。对 GB/T 19902.2—2005 具体章条的引用标注在定义后面的方括号“[ ]”中。

3.3.1

能力类　capability class

能力建规方法中的元素,它根据软件单元在制造活动中的角色来表示该软件单元的功能与行为。

[3.3]

3.3.2

能力专规集成　capability profile integration

两个或多个软件单元使用对等接口互操作的过程,对等接口按照它们能力专规中表明的兼容方式配置。

[3.4]

3.3.3

接口 interface

一个对象行为的抽象,包含该对象的相互作用子集和这组相互作用发生时的约束条件。

[3.8]

3.3.4

专规 profile

由一个或多个基本技术规范、子描述或其两者的组合构成的集合,在可用情况下,这个集合还包括所选类的识别,子集确定,选项和实现一个特殊功能、活动或关系所必须的基本技术规范、子描述的参数。

[3.10]

4 缩略语

CPI 能力专规接口

DTD 文档类型定义

ML 匹配等级

MSU 制造软件单元

UML 统一建模语言

XML 可扩展标记语言

5 制造软件信息模型与专规

5.1 制造活动与信息交换模型

制造应用应当建模为一组制造过程,这组制造过程由一组制造资源通过一系列伴随着物料与能量的传递的信息交换使能、控制和自动化。如 GB/T 19902.1—2005 中图 4 所示。

一个制造过程可以用一组被调度的制造活动表示,每一个制造活动与一组制造功能相联系(见 GB/T 19902.1—2005 的 5.3 与附录 C)。

为了满足制造应用的需求,应当通过对一组 MSU 的排序和调度,实现全部制造活动的需求功能集,而这些制造活动与组成一个制造应用的制造过程集相关。

根据 GB/T 19902.1—2005 第 6 章中制造软件互操作性框架,每个制造活动应与一组 MSU 相关联。如基于 IEC 62264 的 GB/T 19902.1—2005 附录 A 所示,一个复杂制造活动可建模为一组更简单的制造活动组合,一个简单制造活动应对应于一个单一功能并由单个 MSU 使能。

每个制造功能可以由一组制造软件单元(MSUs)完成,一组制造功能可能由一个 MSU 来完成(见 GB/T 19902.1—2005 的 6.2)。

例:一个简单制造应用(如:取放操作)可建模为 3 个制造过程(如:装载物件、移动物件、卸载物件)的组合,每个制造过程可以与由特定功能序列组成的单个活动相关联,这些特定功能由以下集合构成——定位物件、识别物件、识别位置、到达物件、获取物件、定位位置、到达位置、在位置处释放物件、通知过程协调者。一种情况,带两个能力模板的两个 MSU 类(装载/卸载、移动)被实例化为 3 个 MSU 实例(每个活动一个);另一种情况,可以有 4 个更底层的活动或 MSU 类(定位、识别/通知、获取/释放,到达目的)和 9 个 MSU 实例。

如图 1 所示,一个 MSU 为其能力(包括能力专规)提供若干个接口,可从能力建规接口(CPI)访问能力专规,其他接口的信息都包含在能力专规中,因此可通过 CPI 访问这些信息。

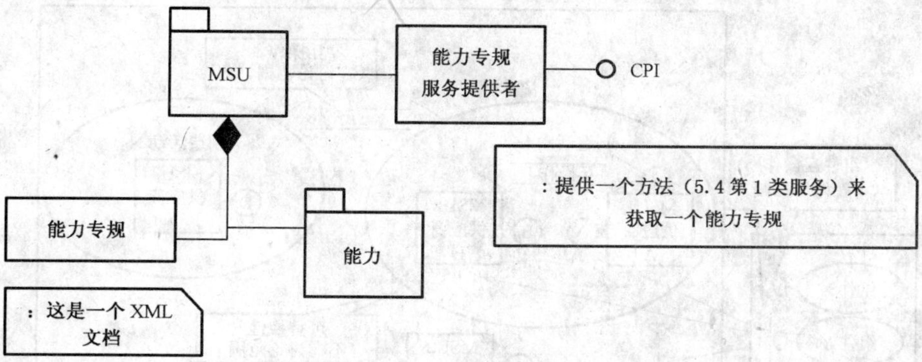

图 1　带有能力和相应能力接口特别是能力专规接口的 MSU

5.2　制造软件单元

一个制造软件单元(MSU)应当建模为一类满足一组互操作标准的制造资源。这些标准应通过MSU及其支持的信息交换必须完成的特定制造功能集需要的序列与时间来确定。

如GB/T 19902.1—2005图4所示,一个MSU应与一个制造活动及其相应的能力相关联。一个软件组件不应当与一个能力专规关联。

与一个制造活动的一个能力类相关联的一个制造功能应建模为通过一个或多个MSU使能。

例：图2中与制造活动N关联的一个制造功能由MSU3使能。另一方面,与制造活动M关联的一个制造功能由MSU1和MSU2使能。

由一组MSU支持的制造能力类应当由制造活动的功能以及相关信息交换来确定,这些信息交换发生于部署使能该制造过程的其他制造资源间。

一类特殊的MSU可用于不同活动,每个MSU应当提供一组接口,MSU之间的互操作标准仅应当根据可互操作活动的需求来确定。制造过程间的互操作标准将不在本部分中考虑,与制造过程相关的那组MSU互操作标准也不在本部分中考虑。

在每一个层面,制造软件需求可建模为一组能力类,这组能力类按照与图B.1相似的结构组织。

注1：在GB/T 19902.1—2005图4中,一个制造过程由一组制造活动组成,一个制造过程可以拥有制造活动的一个嵌套或层次结构,MSU间互操作只应用于后一集合(即活动)。

当两个或更多MSU提供一个制造活动所需的制造软件功能时,这些MSU应该满足一组互操作标准。特定活动内的一组MSU互操作所需的接口应当在该活动的软件能力专规中指定。

注2：图2中,供应商A的MSU1提供的接口A与供应商B的MSU2提供的接口B互操作。互操作标准用互操作I来表示,该互操作I基于活动M的需求。接口A的能力专规应当与接口B的能力专规匹配从而支持互操作I。对不同制造活动专规可以不同。

注3：图2中,当两个活动(如M和N)需要互操作,可以使用另一组互操作标准。以互操作J表示的互操作标准是基于活动M和N的公共需求的。可以使能这两个活动的MSU集合拥有可以支持互操作J的能力专规。

多个MSU行为的组合应等同于活动的制造软件需求由单个MSU提供的情况。组合行为(一个等同于单个MSU的行为)取决于对接口描述的协调使用,就如同使用一组MSU。相反,一个MSU也可由一组MSU组成,反映单个活动分解成的多个活动。

当一个MSU被建模为一组制造软件组件时,它不应当包含另一个MSU,这些MSU组件应被认为是仅属于这个MSU。一个MSU内组件间的信息交换与相关接口不在本部分讨论范围内。

注4：图2中,在为制造活动M提供制造功能时,供应商C提供的MSU2可能替代由供应商B提供的MSU2。尽管MSU1提供的接口A与MSU2提供的接口C互操作,这两个MSU2之间的完全可互换性并不能实现。接口B的能力专规匹配接口C的能力专规来支持可互操作性,但并不支持可交换性。

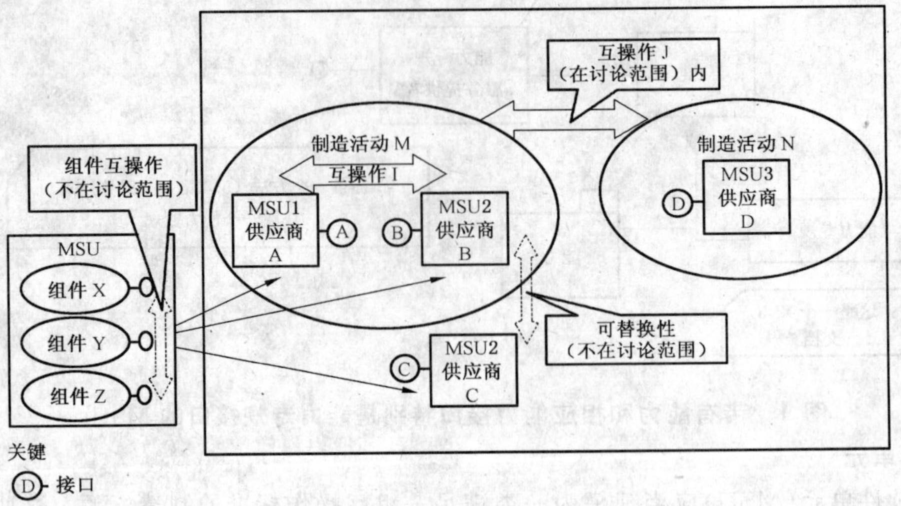

图 2　制造活动中的 MSUs

5.3　匹配能力专规

5.3.1　概述

一个 MSU 的能力模板的结构可由制造能力类的结构(见 GB/T 19902.2—2005 的 6.3)衍生而来，一个 MSU 的所有能力专规或制造活动的能力需求应根据 GB/T 19902.2—2005 的 6.3 中的规则进行匹配。能力专规将能力模板进行实例化，例如至少包含软件单元名，其他项应当根据所需匹配等级进行填充(见 GB/T 19902.2—2005 的 6.4)。

制造能力类的属性在 GB/T 19902.2—2005 的 6.3.1 中定义，而概念性结构在 GB/T 19902.2—2005 的 6.3.3 和 6.3.4 中定义。

注 1：制造应用、制造活动和制造资源的关系见 GB/T 19902.1—2005 图 4。能力类和制造活动的关系见 GB/T 19902.2—2005 的 6.2。

注 2：参考能力类结构表示为一个参考模式。见附录 A“参考类结构”。

一个 MSU 能力专规匹配应当体现制造活动以下方面的需求：

a)　处理所需制造功能相关联的输入输出信息；

注 3：模板中“能力专规的特殊部分”这部分的元素可以按照与活动相关联的制造功能的输入输出元素进行分类(见 GB/T 19902.2—2005 的 6.3)，MSU 专规与所需能力间的匹配意味着这些元素应当包含在 MSU 专规中。

b)　两个活动可互操作，相应的 MSU 应当具有一致的接口，这些接口用 MSU 的能力专规表示。

注 4：与其他制造活动相应的 MSU 接口设置相匹配的 MSU 接口服务和协议设置使得这些 MSU 可以互操作，包括其各自的制造活动。

图 3 所示是一个 MSU 能力专规与一个制造活动需求能力专规的匹配模型。

所有匹配器使用了特殊应用领域的附加语义信息，该语义信息可以包括一组识别信息，该识别信息根据一组可以存储在软件单元能力专规数据库中的分类法产生。

5.3.2　类型 1 匹配器

类型 1 匹配器与类型 2 匹配器(见 5.3.3)不同，因为类型 1 匹配器只能匹配由源于相同能力类的能力模板产生的能力专规。

5.3.3　类型 2 匹配器

类型 2 匹配器可以匹配源于相同或不同能力类的能力模板产生的能力专规。在不同能力类的情况下，这些能力类可以来自相同制造应用或者来自不同制造应用。

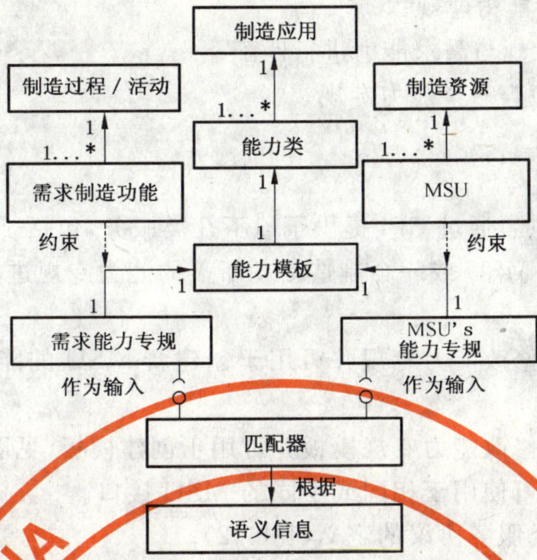

图 3 匹配能力专规

之所以存在不同的能力类是因为不同企业对制造功能的分类是基于不同的活动域和各种功能边界，如 GB/T 19902.1—2005 附录 A 中 A.1 所示。在这种情况下，相同的制造功能分属于不同的能力类。

类型 2 匹配器使用包含标识信息的语义信息，该识别信息是关于用不同能力类实现匹配过程的相同制造功能。

对于类型 2 匹配器，要匹配来源于不同能力类模板的能力专规，能力类模板产生于相同制造活动的不同能力类，一个用户要通过完成源于特定能力类的能力模板来描述某项制造功能以产生需求能力专规。一个供应者通过完成源于一个不同的能力类的能力模板来描述相同的制造功能。然后，类型 2 匹配器将生成的需求能力专规与生成的 MSU 能力专规进行匹配(见图 4)。

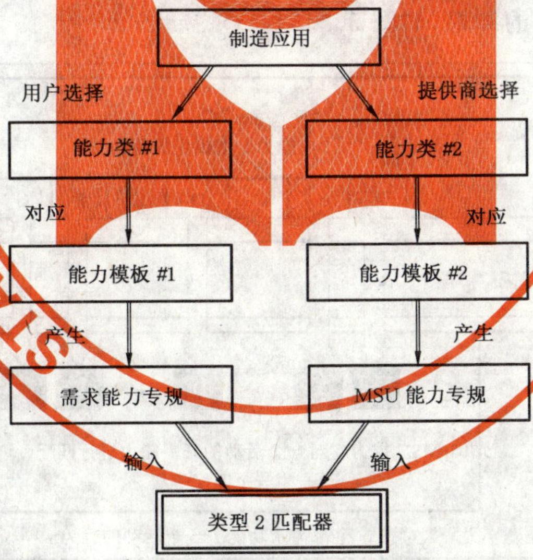

图 4 相同制造应用的不同能力类

在其他情况下，类型 2 匹配器处理由源于不同制造活动的两个不同能力类及相应模板产生的不同的专规。

5.4 接口服务定义

下列服务用来支持对软件互操作能力专规概念(在 GB/T 19902.2 中描述的)的使用(换句话说，当进行下列操作时要用到软件互操作能力专规)：

a) 对一个新的 MSU 进行能力建规；

b) 对提出的 MSU 能力专规与需求能力进行匹配；

c) 根据专规的构造规则检查一个能力专规；

d) 编辑能力专规与模板；

e) 创建新模板。

图 1 中的能力专规服务提供者通过 CPI 提供了以下几类服务，包括了从 a)～e)的服务：

第 1 类服务集：允许对一个 MSU 或一个制造活动所需的能力专规进行访问，并允许这两个专规进行匹配。

第 2 类服务集：允许创建和修改能力专规并可用于创建新 MSU 的能力专规(见 GB/T 19902.2—2005 图 1 和图 2)。

第 3 类服务集：允许创建和修改能力专规模板并可用于创建模板(见图 3)。

一般情况下，所有这些服务可使用于相同或不同的 MSU 接口。

在本部分中只描述了第 1 类服务协议的定义(见 6.2)。

6 能力专规接口、服务与协议

6.1 能力专规服务的使用

6.1.1 能力专规访问

第 1 类服务集用来访问与匹配能力专规。

一个能力专规可以从一个 MSU 或从与 MSU 不同的资源中获得。

6.1.2 两个能力专规的匹配

MSU 选择过程起始于一个给定活动的需求专规。期望的 MSU 集合应当拥有一组相应的能力专规，该专规与给定活动的需求能力相匹配。给定活动的需求能力包含一组必需的和可选的功能，期望的 MSU 集合应当至少为这个给定的活动提供必需功能的完整的集合。

在选择过程中的每一步，一个 MSU 能力专规的必需/可选功能都应当与活动的相应需求专规匹配，匹配等级用来表示筛选步骤的结果，如图 5。

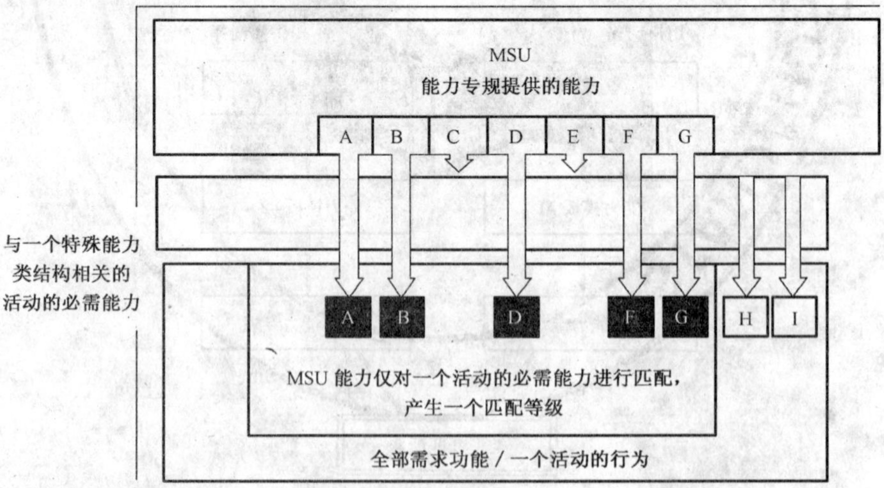

图 5 获得相对于一个活动的 MSU 匹配等级

一个 MSU 对一个特定活动的筛选行为与活动的需求行为之间的比较应当作为匹配等级(ML)的一种度量。

如图 6 所示，匹配等级值如下：

a) 完全匹配：活动能力专规中的所有必需和可选的功能都与 MSU 专规匹配；

b) 所有必需匹配：活动能力专规中的所有必需的功能都与 MSU 专规匹配；

c) 部分必需匹配:活动能力专规中的部分必需的功能与 MSU 专规匹配;

d) 必需功能不匹配:活动能力专规中的所有必需功能都不与 MSU 专规匹配。

注 1:"部分必需匹配"等级可用在整个能力类结构中的迭代匹配过程。

注 2:匹配器的质量决定了为部分匹配提供的理由的确切程度和有用性,也决定了为获得更高匹配等级提供的提示的确切程度和有用性(相关内容见 7.4)。

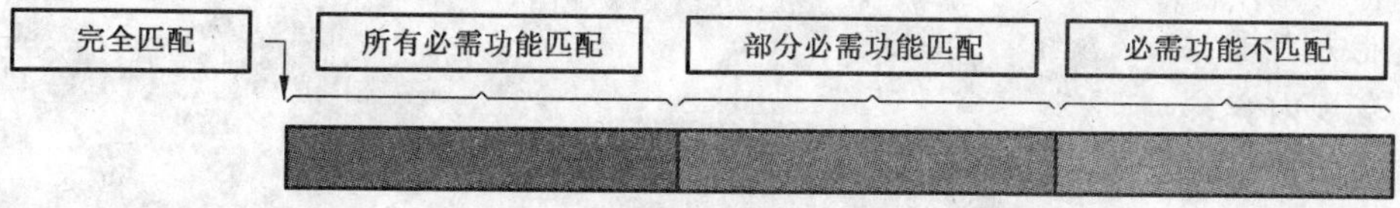

图 6 匹配等级

当 MSU 能力专规与所需能力专规匹配的等级为"完全功能匹配"或"所有必需功能匹配"时,这个 MSU 选择过程被认为成功。

6.1.3 1 类服务集原语

6.1.3.1 概要

访问和匹配能力专规的服务序列应当支持以下情况,如图 7 所示。

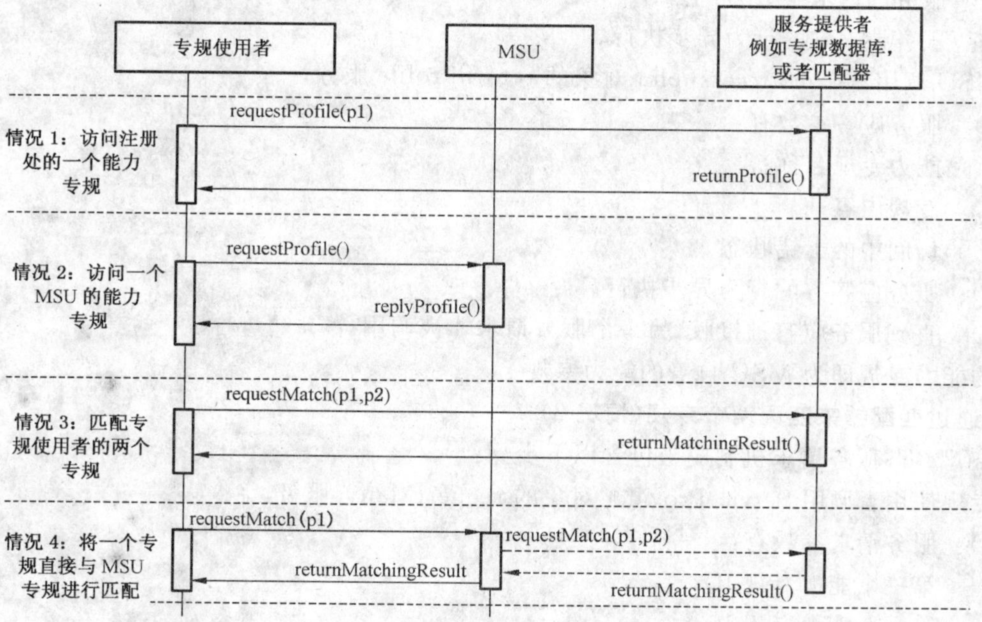

图 7 专规访问第 1 类服务集

情况 1:对需求专规或 MSU 专规的请求,其中,能力专规已被注册;应答方就是专规本身。

情况 2:对 MSU 专规的请求,其中,能力专规在 MSU 中;应答方是专规本身。

情况 3:对需用匹配服务匹配两个专规的请求,通常其中一个为需求专规,另一个为 MSU 的专规;两个专规中的信息在请求参数中被发送,或有选择地发送其中一个专规或者两个专规的 ID;应答是匹配结果,它由匹配等级和至少匹配等级为"部分必需匹配"时的必需功能列表构成。

情况 4:一个 MSU 请求将其专规与一个输入专规匹配,MSU 可以使用与情况 3 类似的匹配服务,此时,输入专规和 MSU 专规都将提供给匹配服务。

一个服务访问点对象(ServiceAccessPoint),由能力专规资源或者匹配等级评估资源提供,该提供专规或匹配结果的源点扮演着产生者的角色,而专规或是匹配结果的目的点扮演着消费者的角色。

除了已经提及的参数外,还应当提供所请求 ServiceAccessPoint 对象的路径参数。

6.1.3.2 通过服务提供方访问能力专规(情况 1)

requestProfile 服务请求机制应当由以下步骤组成:

a) 专规使用者调用 ServiceAccessPoint 对象的 requestProfile 服务。
   1) 该服务的请求参数为:能力专规 ID。
   2) 服务应答方的行为异步执行。
b) 服务提供方调用 ServiceAccessPoint 对象的 returnProfile 服务。
   1) 服务应答的参数有:
      能力专规 ID;
      专规内容;
      访问中出错状态。
   2) 服务请求方的行为异步执行。
   3) 直到服务应答被接收后,另一个服务请求才被调用。

能力专规名称可以用一个需求能力专规或一个 MSU 能力专规表示。

6.1.3.3 访问 MSU 的能力专规(情况 2)

requestProfile 服务请求机制应当由以下步骤组成:

a) 专规使用者调用 MSU 对象的 requestProfile 服务。
   1) 服务的请求参数为:空。
   2) 服务请求方的行为异步执行。
b) MSU 调用 ServiceAccessPoint 对象的 returnProfile 服务。
   1) 服务应答参数有:
      能力专规名称;
      专规内容;
      访问中的出错状态。
   2) 服务应答方的行为异步执行。
   3) 直到服务应答被接收,另一个服务请求才被调用。

返回的能力专规即为 MSU 自身的能力专规。

6.1.3.4 通过匹配器来匹配两个专规(情况 3)

requestMatch 服务请求机制应当包含以下步骤:

a) 专规使用者调用 ServiceProvider 对象的 requestMatch 服务。
   1) 服务请求参数有:
      第一个能力专规 ID;
      第二个能力专规 ID。
   2) 服务请求方的行为异步执行。
b) 生产者调用 ServiceAccessPoint 对象的 returnMatchingResult 服务。
   1) 服务应答参数有:
      能力专规 1 的 ID;
      能力专规 2 的 ID;
      匹配结果;
      访问中的出错状态。
   2) 服务应答方的行为异步执行。
   3) 直到服务应答被接收时,另一个服务请求才被调用。

能力专规名称可以用请求的能力专规或 MSU 的能力专规表示。

6.1.3.5 直接使用 MSU 的专规进行专规匹配(情况 4)

requestMatch 服务请求机制应当包含以下步骤:

a) 专规使用者调用 ServiceAccessPoint 对象的 requestMatch 服务。

1） 服务请求参数是:专规名称。

2） 服务请求方的行为异步执行。

b） 生产者调用 ServiceAccessPoint 对象的 returnMatchingResult 服务。

1） 服务应答的参数有:

能力专规名称;

MSU 的能力专规名称;

匹配结果;

访问中的出错状态。

2） 服务提供方的行为异步执行。

3） 直到服务应答被接收后,另一个服务请求才被调用。

能力专规名称可以用请求的能力专规或 MSU 的能力专规表示。

6.1.4 能力建规与分析过程的公共管理服务

6.1.4.1 概要

由 CPI 提供的公共管理服务在 6.1.4 中描述,这些服务支持第 1 类服务集访问和匹配专规,见图 8。

为了支持公共制造活动中的交互,一个 MSU 应当提供其自身能力并且发现其他 MSU 的能力。建立专规过程中涉及到的所有 MSU 应当使用由 CPI 所提供的这些公共管理服务。

MSU 专规或其他专规来源通过采用这些服务与服务提供者交互。

公共管理服务使得互操作包括处理:

a） 专规结构;

b） 专规内容。

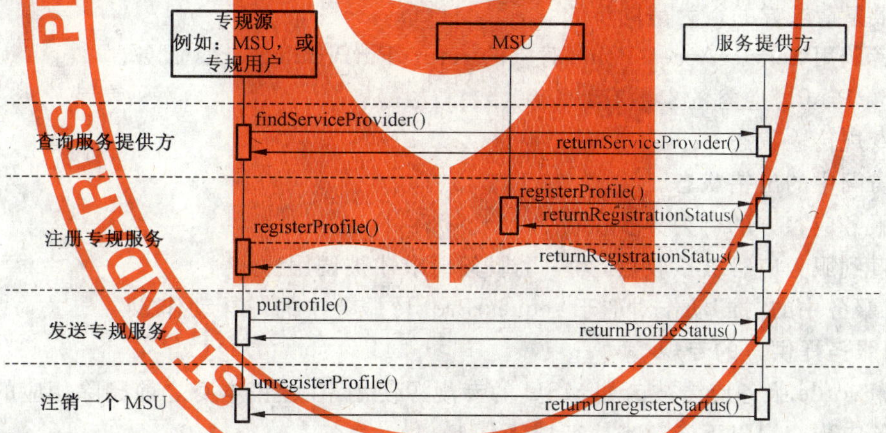

图 8 公共管理服务

6.1.4.2 查询服务提供方

findServiceProvider 服务请求机制由下列步骤组成:

a） 专规使用者调用 ServiceAccessPoint 对象的 findServiceProvider 服务。

1） 服务请求调用参数为:空。

2） 服务请求方的行为异步执行。

b） 生产者调用 ServiceAccessPoint 对象的 returnServiceProvider 服务。

1） 服务应答的参数有:

引用服务提供者的 URI;

访问中的出错状态。

2） 服务应答方的行为异步执行。

3） 直到服务应答被接收后，另一个服务请求才被调用。

6.1.4.3 在服务提供方注册一个专规

registerProfile 服务应当使诸如 MSU 的专规来源能发送其明确和可识别的专规 ID，registerProfile 服务应当用以下的参数实现以下的任务。

a） 专规使用者调用 ServiceAccessPoint 对象的 registerProfile 服务。

1） 服务请求调用参数是：能力专规 ID。

2） 服务请求方的行为异步执行。

b） 生产者调用 ServiceAccessPoint 对象的 returnRegistrationStatus 服务。

1） 注册处应答的参数为：

注册处的状态；

访问中的出错状态。

2） 服务应答方的行为异步执行。

3） 直到服务应答被接收后，另一个服务请求才调用。

即使一次专规的注册通常是由一个 MSU 来完成，任何专规使用者也可注册一个专规。

6.1.4.4 向服务提供方发送专规

putProfile 服务应当使一个专规使用者能向服务提供方发送一个专规，putProfile 服务应当用以下的参数执行以下任务。

a） 专规使用者调用 ServiceAccessPoint 对象的 putProfile 服务。

1） 服务请求调用参数是：

能力专规 ID；

能力专规。

2） 服务请求方的行为是同步的。

b） 生产者调用 ServiceAccessPoint 对象的 returnPutProfileStatus 服务。

1） putProfile 应答的参数有：

专规传输状态；

访问中的出错状态。

2） 服务应答方的行为异步执行。

3） 直到服务应答被接收后，另一个服务请求才被调用。

putProfile 服务中的"推"动作对应于 requestProfile 服务中的"拉"动作。

6.1.4.5 注销服务提供方的专规

UnregisterProfile 服务应当被诸如 MSU 的专规源使用，在注销本身之前删除相应的 MSU，UnregisterProfile 服务应当使用以下参数来执行以下任务。

a） 专规使用者调用 ServiceAccessPoint 对象的 unregisterProfile 服务。

1） 服务请求调用的参数是：能力专规 ID。

2） 服务请求方的行为异步执行。

b） 生产者调用 ServiceAccessPoint 对象的 UnregistrationStatus 服务。

1） 来自注册处的应答的参数有：

注销状态；

访问中的出错状态。

2） 服务应答方的行为异步执行。

3） 直到服务应答被接收后，另一个服务请求才被调用。

6.1.5 能力专规的确认

对被传送来的能力专规（如 putProfile()或 requestProfile()）的确认由第 2 种或第 3 种服务提供方

负责,它们提供了 CommonValidationService 服务。

能力专规通常由一个公共部分与一个特殊部分组成,CommonValidationService 应根据在 7.2 中定义的 schema 公共部分和特殊部分对能力专规进行确认。

能力专规中用到的所有字符串都用 UTF-8 编码。

6.2 协议规范

6.2.1 服务 URL 语法

协议允许对服务直接发布请求。服务请求由服务控制,并以服务回复作为应答。

服务 URL 以字符串"service:"开始,服务 URL 包括服务类型,紧接类型后面的是服务相关访问点,直到不包括最后":"表示的地址规范开始,在地址规范后面的是服务的特殊属性信息,它根据 URL 语法编码。

完整的服务 URL 为如下类型:

"service:〈service-type〉:〈service-access-point〉://〈address〉;〈attribute-list〉"

属性列表由一组分号";"将属性表达式分隔开,属性表达式的形式为:

〈attribute-id〉=〈attribute-value〉

此外,关键属性的使用按照如下形式:

〈attribute-id〉

6.2.2 第1类服务协议

6.2.2.1 请求能力专规

requestProfile 服务返回需求能力专规或 MSU 能力专规,且服务类型为:

〈service-type〉="requestCapabilityProfile"

相应的属性为:

capability_profile_ID="the_capability_profile_id"

returnProfile 服务返回需求能力专规或 MSU 能力专规,且服务类型应为:

〈service-type〉="returnCapabilityProfile"

相应的属性为:

capability_profile_ID="the_capability_profile_id"

capability_profile_content="the_capability_profile_content"

access_status="the_access_status"

6.2.2.2 访问 MSU 的能力专规

一个 MSU 的 requestProfile 服务返回其能力专规,且服务类型应为:

〈service-type〉="requestCapabilityProfile"

它无属性。

ReturnProfile 服务返回 MSU 能力专规,且服务类型应为:

〈service-type〉="returnCapabilityProfile"

相应属性为:

capability_profile_ID="the_capability_profile_id"

capability_profile_content="the_capability_profile_content"

access_status="the_access_status"

6.2.2.3 匹配两个专规

requestMatch 服务返回一个匹配结果,且服务类型为:

〈service-type〉="requestCapabilityProfileMatch"

相应的属性为:

capability_profile_1_ID="the_first_capability_profile_id"

capability_profile_2_ID＝"the_second_capability_profile_id"

returnMatchingResult 服务返回匹配结果，且服务类型应为：

〈service-type〉＝"returnCapabilityProfileMatchResult"

相应的属性为：

capability_profile_1_ID＝"the_first_capability_profile_id"

capability_profile_2_ID＝"the_second_capability_profile_id"

matching_result＝"the_matching_level;the_matching_comment"

access_status＝"the_access_status"

6.2.2.4 一个专规与 MSU 专规的直接匹配

requestMatch 服务返回一个匹配结果，且服务类型应为：

〈service-type〉＝"requestCapabilityProfileMatch"

相应属性为：

capability_profile_ID＝"the_capability_profile_id"

returnMatchingResult 服务返回匹配结果，且服务类型应为：

〈service-type〉＝"returnCapabilityProfileMatchResult"

相应属性为：

capability_profile_1_ID＝"the_capability_profile_id"

capability_profile_2_ID＝"the_MSU_capability_profile_id"

matching_result＝"the_matching_level;the_matching_comment"

access_status＝"the_access_status"

6.2.3 公共管理服务协议

6.2.3.1 查询服务提供方

findServiceProvider 服务返回服务提供方，且服务类型应为：

〈service-type〉＝"requestServiceProvider"

它无属性。

returnServiceProvider 服务返回所需服务提供方，且服务类型为：

〈service-type〉＝"returnServiceProvider"

相应的属性为：

service_provider_URI＝"the_service_provider_URI"

access_status＝"the_access_status"

6.2.3.2 注册能力专规

registerProfile 服务用 ID 注册能力专规，且服务类型为：

〈service-type〉＝"registerCapabilityProfile"

相应属性为：

capability_profile_ID＝"the_capability_profile_id"

returnRegistrationStatus 服务返回能力专规的注册状态，且服务类型为：

〈service-type〉＝"returnRegistrationStatus"

相应属性为：

registration_status＝"the_registration_status"

access_status＝"the_access_status"

6.2.3.3 向服务提供方发送专规

putProfile 服务按照 ID 接受能力专规，且服务类型应为：

〈service-type〉＝"putCapabilityProfile"

相应属性为：

capability_profile_ID="the_capability_profile_id"

capability_profile_content="the_capability_profile_content"

returnPutProfileStatus 服务返回能力专规的传输状态，且服务类型应为：

〈service-type〉="returnPutProfileStatus"

相应属性值为：

transmission_status="the_transmission_status"

access_status="the_access_status"

6.2.3.4 注销一个能力专规

unregisterProfile 服务按照 ID 注销一个能力专规，且服务类型应为：

〈service-type〉="unRegisterCapabilityProfile"

相应属性为：

capability_profile_ID="the_capability_profile_id"

returnUnregistrationStatus 服务返回能力专规的注销状态，且服务类型应为：

〈service-type〉="returnUnregistrationStatus"

相应属性值为：

unregistration_status="the_unregistration_status"

access_status="the_access_status"

6.2.4 第 2 类与第 3 类服务协议

第 2 类与第 3 类服务协议的规范将在 GB/T 19902 以后的版本中讨论。

7 模板

7.1 总体结构

7.1.1 概述

任何能力模板的结构都能用 XML 模式来描述，使用 XML 模式定义语言，元素和属性均可以被定义。

这个模板结构由两部分组成：

a) 公共类型部分 commonPartType；

b) 特殊类型部分 specificPartType。

7.1.2 正式的结构

能力模板的正式结构如下：

```
〈? xml version="1.0" encoding="UTF-8"?〉
〈xs:schema targetNamespace="ISO16100CapabilityProfileSchema"
xmlns:cpsc="ISO16100CommonSchema" xmlns="ISO16100CapabilityProfileSchema"
xmlns:xs="http://www.w3.org/2001/XMLSchema" id="CapabilityProfiling" xml:lang="EN"〉
  〈xs:element name="CapabilityProfiling"〉
    〈xs:complexType〉
      〈xs:sequence maxOccurs="unbounded"〉
        〈xs:element name="type"〉
          〈xs:complexType〉
            〈xs:attribute name="id" type="xs:string" use="required"/〉
          〈/xs:complexType〉
        〈/xs:element〉
```

```
    <xs:element name="CapabilityProfile">
      <xs:complexType>
        <xs:sequence>
          <xs:element name="pkgtype">
            <xs:complexType>
              <xs:attribute name="version" type="xs:string" form="unqualified"/>
            </xs:complexType>
          </xs:element>
          <xs:element name="Common" type="CommonPartType"/>
          <xs:element name="Specific" type="SpecificPartType"/>
        </xs:sequence>
        <xs:attribute name="date" type="xs:string" form="unqualified"/>
      </xs:complexType>
    </xs:element>
   </xs:sequence>
  </xs:complexType>
 </xs:element>
</xs:schema>
```

7.2 公共部分

7.2.1 概述

模板的共有部分应由以下主要模式元素组成(见 GB/T 19902.2—2005 图 6):

选择需求专规还是选择 MSU 专规,应当用标识符 Requirement or MSU_Capability 表示,这两种情况都要加一个 ID 标识作为属性。

ID:一个字符串,用来在不同的匹配等级上区分一个 MSU 与其他的 MSU。

后面跟着的是未绑定序列的 ReferenceCapabilityClassStructure 与 TemplateID。

ReferenceCapabilityClassStructure:表示活动类。

TemplateID:标识在参考能力类结构中起始的类。特别是要求对整个能力类结构进行匹配时,该值为空。

用于不同的应用领域的公共部分可引用多个参考能力类结构。对于每个参考能力类结构名,都要在特殊部分定义其合适的专规。

借助 GB/T 19902.2—2005 的 6.2.1 中模板内容与 GB/T 19902.2—2005 的 6.3 中概念模板结构的描述,7.2.2 描述了一个完整的公共部分的结构。

7.2.2 正式的结构

CommonPartType 正式的模板结构如下:

```
<xs:complexType name="CommonPartType">
  <xs:sequence>
    <xs:choice>
      <xs:element name="Requirement">
        <xs:complexType>
          <xs:sequence>
            <xs:element name="ID" type="xs:string" />
          </xs:sequence>
          <xs:attribute name="id" type="xs:string" form="unqualified" />
```

```
        </xs:complexType>
      </xs:element>
      <xs:element name="MSU_Capability">
        <xs:complexType>
          <xs:sequence>
            <xs:element name="ID" type="xs:string" />
          </xs:sequence>
          <xs:attribute name="id" type="xs:string" form="unqualified" />
        </xs:complexType>
      </xs:element>
    </xs:choice>
    <xs:sequence maxOccurs="unbounded">
      <xs:element name="ReferenceCapabilityClassStructure">
        <xs:complexType>
          <xs:attribute name="id" type="xs:string" form="unqualified" />
          <xs:attribute name="name" type="xs:string" form="unqualified" />
          <xs:attribute name="version" type="xs:string" form="unqualified" />
          <xs:attribute name="url" type="xs:string" form="unqualified" />
        </xs:complexType>
      </xs:element>
      <xs:element name="TemplateID">
        <xs:complexType>
          <xs:attribute name="ID" type="xs:string" form="unqualified" />
        </xs:complexType>
      </xs:element>
    </xs:sequence>
    <xs:element name="Version">
      <xs:complexType>
        <xs:attribute name="major" type="xs:string" form="unqualified" />
        <xs:attribute name="minor" type="xs:string" form="unqualified" />
      </xs:complexType>
    </xs:element>
    <xs:element name="Owner">
      <xs:complexType>
        <xs:sequence>
          <xs:element name="name" type="xs:string" minOccurs="0" />
          <xs:element name="street" type="xs:string" minOccurs="0" />
          <xs:element name="city" type="xs:string" minOccurs="0" />
          <xs:element name="zip" type="xs:string" minOccurs="0" />
          <xs:element name="state" type="xs:string" minOccurs="0" />
          <xs:element name="country" type="xs:string" minOccurs="0" />
          <xs:element name="comment" type="xs:string" minOccurs="0" />
        </xs:sequence>
```

```
    </xs:complexType>
  </xs:element>
  <xs:element name="ComputingFacilities" minOccurs="0" maxOccurs="unbounded">
    <xs:complexType>
      <xs:sequence>
        <xs:element name="Processor0" minOccurs="0" maxOccurs="unbounded" >
          <xs:complexType>
          <xs:attribute name="type" type="xs:string" form="unqualified" />
          </xs:complexType>
        </xs:element>
        <xs:element name="OperatingSystem0" minOccurs="0" maxOccurs="unbounded" >
          <xs:complexType>
          <xs:attribute name="type" type="xs:string" form="unqualified" />
          </xs:complexType>
        </xs:element>
        <xs:element name="Language" minOccurs="0" maxOccurs="unbounded">
          <xs:complexType>
          <xs:attribute name="name" type="xs:string" form="unqualified" />
          </xs:complexType>
        </xs:element>
        <xs:element name="Memory" minOccurs="0" maxOccurs="unbounded">
          <xs:complexType>
            <xs:attribute name="size" type="xs:string" form="unqualified" />
            <xs:attribute name="unit" type="xs:string" form="unqualified" />
          </xs:complexType>
        </xs:element>
        <xs:element name="DiskSpace" minOccurs="0" maxOccurs="unbounded">
          <xs:complexType>
            <xs:attribute name="size" type="xs:string" form="unqualified" />
            <xs:attribute name="unit" type="xs:string" form="unqualified" />
          </xs:complexType>
        </xs:element>
      </xs:sequence>
      <xs:attribute name="type" type="xs:string" form="unqualified" />
    </xs:complexType>
  </xs:element>
  <xs:element name="Performance" minOccurs="0" maxOccurs="unbounded">
    <xs:complexType>
      <xs:attribute name="ElapsedTime" type="xs:string" form="unqualified" />
      <xs:attribute name="TransactionsPerUnitTime" type="xs:string" form="unqualified" />
    </xs:complexType>
  </xs:element>
  <xs:element name="ReliabilityData" minOccurs="0" maxOccurs="unbounded">
```

```
        〈xs:complexType〉
          〈xs:sequence〉
            〈xs:element name="UsageHistory" type="xs:string" minOccurs="0" /〉
            〈xs:element name="Shipments" minOccurs="0" maxOccurs="unbounded"〉
              〈xs:complexType〉
                〈xs:attribute name="number" type="xs:string" form="unqualified" /〉
              〈/xs:complexType〉
            〈/xs:element〉
            〈xs:element name="IntendedSafetyIntegrity" minOccurs="0" maxOccurs="unbound-
ed"〉
              〈xs:complexType〉
                〈xs:attribute name="level" type="xs:string" form="unqualified" /〉
              〈/xs:complexType〉
            〈/xs:element〉
            〈xs:element name="Certification" minOccurs="0" maxOccurs="unbounded"〉
              〈xs:complexType〉
                〈xs:attribute name="no1" type="xs:string" form="unqualified" /〉
              〈/xs:complexType〉
            〈/xs:element〉
          〈/xs:sequence〉
        〈/xs:complexType〉
      〈/xs:element〉
      〈xs:element name="SupportPolicy" minOccurs="0" maxOccurs="unbounded"〉
        〈xs:complexType〉
          〈xs:attribute name="index" type="xs:string" form="unqualified" /〉
        〈/xs:complexType〉
      〈/xs:element〉
      〈xs:element name="PriceData" minOccurs="0" maxOccurs="unbounded"〉
        〈xs:complexType〉
          〈xs:attribute name="invest" type="xs:string" form="unqualified" /〉
          〈xs:attribute name="annualSupport" type="xs:string" form="unqualified" /〉
          〈xs:attribute name="unit" type="xs:string" form="unqualified" /〉
        〈/xs:complexType〉
      〈/xs:element〉
    〈/xs:sequence〉
〈/xs:complexType〉
```

例：见 A.1。

7.3 特殊部分

一个模板的特殊部分应用 XML 模式来表示，特殊部分可以由一个或多个特殊复杂元素组成，这些复杂元素的数量应当与公共部分中的一致。特殊部分中的每个特殊复杂元素应当指向一个参考能力类结构。

允许由活动模型定义和描述类结构。

每个模板可由其参考能力类结构衍生而来，模板应当描述整个或者部分参考能力类结构。一个参考能力类结构可以拥有多个相关模板,它们覆盖了整个结构的各个部分。

一个活动的需求能力专规和 MSU 能力专规都应当用以 XML 模式表示的模板进行描述。这些模板应当来源于相同的参考能力类结构。

例:见 A.2 和 A.3。

7.4 模板的使用

模板用来创建需求能力专规与 MSU 能力专规。

在匹配过程中对两个专规进行比较。这需要一个公共的基础结构,这个基础结构由 XML 模式表示的模板结构来定义。

匹配规则取决于功能的类型。高级的匹配器或多或少要使用关于特殊应用领域的附加语义信息。

匹配器应返回在 6.2.1 中定义的匹配等级以及对匹配过程的评估。

例:关于匹配过程,见 A.2。

8 一致性

能力专规一致性评估的概念与规则的具体内容见 ISO 16100-4。

附 录 A
(资料性附录)
能力专规模板

A.1 通用能力专规模板

A.1.1 填充了的模板

一个被填充的模板是一个能力专规，下面给出一个范例。

```
〈? xml version="1.0" encoding="UTF-8"?〉
〈! -- ... --〉
〈CapabilityProfiling xmlns:xsi="http://www.w3.org/2001/XMLSchema-instance"
xsi:noNamespaceSchemaLocation="C:\...\ISO16100-General.xsd"〉
  〈Type id="ReqProf_0012"/〉
  〈CapabilityProfile date="2003-12-11"〉
    〈pkgtype version="1,0,0,2"/〉
    〈Common〉
      〈! -- Fill in the common part of the capability profile --〉
      〈! -- sample in A.1.2--〉
    〈/Common〉
    〈Specific〉
      〈! -- Fill in the specific part of the capability profile --〉
      〈! -- two samples, one in A.2.2 and one in A.3.2--〉
    〈/Specific〉
  〈/CapabilityProfile〉
〈/CapabilityProfiling〉
```

A.1.2 公共部分范例

下面显示了一个通用部分的范例，在A.2.2和A.3.2里给出特殊部分的两个范例。

```
〈Common〉
  〈Requirement ID="abc-Req-672726"/〉
  〈ReferenceCapabilityClassStructure id="CRCS_001" name="CEA_ReferenceCapabilitySchema"
version="1.0.1" url="www.asam.net/..."/〉
  〈TemplateID ID=""/〉
  〈Version major="1" minor="1"/〉
  〈Owner〉
    〈name〉ABC Inc.〈/name〉
    〈street〉Waterstreet 56〈/street〉
    〈city〉Softcity〈/city〉
    〈zip〉734562〈/zip〉
    〈state〉Alabama〈/state〉
    〈country〉USA〈/country〉
    〈comment〉This is a comment〈/comment〉
  〈/Owner〉
```

```
  〈ComputingFacilities type="PC"〉
    〈Processor type="Intel"/〉
    〈OperatingSystem type="WindowsXP"/〉
    〈Language name="en"/〉
    〈Memory size="138" unit="kByte"/〉
    〈DiskSpace size="23" unit="MByte"/〉
  〈/ComputingFacilities〉
  〈Performance ElapsedTime="14ms" TransactionsPerUnitTime="743"/〉
  〈ReliabilityData〉
    〈UsageHistory〉history discription〈/UsageHistory〉
    〈Shipments number="65"/〉
    〈IntendedSafetyIntegrity level="high"/〉
    〈Certification no="ISO9001"/〉
  〈/ReliabilityData〉
  〈SupportPolicy index="String"/〉
  〈PriceData invest="10000" annualSupport="5000" unit="$"/〉
〈/Common〉
```

A.2 制造业能力类结构

A.2.1 采用 XML 语法的参考类结构范例

根据 GB/T 19902.2—2005 中 6.2.1 和 6.3,创建了一个参考能力类结构,下面显示的参考类结构并不是一个完整模式描述(不是所有的节点都被描述),仅描述了基本原理,A.2.2 和 A.2.3 描述了一个填充的模板。

```
〈? xml version="1.0" encoding="UTF-8" ?〉
〈! -- Reference Capability Class Structure --〉
〈ReferenceCapabilityClassStructure id="CRCS_001" name=" DiscreteManufacturingActivity "
version="1.0.1" url="www.xxx.net/..."/〉
〈TemplateID ID="861"/〉
〈Version major="1" minor="1"/〉
  〈ManufacturingActivity level="0" ID="A"〉
    〈DevelopProducts level="1" ID="AA"〉
      〈EngineeringProcess level="2" ID="AA2"〉
        〈DevelopDetailedProcessPlan level="3" ID="AA22"〉
          〈GenerateProcessSequence level="4" ID="AA221"〉
            〈ScheduleSetUp level="5" ID="AA2211"〉
            〈! -- see Fig. B10 of part 1 --〉
            〈/ScheduleSetUp〉
            〈ScheduleHandling level="5" ID="AA2212"〉〈/ScheduleHandling〉
            〈ScheduleProcessing level="5" ID="AA2213"〉
              〈ScheduleInspection level="6" ID="AA22131"〉〈/ScheduleInspection〉
              〈SchedulePartMaking level="6" ID="AA22132"〉
                〈ScheduleShaping level="7" ID="AA221321"〉
```

```
                〈ScheduleMaterialRemoving level="8" ID="AA2213211"〉
                  〈! -- see Annex B of part 1 --〉
                  〈ScheduleMechanicalRemoving level="9" ID="AA22132111"〉
                    〈ScheduleMachining level="10" ID="AA221321111"〉
                      〈ScheduleSinglePointCutting level="11" ID="AA2213211111"〉
                        〈Boring level="12" ID="AA22132111111"〉
                        〈/Boring〉
                        〈Threading_Sp level="12" ID="AA22132111112"〉
                        〈/Threading_Sp〉
                        〈Turning level="12" ID="AA22132111113"〉
                        〈/Turning〉
                      〈/ScheduleSinglePointCutting〉
                      〈ScheduleMultiplePointCutting level="11" ID="AA2213211112"〉
                        〈Drilling level="12" ID="AA22132111121"〉
                        〈/Drilling〉
                        〈Milling level="12" ID="AA22132111122"〉
                        〈/Milling〉
                        〈Threading_Mp level="12" ID="AA22132111123"〉
                        〈/Threading_Mp〉
                      〈/ScheduleMultiplePointCutting〉
                    〈/ScheduleMachining〉
                  〈/ScheduleMechanicalRemoving〉
                  〈ScheduleChemicalRemoving〉
                    〈! -- continue --〉
                  〈/ScheduleChemicalRemoving〉
                〈/ScheduleMaterialRemoving〉
              〈/ScheduleShaping〉
            〈/SchedulePartMaking〉
          〈/ScheduleProcessing〉
          〈ScheduleLoadUnload〉〈/ScheduleLoadUnload〉
          〈ScheduleIdling〉〈/ScheduleIdling〉
        〈/GenerateProcessSequence〉
        〈GenerateOperations level="4" ID="AA222"〉〈/GenerateOperations〉
      〈/DevelopDetailedProcessPlan〉
    〈/EngineeringProcess〉
  〈/DevelopProducts〉
〈/ManufacturingActivity〉
〈ManufacturingInformationExchange level="0" ID="C"〉
  〈ComputingFacilitiesRequired level="1" ID="CC"〉
    〈Processor level="2" ID="CC1"〉
      〈RISC level="3" ID="CC11"/〉
      〈CISC level="3" ID="CC12"/〉
      〈DSP level="3" ID="CC13"/〉
```

```
      〈ASIC level="3" ID="CC14"/〉
    〈/Processor〉
    〈OperatingSystem level="2" ID="CC2"〉
      〈Windows level="3" ID="CC21"〉
        〈XP level="4" ID="CC211"〉
        〈/XP〉
      〈/Windows〉
      〈JavaVM level="3" ID="CC22"〉
      〈/JavaVM〉
      〈Linux level="3" ID="CC23"〉
      〈/Linux〉
      〈Unix level="3" ID="CC24"〉
      〈/Unix〉
      〈GenericPLC_OS level="3" ID="CC25"〉
      〈/GenericPLC_OS〉
    〈/OperatingSystem〉
    〈Language level="2" ID="CC3"〉
      〈! -- refer to proper standard in ISO --〉
    〈/Language〉
    〈Memory level="2" ID="CC4"〉
      〈Volatile level="3" ID="CC41"〉
      〈/Volatile〉
      〈NonVolatile level="3" ID="CC42"〉
      〈/NonVolatile〉
    〈/Memory〉
    〈DiskSpace level="2" ID="CC5"〉
      〈capacity〉40GB〈/capacity〉
      〈partitioning〉fixed〈/partitioning〉
    〈/DiskSpace〉
  〈/ComputingFacilitiesRequired〉
 〈/ManufacturingInformationExchange〉
〈/ReferenceCapabilityClassStructure〉
```


A.2.2 一个需求能力专规示例

下面的范例给出了一个需求能力专规，它使用了附录 B 中根据 GB/T 19902.1—2005 B.2 活动模型建立的模板，更详细的内容见图 B.11 中的能力协作图。


```
〈? xml version="1.0" encoding="UTF-8"?〉
〈CapabilityProfiling xmlns="http://tempuri.org/CapabilityProfileTemplate.xsd"〉
  〈Type id="ReqProf_786z7"/〉
  〈CapabilityProfile date="2003-09-11"〉
  〈pkgtype version="1,0,0,2"/〉
   〈Common〉
     〈Requirement ID="81-0001"/〉
     〈ReferenceCapabilityClassStructure id="rcs_1001" name="DiscreteManufacturingActivity"
```

```
version="001" url=""/〉
      〈TemplateID ID="manuAct32"/〉
      〈Version major="7" minor="3"/〉
      〈Owner〉
        〈name〉MM Production Inc. 〈/name〉
        〈street〉Summer Ave. 7〈/street〉
        〈city〉Softcity〈/city〉
        〈zip〉4711〈/zip〉
        〈state〉CA〈/state〉
        〈country〉USA〈/country〉
        〈comment〉Only best experiences! 〈/comment〉
      〈/Owner〉
      〈ComputingFacilities type="required"〉
        〈Processor type="INTEL"/〉
        〈OperatingSystem type="LINUX"/〉
        〈Language name="EN"/〉
        〈Memory size="28" unit="MB"/〉
        〈DiskSpace size="30" unit="GB"/〉
      〈/ComputingFacilities〉
      〈Performance ElapsedTime="61ms" TransactionsPerUnitTime="621"/〉
      〈ReliabilityData〉
        〈UsageHistory〉
          abc1
          abc2
          〈/UsageHistory〉
        〈Shipments number="55"/〉
        〈IntendedSafetyIntegrity level="3"/〉
        〈Certification no1="ISO9001"/〉
      〈/ReliabilityData〉
      〈SupportPolicy index="23"/〉
      〈PriceData invest="12000" annualSupport="2400" unit="USD"/〉
      〈TemplateID ID_Number="Ex_A22_DevelopProdcuct_ISO-DIS16100-01"/〉
      〈! -- gives the uppest level, relative root; e. g. to level 4--〉
      〈CapabilityClassName id="ccn_1001"〉GenerateProcessSequence〈/CapabilityClassName〉
      〈CapabilityClassName id="ccn_1002"〉GenerateControlPrograms〈/CapabilityClassName〉
    〈/Common〉
    〈Specific〉
      〈ReferenceCapabilityClassStructure id="rcs_1001"〉
        〈ManufacturingActivity〉
          〈! -- for standard matching rules --〉
          〈Activity id="act_2001" level="12" mandatoryLevel="10"〉
      〈Boring〉
      〈Boring/〉
```

```
          〈/Activity〉
          〈Activity id="act_2002" level="12" mandatoryLevel="10"〉
            〈Threading_sp〉
            〈/Threading_sp〉
          〈/Activity〉
          〈Activity id="act_2003" level="12" mandatoryLevel="10"〉
            〈Threading_Mp〉
            〈/Threading_Mp〉
          〈/Activity〉
          〈Activity id="act_2004" level="12" mandatoryLevel="10"〉
            〈Drilling attr1="abc"〉
              〈Material type="Copper"〉
                〈Depth〉100mm〈/Depth〉
                〈Speed〉5mm/s〈/Speed〉
              〈/Material〉
            〈/Drilling〉
          〈/Activity〉
          〈! -- end of standard matching rules --〉
        〈/ManufacturingActivity〉
        〈ManufacturingInformationExchange〉
          〈Processor id="111" level="3" mandatoryLevel="3"〉
            〈RISC/〉
          〈/Processor〉
          〈OperatingSystem id="112" level="3" mandatoryLevel="2"〉
            〈XP/〉
          〈/OperatingSystem〉
        〈/ManufacturingInformationExchange〉
      〈/ReferenceCapabilityClassStructure〉
    〈/Specific〉
  〈/CapabilityProfile〉
〈/CapabilityProfiling〉
```


A.2.3 一个 MSU 的能力专规示例

下面范例描述了根据 GB/T 19902.1—2005 中 B.5 活动模型描述的一个 MSU 能力。


```
〈? xml version="1.0" encoding="UTF-8"?〉
〈CapabilityProfiling xmlns="http://tempuri.org/CapabilityProfileTemplate.xsd"〉
  〈Type id="MSU_Profile"/〉
  〈CapabilityProfile date="2003-09-11"〉
    〈pkgtype version="1,0,0,2"/〉
    〈Common〉
      〈MSU_Capability ID="xyz-MSU-101010"/〉
      〈ReferenceCapabilityClassStructure id="rcs_1001" name="DiscreteManufacturingActivity"
version="001" url=""/〉
      〈ReferenceCapabilityClassStructure id="rcs_1002" name="DiscreteEngineeringActivity" ver-
```

```
sion="001" url=""/>
      <Requirement ID="81-0001"/>
      <Version major="2" minor="3"/>
      <Owner>
        <name>MSU Developer Inc. </name>
        <street>Winter Ave. 7</street>
        <city>Softcity</city>
        <zip>4712</zip>
        <state>CA</state>
        <country>USA</country>
        <comment>Only best experiences! </comment>
      </Owner>
      <ComputingFacilities type="required">
        <! -- see Fig 6 part 2 -->
        <Processor type="INTEL"/>
        <OperatingSystem type="LINUX"/>
        <Language name="EN"/>
        <Memory size="28" unit="MB"/>
        <DiskSpace size="30" unit="GB"/>
      </ComputingFacilities>
      <Performance ElapsedTime="61ms" TransactionsPerUnitTime="621"/>
      <TemplateID ID_Number="Ex_A22_DevelopProdcuct_ISO-DIS16100-01"/>
      <! -- gives the uppest level, relative root; e. g. to level 4-->
      <CapabilityClassName id="ccn_1001">GenerateProcessSequence</CapabilityClassName>
      <CapabilityClassName id="ccn_1002">GenerateControlPrograms</CapabilityClassName>
    </Common>
    <Specific>
      <ReferenceCapabilityClassStructure id="rcs_2001">
        <ManufacturingActivity>
          <! -- for standard matching rules -->
          <Activity id="act_2001" level="12" mandatoryLevel="10">
            <Boring>
            </Boring>
          </Activity>
          <Activity id="act_2002" level="12" mandatoryLevel="10">
            <Threading_sp>
            </Threading_sp>
          </Activity>
          <Activity id="act_2003" level="12" mandatoryLevel="10">
            <Threading_Mp>
            </Threading_Mp>
          </Activity>
          <Activity id="act_2004" level="12" mandatoryLevel="10">
```

```
        〈Drilling attr1="abc"〉
          〈Material type="Copper"〉
            〈Depth〉200mm〈/Depth〉
            〈Speed〉8mm/s〈/Speed〉
          〈/Material〉
          〈Material type="Steel"〉
            〈Depth〉120mm〈/Depth〉
            〈Speed〉4mm/s〈/Speed〉
          〈/Material〉
          〈Material type="Aluminium"〉
            〈Depth〉250mm〈/Depth〉
            〈Speed〉7mm/s〈/Speed〉
          〈/Material〉
        〈/Drilling〉
      〈/Activity〉
      〈! -- end of standard matching rules --〉
    〈/ManufacturingActivity〉
    〈ManufacturingInformationExchange〉
      〈Processor id="111" level="3" mandatoryLevel="3"〉
        〈RISC/〉
      〈/Processor〉
      〈OperatingSystem id="112" level="3" mandatoryLevel="2"〉
        〈XP/〉
      〈/OperatingSystem〉
    〈/ManufacturingInformationExchange〉
  〈/ReferenceCapabilityClassStructure〉
  〈ReferenceCapabilityClassStructure id="rcs_3002"〉
    〈ManufacturingActivity〉
      〈! -- for standard matching rules --〉
      〈Activity id="act_3001" level="7" mandatoryLevel="6"〉
        〈ControlFunctionBlock〉
        〈/ControlFunctionBlock〉
      〈/Activity〉
      〈Activity id="act_3002" level="7" mandatoryLevel="6"〉
        〈IOFunctionBlock〉
        〈/IOFunctionBlock〉
      〈/Activity〉
      〈! -- end of standard matching rules --〉
    〈/ManufacturingActivity〉
    〈ManufacturingInformationExchange〉
      〈Processor id="115" level="3" mandatoryLevel="3"〉
        〈ARM/〉
      〈/Processor〉
```

```
        〈OperatingSystem2 id="1" level="3" mandatoryLevel="2"〉
          〈GenericPLC_OS/〉
        〈/OperatingSystem2〉
      〈/ManufacturingInformationExchange〉
    〈/ReferenceCapabilityClassStructure〉
  〈/Specific〉
 〈/CapabilityProfile〉
〈/CapabilityProfiling〉
```

A.2.4 将一个需求能力专规匹配其中一个 MSU

这个匹配过程需要考虑 A.2.3 中活动"钻孔"的潜在模板中的全部项。

MSU 考虑对具有不同特性(如速度和深度)的 3 种不同原料进行钻孔,通过调查需求发现只需要一类钻孔:"铜"原料,"铜"原料的速度和深度属性均满足 MSU 专规。因此,该项获得了完全匹配。

对于其他条款也要进行该匹配以达到一个总体匹配等级。

A.3 一个测试单元的能力类结构

A.3.1 采用 XML 语法的参考类结构范例

一个测试单元参考字典的范例。

```
〈?xml version="1.0"?〉
〈!-- edited with . . . --〉
〈xs:schema xmlns:xs="http://www.w3.org/2001/XMLSchema" elementFormDefault="qualified"
attributeFormDefault="qualified" id="CapabilityProfiling"〉
  〈xs:element name="CapabilityProfiling"〉
    〈xs:complexType〉
      〈xs:sequence maxOccurs="unbounded"〉
        〈xs:element name="type"〉
          〈xs:complexType〉
            〈xs:attribute name="id" type="xs:string" form="unqualified"/〉
          〈/xs:complexType〉
        〈/xs:element〉
        〈xs:element name="ReferenceCapabilityClassStructure"〉
          〈xs:complexType〉
            〈xs:sequence〉
              〈xs:element name="TestActivities"〉
                〈xs:complexType〉
                  〈xs:choice〉
                    〈xs:element name="Importer"〉
                      〈xs:complexType〉
                        〈xs:choice〉
                          〈xs:element name="File"〉
                            〈xs:complexType〉
                              〈xs:sequence〉
                                〈xs:element name="SingleFile" minOccurs="0" maxOccurs=
"unbounded"〉
```

```
〈xs:complexType〉
  〈xs:sequence〉
    〈xs:element name="ASCII" minOccurs="0" maxOccurs
="unbounded"〉
      〈xs:complexType〉
        〈xs:sequence〉
          〈xs:element name="FeatureS" minOccurs="0"
maxOccurs="unbounded"〉
            〈xs:complexType〉
              〈xs:sequence〉
                〈xs:element name="Feature" nillable=
"true" minOccurs="0" maxOccurs="unbounded"〉
                  〈xs:complexType〉
                    〈xs:simpleContent〉
                      〈xs:extension base="xs:string"/〉
                    〈/xs:simpleContent〉
                  〈/xs:complexType〉
                〈/xs:element〉
              〈/xs:sequence〉
            〈/xs:complexType〉
          〈/xs:element〉
        〈/xs:sequence〉
        〈xs:attribute name="level" type="xs:int" form=
"unqualified"/〉
        〈xs:attribute name="ID" type="xs:string" form
="unqualified"/〉
      〈/xs:complexType〉
    〈/xs:element〉
    〈xs:element name="EDAS" minOccurs="0" maxOccurs
="unbounded"〉
      〈xs:complexType〉
        〈xs:attribute name="level" type="xs:int" form=
"unqualified"/〉
        〈xs:attribute name="ID" type="xs:string" form
="unqualified"/〉
      〈/xs:complexType〉
    〈/xs:element〉
    〈xs:element name="Excel" minOccurs="0" maxOccurs
="unbounded"〉
      〈xs:complexType〉
        〈xs:sequence〉
          〈xs:element name="Excel-Binary" minOccurs=
"0" maxOccurs="unbounded"〉
```

```
<xs:complexType>
  <xs:attribute name="level" type="xs:int" form="unqualified"/>
  <xs:attribute name="ID" type="xs:string" form="unqualified"/>
</xs:complexType>
</xs:element>
<xs:element name="Excel-Text" minOccurs="0" maxOccurs="unbounded">
<xs:complexType>
  <xs:attribute name="level" type="xs:int" form="unqualified"/>
  <xs:attribute name="ID" type="xs:string" form="unqualified"/>
</xs:complexType>
</xs:element>
</xs:sequence>
<xs:attribute name="level" type="xs:int" form="unqualified"/>
<xs:attribute name="ID" type="xs:string" form="unqualified"/>
</xs:complexType>
</xs:element>
</xs:sequence>
<xs:attribute name="level" type="xs:int" form="unqualified"/>
<xs:attribute name="ID" type="xs:string" form="unqualified"/>
</xs:complexType>
</xs:element>
<xs:element name="MultipleFile" minOccurs="0" maxOccurs="unbounded">
<xs:complexType>
<xs:sequence>
<xs:element name="Diadem" minOccurs="0" maxOccurs="unbounded">
<xs:complexType>
  <xs:attribute name="level" type="xs:int" form="unqualified"/>
  <xs:attribute name="ID" type="xs:string" form="unqualified"/>
</xs:complexType>
</xs:element>
```

```
                    〈/xs:sequence〉
                    〈xs:attribute name="level" type="xs:int" form="unqualified"/〉
                    〈xs:attribute name="ID" type="xs:string" form="unqualified"/〉
                  〈/xs:complexType〉
                〈/xs:element〉
                〈xs:element name="Folder" minOccurs="0" maxOccurs="unbounded"〉
                  〈xs:complexType〉
                    〈xs:sequence〉
                      〈xs:element name="ISO13499" minOccurs="0" maxOccurs="unbounded"〉
                        〈xs:complexType〉
                          〈xs:attribute name="level" type="xs:int" form="unqualified"/〉
                          〈xs:attribute name="ID" type="xs:string" form="unqualified"/〉
                        〈/xs:complexType〉
                      〈/xs:element〉
                    〈/xs:sequence〉
                    〈xs:attribute name="level" type="xs:int" form="unqualified"/〉
                    〈xs:attribute name="ID" type="xs:string" form="unqualified"/〉
                  〈/xs:complexType〉
                〈/xs:element〉
              〈/xs:sequence〉
              〈xs:attribute name="level" type="xs:int" form="unqualified"/〉
              〈xs:attribute name="ID" type="xs:string" form="unqualified"/〉
            〈/xs:complexType〉
          〈/xs:element〉
          〈xs:element name="Database"〉
            〈xs:complexType〉
              〈xs:sequence〉
                〈xs:element name="SQL" minOccurs="0" maxOccurs="unbounded"〉
                  〈xs:complexType〉
                    〈xs:attribute name="level" type="xs:int" form="unqualified"/〉
                    〈xs:attribute name="ID" type="xs:string" form="unqualified"/〉
```

```
                    </xs:complexType>
                  </xs:element>
                  <xs:element name="ODS" minOccurs="0" maxOccurs="unbounded">
                    <xs:complexType>
                      <xs:attribute name="level" type="xs:int" form="unqualified"/>
                      <xs:attribute name="ID" type="xs:string" form="unqualified"/>
                    </xs:complexType>
                  </xs:element>
                </xs:sequence>
                <xs:attribute name="level" type="xs:int" form="unqualified"/>
                <xs:attribute name="ID" type="xs:string" form="unqualified"/>
              </xs:complexType>
            </xs:element>
          </xs:choice>
          <xs:attribute name="level" type="xs:int" form="unqualified"/>
          <xs:attribute name="ID" type="xs:string" form="unqualified"/>
        </xs:complexType>
      </xs:element>
      <xs:element name="Worker">
        <xs:complexType>
          <xs:choice>
            <xs:element name="Calculation">
              <xs:complexType>
                <xs:choice>
                  <xs:element name="Formula">
                    <xs:complexType>
                      <xs:choice>
                        <xs:element name="FormulaEditor">
                          <xs:complexType>
                            <xs:sequence>
                              <xs:element name="ArithmetikOperators" minOccurs="0" maxOccurs="unbounded">
                                <xs:complexType>
                                  <xs:attribute name="level" type="xs:int" form="unqualified"/>
                                  <xs:attribute name="ID" type="xs:string" form="unqualified"/>
                                </xs:complexType>
                              </xs:element>
```

```
〈xs:element name="ArithmeticFunctions" minOccurs="0" maxOccurs="unbounded"〉
    〈xs:complexType〉
        〈xs:attribute name="level" type="xs:int" form="unqualified"/〉
        〈xs:attribute name="ID" type="xs:string" form="unqualified"/〉
    〈/xs:complexType〉
〈/xs:element〉
〈xs:element name="StatisticalFunctions" minOccurs="0" maxOccurs="unbounded"〉
    〈xs:complexType〉
        〈xs:attribute name="level" type="xs:int" form="unqualified"/〉
        〈xs:attribute name="ID" type="xs:string" form="unqualified"/〉
    〈/xs:complexType〉
〈/xs:element〉
〈xs:element name="TrigonometricFunctions" minOccurs="0" maxOccurs="unbounded"〉
    〈xs:complexType〉
        〈xs:attribute name="level" type="xs:int" form="unqualified"/〉
        〈xs:attribute name="ID" type="xs:string" form="unqualified"/〉
    〈/xs:complexType〉
〈/xs:element〉
〈xs:element name="HyperbolicFunctions" minOccurs="0" maxOccurs="unbounded"〉
    〈xs:complexType〉
        〈xs:attribute name="level" type="xs:int" form="unqualified"/〉
        〈xs:attribute name="ID" type="xs:string" form="unqualified"/〉
    〈/xs:complexType〉
〈/xs:element〉
〈/xs:sequence〉
〈xs:attribute name="level" type="xs:int" form="unqualified"/〉
〈xs:attribute name="ID" type="xs:string" form="unqualified"/〉
〈/xs:complexType〉
〈/xs:element〉
```

```
                    〈xs:element name="FixedFormula"〉
                      〈xs:complexType〉
                        〈xs:attribute name="level" type="xs:int" form="unqualified"/〉
                        〈xs:attribute name="ID" type="xs:string" form="unqualified"/〉
                      〈/xs:complexType〉
                    〈/xs:element〉
                  〈/xs:choice〉
                  〈xs:attribute name="level" type="xs:int" form="unqualified"/〉
                  〈xs:attribute name="ID" type="xs:string" form="unqualified"/〉
                〈/xs:complexType〉
              〈/xs:element〉
              〈xs:element name="FrequenyAnalysis"〉
                〈xs:complexType〉
                  〈xs:choice〉
                    〈xs:element name="FFT"〉
                      〈xs:complexType〉
                        〈xs:sequence〉
                          〈xs:element name="TwoToTwoUnLimited" type="xs:string" minOccurs="0"/〉
                        〈/xs:sequence〉
                        〈xs:attribute name="level" type="xs:int" form="unqualified"/〉
                        〈xs:attribute name="ID" type="xs:string" form="unqualified"/〉
                      〈/xs:complexType〉
                    〈/xs:element〉
                    〈xs:element name="DFT"〉
                      〈xs:complexType〉
                        〈xs:attribute name="level" type="xs:int" form="unqualified"/〉
                        〈xs:attribute name="ID" type="xs:string" form="unqualified"/〉
                      〈/xs:complexType〉
                    〈/xs:element〉
                  〈/xs:choice〉
                  〈xs:attribute name="level" type="xs:int" form="unqualified"/〉
                  〈xs:attribute name="ID" type="xs:string" form="unqualified"/〉
```

```
                        〈/xs:complexType〉
                    〈/xs:element〉
                    〈xs:element name="Filtering"〉
                        〈xs:complexType〉
                            〈xs:choice〉
                                〈xs:element name="FIR-Filter"〉
                                    〈xs:complexType〉
                                        〈xs:attribute name="level" type="xs:int" form="unqualified"/〉
                                        〈xs:attribute name="ID" type="xs:string" form="unqualified"/〉
                                    〈/xs:complexType〉
                                〈/xs:element〉
                                〈xs:element name="FFT-Filter"〉
                                    〈xs:complexType〉
                                        〈xs:choice〉
                                            〈xs:element name="CFC"〉
                                                〈xs:complexType〉
                                                    〈xs:attribute name="level" type="xs:int" form="unqualified"/〉
                                                    〈xs:attribute name="ID" type="xs:string" form="unqualified"/〉
                                                〈/xs:complexType〉
                                            〈/xs:element〉
                                            〈xs:element name="xyz"〉
                                                〈xs:complexType〉
                                                    〈xs:attribute name="level" type="xs:int" form="unqualified"/〉
                                                    〈xs:attribute name="ID" type="xs:string" form="unqualified"/〉
                                                〈/xs:complexType〉
                                            〈/xs:element〉
                                        〈/xs:choice〉
                                        〈xs:attribute name="level" type="xs:int" form="unqualified"/〉
                                        〈xs:attribute name="ID" type="xs:string" form="unqualified"/〉
                                    〈/xs:complexType〉
                                〈/xs:element〉
                            〈/xs:choice〉
                            〈xs:attribute name="level" type="xs:int" form="unqualified"/〉
                            〈xs:attribute name="ID" type="xs:string" form="un-
```

```
qualified"/〉
                                〈/xs:complexType〉
                              〈/xs:element〉
                              〈xs:element name="Statistic"〉
                                〈xs:complexType〉
                                  〈xs:choice〉
                                    〈xs:element name="HIC"〉
                                      〈xs:complexType〉
                                        〈xs:attribute name="level" type="xs:int" form=
"unqualified"/〉
                                        〈xs:attribute name="ID" type="xs:string" form
="unqualified"/〉
                                      〈/xs:complexType〉
                                    〈/xs:element〉
                                  〈/xs:choice〉
                                  〈xs:attribute name="level" type="xs:int" form="unqual-
ified"/〉
                                  〈xs:attribute name="ID" type="xs:string" form="un-
qualified"/〉
                                〈/xs:complexType〉
                              〈/xs:element〉
                            〈/xs:choice〉
                            〈xs:attribute name="level" type="xs:int" form="unqualified"/〉
                            〈xs:attribute name="ID" type="xs:string" form="unquali-
fied"/〉
                        〈/xs:complexType〉
                      〈/xs:element〉
                    〈/xs:choice〉
                    〈xs:attribute name="level" type="xs:int" form="unqualified"/〉
                    〈xs:attribute name="ID" type="xs:string" form="unqualified"/〉
                  〈/xs:complexType〉
                〈/xs:element〉
                〈xs:element name="Exporter"〉
                  〈xs:complexType〉
                    〈xs:attribute name="level" type="xs:int" form="unqualified"/〉
                    〈xs:attribute name="ID" type="xs:string" form="unqualified"/〉
                  〈/xs:complexType〉
                〈/xs:element〉
                〈xs:element name="Viewer"〉
                  〈xs:complexType〉
                    〈xs:attribute name="level" type="xs:int" form="unqualified"/〉
                    〈xs:attribute name="ID" type="xs:string" form="unqualified"/〉
                  〈/xs:complexType〉
```

```
                </xs:element>
              </xs:choice>
              <xs:attribute name="level" type="xs:int" form="unqualified"/>
              <xs:attribute name="ID" type="xs:string" form="unqualified"/>
            </xs:complexType>
          </xs:element>
          <xs:element name="InformationExchange">
            <xs:complexType>
              <xs:sequence>
                <xs:element name="InputDataTypes" type="DataTypes"/>
                <xs:element name="OutputDataTypes" type="DataTypes"/>
              </xs:sequence>
              <xs:attribute name="level" type="xs:int" form="unqualified"/>
              <xs:attribute name="ID" type="xs:string" form="unqualified"/>
            </xs:complexType>
          </xs:element>
        </xs:sequence>
        <xs:attribute name="name" type="xs:string" form="unqualified"/>
      </xs:complexType>
    </xs:element>
  </xs:sequence>
 </xs:complexType>
</xs:element>
<xs:complexType name="DataTypes">
  <xs:sequence>
    <xs:element name="Numerical" minOccurs="0">
      <xs:complexType>
        <xs:sequence>
          <xs:element name="Zero-Dimensional" type="BasicNumeric"/>
          <xs:element name="One-Dimensional" type="BasicNumeric"/>
          <xs:element name="Two-Dimensional" type="BasicNumeric"/>
        </xs:sequence>
      </xs:complexType>
    </xs:element>
    <xs:element name="MultiMedia" type="BasicMultiMedia" minOccurs="0"/>
  </xs:sequence>
</xs:complexType>
<xs:complexType name="BasicNumeric">
  <xs:sequence>
    <xs:element name="double" minOccurs="0">
      <xs:complexType>
        <xs:attribute name="level" type="xs:int" form="unqualified"/>
        <xs:attribute name="ID" type="xs:string" form="unqualified"/>
```

```
      </xs:complexType>
    </xs:element>
    <xs:element name="int" minOccurs="0">
      <xs:complexType>
        <xs:attribute name="level" type="xs:int" form="unqualified"/>
        <xs:attribute name="ID" type="xs:string" form="unqualified"/>
      </xs:complexType>
    </xs:element>
    <xs:element name="string" minOccurs="0">
      <xs:complexType>
        <xs:attribute name="level" type="xs:int" form="unqualified"/>
        <xs:attribute name="ID" type="xs:string" form="unqualified"/>
      </xs:complexType>
    </xs:element>
    <xs:element name="time" minOccurs="0">
      <xs:complexType>
        <xs:attribute name="level" type="xs:int" form="unqualified"/>
        <xs:attribute name="ID" type="xs:string" form="unqualified"/>
      </xs:complexType>
    </xs:element>
  </xs:sequence>
</xs:complexType>
<xs:complexType name="BasicMultiMedia">
  <xs:sequence>
    <xs:element name="Video" minOccurs="0">
      <xs:complexType>
        <xs:attribute name="level" type="xs:int" form="unqualified"/>
        <xs:attribute name="ID" type="xs:string" form="unqualified"/>
      </xs:complexType>
    </xs:element>
    <xs:element name="Audio" minOccurs="0">
      <xs:complexType>
        <xs:attribute name="level" type="xs:int" form="unqualified"/>
        <xs:attribute name="ID" type="xs:string" form="unqualified"/>
      </xs:complexType>
    </xs:element>
  </xs:sequence>
</xs:complexType>
</xs:schema>
```

A.3.2 需求能力专规示例

下面的范例给出了使用 A.3.1 模板(规范)的需求能力专规。

```
<? xml version="1.0" encoding="UTF-8"?>
<CapabilityProfiling>
```

```
<Type id="Requirement Profile"/>
<CapabilityProfile date="2003-09-11">
  <! -- ISO 8601 defined date yyyy-mm-dd -->
  <pkgtype version="V01.01.03a"/>
  <! --DTD-NAME= V<Application Profile Nr>.<Version Nr>.<Revision Nr>[<Patch Level>]-->
  <Common>
    <Requirement id="AMS-r701-0001" version="V01.01.01a"/>
    <Owner>
      <name>MSU User Ltd.</name>
      <street>Spring Blv. 2</street>
      <city>Softcity</city>
      <zip>0915</zip>
      <state/>
      <country>France</country>
      <comment>Never seen before</comment>
    </Owner>
    <ComputingFacilities type="offered">
      <! -- see Fig 6 part 2 -->
      <Processor type="INTEL"/>
      <OperatingSystem>LINUX</OperatingSystem>
      <Language name="EN"/>
      <Memory size="28" unit="MB"/>
      <DiskSpace size="30" unit="GB"/>
    </ComputingFacilities>
    <Performance>
      <ElapsedTime value="200ms"/>
      <TransactionsPerSecond value="200"/>
    </Performance>
    <TemplateID ID_Number="Cea_A1_Evaluation_ISO-DIS16100-01"/>
    <! -- gives the uppest level, relative root; e.g. to level 4 -->
    <CapabilityClassName id="ccn_1001">Calculate_FFT</CapabilityClassName>
  </Common>
  <Specific>
    <ReferenceCapabilityClassStructure id="cea_1001" name="CEA_TestActivity" version=
"001" url="">
      <TestActivities>
        <FormulaEditor level="4" ID="ABAAA" status="mandatory"/>
      </TestActivities>
      <InformationExchange>
        <InputDataTypes level="1" ID="BA">
          <DoubleValue level="4" ID="BAAAA" status="optional"/>
          <IntegerValue level="4" ID="BAAAB" status="optional"/>
          <DoubleVector level="4" ID="BAABA" status="mandatory"/>
```

```
          〈IntegerVector level="4" ID="BAABB" status="optional"/〉
        〈/InputDataTypes〉
        〈OutputDataTypes level="1" ID="BB"〉
          〈Vector level="3" ID="BBAB" status="mandatory"/〉
        〈/OutputDataTypes〉
      〈/InformationExchange〉
    〈/ReferenceCapabilityClassStructure〉
  〈/Specific〉
 〈/CapabilityProfile〉
〈/CapabilityProfiling〉
```

A.3.3 一个 MSU 的能力专规示例

下面范例描述了一个 CEA_TestActivity 的能力专规，它可以执行一个以双精度值和整型值为输入的快速傅立叶变换(FFT)分析，计算结果将为双精度型值。

```
〈? xml version="1.0" encoding="UTF-8"?〉
〈CapabilityProfiling〉
  〈Type id="Capability Profile" /〉
  〈CapabilityProfile date="2003-11-13"〉
    〈! -- ISO 8601 defined date yyyy-mm-dd --〉
    〈pkgtype version="V01.01.01a" /〉
    〈! --DTD-NAME= V〈Application Profile Nr〉.〈Version Nr〉.〈Revision Nr[〈Patch Level〉]--〉
    〈Common〉
      〈MSU_Capability id="AMS-101-0001" name="SampleCeaWorker" version="V01.02.01a"
uri="" /〉
      〈Owner〉
        〈name〉MSU Developer Inc.〈/name〉
        〈street〉Winter Ave. 7〈/street〉
        〈city〉Softcity〈/city〉
        〈zip〉4712〈/zip〉
        〈state〉CA〈/state〉
        〈country〉USA〈/country〉
        〈comment〉Only best experiences!〈/comment〉
      〈/Owner〉
      〈ComputingFacilities type="required"〉
          〈! -- see Fig 6 part 2 --〉
        〈Processor type="INTEL" /〉
        〈OperatingSystemS〉
          〈OperatingSystem〉LINUX〈/OperatingSystem〉
          〈OperatingSystem〉JAVA〈/OperatingSystem〉
        〈/OperatingSystemS〉
        〈Language name="EN" /〉
        〈Memory size="28" unit="MB" /〉
        〈DiskSpace size="30" unit="GB" /〉
      〈/ComputingFacilities〉
```

```
        〈Performance〉
          〈ElapsedTime value="61ms" /〉
          〈TransactionsPerSecond value="621" /〉
        〈/Performance〉
        〈TemplateID ID_Number="Cea_A1_Evaluation_ISO-DIS16100-01" /〉
        〈! -- gives the uppest level, relative root; e. g. to level 4--〉
        〈CapabilityClassName id="ccn_1001"〉 Calculate_FFT 〈/CapabilityClassName〉
      〈/Common〉
      〈Specific〉
        〈ReferenceClassStructure id="cea_1001" name="CEA_TestActivity" version="001" url
=""〉
          〈TestActivities〉
            〈Worker〉
              〈Calculation〉
                〈FrequencyAnalysis〉
                  〈FFT /〉
                〈/FrequencyAnalysis〉
              〈/Calculation〉
            〈/Worker〉
          〈/TestActivities〉
          〈InformationExchange〉
            〈InputDataTypes level="1" ID="BA"〉
              〈Numerical level="2" ID="BAA"〉
                〈One-Dimensional level="3" ID="BAAA"〉
                  〈double level="3" ID="BAAAA" /〉
                  〈int level="3" ID="BAAAB" /〉
                〈/One-Dimensional〉
              〈/Numerical〉
            〈/InputDataTypes〉
            〈OutputDataTypes level="1" ID="BB"〉
              〈Numerical level="2" ID="BAA"〉
                〈One-Dimensional level="3" ID="BAAA"〉
                  〈double level="3" ID="BAAAA" /〉
                〈/One-Dimensional〉
              〈/Numerical〉
            〈/OutputDataTypes〉
          〈/InformationExchange〉
        〈/ReferenceClassStructure〉
      〈/Specific〉
    〈/CapabilityProfile〉
  〈/CapabilityProfiling〉
```

附 录 B
（资料性附录）
能力参考模型

B.1 能力类图与对象模型

制造过程的信息共享及交互模型应包含此过程所使用类的对象模型，对象模型描述设计与制造过程中的数据及功能。模型发展的主要意图就是使创建标准信息内容规范更为方便，对于能力建规，标准信息内容规范是必要的。

例如，为达到真正的协同设计及制造，产品设计及制造过程的信息表示应支持应用过程间双向（或多向）通信的多层抽象。在早期的产品概念设计阶段，理解高层设计决策的权衡及暗含信息很重要，尽管还没有给出几何表示，但产品设计的符号描述能够给出足够输入用于确定包含潜在成本评估的许多制造过程特征。这些形式表示可用于开发产品设计及制造工程活动集成的接口规范。

类是用来表示概念或物理对象的信息结构，它包含属性和功能，一个类可从另一个类继承所有属性。信息模型具有以下关键字：类、继承、字符串、整数和双精度数。

产品设计和制造过程计划应用（也指其他应用）间发生多个阶段信息交互，图B.1说明了在建立概念设计与概念过程计划之间的互操作时存在多个通信阶段。

概念设计是早期设计阶段活动，此阶段形成一个产品的概念。产品概念包括产品需求、功能、可能的行为特征、形状/结构（布局）及相关特征。

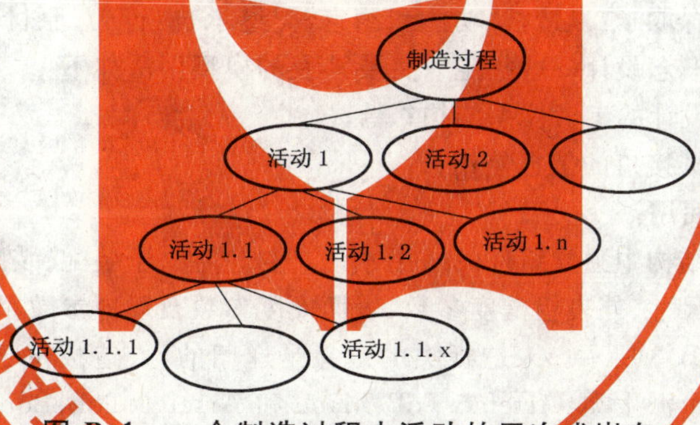

图B.1 一个制造过程中活动的层次或嵌套

特征包括原材料、组装级公差、临界外表粗糙度及硬度指数和临界尺寸。功能产品设计给出了产品的主要功能并且将这些功能根据需求分解成为更为详尽的功能；行为设计将具体功能映射成为行为。具体设计根据功能及行为规定了产品的外形及结构，详细产品信息从概念化设计中衍生得来，概念设计信息用于详细设计过程，例如几何形状、拓扑结构、公差及尺寸规范。

概念设计活动（B1）分解为5个子活动：A11～A15，如图B.2的数据流所示。活动A11根据输入、工程需求定义产品功能及约束，称为功能设计；活动A12根据A11输出的功能及约束生成产品行为，对于那些没有行为的活动，例如静态结构化对象，此活动可以跳过；活动A13分解功能、约束及行为，这样产品的每个零件、子装配及装配都具有自己的功能、约束及行为（如果可用的话）。随着功能、约束及行为的分解，可以设计活动A14的每个零件及配置产品。活动A14可以分解为两个子活动：A141根据功能描述产品结构，A142描述付诸制造的产品的详细信息。

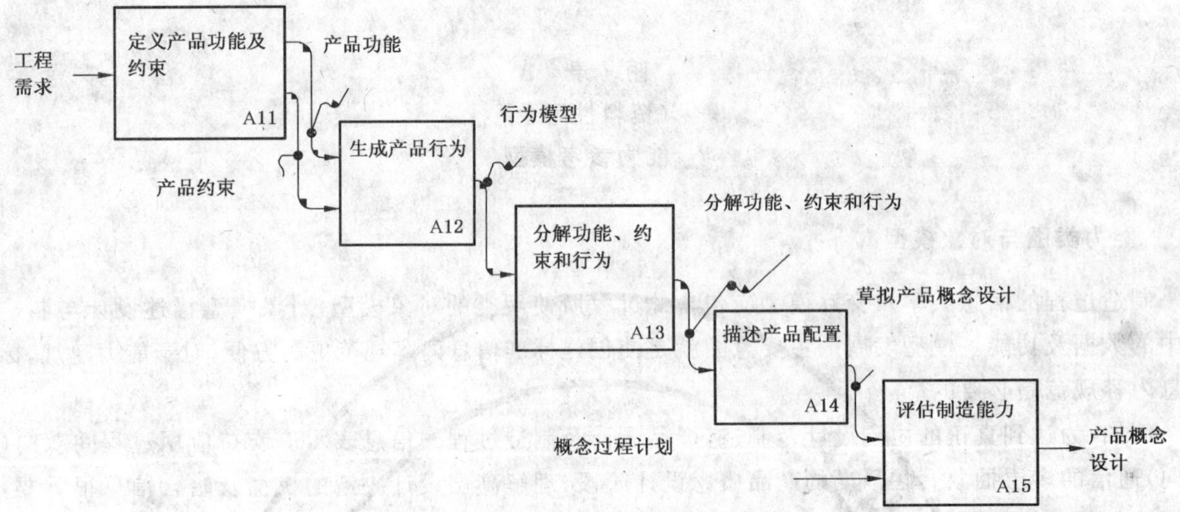

图 B.2　概念设计活动中的功能分解

A14 的输出是产品的概念，也就是产品概念设计。最后，活动 A15 为概念设计评估制造能力，制造能力分析从概念过程计划和概念设计中获取输入信息。在此子活动中，产品的外形及结构被概念化，由此产生的详细信息是诸如制造过程选择、资源选取、成本估计等过程计划所必需的。

活动模型在概念设计阶段描述基于集成设计概念及过程计划的功能和输入、输出数据，它提供了上下文环境，在此其中对象模型得以发展。

对象模型包含了活动模型中所描述概念设计的许多方面。人造板的整个模型，功能以及装配关系在下文中阐述，因为概念设计起始于功能设计，所以关于产品需求的类不在此阐述，此模型由 UML 的类图例表示。下述类的概念取于：人造板、功能和约束，类继承自：行为、原材料、需求和约束，其他类依据集成了概念过程计划的概念设计一一指定。将要涉及的模型用法如下：

a)　作为下一代概念设计的参考体系结构；

b)　作为发展中的标准接口的依据使用；

c)　作为数据库模式使用。

人造板是指产品层次结构中独立组件的通用术语，例如零件、子装配、装配或产品，人造板的特定信息包括原材料参数、公差、尺寸、外表粗糙度参数、表面硬度参数及质地参数。

人造板的类图表如图 B.3 所示。人造板类的定义是递归的，人造板位于层次结构中，它可以获取产品的结构。人造板有两个派生类：ArtefactToBeMade 和 ArtefactToBeBought，有些组件（人造板）可以从供应商处购买，其他的必须由设计产品的公司生产，ArtefactToBeMade 有关于制造过程的次序，ArtefactToBeBought 可从供应商处得到，Supplier 类描述了供应商的信息。

人造板有以下相关类：EngineeringRequirement（工程需求），ArtefactConstraint（人造板约束），Function（功能），Behavior（行为），Form（形状），Material（原材料），SurfaceCondition（外表状况）及 Tolerance（公差）。

EngineeringRequirement 类获取有关工程的需求，例如运动要求、电源要求及公差要求。ArtefactConstraint 类与约束产品功能的因素相关，例如物理限制、环境要求及安全规则等。Tolerance 类定义了某一指标变化可以接受的范围，包括外形公差、位置公差、专规公差及期限偏差。图 B.4 说明了与公差相关的类，它有 3 个子类：ShapeTolerance（形状公差）、PositionTolerance（位置公差）、RunoutTolerance（期限公差）。

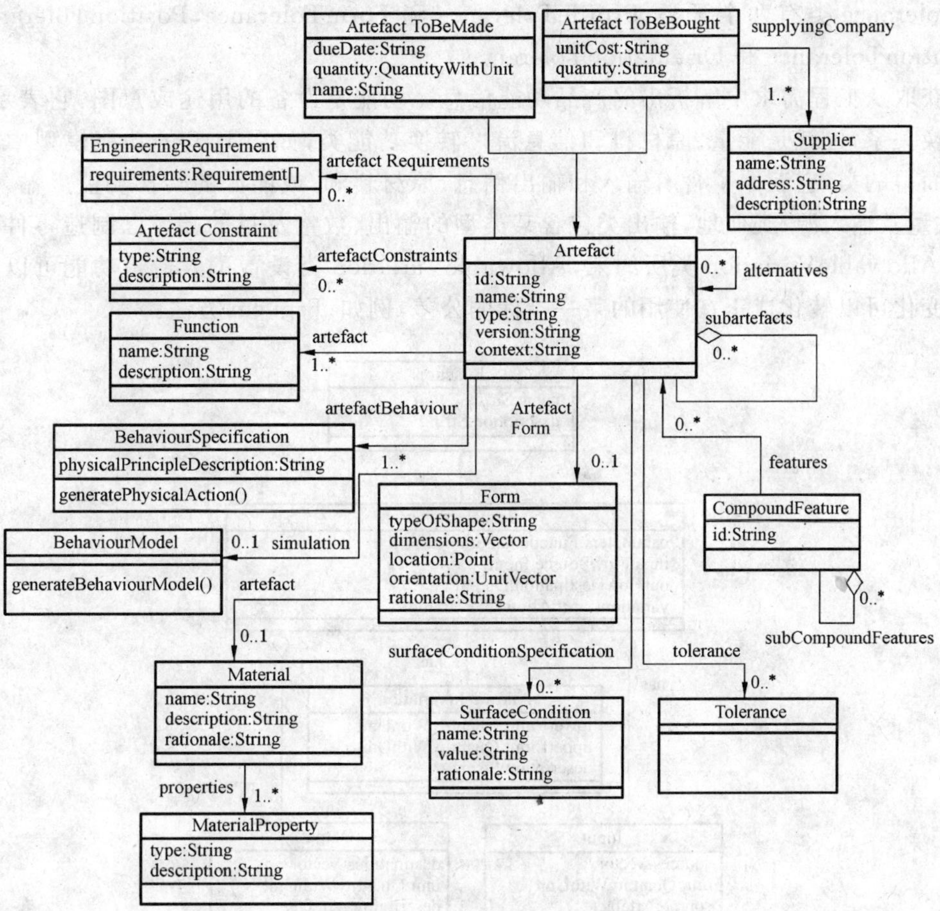

图 B.3　人造板类图示

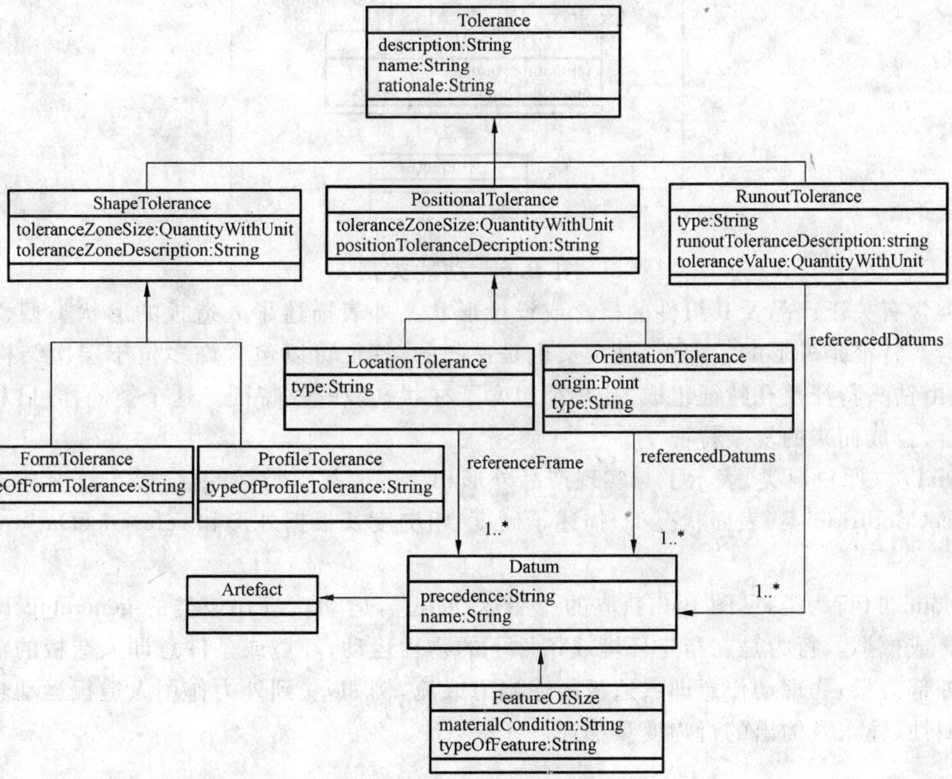

图 B.4　Tolerance 类视图

ShapeTolerance 类有两个子类：ProfileTolerance 和 FormTolerance，PositionTolerance 类包含两个子类：LocationTolerance 和 OrientationTolerance。

功能类获取从工程需求中解析出的产品功能信息。功能是设备的用途或意图，它表示了输入与输出之间的转换关系，也就是能量、原材料和信息流。转换功能类，如图 B.5 的功能模型中所示，是功能(类)中派生而得的类，它获取了含有输入和输出信息、原材料和/或能源的转换功能。输入类包含某类型的输入、数量及输入源；类似地，输出类包含某类型的输出、数量及目的端。已制造零件的功能各异，而且必须受 AllowableVariation 类所约束，AllowableVariation 类设置了人造板功能可以变化的范围，允许的功能变化可以转化成正在使用的某一指标的公差，例如 Taguchi 方法。

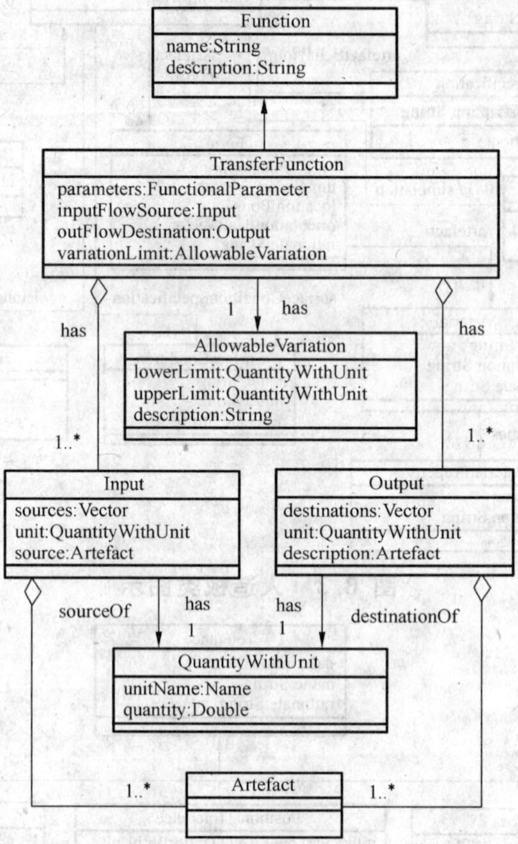

图 B.5　功能类视图

外形类含有关于产品及其组件的概念或设计形状。外表描述了人造板的形状类型、尺寸、位置、原始及原材料。特征是外形的一部分，其定义也是递归的；特征可以包含许多位于层次结构中的子特征，例如：螺孔由钻头特征及孔特征组成，孔特征包含了柱状孔及螺纹特征。这个类同样可以表示从不同的人造板复合、合成而来的复杂特征。

Material 类(原材料类)表示了与实现产品外形相关的原材料特性的信息。

SurfaceCondition 类(表面状况类)描述了硬度、粗糙度及根据外形和 referenceDatum(参考数据)的质地要求。

Behaviour 类(行为类)见图 B.6 获取的产品运动信息，运动轨迹在该类的 generateBehaviourModel()方法中计算或模拟。行为是在指定环境或条件下的物理运动，环境或条件意即人造板的输入力或流，例如承受的外部力量；物理动作意即人造板的输出力或流，例如，受到外力作用人造板运动轨迹或形变；行为可由其属性、输入及输出的行为变量描述。

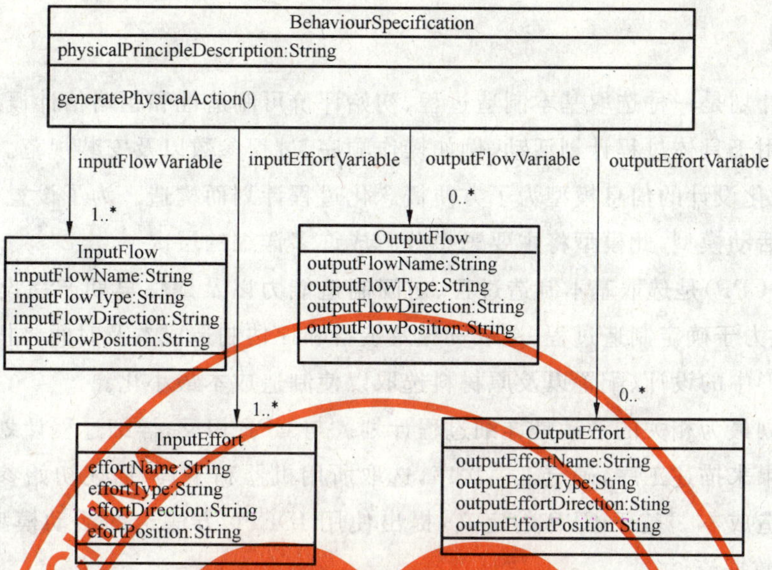

图 B.6 行为类视图

行为规范(设计)是从产品功能到产品行为的匹配过程。基于物理定律或已知的知识,行为可以被映射为外形。BehaviourSpecification 类具有以下属性:physicalPrincipleDescription(物理定律描述)、inputflowVariable(输入流变量)、outputFlowVariable(输入能量变量)和 OutputEfforVariable(输出能量变量)。方法 GeneratePhysicalAction()是行为类中一个产生物理行为的方法;InputFlow 类具有 4 个属性:inputEffortName(输入能量名)、inputEffortType(输入能量类型)、inputEffortDirection(输入能量方向)和 inputEffortPosition(输入能量位置);OutputFlow 类具有 4 个属性:outputFlowName(输出流名)、outputFlowType(输出流类型)、outputFlowDirection(输出流方向)和 outputFlowPosition(输出流位置);OutputEffort(输入能量类)具有 4 个属性:Output-EffortName(输出能量名),OutputEffortType(输出能量类型),OutputEffortDirection(输出能量方向),OutputEffortPosition(输出能量位置)。

人造板连结(或组装)模型描述两个人造板如何组装,见图 B.7。ArtefactJoint 类描述了两个人造板之间的连结关系,它是递归定义的。产生了装配层次结构,层次越低连接越早,因此层次结构表明了装配的次序,互连的人造板对在某些位置、特征相互连接。FeatureJoint 类获取两个特征的组装关系及连接类型(刚性的或柔性的),这个的结构也是递归的,它描述一个特征与另一特征的连结关系,类似于 ArtefactJoint 类,特征装配次序可以在层次结构中捕获。

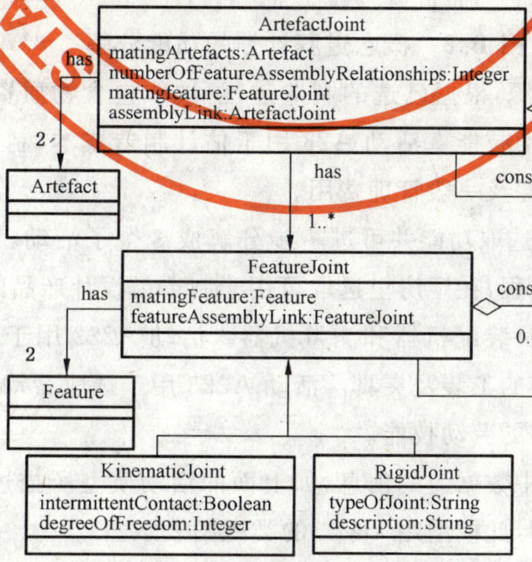

图 B.7 连接类视图

B.2 能力协作视图

概念制造过程计划是一种选取基本制造过程、初始评价可制造性和粗略估计概念设计成本的过程。概念过程计划信息用于具体过程计划活动，例如操作顺序、过程参数以及安装规范。

在此例中，概念化设计的信息模型为了方便概念化过程计划而构造。为了设置信息使用环境，提出概念化过程计划的活动模型，此模型将主要思想分解成许多详细的层次。

概念过程计划(CPP)是选取基本制造过程、访问制造能力以及评估早期产品设计阶段概念设计成本的活动，此活动致力于确定制造过程、选取资源及装备和评估制造成本及时间。概念过程计划的意图是支持优化产品外形中的设计、配置以及原材料选取以使制造成本最小化。

与概念过程计划最为相关的活动是详细过程计划。与 CPP 相反，详细过程计划基于详细设计活动和概念过程计划结果来描述工序，确定工序次序，选取所用机器和工具，描述初始参数，定义过程参数，估计过程时间及制造成本。基于 CPP 的定义，提出使用 IDEF0 方法论的活动模型，它用于详尽描述 CPP 活动的功能及数据流。

概念过程计划活动(A2；活动 A1 是概念设计)分为 3 个子活动：A21～A23，见图 B.8(包括数据流)。活动 A21 确定制造过程，依据概念化产品信息，例如原材料、外形、结构和(设计)公差，选择基本制造过程，例如铸造、锻造、浇铸、加工，此活动也包含完成产品制造的制造过程子序列。

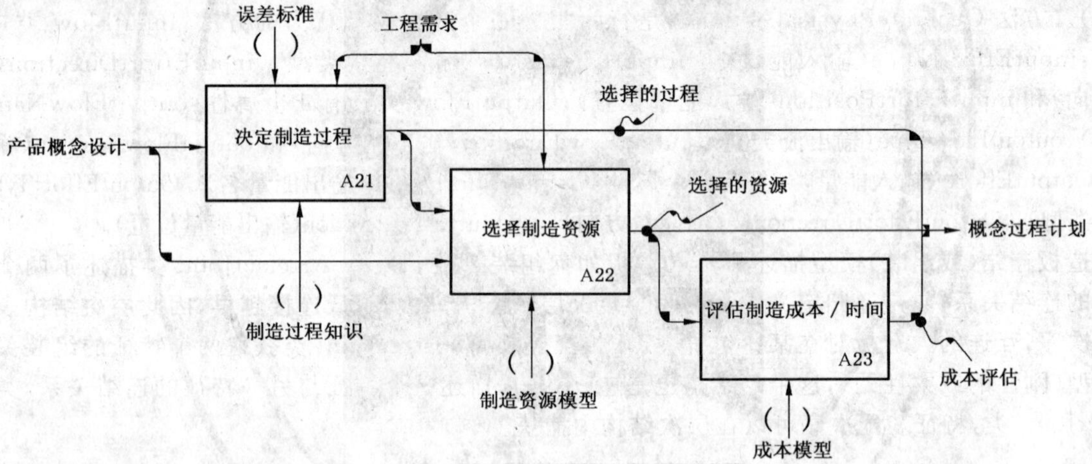

图 B.8 概念过程计划的功能分解

活动 A22 应用于选取制造资源，根据已选的制造过程，选取包含物质资源及人力资源的合适制造资源，资源包含机器、工装以及劳动技能。活动 A23 用于估计制造成本，制造成本涵盖原材料、购置的零件、劳动力、工装、资金、机器损耗及一般管理费用。

活动 A22 涵盖了一系列资源选取功能并可进一步分解成 3 个子活动，如图 B.9 所示。活动 A221 用于选取机器，根据已选的制造过程，在厂房里选取可用于制造已设计产品的机器，机器包括加工机器、锻造机器、铸造机器、原材料处理及装配机器和测量机器。活动 A222 用于选取工装及夹具，根据所选机器，选择支持所选制造过程必需的工装及夹具。活动 A223 用于选取劳动技能，根据已选的机器及工装，选择用于操作机器及使用工装的劳动技能。

对象模型包含概念过程计划中数据流的信息，如上面的活动模型所描述。下面描述概念设计中的过程、资源及成本结构的对象模型，此模型用 UML 的类视图表示。

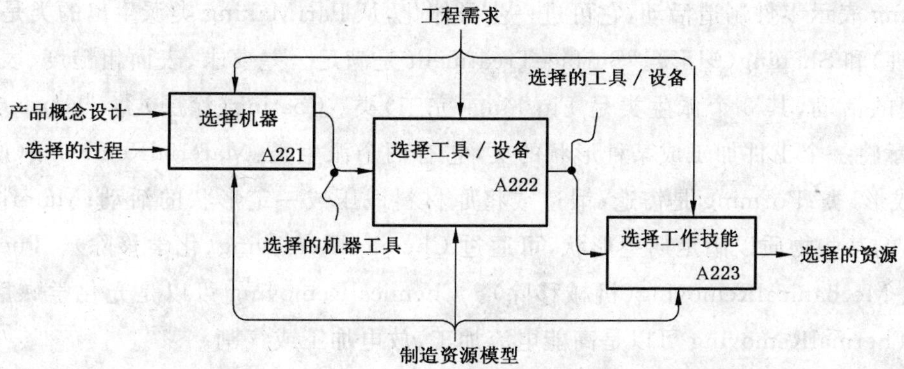

图 B.9 制造资源选取

图 B.10 显示与制造过程相关的类。ArtefactToBeMade(待生产人造板)类描述 Manufacturing-Process(制造过程)对象的次序，ManufacturingProcess 表示一般的过程，制造活动类递归定义并生成层次结构。结构中的层次可以是线路、工作站、操作、步骤和特征，制造活动的类型表明了级别。另外，制造活动还有以下属性：制造参数、制造资源、成本/时间评估、备选、分支和联结。分支和联结一起使用形成并发和并行活动结构。制造活动第一级具体化包括设置、处理、装卸和空闲。Setup(安装类)表示机器安装、工具安装或工件安装等活动。Handling(处理类)获取原材料处理的信息包括将原材料或工具从一个地方转移到另一地方。LoadUnload(装卸类)表示将工件或工具装入到某一机器上或从机器上卸载。Idling(空闲)表示两个活动之间的空闲时间。Processing(过程)表示包含 Inspection(检查)、PartMakeing(零件制造)、Assembly(装配)等制造活动。

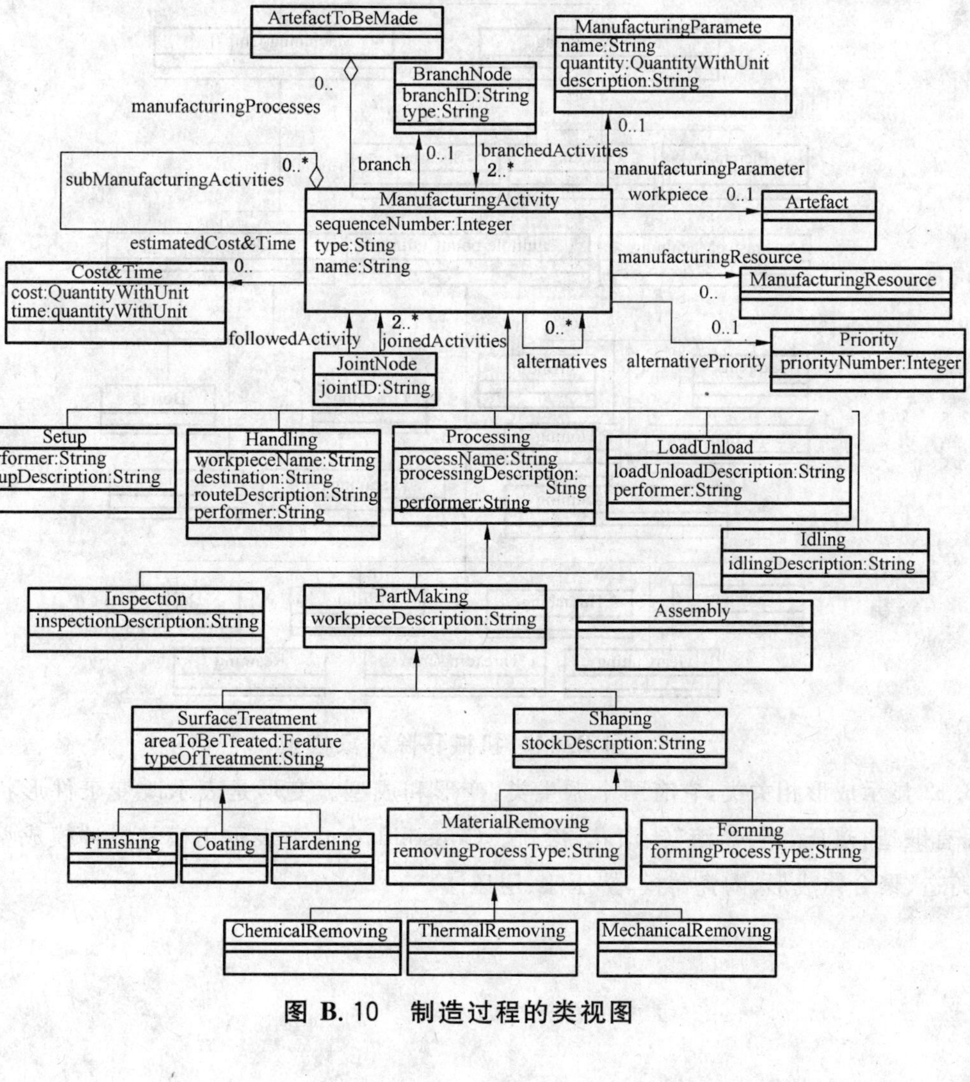

图 B.10 制造过程的类视图

PartMaking 表示零件制造活动，它可进一步具体化，从 PartMaking 类派生出的类是 SurfaceTreatment（表面处理）和 Shaping（塑形）。SurfaceTreatment 是满足公差要求、表面粗糙度、表面硬度规范的工件表面处理的活动，其 3 个派生类是 Finshing（完工）类、Coating（涂层）类、Hardening（硬化）类；Shaping 类表示将一个工件加工成某种形状的类，它有两个派生类：MaterialRemoving（原材料转移）类和 Forming（成形）类；Forming 是铸造、锻造或将原材料锻压成一定形状的活动；MaterialRemoving 是移出工件表面的某些物质以满足期望形状，可通过 ChemicalRemoving（化学移除）、ThermalRemoving（热能移除）或 MechanicalRemoving（机械移除）。ChemicalRemoving 可以是光化学碾磨、电化学加工或化学研磨，ThermalRemoving 可以是高能电流加工、放电加工或气割。

图 B.11 所示是机械移除相关类，MechanicalRemoving 通过机械方法例如机械加工、切片等将物料从工件中除去的活动。此处有两个派生类：SheetSeperating 和 Machining。SheetSeperating 使用切片方法去切割金属片，特定的方法有穿刺、冲压和剪切。Machining 是使用机器进行金属加工活动，包括 3 个派生类：SinglePointCutting（单点切割）MultiplePointCutting（多点切割）和 Abrasive（研磨），SinglePointCutting 包含钻孔、旋转、开槽和单点攻螺纹，MultiplePointCutting 包含开孔、铰孔、磨碎、多点攻螺纹、开口、切齿和锯切，Abrasive 包含磨碎、镗磨、超声波加工、超精加工和抛光。

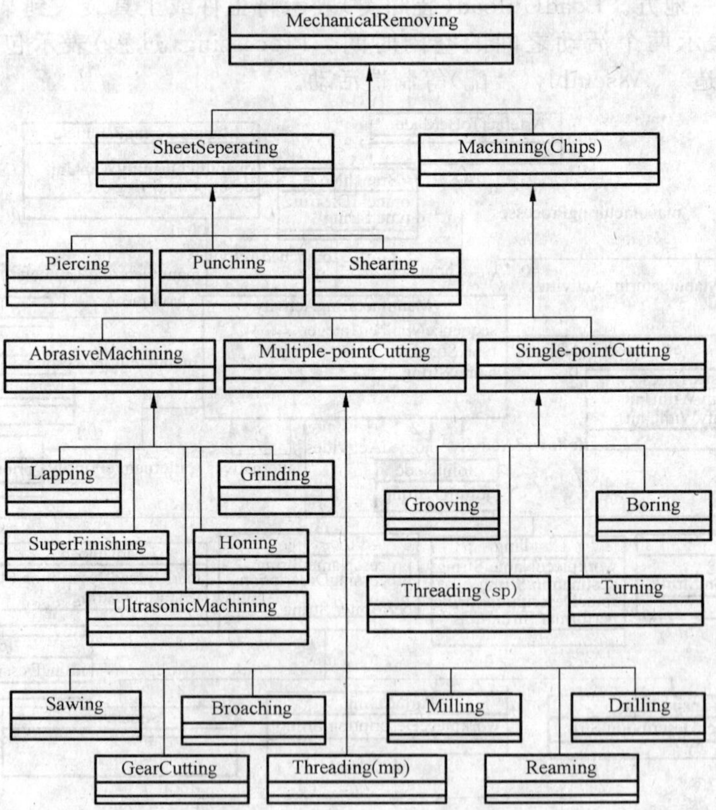

图 B.11 机械移除对象模型

图 B.12 显示成形相关类，它有两个派生类：变形和成型。变形是表示改变工件形状活动的类，特定的过程有锻造、热压、拖拉、滚转、滚花、滚铣。Consolidation 类表示用模具或冲模成型活动，特定的过程有：铸造、聚合体成形、陶瓷铸模、挤压法、层压法。

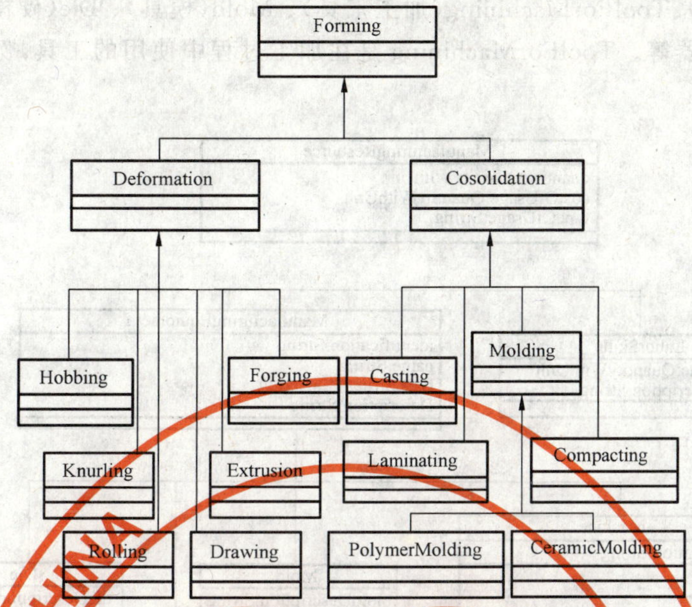

图 B.12 成形对象模型

AssemblyProcess(装配过程)类(如图 B.13)表示将组件装配成产品的活动。其派生类有:MechanicalJoining(机械联结)、ThermalJoining(热能联结)、ChemicalJoining(化学联结)。ChemicalJoining 类是用来表示用化学方法例如胶粘来联结组件的活动;ThermalJoining 类表示用热能联结方法例如铜焊、热能焊接等联结组件的活动;MechanicalJoiningo 类表示的是使用机械方法例如 fit、attachment 绞链等联结组件的活动。Fit 可以是压迫 fit 或松散 fit;Attachment 可以是铆接或使用键、销或螺钉。机械联结包括摩擦联结、爆炸联结、超声联结和压力联结。

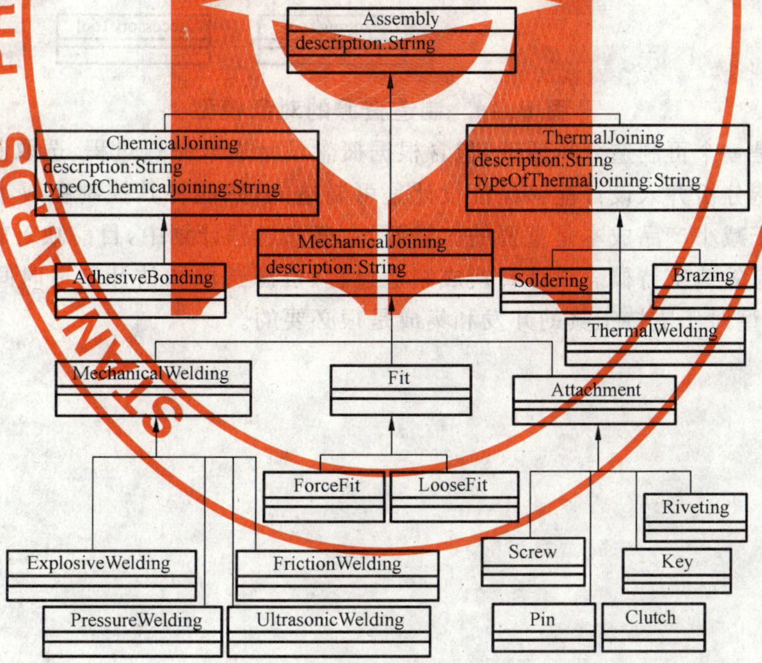

图 B.13 组装过程的对象模型

ManufacturingResource 类,如图 B.14 所示表示制造过程中使用的物理对象或劳动技能。ManufacturingEquipment 类表示制造过程中使用的设备(物理实体),例如机器、工装、夹具和标尺;设备有一系列描述该设备的参数,EquipmetParameter 类是表示参数的类。从 ManufacturingEquipment 类派生的类有:Machine(机器)、ToolForMachining(加工工具)、Mold(模具)、Die(硬模),机器可以是机器中心、锻造机器、EDM 机器等。ToolForMachining 是在加工过程中使用的工具,例如剪刀、延伸器、固定器或标尺。

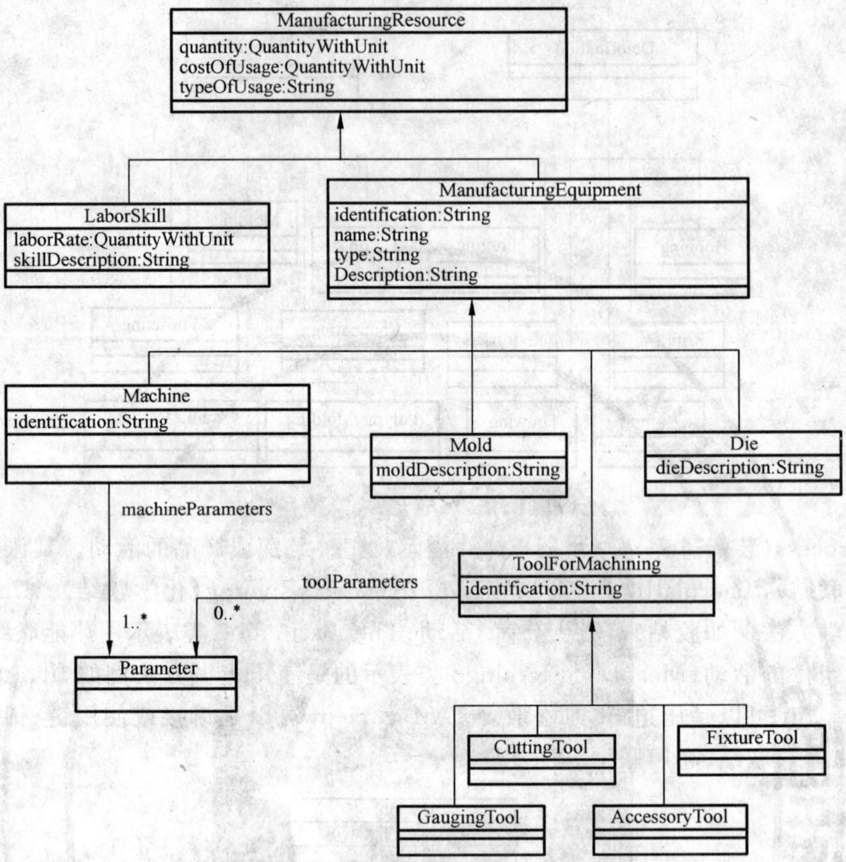

图 B.14 制造资源的对象模型

概念过程计划是一个可制造分析活动,包含根据概念设计选取制造过程、选取制造资源和评估制造成本及时间。将制造分析并入设计能够保证设计是可制造的,并能将其控制在成本范围内。制造能力分析和成本评估对于减小产品成本是重要的。然而,在概念过程计划中,目前缺乏软件工具。制造商需要新的软件工具以有效地支持概念设计转换成制造过程、资源选取和估计制造时间和成本。为了开发这些新工具,信息模型对于支持工具的开发和集成是很必要的。

附 录 C
（资料性附录）
软件单元信息模型示例

C.1 数据分析与可视化(DAV)软件单元

DAV 软件单元定义了基本函数和体系结构,它应能使评估应用的柔性组件从不同的功能组件中分离出来。其主要技术目标是在无需去了解某个特定的组件是如何实现或者在组件的实现已修改的情况下,能够将几个不同的制造商的软件组件合并到某个特定的软件制造单元(应用)。

此外,DAV 体系结构应该提供以某种方式定制这样一个软件单元的可能性,例如,提供一种和谐人机交互,可能的话甚至是对所有参与组件的预览。可复用模块是为定制的、特定项目的制造解决方案而构建的。它们专门处理已定义的任务而无需让用户对其不必要的功能付出开销。考虑到组件的可复用能力,无需每次都从零开始,而且,制造商不必顾及到评估的每个方面。软件组件的共同发展将提供实用的解决方案。模型的主要特征和 DAV 体系结构背后的实现思想在下文简要概述,它给出了对什么是 DAV 软件单元及如何使用它的一般的理解。详细的 DAV 体系结构在图 C.1 中加以解释。

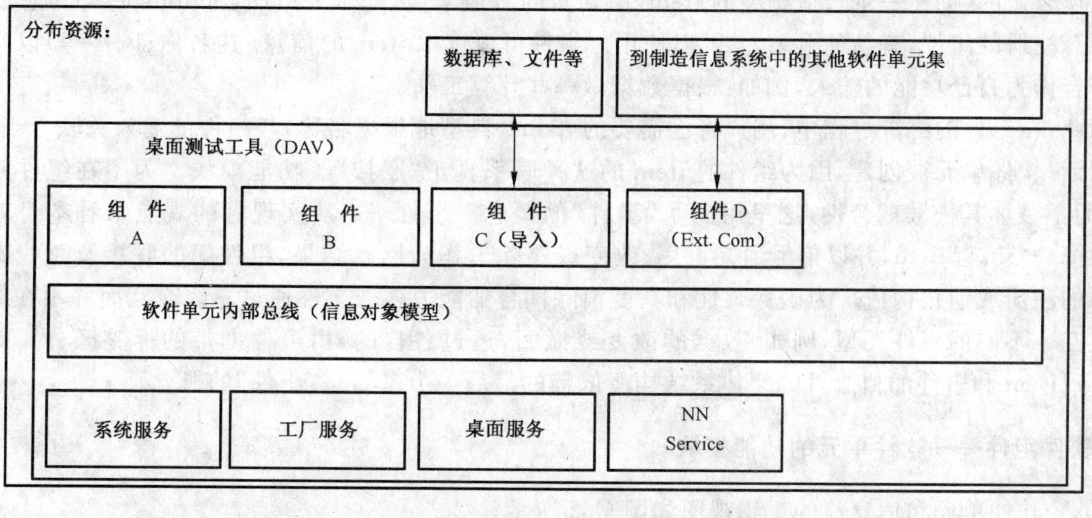

图 C.1 基于组件的 DAV 软件单元的结构

软件单元描述集中于数据(例如统计过程数据)、观测、分析和呈现。典型地,在单台桌面电脑上执行(当然伴随着对数据库、文件、信息系统等的访问,这些可以放在别处)。这样的软件单元的详情及实现此处没有规定。相反,为了以可交互和非私有的方式支持这样的应用,应该指定完备的通信底层结构和合适的组件接口,这样才能够有利于标准组件的开发。

最终用户的主要优点是有着较好的独立性,因为是从单一软件销售商得来的,还可以避免"标准和个性化编程"的差距。为了认知这些思想,给出了一个"通信总线"的定义,它允许建立某个独立软件单元的"中枢"以消除单个功能软件组件之间的耦合。需要制定一些标准以使独立的、已开发的组件能通过这样的总线共同工作。总线本身首先是纯本地的,而且还是面向 PC 机的,由于典型的应用是本地组件的聚合,这些组件捆绑在一起为数据评估创建有意义的信息流。只有单一组件可以包含一些与软件单元自身之外的远程通信,这些远程通信主要是为了访问制造信息系统中分布的 IT 环境。

C.2 提供一般功能的服务

除了总线,系统服务扮演着单个软件单元的"中枢"的角色。它为组件提供了基本功能。更为一般的，这里软件单元组件的"服务"的概念还指为软件单元及由其构建的模块提供特定的功能。图 C.1 显示了这些服务。对于已有的服务功能的附加或扩展服务，可能会在本部分的未来版本中定义。

目前，帮助服务给出了帮助信息的标准访问方式，可以看成是一个组件。图 C.1 中的桌面服务提供了窗口或普通图形界面环境访问方式，如同微软的 Windows，UNIX X-Windows 或 Java Swing。记录和售后跟踪服务提供了简单的操作可以让组件写入不同的记录信息以监测组件的执行，这对调试及保证可重复计算结果有用。脚本服务提供了简单的接口，这些接口中写入每个软件单元的配置和执行步骤，可以构建完整的脚本，这样，对同一应用(互相之间有相同的连接、相同的参数的组件间的同一聚合体)，可以完全重复或后期重新计算。特性服务给出了组件特性(也称为属性或特征)的一般抽象。对于多个组件，它也允许创建它们共有的属性集。图 C.1 中的工厂服务允许组件创建用于组件通信的新的空数据对象。

C.3 Items——交互对象

信息(对象)和服务一样，通过称为"item"的相似的概念在组件间通信。实际上，总线主要是个"item 管理者"。也就是说，它以 item 或者其机构(当不再使用或无效时)的形式管理着新创建可用数据的声明。Item 可以以不同的风格呈现，也就是说，不同的种类(或"类型")表示了不同的底层数据，对于一个应用场景，每个都有特定的意义。为软件单元提供数据(例如面向数据库或文件读取测量数据)的组件是这么做的：创建一个合适类型的 item，用真实的数值来"填充"，并声明("publishes")。总线依次通知所有注册的组件，有新的 item 已可以使用。组件可以读取 item 的信息(其名称、风格等)以判定它是否符合作为自己功能的输入，例如：根据数据做一些计算工作。

因此，在组件的配置过程中，用户将已需要的 items(典型地根据名称)与组件的输入关联。当然，这么做的话，软件单元被创建，因为组件的 item 的这种联系真正"联接"了功能模块。为了在组件间传递 items 而不破坏其松散耦合性，这里用到了"事件"的概念。事件——从实现者的观点来看本身就是一个对象——"传递"item，并以信号通知可用、改变或删除。作为网状结果，组件间的联接及总线确实由事件源的注册或消亡构成。为确保柔性和高度消除耦合的能力多数事件通过总线交互而并不在组件间直接交互。不同的事件类型，例如，数据的改变或撤回，通过各自的、由事件携带的标签区分。除了总线，服务、item 和事件的概念，DAV 体系结构所依赖的最后一个基石是"组件"的概念。

C.4 软件组件——软件单元的功能模块

DAV 软件单元和信息流的逻辑视图如图 C.2 所示。

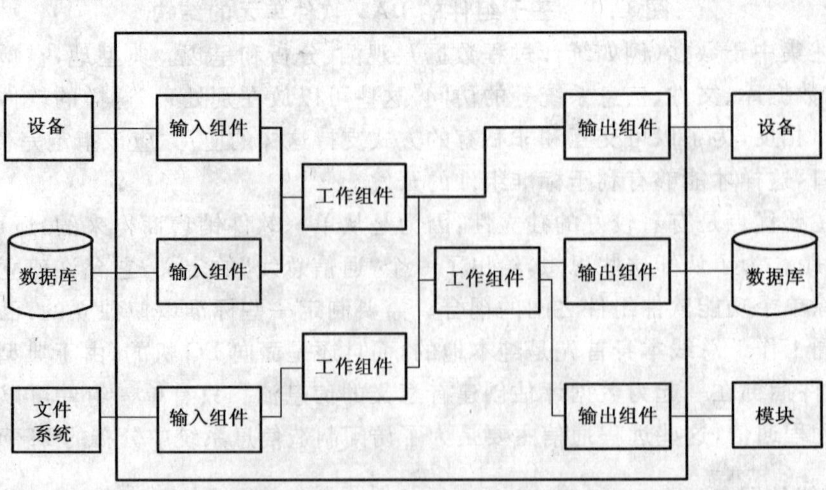

图 C.2 DAV 软件单元和信息流的逻辑视图

术语"软件单元"指的是功能模块(软件组件)的聚合("复合")，每一个模块提供特定的、完整且自包含的功能，功能丰富到足以证明可以封装成一个单独的、独立的"积木"小到可以和其他的功能相组合(以其他这样的构建模块的形式)来有用地创建完整的计算链。通过遵循这个原则，每个独立的软件商都可以提供单个计算单元，并由此组成强大的功能来作为自己的产品发布。并且，每个"积木"都被称为一个组件——并且如果它的编程接口遵循本部分的定义，那么保证它可以和其他遵循 GB/T 19902 定义的组件(可能是其他软件商发布的)一同工作。

组件采用基于这样的框架结构的原因如下：

a) 组件可以由很多不同的供应商生产。
   1) 不依赖于任何一个特定的组件提供商；
   2) 可以大量生产出针对普遍或者特定问题的组件；
   3) 用户可以从各式各样的更大组件集中进行挑选；
   4) 项目可以简单地集成第三方提供的组件，从而加快开发时间(还可能降低成本)；
   5) 组件的生产没有一个完整的应用那么复杂，因此甚至于一个针对性很强的小公司也可以在组件市场占据份额；
   6) 组件开发者没有必要先知道最终的应用是怎样的。开发者关注功效、性能和某一部分问题的产品，而在本部分问题中，他是专家。
b) 组件是可重用的。
   1) 组件是可以分别创建或购买的，然后在不同的应用或者是不同应用环境中共同使用或者是与其他组件以各式各样的方式组合使用；
   2) 单个概念可以不依赖于已有的概念被实现；
   3) 为了在尽可能多的场合中被重用，组件通常伴随着它们自己的"客户性"，通过典型的配置对话框来允许测试工程师在组件开发者预定的范围内设置组件的特性和属性。因此，一般组件式的应用比专门的可修改的软件具有很多的错误预警性能。配置框可以是一个简单的多选框，也可以是一个完整的"向导"，它指导和帮助工程师完成复杂的配置。
c) 不同组件的组合允许新的、高柔性的应用的快速开发，并降低了维护和管理的成本。
   1) 从硬件系统的构建，比如应用集成电路中引用了经验来开发软件，这更多的是一门艺术而不是工程原则；
   2) 一个组件可以被另一个组件替代(如果必须从另一个提供者那里得到)，而且可以添加新的组件，而无需触及或者改变一个应用的其他部分；
   3) 已有的系统和功能可以打包成一个组件模型，且更易于集成到新的开发中。

为了方便具体应用更好的集成组件，组件需要以自包含的形式传输，不仅仅是包含功能，还要包含帮助，版本号，国际语言和认证级别信息等。

为了使得组件提出的承诺变为现实，一个标准是必须的，它得主要包括接口，通信和支持的服务等，应该是一个潜在的可行的特定应用领域的组件模型。

C.5 建立一个软件单元

C.4 是从用户整体的角度来看待组件的，而在本条中则会详细地讲解在建立组件过程中调用操作和组件执行过程中的技术性问题。常用时序图向读者展示关于一些必要步骤的思想。每张图显示了相应的操作调用。由于某些细节，特别是组件的载入，有意未特别说明，就用了斜体字或注释"伪操作"，类似于一个对象的实例化。

当然，一些有插图的交互有一定层次的不同，例如，对于载入组件描述和实例化服务之类，测试工具可以并发地进行，或者，组件可以在查找项目之前等待自身被用户配置。图 C.3～图 C.5 描述了一个典型的场景，即初始化建立一个软件单元和第一个软件组件的载入(当然一个真实世界的场景应当首先包括一个特定组件的载入，它可能是一个生产者)。

一个软件组件生命期的基本模式主要包括一下几步：

a) 载入；
b) 初始化；
c) 配置；
d) 执行；
e) 关闭。

在执行和配置之间可能会有暂时的循环出现。

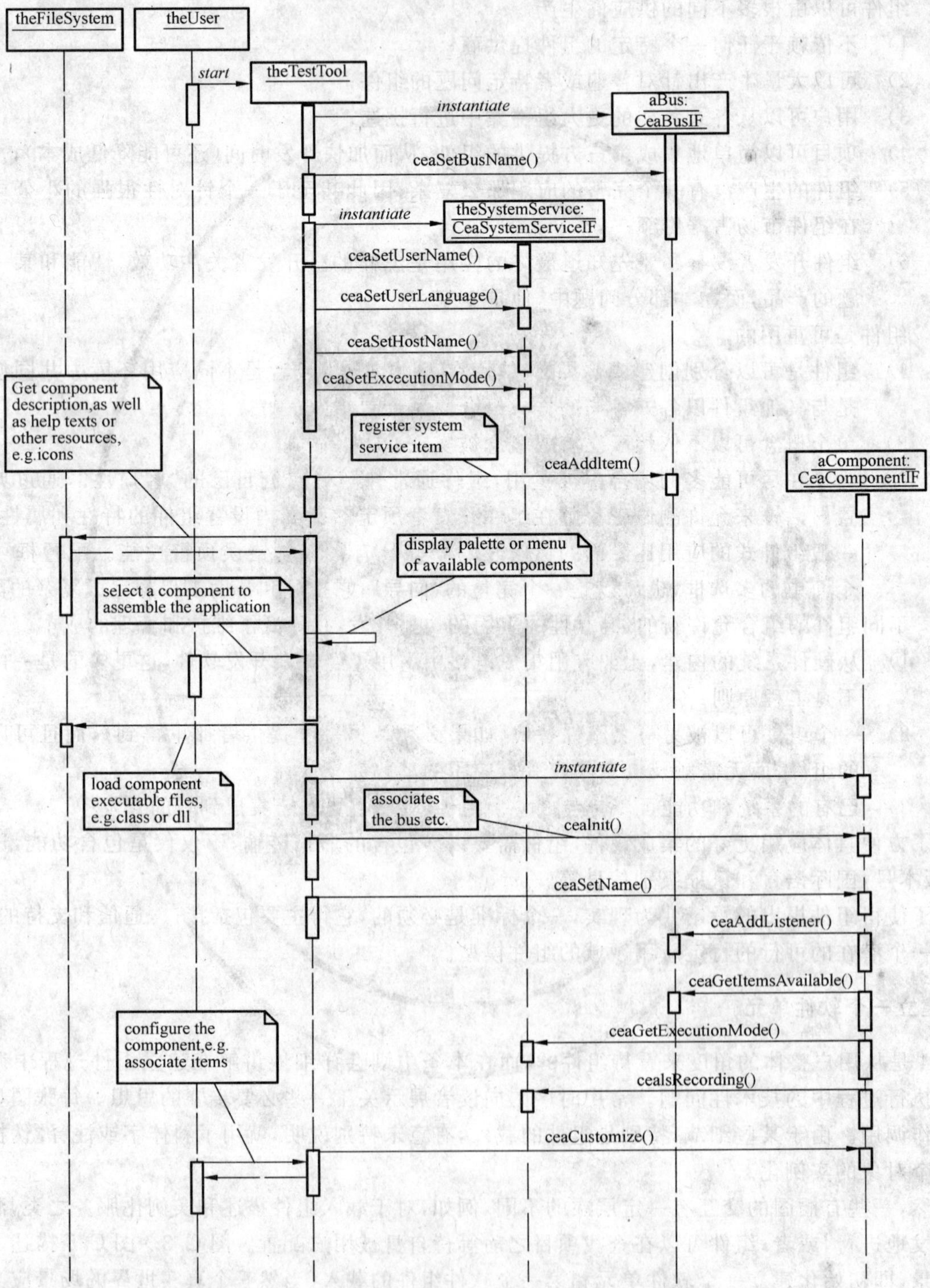

图 C.3 DAV 软件单元的生命周期：加入第一个组件时

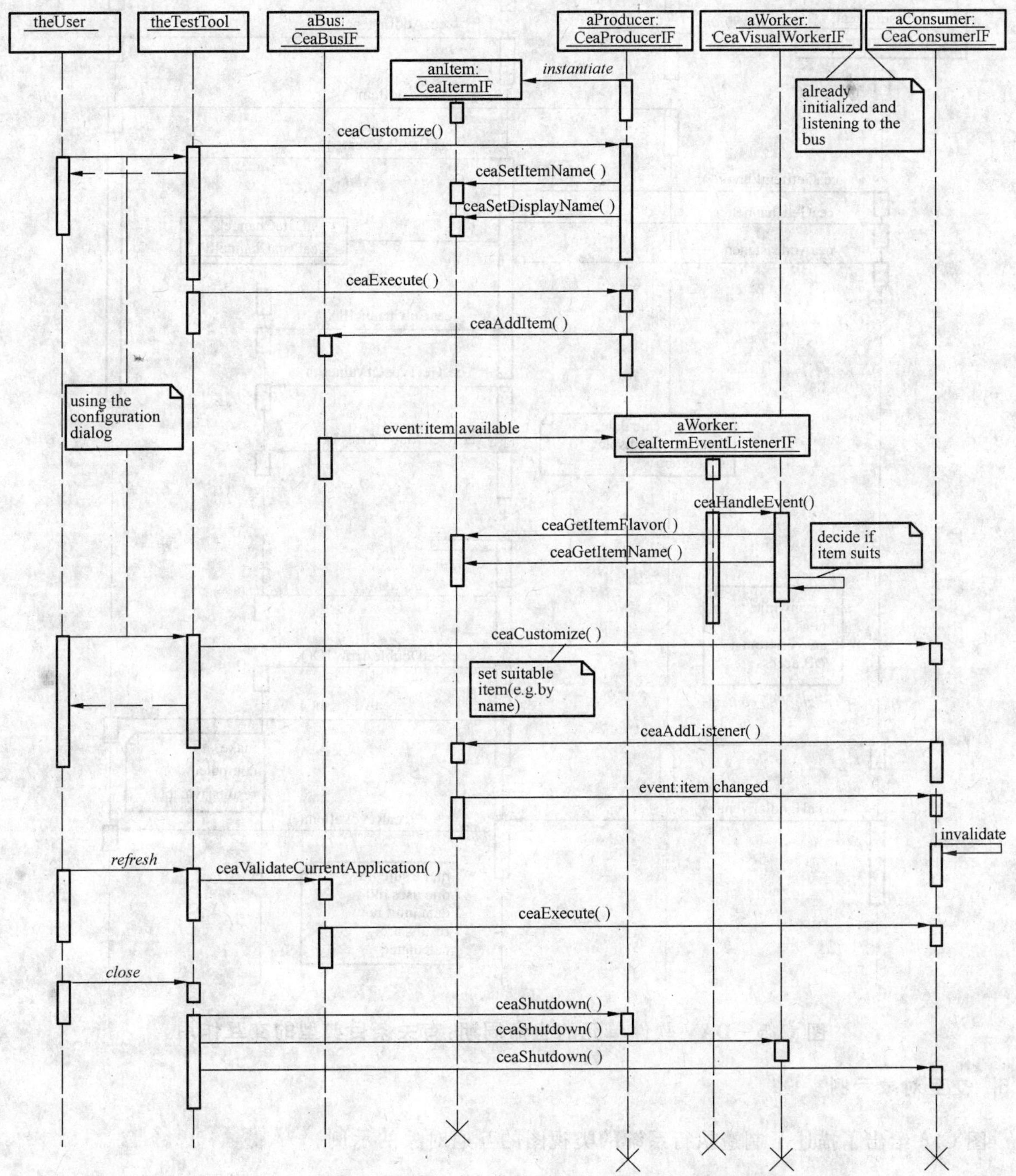

图 C.4 DAV 软件单元的生命周期:运行时典型的交互作用

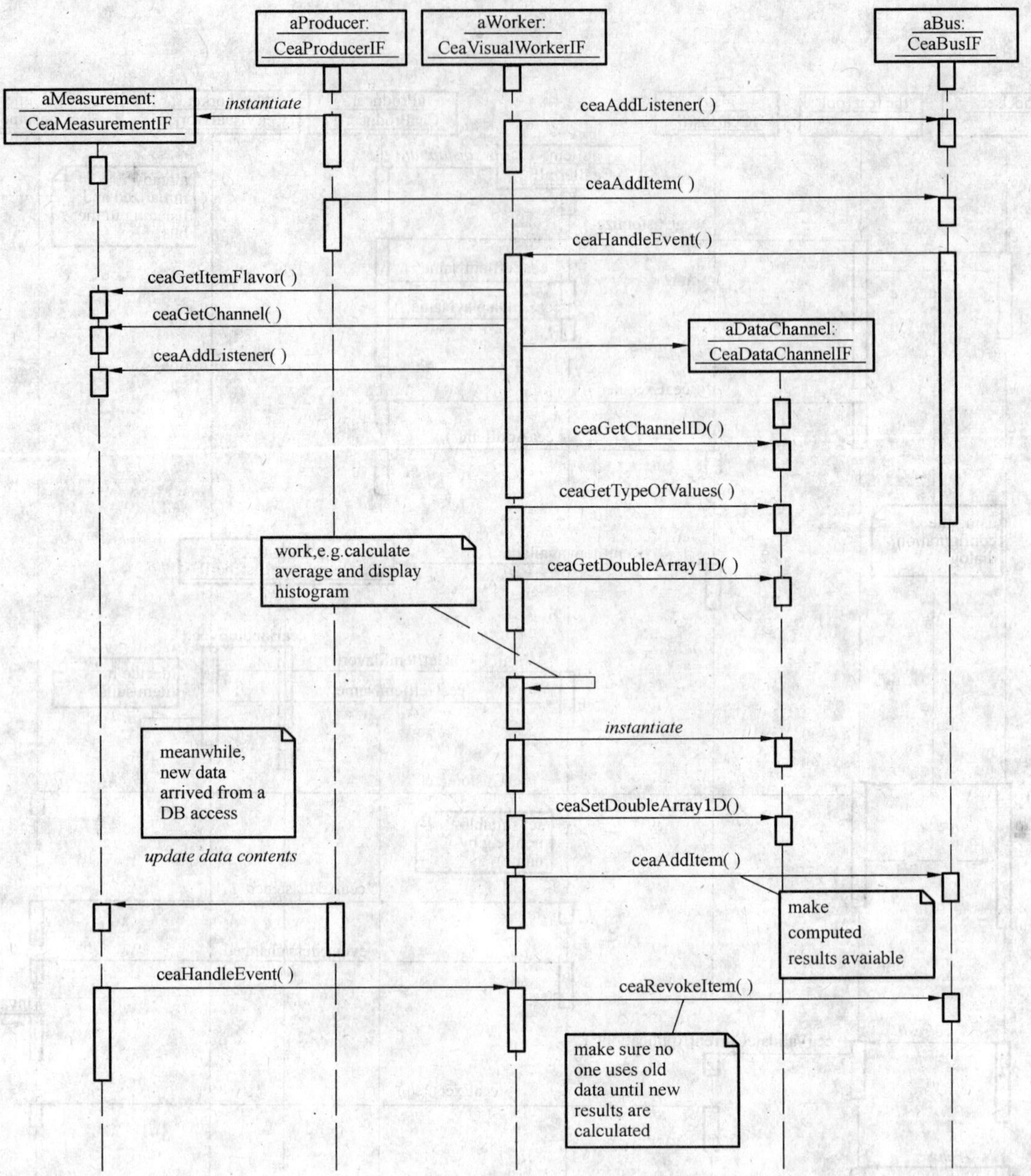

图 C.5　DAV 软件单元的生命周期:有关条目典型的交互作用

C.6　交互对象示例

图 C.6 给出了描述了制造执行系统的类视图的互通对象的示例。

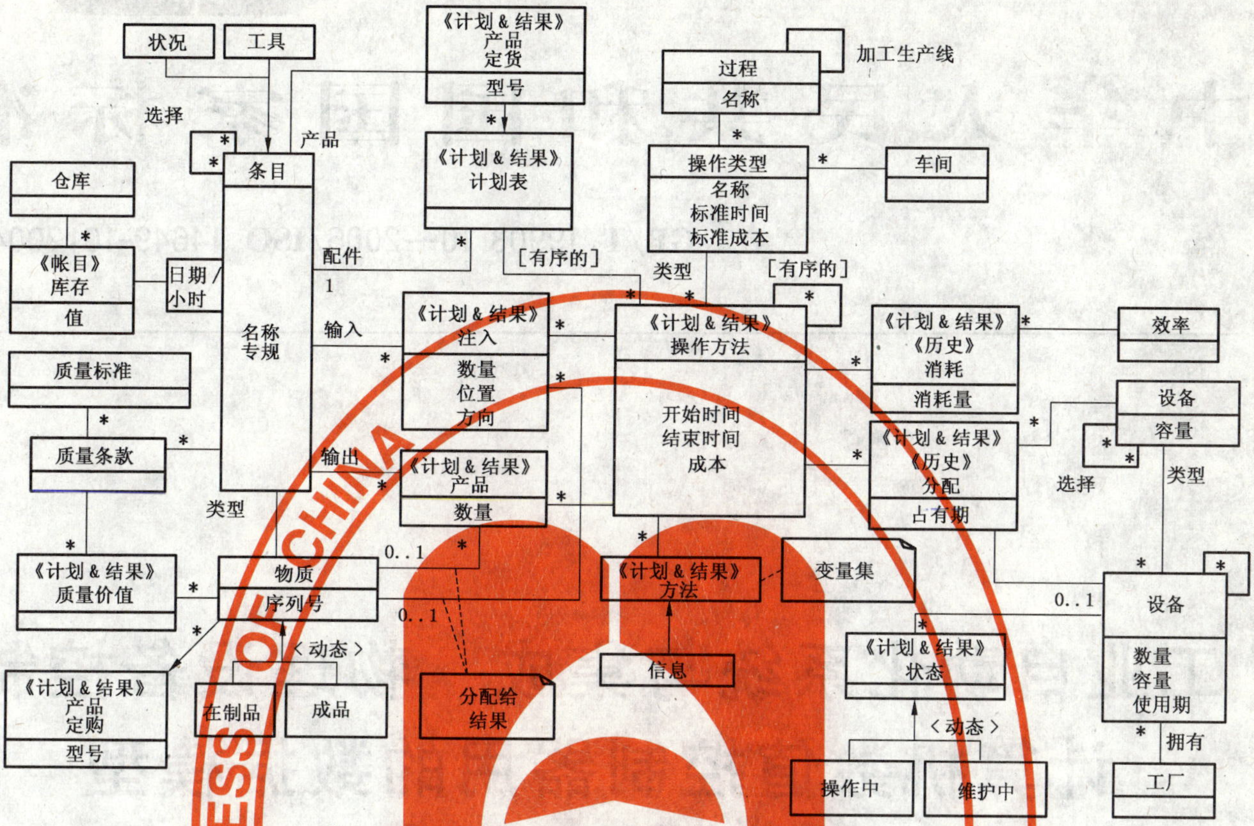

图 C.6 制造执行系统一个类视图示例

此例中，根据已测知的质量值判断物质质量，软件单元接收下列相互联系的对象（见图 C.6 的左侧）：

a) 物质序列号属性；

b) 由设备测知的物质质量值；

c) 从质量标准数据而来的质量条目。

软件单元将这些接收的数据和输出对物质质量的判断比作软件单元相互通信的对象，例如在图 B.1所示的高层结构中 MES。

ICS 25.040.20
J 07

GB

中华人民共和国国家标准

GB/T 19903.10—2006/ISO 14649-10:2004

工业自动化系统与集成　物理设备控制 计算机数值控制器用的数据模型 第10部分:通用工艺数据

Industrial automation systems and integration—Physical device control—Data model for computerized numerical controllers—Part 10: General process data

(ISO 14649-10:2004,IDT)

2006-12-13 发布　　2007-07-01 实施

中华人民共和国国家质量监督检验检疫总局
中国国家标准化管理委员会　发布

前　言

GB/T 19903《工业自动化系统与集成　物理设备控制　计算机数值控制器用的数据模型》预计分为如下几个部分：

——第1部分：概述和基本原理(ISO 14649-1)；

——第10部分：通用工艺数据(ISO 14649-10)；

——第11部分：铣削用工艺数据(ISO 14649-11)；

——第12部分：车削用工艺数据(ISO 14649-12)；

——第111部分：铣削刀具(ISO 14649-111)；

——第121部分：车削刀具(ISO 14649-121)。

部分之间的空档留作以后需要增添之用。

本部分为GB/T 19903的第10部分。

本部分等同采用ISO 14649-10:2004《工业自动化系统与集成　物理设备控制　计算机数值控制器用的数据模型　第10部分：通用工艺数据》(英文第二版)。

本部分等同翻译ISO 14649-10:2004。在技术上与ISO 14649-10:2004相同，在编写格式上符合我国国家标准GB/T 1.1—2000和GB/T 20000.2—2001。

为便于使用，本部分作了如下编辑性修改：

a)　删除了ISO 14649-10:2004的前言和引言；

b)　删除了ISO 14649-10:2004第2章规范性引用文件中的引导语，用GB/T 1.1—2000中6.2.3规定的引导语代替；

c)　无部分号的ISO 14649改为GB/T 19903；

d)　无部分号的ISO 10303改为GB/T 16656；

e)　测量单位的表示采用我国规定的表示法，如sec(秒)改为s。

在ISO 14649-10:2004中引用的其他国际标准，对于未等同采用为我国标准的，在本部分中均被直接引用；对于尚未发布或计划中的国际标准，在本部分中均被直接列入。

本部分的附录A、附录B、附录C为规范性附录；附录D、附录E为资料性附录。

本部分由中国机械工业联合会提出。

本部分由全国工业自动化系统与集成标准化技术委员会归口。

本部分起草单位：北京发那科数控工程有限公司、北京机械工业自动化研究所。

本部分主要起草人：梁若琼、郑家虎、郝淑芬。

本部分是首次发布。

引　言

现代制造企业的生产设备常常分布在国内外，这些设备往往由不同的生产厂家提供。在制造过程中，需要在各种设备之间传输大量的生产信息。今天，数字通信标准已解决了通过全球网络可靠地传输信息的技术问题。对于机械制造零部件而言，通过 GB/T 16656 系列标准（STEP 标准）可以使产品数据的描述标准化，这为机械制造企业在整个制造过程中采用标准化数据提供了可能性。但是妨碍实现标准化数据的原因是企业使用的 CNC 机床采用的数据格式。目前大多数 CNC 机床仍采用 ISO 6983 标准规定的“G 和 M 代码”语言编程，数控程序通常是由 CAD/CAM 系统生成的。然而 ISO 6983 标准在程序可移植性方面存在一定的局限性：首先，所用语言针对的是刀具中心轨迹对机床轴的编程，而不是对零件加工工艺过程的编程；第二，该标准规定的程序语句的语法在大多数场合会产生语义歧义；第三，CNC 制造厂商往往会扩充编程语言，但这种扩充超出了 ISO 6983 标准规定的范围。

GB/T 19903 是在 CAD/CAM 系统和 CNC 机床之间的一种新的数据传输模型，用来取代 ISO 6983 标准。它通过规定加工工艺过程（而不是机床运动），利用加工步骤面向对象的原理来克服 ISO 6983 存在的不足。加工步骤相应于高层的加工特征及相关的工艺参数，CNC 系统将加工步骤转换成轴运动和刀具操作。GB/T 19903 的一个主要优点是它利用来自 GB/T 16656 标准现有的数据模型。由于 GB/T 19903 提供一种范围广泛的制造过程模型，因而，它也可以作为所有其他信息技术系统之间双向和多向数据交换的基础。

GB/T 19903 是一种面向对象的 NC 编程用的信息和语境保存方法，它代替数据变成简单的转换指令或直线和圆弧运动，由于它面向对象和特征，并描述工件上执行的加工操作（而不是描述机床有关轴的运动），因而它能在不同的机床或控制器上运行。新的数据模型如在 NC 控制器上正确实施的话，这种兼容性将省去通过后置处理器的所有数据适配工作。如果在这种控制器中采用 ISO 6983 的老的 NC 程序，相应的解释程序应能并行处理不同类型的 NC 程序。

从 ISO 6983 编程到基于可移植的特征编程有一个渐进的过程，早期的 GB/T 19903 采纳者一定会支持手动或通过程序输入传统的“G 和 M 代码”数据，正如现代控制器既支持命令行界面又支持图形用户界面那样。随着开放式体系结构控制器的日益普及，这种做法看来会更加容易。因此，GB/T 19903 不包括传统的程序语句。

在整个生命周期内，在产品数据的共同领域里，GB/T 19903 与 GB/T 16656 应相互协调一致。

工业自动化系统与集成　物理设备控制 计算机数值控制器用的数据模型 第10部分：通用工艺数据

1　范围

GB/T 19903的本部分规定了所有加工设备中通常所需要的NC编程工艺数据。这些数据元素描述计算机数值控制器和编程系统(亦即CAM系统或车间编程系统)之间的接口。在编程系统上建立数值控制器用的程序，这种程序包含几何和工艺信息。用GB/T 19903的本部分，并与工艺专用的部分(ISO 14649-11等)相结合，可描述这种程序。GB/T 19903的本部分为程序执行的顺序(主要是加工步骤及相关的机床功能的顺序)提供控制结构。

在GB/T 19903的本部分中所定义的“maching_schema”包含数据类型的定义，它通常与不同的加工工艺(例如铣削、车削、磨削)有关。诸如车削、放电加工等非铣削工艺用的特征将在今后出版的工艺专用部分中介绍。例如：ISO 14649-12将介绍车削工艺用的特征，ISO 14649-13将介绍放电加工工艺用的特征，ISO 14649-14将介绍木材和玻璃的轮廓切削工艺用的特征。加工模式包括工件的定义、可被几种工艺引用且包含有各种特征的特征目录、一般可执行对象及操作定义的基础。不包括在这个模式内的是几何项和表达法(它是从GB/T 16656的通用资源引用的)，以及工艺专用的定义(它是在GB/T 19903的其他部分中定义的)。

GB/T 19903的本部分是不能单独应用的。本部分的执行需要至少添加一种工艺专用部分(例如铣削用的ISO 14649-11，车削用的ISO 14649-12)。

此外，这种模式利用类似于ISO 10303-224和ISO 10303-214的加工特征。工艺数据的描述是利用GB/T 16656.11中所定义的EXPRESS语言做出的。数据编码是利用GB/T 16656.21做出的。

2　规范性引用文件

下列文件中的条款通过GB/T 19903的本部分的引用而成为本部分的条款。凡是注日期的引用文件，其随后所有的修改单(不包括勘误的内容)或修订版均不适用于本部分，然而，鼓励根据本部分达成协议的各方研究是否可使用这些文件的最新版本。凡是不注日期的引用文件，其最新版本适用于本部分。

GB/T 16656.11—1996　工业自动化系统与集成　产品数据表达与交换　第11部分：描述方法：EXPRESS语言参考手册(eqv ISO/DIS 10303-11:1993)

GB/T 16656.21—1997　工业自动化系统与集成　产品数据表达与交换　第21部分：实现方法：交换结构的纯正文编码(idt ISO 10303-21:1994)

GB/T 16656.41—1999　工业自动化系统与集成　产品数据表达与交换　第41部分：集成通用资源：产品描述与支持原理(idt ISO 10303-41:1994)

GB/T 16656.42—1998　工业自动化系统与集成　产品数据表达与交换　第42部分：集成通用资源：几何与拓扑表达(idt ISO 10303-42:1994)

GB/T 16656.43—1996　工业自动化系统与集成　产品数据表达与交换　第43部分：集成通用资源：表达结构(idt ISO 10303-43:1994)

ISO 286-1:1988　ISO体系的极限与配合　第1部分：公差、偏差和配合的基础

ISO 10303-214　工业自动化系统与集成　产品数据表达与交换　第214部分：应用协议：自动化

机械设计工艺过程用的核心数据

ISO 10303-224:2001 工业自动化系统与集成 产品数据表达与交换 第224部分:应用协议:工艺设计利用加工特征的机械产品定义

ISO 10303-514:1999 工业自动化系统与集成 产品数据表达与交换 第514部分:应用解释构造:高级边界表达

3 术语和定义

在本部分中,使用以下的术语和定义。

3.1

二维 two-dimension;2D

在 x y 平面内的几何形状,在该平面内所有几何形状的点都只有 x 和 y 坐标。

3.2

二维半加工 2½D machining

棱柱形零件的加工。通常在几个层面上对工件进行加工。这些层面与刀具轴相垂直。在 GB/T 19903 的 EXPRESS 列表中,术语"two5D"用于实体和属性名称。

3.3

三维 three-dimension;3D

在三维空间内的几何形状,在那里所有的点都有 x、y 和 z 坐标。

3.4

自由型加工 freeform machining

自由型表面的加工。为了加工这类表面,在加工工件时,刀具必须同时至少沿三个轴运动。有时采用5轴铣床以便达到刀具和工件表面之间的最佳角度。

3.5

计算机辅助制造 computer aided manufacture;CAM

利用计算机来进行生产设备管理控制和操作的过程,简称 CAM。

3.6

计算机数值控制 computer numeric control;CNC

用计算机控制加工功能,实现数值控制,简称 CNC。

3.7

放电加工 electrical discharge machining;EDM

通过电极放电,腐蚀切割金属等硬材料的一种加工方法,简称 EMD。

3.8

EXPRESS

GB/T 16656.11 中描述的语言。

3.9

EXPRESS-G

GB/T 16656.11 中描述的 EXPRESS 语言的图形表示。

3.10

特征 feature

工件的几何实体,它有语义意义。在 GB/T 19903 的语境内,采用制造特征。

3.11

SI

国际单位制。

4 通用工艺数据

4.1 标题和引用(Header and references)

下述的清单给出标题和这种模式内所引用的实体表。

```
SCHEMA machining_schema;
(*
Version of April 30, 2004
Author: ISO TC184/SC1/WG7
*)
REFERENCE FROM approval_schema                          (* ISO 10303-41e3 *)
  (approval,
   approval_status);
REFERENCE FROM date_time_schema                         (* ISO 10303-41e3 *)
  (date_and_time,
   date);
REFERENCE FROM person_organization_schema               (* ISO 10303-41e3 *)
  (person,
   address);
REFERENCE FROM support_resource_schema                  (* ISO 10303-41e3 *)
   (bag_to_set,
   identifier,
   label,
   text);
REFERENCE FROM measure_schema                           (* ISO 10303-41e3 *)
   (length_measure,
    parameter_value,
    plane_angle_measure,
    positive_length_measure);
REFERENCE FROM product_property_representation_schema (* ISO 10303-41e3 *)
   (shape_representation);
REFERENCE FROM representation_schema                    (* ISO 10303-43e2 *)
   (definitional_representation);
REFERENCE FROM geometry_schema                          (* ISO 10303-42e3 *)
   (trimming_select,
   trimming_preference,
   transition_code,
   trimmed_curve,
   composite_curve,
   composite_curve_segment,
   axis2_placement_3d,
   bounded_curve,
   bounded_surface,
   cartesian_point,
```

```
        circle,
        conic,
        curve,
        direction,
        elementary_surface,
        plane,
        polyline
        );
    REFERENCE FROM topology_schema                    (* ISO 10303-42e3 *)
        ( edge, edge_curve, edge_loop, face, loop);
    REFERENCE FROM geometric_model_schema             (* ISO 10303-42e3 *)
        ( block,
        right_circular_cylinder
        );
    REFERENCE FROM aic_advanced_brep                  (* ISO 10303-514 *)
        (advanced_brep_shape_representation
        );
```

4.2 通用类型和定义(General types and definitions)

4.2.1 测量单位(Measure units)

GB/T 19903 所支持的单位类型是 SI 单位,以及在 GB/T 16656.41 中定义的基于 SI 单位导出或转换的单位,如未给出单位,则假定为以下单位:

length_measure	毫米(mm);
time_measure	秒(s);
plan_angle_measure	度(°);
pressure_measure	帕斯卡(Pa);
speed_measure	米每秒(m/s);
rot_speed_measure	转每秒(r/s)。

4.2.1.1 有公差的长度测量(Toleranced length measure)

带有公差的长度测量。

```
ENTITY toleranced_length_measure;                   (* m1 *)
    theoretical_size: positive_length_measure;
    implicit_tolerance: tolerance_select;
END_ENTITY;
```

theoretical_size:　理论尺寸。

implicit_tolerance:　应用于理论尺寸的公差类型。

注:工件的所有几何特性都是用 toleranced_length_measure 规定的。如果 NC 控制器具有对所用刀具生成刀具路径或做出决策的能力,控制器就应满足这些公差要求。另一方面,提供给 NC 控制器的数据用于显式说明运动的相关内容,不包含公差,因为控制器不具备超越给定理论值的能力。同样,对于偏移和其他与公差尺寸有关的数据也类似。

4.2.1.1.1 公差选择(Tolerance select)

选择提供不同实体的类型以便描述标量值的公差。

```
TYPE tolerance_select = SELECT(plus_minus_value, limits_and_fits);
```

END_TYPE;

4.2.1.1.2 **正负值(Plus minus value)**

plus_minus_value 描述对引用的这个实体的一个标量尺寸有效的上限和下限。

```
ENTITY plus_minus_value;                                        (* m1 *)
    upper_limit: positive_length_measure;
    lower_limit: positive_length_measure;
    significant_digits: INTEGER;
END_ENTITY;
```

upper_limit:应加到理论值上的公差值,以建立最大允许值。

lower_limit:应从理论值上减去的公差值,以建立最小允许值。

significant-digits:十进制数字的数,指示 lower_bound 和 upper_bound 值的精确度。

4.2.1.1.3 **极限和配合(Limits and fits)**

limit_and_fits 包含必要的信息以表达由 ISO 286 limits-and fits 标准化体系的公差。

```
ENTITY limits_and_fits;                                         (* m1 *)
    deviation:          length_measure;
    grade:              length_measure;
    its_fitting_type:   OPTIONAL fitting_type;
END_ENTITY;
```

deviation: 测出的实际尺寸与如同在 ISO 286-1 中所定义的相应的基本尺寸之间的差异。

grade: 规定质量等级或公差的精度等级。等级是基于如同在 ISO 286-1 中规定的国标标准公差等级 IT01 至 IT18。

fitting_type:规定公差说明是用于一根轴或是用于一个孔。

4.2.1.1.4 **配合类型(Fitting type)**

枚举用来规定配合的类型。

```
TYPE fitting_type = ENUMERATION OF (shaft,hole);
END_TYPE;
```

4.2.1.2 **速度测量(Speed measure)**

用于切削速度和进给速率的一种线性速度测量。

```
TYPE speed_measure = REAL;
END_TYPE;
```

4.2.1.3 **旋转速度测量(Rotation speed measure)**

用于旋转速度的测量。正值表示数学上的正的旋转,亦即反时针方向运动。

```
TYPE rot_speed_measure = REAL;
END_TYPE;
```

4.2.1.4 **压强测量(Pressure measure)**

对压强的测量。

```
TYPE pressure_measure = REAL;
END_TYPE;
```

4.2.2 **其他通用类型(Other general types)**

4.2.2.1 **旋转方向(Rotational direction)**

枚举用来区别刀具旋转方向或圆周运动方向。它不应与 rot_speed_measure 一起使用,后者有其自身的旋转方向。

```
TYPE rot_direction = ENUMERATION OF (cw,ccw);
```

END_TYPE;

注：cw 表示顺时针方向，ccw 表示反时针方向。

4.2.2.2 形状公差(Shape tolerance)

用来定义形状公差的类型。

```
TYPE shape_tolerance = length_measure;
END_TYPE;
```

4.3 何处开始：项目(Where to start：Project)

每个零件程序(亦即基于 GB/T 19903 的数据模型)必须精确地包括一个顶层实体称为项目，根据这个模型的解释(也许包括几个工作计划时)项目指示要执行的工作计划，同时，它也可以提供要被加工的工件。

```
ENTITY project;                                        (* m0 *)
    its_id: identifier;
    main_workplan: workplan;
    its_workpieces: SET [0:?] OF workpiece;
    its_owner: OPTIONAL person_and_address;
    its_release: OPTIONAL date_and_time;
    its_status: OPTIONAL approval;
    (* Informal proposition:
    its_id shall be unique within the part programme.
    *)
END_ENTITY;
```

its_id：　　项目标识符，它在零件程序中应是唯一的。

main_workplan：　　本模型中的顶层工作计划。

its_workpieces：　　要加工的工件。

its_owner：　　可选择的项目所有者的信息。

its_release：　　可选择的项目日期和时间基准。

its_status：　　可选择的属性，以指示项目的当前状态。

4.3.1 人员和地址(Person and address)

实体包括名称并引用一位人员的数据，例如该人负责建立一个项目。

```
ENTITY person_and_address;                          (* m0 *)
    its_person: person;
    its_address: OPTIONAL address;
END_ENTITY;
```

4.4 加工何物：工件和制造特征(What to machine：Workpiece and manufacturing feature)

4.4.1 工件(Workpiece)

工件实体已含工件的全面描述(如有可能的话)。这包括材料、表面状况和几何数据。每个工件只应有一种表面状况和一种材料。根据一致性等级的不同，工件实体既包括仅作为一个箱体或圆柱体的未加工零件，也包括完整几何模型的表述，例如在制造处理后的工件状态。

```
ENTITY workpiece;                                    (* m1 *)
    its_id:                  identifier;
    its_material:            OPTIONAL material;
    global_tolerance:        OPTIONAL shape_tolerance;
    its_rawpiece:            OPTIONAL workpiece;
```

```
    its_geometry:              OPTIONAL advanced_brep_shape_representation;
    its_bounding_geometry:     OPTIONAL bounding_geometry_select;
    clamping_positions:        SET [0:?] OF cartesian_point;
END_ENTITY;
```

its_id: 工件的唯一标识。

its_material: 材料属性用来区别工件材料。这个数据应用来确定制造过程中的工艺参数。它可由机床操作者或通过自动进给速率/切削条件选择(从 CNC 上的一张表或一个数据库)做出。

global_tolerance: 工件的公差,当不规定其他公差时有效。

its_rawpiece: 可以在这里描述工件的原始件几何形状。采用一种递归描述,亦即原始件是工件自身类型。

its_geometry: 按 ISO 10303-514 的最终工件几何形状的一种精确描述。

its_bounding_geometry: 通过这种属性,工件的边界几何形状可按实体的 advanced_brep_shape_representation(ISO 10303-514)定义,定义为一种箱体、一种圆柱体或某种几何形状。

clamping_position: 工件表面上的夹具位置。

所有属性的位置、方向和几何信息都按相应的工件坐标系来规定。

4.4.1.1 材料(Material)

这个实体用来区分工件的材料。

```
ENTITY material;                                          (* m1 *)
    standard_identifier: label;
    material_identifier: label;
    material_property: SET [0:?] OF property_parameter;
END_ENTITY;
```

standard_identifier: 用来区分材料的标准。它可以是一种国家标准或是公司内部用的一种标准。

material_identifier: 用来区分材料的名称。

material_property: 描述材料特性的参数。由于对材料特性的要求各不相同,因而采用一种通用类型"特性参数"。

4.4.1.2 特性参数(Property Parameter)

通用特性参数可用来表征可能有的任何类型特性、任何类型参数。子类型是描述参数(字符串)和数值参数。

```
ENTITY property_parameter                                 (* m0 *)
    SUPERTYPE OF (ONEOF (descriptive_parameter,numeric_parameter));
    parameter_name: label;
END_ENTITY
```

parameter_name: 被描述参数的名称。

4.4.1.2.1 描述参数(Descriptive parameter)

用字符串来表征参数的一种参数描述。

```
ENTITY descriptive_parameter                              (* m0 *)
    SUBTYPE OF (property_parameter);
    descriptive_string: text;
END_ENTITY;
```

descriptive_string：描述参数的字符串值。

4.4.1.2.2 数值参数(Numeric parameter)

用数值的一种参数描述，应同时给出数值和单位。

```
ENTITY numeric_parameter                                      (* m0 *)
    SUBTYPE OF (Property_parameter);
    its_parameter_value: parameter_value;
    its_parameter_unit: label;
END_ENTITY;
```

its_parameter_value： 描述参数的值。

its_parameter_unit： 与值相伴随的单位。

4.4.1.3 边界几何形状选择(Bounding geometry select)

这个类型提供三种不同的实体用来描述工件的边界几何形状。根据一致性等级，边界几何形状可描述成一种块状体或一种圆柱体(用 GB/T 16656.42 的几何术语)，或描述成一种复杂形状(按 ISO 10303-514)。在 bounding_geometry 中给出的所有坐标和方向都在给出的工件坐标系中定义。

```
TYPE bounding_geometry_select =
    SELECT (block, right_circular_cylinder,                   (* m1 *)
    advanced_brep_shape_representation);                      (* t1 *)
END_TYPE;
```

4.4.2 制造特征(Manufacturing feature)

这种实体是所有制造特征的父类型。当考虑到 2½D 制造时，特征是类型 two5D_manufacturing_feature，而且可以是孔、槽等。当考虑到自由型制造时，在相同意义上使用于各种区域。

制造特征是通过其几何特征描述的。它并不给出如何制造工件的具体步骤。这种与工艺过程有关的信息只包含在操作内，并且取决于制造方法。在 GB/T 19903 的工艺特殊部分中描述这些方法。例如，插入到一个槽内，对槽粗加工和对槽底部精加工，以及对自由型表面某一部分的精加工都可能是单独操作的。有关各种操作的概念请参阅 4.7.1。

```
ENTITY manufacturing_feature                                  (* m1 *)
    ABSTRACT SUPERTYPE OF (ONEOF(region, two5D_manufacturing_feature,
    transition_feature));
    its_id:              identifier;
    its_workpiece:       workpiece;
    its_operations:      SET [0:?] OF machining_operation;
END_ENTITY;
```

its_id： 每个特征有一个唯一的标识符。

its_workpiece：有某种特征的工件。

its_operations：特征制造所要求的、与特征相关联的一组操作。

注：并无必要一个接一个地立即实施各个操作。只有工作计划可确定给定的程序中所包括的全部操作的最终顺序，而制造过程通常并不通过特征来加工特征，而是按工艺规范执行，例如使刀具变化为最小。然而，应通过 CAM 系统(或通过控制器，如果执行顺序是由一种智能 CNC 规定时)来保证，在这种属性中所给出的顺序决不会被破坏。

4.5 制造特征目录(Catalogue of manufacturing features)

4.5.1 区域(Region)

区域是自由型加工时的一种特征的等同物。它描述最终工件表面的界限区域，在这个区域内施加相关的操作。

注：对于自由型表面来说，基于工艺决定，不同操作(例如粗加工，精加工)的区域也许有不同的形状。

```
ENTITY region                                                    (* m1 *)
  ABSTRACT SUPERTYPE OF (ONEOF (region_surface_list, region_projection,
  topological_region))
  SUBTYPE OF (manufacturing_feature);
  feature_placement: OPTIONAL axis2_placement_3d;
END_ENTITY;
```

feature_placement：相对于工件坐标系的特征位置。该位置是一种平移和/或旋转，它将工件坐标系原点转变成特征的局部坐标系原点，若未给出 feature_placement，则区域将使用工件坐标。有关坐标系说明亦可参阅 4.6.4.1.2。

4.5.1.1 区域投影(Region projection)

将一个封闭曲线投影在一个表面上所产生的一种有限区域类型。这样，可以简单地在现有表面描述基础上来定义一种区域。当工件表面在空间内沿着 proj_dir 运动时，区域投影施加于它所映射到的任何工件表面。在不希望应用拓扑技术的地方，这是一种非常简便的区域定义。

```
ENTITY region_projection                                         (* m1 *)
  SUBTYPE OF (region);
  proj_curve:          bounded_curve;
  proj_dir:            direction;
  depth:               toleranced_length_measure;
END_ENTITY;
```

proj_curve：一种空间曲线，通过其在表面上的投影用来规定一个表面的边界。它必须是一个封闭曲线而且通常在一个平面内。

proj_dir：用来将上述曲线投影到表面上的方向。

depth：深度是一个正的标量值。它描述进入到该区域的局部坐标系的负 z 方向切除的材料距离。深度是从未加工零件表面(在这个表面上已投影 proj_curve)一直测到加工的底部。对整个区域而言，深度是相同的。在底部形状不应等同于未加工零件表面的情况下，则应采用实体槽及其子类型。

4.5.1.2 区域表面表(Region surface list)

由一张表面表所规定的一种区域类型。它允许对区域做最一般的描述。区域被其包围的表面边界所限定。

```
ENTITY region_surface_list                                       (* m1 *)
  SUBTYPE OF (region);
  surface_list:        LIST [1:?] OF bounded_surface;
END_ENTITY;
```

surface_list：一般表面的表，允许有各种不同的描述。

4.5.1.3 拓扑区域(Topological region)

由拓扑表示所规定的区域的一种类型。只有类型 advanced_face 的表面允许有拓扑区域，这是因为它们肯定带有其自身的几何图形表示。

```
ENTITY topological_region                                        (* t0 t1 *)
  SUBTYPE OF (region, open_shell);
  WHERE
  WR1: SIZEOF(QUERY(it <* SELF.cfs_faces |
  NOT('MACHINING_SCHEMA.ADVANCED_FACE' IN TYPEOF(it)))) = 0;
```

END_ENTITY;

4.5.2 Two5D 制造特征(Two5D manufacturing feature)

实体 two5D_manufacturing_feature 是所有 2½D 特征的抽象父类型。这种结构的定义非常类似于 ISO 10303-224。

```
ENTITY two5D_manufacturing_feature                    (* m1 *)
  ABSTRACT SUPERTYPE OF (ONEOF(machining_feature, replicate_feature,
  compound_feature))
  SUBTYPE OF (manufacturing_feature);
  feature_placement: axis2_placement_3d;
END_ENTITY;
```

feature_placement:相对于工件坐标系的特征的位置。位置是一种平移和/或一种旋转,它将工件坐标系的原点转换成特征的局部坐标系的原点。有关坐标系的说明也可参阅 4.6.4.1.2。如果制造特征是一种 compound_feature 的一部分,则其位置由相对于 compound_feature 的原点来定义。

4.5.3 加工特征(Machining feature)

实体 machining_feature 是所有基于 2 ½D 加工的特征的抽象父类型。在本部分预见到以下一些特征:平面、槽、狭槽、台阶、孔、一般特征以及复合特征,这是因为它们已用于 GB/T 19903 的不同的工艺特殊部分。对这些特征的定义类似于 ISO 10303-224。

2½D 加工的特点来自大多数刀具运动仅出现在 xy 平面,而 z 轴预置到某个深度,以便去除一层材料。因此,所有加工特征都有一个深度。

所有特征几何形状(例如描述一个槽的外形轮廓)都在一个局部的 xyz 坐标系内描述。坐标系原点的定义在加工方法特殊部分中给出。工件的环绕表面和特征的平面轮廓定义都假定位于 xy 平面($z=0$)内,且工件位于 xy 平面的负 z 方向。换句话说,加工操作中的一个正深度需要将刀具沿负 z 方向进入到工件。

由于 GB/T 19903 允许整个工件几何形状用一种 3D 描述,继承的属性 feature_placement 规定工件坐标系内的特征的实际位置。

```
ENTITY machining_feature                              (* m1 *)
  ABSTRACT SUPERTYPE OF (ONEOF(planar_face, pocket, slot, step, round_hole,
  toolpath_feature, profile_feature, boss, spherical_cap, rounded_end,
  thread))
  SUBTYPE OF (two5D_manufacturing_feature);
  depth: elementary_surface;
END_ENTITY;
```

depth:特征的深度是通过一个平面描述的,它包括在特征的局部笛卡尔坐标系中测量的特征最低点($z<0$)。如果深度不是相对于 z 轴的垂直平面,这意味着特征的底部是倾斜的。根据显式特征,可描述更为复杂的底部形状。

4.5.4 平面(Planar face)

平面用来描述工件外表面的加工。平面的几何形状是通过边界和深度(通过父类型定义)给定的。深度表示需要从工件上去除的材料的底部,以达到特征的最终形状。描述深度的基本表面可以是对特征的局部 z 轴是倾斜的或垂直的。平面也可以有一个或几个不进行切削的凸台。如图 1 所示。

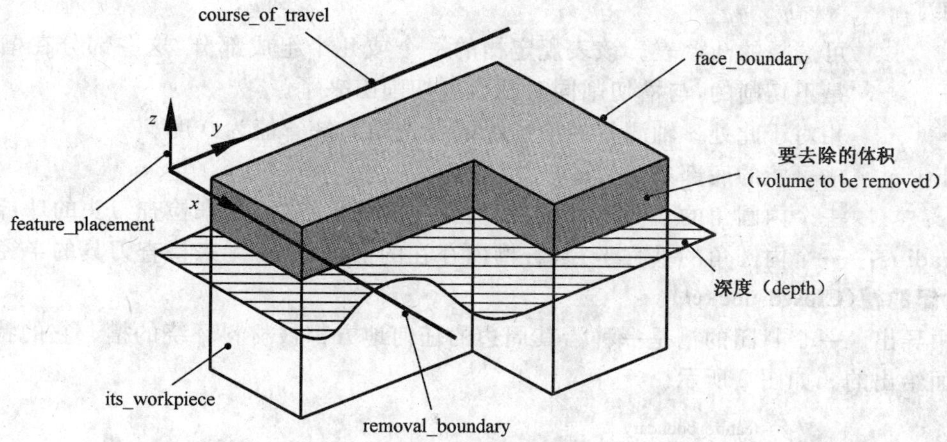

图1　平面

```
ENTITY planar_face                                        (* ml *)
    SUBTYPE OF
    (machining_feature);
    course_of_travel:              linear_path;
    removal_boundary:              linear_profile;
    face_boundary:                 OPTIONAL closed_profile;
    its_boss:                      SET [0:?] OF boss;
    (* Informal propositions:
    - The entire profile lies in the local xy plane.
    - The profile is not self-intersecting.
    *)
END_ENTITY;
```

removal_direction:　材料去除的方向。

course_of_travel:　有长短和方向的一条直线。

removal_boundary:　有长短和方向的一条线，当沿着该线的路径移动时，规定工件上要去除体积的范围。

face_boundary:　完成平面切削后，工件的全部或局部的外部最终形状。

its_boss:　实体的一种任选的表，它描述一个或几个凸台。一个 planar_face 的凸台规定 planar_face 的一部分，这部分在 planar_face 制造期间不进行切削。

4.5.5　槽(Pocket)

这是各种隐式和显式槽的抽象父类型。开口和封闭的槽是从这种父类型中导出的。槽的几何形状是由其工件外表面上的轮廓及其深度来确定的。一个槽可以有一个或几个凸台。

```
ENTITY pocket                                              (* ml *)
    ABSTRACT SUPERTYPE OF (ONEOF(closed_pocket, open_pocket))
    SUBTYPE OF (machining_feature);
    its_boss: SET [0:?] OF boss;
    slope: OPTIONAL plane_angle_measure;
    bottom_condition: pocket_bottom_condition;
    planar_radius: OPTIONAL toleranced_length_measure;
    orthogonal_radius: OPTIONAL toleranced_length_measure;
```

END_ENTITY;

its_boss: 可选择的凸台表。该表规定槽的一个或几个组成部分,这些部分在槽制造过程中是不切削的,与槽切削同时凸台也切削出来了。

slope: 相对于此处 z 轴测量的槽边缘的任选角。缺省值为 0 度。

bottom_condition: 槽可能的底部条件。

planar_radius: 一个内圆角的平面半径(若槽内存在的话)。这可用来检查刀头的球部半径。

orthogonal_radius: 一个内圆角的垂直半径(若槽内存在的话)。这可用来检查刀具的半径。

4.5.5.1 封闭的槽(Closed pocket)

从槽类中导出。一个封闭的槽是一种沿其周边的任何地方都被材料环绕的槽。它的特征边界是由一种封闭型面给出的。如图 2 所示。

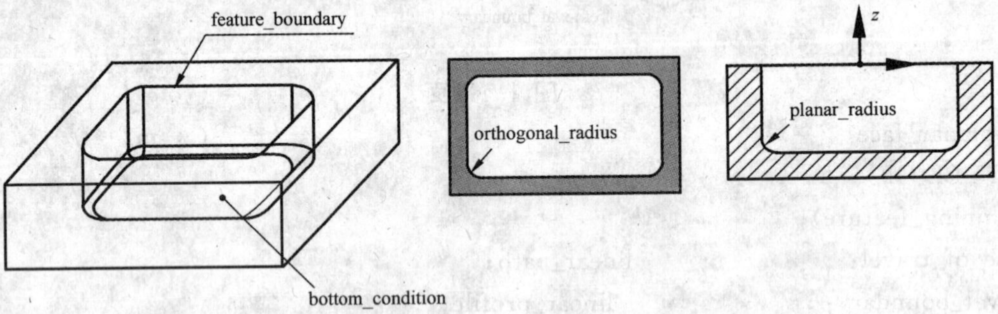

图 2 封闭的槽

```
ENTITY closed_pocket                                      (* m1 *)
    SUBTYPE OF (pocket);
    feature_boundary:              closed_profile;
    (* Informal propositions:
    - The entire profile lies in the feature's local xy plane.
    - The profile is closed and not self-intersecting.
    *)
END_ENTITY;
```

feature_boundary: 描述槽上部边缘的形状或轮廓。它是有一个完全封闭的型面的封闭区域。该型面规定由封闭的槽所需要的区域。

4.5.5.2 开口的槽(Open pocket)

从槽类中导出。一个开口的槽是一个不封闭的槽。它的特征边界是由一个槽内壁轮廓给出的。如图 3 所示。

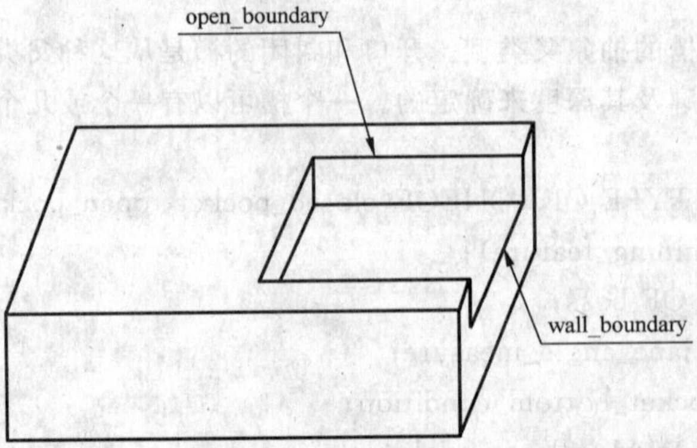

图 3 开口的槽

```
ENTITY open_pocket                                         (* m1 *)
    SUBTYPE OF (pocket);
    open_boundary:          open_profile;
    wall_boundary:          OPTIONAL open_profile;
    (* Informal propositions:
    - The entire open_boundary profile lies in the local xy plane.
    - The profile are is not self-intersecting.
    - Together the two open_profiles form a closed profile.
    - wall_boundary is for information only.
    *)
END_ENTITY;
```

open_boundary：轮廓或形状，它形成 open_pocket 的上部边缘。槽型面规定由开口槽所需要的区域。当沿着基础型面所定义的型面方向移动时，槽实体处于型面的左侧。open_boundary 处于特征 xy 平面($z=0$)内。

wall_boundary：轮廓或形状，它形成 open_pocket 的侧部边缘。它与 open_boundary 一起形成一个封闭的型面。

注：这个轮廓很可能是通过选出的刀具和从 machining_feature 继承的内圆角选择隐含地定义的。若给出的话，它只是作为资料性的。

4.5.5.3 槽的底部条件(Pocket bottom condition)

这个实体描述槽的底部形状。

```
ENTITY pocket_bottom_condition                             (* m1 *)
    ABSTRACT SUPERTYPE OF
    (ONEOF (through_pocket_bottom_condition, planar_pocket_bottom_condition,
    radiused_pocket_bottom_condition, general_pocket_bottom_condition));
END_ENTITY;
```

4.5.5.3.1 通槽底部条件(Through pocket bottom condition)

槽扩展成完全贯通的工件。如图 4 所示。

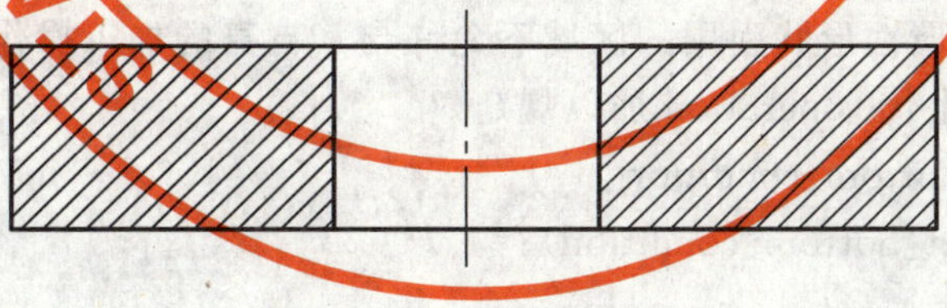

图 4 通槽底部条件

```
ENTITY through_pocket_bottom_condition                     (* m1 *)
    SUBTYPE OF (pocket_bottom_condition);
END_ENTITY;
```

4.5.5.3.2 平底槽底部条件(Planar pocket bottom condition)

槽底部为一个平面。如图 5 所示。

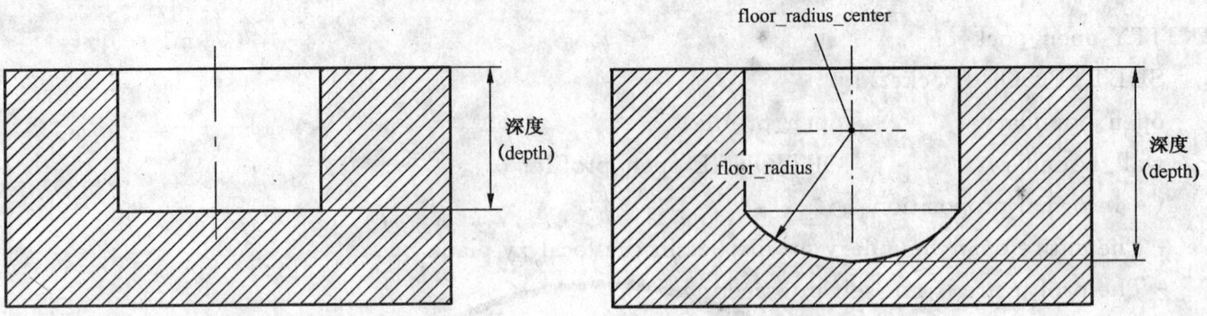

图 5　平底(左)和球底(右)槽底部条件

```
ENTITY planar_pocket_bottom_condition                    (* m1 *)
  SUBTYPE OF (pocket_bottom_condition);
END_ENTITY;
```

4.5.5.3.3　球底槽底部条件(Radiused pocket bottom condition)

槽底部为球形。与采用加工特征的属性 planar_radius 相对照,它可用来规定一个内圆角,使整个底面成为连续曲面。

```
ENTITY radiused_pocket_bottom_condition                  (* m1 *)
  SUBTYPE OF (pocket_bottom_condition);
  floor_radius_center:        cartesian_point;
  floor_radius:               toleranced_length_measure;
END_ENTITY;
```

floor_radius_center：槽底面半径的中心。它在特征坐标系内定义。

floor_radius：槽底面半径。该半径生成槽底面上的一个球体的一部分。上凸或下凹特性取决于 floor_radius_center 的位置。

注 1：球体的直径必须至少达到槽底面的周边,否则,其结果是不明确的。

注 2：槽的深度是由 floor_radius_center 和 floor_radius 的组合所确定的。

4.5.5.3.4　一般的槽底部条件(General pocket bottom condition)

任何底部条件不涉及 planar_condition 或 through_ bottom_condition。一般的槽底部条件规定槽的底部为一种自由型表面。

与复合特征相类似,由属性形状引用的区域不允许与其自身的加工操作相结合,加工槽用的所有加工操作必须由槽本身的属性 its operation 加以规定。

```
ENTITY general_pocket_bottom_condition                   (* m1 *)
  SUBTYPE OF (pocket_bottom_condition);
  shape:                      region;
  WHERE
  WR1: SIZEOF(shape\manufacturing_feature.its_operations) = 0;
END_ENTITY;
```

shape：　在局部 xyz 坐标中,作为 3D 表面的槽底面的描述。

注 1：形状的 feature_placement 属性将规定其相对于槽的局部坐标系(而不是相对于工件坐标系)的位置。

槽的属性深度应规定槽的最大深度。

注 2：槽的实际深度将由 3D 空间内定义的表面形状所确定。这样可越过在属性深度中给出的任何干涉数据。

4.5.6　狭槽(Slot)

实体狭槽与实体槽紧密相关。一般而言,狭槽是一种特殊类型的槽。ISO 10303-224 将狭槽作为一种单独实体列出。为了可以比较起见，实体狭槽也包含在这个模式内。属性 course_of_travel 描述狭槽的位置和扩展。通常，狭槽是借助于刀具沿着移动路径做一次走刀而制成的。在这种场合，狭槽宽度等同于刀具形状。在铣削操作场合，该形状由刀具的直径给出。如果制造这种狭槽的一种加工步骤要求较小的刀具，则需要进行几次切削加工。如图 6 所示。

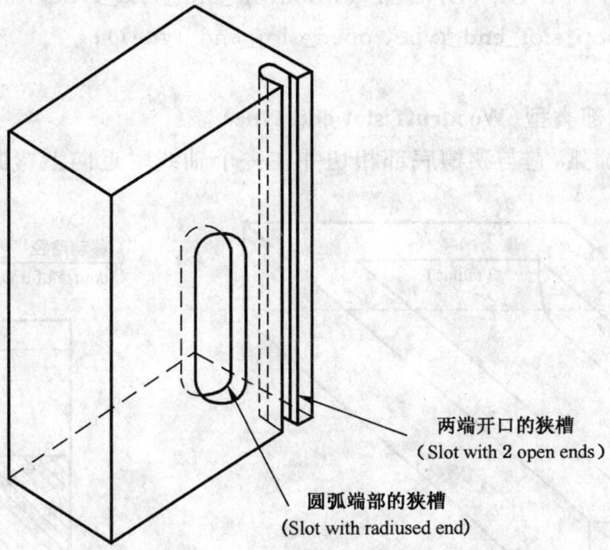

图 6　狭槽的不同例子

```
ENTITY slot                (* m1 *)
    SUBTYPE OF (machining_feature);
    course_of_travel:                    travel_path;
    swept_shape:                           open_profile;
    end_conditions:                      LIST[0:2] OF slot_end_type;
    WHERE
    WR1: ( ( SIZEOF(QUERY (it <* SELF.end_conditions |
    ('MACHINING_SCHEMA.LOOP_SLOT_END_TYPE' IN TYPEOF(it)) )) = 1)
    AND
    (SIZEOF(end_conditions) = 1) )
    OR
    (SIZEOF(end_conditions) <> 1);
    (*
    Informal propositions:
    - The entire travel_path lies in the local xy plane.
    - The travel_path is not self-intersecting.
    *)
END_ENTITY;
```

course_of_travel：狭槽的中心线。刀具沿这个路径运动来制成狭槽。如在实体槽那样，给出上部边缘。

swept_shape：　由刀具生成的(与轮廓相符的)截面，这是选择合适的刀具所需要的。对于简单的矩形狭槽型面而言，square_u_profile 只需给出狭槽宽度就可以了。

end_conditions：对一侧封闭的狭槽，可在这里给出端部条件。程序的走向与 course_of_travel 的方向相一致。

4.5.6.1 **狭槽端部类型(Slot end type)**

狭槽端部类型的父类型。

ENTITY slot_end_type (＊ m1 ＊)

ABSTRACT SUPERTYPE OF (ONEOF (woodruff_slot_end_type, radiused_slot_end_type, flat_slot_end_type, loop_slot_end_type, open_slot_end_type));

END_ENTITY;

4.5.6.1.1 **半月形狭槽端部类型(Woodruff slot end type)**

狭槽的端部应是一个圆弧,它与狭槽底部相切并在一个轴线附近向上弯曲。如图 7 所示。

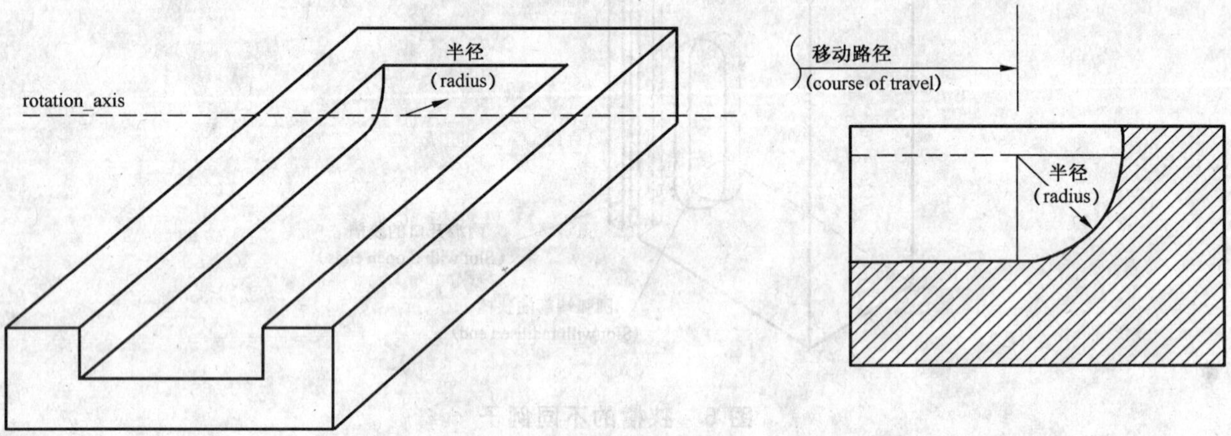

图 7 半月形狭槽端部类型

ENTITY woodruff_slot_end_type (＊ m1 ＊)

SUBTYPE OF (slot_end_type);

radius: toleranced_length_measure;

END_ENTITY;

radius:半月形狭槽端部的半径。该半径从狭槽的底部开始连续相切。它从狭槽底部的 course_of_travel 终端开始。半径不必等于狭槽的深度。

4.5.6.1.2 **半圆形狭槽端部类型(Radiused slot end type)**

狭槽的端部成圆弧形。直径等于狭槽宽度,圆弧中心和 course_of_travel 的端点相同。如图 8 所示。

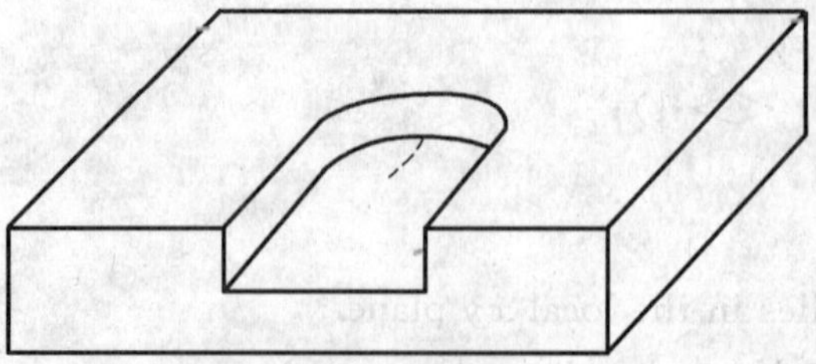

图 8 半圆形狭槽端部类型

ENTITY radiused_slot_end_type (＊ m1 ＊)

SUBTYPE OF (slot_end_type);

END_ENTITY;

4.5.6.1.3 **平面狭槽端部类型(Flat slot end type)**

狭槽的端部由一条直线和二条弧线组成,将端部与狭槽的侧面相连接。给出二条圆弧的半径。当沿着狭槽的中心线从其起点到终点横过时，中心线左侧的半径是 corner_radius1，中心线右侧半径是 corner_radius2。course_of_travel 的端点在狭槽的平面端部。如图 9 所示。

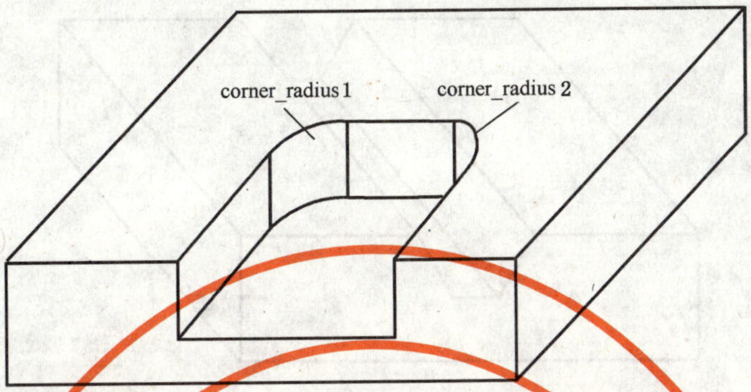

图 9　平面狭槽端部类型

```
ENTITY flat_slot_end_type                                    (* m1 *)
    SUBTYPE OF (slot_end_type);
    corner_radius1:              toleranced_length_measure;
    corner_radius2:              toleranced_length_measure;
END_ENTITY;
```

corner_radius1：　第一条圆弧的半径。

corner_radius2：　第二条圆弧的半径。

4.5.6.1.4　环形狭槽端部类型(**Loop slot end type**)

狭槽形成一个环形。属性深度用来确定槽的标量深度。标量深度等于 course_of_travel 和由特征的属性“深度”所描述的平面之间的最小距离。如图 10 所示。

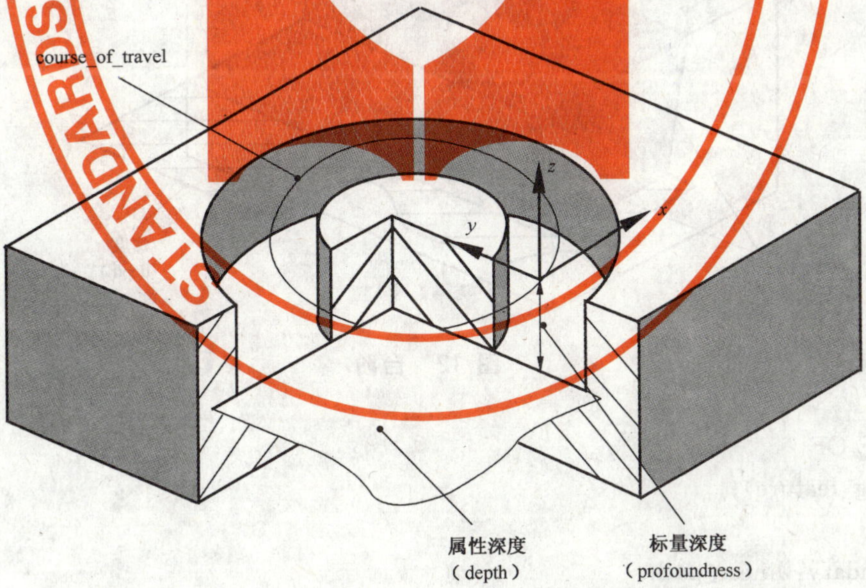

图 10　环形狭槽端部类型

```
ENTITY loop_slot_end_type                                    (* m1 *)
    SUBTYPE OF (slot_end_type);
END_ENTITY;
```

4.5.6.1.5 开口狭槽端部类型(Open slot end type)

狭槽的端部是开口的。如图 11 所示。

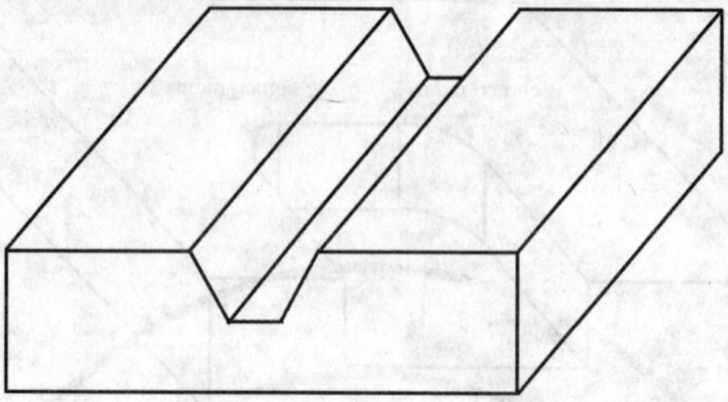

图 11 开口狭槽端部条件

```
ENTITY open_slot_end_type                                   (* ml *)
    SUBTYPE OF (slot_end_type);
END_ENTITY;
```

4.5.7 台阶(Step)

台阶(或凸肩)是将一些材料从工件顶部和侧面去掉后形成的。与开口槽相类似,它的轮廓对其侧面是开口的。描述台阶底部的 V 形型面部分处于由特征的属性深度所定义的基本表面上。如由任选属性所给出那样,台阶可以有一个或几个凸台。如图 12 所示。

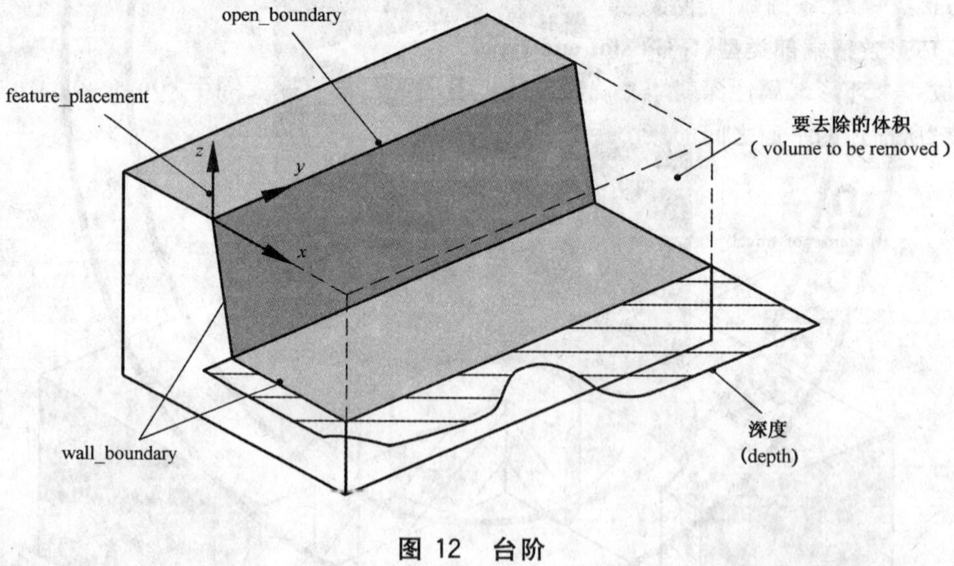

图 12 台阶

```
ENTITY step                                                 (* ml *)
    SUBTYPE OF
    (machining_feature);

    open_boundary: linear_path;
    wall_boundary: OPTIONAL vee_profile;
    its_boss: SET[0:?] OF boss;
    (*
    Informal propositions:
    - The entire linear_path lies in the same plane.
```

```
    *)
END_ENTITY;
```

open_boundary:形成台阶上部边缘的轮廓或形状。当沿着基础曲线所定义的曲线方向移动时,台阶实体处于曲线的左侧。

wall_boundary:形成台阶侧边的轮廓或形状,亦即切削的“型面”。

its_boss:一个台阶可以有一个或几个凸台。

4.5.8 型面特征(Profile feature)

从工件的边界切去一些材料形成型面特征。这是一般的外部型面和形状型面的一种抽象父类型。

```
ENTITY profile_feature                                              (* m1 *)
    ABSTRACT SUPERTYPE OF(ONEOF(general_outside_profile, shape_profile))
    SUBTYPE OF (machining_feature);
    profile_swept_shape: linear_path;
END_ENTITY;
```

profile_swept_shape: 当2D线与一个型面相结合时生成型面特征的形状。线性路径的方位等同于型面特征。线性路径的方向应是沿 z 轴向上的型面边界的移动方向。

4.5.8.1 一般的外部型面(General outside profile)

从一个工件的外部切去任意形状的体积形成一般的外部型面。材料可以从整个外部或从某些部分去除。轮廓的形状是由属性 feature_boundary 给出的。如图13所示。

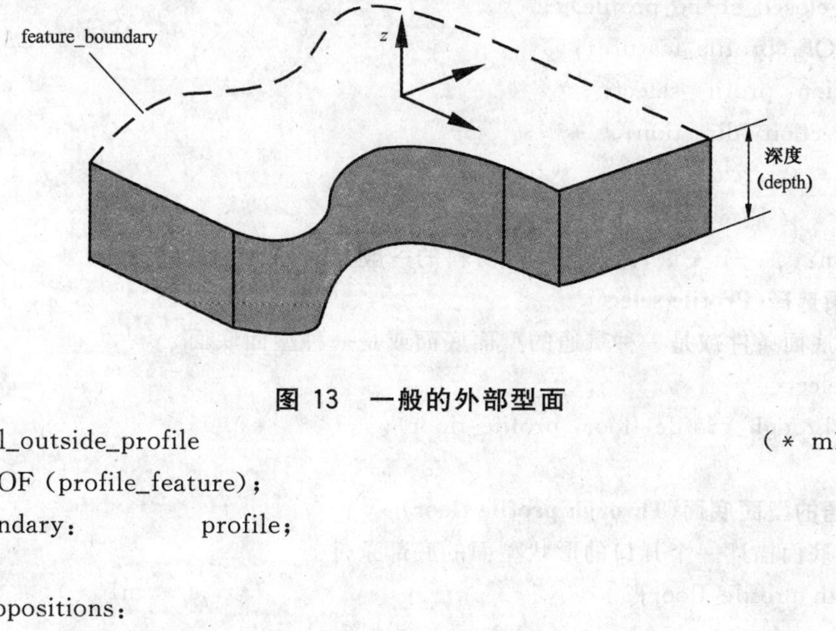

图 13 一般的外部型面

```
ENTITY general_outside_profile                                      (* m1 *)
    SUBTYPE OF (profile_feature);
    feature_boundary:            profile;
    (*
    Informal propositions:
    - The entire profile lies in the local xy plane.
    - The profile is not self-intersecting.
    *)
END_ENTITY;
```

feature_boundary:型面的轮廓随刀具形成。

注:这个属性描述型面本身,而不是描述刀具路径。当沿着基础型面所定义的型面方向移动时,工件实体处于型面左侧。

4.5.8.2 形状型面(Shape profile)

形状型面是从一个工件的边界形状切去后留下的型面的体积。边界形状的底部被底面条件所限制。这是一般形状型面、部分圆形型面、圆形封闭形状型面、矩形开口形状型面和矩形封闭形状型面的一种抽象的父类型。如图 14 所示。

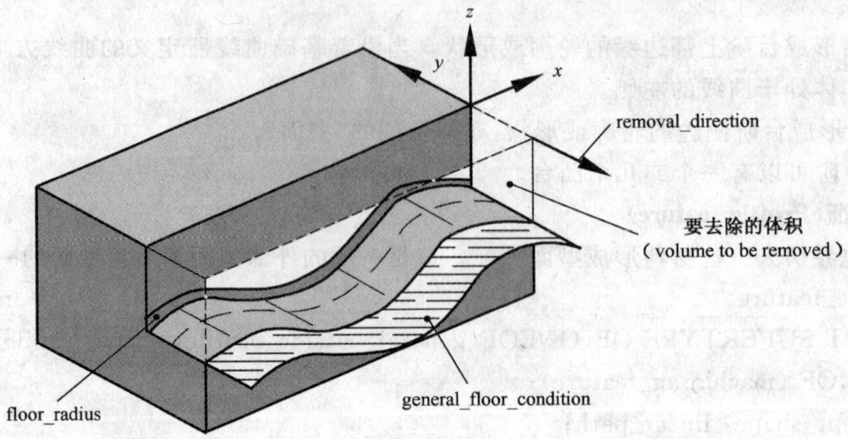

图 14 形状型面

```
ENTITY shape_profile                                        (* m1 *)
    ABSTRACT SUPERTYPE
    OF(ONEOF(general_shape_profile,partial_circular_shape_profile,
    circular_closed_shape_profile,rectangular_open_shape_profile,
    rectangular_closed_shape_profile));
    SUBTYPE OF (profile_feature);
    floor_condition: profile_select;
    removal_direction: direction;
END_ENTITY;
```

floor_condition： 底部形状的规格。

removal_direction： 一个矢量,它指向离开材料的一般方向。

4.5.8.2.1 型面选择(Profile select)

形状型面的底面条件或是一种贯通的型面底面或是一种型面底面。

```
TYPE profile_select =
    SELECT (through_profile_floor, profile_floor);
END_TYPE;
```

4.5.8.2.2 贯通的型面底面(Through profile floor)

贯通的型面底面描述一个开口的形状型面的底部条件。

```
ENTITY through_profile_floor;                      (* m1 *)
END_ENTITY;
```

4.5.8.2.3 型面底面(Profile floor)

型面底面描述一个形状型面的底部条件,它可以是平的或任意的形状。

```
ENTITY profile_floor                                        (* m1 *)
    ABSTRACT SUPERTYPE OF(ONEOF(general_profile_floor, planar_profile_floor));
    floor_radius: OPTIONAL numeric_parameter;
    start_or_end: BOOLEAN;
END_ENTITY;
```

floor_radius： 底部和侧面之间的一段圆弧的半径。

start_or_end： 若为真,profile_floor 位于 shape_profile 的末端。若为假,它处于 shape_profile 的起始

部位。

4.5.8.2.4　一般的型面底面(**General profile floor**)

general_profile_floor 是 profile_floor 的一种类型,它规定一个由任意形状围绕的封闭区域。

```
ENTITY general_profile_floor                                    (* m1 *)
  SUBTYPE OF (profile_floor);
  floor:                  face;
END_ENTITY;
```

floor:　shape_profile 的底面规格,它与所有的 shape_profile 壁相接。

4.5.8.2.5　平面型面底面(**Planar profile floor**)

planar_profile_floor 是 profile_floor 的一种类型,它表征 shape_profile 的底部是平的。

```
ENTITY planar_profile_floor                                     (* m1 *)
  SUBTYPE OF (profile_floor);
  floor:                  plane;
END_ENTITY;
```

floor:　shape_profile 底部平面的规格。

4.5.8.2.6　一般形状型面(**General shape profile**)

general_shape_profile 是 shape_profile 的一种类型,它规定工件某一部分为任意形状。

```
ENTITY general_shape_profile                                    (* m1 *)
  SUBTYPE OF (shape_profile);
  profile_boundary:       profile;
END_ENTITY;
```

Profile_boundary:　shape_profile 特征的轮廓规格。它规定一个区域也许完全封闭,也许不完全封闭。

4.5.8.2.7　局部圆形形状型面(**Partial circular shape profile**)

partial_circular_shape_profile 是 shape_profile 的一种类型,它规定并非在所有侧面都封闭的一个体积。

```
ENTITY partial_circular_shape_profile                           (* m1 *)
  SUBTYPE OF (shape_profile);
  open_boundary:          partial_circular_profile;
END_ENTITY;
```

Open_boundary:　shape_profile 特征的轮廓规格,它规定一个圆形而不应封闭的区域。

4.5.8.2.8　圆形封闭形状型面(**Circular closed shape profile**)

circular_closed_shape_profile 是 shape_profile 的一种类型,它规定一个完全封闭的体积。这种实体可带有螺纹。

```
ENTITY circular_closed_shape_profile                            (* m1 *)
  SUBTYPE OF (shape_profile);
  closed_boundary:        circular_closed_profile;
END_ENTITY;
```

closed_boundary:　shape_profile 特征的轮廓规格,它规定一个封闭且圆形的区域。

4.5.8.2.9　矩形开口形状型面(**Rectangular open shape profile**)

rectangular_open_shape_profile 是 shape_profile 的一种类型,它是一种对边长度相等而一边不与工件相接触的开口型面。

```
ENTITY rectangular_open_shape_profile                           (* m1 *)
  SUBTYPE OF (shape_profile);
```

open_boundary： square_u_profile；

END_ENTITY；

open_boundary： 一边开口的一个封闭区域的轮廓或形状的规格。

4.5.8.2.10 矩形封闭形状型面(Rctangular closed shape profile)

rectangular_closed_shape_profile 是 shape_profile 的一种类型，它是一种对边长度相等的封闭体积。

```
ENTITY rectangular_closed_shape_profile                                  (* m1 *)
    SUBTYPE OF (shape_profile);
    closed_boundary:         rectangular_closed_profile;
END_ENTITY;
```

Closed_boundary：完全封闭型面的封闭区域的轮廓或形状规格。

4.5.9 圆孔(Round hole)

这种实体定义孔和螺纹孔。一个孔的 feature_placement 是在表面上的中心点，亦即孔位于局部坐标系的 $x=y=0$ 处。规定的(正的)深度就是刀具进入到负的 z 方向孔内的距离。

注：孔的底部不考虑在孔的深度范围内。

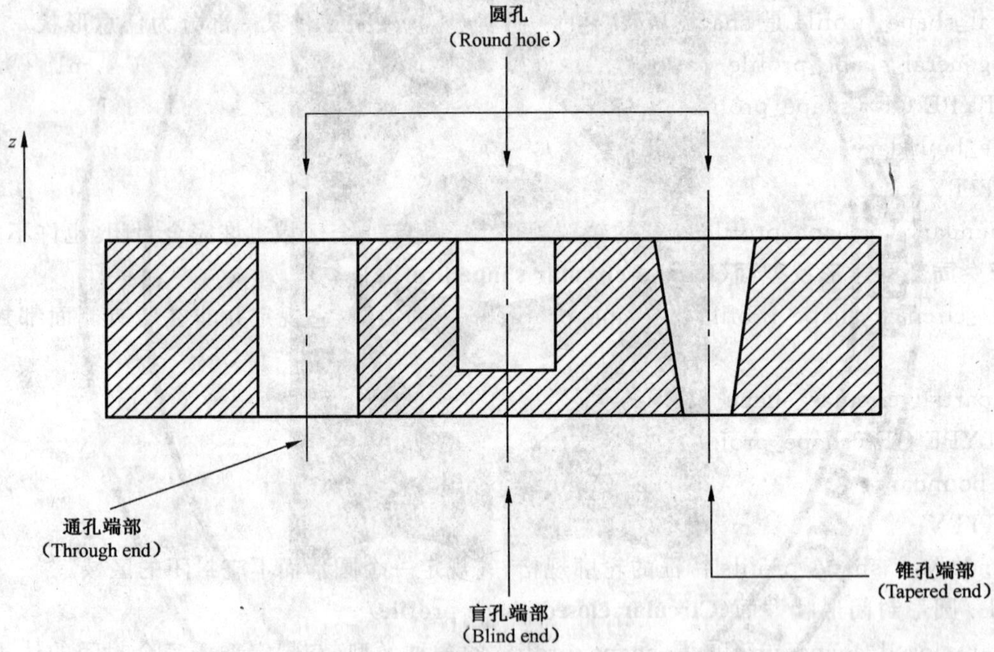

图 15 孔的类型

```
ENTITY round_hole                                                        (* m1 *)
    SUBTYPE OF (machining_feature);
    diameter:                toleranced_length_measure;
    change_in_diameter:      OPTIONAL taper_select;
    bottom_condition:        hole_bottom_condition;
END_ENTITY;
```

diameter： 孔的直径。直径是在 xy 平面内测量的，在那里 $z=0$。

change_in_diameter： 一个任选参数，用来规定有锥度的孔。

bottom_condition： 孔底部的规格。

4.5.9.1 **锥度选择(Taper select)**

锥度选择是描述锥度的方法。锥度可用直径描述也可用角度描述。

```
TYPE taper_select =
    SELECT (diameter_taper, angle_taper);
END_TYPE;
```

4.5.9.1.1 **直径锥度(Dimeter taper)**

用其终端直径来描述锥度的实体。如图 16 所示。

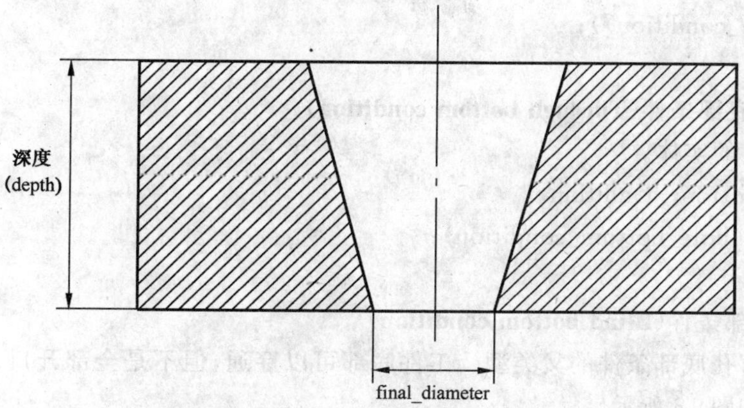

图 16 直径锥度

```
ENTITY diameter_taper;                                    (* m1 *)
    final_diameter: toleranced_length_measure;
END_ENTITY;
```

final_diameter:锥度孔在所示深度的终端直径。

4.5.9.1.2 **角锥度(Angle taper)**

用其半角来描述一个锥度的实体。如图 17 所示。

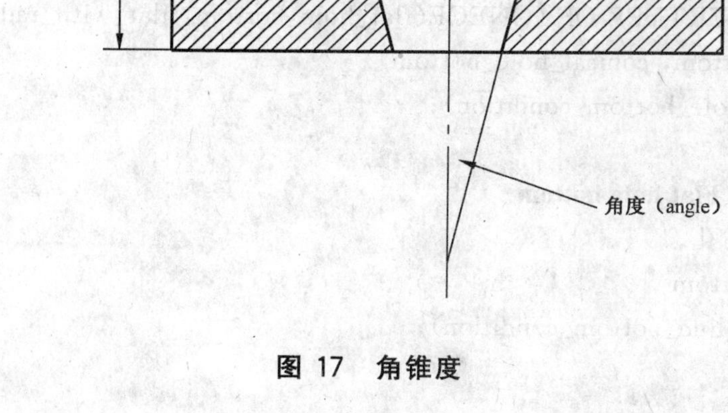

图 17 角锥度

ENTITY angle_taper; (* m1 *)
    angle: plane_angle_measure;
END_ENTITY;

angle:锥度孔的角度。

4.5.9.2 孔底条件(Hole bottom condition)

描述孔的底部用的抽象父类型。

ENTITY hole_bottom_condition (* m1 *)
    ABSTRACT SUPERTYPE OF (ONEOF (blind_bottom_condition,
    through_bottom_condition));
END_ENTITY;

4.5.9.2.1 通孔的底部条件(Through bottom condition)

描述孔底是开口的实体。

ENTITY through_bottom_condition (* m1 *)
    SUBTYPE OF (hole_bottom_condition);
END_ENTITY;

4.5.9.2.2 盲孔底部条件(Blind bottom condition)

描述不同类型盲孔底部条件的父类型。工件底部可以穿通,但不是全部开口。孔的深度是孔的圆柱形部分的长度。如图 18 所示。

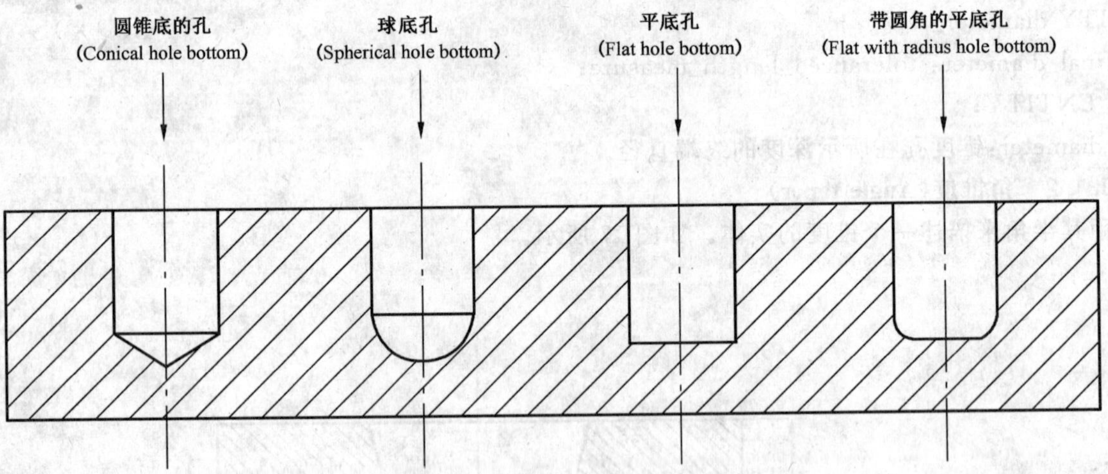

图 18 孔的底部条件

ENTITY blind_bottom_condition (* m1 *)
    ABSTRACT SUPERTYPE OF (ONEOF(flat_hole_bottom, flat_with_radius_hole_bottom,
    spherical_hole_bottom, conical_hole_bottom))
    SUBTYPE OF (hole_bottom_condition);
END_ENTITY;

4.5.9.2.2.1 平底孔(Flat hole bottom)

一种底部是平面的孔。

ENTITY flat_hole_bottom (* m1 *)
    SUBTYPE OF (blind_bottom_condition);
END_ENTITY;

4.5.9.2.2.2 带圆角的平底孔(Flat with radius hole bottom)

一种带有圆角的平底孔。

```
ENTITY flat_with_radius_hole_bottom                                    (* m1 *)
    SUBTYPE OF (blind_bottom_condition);
    corner_radius:              toleranced_length_measure;
END_ENTITY;
```

corner_radius:孔底部的圆角半径。

4.5.9.2.2.3 球底孔(Spherical hole bottom)

一种有球形底部的孔。

```
ENTITY spherical_hole_bottom                                           (* m1 *)
    SUBTYPE OF (blind_bottom_condition);
    radius:                     toleranced_length_measure;
END_ENTITY
```

radius:孔底部球形的半径。

4.5.9.2.2.4 圆锥底的孔(Conical hole bottom)

一种有圆锥形底部的孔,用一个标准钻头加工时就会出现这类孔。圆锥形底部是直径以某一系数减小直至为“零”或它成为锥顶半径的切线为止。如图 19 所示。

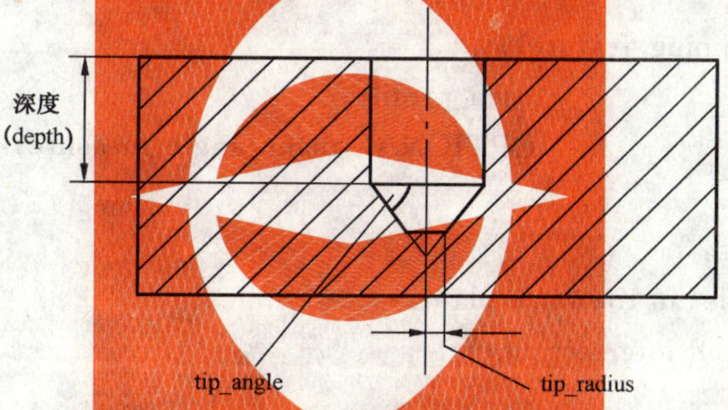

图 19 圆锥底的孔

```
ENTITY conical_hole_bottom                                             (* m1 *)
    SUBTYPE OF (blind_bottom_condition);
    tip_angle:                  plane_angle_measure;
    tip_radius:                 OPTIONAL toleranced_length_measure;
END_ENTITY;
```

tip_angle: 锥底角。

tip_radius: 用于锥顶半径规格的任选属性。缺省值为零。

4.5.10 刀具路径特征(Toolpath feature)

为了能够定义刀具运动而不涉及以前列出的特征,引入 toolpath_feature。应将显式刀具路径分配给与这个特征相关联的操作。

```
ENTITY toolpath_feature (* m1 *)
    SUBTYPE OF (machining_feature);
END_ENTITY;
```

仅在只要描述一种刀具路径而不给出诸如一个显式特征、一个区域等几何特征时,才应使用这个特征。只要有可能,应尽量使用常规的制造特征。

注：所有制造特征和所有操作都有可能将手动编程的刀具路径分配给这一特征。这种刀具路径总是能覆盖由机床控制器自动生成的任何刀具运动，并提供 CAM 系统对机床的全面控制。

这样，即使需要某些特殊的刀具运动，也应优先采用与加工步骤相结合的常规制造特征，并将显式刀具路径附于加工步骤。

4.5.11 凸台(Boss)

凸台是一种特征，它必须与其他特征相关联。不可分配单独的加工步骤用来制造一个凸台(亦即不可能首先切削特征，然后切削凸台)；而是相反，对带有凸台的特征进行加工后，遗留的未经加工的材料是凸台，出于这种理由，凸台不是一种独立的加工特征，而只是作为一种属性存在。如图 20 所示。

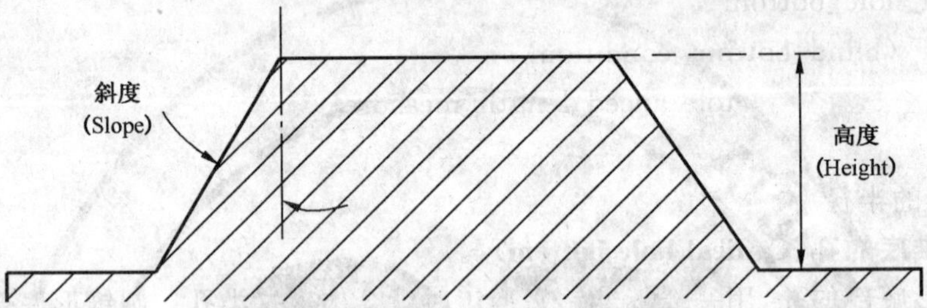

图 20 凸台

```
ENTITY boss                                                    (* m1 *)
    SUBTYPE OF(machining_feature);
    its_boundary:               closed_profile;
    slope:                      OPTIONAL plane_angle_measure;
    (*
    Informal propositions:
    - The entire profile lies in the same plane.
    - The profile is not self-intersecting.
    *)
END_ENTITY;
```

its_boundary：凸台顶部的轮廓。通过沿轮廓的斜度可计算出底部的轮廓。此外，为了使凸台有一个意义明确的高度，its_boundary 应与母体特征的底部平行，当沿着基础型面所定义的型面方向移动时，凸台实体处于型面的左侧。

slope： 轮廓斜坡相对于母体特征的局部 z 轴。

4.5.12 球形盖(Spherical cap)

这个特征是圆弧绕一个轴旋转形成的。它是由离中心点有给定距离的点组成。中心是由其位置定义的，它不位于特征的最高点，而是位于球体的中心。如图 21 所示。

```
ENTITY spherical_cap                                           (* m1 *)
    SUBTYPE OF (machining_feature);
    internal_angle:             numeric_parameter;
    radius:                     numeric_parameter;
END_ENTITY;
```

internal_angle：到一个轴的角度值，用来规定球体的一部分。

radius： 到中心的距离，用来定义一个球体。

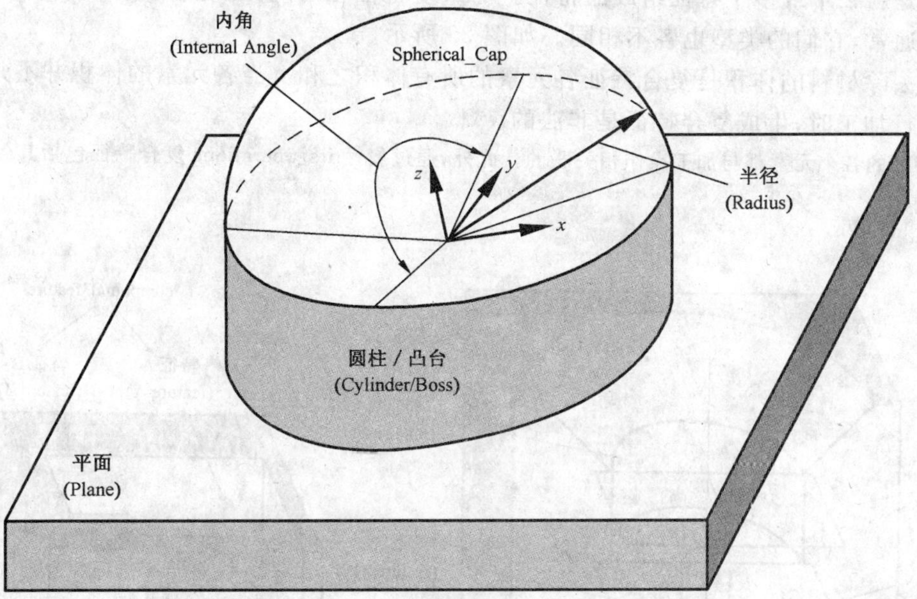

图 21 球形盖

4.5.13 圆柱形端部(Rounded end)

圆柱形端部是局部圆弧沿着一条线性路径通过时形成的。如图 22 所示。

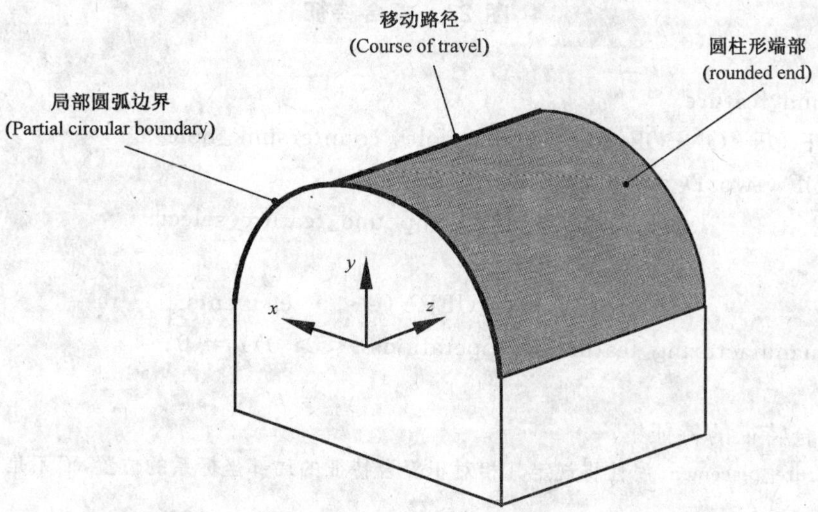

图 22 圆柱形端部

```
ENTITY rounded_end                                              (* m1 *)
    SUBTYPE OF (machining_feature);
    course_of_travel:           linear_path;
    partial_circular_boundary: partial_circular_profile;
END_ENTITY;
```

course_of_travel： 有长短和方向的一条直线。

partial_circular_boundary：圆弧沿着一条路径移动时，规定从工件上去除体积的区域。

4.5.14 **复合特征(Compound feature)**

复合特征是由二个或多个特征组成的特征。与重复特征相对应,在复合特征的各元素之间不存在固定的间距。通常,它们的类型也各不相同。如图 23 所示。

复合特征去除材料的体积是复合特征各元素的所有体积之和。当各元素的体积并不是相互连接成能对其总体进行加工时,生成复合特征是非法的。

注:复合特征的各个元素都与加工操作相关联的。此外,通过属性 its_operations 复合特征包括其各个辅助元素的所有操作。

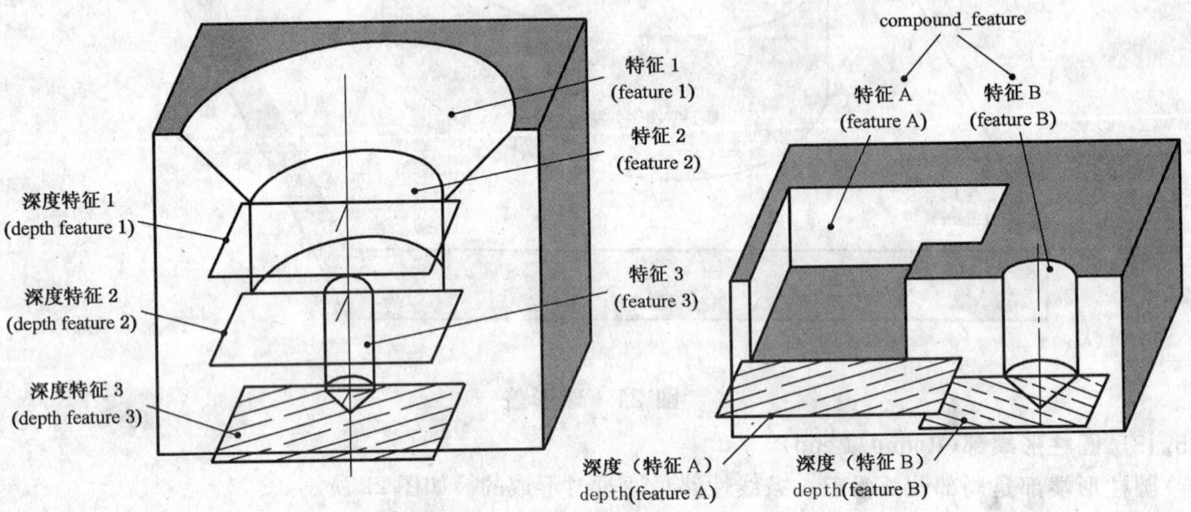

图 23 复合特征

```
ENTITY compound_feature                                        (* m1 *)
  SUPERTYPE OF (ONEOF(counterbore_hole, countersunk_hole))
  SUBTYPE OF (two5D_manufacturing_feature);
  elements:              SET [2:?] OF compound_feature_select;
  WHERE
  WR1:                    SIZEOF(QUERY(e <* elements |
  SIZEOF(e\manufacturing_feature.its_operations) <> 0)) = 0;
END_ENTITY;
```

elements:组成复合特征的特征集。

注:元素的 feature_placement 属性将规定其相对于复合特征的局部坐标系的位置,而不是相对于工件坐标系的位置。

4.5.14.1 **复合特征选择(Compound feature select)**

compound_feature 的各元素的选择。

```
TYPE compound_feature_select = SELECT(
  machining_feature, transition_feature
  );
END_TYPE;
```

4.5.14.2 **平底扩孔(Counterbore hole)**

平底扩孔是一种复合特征类型,它由二个 round_holes 组成,紧靠扩孔位置的圆孔应比材料内部的孔有更大的直径。前面一个 round_hole 的底部应与后面一个 round_hole 的顶部相结合。Counterbore _hole 的定位应与后者的 round_hole 的定位相同。二个 round_holes 应是同轴线的。如图 24 所示。

```
ENTITY counterbore_hole                                                    (* m1 *)
    SUBTYPE OF (compound_feature);
    WHERE
    WR1: SIZEOF(elements) =2;
    WR2: (SIZEOF(QUERY ( it <* SELF. elements |
    (('MACHINING_SCHEMA. ROUND_HOLE' IN TYPEOF(it))) )) = 2);
    WR3: SELF. elements[1]. diameter. theoretical_size <>
    SELF. elements[2]. diameter. theoretical_size;
END_ENTITY;
```

4.5.14.2.1 沉头孔(Countersunk hole)

沉头孔是一种复合特征类型,它由二个 round_hole 组成。紧靠沉头孔位置的 round_hole 底部应与更接近材料内部的 round_hole 顶部相结合,前一个 round_hole 的圆锥的直径应大于后一个 round_hole 的直径,前者的直径逐渐减小,在二孔接合处的直径相同。Countersunk_hole 的定位应与后者的 round_hole 定位相同。二个 round_holes 应是同轴线的。如图 24 所示。

```
ENTITY countersunk_hole                                                    (* m1 *)
    SUBTYPE OF (compound_feature);
    WHERE
    WR1: SIZEOF(elements) =2;
    WR2: (SIZEOF(QUERY ( it <* SELF. elements |
    (('MACHINING_SCHEMA. ROUND_HOLE' IN TYPEOF(it))) )) = 2);
    WR3: SELF. elements[1]. diameter. theoretical_size <>
    SELF. elements[2]. diameter. theoretical_size;
    WR4: NOT EXISTS(SELF. elements[1]. change_in_diameter) AND
    EXISTS(SELF. elements[2]. change_in_diameter);
END_ENTITY;
```

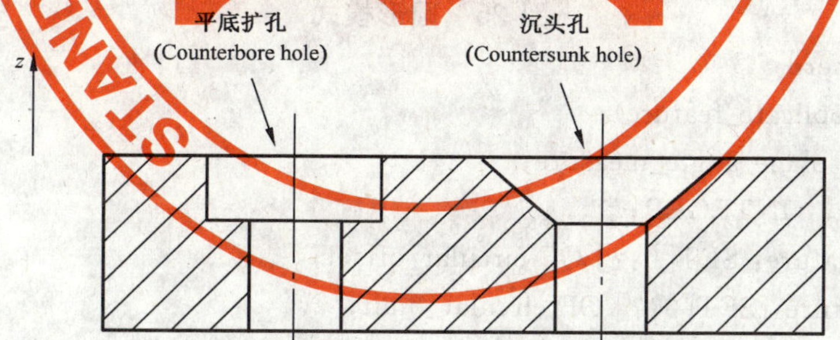

图 24 平底扩孔和沉头孔

4.5.15 重复特征(Replicate feature)

重复是一些相同特征的组合,例如一组圆孔或一组网格孔。该特征只描述一次,并且只描述特征的次数和配置。

注: replicate_base_feature 的 feature_placement 属性描述在重复模式中相对于它的特征位置,如在 replicate_feature 的子类型所规定那样。

```
ENTITY replicate_feature                                                   (* m1 *)
```

```
    ABSTRACT SUPERTYPE OF (ONEOF(rectangular_pattern, circular_pattern,
    general_pattern))
    SUBTYPE OF (two5D_manufacturing_feature);
    replicate_base_feature: two5D_manufacturing_feature;
END_ENTITY;
```

replicate_base_feature:形成重复特征基础的特征。

4.5.15.1 圆形模式(Circular pattern)

特征的圆形模式。一个整圆的特征是圆形模式的特殊情况。如图 25 所示。

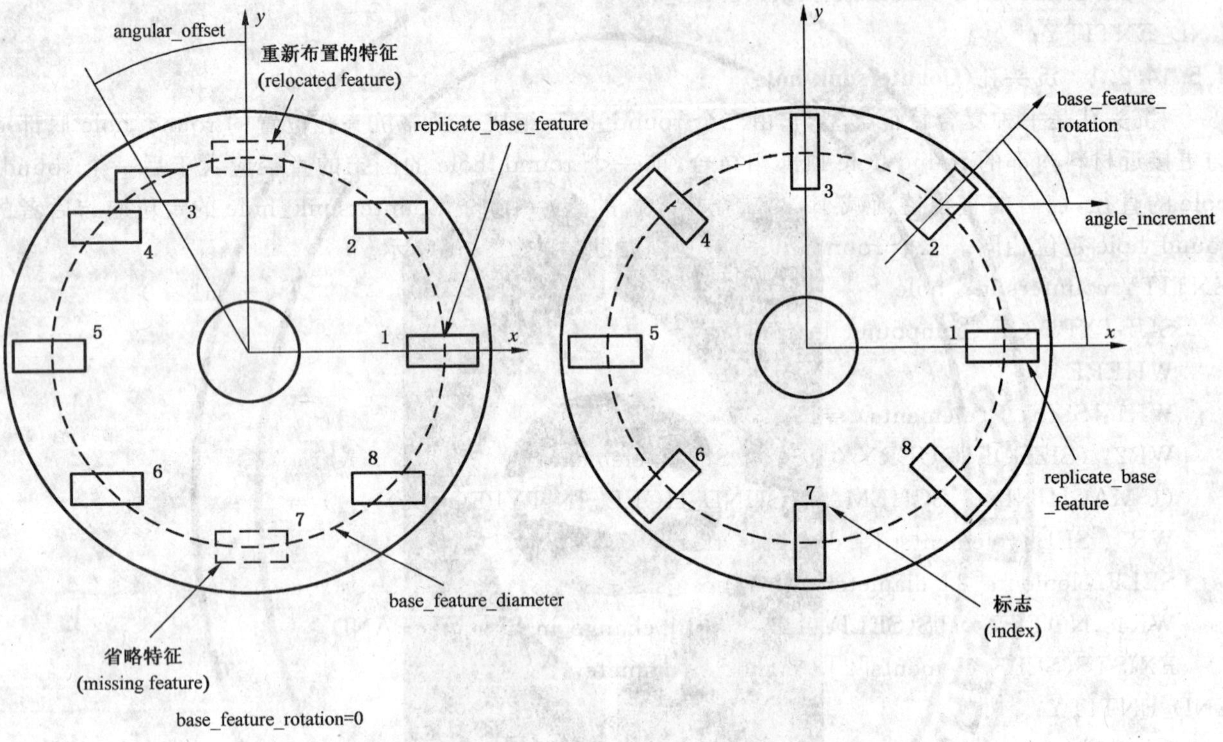

图 25 圆形模式

```
ENTITY circular_pattern                                              (* m1 *)
    SUBTYPE OF(replicate_feature);
    angle_increment: plane_angle_measure;
    number_of_feature: INTEGER;
    relocated_base_feature: SET[0:?] OF circular_offset;
    missing_base_feature: SET[0:?] OF circular_omit;
    base_feature_diameter: OPTIONAL toleranced_length_measure;
    base_feature_rotation: plane_angle_measure;
END_ENTITY;
```

Angle_increment: 模式的二个元素之间的角度。正的角度意味着反时针增量(当以负 z 方向看这个平面时)。

number_of_feature: 在 replicate_feature 中的特征总数。圆形模式的最大系数是从 number_of_feature 加上 missing_base_feature 集中的元素数来计算的。最大系数乘以 angle_increment 不应大于 360°。否则其情况将是不明确的。

relocated_base_feature: 可选择的重新布置特征的描述。

missing_base_feature： 可选择的省略特征的描述。
base_feature_diameter： 圆形模式的直径。如果 rotate_feature 是“假”的话，则应对它加以规定。如果它是“真”，可从特征位置和中心位置计算直径。
base_feature_rotation： 一个元素相对于前一个元素的旋转角。前一个元素位于现元素的数学负方向（反时针方向）。

4.5.15.1.1 圆形偏移（Circular offset）

在元素的圆周上偏移元素的定义。

```
ENTITY circular_offset;                                  (* m1 *)
    angular_offset:        plane_angle_measure;
    index:                 INTEGER;
END_ENTITY;
```

angular_offset： 重新布置元素的角度偏移。
index： 重新布置元素的数目。

4.5.15.1.2 圆形省略（Circular omit）

从元素圆周上省略的元素的定义。

```
ENTITY circular_omit;                                    (* m1 *)
    index:          INTEGER;
END_ENTITY;
```

index： 被省略元素的数目。

4.5.15.2 矩形模式（Rectangular pattern）

在矩形模式图中元素布置的描述。这种模式可以是一种元素栅格，有 n 行 m 列，总数为 $n \times m$ 个元素，也可以是单行的 m 个元素（$n=1$）。如图 26 所示。

```
ENTITY rectangular_pattern                               (* m1 *)
    SUBTYPE OF(replicate_feature);
    spacing:                    toleranced_length_measure;
    its_direction:              direction;
    number_of_rows:             OPTIONAL INTEGER;
    number_of_columns:          INTEGER;
    row_spacing:                OPTIONAL toleranced_length_measure;
    row_layout_direction:       OPTIONAL direction;
    relocated_base_feature:     SET[0:?] OF rectangular_offset;
    missing_base_feature:       SET[0:?] OF rectangular_omit;
    WHERE
    WR1: (
          (SELF.number_of_rows > 1 )
          AND EXISTS(SELF.row_spacing)
          AND EXISTS(SELF.row_layout_direction)
          );
END_ENTITY;
```

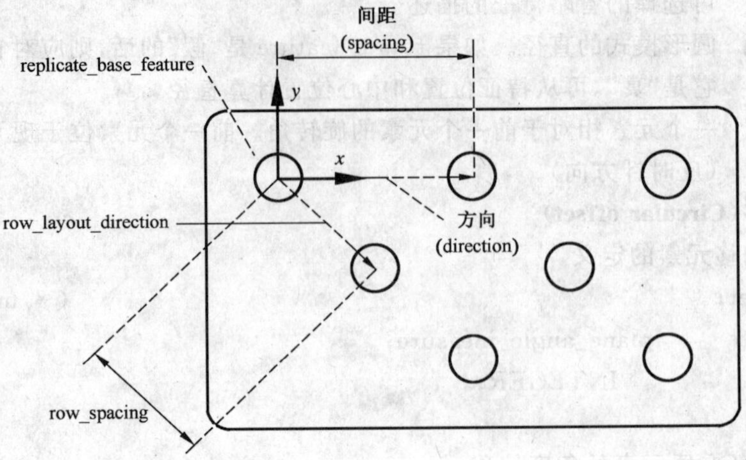

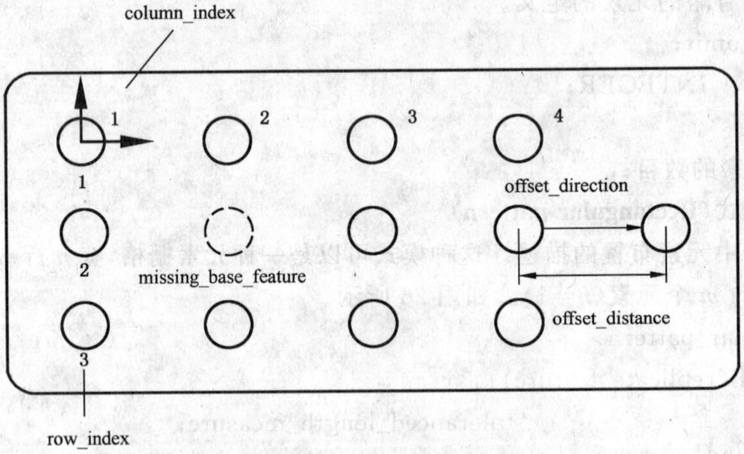

图 26　矩形模式

spacing：　模式中列的间距。若只有一行，这就是元素之间的间距。

its_direction：　从 feature_placement 中给出的方向测出第一行的方向。它指向行的方向，描述要制造的重复特征的次序。

number_of_rows：　行的数目。缺省值为 1，亦即矩形模式是一行特征。如果 number_of_row 大于 1，则需规定属性 row_spacing 和 row_layout_direction。

number_of_columns：　列的数目。

row_spacing：　行的间距（任选，若 number_of_rows 大于 1，则需给出这一数据）。

row_layout_direction：　从 feature_placement 中给出的方向测出第一列方向的任选的描述。它指向下一行的方向。

relocated_base_feature：可选择的重新布置特征的描述。

missing_base_feature：　可选择的省略特征的描述。

注：特征数可从 number_of_row、number_of_columns、missing_base_feature 以及 relocated_base_feature 计算得出。

4.5.15.2.1　矩形偏移(Rectangular offset)

一种实体，用来描述在矩形模式的元素中单独重新布置元素的位置。

```
ENTITY rectangular_offset;                                          (* m1 *)
    offset_direction:            direction;
```

```
    offset_distance:            length_measure;
    row_index:                  INTEGER;
    column_index:               INTEGER;
END_ENTITY;
```

offset_direction: 元素的偏移方向。

offset_distance: 元素的偏移量。

row_index: 偏移元素的行。

column_index: 偏移元素的列。

4.5.15.2.2 矩形模式中的省略(Rectangular omit)

一种实体,用来省略矩形模式中一个或几个元素。

```
ENTITY rectangular_omit;                                    (* m1 *)
    row_index:                  INTEGER;
    column_index:               INTEGER;
END_ENTITY;
```

row_index: 省略元素的行。

column_index:省略元素的列。

4.5.15.3 一般模式(Genenal pattern)

相同元素的一种总表的定义(亦即用于任意分布的相同的孔)。

```
ENTITY general_pattern                                      (* m1 *)
    SUBTYPE OF(replicate_feature);
    replicate_locations:        LIST [2:?] OF axis2_placement_3d;
END_ENTITY;
```

replicate_location: 相对于 general_pattern 的局部坐标系的特征位置表。要加工的特征的顺序由该表中的特征位置顺序给出。

4.5.16 过渡特征(Transition feature)

过渡特征可加于二个特征的交界处。如:二个平面之间或一个平面与一个槽之间的锐边倒钝或倒角。与 ISO 10303-224 中的规定不同,这里只考虑用附加的刀具运动生成的那些过渡特征。例如:一个槽和一个平面之间的锐边倒钝需要一次附加的制造操作(加工步骤)。反之,一个槽的侧面和底部之间的内圆角是由刀具的几何形状产生的,因此不需要附加的刀具运动。所以在这种场合不考虑其过渡特性。

```
ENTITY transition_feature                                   (* m1 *)
    ABSTRACT SUPERTYPE OF (ONEOF(chamfer, edge_round))
    SUBTYPE OF (manufacturing_feature);
    first_feature:              machining_feature;
    second_feature:             machining_feature;
END_ENTITY;
```

first_feature: 由过渡特征连接的二个特征中的第一个特征。

Second_feature:由过渡特征连接的二个特征中的第二个特征。

4.5.16.1 倒角(Chamfer)

倒角是 2½D 加工用的二个规定的过渡特征中的一个。这种倒角总是一种外倒角,这是因为在一个单独的制造操作中,只能生成这种倒角。如图 27 所示。

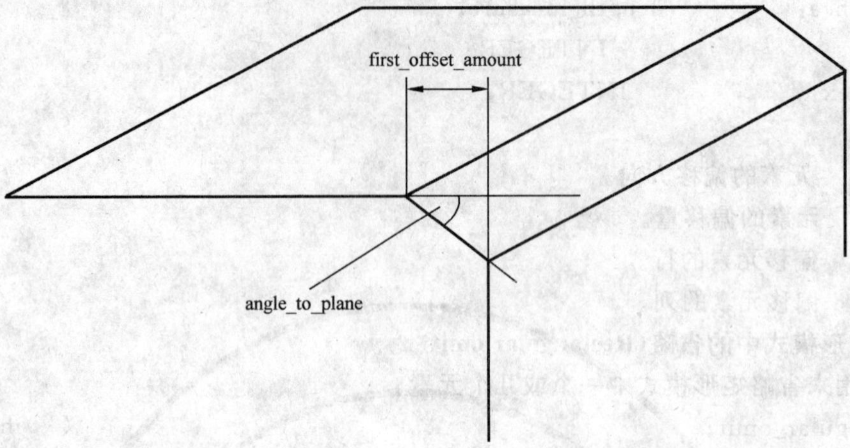

图 27　倒角

```
ENTITY chamfer                                                    (* m1 *)
    SUBTYPE OF (transition_feature);
    angle_to_plane:              plane_angle_measure;
    first_offset_amount:        toleranced_length_measure;
END_ENTITY;
```

angle_to_plane：　　从第一个特征测出的第一个特征和倒角面之间的角度。

first_offset_amount：　从第一个特征边缘测出的倒角偏移。

4.5.16.2　边缘圆角(倒圆角)(**Edge round(fillet)**)

边缘圆角是二个规定的过渡特征中的另一个。在 2½D 加工中，它是用一把成形刀具产生的(成形刀具必须按给定的圆角半径选取)。edge_round 总是一种外圆角，这是因为，在一种额外的制造操作中，只能加工这种类型的圆角。如图 28 所示。

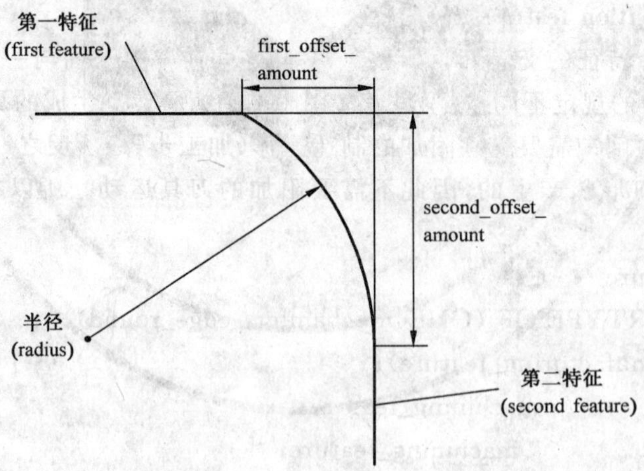

图 28　边缘圆角

```
ENTITY edge_round                                                 (* m1 *)
    SUBTYPE OF (transition_feature);
    radius:                           toleranced_length_measure;
    first_offset_amount:        OPTIONAL toleranced_length_measure;
    second_offset_amount:      OPTIONAL toleranced_length_measure;
END_ENTITY;
```

radius：　　　　　　　　边缘圆角的半径。

first_offset_amount：　edge_round 可能与二个特征相切(也可能不相切),这个属性规定边缘圆角的位置(见图 28)。

Second_offset_amount：不相切的 edge_round 可能对二个特征是对称的,也可能是不对称的。若不对称,这个特性规定边缘圆角的位置(见图 28)。

4.5.17　螺纹(Thread)

螺纹是在一个圆柱体外部或内部表面上以一种螺旋形状出现的一段相同的脊状物。每个螺纹或是一种 catalogue_thread 或是一种 defined_thread。如图 29 所示。

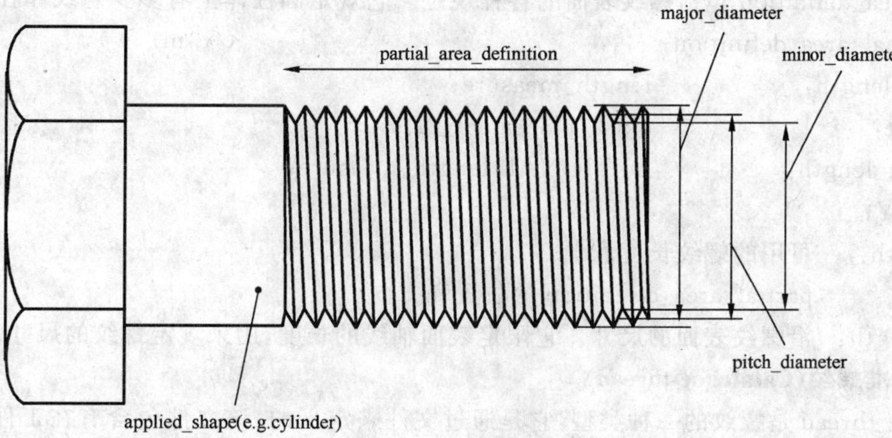

图 29　螺纹

```
ENTITY thread                                                        (* m1 *)
    ABSTRACT SUPERTYPE OF(ONEOF(catalogue_thread, defined_thread))
    SUBTYPE OF(machining_feature);
    partial_profile:           partial_area_definition;
    applied_shape:             SET[1:?] OF machining_feature;
    inner_or_outer_thread:     BOOLEAN;
    qualifier:                 OPTIONAL descriptive_parameter;
    fit_class:                 descriptive_parameter;
    form:                      descriptive_parameter;
    major_diameter:            length_measure;
    number_of_threads:         numeric_parameter;
    thread_hand:               descriptive_parameter;
    WHERE
    WR1: ('MACHINING_SCHEMA.ROUND_HOLE' IN TYPEOF(applied_shape))
    OR ('MACHINING_SCHEMA.CIRCULAR_CLOSED_SHAPE_PROFILE' IN
    TYPEOF(applied_shape))
    OR ('MACHINING_SCHEMA.BOSS' IN TYPEOF(applied_shape));
END_ENTITY;
```

partial_profile：　　　　适用于螺纹表面的极限规格。

applied_shape：　　　　　工件的物理形状,它规定在何处有螺纹。

inner_or_outer_thread：一种标记,规定螺纹是内螺纹还是外螺纹。

qualifier：　　　　　　　描述螺纹的附加正文信息。

fit_class： 配合类型的规格值。通过公差和容差的大小来鉴别彼此的配合类型。

form： 螺纹形状的定义。用各种形状的螺纹将零件连在一起,用来调节各个零件之间的相互关系,或传递功率。

major_diameter： 螺纹的外径尺寸,可应用于内螺纹和外螺纹。

number_of_threads： 用公制测量单位时为螺距,用英制测量单位时为每英寸的螺纹数。

thread_hand： 是右旋或左旋螺纹的一种描述。当朝螺纹一端观察时,右旋螺纹是以顺时针方向缠绕,左旋螺纹是反时针方向缠绕。

4.5.17.1 局部区域定义(Partial area definition)

partial_area_definition 包括螺纹表面的各种规定。它规定圆柱体上有多少螺纹和在哪儿有螺纹。

```
ENTITY partial_area_definition;                          (* m1 *)
    effective_length:          length_measure;
    placement:                 axis2_placement_3D;
    maximum_length:            OPTIONAL length_measure;
END_ENTITY;
```

effective_length： 可用的螺纹长度。

placement： partial_area_definition 的位置和方向。

Maximum_length： 沿螺纹表面的尺寸。它限定表面轴线的长度,用来规定螺纹的尺寸。

4.5.17.2 标准螺纹(Catalogue thread)

catalogue_thread 是螺纹的一种类型,它是通过文件来定义的,该文件包含有在工件上产生螺纹的信息。

```
ENTITY catalogue_thread                                   (* m1 *)
    SUBTYPE OF (thread);
    documentation:          specification;
END_ENTITY;
```

documentation：规格文件,它定义有关螺纹的信息。

4.5.17.3 技术规范(Specification)

技术规范是一种文件,它定义有关工件或工件某一方面的特性或加工工艺的信息。

```
ENTITY specification;                                     (* m1 *)
    constraint:                   SET [0:?] OF specification_usage_constraint;
    specification_id:             text;
    specification_description:    OPTIONAL text;
    specification_class:          OPTIONAL text;
END_ENTITY;
```

constraint： 对技术规范的一组约束。

specification_id： 文件的一种唯一标识符。

specification_description： 技术规范内容和人们可判读文件中任何说明的描述。

specification_class： 在技术规范中被分成等级的部分。

4.5.17.3.1 规范使用的约束(Specification usage constraint)

specification_usage_constraint 是对规范中定义的信息应用的一种约束。

```
ENTITY specification_usage_constraint;                    (* m1 *)
    element:          text;
    class_id:         text;
END_ENTITY;
```

element：技术规范中受到约束的特殊信息段或特殊信息区。

class_id：与元素有关的数据或数据范围。它规定对技术规范使用的约束条件。

4.5.17.4 非标准螺纹(Defined thread)

defined_thread 是一种显式规定的螺纹类型。

```
ENTITY defined_thread                                        (* m1 *)
    SUBTYPE OF (thread);
    pitch_diameter:         length_measure;
    minor_diameter:         OPTIONAL length_measure;
    crest:                  OPTIONAL length_measure;
END_ENTITY;
```

pitch_diameter：穿过螺纹的假想圆柱体的尺寸，它使螺纹宽度与被该圆柱体切割的空间的宽度相等。

minor_diameter：defined_thread 的螺纹内径尺寸，它用于内螺纹和外螺纹。

crest：螺纹相对点之间的距离。它是由螺纹侧边延长线交点形成的，如有必要，可超出螺纹顶部。

4.5.18 型面(Profile)

型面是平面轮廓，用于特征的定义。型面可以是开口的或是封闭的。型面应处于 xy 平面内而且可以有一个原点，原点参照 manufacturing_feature 的局部坐标系来定位，它可能需要一个型面作为其定义的一部分。

```
ENTITY profile                                               (* m1 *)
    ABSTRACT SUPERTYPE OF(ONEOF(closed_profile, open_profile));
    placement:              OPTIONAL axis2_placement_3d;
END_ENTITY;
```

placement：在参照 manufacturing_feature 的原点来定位型面的地方要用这个规格。若未给出这个规格，原点是在 manufacturing_feature 的零点。

4.5.18.1 开口型面(Open profile)

open_profile 是型面的一种类型，它是没有闭合或封闭边界的一种轮廓或形状。型面的开口端可以无限延伸。

```
ENTITY open_profile                                          (* m1 *)
    ABSTRACT SUPERTYPE OF
    (ONEOF (linear_profile, square_u_profile, rounded_u_profile, tee_profile,
    vee_profile, partial_circular_profile, general_profile))
    SUBTYPE OF(profile);
END_ENTITY;
```

4.5.18.1.1 线性型面(Linear profile)

linear_profile 是 open_profile 的一种类型，它是一条规定长度的直线。linear_profile 应有平行 x 轴的方位。

```
ENTITY linear_profile                                        (* m1 *)
    SUBTYPE OF (open_profile);
    profile_length:         numeric_parameter;
END_ENTITY;
```

profile_length：型面的长度。

4.5.18.1.2 **方 U 形型面(Square U profile)**

方 U 形型面是开口型面的一种类型,它有三条直线边界。一条是底线,有规定的长度。其他二条线段从底线端部开始,可以是大于或等于 0°的任意锐角或钝角并无限延长。方 U 形型面的拐角不需要过度圆弧。如图 30 所示。

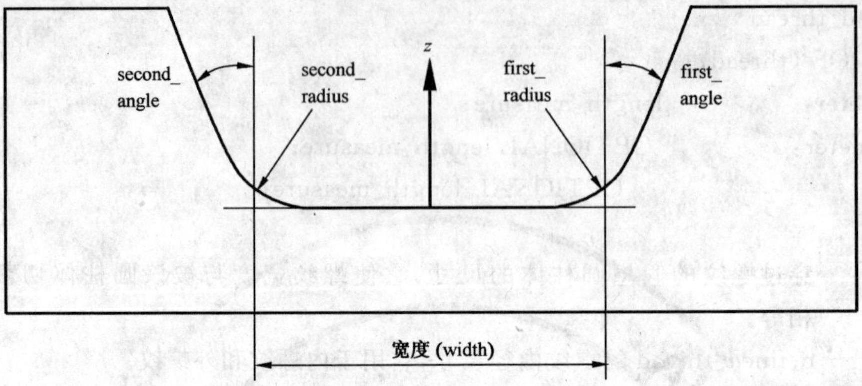

图 30 方 U 形型面

对一个矩形狭槽而言,除了宽度外,所有的值均应是零。

```
ENTITY square_u_profile                                        (* m1 *)
    SUBTYPE OF (open_profile);
    width:              toleranced_length_measure;
    first_radius:       toleranced_length_measure;
    first_angle:        plane_angle_measure;
    second_radius:      toleranced_length_measure;
    second_angle:       plane_angle_measure;
END_ENTITY;
```

Width: 方 U 形型面的底线尺寸。

first-radius: 型面一侧和底边之间的圆弧形状过渡。

first_angle: 型面一侧相对于此处 z 轴测量的角度。

seeond-radius: 型面第二侧和底边之间的圆弧形状过渡。

second_angle: 型面另一侧相对于此处 z 轴测量的角度。

4.5.18.1.3 **圆 U 形型面(Rounded U profile)**

圆 U 形型面是开口型面的一种类型,它有二条平行线和一个半圆界限的形状。如图 31 所示。

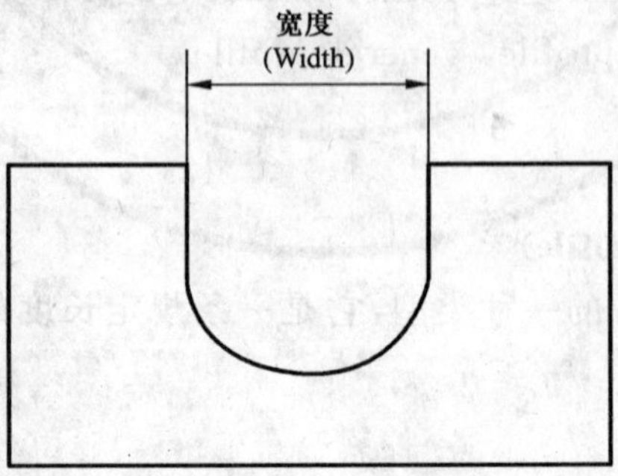

图 31 圆 U 形型面

```
ENTITY rounded_u_profile                                       (* m1 *)
    SUBTYPE OF (open_profile);
```

```
    width:                    toleranced_length_measure;
END_ENTITY;
```

Width:圆 U 形型面的横向距离。

4.5.18.1.4 T 形型面(T profile)

T 形型面是开口型面的一种类型,它的截面呈字母“T”的形状。其属性在图 32 中加以说明。

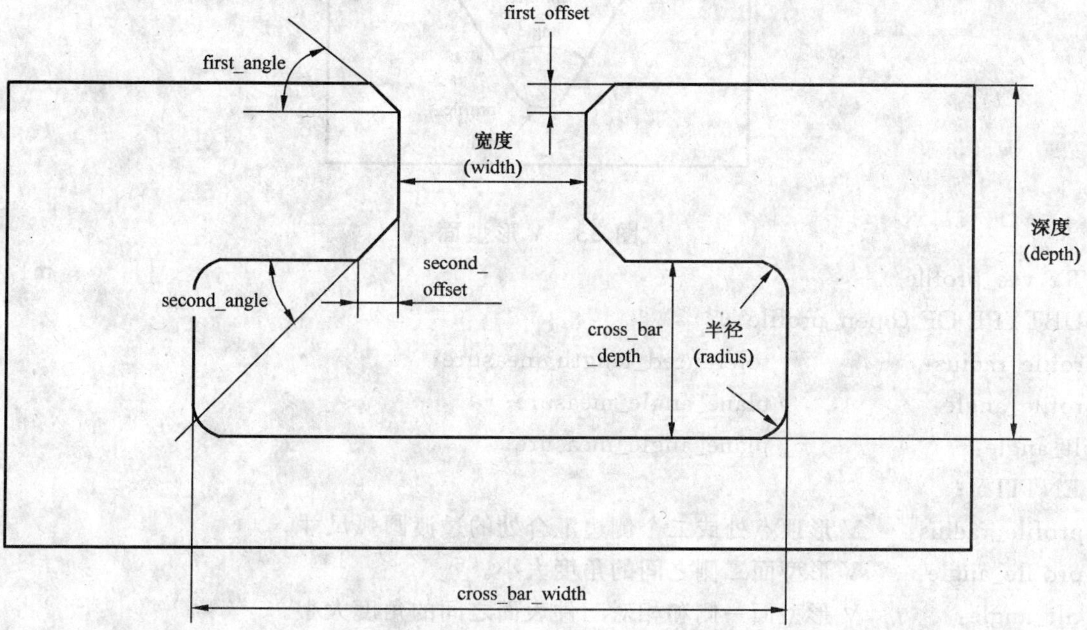

图 32 T 形型面

```
ENTITY tee_profile                                          (* m1 *)
    SUBTYPE OF (open_profile);
    first_angle:              plane_angle_measure;
    second_angle:             plane_angle_measure;
    cross_bar_width:          toleranced_length_measure;
    cross_bar_depth:          toleranced_length_measure;
    radius:                   toleranced_length_measure;
    width:                    toleranced_length_measure;
    first_offset:             toleranced_length_measure;
    second_offset:            toleranced_length_measure;
END_ENTITY;
```

first_angle: 在开口端上生成倒角用的角度大小。

second_angle: 在 T 形型面的直杆和横杆部分之间生成倒角用的角度大小。

cross_bar_width: T 形横杆的宽度。

cross_bar_depth: T 形横杆的深度。

radius: T 形横杆侧边过渡用的圆弧尺寸。

width: T 形直杆的宽度。

first_offset: 离开 T 形直杆边缘的距离,以便在开口端形成一个倒角。

second_offset: 离开 T 形直杆的边缘的距离,以便形成一个倒角,这一距离是从一个表面边缘至倒角的末端。

4.5.18.1.5 **V 形型面(V profile)**

V 形型面是开口型面的一种类型,它有二条在一点汇合并可无限延伸的线界定的形状。V 形的角度小于 180°。如图 33 所示。

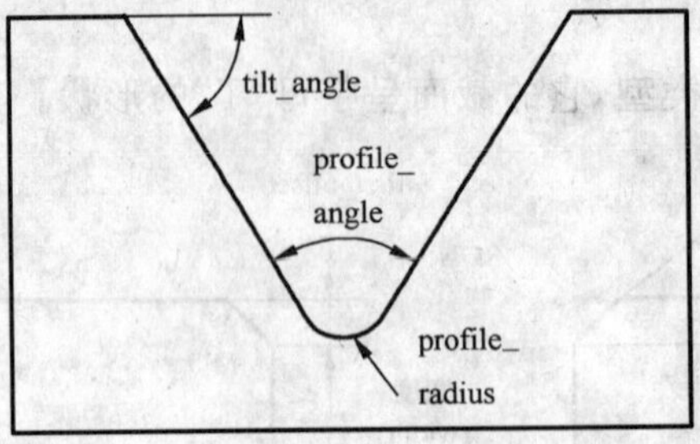

图 33 V 形型面

```
ENTITY vee_profile                                              (* m1 *)
    SUBTYPE OF (open_profile);
    profile_radius:          toleranced_length_measure;
    profile_angle:           plane_angle_measure;
    tilt_angle:              plane_angle_measure;
END_ENTITY;
```

profile_radius: V 形顶点处或二个侧边汇合处的过渡圆弧尺寸。

profile_angle: V 形型面二侧之间的角度大小。

tilt_angle: V 形型面一侧和相对工件表面之间的角度大小。

4.5.18.1.6 **局部圆形型面(Partial circular profile)**

局部圆形型面是 open_profile 的一种类型,它是由圆弧规定的。这个圆弧应是一个定半径绕一点摆动形成的。型面的原点应位于圆弧中心,圆弧的一个端点应在 x 轴上。如图 34 所示。

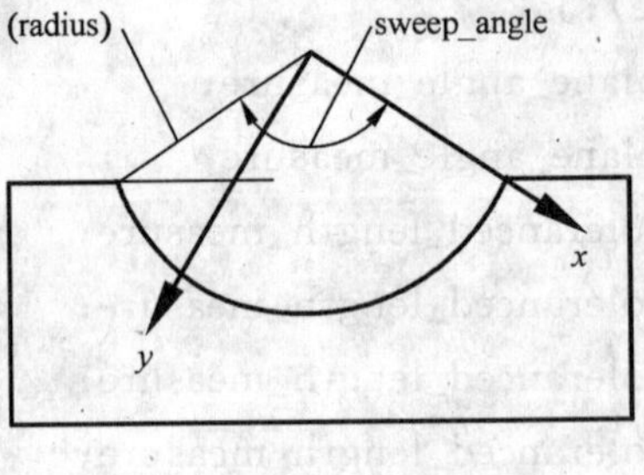

图 34 局部圆形型面

```
ENTITY partial_circular_profile                                 (* m1 *)
    SUBTYPE OF (open_profile);
    radius:                  toleranced_length_measure;
    sweep_angle:             plane_angle_measure;
END_ENTITY;
```

radius: 规定局部圆形型面的圆弧尺寸。

sweep_angle: 规定圆形形状型面角度的大小。

4.5.18.1.7 **一般型面(General profile)**

用任意轮廓定义的任何型面。

```
ENTITY general_profile                                          (* m1 *)
    SUBTYPE OF (open_profile);
```

```
    its_profile:                bounded_curve;
    (*
    Informal propositions:
    - The entire profile lies in the local yz plane.
    - The profile is not self-intersecting.
     *)
END_ENTITY;
```

its_profile: 描述一般型面的轮廓。

4.5.18.2 封闭型面(Closed profile)

closed_profile 是型面的一种类型,它的轮廓或形状是一个无开口的封闭区域。

```
ENTITY closed_profile                                              (* m1 *)
    ABSTRACT SUPERTYPE OF
    (ONEOF (rectangular_closed_profile, circular_closed_profile, ngon_profile,
    general_closed_profile))
    SUBTYPE OF(profile);
END_ENTITY;
```

4.5.18.2.1 矩形封闭型面(Rectangular closed profile)

rectangular_closed_profile 是 closed_profile 的一种类型,它是一个由四边围成的封闭区域,其对边长度相等,拐角成 90°。原点位于矩形中心,x 轴与矩形的长边平行,y 轴与短边平行。如图 35 所示。

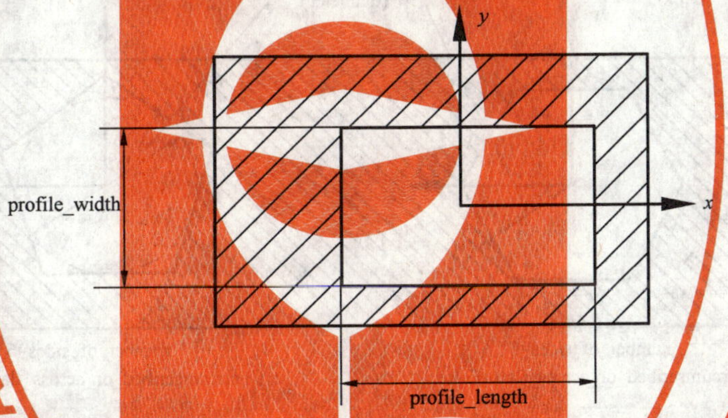

图 35 矩形封闭型面


```
ENTITY rectangular_closed_profile                                  (* m1 *)
    SUBTYPE OF(closed_profile);
    profile_width:              toleranced_length_measure;
    profile_length:             toleranced_length_measure;
END_ENTITY;
```

profile_width: rectangular_profile 的短边尺寸。

profile_length: rectangular_profile 的长边尺寸。

4.5.18.2.2 圆形封闭型面(Circular closed profile)

circular_closed_profile 是 closed_profile 的一种类型,它是由一个圆围成的封闭区域,原点位于圆心。如图 36 所示。

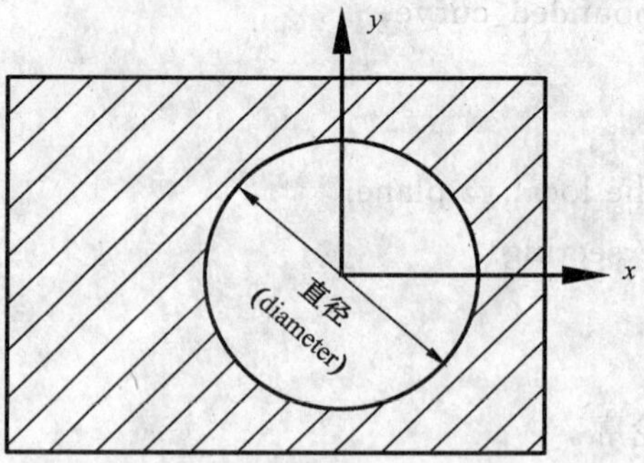

图 36　圆形封闭型面

```
ENTITY circular_closed_profile                                    (* m1 *)
    SUBTYPE OF(closed_profile);
    diameter: toleranced_length_measure;
END_ENTITY;
```

diameter：　通过 circular_closed_profile 圆心的距离。

4.5.18.2.3　**n 边形型面(Ngon profile)**

ngon_profile 是 closed_profile 的一种类型,它是由三条或更多条连接的直线边围成的封闭区域。原点位于型面中心,n 边形的一条边与 x 轴平行且相交于负 y 轴。如图 37 所示。

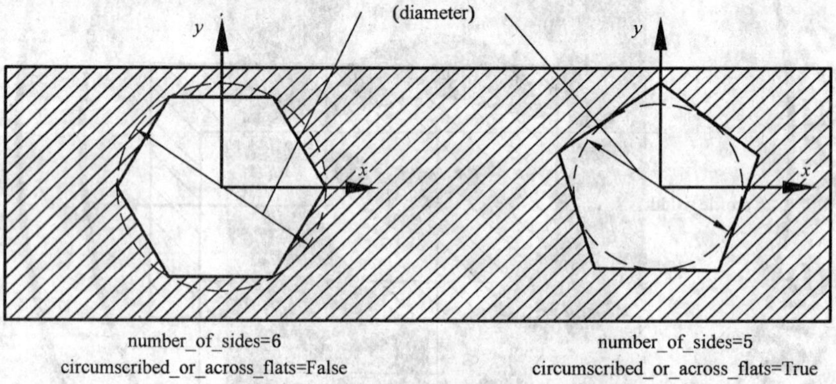

图 37　n 边形型面

```
ENTITY ngon_profile                                               (* m1 *)
    SUBTYPE OF(closed_profile);
    diameter:                  toleranced_length_measure;
    number_of_sides:           INTEGER;
    circumscribed_or_across_flats: BOOLEAN;
END_ENTITY;
```

diameter：　围绕 n 边形或被 n 边形围绕的圆的直径。它取决于 circumscribed_or_across _flats 的特征。

number_of _sides：　n 边形所需的边数。

circumscribed_or_arcoss_flats：若为假,n 边形被一个规定的直径的圆围绕。若为真,n 边形围绕一个有规定直径的圆。

4.5.18.2.4　**一般的封闭型面(General closed profile)**

general_closed_profile 是 closed_profile 的一种类型,它是由任意形状围绕的封闭区域。原点由几何形状明确规定。如图 38 所示。

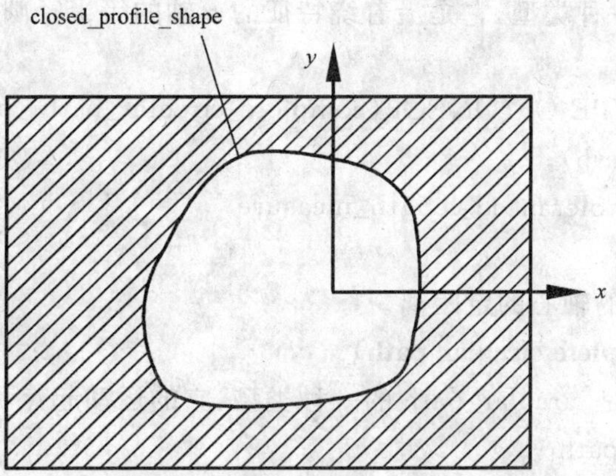

图 38 一般的封闭型面

```
ENTITY general_closed_profile                                    (* m1 *)
    SUBTYPE OF(closed_profile);
    closed_profile_shape:     bounded_curve;
END_ENTITY;
```

closed_profile_shape： 一条边界曲线,它规定任意的型面形状。

4.5.19 **运动路径(Travel_path)**

travel_path 是定义运动方向的一个连续的曲线集。这些曲线本身不交叉或重叠。travel_path 可以有其参照 machining_feature 的局部坐标系的原点,要求它作为一种特征定义的一部分。

```
ENTITY travel_path                                               (* m1 *)
    ABSTRACT SUPERTYPE OF(ONEOF(general_path, linear_path, circular_path));
    placement: OPTIONAL axis2_placement_3d;
END_ENTITY;
```

placement： 参照 manufacturing_feature 的原点来定位 travel_path 的规格。若未给出,原点就在 manufacturing_feature 的零点。

4.5.19.1 **一般路径(General_path)**

general_path 是路径的一种类型,它是沿着一条任意曲线的方向运动。

```
ENTITY general_path                                              (* m1 *)
    SUBTYPE OF(travel_path);
    swept_path:     bounded_curve;
END_ENTITY;
```

swept_path： 一组连续的曲线集,它规定运动的任意方向。

4.5.19.2 **线性路径 (Linear path)**

linear_path 是路径的一种类型,它是沿着一条直线的方向运动。

```
ENTITY linear_path                                               (* m1 *)
    SUBTYPE OF(travel_path);
    distance: toleranced_length_measure;
    its_direction:     direction;
END_ENTITY;
```

distance： 路径长度。

its_direction： 一种矢量,它指示从路径位置开始的路径方向。

4.5.19.3 圆形路径(Circular path)

circular_path 是路径的一种类型,它是沿着绕特征的 z 轴的等半径圆弧方向运动。

```
ENTITY circular_path                                                    (* m1 *)
    ABSTRACT SUPERTYPE OF(ONEOF(complete_circular_path, partial_circular_path))
    SUBTYPE OF(travel_path);
    radius:              toleranced_length_measure;
END_ENTITY;
```

radius: 离 circular_path 的轴心的定距离。

4.5.19.3.1 整圆路径(Complete circular path)

complete_circular_path 是 circular_path 的一种类型,它的运动起点和终点在圆弧的同一点上。

```
ENTITY complete_circular_path                                           (* m1 *)
    SUBTYPE OF(circular_path);
END_ENTITY;
```

4.5.19.3.2 局部圆形路径(partial_circular_path)

partial_circular_path 是 circular_path 的一种类型,它是沿着绕轴线等半径圆弧方向运动。该路径应在圆弧的不同点开始和结束。

```
ENTITY partial_circular_path                                            (* m1 *)
    SUBTYPE OF(circular_path);
    sweep_angle:            plane_angle_measure;
END_ENTITY;
```

sweep_angle:用来规定形成圆弧路径角度的大小。

4.5.20 表面质量参数(Surface texture parameter)

surface_texture_parameter 是一个参数名,可用来描述诸如粗糙度或波纹度等表面质量指标的一种特殊参数组合。

```
ENTITY surface_texture_parameter;                                       (* m1 *)
    its_value:            parameter_value;
    parameter_name:       label;
    measuring_method:     identifier;
    parameter_index:      OPTIONAL identifier;
    applied_surfaces:     SET [1:?] OF machined_surface;
END_ENTITY;
```

its_value: surface_texture_parameter 的值。

parameter_name: surface_texture_parameter 的名称。例如,按 ISO 4287 典型的 surface_texture_parameter 是 Ra,在这里,参数名为"R",指标为"a"。

measuring_method: measuring_method 规定方法或描述用来表征 surface_texture 的方法的标准。在适当的地方,应采用以下的值:"ISO 4287",所用的表面质量参数在 ISO 4287 中规定;"ISO 12085",所有的表面质量参数在 ISO 12085 中规定;"ISO 13565",所用的表面质量参数在 ISO 13565 中规定。

parameter_index: 进一步规定 measuring_method 名的标志。

applied_surfaces: machining_feature 的物理表面,它规定在哪里要用 surface_texture_parameter。

4.5.20.1 加工表面(Machined surface)

要用 surface_texture_parameter 处的 machining_feature 的物理表面。

```
ENTITY machined_surface;                                                (* m1 *)
```

```
    its_machining_feature:          machining_feature;
    surface_element:                bottom_or_side;
END_ENTITY;
```

its_machining_feature：machined_surface 所属处工件的物理形状。

surface_element：　　根据 its_machining_feature 选择 machined_surface 的位置。

4.5.20.1.1　底部或侧面(Bottom or side)

根据 machining_feature 选择表面的位置。

```
TYPE bottom_or_side =
    ENUMERATION OF (bottom, side, bottom_and_side);
END_TYPE;
```

4.6　实现数控加工：可执行对象(To make things happen: Executables)

4.6.1　可执行对象(Executable)

可执行对象是所有可执行对象的基本实体。它们启动机床上的各种动作，并应以规定的顺序安排这些动作。有三类可执行对象：工作计划，NC 功能以及加工步骤。

```
ENTITY executable                                                    (* m0 *)
    ABSTRACT SUPERTYPE OF (ONEOF( workingstep, nc_function,program_structure));
    its_id:          identifier;
    (*
    Informal proposition:
    its_id shall be unique within the part programme.
    *)
END_ENTITY;
```

its_id：　可执行对象的标识符。在零件程序内它应是唯一的。

加工步骤(4.6.2)描述加工或装卸操作，它包含插补轴，即它的执行通常按一定时间周期，其间只能执行一个工件，并描述在执行期间机床状态的属性。

NC 功能在另一方面描述转换操作或其他无插补的机床功能度，亦即为典型的各种单一活动。当前的 NC 功能列于 4.6.3。

程序结构(4.6.4)用来建立制造操作的结构化编程用的逻辑块。程序结构不是制造特征表，它具有超实际加工顺序的权限。最重要的结构是工作计划，它提供可执行对象的线性顺序。为了以一种随机方式来安排加工顺序，可采用并行处理、循环和条件执行用的结构。

4.6.2　加工步骤(Workingstep)

加工步骤代表 GB/T 19903 数控程序的主要构造块。它们可以是独立的工艺活动(如快速移动或探测操作)，或是与不同的工艺(如铣削、钻削、车削等)有关的切削加工步骤。

加工步骤的实际内容在实体操作及其子类型中规定。这种设计的理由是有可能重复使用规定用于一种操作的信息将它用于工件的几个特征。一种操作可与复合特征相结合并可用于不同部位。另一方面，加工步骤是唯一的。在工作计划中重复一个加工步骤将重现准确相同的物理机床动作。有关机床操作的更多情况见 4.7.1。

加工步骤描述涉及插补轴的加工或装卸操作。它不描述随后的事件顺序，而是描述在一些条件下要完成的操作。例如加工步骤要求某种操作所需要的一种特殊刀具，并且可以规定要使用冷却液。然而，它并不准确地规定在某一时刻需要换刀，以及是先换刀还是先加入冷却液。这些决定由程序员来做，或在实时场合由 NC 控制器来做。若在这个例子中，需要申请的刀具在前面的加工步骤中早已放在主轴内，NC 控制器将决定不执行任何刀具更换操作。

在 GB/T 19903 所提供信息的最低层，操作也可包含一个清楚和准确的刀具路径描述(如果这是

CAM 系统或 NC 控制器所要求的话)。有关刀具运动的明确定义见 4.8.1。

```
ENTITY workingstep                                                    (* m0 *)
    ABSTRACT SUPERTYPE OF (ONEOF (machining_workingstep, rapid_movement,
    touch_probing))
    SUBTYPE OF (executable);
    its_secplane:          elementary_surface;
END_ENTITY;
```

its_secplane:加工步骤的安全面。在这个面上或高于这个面,亦即对于那些大于 elementary_surface 的 z 值,刀具可以安全地运动而无碰撞的危险。所给出的尺寸是作为从工件坐标系测出的相对坐标,或者如果这个加工步骤是与 manufacturing_feature 相关的话,是在特征的局部坐标系中测出的。

4.6.2.1 切削加工步骤(**Machining workingsteps**)

切削加工步骤表示工件在一个规定区域的切削过程。与其他加工步骤相对照,切削加工步骤不能在一个特征中独立存在。而是另一情况,它们规定一个明晰的特征和要在这一特征上完成的操作之间的联系。这样可避免特征和操作之间的 n:1 关系的多义性,从而建立一种可被机床执行的无歧义的技术规范。

作为基础性操作,切削加工步骤是通过采用一把单独的刀具和一组工艺参数来表示其特性的。这些工艺参数在这种切削加工步骤支配期间通常保持不变,如有必要在切削加工步骤执行时的第一个操作是换刀。在切削加工步骤执行期间,换刀是不可能的。

在加工步骤开始操作之前,机床接受指令通过 its_operation(属性 its_tool 和 its_technology)规定达到操作条件。如果在先前的加工步骤中(例如在先前的快速运动期间)机床不能达到这些条件,在加工步骤执行之前将会出现停止,直到所有参数稳定为止。

有关操作细节,尤其是特征和操作之间的结合将如何改变操作的解释,见 GB/T 19903 工艺特殊部分。

```
ENTITY machining_workingstep                                          (* m0 *)
    SUBTYPE OF (workingstep);
    its_feature:           manufacturing_feature;
    its_operation:         machining_operation;
    its_effect:            OPTIONAL in_process_geometry;
END_ENTITY;
```

its _feature: 根据 manufacturing_feature 来执行加工步骤操作。

its_operation: 根据 manufacturing_feature 要完成的操作。该操作必须是 manufacturing _feature 表的一个组成部分。

its_effect: 通过操作实现工件几何尺寸的改变。CAM 系统可用这种属性来描述这种操作对工件几何尺寸的预测影响,若给出这种预测,控制器就可将这种属性描述的几何尺寸改变与由其内部算法预测的几何尺寸改变相比较。GB/T 19903 并不描述这二个几何尺寸必须如何紧密地相匹配,以便认为控制器是适配的。

在基础性操作解释的基础上,通常切削加工步骤有一个意义明确的刀具运动的起点和终点。这样,在一个工作计划中的二个连续的元素通常不可能是切削加工步骤,先行操作的终点和后续操作的起点之间的间隔会使机床停止。

对这条规则有三种例外情况:

a) 二个相继发生的加工步骤其相应的终点和起点刚巧是重合的;

b) 在二个加工步骤之间要求有一次换刀,在这种场合,控制器必须计算往返换刀位置相应的刀具路径；

c) 加工步骤的起始点并未明确规定，而是留给控制器去鉴别，例如，一个槽在粗加工后接着进行精加工，而精加工操作可在槽的任一边界开始。然而，如果一个操作包含一个明确的刀具路径，起点和终点总是意义明确的。

这样，在二个切削加工步骤之间经常采用快速移动以便连接这种间隙，见4.6.2.2。

4.6.2.1.1 在制品几何尺寸(In_process_geometry)

代表在制品几何尺寸的实体，用来进一步检查例行程序，CAM系统可用这个信息来描述一个操作对一个特征的预期影响。控制器可以将这个实体给出的几何尺寸与其内部算法所预计的几何尺寸改变相比较。GB/T 19903不描述这二个几何尺寸必须如何紧密地相匹配，以便认为控制器是适配的。

```
ENTITY in_process_geometry;                                          (* m1 *)
  as_is:                    OPTIONAL advanced_brep_shape_representation;
  to_be:                    OPTIONAL advanced_brep_shape_representation;
  removal:                  OPTIONAL advanced_brep_shape_representation;
  WHERE
  WR1: EXISTS (as_is) OR EXISTS (to_be) OR EXISTS (removal);
END_ENTITY;
```

as_is： 属性，用来描述操作执行之前的几何尺寸。

to_be： 属性，用来描述所希望的操作效果。

removal： 通过某种操作所去除的体积。

4.6.2.2 快速移动(Rapid movement)

为了在二个加工步骤之间实现快速移动，采用实体rapid_movement。若未给出刀具路径，亦即未设置继承属性its_toolpath，NC控制器将以快速运动将刀具从当前位置移动到需要规定起点的下一个加工步骤的开始位置。这种连接要经过安全面进行。

若已规定刀具路径，这种刀具路径将以快速运动执行。

注：可以采用参数化路径类型的刀具路径，以避免在笛卡尔空间内的一种显式刀具路径定义。在改变邻接的加工步骤的起点与/或终点场合，这种做法能提供更大的灵活性。

与切削加工步骤不同，除非在笛卡尔空间内规定一种显式刀具路径，快速移动本身没有意义明确的起点和终点。

若在一种5轴加工操作期间采用rapid_movement，它将在前一个和后一个加工步骤之间插补刀具方向。在这种场合，刀具将从前一个加工步骤的最后位置沿刀具方向退回。在安全面上，刀具将旋转到新的刀具方向，然后，它将以刀具方向向下移动，为下一个加工步骤的起点做好准备。在刀具提升和趋近及离开安全面期间，不发生刀具方向的改变。

然而，若已规定刀具路径，而且刀具路径包含刀具轴的明确定义，则定义是通用的。

```
ENTITY rapid_movement                                            (* m0 *)
  SUPERTYPE OF (return_home)
  SUBTYPE OF (workingstep, operation);
END_ENTITY;
```

注：在工作计划中所需要的第一要素是无显式刀具路径的快速移动，以便将刀具从其未知的开始位置移动到第一个加工操作的起始点。

4.6.2.2.1 返回到起始位置(Return home)

这个加工步骤用一种预定义顺序将所有的机床轴定位在绝对机床坐标系内机床定义的起始位置上。通常，这应是在工作计划中的最后操作。

```
ENTITY return_home                                                 (* m0 *)
```

```
    SUBTYPE OF (rapid_movement);
END_ENTITY;
```

4.6.2.3　接触探测(Touch probing)

这是接触探测加工步骤的父类型。与其他加工步骤不同,touch_probing 返回一个值,用于 NC 程序的进一步修正。

在 GB/T 19903 本部分的今后版本中,也许会将 touch_probing 抽出,成为单独部分,规定测量设备的操作。在这种场合,它将成为 machining_operation 的一种子类型,并需要与一种合适的测量特征相结合。

```
ENTITY touch_probing                                                        (* m1 *)
    ABSTRACT SUPERTYPE OF (ONEOF (workpiece_probing, workpiece_complete_probing,
    tool_probing))
    SUBTYPE OF (workingstep, operation);
    measured_offset:          nc_variable;
END_ENTITY;
```

measured_offset:　测出的探测值。

4.6.2.3.1　工件探测(Workpiece probing)

借助一轴运动的尺寸探测。探测量具从 start_position 开始朝着工件的"direction"方向运动。当探测量具接触工件时,机床停止,expected-value 和量具位置的差值存储在继承属性 measured_offset 内。

类似于 machining _workingstep,workpiece_probing 有一个意义明确的起始点,而且不能是工作计划中的第一要素。

```
ENTITY workpiece_probing                                                 (* m1 *)
    SUBTYPE OF (touch_probing);
    start_position:            axis2_placement_3d;
    its_workpiece:             workpiece;
    its_direction:             direction;
    expected_value:            toleranced_length_measure;
    its_probe:                 touch_probe;
END_ENTITY;
```

start-position:　探测操作的开始位置。

its_workpiece:　要探测的工件。

its_direction:　探测运动的方向。

expected_value:　探测用的近似值。

its_probe:　要使用的探头的标识。

4.6.2.3.1.1　接触探头(Touch probe)

这里给出要用于工件探测的接触探头的标识。

```
ENTITY touch_probe;                                                      (* m1 *)
    its_id:           identifier;
END_ENTITY;
```

its_id:　所用的接触探头的标识。

4.6.2.3.2　工件完整探测(Workpiece_complete_probing)

这个实体类似于工件探测,只是在给定工件的 6 个位置自动地完成一个完整的测量循环,而被测工件位置与给定工件比较的平移和转动偏移被计算出来。探测位置是基于工件的几何尺寸由 NC 控制器自动测定的。偏移矢量返回到 computed_offset，而继承属性的 measured_offset 将保持所有(6 个)测量偏移的平均值。

基于探测位置的自动测定，workpiece_complete_probing 并没有一个意义明确的起始点。

```
ENTITY workpiece_complete_probing
    SUBTYPE OF (touch_probing);
    its_workpiece:          workpiece;
    probing_distance:       toleranced_length_measure;
    its_probe:              touch_probe;
    computed_offset:        offset_vector;
END_ENTITY;
```

its_workpiece: 要探测的工件。

probing_distance: 每次探测运动开始时，探头尖端与工件垂直面之间的距离。这个值应足够大于实际位置和由 its_workpiece 所规定的工件位置之间最大预期偏离。

its_probe: 要使用的探头的标识。

computed_offset: 属性"平移"和"旋转"描述实际工件位置与相应调整所规定的位置相比较的结果。(6 个)测量结果的计算是由这种加工步骤完成的。

4.6.2.3.2.1 偏置矢量(Offset vector)

这个实体用来储存由工件探测操作得出的偏移值。对于实体 nc_variable 见 4.6.4.9，所有变量都必须有初始值(大多数为零)。

```
ENTITY offset_vector;                                        (* m1 *)
    translate:          LIST [3:3] OF nc_variable;
    rotate:             OPTIONAL LIST [3:3] OF nc_variable;
    WHERE
    WR1: (SIZEOF(QUERY(i<* translate | NOT EXISTS(i.initial_value))) = 0)
    AND (NOT EXISTS(rotate) OR (SIZEOF(QUERY(i<* rotate |
    NOT EXISTS(i.initial_value))) = 0));
END_ENTITY;
```

translate: 变量，用来储存每个坐标方向(x、y、z 轴)所需要的平移量，以便从理论位置运动到实际位置[测量单位为毫米(mm)]。

rotate: 变量，用来储存相应的围绕 x、y 和 z 轴的旋转量，以便从理论位置运动到实际位置[测量单位为度(°)]。如果没有，则只考虑平移偏移。

4.6.2.3.3 刀具探测(Tool probing)

探测刀具的长度和宽度/直径。选取的刀具从机床相关的开始位置开始运动。从那个位置开始，使刀具位置向固定传感器位置移动到偏置值。然后，刀具向传感器方向运动直至与它相接触。这是以刀轴的纵向和垂直方向所做的探测。

探测结果储存在继承属性 measured_offset 内，而 NC 控制器的刀具数据库则自动予以更新。预期 NC 控制器会提供刀具校正算法以便利用来自当时完成的工作步骤 tool_probing 的 its_tool 更新信息。

```
ENTITY tool_probing                                          (* m1 *)
    ABSTRACT SUPERTYPE OF (ONEOF (tool_length_probing, tool_radius_probing))
    SUBTYPE OF (touch_probing);
    offset:             cartesian_point;
    max_wear:           length_measure;
    its_tool:           machining_tool;
```

END_ENTITY;

offset：　　传感器的位置。

max_wear：刀具长度方向的最大允许磨损。

its_tool：　要探测的刀具。

4.6.2.3.4 加工刀具(Machining tool)

这是加工所需要的所有刀具的父类型。它需在GB/T 19903的工艺专用部分或今后也许要引用的标准中加以规定。

```
ENTITY machining_tool                                    (* m0 *)
    ABSTRACT SUPERTYPE;
    its_id:              label;
END_ENTITY;
```

its_id：准确地辨别刀具用的唯一标志。

4.6.2.3.5 刀具长度探测(Tool length probing)

这个实体可用来探测刀具长度。

```
ENTITY tool_length_probing                               (* m1 *)
    SUBTYPE OF (tool_probing);
END_ENTITY;
```

4.6.2.3.6 刀具半径探测(Tool radius probing)

这个实体可用来探测刀具半径。

```
ENTITY tool_radius_probing
    SUBTYPE OF (tool_probing);
END_ENTITY;
```

4.6.3 NC功能(NC function)

NC功能是一个可执行对象。它描述加工或装卸操作但不涉及轴的插补。它应是各种转换操作或其他单一活动的机床功能度。

```
ENTITY nc_function                                       (* m0 *)
    ABSTRACT SUPERTYPE SUBTYPE OF (executable);
END_ENTITY;
```

4.6.3.1 显示报文(Dispiay message)

这个功能用来显示操作员屏幕上的报文。

```
ENTITY display_message                                   (* m0 *)
    SUBTYPE OF (nc_function);
    its_text:            text;
END_ENTITY;
```

its_text:要在操作员屏幕上显示的报文,直至下一个报文发出为止。若要清除屏幕,可发送一条空报文。

4.6.3.2 选择停机(Optional stop)

这个功能用来停止NC程序的执行,直至操作员按动起动按钮为止。选择停机允许用户操作刀具。选择停机解除后控制器应考虑轴位置改变等情况。然而,它只在这种条件下才是有效的,此时在NC控制器的操作面板上操作方式"optional stop"已启动。

```
ENTITY optional_stop                                     (* m0 *)
    SUBTYPE OF (nc_function);
END_ENTITY;
```

4.6.3.3 程序停止(Program stop)

这个功能用来停止NC程序的执行,直至操作员按起动按钮为止。

```
ENTITY program_stop                                          (* m0 *)
    SUBTYPE OF (nc_function);
END_ENTITY;
```

4.6.3.4 设定标记 (Set mark)

这个功能用来同步多通道操作。当它被实体 wait_for_mark 的属性 its_channel 规定的通道调用时,这个通道开始运行。

```
ENTITY set_mark                                              (* m0 *)
    SUBTYPE OF (nc_function);
END_ENTITY;
```

4.6.3.5 等待标记 (Wait for mark)

这个功能用来同步多通道操作。当调用它时,规定的通道开始等待直到这个标记从其他通道程序或从主程序读出为止。

```
ENTITY wait_for_mark                                         (* m0 *)
    SUBTYPE OF (nc_function);
    its_channel:              channel;
END_ENTITY;
```

its_channel:标志的通道参加同步操作。

4.6.4 程序结构 (Program structure)

程序结构是一种可执行对象(它也包括其他可执行对象)。可执行对象包括根据条件可以执行的对象,或由程序结构所规定方式的对象。

```
ENTITY program_structure                                     (* m0 *)
    ABSTRACT SUPERTYPE OF (ONEOF(workplan, parallel, non_sequential, selective,
    if_statement, while_statement, assignment))
    SUBTYPE OF (executable);
END_ENTITY;
```

4.6.4.1 工作计划(Workplan)

实体工作计划允许将几个加工步骤和NC功能以一种线性顺序相组合。它也用作顶层实体项目的一种属性。在多个GB/T 19903数据模型中每次都应精确地提供这种属性。作为可执行对象的子类型,工作计划的递归定义允许将各种制造操作组成较大的单元,例如(如果工件要经过几种不同的加工)汇总所有的车削加工和所有的磨削加工。

```
ENTITY workplan                                              (* m0 *)
    SUBTYPE OF (program_structure);
    its_elements:             LIST[0:?] OF executable;
    its_channel:              OPTIONAL channel;
    its_setup:                OPTIONAL setup;
    its_effect:               OPTIONAL in_process_geometry;
    WHERE
    WR1: SIZEOF(QUERY(it <* its_elements | it = SELF)) = 0;
END_ENTITY;
```

its_elements: 可执行对象的一种按顺序的序列。工作计划不能包含自身作为元素。它只可间接地将自身包含在一个控制结构内,后者允许跳越这个工作计划以免出现无穷循环。

its_channel:　用来执行工作计划的通道标识符。这仅用于支持多通道操作的机床控制系统。

its_setup:　设置包括工作计划的全部安全面和被参照的所有特征位置是一个零偏置。

its_effect:　由操作引起的工件几何形状的改变。CAM系统可用这个属性来描述这一操作预期对工件几何尺寸的影响。若给出这个属性,控制器就可将这个属性描述的几何尺寸改变与控制器内部算法预测的几何尺寸改变相比较。GB/T 19903不描述这二个几何尺寸必须如何紧密地相匹配,以便认为控制器是适配的。

4.6.4.1.1 **通道(Channel)**

这个实体用来识别多通道操作时的通道。目前它是初始实施,不能用于机床独立的程序。像特殊的运动描述那样,今后可将其他属性添加到这个实体内。为了简化同步,可采用NC 功能 set_mark 和 wait_for_mark。

```
ENTITY channel;                                         (* m0 *)
    its_id:    identifier;
END_ENTITY;
```

its_id:　通道的标识。

4.6.4.1.2 **设置(Setup)**

这个实体包括有关工件坐标系位置的信息。由于一次设置可能包括几个工件(每个工件也许有其自身的坐标系),因而还有一种多层级参照系。

通过设置的属性 its_origin 定义相对于机床坐标系的一种笛卡尔坐标系。它是与设置有关的每个工件位置用的参照系。如图39所示。

设置原点只在这种特殊的设置范围内有效,不能被任何其他设置引用。

```
ENTITY setup;                                           (* m0 *)
    its_id:                    identifier;
    its_origin:                OPTIONAL axis2_placement_3d;
    its_secplane:              elementary_surface;
    its_workpiece_setup:       LIST [0:?] OF workpiece_setup;
    (*
    Informal proposition:
    If its_origin is not set, the default for the origin
    of the setup is identical with the machine origin.
    *)
END_ENTITY;
```

its_id:　设置的标识。

its_origin:　相对于机床坐标系设置笛卡尔坐标系的位置和方向。

its_secplane:　用于整个设置的安全面。在这个平面上(或高于这个平面),亦即对大于 elementary_surface 的 z 值,刀具可以无碰撞危险的安全运动,给出的尺寸是从设置原点测出的相对坐标。

its_workpiece_setup:　包含要设置的和将在相关的工作计划中加工的每个工件用其位置和设置用的附加信息列出。

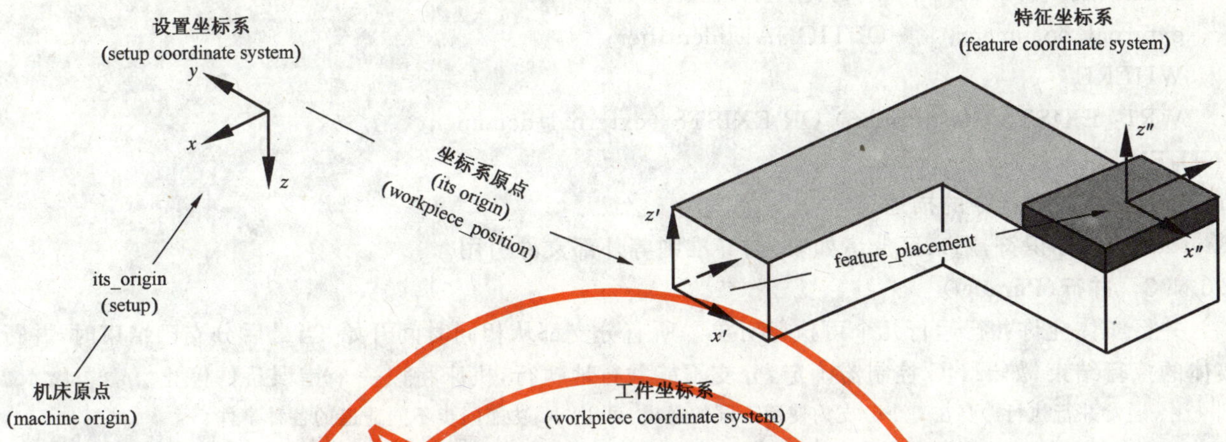

图 39　坐标系

4.6.4.1.3　**工件设置(Workpiece_setup)**

这个实体允许规定工件相对于设置原点的位置。

```
ENTITY workpiece_setup;                                        (* m0 *)
    its_workpiece:          workpiece;
    its_origin:             axis2_placement_3d;
    its_offset:             OPTIONAL offset_vector;
    its_restricted_area:    OPTIONAL restricted_area_select;
    its_instructions:       LIST [0:?] OF setup_instruction;
END_ENTITY;
```

its_workpiece:　受影响的工件。

its_origin:　工件的笛卡尔坐标系相对于设置的笛卡尔坐标系坐标。

its-offset:　实际的工件平移和旋转偏移与 its_origin 规定的位置相比较。它用来调节测量操作的位置。可通过测量操作改变偏置(例如 4.6.2.3)。

its_restricted_area:　区域或容量，在这些区域或容量范围内，由于可能出现碰撞，禁止刀具在这些区域或容量内运动。

its_instructions:　包含有任选的设置指令，例如描述或外部文件引用等。

4.6.4.1.4　**限止区域选择(Restricted_area_select)**

这种选择类型提供不同的任选几何元素以描述区域或容量。在这区域或容量内，由于有夹具、机床部件等，有可能发生碰撞。禁止刀具在这一区域内运动。

若限止区域是类型 bounded_surface，在这种表面下的运动会遭受碰撞的危险。通过边界的几何尺寸可描述一个容量。在这种容量内可能会出现碰撞。

```
TYPE restricted_area_select = SELECT (
    bounded_surface, (* ISO 10303-42 *)
    bounding_geometry_select);
END_TYPE;
```

注：提到的方向是以 its_origin 的正 z 方向为其正方向。因此，"下面"意味着，由工件位置的 its_origin 所定义的局部坐标系内的 z 值减小。

4.6.4.2　**设置指令 (Setup_instruction)**

Setup_instruction 包括对工件设置用的操作员指令。

```
ENTITY setup_instruction;                                          (* m1 *)
    description:             OPTIONAL text;
    external_document:       OPTIONAL identifier;
    WHERE
    WR1: EXISTS (description) OR EXISTS (external_document);
END_ENTITY;
```

internal:：　设置指令的描述。

external：　标识符，用来区分诸如表、指导准则等外部文件引用。

4.6.4.3 并行(Parallel)

并行实体允许并行运行几个可执行对象。所有分支都从相同时间开始，当最后分支已结束时，并行实体的执行结束，如果NC控制器确定，分支不能并行地执行，机床将以一个错误条件停止。

注：通常并行执行需要在每个分支内使用不同的通道，可用NC功能同步不同通道的各种事件。

```
ENTITY parallel                                                    (* m1 *)
    SUBTYPE OF (program_structure);
    branches:                          SET [2:?] OF executable;
END_ENTITY;
```

branch：并行执行的可执行对象。

注：并行实体允许定义以并行方式的可执行对象的一般处理。为了定义单个可执行对象延时等现象，必须定义更为详细的并行子类型。

4.6.4.4 非顺序 (Non_sequential)

non_sequential实体允许定义一组可执行对象，所有这些对象都应执行，但是其次序是并不预定的，与工作计划实体相对照，non_sequential并不规定顺序。

```
ENTITY non_sequential                                              (* m1 *)
    SUBTYPE OF (program_structure);
    its_elements:                      SET[2:?] OF executable;
END_ENTITY;
```

its_elements：　一组可执行的对象。non_sequential不能将自身作为元素包括在内。它只可间接地将自身包含在一个控制结构内，该结构允许自身跳越，以免出现无限循环。

注：这是对控制器确定的排序的最低要求。提供控制器排序额外信息的附加属性将在今后工作中予以定义。

4.6.4.5 选择(Selective)

选择实体包含一组可执行对象，其中只有"一个"将被执行。忽略其他可执行对象。

```
ENTITY selective                                                   (* m1 *)
    SUBTYPE OF (program_structure);
    its_elements:                      SET[2:?] OF executable;
END_ENTITY;
```

its_elements：一组可执行对象，其中要由机床控制器选择和执行的只有一个可执行对象。

注：这是对控制器确定选择的最低要求。提供控制器选择额外信息的附加属性将在今后工作中予以定义。

4.6.4.6 If 语句(If statement)

如果给定条件满足的话，if语句运行一个可执行对象，它也许包括一种替代的选择。

```
ENTITY if_statement                                                (* m1 *)
    SUBTYPE OF (program_structure);
    condition:                         boolean_expression;
    true_branch:                       executable;
```

```
    false_branch:            OPTIONAL executable;
END_ENTITY;
```

Condition：　要在下面给出的规则基础上试验的表达式。

true_branch：　若条件评估是真,可执行对象要执行。

false_branch：　若条件评估是假,可执行对象要执行。

4.6.4.7 While 语句(While statement)

只要满足一个给定条件,while 语句就运行并重复一个可执行对象。

注：所有可执行对象都是静态地定义的,因此在循环执行期间 while 语句主体中的操作是不能修改的。

```
ENTITY while_statement                                         (* m1 *)
    SUBTYPE OF (program_structure);
    condition:                 boolean_expression;
    body:                      executable;
END_ENTITY;
```

Condition：　要在下面给出的规则基础上试验的表达式,在试验第一次执行语句主体之前,以及随后在每次完成语句主体执行之后,测试表达式。

body：　只要条件是真,执行可执行对象。如果初始碰到 while 语句时,条件不是真,则不出现任何活动。

4.6.4.8 赋值(Assignment)

对 nc_variable 分配一个值。

```
ENTITY assignment                                              (* m1 *)
    SUBTYPE OF (program_structure);
    its_lvalue:                nc_variable;
    its_rvalue:                rvalue;
END_ENTITY;
```

its_lvalue：　nc_variable 将分配一个值。

its_rvalue：　将值分配给 its_lvalue。这个值或是一个数字常数,或是一个引用的其他 nc_variable。

4.6.4.9 NC 变量(NC variable)

这里引入的变量概念是初步的,只允许数字变量,NC 控制器将这个实体给出的变量名映射到一个内部存储器,因此,由 GB/T 19903 物理文件所提供的整个模型过程中属性 its_name 必须是唯一的。

注 1：利用相同名字的几个 nc_variable 实体实际上将指向相同的存储位置。

只在前一个 program_structure 已被机床完全执行后,才可以访问在 program_structure 实体中的 nc_variables。

注 2：由于大多数 NC 控制器的流水线概念,在程序译码和实际执行之间可以有相当长的时间间隔。

NC 控制器有责任暂停译码,直到可使用 nc_variable(s)的值为止。这对赋值操作中的 Ivalue 尤为正确,这是因为,过早执行赋值会使正在进行的 NC 过程在使用 nc_variable 之前重写赋值的 nc_variable,导致不希望有的甚至可能是致命的结果。

注 3：这里也不保证在什么时候,可从任何平行分支获得可供使用的某种值,如果与定时有关系的话,则在使用 nc_variable 之前必须插入一个同步 NC 功能。

可用变量访问控制器内部信息(如传感器读数)。然而,这种变量应是控制器相关的,而且可用保存的名称(如由控制器经销商规定的)加以实现。

```
ENTITY nc_variable;                                            (* m1 *)
    its_name:                  LABEL;
    initial_value:             OPTIONAL NUMBER;
```

END_ENTITY;

its_name: 参照由 NC 控制器提供的内部存储器的唯一名称,在 LABEL 中的所有字符都是有意义的,允许不同 nc_variable 名称的号与控制器相关。

initial_valne: 初次访问它之前的 nc_variable 的值。若忽略,初始值是不确定的。

4.6.4.10 NC 常数(NC_constant)

nc_constant: 用来将一个常数值分配给一个属性。它的值由 NC 程序规定,在工作过程中不能改变。

```
ENTITY nc_constant;                                              (* ml *)
    its_name:                   LABEL;
    its_value:                  OPTIONAL NUMBER;
END_ENTITY;
```

its_name: 常数的名称,在程序中是唯一的。

its_valne: nc_constant 的值。

4.6.4.11 R 值(Rvalue)

在赋值和比较操作中,可用 rvalue 来规定一个数字常量或一个参照 nc_variable 的变量。

```
TYPE rvalue = SELECT(nc_constant, nc_variable);
END_TYPE;
```

4.6.4.12 布尔表达式(Boolean expression)

布尔表达式实体用来确定给定的条件是否满足。这时,它可以是一种数字比较或几个其他布尔表达式的组合。

```
ENTITY boolean_expression                                        (* ml *)
    ABSTRACT SUPERTYPE OF(ONEOF(unary_boolean_expression,
    binary_boolean_expression, multiple_arity_boolean_expression,
    comparison_expression));
END_ENTITY;
```

4.6.4.12.1 一元布尔表达式(Unary_boolean_expression)

一元运算符完成一种自变量的布尔代数运算并生成一个假或真的值。

```
ENTITY unary_boolean_expression                                  (* ml *)
    ABSTRACT SUPERTYPE OF(not_expression)
    SUBTYPE OF (boolean_expression);
    operand:                    boolean_expression;
END_ENTITY;
```

4.6.4.12.2 "非"表达式(Not expression)

逻辑非"NOT":NOT 0=1 和 NOT 1=0。

```
ENTITY not_expression                                            (* ml *)
    SUBTYPE OF (unary_boolean_expression);
END_ENTITY;
```

4.6.4.12.3 二元布尔表达式(Binary_boolean_expression)

二进制运算符完成二种自变量的布尔代数运算并生成一个假或真的值。

```
ENTITY binary_boolean_expression                                 (* ml *)
    ABSTRACT SUPERTYPE OF(xor_expression)
    SUBTYPE OF (boolean_expression);
    operand1:                   boolean_expression;
    operand2:                   boolean_expression;
```

```
END_ENTITY;
```

4.6.4.12.4 “异或”表达式(Xor expression)

逻辑“异或”函数:0 XOR 0=0、0 XOR 1=1、1 XOR 0=1 以及 1 XOR 1=0。

```
ENTITY xor_expression                                                    (* m1 *)
    SUBTYPE OF (binary_boolean_expression);
END_ENTITY;
```

4.6.4.12.5 多变量布尔表达式(Multiple_arity_boolean_expression)

二进制运算符完成多自变量的布尔代数运算并生成一个假或真的值:若 a、b、c 等全是真,则 AND(a、b、c)为真,若 a、b、c 等有一个是真,则 OR(a、b、c)为真。

```
ENTITY multiple_arity_boolean_expression                                 (* m1 *)
    ABSTRACT SUPERTYPE OF(ONEOF(and_expression, or_expression))
    SUBTYPE OF (boolean_expression);
    operands:                    LIST [2:?] OF boolean_expression;
END_ENTITY;
```

4.6.4.12.6 “与”表达式(And expression)

逻辑乘法:0 AND 0=0、0 AND 1=0、1 AND 0=0、1 AND 1=1。

```
ENTITY and_expression                                                    (* m1 *)
    SUBTYPE OF (multiple_arity_boolean_expression);
END_ENTITY;
```

4.6.4.12.7 “或”表达式(Or expression)

逻辑加法:0 OR 0=0、0 OR 1=1、1 OR 0=1、1 OR 1=1。

```
ENTITY or_expression                                                     (* m1 *)
    SUBTYPE OF (multiple_arity_boolean_expression);
END_ENTITY;
```

4.6.4.12.8 比较表达式(Comparison_expression)

比较表达式建立二个运算数值之间的相互关系。仔细观察对临界时间的变量特性的说明。

```
ENTITY comparison_expression                                             (* m1 *)
    ABSTRACT SUPERTYPE OF(ONEOF(comparison_equal, comparison_not_equal,
    comparison_greater, comparison_greater_equal, comparison_less,
    comparison_less_equal))
    SUBTYPE OF (boolean_expression);
    operand1:                    nc_variable;
    operand2:                    rvalue;
END_ENTITY;
```

operand 1:nc_variable 的名称,它是二个要比较的值中的第一个值。

operand 2:rvalue 的名称,它可以是任一数字常量的 nc_variable。

比较的结果是一个布尔值,取决于关系式是真或是假。比较运算符是:“equal”(==)、“not_equal”(!=)、“greater_equal”(>=)、“greater”(>)、“less_equal”(<=)“less”(<):

比较等式(Comparison equal):

```
ENTITY comparison_equal                                                  (* m1 *)
    SUBTYPE OF (comparison_expression);
END_ENTITY;
ENTITY comparison_not_equal                                              (* m1 *)
```

```
    SUBTYPE OF (comparison_expression);
END_ENTITY;

ENTITY comparison_greater                                    (* m1 *)
    SUBTYPE OF (comparison_expression);
END_ENTITY;

ENTITY comparison_greater_equal                              (* m1 *)
    SUBTYPE OF (comparison_expression);
END_ENTITY;

ENTITY comparison_less                                       (* m1 *)
    SUBTYPE OF (comparison_expression);
END_ENTITY;

ENTITY comparison_less_equal                                 (* m1 *)
    SUBTYPE OF (comparison_expression);
END_ENTITY;
```

4.7 如何加工：操作(How to machine: Operations)

用各种操作来规定一种加工步骤的内容。与加工步骤不同，操作不能由自身执行，除非它像 rapid_movement 或 touch_probing 那样，通过多次继承，它也是一种加工步骤。后者不需要给出无歧义译码用的特征。

然而，最为典型的操作——机加工操作——需要与制造特征相结合，以便加以说明。这依赖于由特征提供的几何信息，亦即在工件坐标系中它的位置。这种结合可以来自 manufacturing_feature 经过引用来建立，也可来自 machining_workingstep(它本身又引用 manufacturing_feature)经过引用来建立。

加工步骤和操作之间的重要差别在于结合的特征数目。加工步骤支持零或一个特征。因此，在执行时，NC 控制器会清楚地知道对几何位置应采用何种特征(若未结合特征时利用工件坐标)。这样，加工步骤是唯一的，在工作计划中复制一个加工步骤将重复完全相同的物理机床动作。

另一方面，操作可与零或多个特征相结合。这样，同样的操作可用于不同的地方。NC 控制器或许不能决定在相结合的哪一个特征上去执行操作，因此不可能执行一种“明白”的操作。

这种设计的理由是有可能为几种制造特征重复使用操作数据，考虑在工件周围不同位置上的 10 个同样的孔，它们可以共享操作数据，但是，它们不能共享加工步骤，后者代表在一定的时间和空间场合时的一种操作。由于可共享“特别重要的”操作实体，这也许能减少要交换的数据量。

4.7.1 操作(Operaion)

父类型操作规定所有操作都需要的通用数据。

所有操作都规定一个明确任选的刀具路径。对于 2½D 加工操作而言，许多数值控制器将规定产生它们自身的刀具路径的周期。然而，对于较老的控制器而言，它们不能生成刀具路径，或者，如果因工艺原因需要精确规定刀具路径的通信，也许会采用属性 its_toolpath。此外，自由型表面的 3 至 5 轴铣削通常要求由 CAM 系统提供刀具路径的明确说明。

```
ENTITY operation                                             (* m0 *)
    ABSTRACT SUPERTYPE OF (ONEOF (machining_operation, rapid_movement,
    touch_probing));
    its_toolpath:                OPTIONAL toolpath_list;
```

its_tool_direction：　　OPTIONAL tool_direction；

END_ENTITY；

its_toolpath：　its_toolpath 规定这个操作时所有刀具路径的表。

注 1：若 its_toolpath 存在，在子类型 machining_operation 中的属性 its_machining_strategy 只用于信息。此外，由操作提供的所有语义或参数都会被 its_toolpath 所覆盖。用坐标给出的刀具路径如象从工件坐标系测出那样；或者，如果这种操作与 manufacturing_feature 相结合，则以特征的局部坐标系给出。

its_tool_direction：所用的刀具方位的类型说明。若不给出，则假设一种工艺专用的缺省值。因此可参考 GB/T 19903 的工艺专用部分。

注 2：操作是与相应的 manufacturing_feature 用几何图形相联系（如果这种联系存在的话）。如果特征有 feature_placement 属性，这种变换也将用于这里所规定的所有几何尺寸（亦即 its_toolpath）以及诸如方向或方位等可能用于操作子类型的所有其他几何信息。换句话说，machining_operation 的所有几何尺寸和参数都在特征的局部坐标系中规定。由于操作也许是与多个 manufacturing_features 相结合，它只能在这种特征的语境中加以解释。

对于没有 feature_placement 属性的特征而言，或是对于没有结合特征的操作而言，它使用这个操作的由工作计划的属性 its_origin 所规定那样，所有数据均被认为在工件坐标系内。

4.7.1.1　刀具路径表（Toolpath list）

实体 toolpath_list 包括刀具路径（轨迹）表，该表将由 CNC 逐一执行。

```
ENTITY toolpath_list;                                        (* m0 *)
  its_list:          LIST [1:?] OF toolpath;
END_ENTITY;
```

its_list：刀具路径表。这些刀具路径应按规定次序执行。有关刀具路径定义的详细情况见 4.8.1。

4.7.1.2　刀具方向（Tool direction）

以下实体定义自由型加工用的刀具方向。

```
ENTITY tool_direction                                        (* m0 *)
  ABSTRACT SUPERTYPE OF (ONEOF (two_axes, three_axes));
END_ENTITY;
```

4.7.1.2.1　二轴（Two axes）

只有二轴可以联动。

```
ENTITY two_axes                                              (* m0 *)
  SUBTYPE OF (tool_direction);
END_ENTITY;
```

4.7.1.2.2　三轴（Three axes）

加工时刀具三轴联动。刀具轴线总是平行机床坐标系中的第三轴（通常为 z 轴）。因此，刀具方向将不受任何工件位置或加工步骤变换的影响 。

```
ENTITY three_axes                                            (* m0 *)
  SUBTYPE OF (tool_direction);
END_ENTITY;
```

4.7.2　加工操作（Machining operation）

加工操作定义工件的一个有限区域的加工过程，亦即一种切削加工步骤的内容。加工内容所指和所规定的特征，至少包括所用刀具和一组工艺参数。这个数据形成操作的一个整体部分，而且通常在其操作范围内是不改变的。

然而，对一特殊操作而言，若在继承属性 its_toolpath 内提供一种显式刀具路径的话，也有可能规定沿着刀具路径的某些偏离参数。在这种场合，machining_operation 中给出的数据，在未为某种刀具路径提供专用工艺信息时，用作缺省数据。

注：由这种操作或由关联的特征规定的任何参数或语义将被刀具路径定义所覆盖，即使由刀具路径所定义的动作

与关联特征的这个操作的直觉看法相矛盾。换句话说，甚至可用一种槽操作来钻孔。

在 machining_operation 内的第一个刀具运动通常是趋近到规定的起始点的运动，允许机床达到其操作速度。这或是可以明显地在一种刀具路径中加以定义；或借助于参数化的路径；或者可在加工策略中定义而由 NC 控制器提供精确的路径定义。

在 machining_operation 中的刀具运动(除非由一种明确的刀具路径规定)将由 technology_dependent 的策略和附加参数(如由 machining operation 的子类型所规定的)加以确定。

machining_operation 是包括在 GB/T 19903 中的所有工艺用的父类型。对于这些工艺中的每一种而言，特殊的加工策略在各自的工艺有关部分规定，它们可用来指导 NC 控制器如何生成刀具路径(如果未为这种操作明确地规定刀具路径的话。)

```
ENTITY machining_operation                                          (* m0 *)
    ABSTRACT SUPERTYPE
    SUBTYPE OF (OPERATION);
    its_id:                     identifier;
    retract_plane:              OPTIONAL length_measure;
    start_point:                OPTIONAL cartesian_point;
    its_tool:                   machining_tool;
    its_technology:             technology;
    its_machine_functions:      machine_functions;
    (*
     Informal proposition:
     If attribute SELF\operation.its_toolpath exists, then attributes
     its_machining_strategy, retract_plane and start_point, if present, are for
     information only.
     *)
END_ENTITY;
```

its_id：操作的一种唯一的标识符。

retract_plane：与这个操作相关联的一个退刀面高度，这不是安全面。操作的起始点和结束点——如在 4.6.2.1 中所定义的那样——应在属性 retract_plane 给出的 z 方向长度内。它保证从退刀面至第一次切削的趋近运动和从最后切削到退刀面的提升运动都以该操作所规定的切削进给执行，要改变成快速进给(例如要达到安全面)的话，只能在高于这个面上进行，而且只能在一种新操作(它应是 rapid_movement 类型)环境中进行。

若未给出这个属性，而且也未给出继承的属性 its_toolpath 的话，NC 控制器将确定一种合适的退刀面，它也许就是安全面，若给出 its_toolpath，或者如果给出趋近或退刀策略(它不利用退刀面)则可忽略这个属性。

根据操作类型，该属性将做如下解释：

对于平面铣削或钻削操作，retract_plane 是退刀面的 z 坐标，从该坐标起，刀具开始进刀(对于趋近)或到该坐标刀具退刀(对于退刀运动)。

对于侧铣，retract_plane 指示与制造表面相垂直的一段距离。

对于自由型铣削，retract_plane 是工件表面和退刀面之间的距离，它的指向垂直于第一个切削点(对于趋近)或垂直于最后切削点(对于提升)的曲面法线。

start_point，在局部 xy 平面内，规定作为刀具中心点的切削过程的任选起始点。start_point 的 z 坐标是根据操作类型而确定的。

对于铣削：z 坐标是除了插入或趋近运动以外的第一次切削的深度。若采用一种趋近或插入运动，实际的操作起始点将是这个趋近或插入运动的起始点，它可在这个属性基础上计算。start_point 将在这种趋近或插入的结束时到达。从而 start_point 的 x 和 y 坐标不必与操作起始点的坐标相一致(取决于趋近或插入的类型)。

对于钻削,start_point 与操作起始点相同,这是因为这里没有趋近或插入运动。因此,z 坐标由属性 retract_plane 给出。

若给出这个属性,操作有一个像在 4.6.2.1 中讨论过的规定的起始点;若不给出就没有这个起始点。在后一种情况,NC 控制器将确定一个合适的缺省值。

若给出 its_toolpath,或者若 start_point 规定的一点破坏了特征的边界,或者相反不与加工策略相兼容,则不考虑这个属性。

its_tool: 这个加工步骤要用的刀具。关于 machining_tool 的定义,请参阅 GB/T 19903 的工艺特殊部分,理解所给出的刀具数据,描述理想要求的刀具,是很重要的。如果这个属性要求一把直径 10.0mm 的刀具,NC 控制器也许会选择一把直径 9.983 mm 的刀具,假如控制器有在线刀具校正能力并且有存储在其刀具存储数据库中的实际值,而且假如操作结果依旧在特征的给定公差范围内(换句话说,如果孔的公差尺寸为 $10.0_{-0.01}$ mm,不允许 NC 控制器选择一把 9.983 mm 钻头)。对刀具规定的细节越多,在机床的刀具库中挑选一把合适刀具的可能性越小。因此,只应规定工艺上必要的一些参数。(换句话说,如果只是刀具直径是重要的,就不要规定刀具的长度。)如果规定一个刀具标识符,则只能选择一种准确的匹配。

its_technology: 加工操作的工艺参数,如主轴速度和刀具进给。

its_machine_functions: 指示各种机床功能状态,如冷却液,切屑清除等,在这个操作时段内应施加的功能。

请仔细阅读 4.7.1 中与关联的特征有关的几何关系的说明。要记住,在局部坐标系中,特征的平面轮廓在 xy 平面($z=0$)内,而实体假定在负的 z 方向内(如 4.5.3 中的定义)。

4.7.2.1 工艺(Technology)

这个实体是在 GB/T 19903 的以下部分里规定工艺用的父类型。

```
ENTITY technology                                          (* m0 *)
    ABSTRACT SUPERTYPE;
    feedrate:             OPTIONAL speed_measure;
    feedrate_reference:   tool_reference_point;
END_ENTITY;
```

feedrate: 表示刀具进给的线性速度。规定的进给速率用于刀具中心点的运动。

feedrate reference: 规定上面所给出的进给速率或是按刀具中心点计算,或是按刀具接触点计算。

4.7.2.1.1 刀具基准点(Tool reference point)

这个类型的属性可用来选择刀具基准点。

```
TYPE tool_reference_point = ENUMERATION OF (tcp, ccp);
END_TYPE;
```

Tcp: 刀具中心点,亦即刀具旋转轴留下刀尖位置的点。

ccp: 刀具接触点,亦即刀尖位置的点,作为一种理想的圆柱体模型,接触已完工工件的理想表面。

4.7.2.2 机床功能(Machine functions)

每种工艺有其特殊的机床功能。这个实体是其抽象父类型。

```
ENTITY machine_functions                                   (* m0 *)
    ABSTRACT SUPERTYPE;
END_ENTITY;
```

4.8 完全控制:显式刀具路径定义(To be infull control: Explicit toolpath definition)

刀具路径实体通常描述刀具运动或机床的轴运动。它们代表 GB/T 19903 中的最低层信息,它实际上允许再建立今天的 ISO 6983 G 代码中给出的所有信息。然而,即使在 GB/T 19903 中的刀具路径的低层定义依旧有优于传统程序的地方。将这个信息与高层操作和特征数据相联系,总是可在其语义语境内解释刀具路径。刀具路径在一种结构中提供,这种结构可以区分各个刀具路径,而不是为轴运动而经过非结构性代码的上千条线路来寻找合适的刀具路径。

此外,当然 GB/T 19903 中的刀具路径的数学表达式满足现代的 CNC 标准,刀具路径的样条利用,以及控制器的刀具接触路径定义都得到支持,后者允许在线刀具校正和运动变换,对今天的新并行运动学而言,这尤其需要。

由于按 CNC 的插补要求,已做出了一致性等级的定义,因而已规定出刀具路径的几种子类型。可利用刀具路径的二种一般类型:轨迹和参数化路径。轨迹是一种预先计算的运动,并可作为基础元素(或是折线或是样条)引用。参数化路径描述通过运动类型和参数来定义的趋近、提升和连接路径运动(例如切向趋近)。通过 CNC 对运动本身进行精确计算。

4.8.1 刀具路径(Toolpath)

这是所有显式的刀具路径的父类型。如有需要,刀具路径可以有工艺参数和机床功能,它覆盖操作层所规定的缺省值。

若给出属性 its_technology 和/或 its_machine_function 指令机床在进入刀具路径之前,先达到规定的操作状态。与加工步骤的类似情况不同,不允许在一个操作的刀具路径表中的各个刀具路径之间出现暂停。因此,如果参数出现重大改变而控制器试图在当前刀具路径之前急忙采用这些参数的话,以前的刀具路径会受到不好的影响。此外,如果以前的刀具路径的时间间隔不足以达到稳定的参数,则不能保证新的刀具路径从起始就使用这些参数。

因此在利用刀具路径层的工艺参数时必须十分小心。如有需要(如对一些特殊操作要求主轴反转)应插入刀具路径进给停止,以便使机床有足够时间来改变参数。

```
ENTITY toolpath                                                        (* m0 *)
  ABSTRACT SUPERTYPE OF (ONEOF(feedstop, trajectory, parameterised_path));
  its_priority:            BOOLEAN;
  its_type:                toolpath_type;
  its_speed:               OPTIONAL toolpath_speedprofile;
  its_technology:          OPTIONAL technology;
  its_machine_functions:   OPTIONAL machine_functions;
END_ENTITY;
```

its_priority:　由于刀具路径可以包含所有必要的运动以制造一个特征,因而必须确定刀具路径与特征之间的执行优先权。在这种情况下刀具路径优先级(真)高于根据制造特征生成的几何路径。后者从属于这个刀具路径。

its_type:　刀具路径的类型。

its_speed:　影响进给速率的一种措施,这个因数将扩大成为操作中规定的进给速率,它可以是一个固定值,也可以是沿着刀具路径规定的一种速度曲线。

its_technology:　规定主轴和刀具进给的工艺。

its_machine_functions:　各种机床功能,如冷却液、切屑清除等。

4.8.1.1 刀具路径类型(Toolpath type)

描述轨迹类型的计数器,它可被控制器利用,例如用来识别是否允许有快速运动。

```
TYPE toolpath_type = ENUMERATION OF (
  approach,
```

```
    lift,
    connect,
    non_contact,
    contact,
    trajectory_path
);
END_TYPE;
```

使用以下的值：

apprach：　　接近工件的运动。

lift：　　离开工件的运动。

connect：　　提升和趋近运动之间的运动连接(通常在快速运动时)。

non_contact：　　不与工件接触的一种运动。

contact：：　　与工件接触的一种运动。

trajectory_path：通过轨迹描述的一种运动。

注：任何刀具路径都可附加这些类型。例如，不必使用诸如 approach_lift_path 等专门化刀具路径元素来建立趋近运动。这也可以利用趋近 toolpath_type 通过预计算做出刀具位置路径。

4.8.1.2　刀具路径速度曲线（Toolpaht speedprofile）

选择速度曲线的类型以确定由操作或由刀具路径本身的属性工艺所给出的进给速率。

```
TYPE toolpath_speedprofile = SELECT (
    toolpath_speed,
    positive_ratio_measure,
    speed_name
    );
END_TYPE;
```

4.8.1.2.1　刀具路径速度(Toolpath speed)

这是一种一维曲线，规定由类型 positive_ratio_measure 定义的速度曲线，若存在刀具路径的属性基本曲线，速度的参数化必须如同基本曲线。否则，速度必须由基本刀具路径的路径长度加以参数化，亦即第一个参数为 0，最后的参数等于类型 length_measure 所定义的基本刀具路径的长度。

```
ENTITY toolpath_speed;                                    (* m1 *)
    speed:                 b_spline_curve;
    WHERE
    WR1: speed\geometric_representation_item.dim = 1;
    (*
    Informal proposition:
    - speed shall have only values greater than zero.
    *)
END_ENTITY;
```

4.8.1.2.2　速度名称(Speed name)

规定快速的计数器。今后它可扩展到包括其他名称的速度。

```
TYPE speed_name = ENUMERATION OF(RAPID);
END_TYPE;
```

4.8.2 进给停止(Feedstop)

进给停止是一个无进给运动的刀具路径元素。主轴依旧处于所选择的速度,而随后的刀具路径的执行在规定的时间内被延迟。

```
ENTITY feedstop                                           (* m0 *)
    SUBTYPE OF (toolpath);
    dwell:                    time_measure;
END_ENTITY;
```

dwell:暂停进给轴的时间。

4.8.3 轨迹(Trajectory)

所有显式轨迹用的父类型。

```
ENTITY trajectory                                         (* m0 *)
    ABSTRACT SUPERTYPE OF (ONEOF(cutter_location_trajectory,
    cutter_contact_trajectory, axis_trajectory))
    SUBTYPE OF (toolpath);
    its_direction:            OPTIONAL BOOLEAN;
END_ENTITY;
```

its_direction :若为真或省略,刀具必须从开始位置运动到引用的几何曲线的终点。否则,它将从终点运动到引用的几何曲线的起始点。

4.8.4 刀具位置轨迹(Cutter location trajectory)

刀具位置路径规定关于刀具中心点的刀具运动,这是刀具旋转轴留下的刀尖点。

```
ENTITY cutter_location_trajectory (* m0 *)
    SUBTYPE OF (trajectory);
    basiccurve:               bounded_curve;
    its_toolaxis:             OPTIONAL bounded_curve;
    surface_normal:           OPTIONAL bounded_curve;
    (*
    Information proposition:
    its_toolaxis must have the same must have the same parameter range as
    basiccurve.
     *)
END_ENTITY;
```

Basiccurve: 一种三维曲线,定义工件坐标系或相应地在特征的局部坐标系中刀具定位点的笛卡尔坐标。

its_toolaxis: 一种三维曲线,定义刀具的刀轴。曲线的三个坐标相应地表示工件坐标系或特征的局部坐标系中矢量的三个分量。若给出这个属性,刀轴曲线的参数化必须相应于基本曲线的参数化。

注:这个属性将覆盖由加工步骤的 its_tool_direction 属性给出的有关刀具方位的任何信息。

surface_normal: 空间内的一种曲线,定义曲面法线。它应有与基本曲线相同的类型并应有相同的参数化。

4.8.5 刀具接触轨迹(Cutter contact trajectory)

刀具接触路径定义相对于刀具接触点的一种刀具运动。

```
ENTITY cutter_contact_trajectory                                  (* m1 *)
SUBTYPE OF (trajectory);
basiccurve:            curve_with_surface_normal;
its_toolaxis:          OPTIONAL bounded_curve;
its_contact_type:      OPTIONAL contact_type;
(*
Informal proposition:
its_toolaxis must have the same must have the same parameter range as
basiccurve.
*)
END_ENTITY;
```

basiccurve：一种三维曲线，相应地定义工件坐标系中或特征的局部坐标系中的刀具接触点的笛卡尔坐标。

its_toolaxis：一种三维曲线，定义刀具的刀轴。第一个坐标表示摆角，第二个坐标表示以度为单位的倾角。有关倾角和摆角的定义，见 ISO 14649-11 的 5.2.2.3。若给出这个属性，刀具轴曲线的参数化必须相应于基本曲线的参数化。

注：这个属性将覆盖由加工步骤的 its_tool_direction 属性给出的有关刀具方位的任何信息。

4.8.5.1 有曲面法线的曲线(Curve with surface normal)

选择类型用来定义有曲面法线的曲线。bounded_pcurve 取自 AP42，而 curve_with_normal_vector 在 GB/T 19903 的本部分定义。

```
TYPE curve_with_surface_normal = SELECT (
bounded_pcurve, curve_with_normal_vector
);
END_TYPE;
```

4.8.5.2 有法向矢量的曲线(Curve with normal vactor)

一种约束曲线，它具有定义曲面法线的附属曲线。

```
ENTITY curve_with_normal_vector;                                  (* m1 *)
basiccurve:           bounded_curve;
surface_normal:       bounded_curve;
(*
Informal proposition:
basiccurve and surface_normal must have the same parameter range
*)
END_ENTITY;
```

basiccurve：　　几何描述时引用的几何曲线。

surface_normal：空间中的三维曲线，描述曲面法线。曲线的三个坐标表示基本曲线的坐标系中曲面法向矢量的三个分量。它应有与基本曲线相同的类型并应有相同的参数化。

4.8.5.3 接触类型(Contact type)

接触类型规定如何确定刀具接触点。根据铣削方式——平面铣削、侧铣或自由型铣削——相应于刀具运动，要求在不同的刀具位置的刀具接触。

```
TYPE contact_type = ENUMERATION OF (side, front);
```

END_TYPE;

按图 40,对接触类型的解释如下:

side: 侧铣。刀具接触点位于刀具的周边,与切削方向垂直。工件材料是否置于刀具的左侧或右侧,取决于刀具路径的属性基本曲线所规定的曲面法线方向。

front: 如用于平面铣或自由型铣的端铣。刀具的接触点是刀具底部处的一个点。

注:当刀具相对于曲面法线倾斜时,通过刀具接触点才能正确地定义这种点,如果不是这种情况(如对大多数双刃5D 铣削操作),沿切削方向的刀具最外端接触点应认为是刀具接触点。

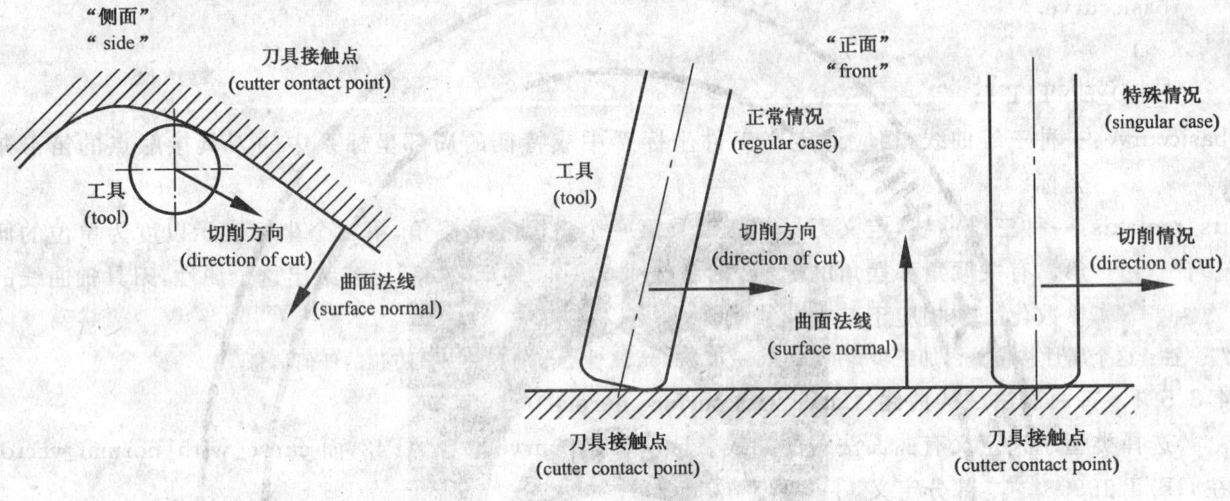

图 40 接触类型

4.8.6 轴轨迹(Axis trajectory)

轴轨迹并不直接定义刀具运动,而是定义机床轴的运动。它们与 ISO 6983 的 G00/G01 指令相当。由于最终的 NC 程序将与机床有关,因而不宜使用它们。

```
ENTITY axis_trajectory                                        (* m0 *)
  SUBTYPE OF (trajectory);
  axis_list:           LIST [1:?] OF identifier;
  commands:              LIST [1:?] OF bounded_curve;
WHERE
  WR1: SIZEOF(QUERY(cmd <* commands |
  cmd\geometric_representation_item. dim <> 1)) = 0;
END_ENTITY;
```

axis_list: 有轴名的表,以定义这些按轨迹来移动的轴。

commands: 一维曲线的表,表中排列包含每轴的一种曲线,其名称由 axis_list 中相应的标志给出。用单位表示的值描述轴的位置,用来规定 length_measure(对于线性轴)或 planar_angle_measure(对于旋转轴)。

4.8.7 参数化路径(Parameterised path)

刀具路径实体的这个子类型用来定义诸如连接路径、趋近和提升运动等未给出实际刀具路径的辅助运动,这种运动宁愿通过一种运动类型及其参数来加以描述,然后 CNC 本身必须为实际刀具计算最终的刀具路径。

这种概念在设计铣削操作用的刀具接触轨迹时尤其有用。由于刀具接触轨迹只能用于工件表面上的运动,因而有需要在各个刀具路径之间,以一种间接方式规定连接运动。此外,这里给出的参数化路径可用来连接刀具接触和刀具位置轨迹。

注:虽然已为最常使用的参数化路径命名,然而它们也可像任何其他形状的刀具路径那样,用于刀具路径描述的任何部分。它们的实际使用不是由实体名字指示的,而是由继承的 its_type 属性指示的。

```
ENTITY parameterised_path                                          (* m0 *)
  ABSTRACT SUPERTYPE OF (ONEOF (approach_lift_path, connector))
  SUBTYPE OF (toolpath);
END_ENTITY;
```

4.8.8 连接路径(Connector)

连接路径实体定义一个提升运动和一个随后的趋近运动之间的一种连接路径。通常这种路径类型需要实现一种 rapid_movement,但是也可用于加工操作中,用来连接几种切削路径。

```
ENTITY connector                                                   (* m1 *)
  ABSTRACT SUPERTYPE OF (ONEOF(connect_secplane, connect_direct))
  SUBTYPE OF (parameterised_path);
END_ENTITY;
```

4.8.8.1 经过安全面连接二点(Connect two points via the security plane)

安全面连接路径将刀具向上往安全面移动,直到刀具定位点到达安全面。然后,线性运动到下一个运动的计划起始点,接着再从安全面向下运动到这个起始点。对于自由型表面的单向加工也许需要给出这种连接类型。对于双向加工,前面的提升运动和随后的趋近运动之间的一种 connect_direct 将更为有效。

```
ENTITY connect_secplane                                        (* m1 *)
  SUBTYPE OF (connector);
  up_dir:                 OPTIONAL direction;
  down_dir:               OPTIONAL direction;
END_ENTITY;
```

up-dir: 向上运动方向的说明。若未给出,运动将是刀具方向。

down_dir: 向下运动方向的说明,若未给出,运动将是刀具方向。

注:若在 5 轴铣削操作期间使用这种连接路径,在前一次切削和下一次切削之间将插补刀具方向。在这种场合,刀具将沿刀具方向从前一次切削的最后点退刀(除非被 up_dir 覆盖)。在安全面上,刀具将回转到新的刀具方向,然后沿刀具方向向下运动(除非被 down_dir 覆盖),为下一次切削的起点作准备,在提升和趋近及离开安全面期间不改变刀具方向。

4.8.8.2 直接连接二点(Connect two points directly)

直接连接路径将刀具沿一条直线从前一个刀具路径的终点移动到下一个刀具路径的起点。

```
ENTITY connect_direct                                              (* m1 *)
SUBTYPE OF (connector);
END_ENTITY;
```

注:如果在 5 轴铣削操作期间使用这种连接路径,连接路径可用来调节前一次切削和下一次切削之间的刀具方向。在线性运动过程中,刀具将回转到新的刀具方向。

4.8.9 趋近和提升路径(Approach and lift path)

这个参数化路径的子类型描述在角度或切向运动意义上提升和趋近运动(见 4.8.1)。运动策略将启动围绕特征基础上生成刀具路径。另一方面,这个实体规定笛卡尔空间内的一条清楚的路径,它可以是在空间策略基础上生成的最终路径,此时,fix_point 会处在关联操作的 retract_plane 内。

```
ENTITY approach_lift_path                                          (* ml *)
    ABSTRACT SUPERTYPE OF (ONEOF (ap_lift_path_angle, ap_lift_path_tangent))
    SUBTYPE OF (parameterised_path);
    fix_point:                       cartesian_point;
    fix_point_dir:                   OPTIONAL direction;
END_ENTITY;
```

fix_point：分别为在工件坐标系或特征的局部坐标系中趋近运动的起始点或提升运动的终点。刀具上的基准点是刀具中心点(tcp)，这是刀具旋转轴留下刀尖的点。

fix_point_dir：分别为在工件坐标系或特征的局部坐标系中作为 3D 矢量在 fix_point 处的刀具方向。若给出这个属性，机床将试图在趋近/提升运动过程中，在固定点的刀具方向和连接刀具路径的起始点(趋近)或终点(提升)刀具方向之间进行插补。若未给出这个属性，则在趋近/提升运动过程中，刀具方向将不改变。

4.8.9.1 趋近提升角(Approach lift angle)

采用线性趋近方式，以某个角度趋近或提升到刀具路径(见图 41)。

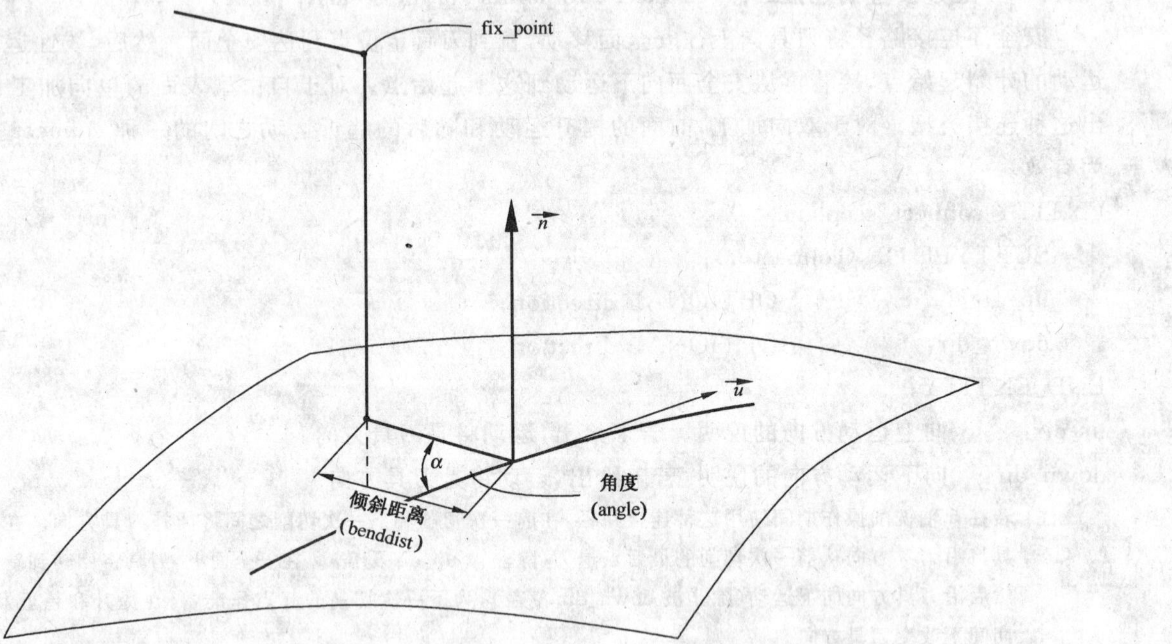

图 41 有角度的线性趋近

```
ENTITY ap_lift_path_angle                                          (* ml *)
    SUBTYPE OF (approach_lift_path);
    angle:                           plane_angle_measure;
    benddist:                        positive_length_measure;
END_ENTITY;
```

Angle： 趋近角或提升角。

benddist：倾斜趋近角的距离。

4.8.9.2 趋近提升切线(Approach lith tangent)

采用切向趋近方式趋近或提升到刀具路径 (见图 42)。

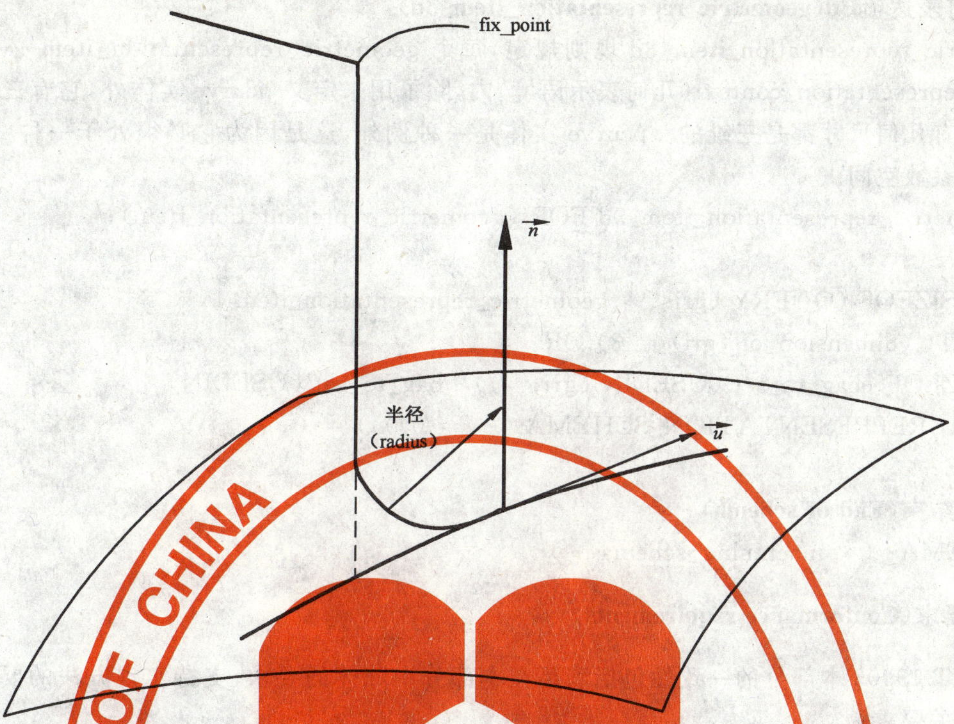

图 42 切向趋近

```
ENTITY ap_lift_path_tangent                                   (* m1 *)
    SUBTYPE OF (approach_lift_path);
    radius:                     positive_length_measure;
END_ENTITY;
```

radius：趋近运动的半径。

4.9 规则(Rules)

需用以下规则来保证几何尺寸、拓扑和工艺模型的一致性。

4.9.1 相关的可实例化表达项(**dependent_instantiable_representation_item**)

dependent_instantiable_representation_item 规则规定，representation_item 的所有实例都取决于对其他实体定义的使用。

```
RULE dependent_instantiable_representation_item FOR (representation_item);
WHERE
    WR1: SIZEOF (QUERY (ri <* representation_item |
        NOT (SIZEOF (USEDIN (ri, '')) >= 1))) = 0;
END_RULE;
```

4.9.2 相关的可实例化形状表达(**dependent_instantiable_shape_representation**)

dependent_instantiable_shape_representation 规则规定，shape_representation 的所有实例都取决于对其他实体定义的使用。

```
RULE dependent_instantiable_shape_representation FOR (shape_representation);
WHERE
    WR1: SIZEOF (QUERY (sr <* shape_representation |
        NOT (SIZEOF(USEDIN(sr, '')) >= 1))) = 0;
END_RULE;
```

4.9.3 几何表达项 3d(geometric_representation_item_3d)

geometric_representation_item_3d 规则规定,每个 geometric_representation_item 必须处于一种 geometric_representation_context(几何表示语境)内,除了用来定义 pcurve 实体外,它有三维度。这个规则约束所有几何尺寸都是三维的。pcurve 实体是一种例外,这是因为它必须处于一种 2 维环境内,这是表面的参数空间。

```
RULE geometric_representation_item_3d FOR (geometric_representation_item);
WHERE
   WR1: SIZEOF (QUERY (gri <* geometric_representation_item |
      NOT( (dimension_of (gri) = 3) OR
      (SIZEOF (bag_to_set (USEDIN (gri, '')) - bag_to_set (USEDIN
      (gri,'REPRESENTATION_SCHEMA.'+ = 0)))) = 0;
END_RULE;
```

4.10 模式结束(End of schema)

```
END_SCHEMA; (* machining_schema *)
```

5 一致性要求(Conformance requirements)

对 GB/T 19903 本部分的一致性包括满足在本部分中陈述的要求、支持实现方法的要求以及规范性参考的相关要求。

有关实现方法的要求见附录 C。

GB/T 19903 的本部分提供一些也许会得到某种实现支持的选择。这些选择都应得到 6 级一致性的支持。

这些一致性等级的特点如下:

- 一致性等级 1 (conformance class 1)——c0m0:曲线几何尺寸的最小设置和制造数据的最小设置;
- 一致性等级 2 (conformance class 2)——c0m0m1:等级 1 加制造数据的全部设置,尤其是制造特征;
- 一致性等级 3 (conformance class 3)——s0c0m0m1:等级 2 加表面几何尺寸的最小设置;
- 一致性等级 4 (conformance class 4)——s0s1c0c1m0m1:等级 3 加全部曲线和表面几何尺寸;
- 一致性等级 5 (conformance class 5)——t0t1s0c0m0m1:等级 3 加拓扑信息;
- 一致性等级 6 (Conformance class 6)——t0t1s0s1c0c1m0m1:等级 4 加拓扑信息。

在附录 A 内扩充的 EXPRESS 表中,可为数据集的每个组成部分找到相应的数据集标识符(m0/m1、c0/c1、s0/s1、t0/t1),以便执行。

5.1 一致性等级 1 实体(Conformance class1 entities)

GB/T 19903 本部分的一致性等级 1 的一种实现应支持以下实体及相关的结构:

address
approval
approval_status
axis_trajectory
axis2_placement_3d
b_spline_curve
b_spline_curve_with_knots
bounded_curve
calendar_date
cartesian_point
channel
composite_curve
composite_curve_segment
coordinated_universal_time_offset
curve
cutter_location_trajectory
date
date_and_time

descriptive_parameter
direction
display_message
elementary_surface
executable
feedstop
geometric_representation_context
geometric_representation_item
local_time
machine_functions
machining_operation
machining_tool
machining_workingstep
nc_function
numeric_parameter
operation
optional_stop
ordinal_date
parameterised_path
person
person_and_address
placement
plane
point
polyline
program_stop
program_structure
project
property_parameter
rapid_movement
rational_b_spline_curve
representation_item
return_home
set_mark
setup
surface
technology
three_axes
tool_direction
toolpath
toolpath_list
trajectory
trimmed_curve
two_axes
wait_for_mark
week_of_year_and_day_date
workingstep
workpiece_setup

5.2 一致性等级 2 实体(Conformance class2 entities)

GB/T 19903 本部分的一致性等级 2 的实现应支持以下实体及相关的结构：

address
and_expression
angle_taper
ap_lift_path_angle
ap_lift_path_tangent
approach_lift_path
approval
approval_status
assignment
axis_trajectory
axis2_placement_3d
b_spline_curve
b_spline_curve_with_knots
binary_boolean_expression
blind_bottom_condition
block
boolean_expression
boss
bounded_curve
calendar_date
cartesian_point
catalogue_thread
chamfer
channel
circular_closed_profile
circular_closed_shape_profile
circular_offset
circular_omit
circular_path
circular_pattern
closed_pocket
closed_profile
comparison_equal
comparison_expression

comparison_greater
comparison_greater_equal
comparison_less
comparison_less_equal
comparison_not_equal
complete_circular_path
composite_curve
composite_curve_segment
compound_feature
conical_hole_bottom
connect_direct
connect_secplane
connector
coordinated_universal_time_offset
counterbore_hole
countersunk_hole
curve
curve_with_normal_vector
cutter_contact_trajectory
cutter_location_trajectory
date
date_and_time
defined_thread
descriptive_parameter
diameter_taper
direction
display_message
edge_round
elementary_surface
executable
feedstop
flat_hole_bottom
flat_slot_end_type
flat_with_radius_hole_bottom
general_closed_profile
general_outside_profile
general_path
general_pattern
general_pocket_bottom_condition
general_profile
general_profile_floor
general_shape_profile
geometric_representation_context
geometric_representation_item
hole_bottom_condition
if_statement
in_process_geometry
limits_and_fits
linear_path
linear_profile
local_time
loop_slot_end_type
machine_functions
machined_surface
machining_feature
machining_operation
machining_tool
machining_workingstep
manufacturing_feature
material
multiple_arity_boolean_expression
nc_constant
nc_function
nc_variable
ngon_profile
non_sequential
not_expression
numeric_parameter
offset_vector
open_pocket
open_profile
open_slot_end_type
operation
optional_stop
or_expression
ordinal_date
parallel
parameterised_path
partial_area_definition
partial_circular_path
partial_circular_profile
partial_circular_shape_profile
person
person_and_address
placement
planar_face

planar_pocket_bottom_condition
planar_profile_floor
plane
plus_minus_value
pocket
pocket_bottom_condition
point
polyline
profile
profile_feature
profile_floor
program_stop
program_structure
project
property_parameter
radiused_pocket_bottom_condition
radiused_slot_end_type
rapid_movement
rational_b_spline_curve
rectangular_closed_profile
rectangular_closed_shape_profile
rectangular_offset
rectangular_omit
rectangular_open_shape_profile
rectangular_pattern
region
region_projection
region_surface_list
replicate_feature
representation_item
return_home
right_circular_cylinder
round_hole
rounded_end
rounded_u_profile
selective
set_mark
setup
setup_instruction
shape_profile
slot
slot_end_type
specification
specification_usage_constraint
spherical_cap
spherical_hole_bottom
square_u_profile
step
surface
surface_texture_parameter
technology
tee_profile
thread
three_axes
through_bottom_condition
through_pocket_bottom_condition
through_profile_floor
toleranced_length_measure
tool_direction
tool_length_probing
tool_probing
tool_radius_probing
toolpath
toolpath_feature
toolpath_list
toolpath_speed
touch_probe
touch_probing
trajectory
transition_feature
travel_path
trimmed_curve
two_axes
two5D_manufacturing_feature
unary_boolean_expression
vee_profile
wait_for_mark
week_of_year_and_day_date
while_statement
woodruff_slot_end_type
workingstep
workpiece
workpiece_complete_probing
workpiece_probing
workpiece_setup
workplan

xor_expression

5.3 一致性等级3实体(Conformance class3 entities)

GB/T 19903本部分的一致性等级3的一种实现应支持以下实体及相关的结构:

address
and_expression
angle_taper
ap_lift_path_angle
ap_lift_path_tangent
approach_lift_path
approval
approval_status
assignment
axis_trajectory
axis2_placement_3d
b_spline_curve
b_spline_curve_with_knots
b_spline_surface
b_spline_surface_with_knots
binary_boolean_expression
blind_bottom_condition
block
boolean_expression
boss
bounded_curve
bounded_pcurve
bounded_surface
calendar_date
cartesian_point
catalogue_thread
chamfer
channel
circular_closed_profile
circular_closed_shape_profile
circular_offset
circular_omit
circular_path
circular_pattern
closed_pocket
closed_profile
comparison_equal
comparison_expression
comparison_greater
comparison_greater_equal
comparison_less
comparison_less_equal
comparison_not_equal
complete_circular_path
composite_curve
composite_curve_segment
compound_feature
conical_hole_bottom
connect_direct
connect_secplane
connector
coordinated_universal_time_offset
counterbore_hole
countersunk_hole
curve
curve_with_normal_vector
cutter_contact_trajectory
cutter_location_trajectory
date
date_and_time
defined_thread
definitional_representation
descriptive_parameter
diameter_taper
direction
display_message
edge_round
elementary_surface
executable
feedstop
flat_hole_bottom
flat_slot_end_type
flat_with_radius_hole_bottom
general_closed_profile
general_outside_profile
general_path
general_pattern
general_pocket_bottom_condition
general_profile
general_profile_floor

general_shape_profile
geometric_representation_context
geometric_representation_item
hole_bottom_condition
if_statement
in_process_geometry
limits_and_fits
linear_path
linear_profile
local_time
loop_slot_end_type
machine_functions
machined_surface
machining_feature
machining_operation
machining_tool
machining_workingstep
manufacturing_feature
material
multiple_arity_boolean_expression
nc_constant
nc_function
nc_variable
ngon_profile
non_sequential
not_expression
numeric_parameter
offset_vector
open_pocket
open_profile
open_slot_end_type
operation
optional_stop
or_expression
ordinal_date
parallel
parameterised_path
partial_area_definition
partial_circular_path
partial_circular_profile
partial_circular_shape_profile
pcurve
person
person_and_address
placement
planar_face
planar_pocket_bottom_condition
planar_profile_floor
plane
plus_minus_value
pocket
pocket_bottom_condition
point
polyline
profile
profile_feature
profile_floor
program_stop
program_structure
project
property_parameter
radiused_pocket_bottom_condition
radiused_slot_end_type
rapid_movement
rational_b_spline_curve
rational_b_spline_surface
rectangular_closed_profile
rectangular_closed_shape_profile
rectangular_offset
rectangular_omit
rectangular_open_shape_profile
rectangular_pattern
region
region_projection
region_surface_list
replicate_feature
representation_item
return_home
right_circular_cylinder
round_hole
rounded_end
rounded_u_profile
selective
set_mark
setup
setup_instruction

shape_profile
slot
slot_end_type
specification
specification_usage_constraint
spherical_cap
spherical_hole_bottom
square_u_profile
step
surface
surface_texture_parameter
technology
tee_profile
thread
three_axes
through_bottom_condition
through_pocket_bottom_condition
through_profile_floor
toleranced_length_measure
tool_direction
tool_length_probing
tool_probing
tool_radius_probing
toolpath
toolpath_feature
toolpath_list
toolpath_speed
touch_probe
touch_probing
trajectory
transition_feature
travel_path
trimmed_curve
two_axes
two5D_manufacturing_feature
unary_boolean_expression
vee_profile
wait_for_mark
week_of_year_and_day_date
while_statement
woodruff_slot_end_type
workingstep
workpiece
workpiece_complete_probing
workpiece_probing
workpiece_setup
workplan
xor_expression

5.4 一致性等级 4 实体(Conformance class4 entities)

GB/T 19903 本部分的一致性等级 4 的一种实现应支持以下实体及相关的结构：

address
and_expression
angle_taper
ap_lift_path_angle
ap_lift_path_tangent
approach_lift_path
approval
approval_status
assignment
axis_trajectory
axis1_placement
axis2_placement_3d
b_spline_curve
b_spline_curve_with_knots
b_spline_surface
b_spline_surface_with_knots
bezier_curve
bezier_surface
binary_boolean_expression
blind_bottom_condition
block
boolean_expression
boss
bounded_curve
bounded_pcurve
bounded_surface
calendar_date
cartesian_point
catalogue_thread
chamfer
channel
circle
circular_closed_profile
circular_closed_shape_profile

circular_offset
circular_omit
circular_path
circular_pattern
closed_pocket
closed_profile
comparison_equal
comparison_expression
comparison_greater
comparison_greater_equal
comparison_less
comparison_less_equal
comparison_not_equal
complete_circular_path
composite_curve
composite_curve_segment
compound_feature
conic
conical_hole_bottom
connect_direct
connect_secplane
connector
coordinated_universal_time_offset
counterbore_hole
countersunk_hole
curve
curve_with_normal_vector
cutter_contact_trajectory
cutter_location_trajectory
date
date_and_time
defined_thread
definitional_representation
descriptive_parameter
diameter_taper
direction
display_message
edge_round
elementary_surface
ellipse
executable
feedstop
flat_hole_bottom
flat_slot_end_type
flat_with_radius_hole_bottom
general_closed_profile
general_outside_profile
general_path
general_pattern
general_pocket_bottom_condition
general_profile
general_profile_floor
general_shape_profile
geometric_representation_context
geometric_representation_item
hole_bottom_condition
hyperbola
if_statement
in_process_geometry
limits_and_fits
line
linear_path
linear_profile
local_time
loop_slot_end_type
machine_functions
machined_surface
machining_feature
machining_operation
machining_tool
machining_workingstep
manufacturing_feature
material
multiple_arity_boolean_expression
nc_constant
nc_function
nc_variable
ngon_profile
non_sequential
not_expression
numeric_parameter
offset_vector
open_pocket
open_profile
open_slot_end_type
operation

optional_stop
or_expression
ordinal_date
oriented_surface
parabola
parallel
parameterised_path
partial_area_definition
partial_circular_path
partial_circular_profile
partial_circular_shape_profile
pcurve
person
person_and_address
placement
planar_face
planar_pocket_bottom_condition
planar_profile_floor
plane
plus_minus_value
pocket
pocket_bottom_condition
point
polyline
profile
profile_feature
profile_floor
program_stop
program_structure
project
property_parameter
quasi_uniform_curve
quasi_uniform_surface
radiused_pocket_bottom_condition
radiused_slot_end_type
rapid_movement
rational_b_spline_curve
rational_b_spline_surface
rectangular_closed_profile
rectangular_closed_shape_profile
rectangular_offset
rectangular_omit
rectangular_open_shape_profile
rectangular_pattern
region
region_projection
region_surface_list
replicate_feature
representation_item
return_home
right_circular_cylinder
round_hole
rounded_end
rounded_u_profile
selective
set_mark
setup
setup_instruction
shape_profile
slot
slot_end_type
specification
specification_usage_constraint
spherical_cap
spherical_hole_bottom
spherical_surface
square_u_profile
step
surface
surface_of_linear_extrusion
surface_of_revolution
surface_texture_parameter
swept_surface
technology
tee_profile
thread
three_axes
through_bottom_condition
through_pocket_bottom_condition
through_profile_floor
toleranced_length_measure
tool_direction
tool_length_probing
tool_probing
tool_radius_probing
toolpath

toolpath_feature
toolpath_list
toolpath_speed
touch_probe
touch_probing
trajectory
transition_feature
travel_path
trimmed_curve
two_axes
two5D_manufacturing_feature
unary_boolean_expression
uniform_curve
uniform_surface
vector
vee_profile
wait_for_mark
week_of_year_and_day_date
while_statement
woodruff_slot_end_type
workingstep
workpiece
workpiece_complete_probing
workpiece_probing
workpiece_setup
workplan
xor_expression

5.5 一致性等级 5 实体(Conformance class5 entities)

GB/T 19903 本部分的一致性等级 5 的一种实现应支持以下实体及相关的结构：

address
advanced_brep_shape_representation
advanced_face
and_expression
angle_taper
ap_lift_path_angle
ap_lift_path_tangent
approach_lift_path
approval
approval_status
assignment
axis_trajectory
axis2_placement_3d
b_spline_curve
b_spline_curve_with_knots
b_spline_surface
b_spline_surface_with_knots
binary_boolean_expression
blind_bottom_condition
block
boolean_expression
boss
bounded_curve
bounded_pcurve
bounded_surface
calendar_date
cartesian_point
catalogue_thread
chamfer
channel
circular_closed_profile
circular_closed_shape_profile
circular_offset
circular_omit
circular_path
circular_pattern
closed_pocket
closed_profile
closed_shell
comparison_equal
comparison_expression
comparison_greater
comparison_greater_equal
comparison_less
comparison_less_equal
comparison_not_equal
complete_circular_path
composite_curve
composite_curve_segment
compound_feature
conical_hole_bottom
connect_direct
connect_secplane
connected_face_set

connector
coordinated_universal_time_offset
counterbore_hole
countersunk_hole
curve
curve_with_normal_vector
cutter_contact_trajectory
cutter_location_trajectory
date
date_and_time
defined_thread
definitional_representation
descriptive_parameter
diameter_taper
direction
display_message
edge
edge_curve
edge_loop
edge_round
elementary_surface
executable
face
face_bound
face_outer_bound
face_surface
faceted_brep
feedstop
flat_hole_bottom
flat_slot_end_type
flat_with_radius_hole_bottom
founded_item
general_closed_profile
general_outside_profile
general_path
general_pattern
general_pocket_bottom_condition
general_profile
general_profile_floor
general_shape_profile
geometric_representation_context
geometric_representation_item
hole_bottom_condition
if_statement
in_process_geometry
limits_and_fits
linear_path
linear_profile
local_time
loop
loop_slot_end_type
machine_functions
machined_surface
machining_feature
machining_operation
machining_tool
machining_workingstep
manifold_solid_brep
manufacturing_feature
mapped_item
material
multiple_arity_boolean_expression
nc_constant
nc_function
nc_variable
ngon_profile
non_sequential
not_expression
numeric_parameter
offset_vector
open_pocket
open_profile
open_shell
open_slot_end_type
operation
optional_stop
or_expression
ordinal_date
oriented_closed_shell
oriented_edge
oriented_face
orineted_open_shell
oriented_path
parallel
parameterised_path
partial_area_definition

partial_circular_path
partial_circular_profile
partial_circular_shape_profile
path
pcurve
person
person_and_address
placement
planar_face
planar_pocket_bottom_condition
planar_profile_floor
plane
plus_minus_value
pocket
pocket_bottom_condition
point
polyline
poly_loop
profile
profile_feature
profile_floor
program_stop
program_structure
project
property_parameter
radiused_pocket_bottom_condition
radiused_slot_end_type
rapid_movement
rational_b_spline_curve
rational_b_spline_surface
rectangular_closed_profile
rectangular_closed_shape_profile
rectangular_offset
rectangular_omit
rectangular_open_shape_profile
rectangular_pattern
region
region_projection
region_surface_list
replicate_feature
representation_context
representation_item
representation_map
return_home
right_circular_cylinder
round_hole
rounded_end
rounded_u_profile
selective
set_mark
setup
setup_instruction
shape_profile
shape_representation
slot
slot_end_type
solid_model
specification
specification_usage_constraint
spherical_cap
spherical_hole_bottom
square_u_profile
step
surface
surface_texture_parameter
technology
tee_profile
thread
three_axes
through_bottom_condition
through_pocket_bottom_condition
through_profile_floor
toleranced_length_measure
tool_direction
tool_length_probing
tool_probing
tool_radius_probing
toolpath
toolpath_feature
toolpath_list
toolpath_speed
topological_region
topological_representation_item
touch_probe
touch_probing
trajectory

transition_feature
travel_path
trimmed_curve
two_axes
two5D_manufacturing_feature
unary_boolean_expression
vee_profile
vertex
vertex_loop
vertex_point
wait_for_mark
week_of_year_and_day_date
while_statement
woodruff_slot_end_type
workingstep
workpiece
workpiece_complete_probing
workpiece_probing
workpiece_setup
workplan
xor_expression

5.6 一致性等级 6 实体(Conformance class6 entities)

GB/T 19903 本部分的一致性等级 6 的一种实现应支持以下实体及相关的结构：

address
advanced_brep_shape_representation
advanced_face
and_expression
angle_taper
ap_lift_path_angle
ap_lift_path_tangent
approach_lift_path
approval
approval_status
assignment
axis_trajectory
axis1_placement
axis2_placement_3d
b_spline_curve
b_spline_curve_with_knots
b_spline_surface
b_spline_surface_with_knots
bezier_curve
bezier_surface
binary_boolean_expression
blind_bottom_condition
block
boolean_expression
boss
bounded_curve
bounded_pcurve
bounded_surface
calendar_date
cartesian_point
catalogue_thread
chamfer
channel
circle
circular_closed_profile
circular_closed_shape_profile
circular_offset
circular_omit
circular_path
circular_pattern
closed_pocket
closed_profile
closed_shell
comparison_equal
comparison_expression
comparison_greater
comparison_greater_equal
comparison_less
comparison_less_equal
comparison_not_equal
complete_circular_path
composite_curve
composite_curve_segment
compound_feature
conic
conical_hole_bottom
connect_direct
connect_secplane
connected_face_set
connector

coordinated_universal_time_offset
counterbore_hole
countersunk_hole
curve
curve_with_normal_vector
cutter_contact_trajectory
cutter_location_trajectory
date
date_and_time
defined_thread
definitional_representation
descriptive_parameter
diameter_taper
direction
display_message
edge
edge_curve
edge_loop
edge_round
elementary_surface
ellipse
executable
face
face_bound
face_outer_bound
face_surface
faceted_brep
feedstop
flat_hole_bottom
flat_slot_end_type
flat_with_radius_hole_bottom
founded_item
general_closed_profile
general_outside_profile
general_path
general_pattern
general_pocket_bottom_condition
general_profile
general_profile_floor
general_shape_profile
geometric_representation_context
geometric_representation_item
hole_bottom_condition
hyperbola
if_statement
in_process_geometry
limits_and_fits
line
linear_path
linear_profile
local_time
loop
loop_slot_end_type
machine_functions
machined_surface
machining_feature
machining_operation
machining_tool
machining_workingstep
manifold_solid_brep
manufacturing_feature
mapped_item
material
multiple_arity_boolean_expression
nc_constant
nc_function
nc_variable
ngon_profile
non_sequential
not_expression
numeric_parameter
offset_vector
open_pocket
open_profile
open_shell
open_slot_end_type
operation
optional_stop
or_expression
ordinal_date
oriented_closed_shell
oriented_edge
oriented_face
orineted_open_shell
oriented_path
oriented_surface

parabola
parallel
parameterised_path
partial_area_definition
partial_circular_path
partial_circular_profile
partial_circular_shape_profile
path
pcurve
person
person_and_address
placement
planar_face
planar_pocket_bottom_condition
planar_profile_floor
plane
plus_minus_value
pocket
pocket_bottom_condition
point
polyline
poly_loop
profile
profile_feature
profile_floor
program_stop
program_structure
project
property_parameter
quasi_uniform_curve
quasi_uniform_surface
radiused_pocket_bottom_condition
radiused_slot_end_type
rapid_movement
rational_b_spline_curve
rational_b_spline_surface
rectangular_closed_profile
rectangular_closed_shape_profile
rectangular_offset
rectangular_omit
rectangular_open_shape_profile
rectangular_pattern
region
region_projection
region_surface_list
replicate_feature
representation_context
representation_item
representation_map
return_home
right_circular_cylinder
round_hole
rounded_end
rounded_u_profile
selective
set_mark
setup
setup_instruction
shape_profile
shape_representation
slot
slot_end_type
solid_model
specification
specification_usage_constraint
spherical_cap
spherical_hole_bottom
spherical_surface
square_u_profile
step
surface
surface_of_linear_extrusion
surface_of_revolution
surface_texture_parameter
swept_surface
technology
tee_profile
thread
three_axes
through_bottom_condition
through_pocket_bottom_condition
through_profile_floor
toleranced_length_measure
tool_direction
tool_length_probing
tool_probing

tool_radius_probing
toolpath
toolpath_feature
toolpath_list
toolpath_speed
topological_region
topological_representation_item
touch_probe
touch_probing
trajectory
transition_feature
travel_path
trimmed_curve
two_axes
two5D_manufacturing_feature
unary_boolean_expression
uniform_curve
uniform_surface
vector
vee_profile
vertex
vertex_loop
vertex_point
wait_for_mark
week_of_year_and_day_date
while_statement
woodruff_slot_end_type
workingstep
workpiece
workpiece_complete_probing
workpiece_probing
workpiece_setup
workplan
xor_expressio

附 录 A
（规范性附录）
EXPRESS 扩充表

以下的 EXPRESS 是第 5 章中给出的整个模式。在短形式与这个扩充表之间的任何矛盾场合，均应采用这个扩充表，用于每个实体的二字符标志指示一个实体属于何种一致性等级，请参阅第 5 章。

```
SCHEMA machining_schema;
(*
Version of April 30, 2004
Author: ISO TC184/SC1/WG7
*)
REFERENCE FROM approval_schema                                    (* ISO 10303-41e3 *)
( approval,
approval_status);
REFERENCE FROM date_time_schema                                   (* ISO 10303-41e3 *)
( date_and_time,
date);
REFERENCE FROM person_organization_schema                         (* ISO 10303-41e3 *)
( person,
address);
REFERENCE FROM support_resource_schema                            (* ISO 10303-41e3 *)
( bag_to_set,
identifier,
label,
text);
REFERENCE FROM measure_schema                                     (* ISO 10303-41e3 *)
( length_measure,
parameter_value,
plane_angle_measure,
positive_length_measure);
REFERENCE FROM product_property_representation_schema (* ISO 10303-41e3 *)
( shape_representation);
REFERENCE FROM representation_schema                              (* ISO 10303-43e2 *)
( definitional_representation);
REFERENCE FROM geometry_schema                                    (* ISO 10303-42e3 *)
( trimming_select,
trimming_preference,
transition_code,
trimmed_curve,
composite_curve,
composite_curve_segment,
axis2_placement_3d,
```

```
bounded_curve,
bounded_surface,
cartesian_point,
circle,
conic,
curve,
direction,
elementary_surface,
plane,
polyline
);
REFERENCE FROM topology_schema                                    (* ISO 10303-42e3 *)
( edge, edge_curve, edge_loop, face, loop);
REFERENCE FROM geometric_model_schema                             (* ISO 10303-42e3 *)
( block,
right_circular_cylinder
);
REFERENCE FROM aic_advanced_brep                                  (* ISO 10303-514 *)
(advanced_brep_shape_representation
);
(* * * * * * * * * * * * * * * * * * * * * * * * * * * * * * * * * * * * * * *)
(* * * * * * * * * * * * * * * * * * * * * * * * * * * * * * * * * * * * * * *)
(* *)
(* General types and definitions *)
(* *)
(* * * * * * * * * * * * * * * * * * * * * * * * * * * * * * * * * * * * * * *)
(* * * * * * * * * * * * * * * * * * * * * * * * * * * * * * * * * * * * * * *)
(* * * * * * * * * * * * * * * * * * * * * * * * * * * * * * * * * * * * * * *)
(* Measure units *)
(* * * * * * * * * * * * * * * * * * * * * * * * * * * * * * * * * * * * * * *)
ENTITY toleranced_length_measure;                                 (* m1 *)
theoretical_size: positive_length_measure;
implicit_tolerance: tolerance_select;
END_ENTITY;
TYPE tolerance_select = SELECT(plus_minus_value, limits_and_fits);
END_TYPE;
ENTITY plus_minus_value;                                          (* m1 *)
upper_limit: positive_length_measure;
lower_limit: positive_length_measure;
significant_digits: INTEGER;
END_ENTITY;
ENTITY limits_and_fits;                                           (* m1 *)
deviation: length_measure;
```

```
grade: length_measure;
its_fitting_type: OPTIONAL fitting_type;
END_ENTITY;
TYPE fitting_type = ENUMERATION OF (shaft,hole);
END_TYPE;
TYPE speed_measure = REAL;
END_TYPE;
TYPE rot_speed_measure = REAL;
END_TYPE;
TYPE pressure_measure = REAL;
END_TYPE;
(* ************************************************************* *)
(* Other general types *)
(* ************************************************************* *)
TYPE rot_direction = ENUMERATION OF (cw,ccw);
END_TYPE;
TYPE shape_tolerance = length_measure;
END_TYPE;
(* ************************************************************* *)
(* ************************************************************* *)
(* *)
(* PROJECT *)
(* *)
(* ************************************************************* *)
(* ************************************************************* *)
ENTITY project;                                        (* m0 *)
its_id: identifier;
main_workplan: workplan;
its_workpieces: SET [0:?] OF workpiece;
its_owner: OPTIONAL person_and_address;
its_release: OPTIONAL date_and_time;
its_status: OPTIONAL approval;
(* Informal proposition:
its_id shall be unique within the part programme.
*)
END_ENTITY;
ENTITY person_and_address;                             (* m0 *)
its_person: person;
its_address: OPTIONAL address;
END_ENTITY;
(* ************************************************************* *)
(* ************************************************************* *)
(*                                                              *)
```

```
(* Workpiece and manufacturing feature                                   *)
(*                                                                       *)
(* * * * * * * * * * * * * * * * * * * * * * * * * * * * * * * * * * * * * * * * * * *)
(* * * * * * * * * * * * * * * * * * * * * * * * * * * * * * * * * * * * * * * * * * *)
ENTITY workpiece；                                               (* m1 *)
its_id：identifier；
its_material：OPTIONAL material；
global_tolerance：OPTIONAL shape_tolerance；
its_rawpiece：OPTIONAL workpiece；
its_geometry：OPTIONAL advanced_brep_shape_representation；
its_bounding_geometry：OPTIONAL bounding_geometry_select；
clamping_positions：SET [0：?] OF cartesian_point；
END_ENTITY；
(* * * * * * * * * * * * * * * * * * * * * * * * * * * * * * * * * * * * * * * * *  *)
(* Material                                                              *)
(* * * * * * * * * * * * * * * * * * * * * * * * * * * * * * * * * * * * * * * * *  *)
ENTITY material；                                                 (* m1 *)
standard_identifier：label；
material_identifier：label；
material_property：SET [0：?] OF property_parameter；
END_ENTITY；
(* * * * * * * * * * * * * * * * * * * * * * * * * * * * * * * * * * * * * * * * *  *)
(* Property parameter                                                    *)
(* * * * * * * * * * * * * * * * * * * * * * * * * * * * * * * * * * * * * * * * * * *)
ENTITY property_parameter                                          (* m0 *)
SUPERTYPE OF (ONEOF (descriptive_parameter，numeric_parameter))；
parameter_name：label；
END_ENTITY；
ENTITY descriptive_parameter                                       (* m0 *)
SUBTYPE OF (property_parameter)；
descriptive_string：text；
END_ENTITY；
ENTITY numeric_parameter                                           (* m0 *)
SUBTYPE OF (Property_parameter)；
its_parameter_value：parameter_value；
its_parameter_unit：label；
END_ENTITY；
(* * * * * * * * * * * * * * * * * * * * * * * * * * * * * * * * * * * * * * * * *  *)
(* Bounding geometry                                                     *)
(* * * * * * * * * * * * * * * * * * * * * * * * * * * * * * * * * * * * * * * * * * *)
TYPE bounding_geometry_select =
SELECT (block，right_circular_cylinder，                            (* m1 *)
advanced_brep_shape_representation)；                              (* t1 *)
```

```
END_TYPE;
(* * * * * * * * * * * * * * * * * * * * * * * * * * * * * * * * * * * * * * *)
(* Manufacturing feature                                                      *)
(* * * * * * * * * * * * * * * * * * * * * * * * * * * * * * * * * * * * * * *)
ENTITY manufacturing_feature                                           (* m1 *)
ABSTRACT SUPERTYPE OF (ONEOF(region, two5D_manufacturing_feature,
transition_feature));
its_id: identifier;
its_workpiece: workpiece;
its_operations: SET [0:?] OF machining_operation;
END_ENTITY;
(* * * * * * * * * * * * * * * * * * * * * * * * * * * * * * * * * * * * * * *)
(* * * * * * * * * * * * * * * * * * * * * * * * * * * * * * * * * * * * * * *)
(*                                                                            *)
(* Catalogue of manufacturing feature                                         *)
(*                                                                            *)
(* * * * * * * * * * * * * * * * * * * * * * * * * * * * * * * * * * * * * * *)
(* * * * * * * * * * * * * * * * * * * * * * * * * * * * * * * * * * * * * * *)

(* * * * * * * * * * * * * * * * * * * * * * * * * * * * * * * * * * * * * * *)
(* Region                                                                     *)
(* * * * * * * * * * * * * * * * * * * * * * * * * * * * * * * * * * * * * * *)
ENTITY region                                                          (* m1 *)
ABSTRACT SUPERTYPE OF (ONEOF (region_surface_list, region_projection,
topological_region))
SUBTYPE OF (manufacturing_feature);
feature_placement: OPTIONAL axis2_placement_3d;
END_ENTITY;
ENTITY region_projection                                               (* m1 *)
SUBTYPE OF (region);
proj_curve: bounded_curve;
proj_dir: direction;
depth: toleranced_length_measure;
END_ENTITY;
ENTITY region_surface_list                                             (* m1 *)
SUBTYPE OF (region);
surface_list: LIST [1:?] OF bounded_surface;
END_ENTITY;
ENTITY topological_region                                           (* t0 t1 *)
SUBTYPE OF (region, open_shell);
WHERE
WR1: SIZEOF(QUERY(it <* SELF.cfs_faces |
NOT('MACHINING_SCHEMA.ADVANCED_FACE' IN TYPEOF(it)))) = 0;
```

```
END_ENTITY;
(* ******************************************************************* *)
(* 2.5D manufacturing feature                                           *)
(* ******************************************************************* *)
ENTITY two5D_manufacturing_feature                               (* m1 *)
ABSTRACT SUPERTYPE OF (ONEOF(machining_feature, replicate_feature,
compound_feature))
SUBTYPE OF (manufacturing_feature);
feature_placement: axis2_placement_3d;
END_ENTITY;
(* ******************************************************************* *)
(* Machining feature                                                    *)
(* ******************************************************************* *)
ENTITY machining_feature                                         (* m1 *)
ABSTRACT SUPERTYPE OF (ONEOF(planar_face, pocket, slot, step, round_hole,
toolpath_feature, profile_feature, boss, spherical_cap, rounded_end,
thread))
SUBTYPE OF (two5D_manufacturing_feature);
depth: elementary_surface;
END_ENTITY;
(* ******************************************************************* *)
(* Planer face                                                          *)
(* ******************************************************************* *)
ENTITY planar_face                                               (* m1 *)
SUBTYPE OF (machining_feature);
course_of_travel: linear_path;
removal_boundary: linear_profile;
face_boundary: OPTIONAL closed_profile;
its_boss: SET [0:?] OF boss;
(* Informal propositions:
- The entire profile lies in the local xy plane.
- The profile is not self-intersecting.
*)
END_ENTITY;
(* ******************************************************************* *)
(* Pocket                                                               *)
(* ******************************************************************* *)
ENTITY pocket                                                    (* m1 *)
ABSTRACT SUPERTYPE OF (ONEOF(closed_pocket, open_pocket))
SUBTYPE OF (machining_feature);
its_boss: SET [0:?] OF boss;
slope: OPTIONAL plane_angle_measure;
bottom_condition: pocket_bottom_condition;
```

```
planar_radius: OPTIONAL toleranced_length_measure;
orthogonal_radius: OPTIONAL toleranced_length_measure;
END_ENTITY;
ENTITY closed_pocket                                              (* ml *)
SUBTYPE OF (pocket);
feature_boundary: closed_profile;
(* Informal propositions:
- The entire profile lies in the feature's local xy plane.
- The profile is closed and not self-intersecting.
*)
END_ENTITY;
ENTITY open_pocket                                                (* ml *)
SUBTYPE OF (pocket);
open_boundary: open_profile;
wall_boundary: OPTIONAL open_profile;
(* Informal propositions:
- The entire open_boundary profile lies in the local xy plane.
- The profile are is not self-intersecting.
- Together the two open_profiles form a closed profile.
- wall_boundary is for information only.
*)
END_ENTITY;
ENTITY pocket_bottom_condition                                    (* ml *)
ABSTRACT SUPERTYPE OF
(ONEOF (through_pocket_bottom_condition, planar_pocket_bottom_condition,
radiused_pocket_bottom_condition, general_pocket_bottom_condition));
END_ENTITY;
ENTITY through_pocket_bottom_condition                            (* ml *)
SUBTYPE OF (pocket_bottom_condition);
END_ENTITY;
ENTITY planar_pocket_bottom_condition                             (* ml *)
SUBTYPE OF (pocket_bottom_condition);
END_ENTITY;
ENTITY radiused_pocket_bottom_condition                           (* ml *)
SUBTYPE OF (pocket_bottom_condition);
floor_radius_center: cartesian_point;
floor_radius: toleranced_length_measure;
END_ENTITY;
ENTITY general_pocket_bottom_condition                            (* ml *)
SUBTYPE OF (pocket_bottom_condition);
shape: region;
WHERE
WR1: SIZEOF(shape\manufacturing_feature.its_operations) = 0;
```

```
END_ENTITY;
(* * * * * * * * * * * * * * * * * * * * * * * * * * * * * * * * * * * * * * * * *)
(* Slot                                                                            *)
(* * * * * * * * * * * * * * * * * * * * * * * * * * * * * * * * * * * * * * * * *)
ENTITY slot                                                                (* m1 *)
SUBTYPE OF (machining_feature);
course_of_travel: travel_path;
swept_shape: open_profile;
end_conditions: LIST[0:2] OF slot_end_type;
WHERE
WR1: ( ( SIZEOF(QUERY (it <* SELF.end_conditions |
('MACHINING_SCHEMA.LOOP_SLOT_END_TYPE' IN TYPEOF(it)) )) = 1)
AND
(SIZEOF(end_conditions) = 1) )
OR
(SIZEOF(end_conditions) <> 1);
(*
Informal propositions:
- The entire travel_path lies in the local xy plane.
- The travel_path is not self-intersecting.
*)
END_ENTITY;
ENTITY slot_end_type                                                       (* m1 *)
ABSTRACT SUPERTYPE OF (ONEOF (woodruff_slot_end_type, radiused_slot_end_type,
flat_slot_end_type, loop_slot_end_type, open_slot_end_type));
END_ENTITY;
ENTITY woodruff_slot_end_type                                              (* m1 *)
SUBTYPE OF (slot_end_type);
radius: toleranced_length_measure;
END_ENTITY;
ENTITY radiused_slot_end_type                                              (* m1 *)
SUBTYPE OF (slot_end_type);
END_ENTITY;
ENTITY flat_slot_end_type                                                  (* m1 *)
SUBTYPE OF (slot_end_type);
corner_radius1: toleranced_length_measure;
corner_radius2: toleranced_length_measure;
END_ENTITY;
ENTITY loop_slot_end_type                                                  (* m1 *)
SUBTYPE OF (slot_end_type);
END_ENTITY;
ENTITY open_slot_end_type                                                  (* m1 *)
SUBTYPE OF (slot_end_type);
```

```
END_ENTITY;
(* * * * * * * * * * * * * * * * * * * * * * * * * * * * * * * * * * * * * * * * *)
(* Step                                                                            *)
(* * * * * * * * * * * * * * * * * * * * * * * * * * * * * * * * * * * * * * * * *)
ENTITY step                                                                (* ml *)
SUBTYPE OF (machining_feature);
open_boundary: linear_path;
wall_boundary: OPTIONAL vee_profile;
its_boss: SET[0:?] OF boss;
(*
Informal propositions:
- The entire linear_path lies in the same plane.
 *)
END_ENTITY;
(* * * * * * * * * * * * * * * * * * * * * * * * * * * * * * * * * * * * * * * * *)
(* Profile_feature                                                                 *)
(* * * * * * * * * * * * * * * * * * * * * * * * * * * * * * * * * * * * * * * * *)
ENTITY profile_feature                                                     (* ml *)
ABSTRACT SUPERTYPE OF(ONEOF(general_outside_profile, shape_profile))
SUBTYPE OF (machining_feature);
profile_swept_shape: linear_path;
END_ENTITY;
ENTITY general_outside_profile                                             (* ml *)
SUBTYPE OF (profile_feature);
feature_boundary: profile;
(*
Informal propositions:
- The entire profile lies in the local xy plane.
- The profile is not self-intersecting.
 *)
END_ENTITY;
ENTITY shape_profile                                                       (* ml *)
ABSTRACT SUPERTYPE
OF(ONEOF(general_shape_profile,partial_circular_shape_profile,
circular_closed_shape_profile,rectangular_open_shape_profile,
rectangular_closed_shape_profile))
SUBTYPE OF (profile_feature);
floor_condition: profile_select;
removal_direction: direction;
END_ENTITY;
TYPE profile_select =
SELECT (through_profile_floor, profile_floor);
END_TYPE;
```

```
ENTITY through_profile_floor;                                   (* m1 *)
END_ENTITY;
ENTITY profile_floor                                            (* m1 *)
ABSTRACT SUPERTYPE OF(ONEOF(general_profile_floor, planar_profile_floor));
floor_radius: OPTIONAL numeric_parameter;
start_or_end: BOOLEAN;
END_ENTITY;
ENTITY general_profile_floor                                    (* m1 *)
SUBTYPE OF (profile_floor);
floor: face;
END_ENTITY;
ENTITY planar_profile_floor                                     (* m1 *)
SUBTYPE OF (profile_floor);
floor: plane;
END_ENTITY;
ENTITY general_shape_profile                                    (* m1 *)
SUBTYPE OF (shape_profile);
profile_boundary: profile;
END_ENTITY;
ENTITY partial_circular_shape_profile                           (* m1 *)
SUBTYPE OF (shape_profile);
open_boundary: partial_circular_profile;
END_ENTITY;
ENTITY circular_closed_shape_profile                            (* m1 *)
SUBTYPE OF (shape_profile);
closed_boundary: circular_closed_profile;
END_ENTITY;
ENTITY rectangular_open_shape_profile                           (* m1 *)
SUBTYPE OF (shape_profile);
open_boundary: square_u_profile;
END_ENTITY;
ENTITY rectangular_closed_shape_profile                         (* m1 *)
SUBTYPE OF (shape_profile);
closed_boundary: rectangular_closed_profile;
END_ENTITY;
(* * * * * * * * * * * * * * * * * * * * * * * * * * * * * * * * * * * * *)
(* Round hole                                                            *)
(* * * * * * * * * * * * * * * * * * * * * * * * * * * * * * * * * * * * *)
ENTITY round_hole                                               (* m1 *)
SUBTYPE OF (machining_feature);
diameter: toleranced_length_measure;
change_in_diameter: OPTIONAL taper_select;
bottom_condition: hole_bottom_condition;
```

```
END_ENTITY;
TYPE taper_select =
SELECT (diameter_taper, angle_taper);
END_TYPE;
ENTITY diameter_taper;                                                   (* m1 *)
final_diameter: toleranced_length_measure;
END_ENTITY;
ENTITY angle_taper;                                                      (* m1 *)
angle: plane_angle_measure;
END_ENTITY;
ENTITY hole_bottom_condition                                             (* m1 *)
ABSTRACT SUPERTYPE OF (ONEOF (blind_bottom_condition,
through_bottom_condition));
END_ENTITY;
ENTITY through_bottom_condition                                          (* m1 *)
SUBTYPE OF (hole_bottom_condition);
END_ENTITY;
ENTITY blind_bottom_condition                                            (* m1 *)
ABSTRACT SUPERTYPE OF (ONEOF(flat_hole_bottom, flat_with_radius_hole_bottom,
spherical_hole_bottom, conical_hole_bottom))
SUBTYPE OF (hole_bottom_condition);
END_ENTITY;
ENTITY flat_hole_bottom                                                  (* m1 *)
SUBTYPE OF (blind_bottom_condition);
END_ENTITY;
ENTITY flat_with_radius_hole_bottom                                      (* m1 *)
SUBTYPE OF (blind_bottom_condition);
corner_radius: toleranced_length_measure;
END_ENTITY;
ENTITY spherical_hole_bottom                                             (* m1 *)
SUBTYPE OF (blind_bottom_condition);
radius: toleranced_length_measure;
END_ENTITY;
ENTITY conical_hole_bottom                                               (* m1 *)
SUBTYPE OF (blind_bottom_condition);
tip_angle: plane_angle_measure;
tip_radius: OPTIONAL toleranced_length_measure;
END_ENTITY;
(* ***************************************************** *)
(* Toolpath feature                                                        *)
(* ***************************************************** *)
ENTITY toolpath_feature                                                  (* m1 *)
SUBTYPE OF (machining_feature);
```

```
END_ENTITY;
(* ************************************ *)
(* Boss                                  *)
(* ************************************ *)
ENTITY boss                                                    (* m1 *)
SUBTYPE OF(machining_feature);
its_boundary: closed_profile;
slope: OPTIONAL plane_angle_measure;
(*
Informal propositions:
- The entire profile lies in the same plane.
- The profile is not self-intersecting.
*)
END_ENTITY;
(* ************************************ *)
(* Spherical_cap                         *)
(* ************************************ *)
ENTITY spherical_cap                                           (* m1 *)
SUBTYPE OF (machining_feature);
internal_angle: numeric_parameter;
radius: numeric_parameter;
END_ENTITY;
(* ************************************ *)
(* Rounded_end                           *)
(* ************************************ *)
ENTITY rounded_end                                             (* m1 *)
SUBTYPE OF (machining_feature);
course_of_travel: linear_path;
partial_circular_boundary: partial_circular_profile;
END_ENTITY;
(* ************************************ *)
(* Compound feature                      *)
(* ************************************ *)
ENTITY compound_feature                                        (* m1 *)
SUPERTYPE OF (ONEOF(counterbore_hole, countersunk_hole))
SUBTYPE OF (two5D_manufacturing_feature);
elements: SET [2:?] OF compound_feature_select;
WHERE
WR1: SIZEOF(QUERY(e <* elements |
SIZEOF(e\manufacturing_feature.its_operations) <> 0)) = 0;
END_ENTITY;
TYPE compound_feature_select = SELECT(
machining_feature, transition_feature
```

```
);
END_TYPE;
ENTITY counterbore_hole                                                    (* m1 *)
SUBTYPE OF (compound_feature);
WHERE
WR1: SIZEOF(elements) =2;
WR2: (SIZEOF(QUERY ( it <* SELF.elements |
(('MACHINING_SCHEMA.ROUND_HOLE' IN TYPEOF(it))) )) = 2);
WR3: SELF.elements[1].diameter.theoretical_size <>
SELF.elements[2].diameter.theoretical_size;
END_ENTITY;
ENTITY countersunk_hole                                                    (* m1 *)
SUBTYPE OF (compound_feature);
WHERE
WR1: SIZEOF(elements) =2;
WR2: (SIZEOF(QUERY ( it <* SELF.elements |
(('MACHINING_SCHEMA.ROUND_HOLE' IN TYPEOF(it))) )) = 2);
WR3: SELF.elements[1].diameter.theoretical_size <>
SELF.elements[2].diameter.theoretical_size;
WR4: NOT EXISTS(SELF.elements[1].change_in_diameter) AND
EXISTS(SELF.elements[2].change_in_diameter);
END_ENTITY;
(* ****************************************** *)
(* Replicate feature                                                          *)
(* ****************************************** *)
ENTITY replicate_feature                                                   (* m1 *)
ABSTRACT SUPERTYPE OF (ONEOF(rectangular_pattern, circular_pattern,
general_pattern))
SUBTYPE OF (two5D_manufacturing_feature);
replicate_base_feature: two5D_manufacturing_feature;
END_ENTITY;
ENTITY circular_pattern                                                    (* m1 *)
SUBTYPE OF(replicate_feature);
angle_increment: plane_angle_measure;
number_of_feature: INTEGER;
relocated_base_feature: SET[0:?] OF circular_offset;
missing_base_feature: SET[0:?] OF circular_omit;
base_feature_diameter: OPTIONAL toleranced_length_measure;
base_feature_rotation: plane_angle_measure;
END_ENTITY;
ENTITY circular_offset;                                                    (* m1 *)
angular_offset: plane_angle_measure;
index: INTEGER;
```

```
END_ENTITY;
ENTITY circular_omit;                                              (* ml *)
index: INTEGER;
END_ENTITY;
ENTITY rectangular_pattern                                         (* ml *)
SUBTYPE OF(replicate_feature);
spacing: toleranced_length_measure;
its_direction: direction;
number_of_rows: OPTIONAL INTEGER;
number_of_columns: INTEGER;
row_spacing: OPTIONAL toleranced_length_measure;
row_layout_direction: OPTIONAL direction;
relocated_base_feature: SET[0:?] OF rectangular_offset;
missing_base_feature: SET[0:?] OF rectangular_omit;
WHERE
WR1: (
(SELF. number_of_rows > 1 )
AND EXISTS(SELF. row_spacing)
AND EXISTS(SELF. row_layout_direction)
);
END_ENTITY;
ENTITY rectangular_offset;                                         (* ml *)
offset_direction: direction;
offset_distance: length_measure;
row_index: INTEGER;
column_index: INTEGER;
END_ENTITY;
ENTITY rectangular_omit;                                           (* ml *)
row_index: INTEGER;
column_index: INTEGER;
END_ENTITY;
ENTITY general_pattern                                             (* ml *)
SUBTYPE OF(replicate_feature);
replicate_locations: LIST [2:?] OF axis2_placement_3d;
END_ENTITY;
(* ************************************************************ *)
(* Transition feature                                            *)
(* ************************************************************ *)
ENTITY transition_feature                                          (* ml *)
ABSTRACT SUPERTYPE OF (ONEOF(chamfer, edge_round))
SUBTYPE OF (manufacturing_feature);
first_feature: machining_feature;
second_feature: machining_feature;
```

```
END_ENTITY;
ENTITY chamfer                                                        (* m1 *)
SUBTYPE OF (transition_feature);
angle_to_plane: plane_angle_measure;
first_offset_amount: toleranced_length_measure;
END_ENTITY;

ENTITY edge_round                                                     (* m1 *)
SUBTYPE OF (transition_feature);
radius: toleranced_length_measure;
first_offset_amount: OPTIONAL toleranced_length_measure;
second_offset_amount: OPTIONAL toleranced_length_measure;
END_ENTITY;
(* ******************************************** *)
(* Tread                                                                 *)
(* ******************************************** *)
ENTITY thread                                                         (* m1 *)
ABSTRACT SUPERTYPE OF(ONEOF(catalogue_thread, defined_thread))
SUBTYPE OF(machining_feature);
partial_profile: partial_area_definition;
applied_shape: SET[1:?] OF machining_feature;
inner_or_outer_thread: BOOLEAN;
qualifier: OPTIONAL descriptive_parameter;
fit_class: descriptive_parameter;
form: descriptive_parameter;
major_diameter: length_measure;
number_of_threads: numeric_parameter;
thread_hand: descriptive_parameter;
WHERE
WR1: ('MACHINING_SCHEMA.ROUND_HOLE' IN TYPEOF(applied_shape))
OR ('MACHINING_SCHEMA.CIRCULAR_CLOSED_SHAPE_PROFILE' IN
TYPEOF(applied_shape))
OR ('MACHINING_SCHEMA.BOSS' IN TYPEOF(applied_shape));
END_ENTITY;
ENTITY partial_area_definition;                                       (* m1 *)
effective_length: length_measure;
placement: axis2_placement_3D;
maximum_length: OPTIONAL length_measure;
END_ENTITY;
ENTITY catalogue_thread                                               (* m1 *)
SUBTYPE OF (thread);
documentation: specification;
END_ENTITY;
```

```
ENTITY specification;                                                    (* ml *)
constraint: SET [0:?] OF specification_usage_constraint;
specification_id: text;
specification_description: OPTIONAL text;
specification_class: OPTIONAL text;
END_ENTITY;
ENTITY specification_usage_constraint;                                   (* ml *)
element: text;
class_id: text;
END_ENTITY;

ENTITY defined_thread                                                    (* ml *)
SUBTYPE OF (thread);
pitch_diameter: length_measure;
minor_diameter: OPTIONAL length_measure;
crest: OPTIONAL length_measure;
END_ENTITY;

(* ****************************************************************************** *)
(* Profile                                                                        *)
(* ****************************************************************************** *)
ENTITY profile                                                           (* ml *)
ABSTRACT SUPERTYPE OF(ONEOF(closed_profile, open_profile));
placement: OPTIONAL axis2_placement_3d;
END_ENTITY;
ENTITY open_profile                                                      (* ml *)
ABSTRACT SUPERTYPE OF
(ONEOF (linear_profile, square_u_profile, rounded_u_profile, tee_profile,
vee_profile, partial_circular_profile, general_profile))
SUBTYPE OF(profile);
END_ENTITY;
ENTITY linear_profile                                                    (* ml *)
SUBTYPE OF (open_profile);
profile_length: numeric_parameter;
END_ENTITY;
ENTITY square_u_profile                                                  (* ml *)
SUBTYPE OF (open_profile);
width: toleranced_length_measure;
first_radius: toleranced_length_measure;
first_angle: plane_angle_measure;
second_radius: toleranced_length_measure;
second_angle: plane_angle_measure;
END_ENTITY;
```

```
ENTITY rounded_u_profile                                        (* m1 *)
SUBTYPE OF (open_profile);
width: toleranced_length_measure;
END_ENTITY;
ENTITY tee_profile                                              (* m1 *)
SUBTYPE OF (open_profile);
first_angle: plane_angle_measure;
second_angle: plane_angle_measure;
cross_bar_width: toleranced_length_measure;
cross_bar_depth: toleranced_length_measure;
radius: toleranced_length_measure;
width: toleranced_length_measure;
first_offset: toleranced_length_measure;
second_offset: toleranced_length_measure;
END_ENTITY;
ENTITY vee_profile                                              (* m1 *)
SUBTYPE OF (open_profile);
profile_radius: toleranced_length_measure;
profile_angle: plane_angle_measure;
tilt_angle: plane_angle_measure;
END_ENTITY;

ENTITY partial_circular_profile                                 (* m1 *)
SUBTYPE OF (open_profile);
radius: toleranced_length_measure;
sweep_angle: plane_angle_measure;
END_ENTITY;
ENTITY general_profile                                          (* m1 *)
SUBTYPE OF (open_profile);
its_profile: bounded_curve;
(*
Informal propositions:
- The entire profile lies in the local yz plane.
- The profile is not self-intersecting.
 *)
END_ENTITY;
ENTITY closed_profile                                           (* m1 *)
ABSTRACT SUPERTYPE OF
(ONEOF (rectangular_closed_profile, circular_closed_profile, ngon_profile,
general_closed_profile))
SUBTYPE OF(profile);
END_ENTITY;
ENTITY rectangular_closed_profile                               (* m1 *)
```

```
SUBTYPE OF(closed_profile);
profile_width: toleranced_length_measure;
profile_length: toleranced_length_measure;
END_ENTITY;
ENTITY circular_closed_profile                                    (* ml *)
SUBTYPE OF(closed_profile);
diameter: toleranced_length_measure;
END_ENTITY;
ENTITY ngon_profile                                               (* ml *)
SUBTYPE OF(closed_profile);
diameter: toleranced_length_measure;
number_of_sides: INTEGER;
circumscribed_or_across_flats: BOOLEAN;
END_ENTITY;
ENTITY general_closed_profile                                     (* ml *)
SUBTYPE OF(closed_profile);
closed_profile_shape: bounded_curve;
END_ENTITY;
(* ****************************************** *)
(* Travel path                                                      *)
(* ****************************************** *)

ENTITY travel_path                                                (* ml *)
ABSTRACT SUPERTYPE OF(ONEOF(general_path, linear_path, circular_path));
placement: OPTIONAL axis2_placement_3d;
END_ENTITY;
ENTITY general_path                                               (* ml *)
SUBTYPE OF(travel_path);
swept_path: bounded_curve;
END_ENTITY;
ENTITY linear_path                                                (* ml *)
SUBTYPE OF(travel_path);
distance: toleranced_length_measure;
its_direction: direction;
END_ENTITY;

ENTITY circular_path                                              (* ml *)
ABSTRACT SUPERTYPE OF(ONEOF(complete_circular_path, partial_circular_path))
SUBTYPE OF(travel_path);
radius: toleranced_length_measure;
END_ENTITY;
ENTITY complete_circular_path                                     (* ml *)
SUBTYPE OF(circular_path);
```

```
END_ENTITY;
ENTITY partial_circular_path                                          (* m1 *)
SUBTYPE OF(circular_path);
sweep_angle: plane_angle_measure;
END_ENTITY;
(* ******************************************************************** *)
(* Surface texture parameter                                              *)
(* ******************************************************************** *)
ENTITY surface_texture_parameter;                                     (* m1 *)
its_value: parameter_value;
parameter_name: label;
measuring_method: identifier;
parameter_index: OPTIONAL identifier;
applied_surfaces: SET [1:?] OF machined_surface;
END_ENTITY;
ENTITY machined_surface;                                              (* m1 *)
its_machining_feature: machining_feature;
surface_element: bottom_or_side;
END_ENTITY;
TYPE bottom_or_side =
ENUMERATION OF (bottom, side, bottom_and_side);
END_TYPE;
(* ******************************************************************** *)
(* ******************************************************************** *)
(*                                                                       *)
(* Executable                                                            *)
(*                                                                       *)
(* ******************************************************************** *)
(* ******************************************************************** *)

ENTITY executable                                                     (* m0 *)
ABSTRACT SUPERTYPE OF (ONEOF( workingstep, nc_function,program_structure));
its_id: identifier;
(*
Informal proposition:
its_id shall be unique within the part programme.
*)
END_ENTITY;
(* ******************************************************************** *)
(* Workingstep                                                           *)
(* ******************************************************************** *)

ENTITY workingstep                                                    (* m0 *)
```

```
ABSTRACT SUPERTYPE OF (ONEOF (machining_workingstep, rapid_movement,
touch_probing))
SUBTYPE OF (executable);
its_secplane: elementary_surface;
END_ENTITY;

(* ************************************************************ *)
(* Machining workingstep                                         *)
(* ************************************************************ *)
ENTITY machining_workingstep                              (* m0 *)
SUBTYPE OF (workingstep);
its_feature: manufacturing_feature;
its_operation: machining_operation;
its_effect: OPTIONAL in_process_geometry;
END_ENTITY;
ENTITY in_process_geometry;                               (* m1 *)
as_is: OPTIONAL advanced_brep_shape_representation;
to_be: OPTIONAL advanced_brep_shape_representation;
removal: OPTIONAL advanced_brep_shape_representation;
WHERE
WR1: EXISTS (as_is) OR EXISTS (to_be) OR EXISTS (removal);
END_ENTITY;
(* ************************************************************ *)
(* Rapid movement                                                *)
(* ************************************************************ *)
ENTITY rapid_movement                                     (* m0 *)
SUPERTYPE OF (return_home)
SUBTYPE OF (workingstep, OPERATION);
END_ENTITY;
ENTITY return_home                                        (* m0 *)
SUBTYPE OF (rapid_movement);
END_ENTITY;
(* ************************************************************ *)
(* Touch probing                                                 *)
(* ************************************************************ *)

ENTITY touch_probing                                      (* m1 *)
ABSTRACT SUPERTYPE OF (ONEOF (workpiece_probing, workpiece_complete_probing,
tool_probing))
SUBTYPE OF (workingstep, OPERATION);
measured_offset: nc_variable;
END_ENTITY;
```

```
ENTITY workpiece_probing                                            (* m1 *)
SUBTYPE OF (touch_probing);
start_position: axis2_placement_3d;
its_workpiece: workpiece;
its_direction: direction;
expected_value: toleranced_length_measure;
its_probe: touch_probe;
END_ENTITY;

ENTITY touch_probe;                                                 (* m1 *)
its_id: identifier;
END_ENTITY;

ENTITY workpiece_complete_probing
SUBTYPE OF (touch_probing);
its_workpiece: workpiece;
probing_distance: toleranced_length_measure;
its_probe: touch_probe;
computed_offset: offset_vector;
END_ENTITY;
ENTITY offset_vector;                                               (* m1 *)
translate: LIST [3:3] OF nc_variable;
rotate: OPTIONAL LIST [3:3] OF nc_variable;
WHERE
WR1: (SIZEOF(QUERY(i<* translate | NOT EXISTS(i.initial_value))) = 0)
AND (NOT EXISTS(rotate) OR (SIZEOF(QUERY(i<* rotate |
NOT EXISTS(i.initial_value))) = 0));
END_ENTITY;
ENTITY tool_probing                                                 (* m1 *)
ABSTRACT SUPERTYPE OF (ONEOF (tool_length_probing, tool_radius_probing))
SUBTYPE OF (touch_probing);
offset: cartesian_point;
max_wear: length_measure;
its_tool: machining_tool;
END_ENTITY;
(* * * * * * * * * * * * * * * * * * * * * * * * * * * * * * * * * * * * *)
(* machining_tool                                                     *)
(* * * * * * * * * * * * * * * * * * * * * * * * * * * * * * * * * * * * *)
ENTITY machining_tool                                               (* m0 *)
ABSTRACT SUPERTYPE;
its_id: label;
END_ENTITY;
ENTITY tool_length_probing                                          (* m1 *)
```

```
SUBTYPE OF (tool_probing);
END_ENTITY;
ENTITY tool_radius_probing
SUBTYPE OF (tool_probing);
END_ENTITY;
(* ******************************************* *)
(* NC_function                                  *)
(* ******************************************* *)
ENTITY nc_function                              (* m0 *)
ABSTRACT SUPERTYPE SUBTYPE OF (executable);
END_ENTITY;
ENTITY display_message                          (* m0 *)
SUBTYPE OF (nc_function);
its_text: text;
END_ENTITY;
ENTITY optional_stop                            (* m0 *)
SUBTYPE OF (nc_function);
END_ENTITY;

ENTITY program_stop                             (* m0 *)
SUBTYPE OF (nc_function);
END_ENTITY;
ENTITY set_mark                                 (* m0 *)
SUBTYPE OF (nc_function);
END_ENTITY;
ENTITY wait_for_mark                            (* m0 *)
SUBTYPE OF (nc_function);
its_channel: channel;
END_ENTITY;
(* ******************************************* *)
(* Program structure                            *)
(* ******************************************* *)
ENTITY program_structure                        (* m0 *)
ABSTRACT SUPERTYPE OF (ONEOF(workplan, parallel, non_sequential, selective,
if_statement, while_statement, assignment))
SUBTYPE OF (executable);
END_ENTITY;
(* ******************************************* *)
(* Workplan                                     *)
(* ******************************************* *)
ENTITY workplan                                 (* m0 *)
SUBTYPE OF (program_structure);
its_elements: LIST[0:?] OF executable;
```

```
its_channel: OPTIONAL channel;
its_setup: OPTIONAL setup;
its_effect: OPTIONAL in_process_geometry;
WHERE
WR1: SIZEOF(QUERY(it <* its_elements | it = SELF)) = 0;
END_ENTITY;
ENTITY channel;                                              (* m0 *)
its_id: identifier;
END_ENTITY;
ENTITY setup;                                                (* m0 *)
its_id: identifier;
its_origin: OPTIONAL axis2_placement_3d;
its_secplane: elementary_surface;
its_workpiece_setup: LIST [0:?] OF workpiece_setup;
(*
Informal proposition:
If its_origin is not set, the default for the origin
of the setup is identical with the machine origin.
*)
END_ENTITY;
ENTITY workpiece_setup;                                      (* m0 *)
its_workpiece: workpiece;
its_origin: axis2_placement_3d;
its_offset: OPTIONAL offset_vector;
its_restricted_area: OPTIONAL restricted_area_select;
its_instructions: LIST [0:?] OF setup_instruction;
END_ENTITY;

TYPE restricted_area_select = SELECT (
bounded_surface,                                             (* ISO 10303-42 *)
bounding_geometry_select);
END_TYPE;
ENTITY setup_instruction;                                    (* m1 *)
description: OPTIONAL text;
external_document: OPTIONAL identifier;
WHERE
WR1: EXISTS (description) OR EXISTS (external_document);
END_ENTITY;
ENTITY parallel                                              (* m1 *)
SUBTYPE OF (program_structure);
branches: SET [2:?] OF executable;
END_ENTITY;
ENTITY non_sequential                                        (* m1 *)
```

```
SUBTYPE OF (program_structure);
its_elements: SET[2:?] OF executable;
END_ENTITY;
ENTITY selective                                                  (* m1 *)
SUBTYPE OF (program_structure);
its_elements: SET[2:?] OF executable;
END_ENTITY;
ENTITY if_statement                                               (* m1 *)
SUBTYPE OF (program_structure);
condition: boolean_expression;
true_branch: executable;
false_branch: OPTIONAL executable;
END_ENTITY;
ENTITY while_statement                                            (* m1 *)
SUBTYPE OF (program_structure);
condition: boolean_expression;
body: executable;
END_ENTITY;
ENTITY assignment                                                 (* m1 *)
SUBTYPE OF (program_structure);
its_lvalue: nc_variable;
its_rvalue: rvalue;
END_ENTITY;
ENTITY nc_variable;                                               (* m1 *)
its_name: LABEL;
initial_value: OPTIONAL NUMBER;
END_ENTITY;
ENTITY nc_constant;                                               (* m1 *)
its_name: LABEL;
its_value: OPTIONAL NUMBER;
END_ENTITY;
TYPE rvalue = SELECT(nc_constant, nc_variable);
END_TYPE;

ENTITY boolean_expression                                         (* m1 *)
ABSTRACT SUPERTYPE OF(ONEOF(unary_boolean_expression,
binary_boolean_expression, multiple_arity_boolean_expression,
comparison_expression));
END_ENTITY;
ENTITY unary_boolean_expression                                   (* m1 *)
ABSTRACT SUPERTYPE OF(not_expression)
SUBTYPE OF (boolean_expression);
operand: boolean_expression;
```

```
END_ENTITY;
ENTITY not_expression                                              (* ml *)
SUBTYPE OF (unary_boolean_expression);
END_ENTITY;
ENTITY binary_boolean_expression                                   (* ml *)
ABSTRACT SUPERTYPE OF(xor_expression)
SUBTYPE OF (boolean_expression);
operand1: boolean_expression;
operand2: boolean_expression;
END_ENTITY;
ENTITY xor_expression                                              (* ml *)
SUBTYPE OF (binary_boolean_expression);
END_ENTITY;
ENTITY multiple_arity_boolean_expression                           (* ml *)
ABSTRACT SUPERTYPE OF(ONEOF(and_expression, or_expression))
SUBTYPE OF (boolean_expression);
operands: LIST [2:?] OF boolean_expression;
END_ENTITY;
ENTITY and_expression                                              (* ml *)
SUBTYPE OF (multiple_arity_boolean_expression);
END_ENTITY;
ENTITY or_expression                                               (* ml *)
SUBTYPE OF (multiple_arity_boolean_expression);
END_ENTITY;
ENTITY comparison_expression                                       (* ml *)
ABSTRACT SUPERTYPE OF(ONEOF(comparison_equal, comparison_not_equal,
comparison_greater, comparison_greater_equal, comparison_less,comparison_less_equal))
SUBTYPE OF (boolean_expression);
operand1: nc_variable;
operand2: rvalue;
END_ENTITY;
ENTITY comparison_equal                                            (* ml *)
SUBTYPE OF (comparison_expression);
END_ENTITY;
ENTITY comparison_not_equal                                        (* ml *)
SUBTYPE OF (comparison_expression);
END_ENTITY;
ENTITY comparison_greater                                          (* ml *)
SUBTYPE OF (comparison_expression);
END_ENTITY;
ENTITY comparison_greater_equal                                    (* ml *)
SUBTYPE OF (comparison_expression);
END_ENTITY;
```

```
ENTITY comparison_less                                          (* m1 *)
SUBTYPE OF (comparison_expression);
END_ENTITY;
ENTITY comparison_less_equal                                    (* m1 *)
SUBTYPE OF (comparison_expression);
END_ENTITY;
(* ************************************************************* *)
(* ************************************************************* *)
(*                                                                 *)
(* Operation                                                       *)
(*                                                                 *)
(* ************************************************************* *)
(* ************************************************************* *)

ENTITY OPERATION                                                (* m0 *)
ABSTRACT SUPERTYPE OF (ONEOF (machining_operation, rapid_movement,
touch_probing));
its_toolpath: OPTIONAL toolpath_list;
its_tool_direction: OPTIONAL tool_direction;
END_ENTITY;
ENTITY toolpath_list;                                           (* m0 *)
its_list: LIST [1:?] OF toolpath;
END_ENTITY;
ENTITY tool_direction                                           (* m0 *)
ABSTRACT SUPERTYPE OF (ONEOF (two_axes, three_axes));
END_ENTITY;
ENTITY two_axes                                                 (* m0 *)
SUBTYPE OF (tool_direction);
END_ENTITY;
ENTITY three_axes                                               (* m0 *)
SUBTYPE OF (tool_direction);
END_ENTITY;
(* ************************************************************* *)
(* Machining operation                                             *)
(* ************************************************************* *)
ENTITY machining_operation                                      (* m0 *)
ABSTRACT SUPERTYPE
SUBTYPE OF (OPERATION);
its_id: identifier;
retract_plane: OPTIONAL length_measure;
start_point: OPTIONAL cartesian_point;
its_tool: machining_tool;
its_technology: technology;
```

```
its_machine_functions: machine_functions;
(*
Informal proposition:
If attribute SELF\operation.its_toolpath exists, then attributes
its_machining_strategy, retract_plane and start_point, if present, are for
information only.
*)
END_ENTITY;

(* ************************************************************ *)
(* Technology                                                    *)
(* ************************************************************ *)
ENTITY technology                                        (* m0 *)
ABSTRACT SUPERTYPE;
feedrate: OPTIONAL speed_measure;
feedrate_reference: tool_reference_point;
END_ENTITY;
TYPE tool_reference_point = ENUMERATION OF (tcp, ccp);
END_TYPE;
(* ************************************************************ *)
(* Machine functions                                             *)
(* ************************************************************ *)

ENTITY machine_functions                                 (* m0 *)
ABSTRACT SUPERTYPE;
END_ENTITY;

(* ************************************************************ *)
(* ************************************************************ *)
(*                                                               *)
(* Toolpath                                                      *)
(*                                                               *)
(* ************************************************************ *)
(* ************************************************************ *)
ENTITY toolpath                                          (* m0 *)
ABSTRACT SUPERTYPE OF (ONEOF(feedstop, trajectory, parameterised_path));
its_priority: BOOLEAN;
its_type: toolpath_type;
its_speed: OPTIONAL toolpath_speedprofile;
its_technology: OPTIONAL technology;
its_machine_functions: OPTIONAL machine_functions;
END_ENTITY;
(* ************************************************************ *)
```

```
(* Toolpath type                                                          *)
(* ****************************************************************** *)
TYPE toolpath_type = ENUMERATION OF (
approach,
lift,
connect,
non_contact,
contact,
trajectory_path
);
END_TYPE;
(* ****************************************************************** *)
(* Toolpath speedprofile                                                  *)
(* ****************************************************************** *)
TYPE toolpath_speedprofile = SELECT (
toolpath_speed,
positive_ratio_measure,
speed_name
);
END_TYPE;
ENTITY toolpath_speed;                                           (* m1 *)
speed: b_spline_curve;
WHERE
WR1: speed\geometric_representation_item.dim = 1;
(*
Informal proposition:
- speed shall have only values greater than zero.
*)
END_ENTITY;
TYPE speed_name = ENUMERATION OF(RAPID);
END_TYPE;
(* ****************************************************************** *)
(* Feedstop                                                               *)
(* ****************************************************************** *)
ENTITY feedstop                                                  (* m0 *)
SUBTYPE OF (toolpath);
dwell: time_measure;
END_ENTITY;
(* ****************************************************************** *)
(* Trajectory                                                             *)
(* ****************************************************************** *)
ENTITY trajectory                                                (* m0 *)
ABSTRACT SUPERTYPE OF (ONEOF(cutter_location_trajectory,
```

```
cutter_contact_trajectory, axis_trajectory))
SUBTYPE OF (toolpath);
its_direction: OPTIONAL BOOLEAN;
END_ENTITY;
(* ****************************************** *)
(* Cutter location trajectory                                            *)
(* ****************************************** *)
ENTITY cutter_location_trajectory                              (* m0 *)
SUBTYPE OF (trajectory);
basiccurve: bounded_curve;
its_toolaxis: OPTIONAL bounded_curve;
surface_normal: OPTIONAL bounded_curve;
(*
Information proposition:
its_toolaxis must have the same must have the same parameter range as
basiccurve.
*)
END_ENTITY;
(* ****************************************** *)
(* Cutter contact trajectory                                             *)
(* ****************************************** *)
ENTITY cutter_contact_trajectory                               (* m1 *)
SUBTYPE OF (trajectory);
basiccurve: curve_with_surface_normal;

its_toolaxis: OPTIONAL bounded_curve;
its_contact_type: OPTIONAL contact_type;
(*
Informal proposition:
its_toolaxis must have the same must have the same parameter range as
basiccurve.
*)
END_ENTITY;
TYPE curve_with_surface_normal = SELECT (
bounded_pcurve, curve_with_normal_vector
);
END_TYPE;
ENTITY curve_with_normal_vector;                               (* m1 *)
basiccurve: bounded_curve;
surface_normal: bounded_curve;
(*
Informal proposition:
basiccurve and surface_normal must have the same parameter range
```

```
*)
END_ENTITY;
TYPE contact_type = ENUMERATION OF (side, front);
END_TYPE;
(* * * * * * * * * * * * * * * * * * * * * * * * * * * * * * * * * * * * * * * * *)
(* Axis trajectory                                                             *)
(* * * * * * * * * * * * * * * * * * * * * * * * * * * * * * * * * * * * * * * * *)
ENTITY axis_trajectory                                                  (* m0 *)
SUBTYPE OF (trajectory);
axis_list: LIST [1:?] OF identifier;
commands: LIST [1:?] OF bounded_curve;
WHERE
WR1: SIZEOF(QUERY(cmd <* commands |
cmd\geometric_representation_item.dim <> 1)) = 0;
END_ENTITY;
(* * * * * * * * * * * * * * * * * * * * * * * * * * * * * * * * * * * * * * * * *)
(* Parameterised path                                                          *)
(* * * * * * * * * * * * * * * * * * * * * * * * * * * * * * * * * * * * * * * * *)
ENTITY parameterised_path                                               (* m0 *)
ABSTRACT SUPERTYPE OF (ONEOF (approach_lift_path, connector))
SUBTYPE OF (toolpath);
END_ENTITY;
(* * * * * * * * * * * * * * * * * * * * * * * * * * * * * * * * * * * * * * * * *)
(* Connector                                                                   *)
(* * * * * * * * * * * * * * * * * * * * * * * * * * * * * * * * * * * * * * * * *)
ENTITY connector                                                        (* m1 *)
ABSTRACT SUPERTYPE OF (ONEOF(connect_secplane, connect_direct))
SUBTYPE OF (parameterised_path);
END_ENTITY;
ENTITY connect_secplane                                                 (* m1 *)
SUBTYPE OF (connector);
up_dir: OPTIONAL direction;
down_dir: OPTIONAL direction;
END_ENTITY;

ENTITY connect_direct                                                   (* m1 *)
SUBTYPE OF (connector);
END_ENTITY;


(* * * * * * * * * * * * * * * * * * * * * * * * * * * * * * * * * * * * * * * * *)
(* Approach and lift movement                                                  *)
(* * * * * * * * * * * * * * * * * * * * * * * * * * * * * * * * * * * * * * * * *)
```

```
ENTITY approach_lift_path                                                    (* ml *)
ABSTRACT SUPERTYPE OF (ONEOF (ap_lift_path_angle, ap_lift_path_tangent))
SUBTYPE OF (parameterised_path);
fix_point: cartesian_point;
fix_point_dir: OPTIONAL direction;
END_ENTITY;
ENTITY ap_lift_path_angle                                                    (* ml *)
SUBTYPE OF (approach_lift_path);
angle: plane_angle_measure;
benddist: positive_length_measure;
END_ENTITY;
ENTITY ap_lift_path_tangent                                                  (* ml *)
SUBTYPE OF (approach_lift_path);
radius: positive_length_measure;
END_ENTITY;
(* ***************************************** *)
(* Rules                                      *)
(* ***************************************** *)
RULE dependent_instantiable_representation_item FOR (representation_item);
WHERE
WR1: SIZEOF (QUERY (ri<* representation_item |
NOT (SIZEOF (USEDIN (ri, '')) >= 1))) = 0;
END_RULE;
RULE dependent_instantiable_shape_representation FOR (shape_representation);
WHERE
WR1: SIZEOF (QUERY (sr <* shape_representation |
NOT (SIZEOF(USEDIN(sr, '')) >= 1))) = 0;
END_RULE;
RULE geometric_representation_item_3d FOR (geometric_representation_item);
WHERE
WR1: SIZEOF (QUERY (gri<* geometric_representation_item |
NOT( (dimension_of (gri) = 3) OR
(SIZEOF (bag_to_set (USEDIN (gri, '')) - bag_to_set (USEDIN
(gri,'REPRESENTATION_SCHEMA.'+ = 0))))) = 0;
END_RULE;
END_SCHEMA; (* machining_schema *)
```

附 录 B
（规范性附录）
实体的短名

实 体 名	短 名
ADDRESS	ADDRSS
ADVANCED_BREP_SHAPE_REPRESENTATION	ABSR
ADVANCED_FACE	ADVFC
AND_EXPRESSION	ANDEXP
ANGLE_TAPER	ANGTPR
AP_LIFT_PATH_ANGLE	ALPA
AP_LIFT_PATH_TANGENT	ALPT
APPROACH_LIFT_PATH	APLFPT
APPROVAL	APPRVL
APPROVAL_STATUS	APPSTT
ASSIGNMENT	ASSGNM
AXIS_TRAJECTORY	AXSTRJ
AXIS1_PLACEMENT	AX1PLC
AXIS2_PLACEMENT_3D	A2PL3D
B_SPLINE_CURVE	BSPCR
B_SPLINE_CURVE_WITH_KNOTS	BSCWK
B_SPLINE_SURFACE	BSPSR
B_SPLINE_SURFACE_WITH_KNOTS	BSSWK
BEZIER_CURVE	BZRCRV
BEZIER_SURFACE	BZRSRF
BINARY_BOOLEAN_EXPRESSION	BNBLEX
BLIND_BOTTOM_CONDITION	BLBTCN
BLOCK	BLOCK
BOOLEAN_EXPRESSION	BLNEXP
BOSS	BOSS
BOUNDED_CURVE	BNDCRV
BOUNDED_PCURVE	BNDPCR

实 体 名	短 名
BOUNDED_SURFACE	BNDSRF
CALENDAR_DATE	CLNDT
CARTESIAN_POINT	CRTPNT
CATALOGUE_THREAD	CTLTHR
CHAMFER	CHMFR
CHANNEL	CHNNL
CIRCLE	CIRCLE
CIRCULAR_CLOSED_PROFILE	CRCLPR
CIRCULAR_CLOSED_SHAPE_PROFILE	CCSP
CIRCULAR_OFFSET	CRCOFF
CIRCULAR_OMIT	CRCOMT
CIRCULAR_PATH	CRCPTH
CIRCULAR_PATTERN	CRCPTT
CLOSED_POCKET	CLSPCK
CLOSED_PROFILE	CLSPRF
CLOSED_SHELL	CLSSHL
COMPARISON_EQUAL	CMPEQL
COMPARISON_EXPRESSION	CMPEXP
COMPARISON_GREATER	CMPGRT
COMPARISON_GREATER_EQUAL	CMGREQ
COMPARISON_LESS	CMPLSS
COMPARISON_LESS__EQUAL	CMLSEQ
COMPARISON_NOT_EQUAL	CMNTEQ
COMPLETE_CIRCULAR_PATH	CMCRPT
COMPOSITE_CURVE	CMPCRV
COMPOSITE_CURVE_SEGMENT	CMCRSG
COMPOUND_FEATURE	CMPFTR
CONIC	CONIC
CONICAL_HOLE_BOTTOM	CNHLBT
CONNECT_DIRECT	CNNDRC
CONNECT_SECPLANE	CNNSCP

实 体 名	短 名
CONNECTED_FACE_SET	CNFCST
CONNECTOR	CNNCTR
COORDINATED_UNIVERSAL_TIME_OFFSET	CUTO
COUNTERBORE_HOLE	CNTHL
COUNTERSUNK_HOLE	CNTO
CURVE	CURVE
CURVE_WITH_NORMAL_VECTOR	CWNV
CUTTER_CONTACT_TRAJECTORY	CTCNTR
CUTTER_LOCATION_TRAJECTORY	CTLCTR
DATE	DATE
DATE_AND_TIME	DTANTM
DEFINED_THREAD	DFNTHR
DEFINITIONAL_REPRESENTATION	DFNRPR
DESCRIPTIVE_PARAMETER	DSCPRM
DIAMETER_TAPER	DMTTPR
DIRECTION	DRCTN
DISPLAY_MESSAGE	DSPMSS
EDGE	EDGE
EDGE_CURVE	EDGCRV
EDGE_LOOP	EDGLP
EDGE_ROUND	EDGRND
ELEMENTARY_SURFACE	ELMSRF
ELLIPSE	ELLPS
EXECUTABLE	EXCTBL
FACE	FACE
FACE_BOUND	FCBND
FACE_OUTER_BOUND	FCOTBN
FACE_SURFACE	FCSRF
FACETED_BREP	FCTBR
FEEDSTOP	FDSTP
FLAT_HOLE_BOTTOM	FLHLBT

实　体　名	短　名
FLAT_SLOT_END_TYPE	FSET
FLAT_WITH_RADIUS_HOLE_BOTTOM	FWRHB
FOUNDED_ITEM	FNDITM
GENERAL_CLOSED_PROFILE	GNCLPR
GENERAL_OUTSIDE_PROFILE	GNOTPR
GENERAL_PATH	GNRPTH
GENERAL_PATTERN	GNRPTT
GENERAL_POCKET_BOTTOM_CONDITION	GPBC
GENERAL_PROFILE	GNRPRF
GENERAL_PROFILE_FLOOR	GNPRFL
GENERAL_SHAPE_PROFILE	GNSHPR
GEOMETRIC_REPRESENTATION_CONTEXT	GMRPCN
GEOMETRIC_REPRESENTATION_ITEM	GMRPIT
HOLE_BOTTOM_CONDITION	HLBTCN
HYPERBOLA	HYPRBL
IF_STATEMENT	IFSTT
IN_PROCESS_GEOMETRY	INPRGM
LIMITS_AND_FITS	LMANFT
LINE	LINE
LINEAR_PATH	LNRPTH
LINEAR_PROFILE	LNRPRF
LOCAL_TIME	LCLTM
LOOP	LOOP
LOOP_SLOT_END_TYPE	LSET
MACHINE_FUNCTIONS	MCHFNC
MACHINED_SURFACE	MCHSRF
MACHINING_FEATURE	MCHFTR
MACHINING_OPERATION	MCHOPR
MACHINING_TOOL	MCHTL
MACHINING_WORKINGSTEP	MCHWRK
MANIFOLD_SOLID_BREP	MNSLBR

实　体　名	短　名
MANUFACTURING_FEATURE	MNFFTR
MAPPED_ITEM	MPPITM
MATERIAL	MTRL
MULTIPLE_ARITY_BOOLEAN_EXPRESSION	MABE
NC_CONSTANT	NCCNS
NC_FUNCTION	NCFNC
NC_VARIABLE	NCVRB
NGON_PROFILE	NGNPRF
NON_SEQUENTIAL	NNSQN
NOT_EXPRESSION	NTEXP
NUMERIC_PARAMETER	NMRPRM
OFFSET_VECTOR	OFFVCT
OPEN_POCKET	OPNPCK
OPEN_PROFILE	OPNPRF
OPEN_SHELL	OPNSHL
OPEN_SLOT_END_TYPE	OSET
OPERATION	OPRTN
OPTIONAL_STOP	OPTSTP
OR_EXPRESSION	OREXP
ORDINAL_DATE	ORDDT
ORIENTED_CLOSED_SHELL	ORCLSH
ORIENTED_EDGE	ORNEDG
ORIENTED_FACE	ORNFC
ORIENTED_OPEN_SHELL	OROPSH
ORIENTED_PATH	ORNPTH
ORIENTED_SURFACE	ORNSRF
PARABOLA	PRBL
PARALLEL	PRLLL
PARAMETERISED_PATH	PRMPTH
PARTIAL_AREA_DEFINITION	PRARDF
PARTIAL_CIRCULAR_PATH	PRCRPT

实　体　名	短　名
PARTIAL_CIRCULAR_PROFILE	PRCRPR
PARTIAL_CIRCULAR_SHAPE_PROFILE	PCSP
PATH	PATH
PCURVE	PCURVE
PERSON	PERSON
PERSON_AND_ADDRESS	PRANAD
PLACEMENT	PLCMNT
PLANAR_FACE	PLNFC
PLANAR_POCKET_BOTTOM_CONDITION	PPBC
PLANAR_PROFILE_FLOOR	PLPRFL
PLANE	PLANE
PLUS_MINUS_VALUE	PLMNVL
POCKET	POCKET
POCKET_BOTTOM_CONDITION	PCBTCN
POINT	POINT
POLYLINE	PLYLN
POLY_LOOP	PLYLP
PROFILE	PRFL
PROFILE_FEATURE	PRFFTR
PROFILE_FLOOR	PRFFLR
PROGRAM_STOP	PRGSTP
PROGRAM_STRUCTURE	PRGSTR
PROJECT	PRJCT
PROPERTY_PARAMETER	PRPPRM
QUASI_UNIFORM_CURVE	QSUNCR
QUASI_UNIFORM_SURFACE	QSUNSR
RADIUSED_POCKET_BOTTOM_CONDITION	RPBC
RADIUSED_SLOT_END_TYPE	RSET
RAPID_MOVEMENT	RPDMVM
RATIONAL_B_SPLINE_CURVE	RBSC
RATIONAL_B_SPLINE_SURFACE	RBSS

实　体　名	短　名
RECTANGULAR_CLOSED_PROFILE	RCCLPR
RECTANGULAR_CLOSED_SHAPE_PROFILE	RCSP
RECTANGULAR_OFFSET	RCTOFF
RECTANGULAR_OMIT	RCTOMT
RECTANGULAR_OPEN_SHAPE_PROFILE	ROSP
RECTANGULAR_PATTERN	RCTPTT
REGION	REGION
REGION_PROJECTION	RGNPRJ
REGION_SURFACE_LIST	RGSRLS
REPLICATE_FEATURE	RPLFTR
REPRESENTATION	RPRSNT
REPRESENTATION_CONTEXT	RPRCNT
REPRESENTATION_ITEM	RPRITM
REPRESENTATION_MAP	RPRMP
RETURN_HOME	RTRHM
RIGHT_CIRCULAR_CYLINDER	RGCRCY
ROUND_HOLE	RNDHL
ROUNDED_END	RNDEND
ROUNDED_U_PROFILE	RNUPR
SELECTIVE	SLCTV
SET_MARK	STMRK
SETUP	SETUP
SETUP_INSTRUCTION	STPINS
SHAPE_PROFILE	SHPPRF
SHAPE_REPRESENTATION	SHPRPR
SLOT	SLOT
SLOT_END_TYPE	SLENTY
SOLID_MODEL	SLDMDL
SPECIFICATION	SPCFCT
SPECIFICATION_USAGE_CONSTRAINT	SPUSCN
SPHERICAL_CAP	SPHCP

实 体 名	短 名
SPHERICAL_HOLE_BOTTOM	SPHLBT
SPHERICAL_SURFACE	SPHSRF
SQUARE_U_PROFILE	SQUPR
STEP	STEP
SURFACE	SRFC
SURFACE_OF_LINEAR_EXTRUSION	SL
SURFACE_OF_REVOLUTION	SROFRV
SURFACE_TEXTURE_PARAMETER	SRTXPR
SWEPT_SURFACE	SWPSRF
TECHNOLOGY	TCHNLG
TEE_PROFILE	TPRF
THREAD	THREAD
THREE_AXES	THRAXS
THROUGH_BOTTOM_CONDITION	THBTCN
THROUGH_POCKET_BOTTOM_CONDITION	TPBC
THROUGH_PROFILE_FLOOR	THPRFL
TOLERANCED_LENGTH_MFASURE	TLLNMS
TOOL_DIRECTION	TLDRC
TOOL_LENGTH_PROBING	TLLNPR
TOOL_PROBING	TLPRB
TOOL_RADIUS_PROBING	TLRDPR
TOOLPATH	TLPTH
TOOLPATH_FEATURE	TLPFTR
TOOLPATH_LIST	TLRLST
TOOLPATH_SPEED	TLPSPD
TOPOLOGICAL_REGION	TPLRGN
TOPOLOGICAL_REPRESENTATION_ITEM	TPRPIT
TOUCH_PROBE	TCHO
TOUCH_PROBING	TCHPRB
TRAJECTORY	TRJCTR
TRANSITION_FEATURE	TRNFTR

实 体 名	短 名
TRAVEL_PATH	TRVPTH
TRIMMED_CURVE	TRMCRV
TWO_AXES	TWAXS
TWO5D_MANUFACTURING_FEATURE	TWMNFT
UNARY_BOOLEAN_EXPRESSION	UNBLEX
UNIFORM_CURVE	UNFCRV
UNIFORM_SURFACE	UNFSRF
VECTOR	VECTOR
VEE_PROFILE	VPRF
VERTEX	VERTEX
VERTEX_LOOP	VRTLP
VERTEX_POINT	VRTPNT
WAIT_FOR_MARK	WTFRMR
WEEK_OF_YEAR_AND_DAY_DATE	WOYADD
WHILE_STATEMENT	WHLSTT
WOODRUFF_SLOT_END_TYPE	WSET
WORKINGSTEP	WRKNGS
WORKPIECE	WRKPC
WORKPIECE_COMPLETE_PROBING	WRCMPR
WORKPIECE_PROBING	WRKPRB
WORKPIECE_SETUP	WRKSTP
WORKPLAN	WRKPLN
XOR_EXPRESSION	XREXP

附 录 C
（规范性附录）
实现方法的特殊要求

符合 GB/T 19903 本部分的实现应当采用一种交换结构，交换文件的格式应当符合 GB/T 16656.21 中规定的 EXPRESS 语言语法和映射要求及附录 A 中定义的注释列表要求，交换文件的标题应当使用 GB/T 19903 的本部分规定的模式名 machining_schema 来标识。

附 录 D
（资料性附录）
EXPRESS-G 图

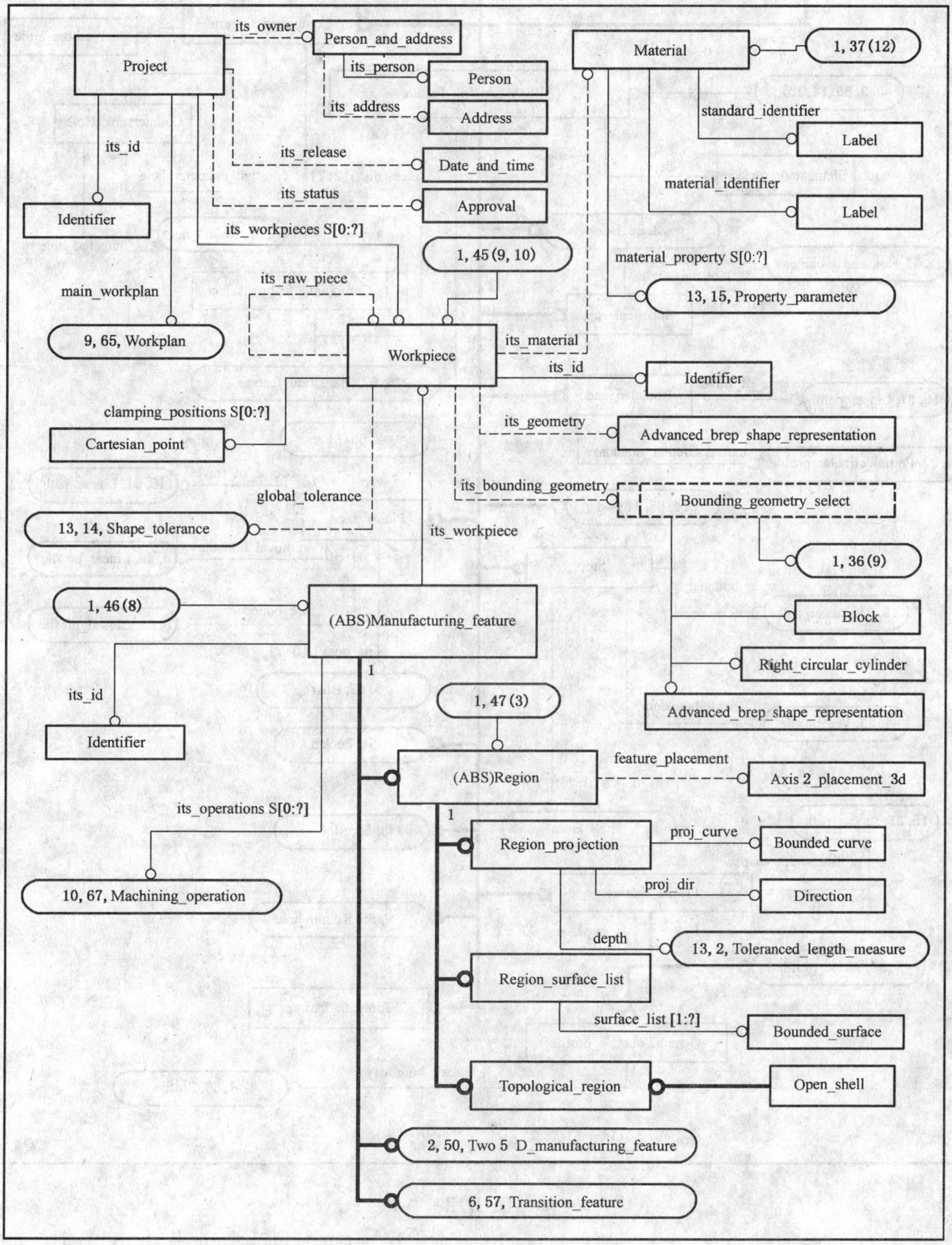

图 D.1

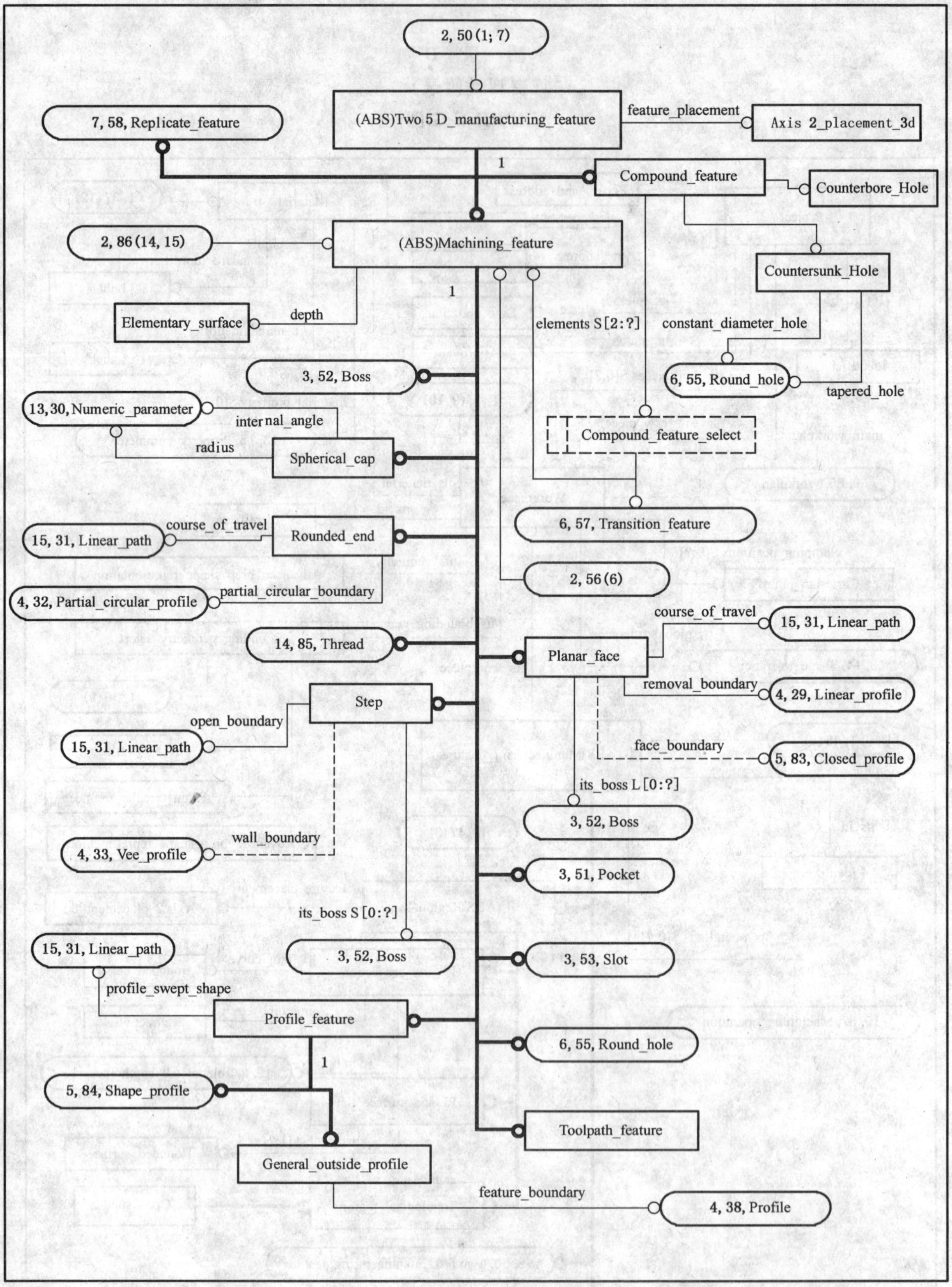
2, 50(1; 7)
(ABS)Two 5 D_manufacturing_feature
feature_placement
Axis 2_placement_3d
7, 58, Replicate_feature
1
Compound_feature
Counterbore_Hole
2, 86(14, 15)
(ABS)Machining_feature
Countersunk_Hole
1
Elementary_surface
depth
elements S[2:?]
constant_diameter_hole
3, 52, Boss
6, 55, Round_hole
tapered_hole
13,30, Numeric_parameter
internal_angle
radius
Spherical_cap
Compound_feature_select
6, 57, Transition_feature
course_of_travel
15, 31, Linear_path
Rounded_end
2, 56(6)
4, 32, Partial_circular_profile
partial_circular_boundary
course_of_travel
15, 31, Linear_path
14, 85, Thread
Planar_face
removal_boundary
4, 29, Linear_profile
Step
open_boundary
15, 31, Linear_path
face_boundary
5, 83, Closed_profile
its_boss L[0:?]
3, 52, Boss
wall_boundary
4, 33, Vee_profile
3, 51, Pocket
its_boss S[0:?]
15, 31, Linear_path
3, 52, Boss
3, 53, Slot
profile_swept_shape
Profile_feature
6, 55, Round_hole
1
5, 84, Shape_profile
Toolpath_feature
General_outside_profile
feature_boundary
4, 38, Profile

图 D.2

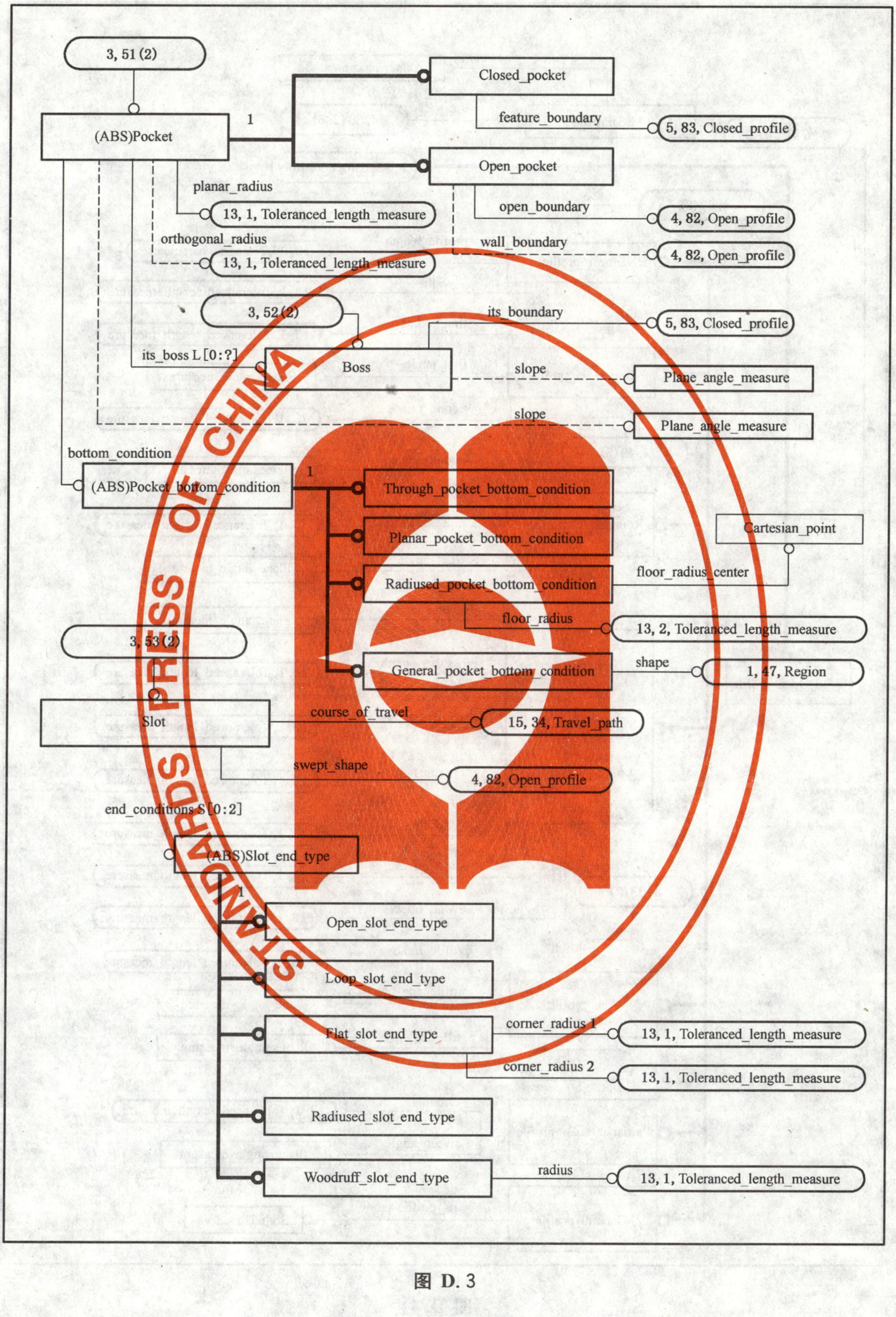
3, 51(2)
(ABS)Pocket
1
Closed_pocket
feature_boundary
5, 83, Closed_profile
Open_pocket
open_boundary
4, 82, Open_profile
wall_boundary
4, 82, Open_profile
planar_radius
13, 1, Toleranced_length_measure
orthogonal_radius
13, 1, Toleranced_length_measure
3, 52(2)
its_boundary
5, 83, Closed_profile
its_boss L[0:?]
Boss
slope
Plane_angle_measure
slope
Plane_angle_measure
bottom_condition
(ABS)Pocket_bottom_condition
1
Through_pocket_bottom_condition
Planar_pocket_bottom_condition
Cartesian_point
floor_radius_center
Radiused_pocket_bottom_condition
floor_radius
13, 2, Toleranced_length_measure
3, 53(2)
General_pocket_bottom_condition
shape
1, 47, Region
Slot
course_of_travel
15, 34, Travel_path
swept_shape
4, 82, Open_profile
end_conditions S[0:2]
(ABS)Slot_end_type
1
Open_slot_end_type
Loop_slot_end_type
Flat_slot_end_type
corner_radius 1
13, 1, Toleranced_length_measure
corner_radius 2
13, 1, Toleranced_length_measure
Radiused_slot_end_type
Woodruff_slot_end_type
radius
13, 1, Toleranced_length_measure

图 D.3

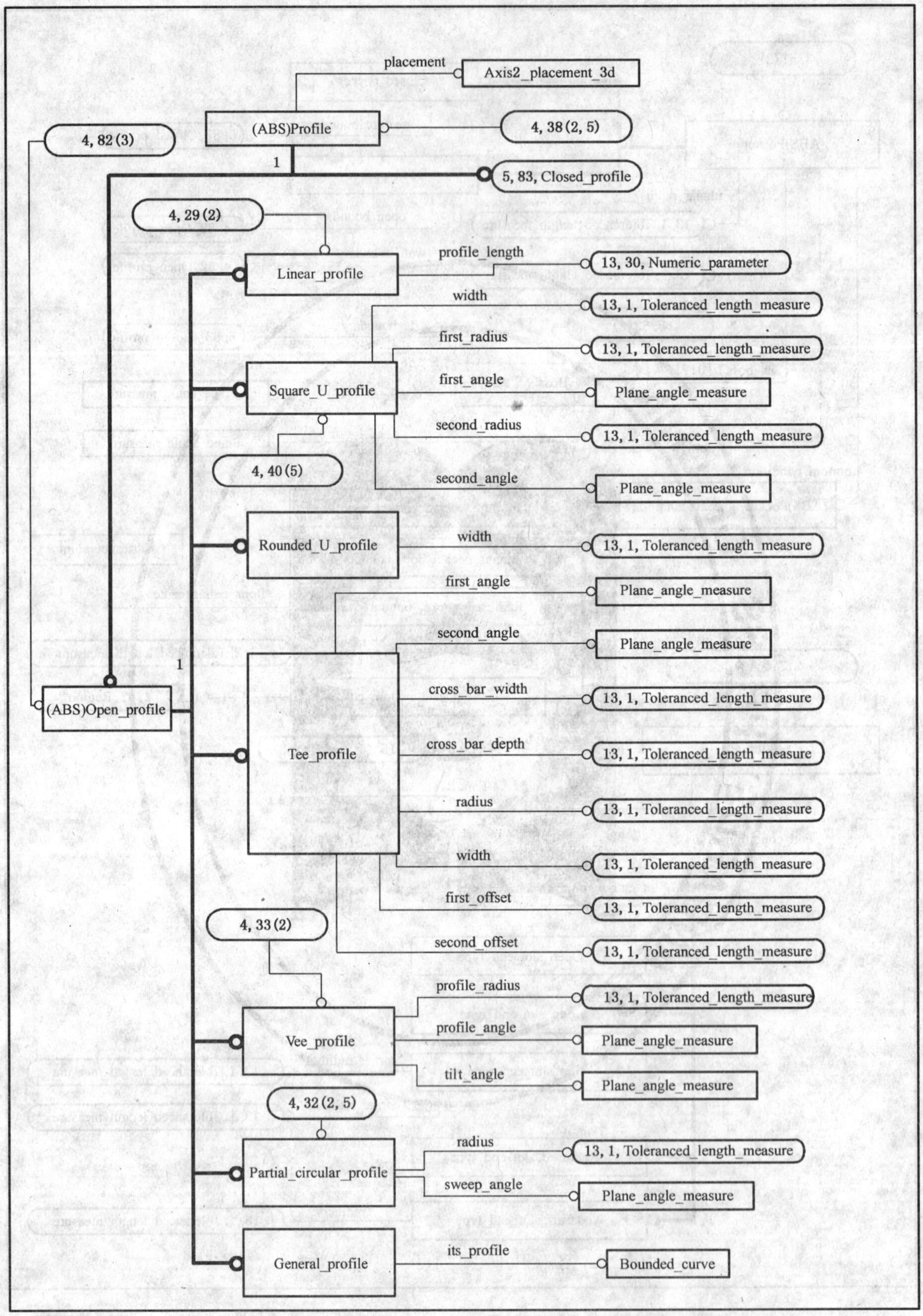

placement
Axis2_placement_3d
(ABS)Profile
4, 38(2, 5)
4, 82(3)
1
5, 83, Closed_profile
4, 29(2)
Linear_profile
profile_length
13, 30, Numeric_parameter
width
13, 1, Toleranced_length_measure
first_radius
13, 1, Toleranced_length_measure
Square_U_profile
first_angle
Plane_angle_measure
second_radius
13, 1, Toleranced_length_measure
4, 40(5)
second_angle
Plane_angle_measure
Rounded_U_profile
width
13, 1, Toleranced_length_measure
first_angle
Plane_angle_measure
second_angle
Plane_angle_measure
1
cross_bar_width
13, 1, Toleranced_length_measure
(ABS)Open_profile
Tee_profile
cross_bar_depth
13, 1, Toleranced_length_measure
radius
13, 1, Toleranced_length_measure
width
13, 1, Toleranced_length_measure
first_offset
13, 1, Toleranced_length_measure
4, 33(2)
second_offset
13, 1, Toleranced_length_measure
profile_radius
13, 1, Toleranced_length_measure
Vee_profile
profile_angle
Plane_angle_measure
tilt_angle
Plane_angle_measure
4, 32(2, 5)
radius
13, 1, Toleranced_length_measure
Partial_circular_profile
sweep_angle
Plane_angle_measure
General_profile
its_profile
Bounded_curve

图 D.4

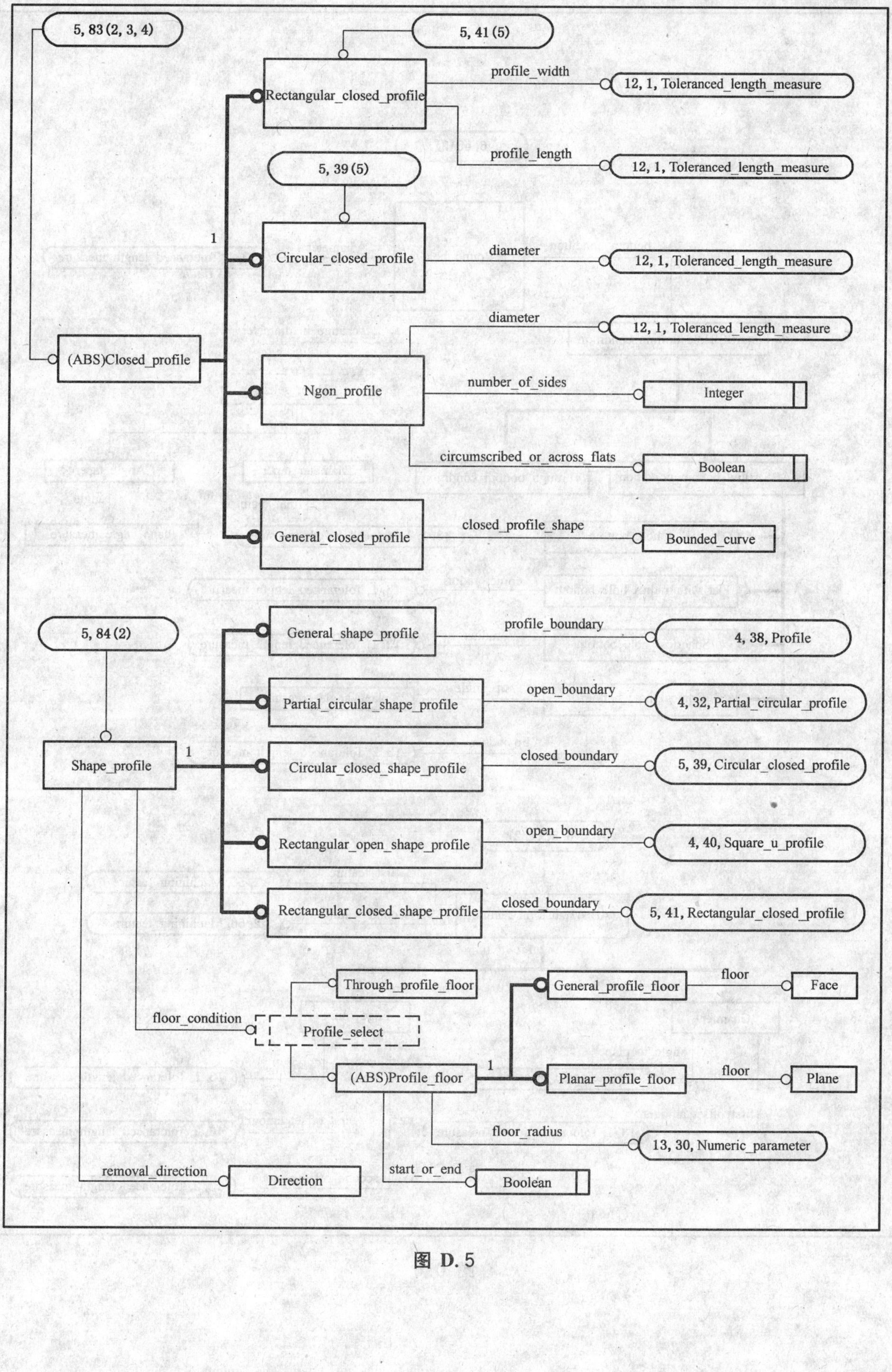
5, 83 (2, 3, 4)
5, 41 (5)
Rectangular_closed_profile
profile_width
12, 1, Toleranced_length_measure
profile_length
12, 1, Toleranced_length_measure
5, 39 (5)
1
Circular_closed_profile
diameter
12, 1, Toleranced_length_measure
diameter
12, 1, Toleranced_length_measure
(ABS)Closed_profile
Ngon_profile
number_of_sides
Integer
circumscribed_or_across_flats
Boolean
General_closed_profile
closed_profile_shape
Bounded_curve
5, 84 (2)
General_shape_profile
profile_boundary
4, 38, Profile
Partial_circular_shape_profile
open_boundary
4, 32, Partial_circular_profile
Shape_profile
1
Circular_closed_shape_profile
closed_boundary
5, 39, Circular_closed_profile
Rectangular_open_shape_profile
open_boundary
4, 40, Square_u_profile
Rectangular_closed_shape_profile
closed_boundary
5, 41, Rectangular_closed_profile
Through_profile_floor
General_profile_floor
floor
Face
floor_condition
Profile_select
(ABS)Profile_floor
1
Planar_profile_floor
floor
Plane
floor_radius
13, 30, Numeric_parameter
removal_direction
Direction
start_or_end
Boolean

图 D.5

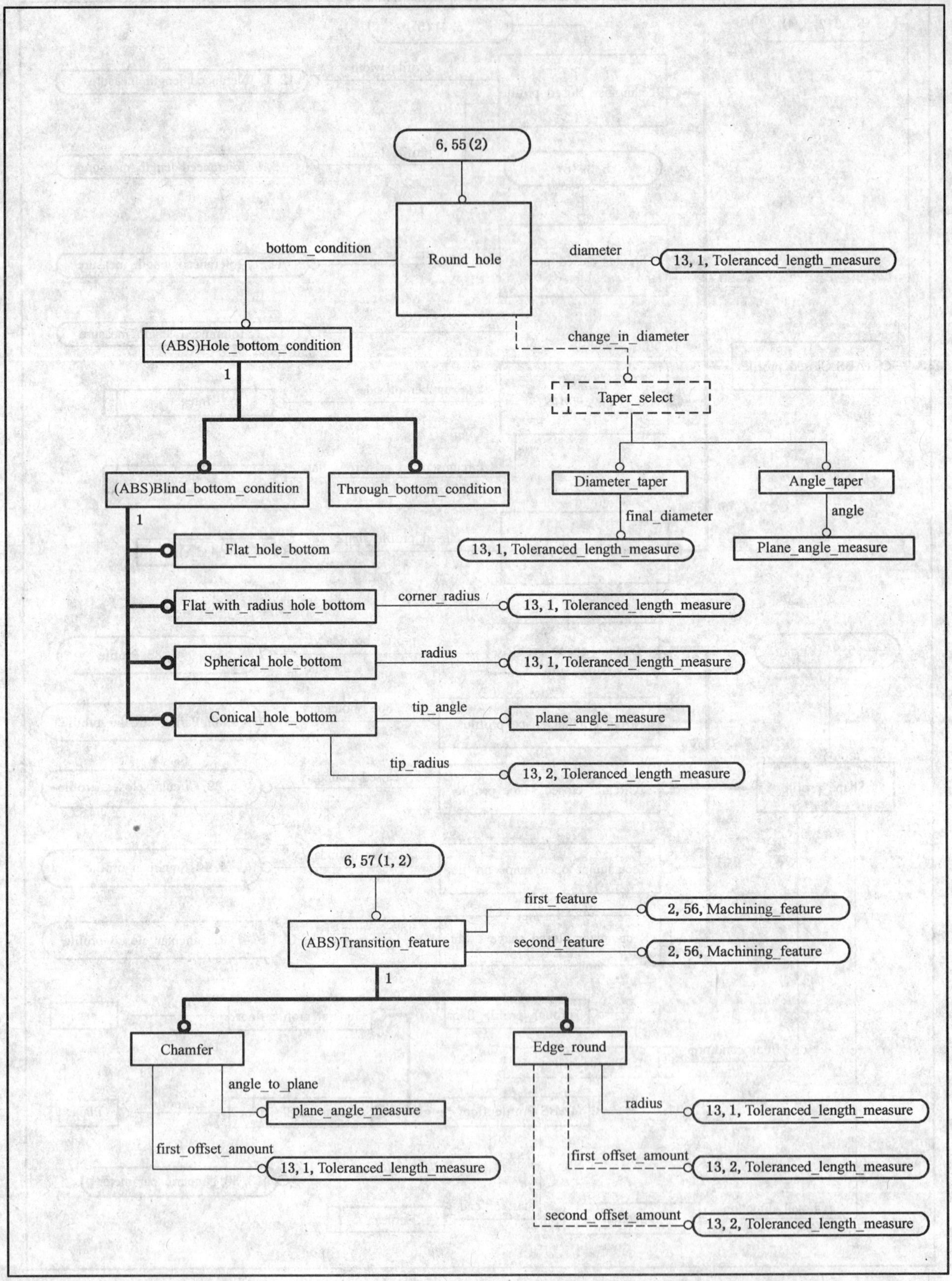
6, 55(2)
Round_hole
bottom_condition
diameter
13, 1, Toleranced_length_measure
(ABS)Hole_bottom_condition
change_in_diameter
Taper_select
1
(ABS)Blind_bottom_condition
Through_bottom_condition
Diameter_taper
Angle_taper
final_diameter
angle
1
13, 1, Toleranced_length_measure
Plane_angle_measure
Flat_hole_bottom
Flat_with_radius_hole_bottom
corner_radius
13, 1, Toleranced_length_measure
Spherical_hole_bottom
radius
13, 1, Toleranced_length_measure
Conical_hole_bottom
tip_angle
plane_angle_measure
tip_radius
13, 2, Toleranced_length_measure
6, 57(1, 2)
first_feature
2, 56, Machining_feature
(ABS)Transition_feature
second_feature
2, 56, Machining_feature
1
Chamfer
Edge_round
angle_to_plane
plane_angle_measure
radius
13, 1, Toleranced_length_measure
first_offset_amount
13, 1, Toleranced_length_measure
first_offset_amount
13, 2, Toleranced_length_measure
second_offset_amount
13, 2, Toleranced_length_measure

图 D.6

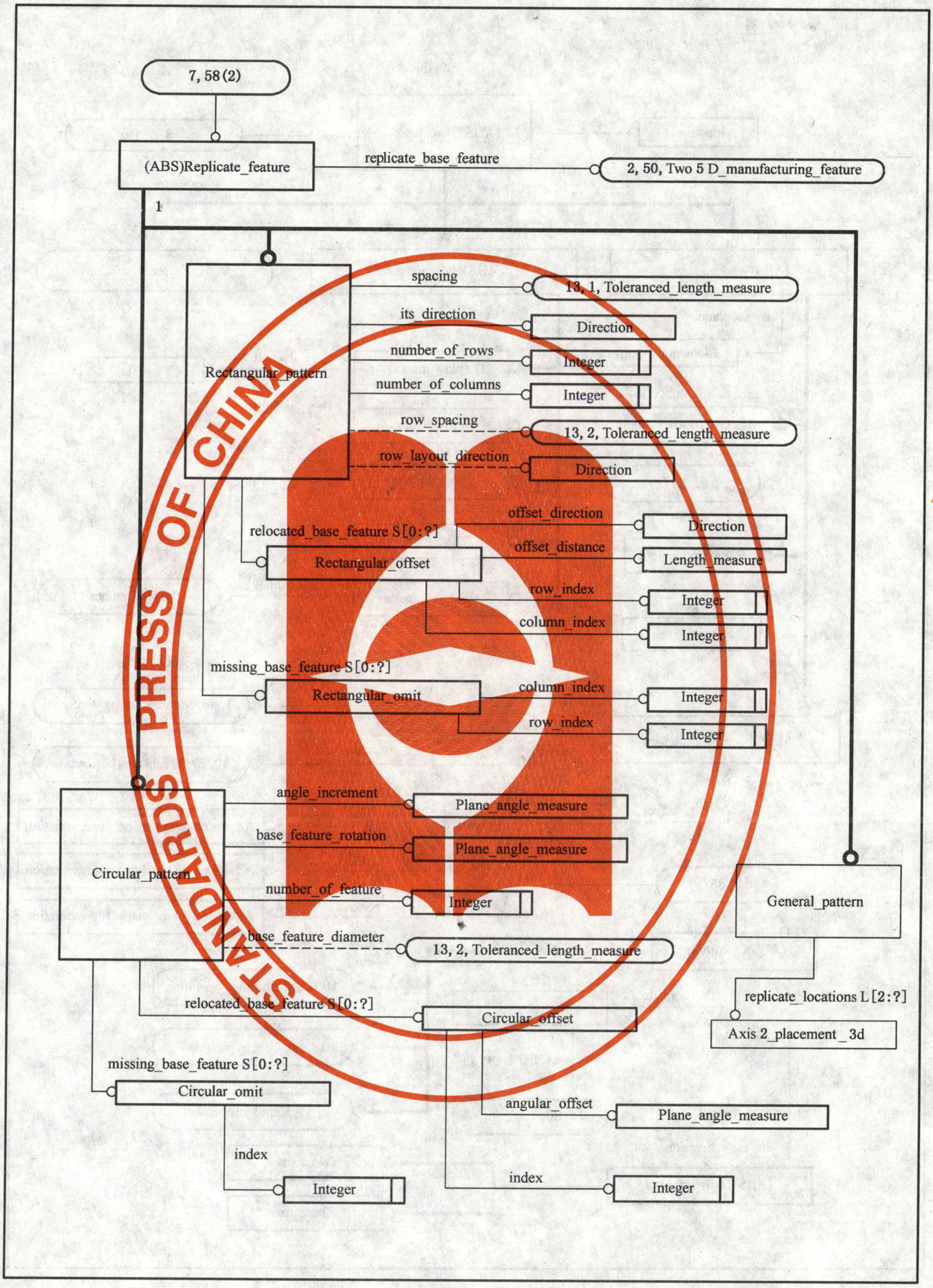
7, 58(2)
(ABS)Replicate_feature
replicate_base_feature
2, 50, Two 5 D_manufacturing_feature
1
Rectangular_pattern
spacing
13, 1, Toleranced_length_measure
its_direction
Direction
number_of_rows
Integer
number_of_columns
Integer
row_spacing
13, 2, Toleranced_length_measure
row_layout_direction
Direction
relocated_base_feature S[0:?]
Rectangular_offset
offset_direction
Direction
offset_distance
Length_measure
row_index
Integer
column_index
Integer
missing_base_feature S[0:?]
Rectangular_omit
column_index
Integer
row_index
Integer
Circular_pattern
angle_increment
Plane_angle_measure
base_feature_rotation
Plane_angle_measure
number_of_feature
Integer
base_feature_diameter
13, 2, Toleranced_length_measure
relocated_base_feature S[0:?]
Circular_offset
missing_base_feature S[0:?]
Circular_omit
index
Integer
angular_offset
Plane_angle_measure
index
Integer
General_pattern
replicate_locations L[2:?]
Axis 2_placement_3d

图 D.7

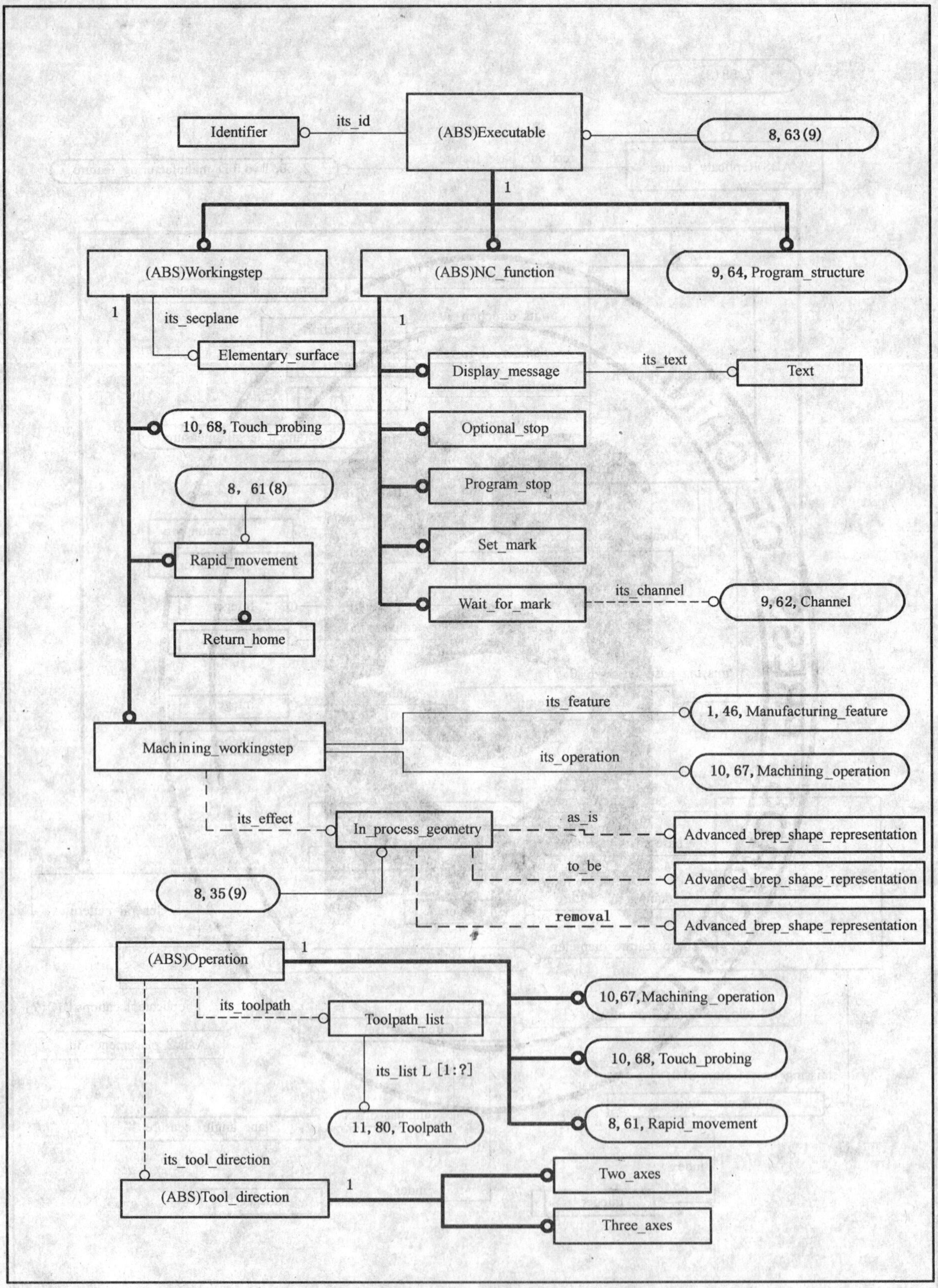
Identifier
its_id
(ABS)Executable
8, 63(9)
1
(ABS)Workingstep
(ABS)NC_function
9, 64, Program_structure
1
its_secplane
Elementary_surface
1
Display_message
its_text
Text
10, 68, Touch_probing
Optional_stop
8, 61(8)
Program_stop
Rapid_movement
Set_mark
Wait_for_mark
its_channel
9, 62, Channel
Return_home
its_feature
1, 46, Manufacturing_feature
Machining_workingstep
its_operation
10, 67, Machining_operation
its_effect
In_process_geometry
as_is
Advanced_brep_shape_representation
to_be
Advanced_brep_shape_representation
8, 35(9)
removal
Advanced_brep_shape_representation
(ABS)Operation
1
10,67,Machining_operation
its_toolpath
Toolpath_list
10, 68, Touch_probing
its_list L [1:?]
11, 80, Toolpath
8, 61, Rapid_movement
its_tool_direction
Two_axes
(ABS)Tool_direction
1
Three_axes

图 D.8

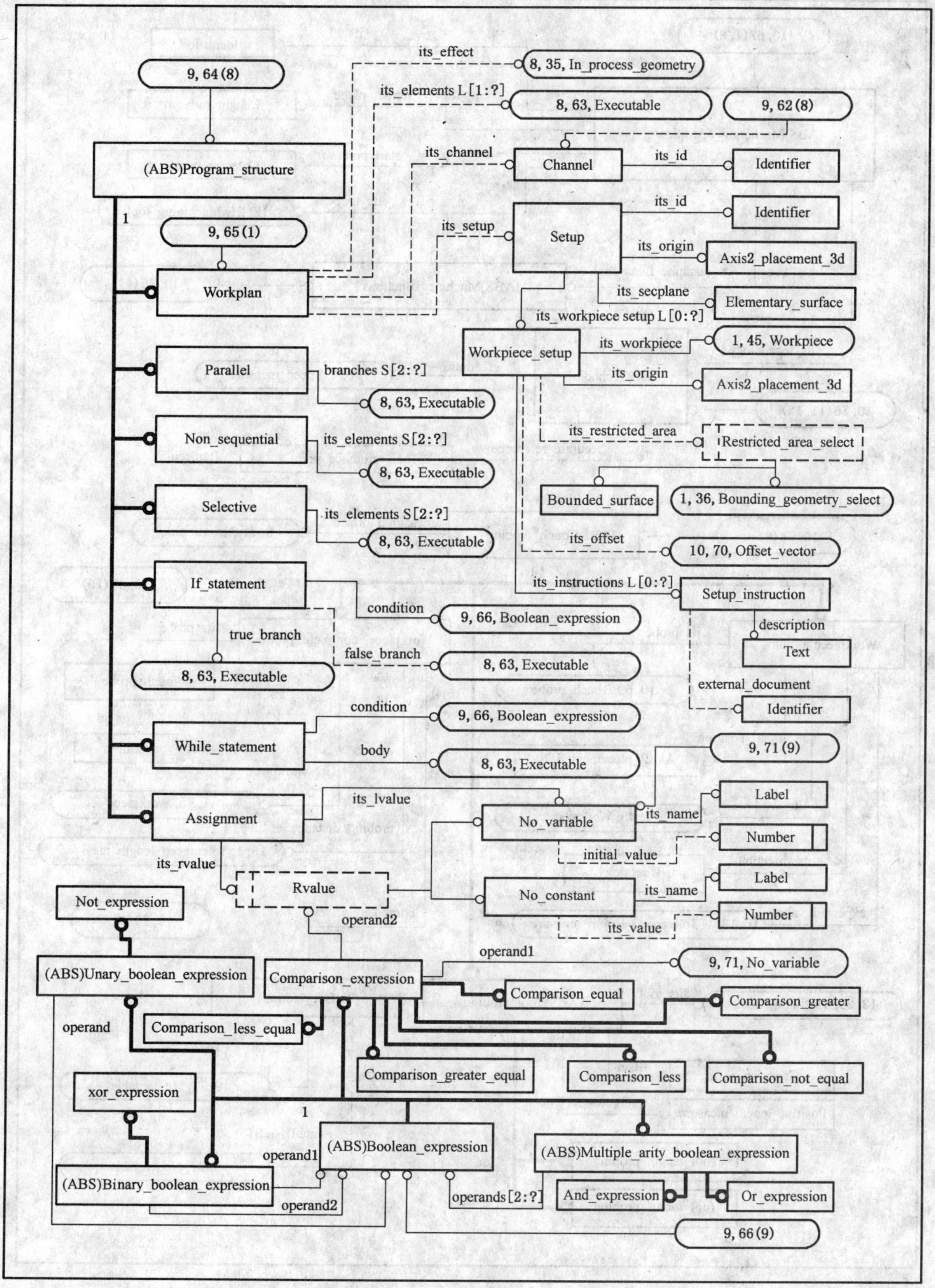
9, 64(8)
its_effect
8, 35, In_process_geometry
its_elements L[1:?]
8, 63, Executable
9, 62(8)
(ABS)Program_structure
its_channel
Channel
its_id
Identifier
its_id
Identifier
1
9, 65(1)
its_setup
Setup
its_origin
Axis2_placement_3d
Workplan
its_secplane
Elementary_surface
its_workpiece setup L[0:?]
its_workpiece
1, 45, Workpiece
Workpiece_setup
Parallel
branches S[2:?]
its_origin
Axis2_placement_3d
8, 63, Executable
Non_sequential
its_elements S[2:?]
its_restricted_area
Restricted_area_select
8, 63, Executable
Selective
its_elements S[2:?]
Bounded_surface
1, 36, Bounding_geometry_select
8, 63, Executable
its_offset
10, 70, Offset_vector
If_statement
its_instructions L[0:?]
Setup_instruction
condition
9, 66, Boolean_expression
description
true_branch
Text
false_branch
8, 63, Executable
8, 63, Executable
external_document
condition
Identifier
9, 66, Boolean_expression
While_statement
body
9, 71(9)
8, 63, Executable
Label
its_lvalue
Assignment
No_variable
its_name
Number
initial_value
its_rvalue
Label
Rvalue
No_constant
its_name
Not_expression
operand2
Number
its_value
operand1
9, 71, No_variable
(ABS)Unary_boolean_expression
Comparison_expression
Comparison_equal
Comparison_greater
operand
Comparison_less_equal
Comparison_greater_equal
Comparison_less
Comparison_not_equal
xor_expression
1
(ABS)Boolean_expression
(ABS)Multiple_arity_boolean_expression
operand1
(ABS)Binary_boolean_expression
operands[2:?]
And_expression
Or_expression
operand2
9, 66(9)

图 D.9

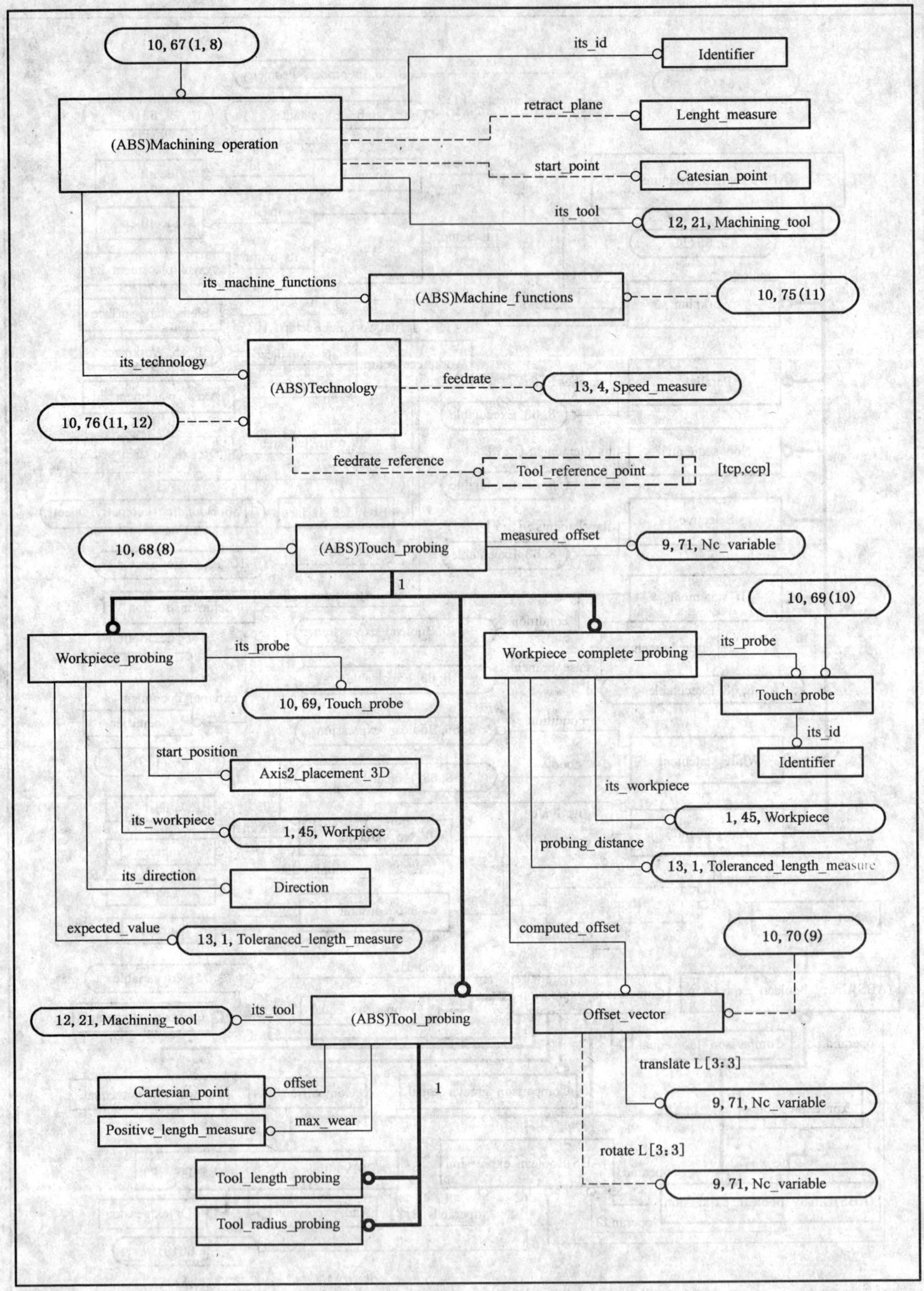
10, 67 (1, 8)
(ABS)Machining_operation
its_id
Identifier
retract_plane
Lenght_measure
start_point
Catesian_point
its_tool
12, 21, Machining_tool
its_machine_functions
(ABS)Machine_functions
10, 75 (11)
its_technology
(ABS)Technology
feedrate
13, 4, Speed_measure
10, 76 (11, 12)
feedrate_reference
Tool_reference_point
[tcp,ccp]
10, 68 (8)
(ABS)Touch_probing
measured_offset
9, 71, Nc_variable
1
10, 69 (10)
Workpiece_probing
its_probe
10, 69, Touch_probe
start_position
Axis2_placement_3D
its_workpiece
1, 45, Workpiece
its_direction
Direction
expected_value
13, 1, Toleranced_length_measure
Workpiece_complete_probing
its_probe
Touch_probe
its_id
Identifier
its_workpiece
1, 45, Workpiece
probing_distance
13, 1, Toleranced_length_measure
computed_offset
10, 70 (9)
Offset_vector
translate L[3:3]
9, 71, Nc_variable
rotate L[3:3]
9, 71, Nc_variable
12, 21, Machining_tool
its_tool
(ABS)Tool_probing
Cartesian_point
offset
Positive_length_measure
max_wear
1
Tool_length_probing
Tool_radius_probing

图 D.10

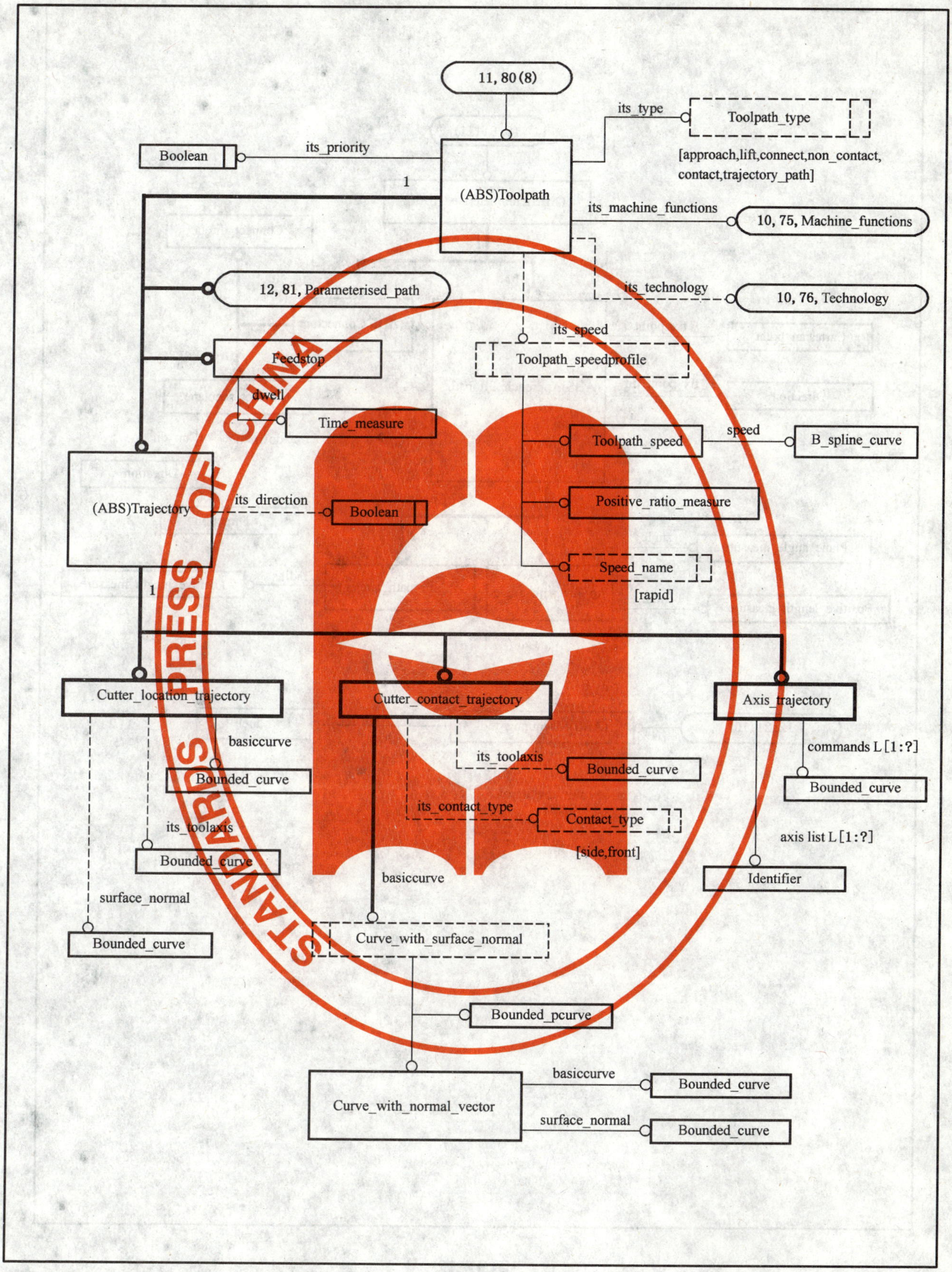
11, 80(8)
its_type
Toolpath_type
[approach,lift,connect,non_contact,
contact,trajectory_path]
Boolean
its_priority
1
(ABS)Toolpath
its_machine_functions
10, 75, Machine_functions
12, 81, Parameterised_path
its_technology
10, 76, Technology
its_speed
Toolpath_speedprofile
Feedstop
dwell
Time_measure
Toolpath_speed
speed
B_spline_curve
(ABS)Trajectory
its_direction
Boolean
Positive_ratio_measure
Speed_name
[rapid]
1
Cutter_location_trajectory
Cutter_contact_trajectory
Axis_trajectory
basiccurve
Bounded_curve
its_toolaxis
Bounded_curve
commands L[1:?]
Bounded_curve
its_toolaxis
Bounded_curve
its_contact_type
Contact_type
[side,front]
axis list L[1:?]
Identifier
surface_normal
basiccurve
Bounded_curve
Curve_with_surface_normal
Bounded_pcurve
Curve_with_normal_vector
basiccurve
Bounded_curve
surface_normal
Bounded_curve

图 D.11

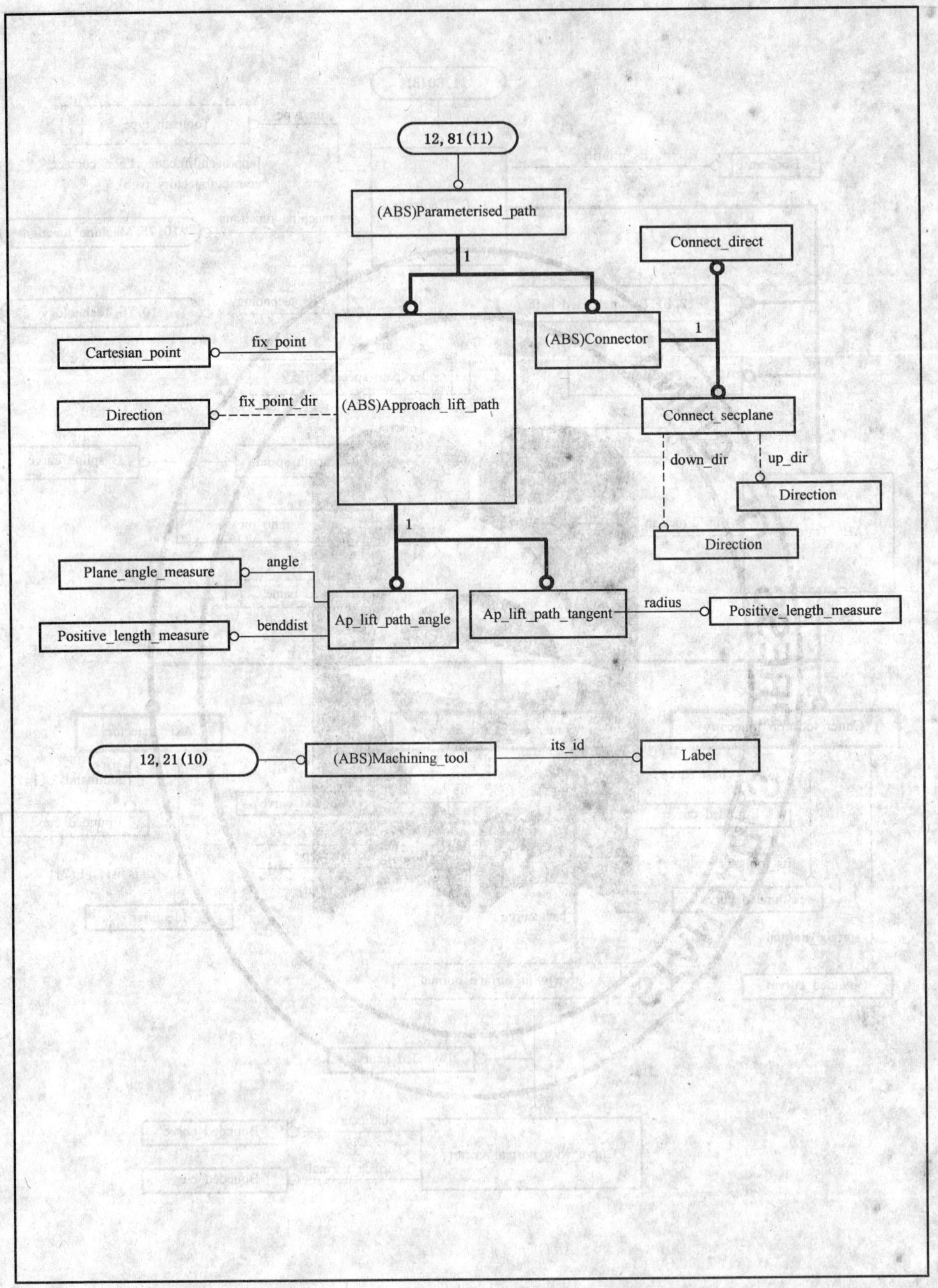
12, 81(11)
(ABS)Parameterised_path
1
Connect_direct
Cartesian_point
fix_point
(ABS)Connector
1
Direction
fix_point_dir
(ABS)Approach_lift_path
Connect_secplane
down_dir
up_dir
Direction
1
Direction
Plane_angle_measure
angle
Ap_lift_path_angle
Ap_lift_path_tangent
radius
Positive_length_measure
Positive_length_measure
benddist
12, 21(10)
(ABS)Machining_tool
its_id
Label

图 D.12

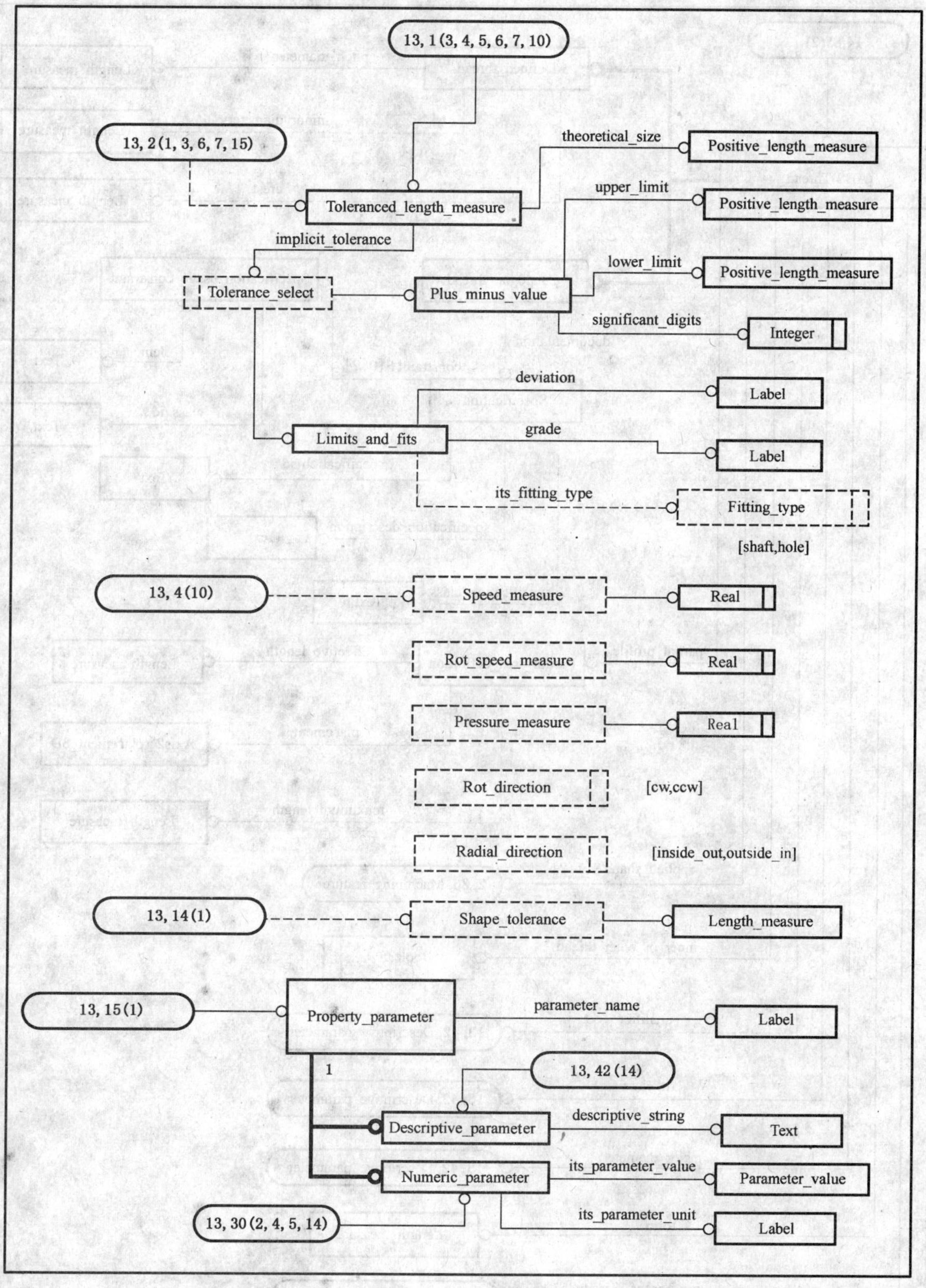
13, 1(3, 4, 5, 6, 7, 10)
13, 2(1, 3, 6, 7, 15)
theoretical_size
Positive_length_measure
upper_limit
Positive_length_measure
Toleranced_length_measure
implicit_tolerance
lower_limit
Positive_length_measure
Tolerance_select
Plus_minus_value
significant_digits
Integer
deviation
Label
Limits_and_fits
grade
Label
its_fitting_type
Fitting_type
[shaft,hole]
13, 4(10)
Speed_measure
Real
Rot_speed_measure
Real
Pressure_measure
Real
Rot_direction
[cw,ccw]
Radial_direction
[inside_out,outside_in]
13, 14(1)
Shape_tolerance
Length_measure
13, 15(1)
Property_parameter
parameter_name
Label
1
13, 42(14)
Descriptive_parameter
descriptive_string
Text
Numeric_parameter
its_parameter_value
Parameter_value
13, 30(2, 4, 5, 14)
its_parameter_unit
Label

图 D.13

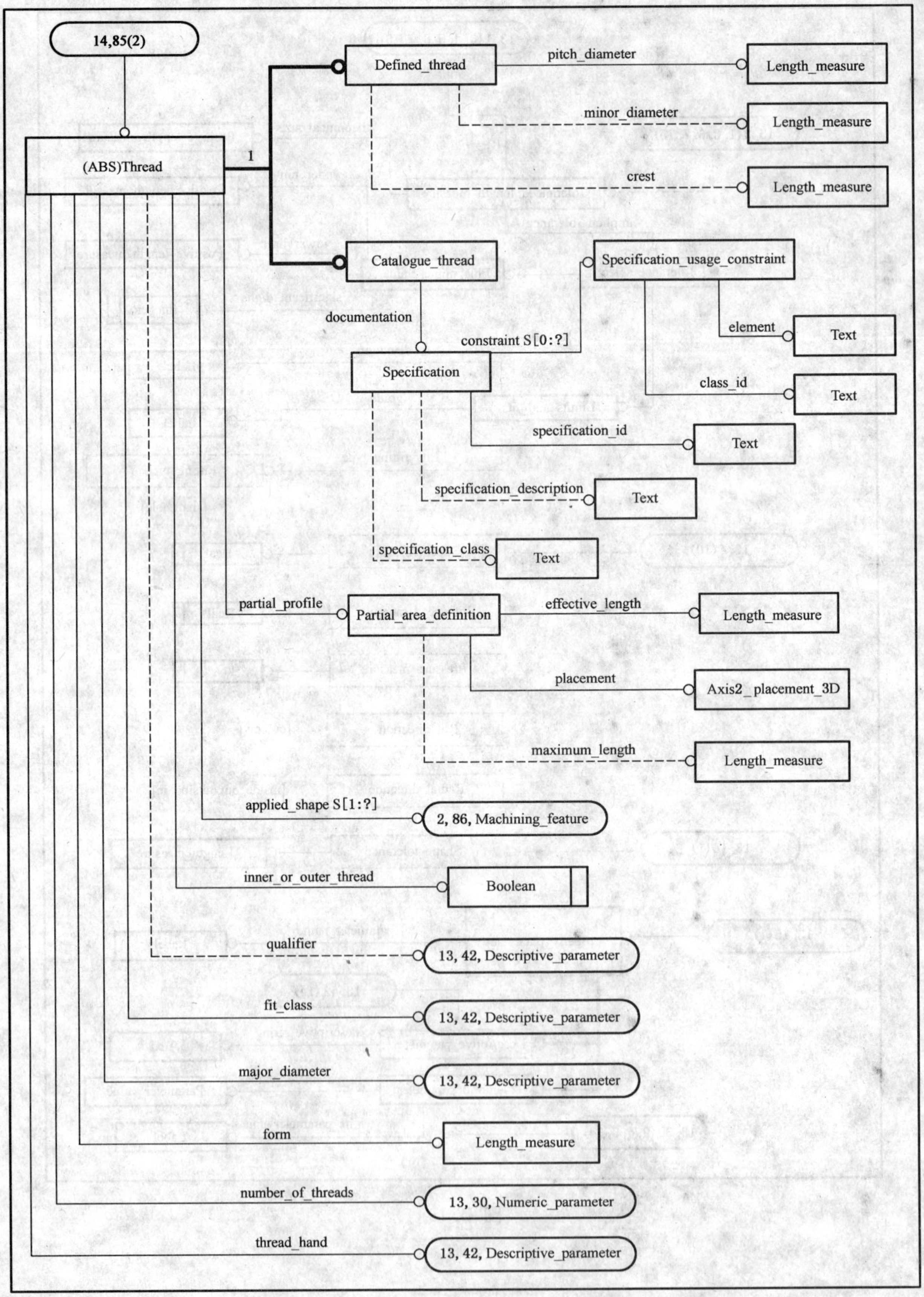
14,85(2)
Defined_thread
pitch_diameter
Length_measure
minor_diameter
Length_measure
crest
Length_measure
(ABS)Thread
1
Catalogue_thread
Specification_usage_constraint
documentation
element
Text
constraint S[0:?]
Specification
class_id
Text
specification_id
Text
specification_description
Text
specification_class
Text
partial_profile
Partial_area_definition
effective_length
Length_measure
placement
Axis2_placement_3D
maximum_length
Length_measure
applied_shape S[1:?]
2, 86, Machining_feature
inner_or_outer_thread
Boolean
qualifier
13, 42, Descriptive_parameter
fit_class
13, 42, Descriptive_parameter
major_diameter
13, 42, Descriptive_parameter
form
Length_measure
number_of_threads
13, 30, Numeric_parameter
thread_hand
13, 42, Descriptive_parameter

图 D.14

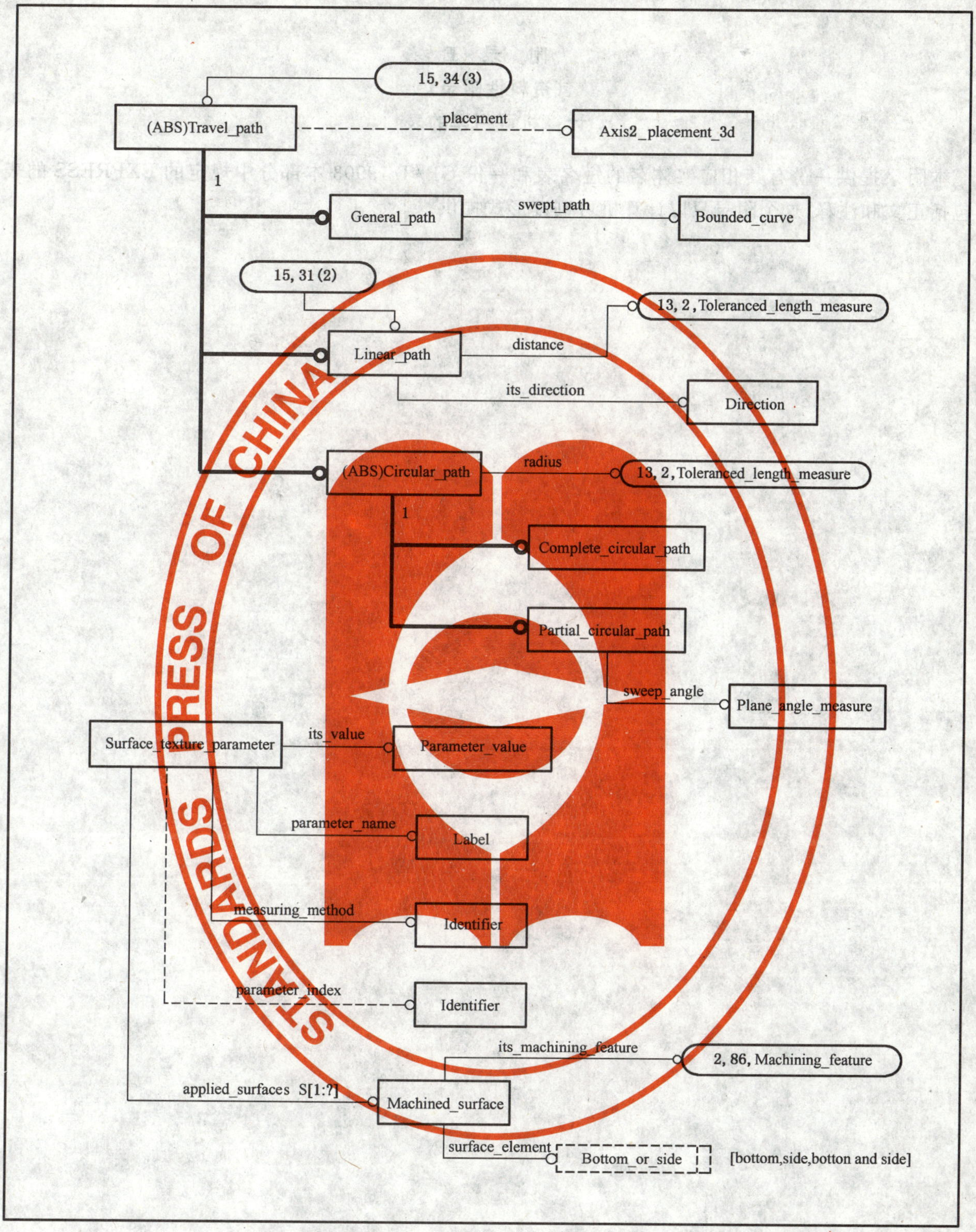
15, 34(3)
(ABS)Travel_path
placement
Axis2_placement_3d
1
General_path
swept_path
Bounded_curve
15, 31(2)
13, 2, Toleranced_length_measure
Linear_path
distance
its_direction
Direction
(ABS)Circular_path
radius
13, 2, Toleranced_length_measure
1
Complete_circular_path
Partial_circular_path
sweep_angle
Plane_angle_measure
Surface_texture_parameter
its_value
Parameter_value
parameter_name
Label
measuring_method
Identifier
parameter_index
Identifier
its_machining_feature
2, 86, Machining_feature
applied_surfaces S[1:?]
Machined_surface
surface_element
Bottom_or_side
[bottom,side,botton and side]

图 D.15

附　录　E
（资料性附录）
计算机可判读的表

本附录提供一份有其相应实体名的短名表和一份 GB/T 19903 本部分中规定的 EXPRESS 的表，不包括正文和注释，这个附录只以计算机可判读形式提供。

中 文 索 引

（按汉语拼音顺序排序）

英 文 索 引

（按英文字母顺序排序）

A

B

C

H

I

L

M

N

O

S

T

ICS 59.080.70
W 59

中华人民共和国国家标准

GB/T 19979.2—2006

土工合成材料 防渗性能 第2部分：渗透系数的测定

Geosynthetics—Penetration-resist property—
Part 2: Determination of penetration coefficient

2006-03-10 发布 2006-07-01 实施

中华人民共和国国家质量监督检验检疫总局
中国国家标准化管理委员会 发布

前　言

GB/T 19979《土工合成材料　防渗性能》包括2个部分：

——第1部分：耐静水压的测定；

——第2部分：渗透系数的测定。

本部分是GB/T 19979的第2部分。

本部分是在GB/T 17642—1998《土工合成材料　非织造复合土工膜》附录A的基础上制定的。

本部分的附录A是资料性附录。

本部分由全国纺织品标准化技术委员会产业纺织品分会(SAC/TC 209/SC7)归口。

本部分由纺织工业标准化研究所和国家棉纺织产品质量监督检验中心负责起草。

本部分主要起草人：王宝军、宋湛华、陈郁立、马建祥。

本部分首次发布。

土工合成材料　防渗性能
第2部分：渗透系数的测定

1　范围

GB/T 19979的本部分规定了土工合成材料防渗性能——渗透系数的测定方法。

本部分适用于各类土工防渗材料，如土工膜、复合土工膜、土工防水膜材等，其他防水、防渗材料可参照采用。

2　规范性引用文件

下列文件中的条款通过GB/T 19979的本部分的引用而成为本部分的条款。凡是注日期的引用文件，其随后所有的修改单（不包括勘误的内容）或修订版均不适用于本部分，然而，鼓励根据本部分达成协议的各方研究是否可使用这些文件的最新版本。凡是不注日期的引用文件，其最新版本适用于本部分。

GB/T 13760　土工布取样和试样准备

GB/T 13761　土工布厚度的测定

3　原理

样品在一定压力水差作用下可能会产生微小渗流，测定在规定水力压差下一定时间内通过试样的渗流量（即渗流速度）及试样厚度，即可计算求得渗透系数。

4　仪器设备

渗透性测定装置应包括进水调压装置、渗透仓、渗流量测定装置等。其主要部件及要求如下（图1是一种实用的渗透性测定装置示意图）：

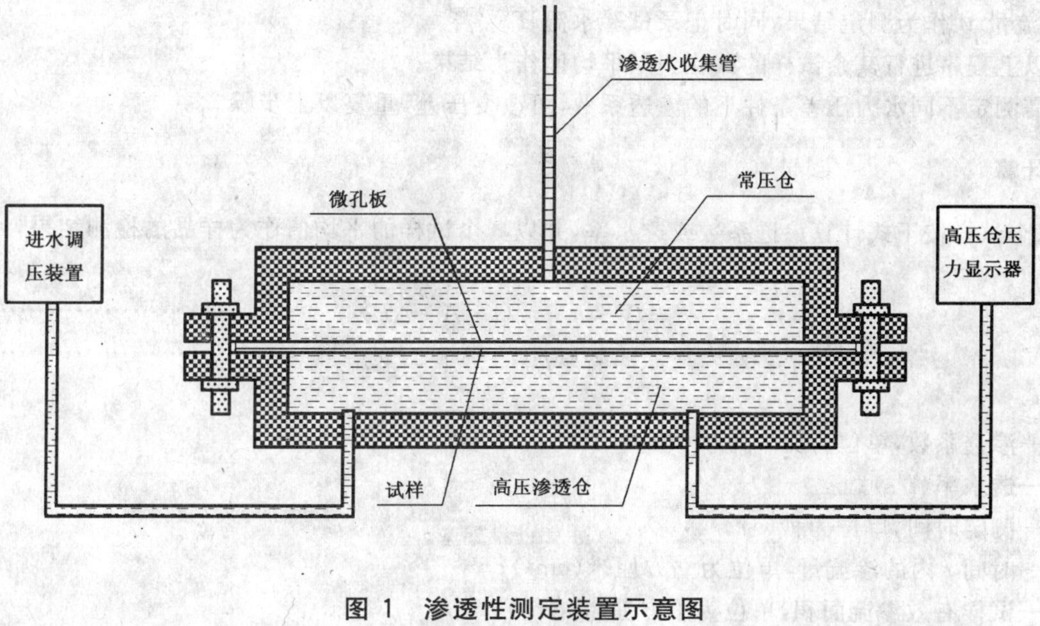

图1　渗透性测定装置示意图

4.1 充水调压装置:包括水源、气源、调压阀等,分为高、低压进水系统;调压范围至少 0～2.0 MPa,应具有压力恒定功能,加压系统精度±2%。

4.2 渗透仓:渗透仓一般为圆筒状,由高压仓(上游仓)和低压仓(下游仓)组成,内腔直径为 200 mm±5 mm;仓内低压一侧紧贴试样须有一微孔板,微孔板能保证水能渗过而试样不发生变形;试样夹持部分应保证无侧漏,或应有侧漏补偿装置。

注:渗透仓内腔直径也可根据需要选用,但截面面积不小于 200 cm^2。

4.3 渗流量测定装置:测量精度 0.1 cm^3。

5 试样

5.1 取样

参照 GB/T 13760 的规定取样。

5.2 试样数量和尺寸

从样品上剪取至少 3 块试样,其大小应适合使用的仪器。试验上不能有损伤疵点。

6 试验环境条件

试验水温应控制在 20℃±3℃范围,条件受限时,需记录实际水温。

7 试验程序

7.1 将试样浸在水中,并使之充分润湿,一般需浸水 1 h 以上;为使试样完全润湿,可在水中加入不超过 0.05%的非离子润湿剂。

7.2 将润湿的试样装入渗透仓,高、低压仓同时充水,这一过程应将装置浸在水中进行,以保渗透仓内为无气泡水。

7.3 调节高、低压仓进水量至达到规定水力压差 ΔP,通常规定水力压差为 0.1 MPa。

7.4 保持试样两侧水力压差 ΔP 恒定。

7.5 每隔一定时间记录一次低压一侧通过试样法向的渗流量(也可测定高压一侧的失水量);记录间隔时间视具体试样而定,以保证所测渗流量的精确度为原则,一般取 60 min 或其倍数,读取精度至 0.1 cm^3。

7.6 当渗流量基本稳定(连续两次记录值的变化率在 5%以内),则可停止试验,以最后一次的测定时间 t 和渗流量 V 作为测定结果,同时记录试验水温 T。

7.7 按以上程序进行其余试样的试验。以平均值作为结果。

7.8 如需测定不同水力压差条件下的渗透系数,可改变压差,重复以上步骤。

8 结果计算

对每个试样按下式计算渗透系数或透水率,并以 3 个试样的平均值作为样品的检测结果,计算修约至 0.1×10^n。

$$k = V \cdot h \cdot \eta/(t \cdot A \cdot \Delta P) \qquad \cdots\cdots(1)$$

$$\Psi = V \cdot \eta/(t \cdot A \cdot \Delta P) \qquad \cdots\cdots(2)$$

式中:

k——渗透系数,单位为厘米每秒(cm/s);

Ψ——透水率(l/s);

t——测定时间,单位为秒(s);

V——时间 t 内的渗流量,单位为立方厘米(cm^3);

A——试样有效渗流面积,单位为平方厘米(cm^2);

h——试验压力 ΔP 下试样的厚度，单位为厘米(cm)；(指其中主要防渗层(如膜材)的厚度，按 GB/T 13761规定方法测定，如果该层结构难以从试样中整体分离，则可按设计值计)

ΔP——试样两侧水力压差，以水柱高计，单位为厘米(cm)；(按 1 kPa≈10 cm 水柱折算)

η——水的粘滞系数比，$\eta=\eta_T/\eta_{20}=1.762/(1+0.0337T+0.00022T^2)$，

其中：η_T——试验水温 T(℃)时水的粘滞系数，单位为千帕秒(kPa·s)；

η_{20}——20℃水温时水的粘滞系数，单位为千帕秒(kPa·s)；

T——试验水温，单位为摄氏度(℃)。

常用水温对应的粘滞系数比列于附录 A。

9 试验报告

试验报告应包括下列内容：

a) 本部分的编号；

b) 样品规格、状态的描述；

c) 试验日期；

d) 试验设备型号、主要技术条件；

e) 样品的渗透系数或透水率；

f) 任何不正常的状态，如夹持装置边缘渗水等；

g) 必要时给出试验的不确定度；

h) 任何偏离本部分的细节。

附 录 A
（资料性附录）
常用粘滞系数比

表 A.1

水温 T/℃	粘滞系数比 η_T/η_{20}	水温 T/℃	粘滞系数比 η_T/η_{20}	水温 T/℃	粘滞系数比 η_T/η_{20}	水温 T/℃	粘滞系数比 η_T/η_{20}	水温 T/℃	粘滞系数比 η_T/η_{20}
5	1.501	8	1.373	11	1.261	14	1.163	17	1.077
5.1	1.496	8.1	1.369	11.1	1.258	14.1	1.160	17.1	1.074
5.2	1.492	8.2	1.365	11.2	1.254	14.2	1.157	17.2	1.071
5.3	1.487	8.3	1.361	11.3	1.251	14.3	1.154	17.3	1.069
5.4	1.483	8.4	1.357	11.4	1.247	14.4	1.151	17.4	1.066
5.5	1.478	8.5	1.353	11.5	1.244	14.5	1.148	17.5	1.063
5.6	1.474	8.6	1.349	11.6	1.240	14.6	1.145	17.6	1.061
5.7	1.469	8.7	1.345	11.7	1.237	14.7	1.142	17.7	1.058
5.8	1.465	8.8	1.341	11.8	1.234	14.8	1.139	17.8	1.055
5.9	1.460	8.9	1.338	11.9	1.230	14.9	1.136	17.9	1.053
6	1.456	9	1.334	12	1.227	15	1.133	18	1.050
6.1	1.452	9.1	1.330	12.1	1.224	15.1	1.130	18.1	1.048
6.2	1.447	9.2	1.326	12.2	1.220	15.2	1.127	18.2	1.045
6.3	1.443	9.3	1.322	12.3	1.217	15.3	1.124	18.3	1.042
6.4	1.439	9.4	1.319	12.4	1.214	15.4	1.121	18.4	1.040
6.5	1.434	9.5	1.315	12.5	1.210	15.5	1.119	18.5	1.037
6.6	1.430	9.6	1.311	12.6	1.207	15.6	1.116	18.6	1.035
6.7	1.426	9.7	1.308	12.7	1.204	15.7	1.113	18.7	1.032
6.8	1.422	9.8	1.304	12.8	1.201	15.8	1.110	18.8	1.030
6.9	1.418	9.9	1.300	12.9	1.198	15.9	1.107	18.9	1.027
7	1.413	10	1.297	13	1.194	16	1.104	19	1.025
7.1	1.409	10.1	1.293	13.1	1.191	16.1	1.102	19.1	1.022
7.2	1.405	10.2	1.289	13.2	1.188	16.2	1.099	19.2	1.020
7.3	1.401	10.3	1.286	13.3	1.185	16.3	1.096	19.3	1.017
7.4	1.397	10.4	1.282	13.4	1.182	16.4	1.093	19.4	1.015
7.5	1.393	10.5	1.279	13.5	1.179	16.5	1.090	19.5	1.012
7.6	1.389	10.6	1.275	13.6	1.175	16.6	1.088	19.6	1.010
7.7	1.385	10.7	1.271	13.7	1.172	16.7	1.085	19.7	1.007
7.8	1.381	10.8	1.268	13.8	1.169	16.8	1.082	19.8	1.005
7.9	1.377	10.9	1.264	13.9	1.166	16.9	1.079	19.9	1.002

表 A.1(续)

水温 T/℃	粘滞系数比 η_T/η_{20}	水温 T/℃	粘滞系数比 η_T/η_{20}	水温 T/℃	粘滞系数比 η_T/η_{20}	水温 T/℃	粘滞系数比 η_T/η_{20}	水温 T/℃	粘滞系数比 η_T/η_{20}
20	1.000	22	0.954	24	0.910	26	0.870	28	0.833
20.1	0.998	22.1	0.951	24.1	0.908	26.1	0.868	28.1	0.831
20.2	0.995	22.2	0.949	24.2	0.906	26.2	0.866	28.2	0.829
20.3	0.993	22.3	0.947	24.3	0.904	26.3	0.864	28.3	0.827
20.4	0.990	22.4	0.945	24.4	0.902	26.4	0.862	28.4	0.825
20.5	0.988	22.5	0.942	24.5	0.900	26.5	0.861	28.5	0.824
20.6	0.986	22.6	0.940	24.6	0.898	26.6	0.859	28.6	0.822
20.7	0.983	22.7	0.938	24.7	0.896	26.7	0.857	28.7	0.820
20.8	0.981	22.8	0.936	24.8	0.894	26.8	0.855	28.8	0.818
20.9	0.979	22.9	0.934	24.9	0.892	26.9	0.853	28.9	0.817
21	0.976	23	0.932	25	0.890	27	0.851	29	0.815
21.1	0.974	23.1	0.929	25.1	0.888	27.1	0.849	29.5	0.806
21.2	0.972	23.2	0.927	25.2	0.886	27.2	0.847	30	0.798
21.3	0.969	23.3	0.925	25.3	0.884	27.3	0.846	30.5	0.789
21.4	0.967	23.4	0.923	25.4	0.882	27.4	0.844	31	0.781
21.5	0.965	23.5	0.921	25.5	0.880	27.5	0.842	31.5	0.773
21.6	0.963	23.6	0.919	25.6	0.878	27.6	0.840	32	0.765
21.7	0.960	23.7	0.917	25.7	0.876	27.7	0.838	32.5	0.757
21.8	0.958	23.8	0.915	25.8	0.874	27.8	0.836	33	0.749
21.9	0.956	23.9	0.912	25.9	0.872	27.9	0.834	34	0.734
								35	0.719

ICS 97.220.10
Y 55

中华人民共和国国家标准

GB/T 19995.3—2006

天然材料体育场地使用要求及检验方法 第3部分：运动冰场

Technical requirements and test methods for natural material sports field
Part 3: Ice rink

2006-06-25 发布　　　　2006-12-01 实施

中华人民共和国国家质量监督检验检疫总局
中国国家标准化管理委员会　发布

前 言

GB/T 19995《天然材料体育场地使用要求及检验方法》由以下部分组成：

——第1部分：足球场地天然草面层；

——第2部分：综合体育场馆木地板场地；

——第3部分：运动冰场。

本部分为GB/T 19995的第3部分。

本部分的附录A和附录B均为资料性附录。

本部分由国家体育总局提出。

本部分由国家体育总局体育经济司归口。

本部分负责起草单位：国家体育总局体育设施建设和标准办公室。

本部分起草单位：国家体育总局冬季运动管理中心、CIMCO工业有限公司、北京华体实业总公司体育设施设计中心、沈阳体育学院。

本部分主要起草人：吕恩光、柯路奇(Guy E. Cloutier)、刘海鹏、王应辅、邓敏达、边维华、孙立明、马健。

天然材料体育场地使用要求及检验方法
第3部分:运动冰场

1 范围

GB/T 19995的本部分规定了竞赛用标准运动冰场的使用要求、检验方法及合格判定规则。

本部分适用于竞赛用运动冰场,其他冰场可参照使用。

2 规范性引用文件

下列文件中的条款通过GB/T 19995的本部分的引用而成为本部分的条款。凡是注日期的引用文件,其随后所有的修改单(不包括勘误的内容)或修订版均不适用于本部分,然而,鼓励根据本部分达成协议的各方研究是否可使用这些文件的最新版本。凡是不注日期的引用文件,其最新版本适用于本部分。

QB/T 2443—1999 钢卷尺

中国冰壶协会 《冰壶竞赛规则》

中国滑冰协会 《速度滑冰竞赛规则》

中国滑冰协会 《短道速滑竞赛规则》

国际冰球联合会 《冰球竞赛规则》

国际滑冰联合会 《花样滑冰竞赛规则》

3 术语和定义

下列术语和定义适用于GB/T 19995的本部分。

3.1

运动冰场 ice rink

提供冰上活动的场地。

3.2

竞赛用运动冰场 ice rink for competition

提供冰上运动的比赛场地。

3.3

冰场温度 ice rink temperature

冰面上高度1.3 m处的空气温度。

3.4

冰面温度 ice surface temperature

冰场冰表面的温度。

3.5

冰场湿度 ice rink humidity

冰面上高度1.3m处的空气相对湿度。

3.6

冰面平整度 ice surface levelness

冰场任意3 m区域内冰表面高差的程度。

4 要求

4.1 外观

4.1.1 冰面颜色

冰场场地的冰面颜色应为白色。

4.1.2 平滑度

冰面应平坦、光滑且无障碍。

4.1.3 冰层厚度

冰层厚度应为 3 cm～5 cm。

4.1.4 冰面平整度

冰场内任一位置处 3 m 区域内的冰面起伏应小于 2 mm。整个冰场检测点合格率应不小于 80%。

4.1.5 冰面高差

冰球和 400 m 速度滑冰竞赛场地冰面的全场高差宜小于 6 mm。短道速滑及花样滑冰竞赛场地冰面的全场高差应小于 4 mm。冰壶竞赛场地冰面的全场高差应小于 2 mm。

4.2 温度及湿度

4.2.1 冰面温度

各竞赛项目用冰场冰面的温度见表 1。

表 1 冰面温度

冰 场 用 途	冰面温度/℃
冰球竞赛场地	−6～−7
短道速滑竞赛场地	−4～−6
400 m 速度滑冰竞赛场地	−5～−7
花样滑冰竞赛场地	−3～−5
冰壶竞赛场地	−4～−5

4.2.2 冰场温度

冰场温度应为 15℃±2℃。

4.2.3 冰场湿度

冰场湿度应小于 70%。

具体冰场温度、湿度关系参见附录 A。

4.3 冰场点位线

运动冰场的点位线应严格按照各项目竞赛规则的规定划线，点位线应清晰准确。

4.4 冰面照度

竞赛用冰面照度应不小于 1 500 lx，训练用冰面照度应不小于 300 lx。

4.5 冰层水质

冰层应采用清澈透明、无可见杂质的中性洁净水。

4.6 运动冰场场地规格及附属设施

4.6.1 冰球项目竞赛用冰场

4.6.1.1 场地规格

冰球场地一般为：长度 60 m～61 m，宽度 30 m；场地四周圆弧半径为 8.5 m 的冰场。

冰球场地标准规格图及其部分区域详细说明见图 1 和图 2。

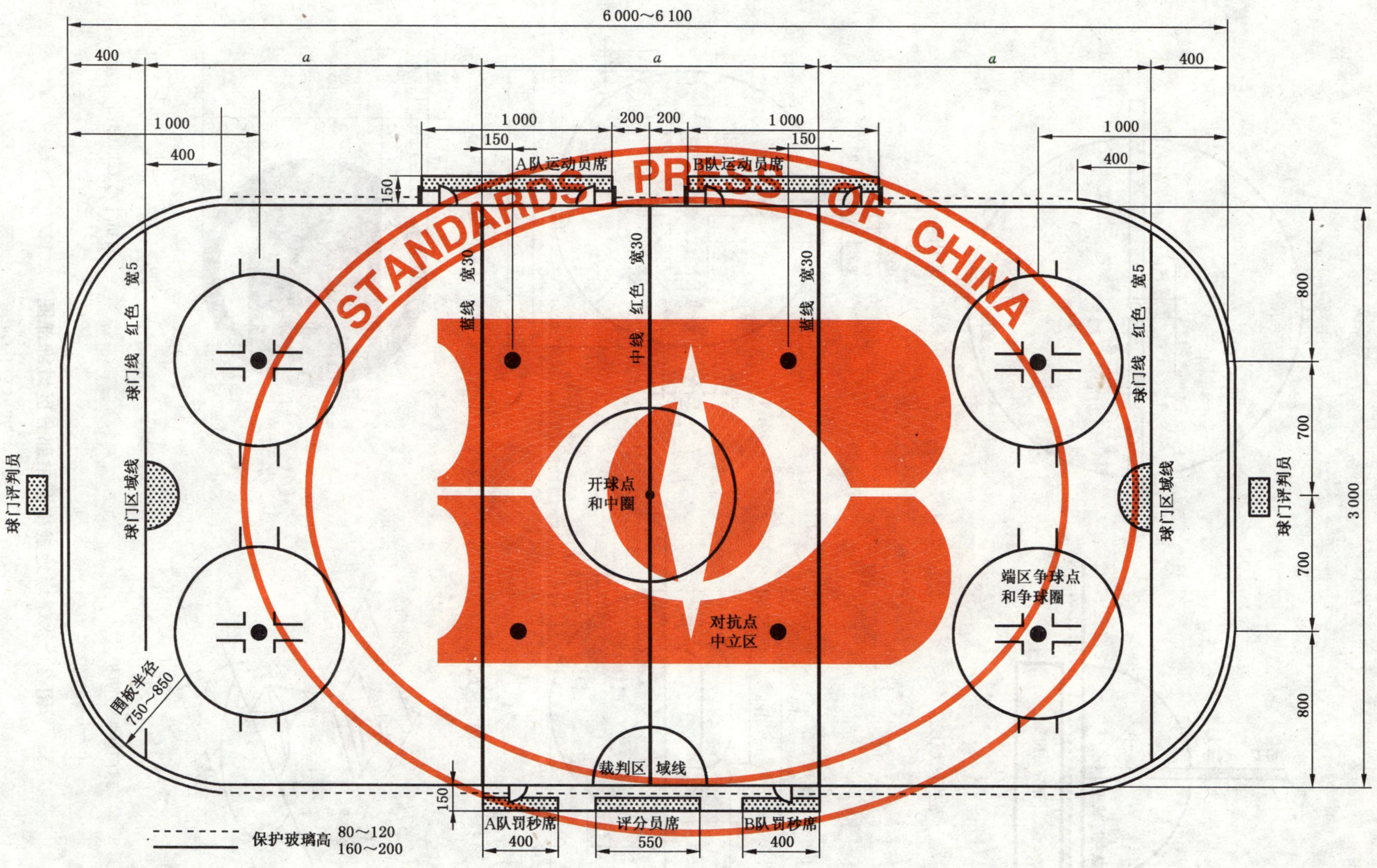

注：图中的所有尺寸都以 cm 为单位，并以长度为 6 100 cm，宽度为 3 000 cm 的冰球场地为基准进行测量；其中：$a=\frac{(6\ 000\sim6\ 100)-800}{3}$。

图 1　冰球场地规格图

单位为厘米

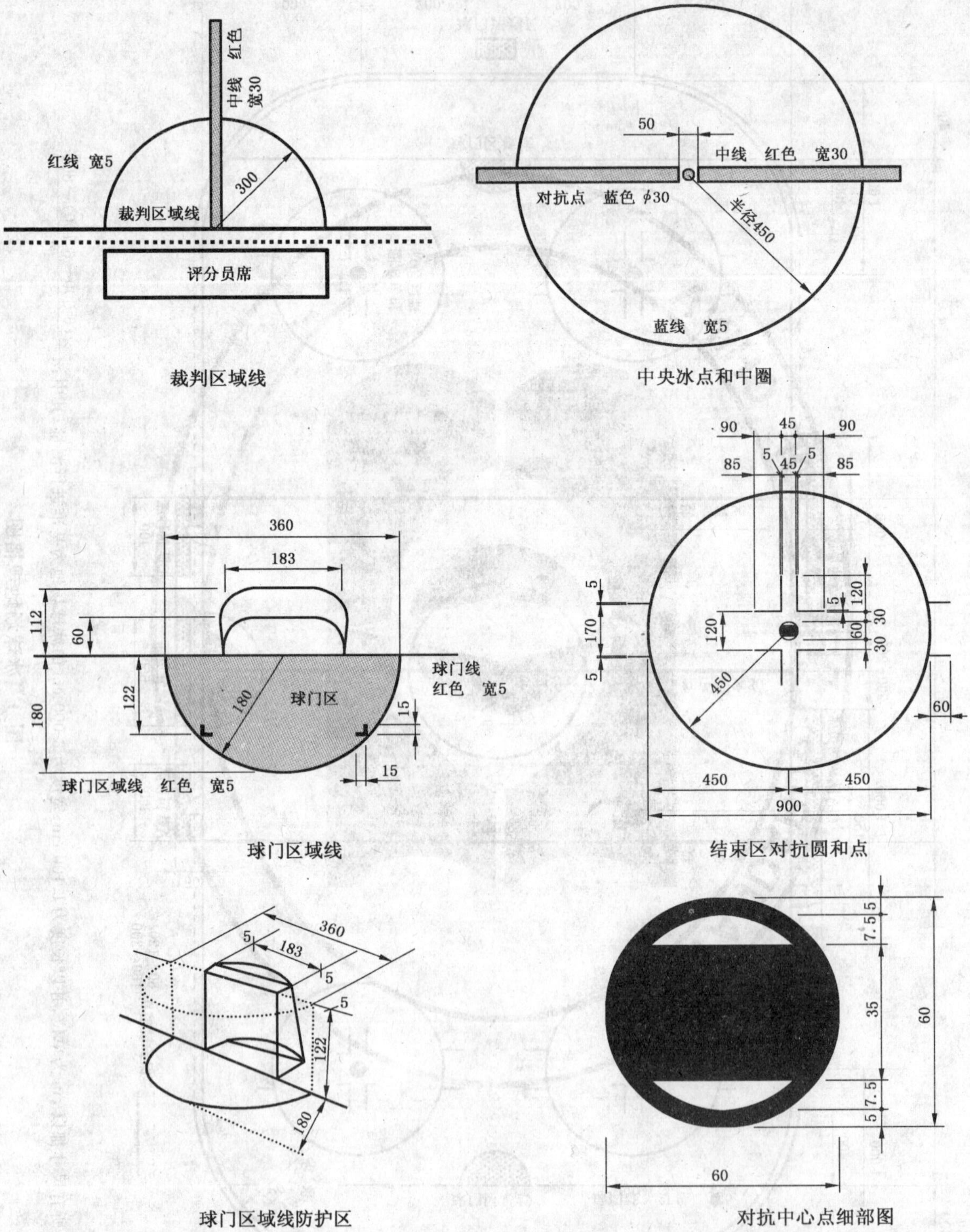

图 2 冰球场地规格图中部分区域细部图

4.6.1.2 **冰球场地附属设施要求**

冰球竞赛场地的附属设施及规格应符合国际冰球联合会《冰球竞赛规则》中相应的要求。

4.6.1.3 **场地画法**

竞赛用冰场的场地画法参见附录B。

4.6.2 **短道速滑项目竞赛用冰场**

4.6.2.1 **场地规格**

短道速滑比赛一般在冰球场地进行,周长为111.12 m的椭圆形跑道(如图3)。

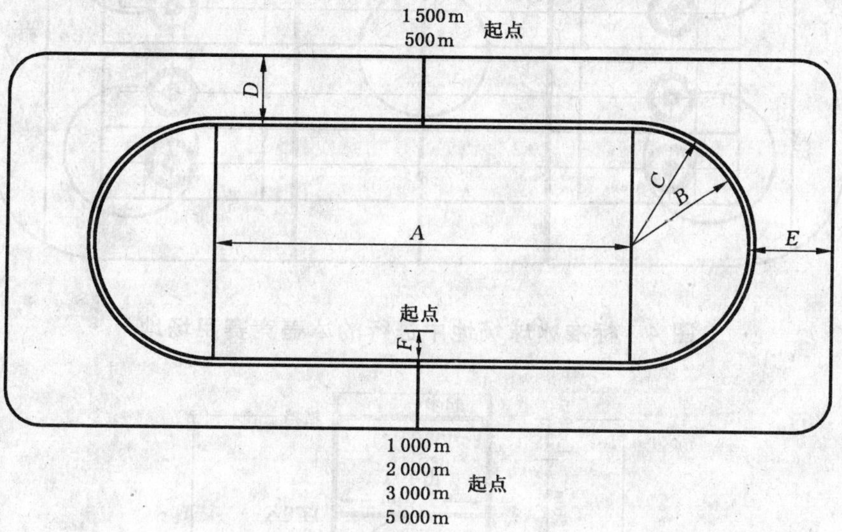

冰场面积	60 m×30 m
A——直道长	28.85 m;
B——半径	8.00 m;
C——计算半径	8.50 m;
D——直道宽度(最小值)	7.00 m;
E——弧顶至板墙距离	7.57 m;
F——直道实际宽度+1.5 m;	
跑道周长 $2A+2\pi C$	111.12 m

图3 短道速滑竞赛用场地规格

各距离对应的滑跑圈数:

500 m=4.5圈、1 000 m=9圈、1 500 m=13.5圈、2 000 m=18圈、3 000 m=27圈、5 000 m=45圈

4.6.2.2 **场地附属设施及规格**

短道速滑竞赛用冰场场地附属设施应符合《中国滑冰协会短道速滑竞赛规则》中相应的要求。

4.6.2.3 **场地画法**

短道速滑竞赛用场地的画法参见附录B。

4.6.3 **花样滑冰竞赛用场地**

花样滑冰竞赛一般在冰球场地内进行,其附属设施应符合国际滑冰联合会《花样滑冰竞赛规则》中的要求。

4.6.4 **冰壶项目竞赛用场地**

4.6.4.1 **场地规格**

冰壶竞赛一般在冰球场地中进行(如图4),也可在专门的冰壶竞赛场地中进行(如图5)。

冰壶场地长44.5 m、宽4.75 m。冰道的一端画有一个直径为1.83 m的圆圈作为球员的发球区,被称作本垒。冰道的另一端也画有一圆圈,被称为营垒。场地中线两侧分别有前卫线、丁字线和后卫线,丁字线的交叉点为营垒的中心点,以中心点为圆心,营垒是由 4 个半径为 0.15 m、0.61 m、1.22 m 和 1.83 m 的同心圆组成。外面两圆之间涂为红色。

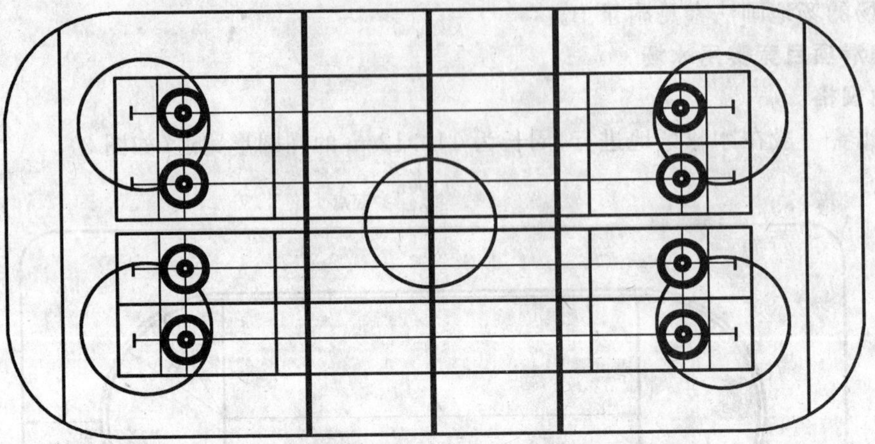

图 4　标准冰球场地中进行的冰壶竞赛用场地

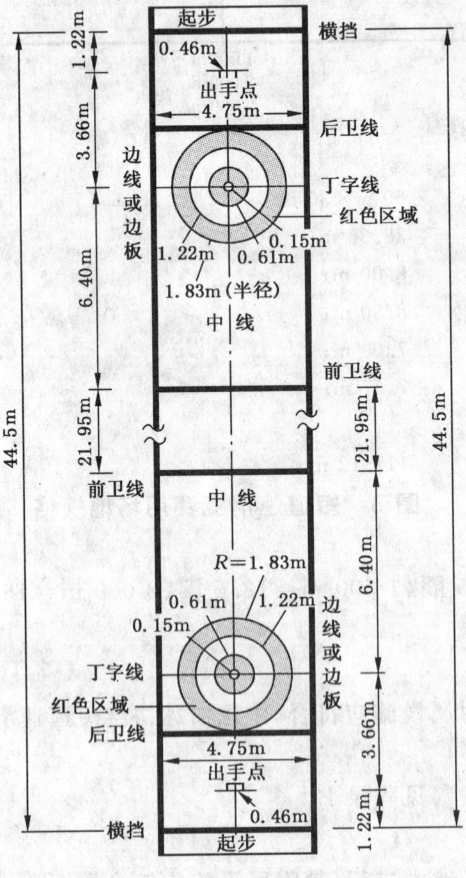

图 5　专用冰壶竞赛用场地

4.6.4.2　冰壶竞赛用冰场场地附属设施

冰壶竞赛用场地附属设施及规格应符合中国冰壶协会《冰壶竞赛规则》中相应要求。

4.6.4.3　场地画法

冰壶竞赛用场地画法参见附录 B。

4.6.5 400 m 速度滑冰用场地

4.6.5.1 场地规格

400 m 速度滑冰竞赛用场地的规格见图 6 和表 2。

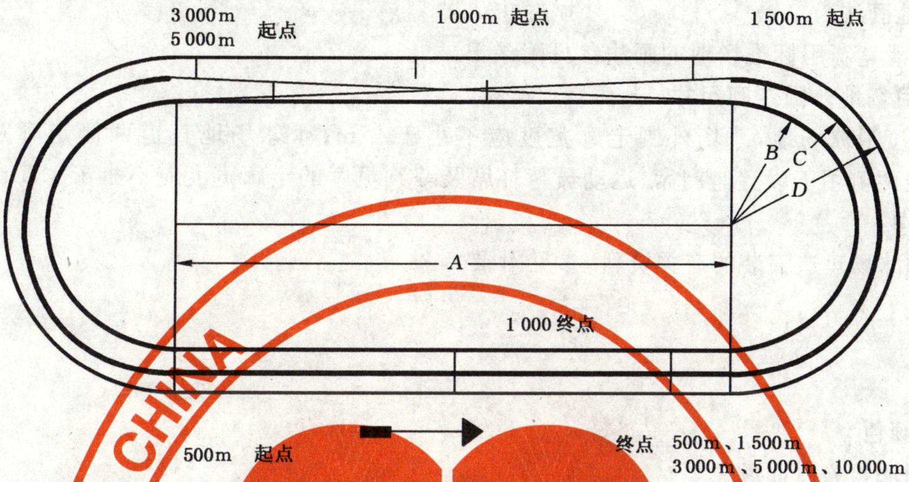

A——直道长度；

B——内道半径；

C——换道区半径；

D——外道半径。

D−*C*=4 m、4.5 m 或 5 m

图 6 400 m 速滑竞赛用标准场地

表 2 速度滑冰 400 m 标准跑道计算公式表

内弯道半径=25 m，跑道宽=4 m		内弯道半径=25 m，跑道宽=4.5 m	
$L_1=2A=2\times 113.57$ $L_2=\pi B=25.5\times 3.1416$ $L_3=\pi C=29.5\times 3.1416$ $\Delta=\sqrt{A^2+4^2}-A$ $=\sqrt{113.57^2+4^2}-113.57$	$=227.14$ m $=80.11$ m $=92.68$ m $=\dfrac{0.07\ \text{m}}{400.0\ \text{m}}$	$L_1=2A=2\times 112.78$ $L_2=\pi B=25.5\times 3.1416$ $L_3=\pi C=30\times 3.1416$ $\Delta=\sqrt{A^2+4.5^2}-A$ $=\sqrt{112.78^2+4.5^2}-112.78$	$=225.56$ m $=80.11$ m $=94.25$ m $=\dfrac{0.08\ \text{m}}{400.0\ \text{m}}$
内弯道半径=25 m，跑道宽=5 m		内弯道半径=25.5 m，跑道宽=4 m	
$L_1=2A\times 111.98$ $L_2=\pi B=25.5\times 3.1416$ $L_3=\pi C=30.5\times 3.1416$ $\Delta=\sqrt{A^2+5^2}-A$ $=\sqrt{111.98^2+5^2}-111.98$	$=223.96$ m $=80.11$ m $=95.82$ m $=\dfrac{0.11\ \text{m}}{400.0\ \text{m}}$	$L_1=2\times 112.00$ $L_2=26\times 3.1416$ $L_3=30\times 3.1416$ $\Delta=\sqrt{A^2+4^2}-A$ $=\sqrt{112^2+4^2}-112$	$=224.00$ m $=81.68$ m $=94.25$ m $=\dfrac{0.07\ \text{m}}{400.0\ \text{m}}$
内弯道半径=25.5 m，跑道宽=4.5 m		内弯道半径=26 m，跑道宽=4 m	
$L_1=2\times 111.205$ $L_2=26\times 3.1416$ $L_3=30.5\times 3.1416$ $\Delta=\sqrt{A^2+4.5^2}-A$ $=\sqrt{111.205^2+4.5^2}-111.205$	$=222.41$ m $=81.68$ m $=95.82$ m $=\dfrac{0.09\ \text{m}}{400\ \text{m}}$	$L_1=2\times 110.43$ $L_2=26.5\times 3.1416$ $L_3=30.5\times 3.1416$ $\Delta=\sqrt{A^2+4^2}-A$ $=\sqrt{110.43^2+4^2}-110.43$	$=220.86$ m $=83.25$ m $=95.82$ m $=\dfrac{0.07\ \text{m}}{400\ \text{m}}$
注：表中的 L_1 为两直道长度，L_2 为内弯道长度，L_3 为外弯道长度，Δ 为换道区差。			

4.6.5.2 400 m 速度滑冰竞赛用标准场地附属设施

400 m 速滑竞赛用标准场地的附属设施应符合中国滑冰协会《速度滑冰竞赛规则》中相应要求的规定。

4.6.5.3 场地画法

400 m 速滑竞赛用标准场地的画法参见附录 B。

4.6.6 各项目场地外围走廊尺寸

400 m 速度滑冰场地，冰场外围走廊宽度应不小于 2 m；冰球场地直道两侧走廊宽度应不小于 2.5 m，其端线两侧用于设置监门席、运动员替补席及裁判员席的走廊宽度应不小于 1.5 m。

4.7 冰场结构

部分运动冰场建造安装的有关资料，参见附录 A。

5 检验方法

5.1 外观

5.1.1 冰面颜色

采用目测法检验冰面颜色。

5.1.2 冰面平滑度

采用目测法检验冰面平滑度。

5.1.3 冰层厚度

采用游标卡尺及电钻对冰层厚度进行检测。

按图 7 及图 8 所示测量点位置，用电钻将冰层钻至场地水泥表面，用游标卡尺测量钻孔深度。

5.1.4 冰面平整度

采用标称长度为 3 m 的靠尺及塞尺，沿冰场长轴方向每 10 m 随机检测 3 个点位。

5.1.5 冰面高差

将精度为±1 mm 的水准仪置于场地的中心位置，按图 7 及图 8 所示测量点分别测量各点标高，计算最高点与最低点之差。

5.2 温度及湿度

5.2.1 冰面温度

采用精度为±0.2℃的红外线测温仪或在场地中预埋电阻感温器的方法，按下述测量点位对冰面温度进行检测：

a) 400 m 速滑场地冰面温度测量点位

按图 7 中所示检测 16 个点位。

单位为毫米

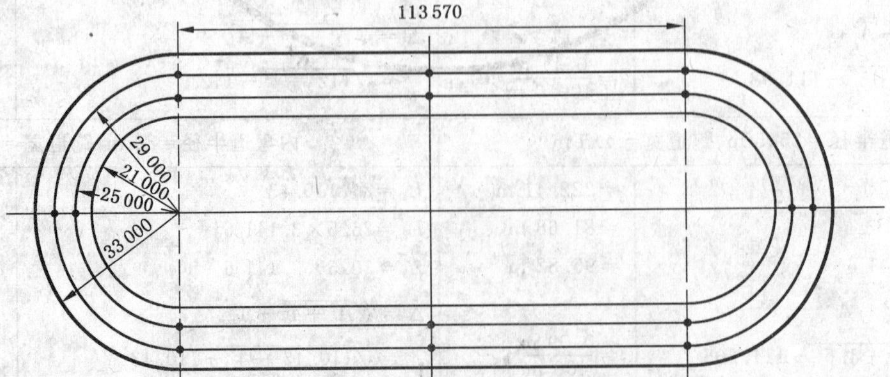

图 7 400 m 速度滑冰场地冰面温度、厚度及标高检测点位图

b) 冰球场地冰面温度测量点位

按图 8 中所示检测 5 个点位。

单位为毫米

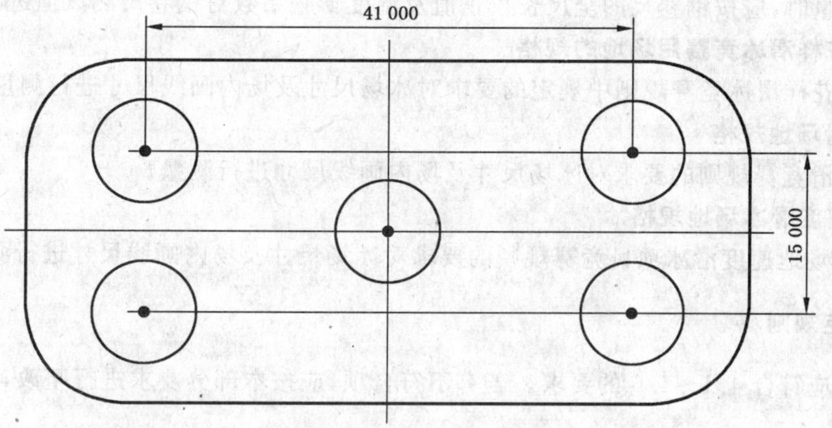

图 8 冰球场地冰面温度、厚度及标高检测点位图

c) 冰壶及花样滑冰冰面温度测量点位

冰壶及花样滑冰冰面温度测量点位与冰球场地温度测量点位相同。

5.2.2 冰场温度

将精度为±0.2℃的测温仪放置于距离冰面 1.3 m 处进行测量,各竞赛项目测量点位如 5.2.1 中所列。应对测量结果取平均值。

5.2.3 冰场湿度

在场区周围均匀选取四个测量点,将精度为Ⅰ级的干湿球湿度仪放置于距离地面 1.3 m 处进行测量,并对测量结果取算术平均值。

5.3 冰场照度

用Ⅰ级照度仪在冰面上 1 m 高处,按测量点位进行测量,并对测量结果取平均值。

场地面积与测量点位数量的选取如图 9 所示,测量点位置应平均分布在场地上。

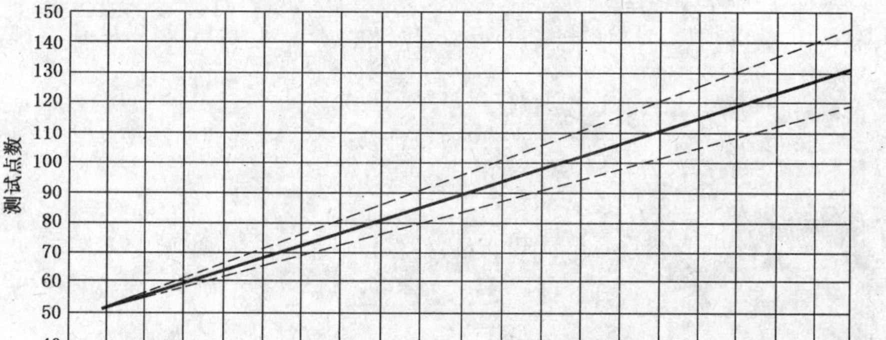

图 9 场地面积与测试点数关系图

5.4 冰层水质

用玻璃量杯随机取得浇冰车刮削的部分冰屑,融化后检查水样应清洁透明无悬浮物等杂质,并用 pH 试纸检查。

5.5 场地规格与场地点位线

5.5.1 测量仪器

精度不低于±10 mm/km 的测距仪或符合 QB/T 2443—1999 规定的 1 级钢卷尺。

用钢卷尺测量时，应按钢卷尺的全尺长校正值及温度膨胀系数对钢卷尺测试值进行校正。

5.5.2 冰球及花样滑冰竞赛用场地的规格

按照冰球和花样滑冰竞赛规则中规定的要求对冰场尺寸及场内画线尺寸进行测量。

5.5.3 短道速滑场地规格

按照短道速滑竞赛规则的要求对冰场尺寸及场内画线尺寸进行测量。

5.5.4 400 m 速度滑冰场地规格

按照 400 m 场地速度滑冰项目竞赛规则的要求对冰场尺寸及场内画线尺寸进行测量。

6 场地合格判定规则

竞赛用冰场应符合 4.1～4.6 的要求。若有不符合项，应按本部分要求进行整改，直至合格。

附 录 A
（资料性附录）
冰场制造方式及附属设施

A.1 冰场制造方式

A.1.1 制冷方式

为方便管理及保证冰面质量，结合国际冰场的制造经验及环保要求，推荐采用氨或氟利昂“间接制冷式”方法制造冰场。即将冷媒（乙二醇水溶液或氯化钙水溶液）经制冷机降温后送至冰场制冷排管降温制冰。

A.1.2 冰场温度、湿度关系

冰场温度、湿度关系见表A.1。

表 A.1 冰场温度与湿度关系

温度/℃	湿度/%
5	90
10	80
15	70
20	60

A.1.3 冰场基础

一般采用浇筑防冻抗渗混凝土作为冰场基础。

按制冷工艺及冰场使用要求，并根据不同建设条件可将冰场基础分为：隔气层、保温层、防水层、滑动层、承压层等。在设计冰场时，应考虑场地涨缩问题，预留伸缩缝。

A.1.3.1 场地面层

冰场面层可为混凝土层，其最大耐压强度应由冰场的用途决定。混凝土表层的标高高差不超过±5 mm。混凝土层应一次性浇注完成。

也可采用沙层内置冷冻排管作为场地面层。

A.1.3.2 防水层

冰场面层以下的防水层，通常采用聚乙烯膜或涂敷GS卷材作为防水层。使用聚乙烯膜卷材时，应注意卷材的最小搭接宽度以保证其防水性能。

A.1.3.3 保温层

防水层以下应铺设两层保温材料，材料接缝应进行粘贴，上下层接缝应交错。

保温层通常为挤压成型的聚苯乙烯或硬质聚氨酯。

A.1.3.4 加热层

加热层可用混凝土浇筑或由压实至95%以上标准密度的沙层制成（内含加热排管），加热层应平整，其标高高差应小于10 mm。

加热层所用的沙子应干净、不含黏土和其他有机物质。

A.1.3.5 地基

地基可由干净、致密的石子或砂砾制成。制作时，应将石子或砂砾压实并做平整处理。此外，在有水存在的情况下，应对地基安装排水系统。

也可采用混凝土基础作为地基。

A.2 附属设施

A.2.1 浇冰车及车库

竞赛用冰场宜配备浇冰车对冰面进行刨冰、扫冰、浇冰，以保证冰场的正常使用。

浇冰车库应设在邻近冰场区域，方便浇冰车进出的房间内，面积应足以摆放浇冰车及使用工具。

A.2.2 融雪池

竞赛用冰场宜配备融雪池，在建造融雪池时应根据所进行项目的要求考虑融雪池的容积，以便及时将浇冰车倾倒的积雪融化。

融雪池宜设在浇冰车库内，条件允许时，融雪池应考虑制冰系统余热化雪。

附　录　B
（资料性附录）
各竞赛项目用冰场推荐场地画法

B.1　冰球竞赛用冰场画法

按照图1和图2及国际冰球联合会《冰球竞赛规则》中相应条款的规定绘制冰球竞赛场地图。

冰球场地的冰面上应有5条分界线，每条分界线应横贯整个冰场并垂直延伸到边线界墙上（见图B.1）。

a)　球门线

在距冰场两端4 m处各画一条宽度为5 cm的红线，即为球门线。

b)　蓝线

采用两条宽度为30 cm的蓝色分界线将两条球门线之间的冰面划分成三个面积相等的区域。两条蓝色分界线称为蓝线。两条蓝线确定的三个区域，规定如下：

——某一方防守球门所在区域称为“守区”；

——守区与攻区中间的区域称为“中区”；

——对方防守球门所在区域称为“攻区”。

c)　中线

冰场中间宽度为30 cm的红线称为“中线”。

d)　争球点和争球圈

画在冰面上的所有点和圈称为“争球点”和“争球圈”，用于裁判员在每局比赛开始和停止后争球时用来确定运动员的位置。

e)　开球点和中圈

冰场中心直径为30 cm的蓝点是开球点。以开球点为圆心，用5 cm宽的蓝线画一个半径4.5 m的圆，称为中圈。

f)　中区争球点

在中区距每条蓝线1.5 m处，各画两个直径为60 cm的红色争球点。

g)　端区争球点和争球圈

在每个端区球门的两侧，各画一个直径为60 cm的红色争球点和争球圈。

在端区争球点每侧画两个“L”。以争球点的中心为圆心，以4.5 m为半径，用5 cm宽的红线画一个争球圈。

h)　裁判区

在紧靠记录席前端的冰面上，以3 m为半径，用5 cm宽的红线画一个半圆，称为“裁判区”。

i)　球门区

在每个球门前，用5 cm宽的红线画一个球门区，球门区内的冰面应被涂为浅蓝色。规则中规定，球门区应视为由球门区线垂直上伸到1.27 m，球门架的上缘围起来的所有空间。

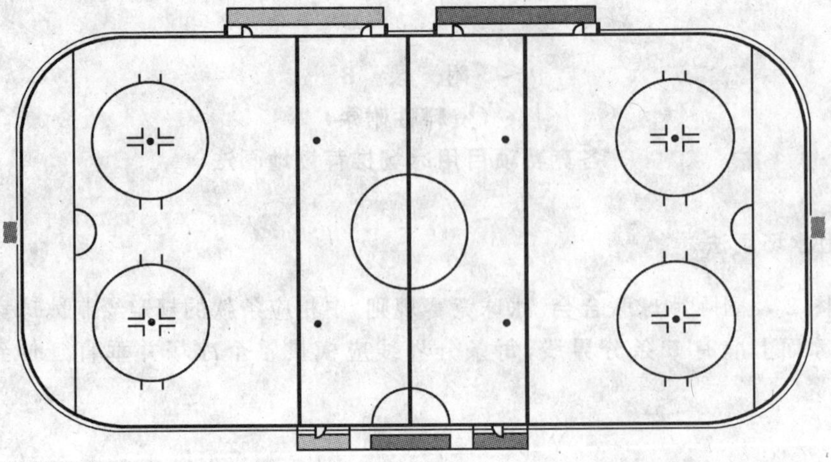

注 1：在室外场地，中线和划分“守区”、“中区”、“攻区”的蓝色分界线以及争球点标记都用 5 cm 宽的线完成；

注 2：如果允许界墙上张贴广告，(红、蓝、球门)线至少画到界墙下部的防踢护板上；

注 3：分区线的宽度是所在区域的一部分。

图 B.1 冰面分界线及标记

B.2 短道速滑竞赛用冰场画法

按照图 3、图 B.2 和图 B.3 中所示尺寸及下述要求绘制短道速滑竞赛用场地图：

——首先定纵轴，在纵轴线上画出五个点(中心点、两个半圆的圆心、两侧壶顶标志点)；

——画出进出弯道的四个标志点(即直、弯道的交接点)；

——在弯道上画出剩余的八个标志点；

——画出起、终点线(从起跑线内侧 50 cm 算起每隔 1.3 m 用直径为 2 cm 的标志线标志起跑位置)；

——国际比赛场地要求有地、市级以上专业测绘单位测量并出示场地测量结果证明。

单位为米

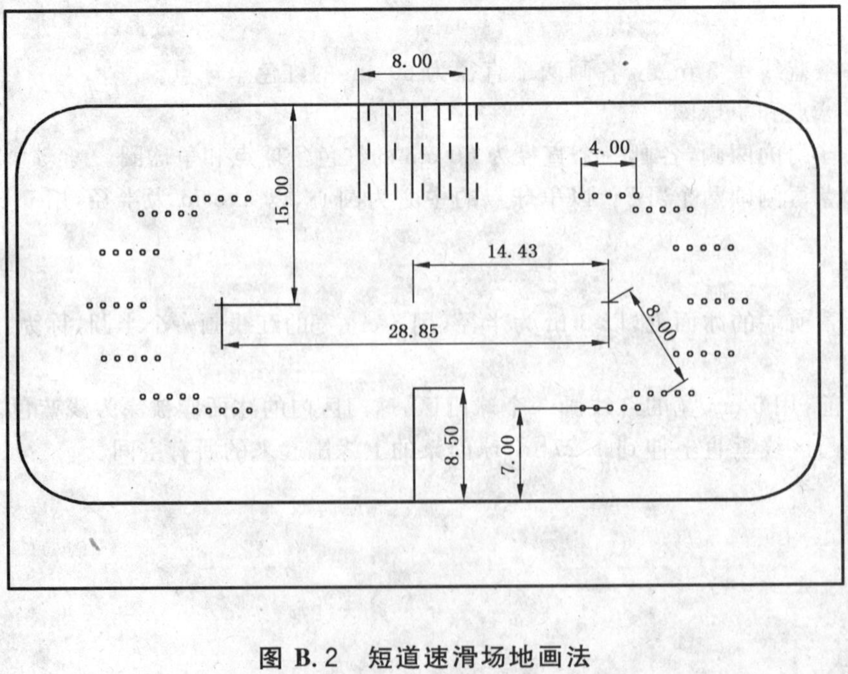

图 B.2 短道速滑场地画法

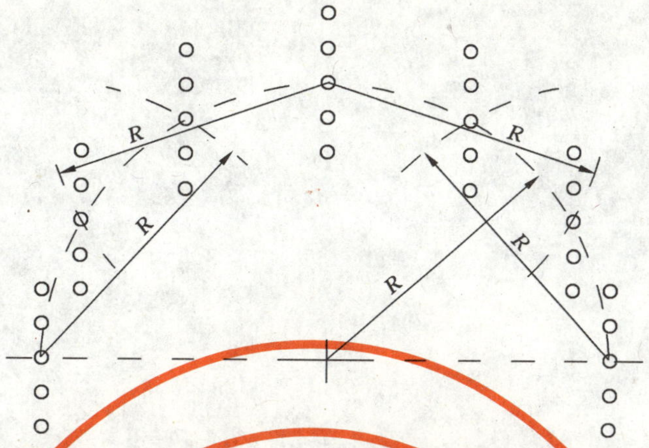

$R=8.00$ m

图 B.3 短道速滑弯道点位画法

B.3 冰壶竞赛用冰场画法

按照图4和图5中给出的尺寸对冰壶竞赛场地进行划线。场地中心线和后卫线应与大本营的对切点重合。

B.4 400 m速滑竞赛用冰场画法

按照图6及下述方法绘制400 m速滑竞赛用冰场：

a) 首先定出场地纵轴，在纵轴上画出场地中心点、两个半圆的圆心、两侧弧顶标志点共五个点；

b) 画出进出弯道的八个标志点(即直、弯道的交接点)；

c) 以两个半圆的圆心为中心点，分别画出两条跑道的半圆；

d) 在弯道路段和直道路段上分别每隔1 m和10 m，画两条长10 cm、宽5 cm的线，作为两条跑道的分界线；

e) 画出起、终点线及起跑预备线(所有的起、终点线均与报道的直道线或直道的延长线成直角；预备起跑线应在起跑线后2 m、终点线后沿5 m处，每隔1 m标出一个宽度不大于5 cm、平行于终点线的蓝线)；

f) 教练席在换道区应有特殊标记：在距跑道外沿(向冰面)1 m处画一条宽度为2 cm、平行于跑道外沿的线，该线从弯道结束进入换道区20 m处至将进入下一弯道前的10 m之间的全长。

ICS 01.120
A 00

中华人民共和国国家标准

GB/T 20000.6—2006

标准化工作指南
第6部分:标准化良好行为规范

Guide for standardization—Part 6:Code of good practice for standardization

(ISO/IEC Guide 59:1994,Code of good practice for standardization,MOD)

2006-09-04 发布 2006-12-01 实施

中华人民共和国国家质量监督检验检疫总局
中国国家标准化管理委员会 发布

前言

GB/T 20000《标准化工作指南》分为如下几部分：

——第1部分：标准化和相关活动的通用词汇；

——第2部分：采用国际标准的规则；

——第3部分：引用文件的规则；

——第4部分：标准中涉及安全的内容；

——第5部分：产品标准中涉及环境的内容；

——第6部分：标准化良好行为规范；

——第7部分：管理体系标准的论证和制定。

本部分为GB/T 20000的第6部分。

本部分修改采用ISO/IEC指南59:1994《标准化良好行为规范》(英文版)。本部分根据ISO/IEC指南59:1994重新起草。本部分与ISO/IEC指南59:1994的技术性差异为：

——将ISO/IEC指南59:1994的第1章“引言”的个别表述修改后作为本部分的“引言”；

——本部分增加第1章“范围”，概述了本部分的内容和适用范围；

——本部分增加第2章“规范性引用文件”；

——本部分增加了“标准化机构”、“标准机构”和“国家标准机构”三个术语及其定义，这三个术语引自GB/T 20000.1—2002《标准化工作指南　第1部分：标准化和相关活动的通用词汇》；

——将ISO/IEC指南59:1994第3章“总则”的关于遵守标准化良好行为规范的国际间信息通报的规定修改为我国标准化机构关于遵守标准化良好行为规范的信息通报的规定，取消了ISO/IEC指南59:1994第3章的3.2关于成员国加入ISONET的规定；

——将ISO/IEC指南59:1994的5.8按《ISO/IEC导则第1部分：技术工作程序》(第五版，2004年)相关条款的表述修改；

——将ISO/IEC指南59:1994的6.3和6.4合并为本部分的7.3；

——本部分删除了ISO/IEC指南59:1994的7.2、7.3和7.5关于国际、区域标准化组织及他们彼此之间的合作义务的条款；

——本部分将ISO/IEC指南59:1994的7.4和7.6关于国家标准机构和国家与区域标准化组织合作义务的条款合并修改为本部分的8.2，国家标准机构和标准化机构的合作义务的条款；

——本部分将ISO/IEC指南59:1994的7.7关于通过ISONET提供信息的条款修改为本部分的8.3，关于信息提供的条款；

——本部分删除了ISO/IEC指南59:1994的附录A：GATT技术性贸易壁垒协议的相关术语和定义；

——本部分删除了ISO/IEC指南59:1994的附录B：ISONET标准和标准相关信息体系和服务；

——本部分增加了附录A，即本部分章条编号与ISO/IEC指南59:1994章条编号的对照。

GB/T 20000是标准化工作导则、指南和编写规则系列国家标准之一。下面列出了这些国家标准的预计结构及其对应的国际标准、导则、指南，以及将代替的国家标准：

a) GB/T 1《标准化工作导则》，分为：

——第1部分：标准的结构和编写规则(ISO/IEC导则第3部分，代替GB/T 1.1—1993、GB/T 1.2—1996)；

——第2部分：标准中规范性技术要素内容的确定方法(ISO/IEC导则第2部分，代替GB/T 1.3—1997、GB/T 1.7—1988)；

——第3部分:技术工作程序(ISO/IEC 导则第1部分,代替 GB/T 16733—1997)。

b) GB/T 20000《标准化工作指南》,分为:

——第1部分:标准化和相关活动的通用词汇(ISO/IEC 指南2,代替 GB/T 3935.1—1996);

——第2部分:采用国际标准的规则(ISO/IEC 指南21);

——第3部分:引用文件的规则(ISO/IEC 指南15,代替 GB/T 1.22—1993);

——第4部分:标准中涉及安全的内容(ISO/IEC 指南51);

——第5部分:产品标准中涉及环境的内容(ISO/IEC 指南64);

——第6部分:标准化良好行为规范(ISO/IEC 指南59);

——第7部分:管理体系标准的论证和制定(ISO/IEC 指南72)。

c) GB/T 20001《标准编写规则》,分为:

——第1部分:术语(ISO 10241,代替 GB/T 1.6—1997);

——第2部分:符号(代替 GB/T 1.5—1988);

——第3部分:信息分类编码(代替 GB/T 7026—1986);

——第4部分:化学分析方法(ISO 78-2,代替 GB/T 1.4—1988);

——第5部分:强制性标准。

本部分的附录A为资料性附录。

本部分由中国标准化研究院提出。

本部分由全国标准化原理与方法标准化技术委员会(SAC/TC 286)归口。

本部分起草单位:中国标准化研究院、中机生产力促进中心、中国电子技术标准化研究所、冶金工业信息标准研究院。

本部分主要起草人:逄征虎、白殿一、刘慎斋、强毅、陆锡林、魏绵、李文文。

引　言

标准在世界各国之间及其国内的商贸中发挥重要作用。这些标准是由国际、区域、国家和国家以下层次的机构制定，这些机构中的大部分以协商一致的方法制定他们的文件。随着世界贸易与技术合作的发展，标准化机构已经形成了一些被普遍认为在各层次都适用的标准制定程序和合作模式的良好规范。

国际标准化组织(ISO)、国际电工委员会(IEC)和国际电信联盟(ITU)负责协调国际层次的自愿的标准化程序。这些机构是以国家层次(需要时延伸至区域层次)为基础构成的具有广泛性架构的最高层组织。在国际层次通过ISO、IEC和ITU之间的合作协议，在区域层次通过区域标准化组织(如欧洲的CEN，CENELEC和ETSI)之间的合作协议，通过三个最高层组织的各成员国间的广泛合作协议，把国际层次、区域层次和国家层次的标准化联结在一起构成这一国际体系。

在全球标准化体系中，这三个最高层组织的各成员国有责任确保一致性和协调性。国家标准机构仅指一个或更多国际最高层机构的成员，也是相应的有关区域性组织的成员，而标准化机构在一个国家中可能有许多，由此在本部分的第7章和第8章的表述中用“国家标准机构”与“标准化机构”两个术语作出区分。

本部分提供的原则力图确保标准化活动的公开性和透明度以及最佳的秩序、协调一致和有效性。

标准化工作指南
第6部分:标准化良好行为规范

1 范围

GB/T 20000 的本部分提出了标准制定程序、标准编制原则和标准化的参与及合作方面的良好规范。

本部分适用于各类标准化机构及从事标准化工作的人员。

2 规范性引用文件

下列文件中的条款通过 GB/T 20000 的本部分的引用而成为本部分的条款。凡是注日期的引用文件,其随后所有的修改单(不包括勘误的内容)或修订版均不适用于本部分,然而,鼓励根据本部分达成协议的各方研究是否可使用这些文件的最新版本。凡是不注日期的引用文件,其最新版本适用于本部分。

GB/T 20000.1 标准化工作指南 第1部分:标准化和相关活动的通用词汇(GB/T 20000.1—2002,ISO/IEC Guide 2:1996,Standardization and related activities—General vocabulary,MOD)

3 术语和定义

GB/T 20000.1 确立的术语和定义适用于 GB/T 20000 的本部分。为了方便,下面重复列出了 GB/T 20000.1 中的一些术语。

3.1

标准化机构 standardizing body

公认的从事标准化活动的机构

[GB/T 20000.1—2002,定义 2.4.3]

3.2

标准机构 standards body

在国家、区域或国际的层次上承认的,根据其章程的规定以制定、批准或通过公开发布的标准为主要职能的标准化机构

注:标准机构还可有其他的主要职能。

[GB/T 20000.1—2002,定义 2.4.4]

3.3

国家标准机构 national standards body

在国家层次上承认的,有资格成为相应的国际和区域标准组织的国家成员的标准机构

[GB/T 20000.1—2002,定义 2.4.4.1]

4 总则

4.1 遵守本部分良好行为规范的标准化机构应将实施情况及承诺,标准化机构的名称和地址,以及现有的和预期的标准化活动的范围告知国家标准机构。

4.2 标准化机构应充分考虑同样接受本部分的其他标准化机构就本部分的实施方面提出的意见,并向他们提供充足的提意见的机会。标准化机构应妥善处理任何意见。

5 标准制定程序的原则

5.1 协商一致原则的标准制定程序应能控制标准制定的方法。根据各相关方的请求，标准化机构的技术工作程序文件应以合理而及时的方式予以提供。

5.2 标准制定程序应包括一种明确的、现实的和便捷的投诉机制，以公平处理程序性和实质性的投诉。

5.3 标准化活动通报的发布应通过合适的媒体及时公布新的、进行中的和已完成的标准制定活动以及情况变化，以便感兴趣的相关机构或个人发表意见。

5.4 根据各相关方的请求，标准化机构应及时提供一份已经提交讨论的标准草案。除邮寄费用外，所涉及的各项费用，应对各相关方一视同仁。相关方无论处于何地，标准化机构都应为其提供适当的机会审议和评论标准草案。如果需要，对于所有收到的意见(例如要求解释偏离相关国际标准的理由)都应给予及时的考虑和回复。

5.5 标准的通过应基于协商一致的结果。

5.6 标准化机构应定期复审和及时修订标准。对于任何机构或个人，按照相应程序提交的制、修订标准的新工作项目提案，都应给予及时地考虑。

5.7 标准化机构应及时出版已批准发布的标准，并能让任何人在合理的时限和条件下获得出版物。

5.8 标准化机构应存档并维护标准制定过程中的有关文件。

6 促进贸易的标准编制原则

6.1 标准编制应符合市场需要，并促进最广阔的地理和经济领域的贸易。标准编制不应阻碍和限制贸易。

6.2 标准编制不应作为制定价格和排斥竞争的手段，也不应由于比技术法规要求或其他行业或地方法规对兼容性、环境保护、健康和安全要求更苛刻而限制商业活动。

6.3 当国际标准存在或即将完成时，标准化机构应将国际标准作为制定相应国家标准或其他标准的基础，除非这样的国际标准由于诸如保护级别不够或基本气候或地理因素或基本技术问题而无效或不适用。

6.4 标准编制不应误导消费者，也不应误导标准涉及的产品、过程或服务的其他用户。

6.5 标准编制和采用不应对产品实行基于产地的歧视。

6.6 凡有可能，标准的要求应以性能特性来表述，而非设计或描述特性，以便给技术发展留出最大自由空间。

6.7 有关合格评定和合格标志或其他的管理要求以及非技术问题，应与技术和性能要求分开表述。

6.8 在例外情况下，如果出于技术原因证明引用专利项目是合理的，原则上不反对用包括采用专利权所覆盖的专利项目的条款制定标准，但需得到专利持有者做出在合理无歧视的原则下与专利使用申请者进行许可谈判的承诺。

7 标准制定过程的参与

7.1 标准化机构所确立的标准化程序应能便于直接相关的人员和组织参与各层次的标准化过程。

7.2 为了在尽可能广泛的基础上协调各标准，标准化机构应在资源限度内以恰当的方式，积极参与相关国际标准化机构的活动，并在其制定或采用相关国际标准的过程中起到重要的作用。

7.3 国家参与国际和区域层次的标准化活动由国家标准机构负责组织。在国际标准化活动相关事项上国家标准机构应确保这种参与能够代表国家利益。

7.4 国家标准化活动的参与应由标准化机构和国家标准机构按其协商一致的程序来组织，该程序应均衡反映各相关方利益，诸如制造商、用户、消费者等。国家标准机构应提供其他国家提出意见的机会，并且与国际和区域标准组织合作。

8 标准化合作与沟通

8.1 为使标准相互协调，以适用于最大可能的用户群体，标准化活动应积极自愿地在国际、区域、国家之间以及国家内部保持合作。

8.2 国内各标准化机构与国家标准机构应积极合作，国内各标准化机构应尽一切努力避免与国家标准机构的工作重复或交迭。

8.3 向国家标准机构做出遵守本部分承诺的标准化机构应设置咨询部门，向国家标准机构和其他相关方提供第5章涉及的标准化信息并回复有关咨询。

附　录　A
（资料性附录）
本部分章条编号与 ISO/IEC 指南 59:1994 章条编号的对照

表 A.1 给出了本部分章条编号与 ISO/IEC 指南 59:1994 章条编号对照一览表。

表 A.1　本部分章条编号与 ISO/IEC 指南 59:1994 章条编号对照表

本部分章条编号	对应的国际指南章条编号
引言(四段)	1(1.1～1.4)
1	无对应
2	无对应
3	2
4(4.1 和 4.2)	3(3.1 和 3.3)
无对应	3(3.2)
5(5.1～5.8)	4(4.1～4.8)
6(6.1～6.8)	5(5.1～5.8)
7(7.1 和 7.2)	6(6.1 和 6.2)
7(7.3)	6(6.3 和 6.4)
7(7.4)	6(6.5)
8(8.1)	7(7.1)
无对应	7(7.2、7.3 和 7.5)
8(8.2)	7(7.4 和 7.6)
8(8.3)	7(7.7)
无对应	附录 A
无对应	附录 B

ICS 01.120
A 00

中华人民共和国国家标准

GB/T 20000.7—2006

标准化工作指南
第7部分：管理体系标准的论证和制定

Guide for standardization—Part 7：Guidelines for the justification and development of management system standards

（ISO Guide 72：2001，Guidelines for the justification and development of management system standards，MOD）

2006-09-04 发布　　　　2006-12-01 实施

中华人民共和国国家质量监督检验检疫总局
中国国家标准化管理委员会　发布

前　言

GB/T 20000《标准化工作指南》分为如下几部分：

——第1部分：标准化和相关活动的通用词汇；

——第2部分：采用国际标准的规则；

——第3部分：引用文件的规则；

——第4部分：标准中涉及安全的内容；

——第5部分：产品标准中涉及环境的内容；

——第6部分：标准化良好行为规范；

——第7部分：管理体系标准的论证和制定。

本部分为 GB/T 20000 的第7部分。

本部分修改采用 ISO 指南 72:2001《管理体系标准的论证和制定规则》(英文版)。本部分根据 ISO 指南 72:2001 重新起草。本部分与 ISO 指南 72:2001 的文本结构相同，存在技术性差异为：

a) 根据我国情况，对于 ISO 指南 72:2001 涉及 ISO 国际标准的制定程序和机构，本部分用我国相应的标准制定程序和机构及相关方代替：
   1) 本部分删除了 ISO 指南 72:2001 第1章注3——关于 TC 的注释；
   2) 将 ISO 指南 72:2001 第1章、A.2.1 的 d)和 A.2.7 的 a)中“ISO 机构”、“非 ISO 标准制定组织”字样修改为我国的标准制定机构和起草者；
   3) 将 ISO 指南 72:2001 的 7.1 中关于向 CASCO 咨询的条款修改为向我国认证认可管理机构咨询；
   4) 将 ISO 指南 72:2001 的 7.3.2 和 7.3.3 中“ISO 技术委员会”字样修改为我国的“TC”。

b) 对于 ISO 指南 72:2001 中国际标准制定程序各阶段及结果形式，本部分用我国标准制定程序相应阶段及结果形式代替：
   1) 本部分删除了 ISO 指南 72:2001 第1章的注1——关于 ISO 和 IEC 国际标准、技术规范等各类文件的注释；
   2) ISO 指南 72:2001 的 6.2 关于标准论证程序的条款，本部分用我国立项阶段代替 ISO 对于新领域和新工作项目的投票程序；
   3) 本部分删除了 ISO 指南 72:2001 的 7.3.3 和 A.2.3 中标准或文件的“ISO”字样；
   4) 将 ISO 指南 72:2001 的 A.2.1 的 b)中 ISO 和 IEC 国际标准、技术规范等各类文件修改为我国对应的国家标准、国家标准化指导性技术文件等文件。

c) 对于 ISO 指南 72:2001 规范性引用的国际标准，本部分用相应的国家标准代替：
   1) 用“GB/T 16733—1997　国家标准制定程序的阶段划分及代码”代替了“ISO/IEC 导则——第1部分：技术工作程序，2001”，在正文中引用该文件的位置为 7.2.1、7.2.3.1 及第2章所列引用文件清单；
   2) 用“GB/T 20000.1　标准化工作指南　第1部分：标准化和相关活动的通用词汇”代替了“ISO/IEC 指南 2　标准化和相关活动的通用词汇”，在正文中引用该文件的位置为第3章引导语、3.5 的注1及第2章所列引用文件清单；
   3) 用“GB/T 19000　质量管理体系　基础和术语”代替了“ISO 9000　质量管理体系　基础和术语”，在正文中引用该文件的位置为第3章引导语和 A.2.4 的 b)及第2章所列引用文件清单；

4) 用“GB/T 24050 环境管理 术语”代替了“ISO 14050 环境管理 术语”,在正文中引用该文件的位置为第3章引导语及第2章所列引用文件清单。

d) 本部分删除了不适用的规范性引用文件:

1) 删除了6.3第一段中引用的“ISO/IEC导则——第1部分:技术工作程序,2001”的附录C“确立项目提案的论证”;

2) 删除了A.2.4的b)中“ISO/IEC专业政策”,该内容引自“ISO/IEC导则——第2部分:标准的结构和起草规则,2001”的6.8.2。相应地删除了第2章中所列“ISO/IEC导则——第2部分:标准的结构和起草规则,2001”。

e) 本部分删除了不适用的缩略语,即删除了CASCO、CD、DIS、NWI、TMB、WD这些不适用于我国的缩略语。增加缩略语WG。

f) 其他:

1) 本部分删除了ISO指南72:2001第1章注2——关于MSS缩略语的注释,因为在第4章“缩略语”一章中有注解;

2) 对于ISO指南72:2001资料性引用的国际文件,用相应的国家标准代替,并在参考文献所列文件中作了相应的替换。

GB/T 20000是标准化工作导则、指南和编写规则系列国家标准之一。下面列出了这些国家标准的预计结构及其对应的国际标准、导则、指南,以及将代替的国家标准:

a) GB/T 1《标准化工作导则》,分为:

——第1部分:标准的结构和编写规则(ISO/IEC导则第3部分,代替GB/T 1.1—1993、GB/T 1.2—1996);

——第2部分:标准中规范性技术要素内容的确定方法(ISO/IEC导则第2部分,代替GB/T 1.3—1997、GB/T 1.7—1988);

——第3部分:技术工作程序(ISO/IEC导则第1部分,代替GB/T 16733—1997)。

b) GB/T 20000《标准化工作指南》,分为:

——第1部分:标准化和相关活动的通用词汇(ISO/IEC指南2,代替GB/T 3935.1—1996);

——第2部分:采用国际标准的规则(ISO/IEC指南21);

——第3部分:引用文件的规则(ISO/IEC指南15,代替GB/T 1.22—1993);

——第4部分:标准中涉及安全的内容(ISO/IEC指南51);

——第5部分:产品标准中涉及环境的内容(ISO/IEC指南64);

——第6部分:标准化良好行为规范(ISO/IEC指南59);

——第7部分:管理体系标准的论证和制定(ISO/IEC指南72)。

c) GB/T 20001《标准编写规则》,分为:

——第1部分:术语(ISO 10241,代替GB/T 1.6—1997);

——第2部分:符号(代替GB/T 1.5—1988);

——第3部分:信息分类编码(代替GB/T 7026—1986);

——第4部分:化学分析方法(ISO 78-2,代替GB/T 1.4—1988);

——第5部分:强制性标准。

本部分的附录A和附录B为资料性附录。

本部分由中国标准化研究院提出。

本部分由全国标准化原理与方法标准化技术委员会(SAC/TC 286)归口。

本部分起草单位:中国标准化研究院、中机生产力促进中心、中国电子技术标准化研究所、冶金工业信息标准研究院。

本部分主要起草人:逄征虎、白殿一、强毅、刘慎斋、陆锡林、李文文、魏绵。

引　言

管理体系标准目前正被广泛使用。这些标准若要保持其适用性和权威性，最重要的一点是要能反映市场需求，而且能彼此兼容，便于共同实施。为了确保管理体系标准的市场相关性和相互的兼容性，需要一个编制管理体系标准的统一的原则和方法，同时还需要有一个考虑诸如管理体系标准经济成本和效益问题的方法，为此，制定本文件作为指导管理体系标准论证和制定的标准化工作指南。

GB/T 20000 的本部分旨在协助起草管理体系标准，以确保管理体系标准符合市场需求和彼此兼容。遵循本部分的指导制定的管理体系标准便于满足市场需求，避免给标准使用者带来不必要的负担和使市场复杂化。遵循本部分的指导还有助于促进管理体系标准之间的兼容性和一致性，以便促进管理体系标准的应用。

制定通用管理体系标准的技术委员会负责所制定的标准的完整性。这些委员会可以制定专业性方针，对与其工作范围有关的特定领域的标准制定工作提供进一步的指导和程序。

标准化工作指南
第7部分:管理体系标准的论证和制定

1 范围

GB/T 20000 的本部分规定了:

——管理体系标准项目的论证和评价的指导原则,以评定其市场相关性;

——制定和维护(例如复审和修订)管理体系标准的方法(过程)的指导原则,以确保兼容性和一致性;

——管理体系标准的术语、结构和共有要素的指导原则,以确保兼容性,并提高一致性和易于使用的程度。

本部分将管理体系标准分为下列三种类型:

——A类:通用管理体系要求标准和专业管理体系要求标准;

——B类:通用管理体系指导标准和专业管理体系指导标准;

——C类:管理体系相关标准。

尽管本部分主要针对A类管理体系标准,但同样适用于B类管理体系标准。除了本部分7.3有关管理体系标准的结构和共有要素的规定以外的其他内容还适用于C类管理体系标准。

本部分适用于制定管理体系要求标准、管理体系指导标准和管理体系相关标准的机构和起草者。本部分不适用于实施管理体系的组织和针对管理体系进行认证的组织。

2 规范性引用文件

下列文件中的条款通过GB/T 20000的本部分的引用而成为本部分的条款。凡是注日期的引用文件,其随后所有的修改单(不包括勘误的内容)或修订版均不适用于本部分,然而,鼓励根据本部分达成协议的各方研究是否可使用这些文件的最新版本。凡是不注日期的引用文件,其最新版本适用于本部分。

GB/T 16733—1997 国家标准制定程序的阶段划分及代码

GB/T 19000 质量管理体系 基础和术语(GB/T 19000—2000,ISO 9000:2000,IDT)

GB/T 20000.1 标准化工作指南 第1部分:标准化和相关活动的通用词汇(GB/T 20000.1—2002,ISO/IEC Guide 2:1996,Standardization and related activities—General vocabulary,MOD)

GB/T 24050 环境管理 术语(GB/T 24050—2004,ISO 14050:1998,IDT)

3 术语和定义

GB/T 20000.1、GB/T 19000、GB/T 24050确立的以及下列术语和定义适用于GB/T 20000的本部分。

3.1

管理体系 management system

建立方针和目标并实现这些目标的体系

[GB/T 19000—2000,定义3.2.2]

注1:各组织采用管理体系制定方针,并通过各种具体目标予以实施,这些管理体系采用:

——规定人的职能、责任、权力等的组织结构;

——实现这些目标的系统过程和相关资源;

——按照目标评定业绩的评定方法，根据反馈结果改进管理体系；

——评审过程，确保所出现的问题能够及时得到纠正，发现机会及时改进管理体系。

注2：各组织拥有（无论是有意识还是无意识且无论是否提供证明文件）大体上的管理体系，通过这个管理体系，组织的目标得以制定、实施和控制。

3.2 管理体系标准

3.2.1

A类：管理体系要求标准 type A：management system requirements standard

向市场提供有关组织的管理体系的相关规范，以证明组织的管理体系是否符合内部和外部要求（例如通过内部和外部各方予以评定）的标准

示例：

——管理体系要求标准（规范）。

——专业管理体系要求标准。

3.2.2

B类：管理体系指导标准 type B：management system guidelines standard

通过对管理体系要求标准各要素提供附加性指导或提供非同于管理体系要求标准的独立指导，以帮助组织实施和（或）完善管理体系的标准

示例：

——关于使用管理体系要求标准的指导。

——关于建立管理体系的指导。

——关于改进和完善管理体系的指导。

——专业管理体系指导标准。

3.2.3

C类：管理体系相关标准 type C：management system related standard

就管理体系的特定部分提供详细信息或就管理体系的相关支持技术提供指导的标准

示例：

——管理体系术语文件。

——评审、文件提供、培训、监督、测量和绩效评定标准。

——标记和生命周期评定标准。

3.3

管理体系标准族 management system standard family

由同一技术委员会制定的成套管理体系要求标准（3.2.1）、管理体系指导标准（3.2.2）和管理体系相关标准（3.2.3）

3.4

管理体系标准项目 management system standard project

管理体系要求标准（3.2.1）、管理体系指导标准（3.2.2）和管理体系相关标准（3.2.3）的制定、复审、修订或增加新的部分的项目

3.5

（标准的）兼容性 compatibility

在规定的条件下，类似标准一起使用，各自满足相应要求，彼此间不引起不可接受的相互干扰的适应能力

注1：本定义基于GB/T 20000.1而定义。

注2：对于管理体系标准，则“兼容性”是指组织能够以共享、全部使用或部分使用的方式实施标准的共有要素，而不必重复使用或被迫接受与之冲突的要求。“兼容性”不意味着各标准采用的共有要素都完全一样，尽管在实践中有可能一样。

3.6

论证研究过程 justification study process

论证和评价管理体系标准项目(3.4)的市场相关性的过程

注：管理体系标准项目的最初论证研究由项目建议人进行。评价之后，如需要修改，则添加到以后的评定和建议报告中(参见6.2)。

4 缩略语

下列缩略语适用于GB/T 20000的本部分。

JS	论证研究
MSS	管理体系标准(包括A、B和C类管理体系标准，如3.2.1至3.2.3定义)
MSS族	管理体系标准族(3.3)
MSS项目	管理体系标准项目(3.4)
PDCA	策划、实施、检查、处置
SC	分技术委员会
TC	技术委员会
WG	工作组

5 总则

下列总的原则提供了对一项MSS新工作项目建议提案的市场相关性(第6章)和提案获得认可后由指定机构实施的标准制定过程进行评定的规则(第7章)。

附录A所列的用于论证的基本问题是以下列原则为依据提出的，这些原则提供了评定相应答案的准则。

第7章所述的过程同样基于下列原则，这些原则提供了验证和确认最后的MSS的准则。

在提出、制定和维护MSS阶段应遵守下列原则：

市场相关性	MSS应符合主要用户和其他各被影响方的需求并为其增值。
兼容性	各MSS之间和MSS族内应保持兼容。
易于使用	确保用户能方便地实施MSS。
主题覆盖面	MSS应有足够的适用范围，以消除或减少专业间的差异。
灵活性	MSS应适用于各相关专业、文化背景和规模的组织。不可妨碍组织间的竞争和妨碍组织建立高于标准的管理体系。
合理的技术基础	MSS应建立在管理实践和经过科学验证的数据之上。
易于理解	MSS应易于理解、含义明确、无文化偏见、易于翻译且总体上符合实际。
自由贸易	在符合WTO技术性贸易壁垒协议原则下，MSS应不妨碍商品和服务的自由贸易。
合格评定的适用性	应评定第一方、第二方和第三方合格评定的市场需求。最后的MSS应在其范围内明确规定使用合格评定的适用性。MSS应便于联合审核。
不应直接包括的内容	MSS不应直接包括有关产品(包括服务)的规范、试验方法、性能水平(例如设定极限值)或实施MSS组织所生产产品的其他标准化内容。

6 论证研究的过程和准则

6.1 概述

本章描述了论证和评价MSS新工作项目建议提案的市场相关性的论证研究(JS)过程。附录A列出了在JS中需要回答的一系列问题。

6.2 论证研究的过程

MSS 新工作项目建议提案的 JS 过程适用于任何 MSS 项目，包括下列内容：

a) 由 MSS 项目提案人(或提案人指定的代表)负责 JS；

b) 对 JS 进行独立评价，或者认为是充分的，或者认为还需要进一步工作；

c) 对 JS 进行独立评定，并编写新工作项目建议报告；新工作项目建议报告应提供下列信息：

——建议的内容及基本原理概述，其中包括最佳适用范围和文件类型；

——如果有针对新工作项目建议的合格评定方法，是最适合标准用户的；

——JS 评定概述，包括主要的支持意见和反对意见；

——评定期间收集的关于地区、专业和联系方面的信息；

——有关报告作者的信息。

JS 过程之后是立项阶段，以便决定是否开展新领域活动或新的工作项目。

独立评定的目的是提供客观公正的信息，以此作为建议报告的依据。此外还以报告的形式提供客观有用的补充信息，提交给标准管理机构，以便在审查和协调后作出决定。

在 MSS 的复审之初，也要开展新的 JS；论证结果和随后的建议报告应附在复审意见表上。JS 的规模可大可小，视 MSS 出版后，在管理实践中预期产生的变化而定。

复审的 JS 评定也应考虑第 5 章所述的原则和附录 A 所提的问题，可以与以前的 JS 评定和编制大纲(见 7.2.2)进行比较。该过程应有助于发现 MSS 的市场需求和认为需要进一步改进的地方。

复审的 JS 建议报告应指明下列信息之一：

——撤消；

——确认；或

——修订。

6.3 论证研究的准则

根据第 5 章所述的总的原则，在附录 A 列出了一系列问题，应作为论证和评定 MSS 新工作项目建议提案的准则。

MSS 新工作项目建议提案人在进行 JS 时，应考虑第 5 章所述的总的原则和附录 A 所列出的问题。所列问题没有将各个方面都囊括其中，应根据具体情况补充有关信息。

对于附录 A 所列出的各个问题的重要性和相关性，根据具体 MSS 新工作项目建议提案的性质而各有不同。JS 时应证实附录 A 所列的所有问题都考虑在内了。如果确认某些问题与特定情况无关或不适用，则应说明其理由。如果提出 C 类 MSS 工作项目建议提案或对现行标准做细微改动，均需要对有关问题作出回答，只是回答的严格程度可低于 A 类 MSS 工作项目建议提案的程度。

负责对 JS 进行评定的机构应采用第 5 章所述的总的原则和回答附录 A 中所列出的问题，但不限于此。有些 JS 可能需要考虑一些其他问题，以便客观地评价 MSS 新工作项目建议提案的市场相关性。在进行 JS 评定的过程中，可以要求提案人阐述问题或者提供补充信息。

7 MSS 的制定过程和结构

7.1 通则

MSS 的制定将与下列方面有关：

——所制定的 MSS 对企业行为的深远影响；

——相关方支持的力度；

——相关方参与制定的实际可能性；

——市场对于 MSS 兼容性和一致性的需求。

本章提供的指导是对技术工作程序的补充，以便将上述方面考虑在内。

所有制修订 MSS 的工作项目应遵守 7.2 规定的过程。制定管理体系要求标准或指导标准(3.2)

时,还应遵守7.3的规则。若标准初稿已经完成,并确定作为MSS工作项目建议提案的基础,则应根据文件的成熟情况规定7.2和7.3应用程度的建议。

所有的MSS应使用相同的术语,以便易于使用并彼此兼容。若适合,MSS应采用按同一顺序排列的共有要素(参见7.3)。

任何MSS族的结构均应仔细设计,并对MSS族中的每个文件的作用予以界定。MSS族内的管理体系相关标准(C类)应完全符合管理体系要求标准(A类)。B类和C类标准不应提出附加的管理体系要求。当制定有关支持技术的MSS族时,应适当采用7.2所述的指导。这些文件均是独立的,其结构可不必与A类或B类MSS的结构相配合,但是,如果还有引入另一MSS族的同类文件或多个同一MSS族的同类文件,则应予以适当考虑,达到彼此结构相互配合。

如果涉及管理体系的指导标准,则重要的是明确界定其与对应的管理体系要求标准之间的功能关系,例如:

——使用管理体系要求标准的指导;

——建立/实施管理体系的指导;

——改进和完善管理体系的指导。

如果这些管理体系指导标准与A类管理体系要求标准有关,则它们的结构应相互配合。

如果MSS工作项目建议提案为专业管理体系标准,则除7.2和7.3所述的指导外还应遵守下列规定:

——专业管理体系标准应与通用管理体系标准兼容和相配合;

——负责制定通用管理体系标准的相关TC或SC可增加需要符合的补充要求和相应的程序;

——需要征询其他相关TC或SC的意见,有关合格评定问题需要征询认证认可管理机构的意见。

如果是专业管理体系标准,则应明确其功能和与通用管理体系标准的关系(例如补充了专业性的要求或阐述,或者是解释,或者二者兼有)。

专业管理体系标准应清楚地标出(例如采用不同的字体)所提供的专业性信息的类型。

7.2 MSS的制定过程

7.2.1 概述

本条提出的大多数补充指导是针对标准制定的起草阶段(GB/T 16733—1997的3.3),包含标准草案征求意见稿的起草。

注:凡下列提到的TC也包括有关SC在内。

7.2.2 编制大纲

为确保MSS能够如JS所指出的那样实现其初衷,在起草征求意见稿前应制定并通过编制大纲。

负责有关MSS的TC应决定适用于各类MSS的编制大纲的格式和内容,并成立小组开展工作。

编制大纲应解决下列问题:

——用户需求,标准用户的识别及其伴随的需求,连同这些用户的利益和成本;

——范围,标准的范围和用途、名称和应用领域;

——兼容性,如何实现本MSS族内部和本MSS族与其他MSS族之间的相互兼容,确定同类标准的共有要素,以及如何将这些要素纳入7.3所建议的结构;

——一致性,与MSS族内其他文件的一致性。

注1:通常,大多数有关用户需求和范围的信息都可以从JS中获得。

如果是制定管理体系要求标准或指导标准(3.2),则编制大纲还应提供下列内容:

——模式,标准所用模式的特征(见7.3);

——结构,结构应符合7.3所述建议。如果有理由不符合7.3的建议,则应予以说明。

编制大纲应保证:

a) JS结果正确转换成MSS的要求;

b） 与其他 MSS 的兼容性和一致性问题的识别和提出；

c） 标准制定过程中的适当阶段具有验证最终 MSS 的基础；

d） 以编制大纲获得批准作为确定 TC/SC 对项目负责的依据；

e） 新工作项目立项阶段收到的意见得到考虑；

f） 所有约束条件得到考虑。

注 2：通过 JS，如果需要制定的标准不只一个，则可能有必要针对不同标准分别制定编制大纲。

7.2.3 标准的制定

7.2.3.1 项目管理

TC 应制定项目计划，阐明如何组织和管理项目、项目期限以及如何按照进度开展工作。

负责有关 MSS 的委员会（TC 和 SC）应欢迎各成员参加，以获得广泛的支持。TC 还应努力使希望实施 MSS 的组织的代表参与。为获得这些支持，除 GB/T 16733—1997 规定的标准制定程序的阶段划分以外还可能增设另外的征集意见和决策环节。

经验显示，由于 MSS 的性质和用途，许多相关方都希望参与，因此 TC 的规模可能较大。这可以通过区分执行任务和决策任务（例如参加起草或参加审定）进行管理。TC 应在各利益方的参与愿望和起草小组能有效开展工作的规模之间找到一个平衡点。

7.2.3.2 人力资源

MSS 项目的成功取决于：

——起草小组的构成，起草小组成员应包括该领域的专家和标准编写的专家，并且具有各方利益平衡的代表人数；

——起草小组成员的连续性以及小组成员保证连续参与工作的承诺。

TC 秘书处应确保项目负责人具备所要完成工作的必要能力。项目负责人应确保小组（例如 SC、WG、起草小组）成员了解工作内容，并给予应有的支持。

7.2.3.3 监督

在起草过程中，应监督与其他 MSS 的兼容性和易于使用的程度，可检查下列问题：

——词汇和定义；

——商定的共有要素；

——商定结构的使用和各章讨论的主题；

——要求的清晰度（包括语言和表述）；

——避免重复和相互矛盾。

7.2.3.4 偏离的管理

对于与工作进度、建议结构（见 7.3）和（或）编制大纲的偏离，应予协商并记录备案，以便标准管理机构和 TC 能够对这些偏离予以考虑。应制定有关程序对这些偏离予以校正。这是负责相关 MSS 的 TC 的责任，秘书处应提醒 TC 成员。

7.2.3.5 验证和确认

作为计划过程的一部分，TC 应在相应的阶段开展验证和确认工作，验证是否符合编制大纲，确认是否符合预定用途，以及所采用的方法是否恰当。

注：验证和确认的定义参见 GB/T 19000—2000。

验证工作从本质上看不能在编制大纲获得批准之前开始，但是，为了发挥验证的作用，尽早开展验证工作是非常重要的，至少应在编制大纲和征求意见阶段就开始。

可以在如下阶段开展验证和（或）确认工作：

——根据 JS 结果验证编制大纲；

——根据编制大纲验证相对完善的工作草案；

——征求意见阶段的验证和（或）确认工作；

——审查阶段的验证和(或)确认工作;

——最终 MSS 的确认。

验证工作由 TC 执行。

确认技术可包括:

——对组织进行调查,以获取新的 MSS 制定后可能给他们带来的益处、影响、问题等;

——选定组织进行项目试点,对新的 MSS 进行试验,并报告带来的益处和存在的问题;

——对文件的审查表决。

如果确认表明该项目不符合有关利益方的期望,则应对该 MSS 草案再次进行评审和修改,或者对编制大纲进行修改,甚至可以重新审视 JS 过程。

7.2.4 **MSS 制定过程的透明度**

MSS 的应用范围比大多数其他类型标准的应用范围要广,涉及人类活动的广泛领域,对许多用户利益都有影响。

因此编制 MSS 的 TC 在制定 MSS 时应保持很高的透明度,以保证:

——阐明参与制定标准的可能性;

——所采用的标准制定过程为各方所理解。

TC 应在整个项目期间提供有关项目进展方面的信息,包括:

——项目当前的进度情况(包括讨论中的问题);

——联络点的详细信息;

——关于全体会议的公报和新闻发布;

——定期列出常见问题和答案。

同时,还应考虑相关方的信息传播途径。

如果预计 MSS 的用户可能(通过自我声明、第二方合同或认证/注册)需要合格评定,则应特别关注在标准中给出获得合格评定的指导。

TC 应最大限度地利用标准管理机构的资源以提高项目的透明度,此外,TC 还应考虑设立专门的可公开访问的网站以增加透明度。

TC 应提高相关方对 MSS 项目的认知度,向各利益方(包括鉴定机构、论证机构、企业和用户)提供标准草案以及他们需要的具体信息。

TC 应保证参与标准制定的成员可以随时获取有关正在制定的 MSS 的技术信息。

7.2.5 **标准的解释程序**

TC 应设立一种专门机制,处理用户提出的有关标准方面的问题,并尽快将回复传达给其他各方。这种机制可以有效地解决在早期阶段出现的错误观点和发现问题,以便在下一次修订期间作进一步改进。

7.3 **MSS 模式、结构和共有要素**

7.3.1 **概述**

本条仅适用于 3.2.1 和 3.2.2 定义的管理体系要求标准和指导标准。

可以通过提高标准间的通用性促进管理体系要求标准或指导标准之间的兼容性和易于使用的程度。宜通盘考虑诸如综合管理体系模式、标准结构、共有要素的数量以及措词和术语等因素。

在起草各种主题的标准时有许多解决这些问题的方法,从协调术语到综合 MSS 不等。建议各种主题的管理体系要求标准和指导标准采用相同的术语,并采用一套确定的共有要素。通过这种办法,可以向组织提供一个具有合理基础的便于从总体上实施的标准。

7.3.2 **模式和结构**

管理体系要求标准或指导标准的总体结构宜建立在公认模式基础上,并在该模式下合理安排管理体系的要求。

所选模式宜体现适用于该 MSS 的根本性原则，以便达到下列目的：

a） 帮助用户理解这些根本原理和推行管理体系；

b） 帮助标准起草者建立起合理的具有一致性的结构。

还需采用类似的方式建立管理体系相关标准（3.2.3）结构，以便彼此共有一个通用的结构。

现行 MSS 的模式将历经一段时期的发展演化，产生新的模式。因此目前不适于提出指导所有具体的 MSS 的模式。目前，国家标准依据国际标准普遍采用两种公认的模式，即 PDCA 模式和过程模式。制定 MSS 和试图采用不同模式的 TC 宜确保与其他 TC 制定的 MSS 兼容。

注：可在 GB/T 19001、GB/T 19004 和 GB/T 24001 中看到这些模式的使用举例。

7.3.3 共有要素

制定 MSS 的经验表明存在有许多共有要素。共有要素可以按照下列主题进行排列：

a） 方针；

b） 策划；

c） 实施和运行；

d） 业绩评定；

e） 改进；

f） 管理评审。

附录 B 表 B.1 列出了根据上述结构排列的管理体系要求标准和指导标准的共有要素。建议确定共有要素以便于标准的使用和 MSS 的综合实施。这些要素的统一安排一般限于章和条的层面。

制定管理体系要求标准和指导标准和试图采用按不同顺序排列要素的 TC 宜证明其排列顺序是易于使用的和能够与其他 TC 制定的 MSS 综合实施。为方便与标准管理机构和其他有关 TC 的交流，TC 宜列表提供自己制定的 MSS 的排列顺序与表 B.1 之间的相互对照。

如果 TC 选择的共有要素的排列顺序与表 B.1 的排列顺序明显不同，则宜在文件中纳入相互对照表以便于使用。

起草管理体系要求标准的共有要素的文本时，相同含义宜用相同措辞来表述。

附 录 A
（资料性附录）
论证需要考虑的问题

A.1 概述

下列有关 JS 的问题并不是详尽无遗的，宜根据具体情况提供下列问题所未涉及的信息。

如果回答下列 A.2.3～A.2.8 问题的人员明显不同，宜根据 MSS 项目可能影响到的各相关方的类别分别予以考虑。

A.2 问题

A.2.1 MSS 新工作项目建议提案的基本信息

编制 MSS 时考虑回答如下问题：

a) 提出 MSS 的目的和范围是什么？

b) 提出的 MSS 新工作项目建议提案将会制定为国家标准、国家标准化指导性技术文件还是行业标准？

c) 提出的目的或范围是否包括产品（服务）规范、产品试验方法、产品性能水平或其他形式的与实施组织生产或提供的产品有关的规则或要求？

d) 对于 MSS 新工作项目建议提案是否有一个或多个理应负责的 TC 或非国家标准管理机构？若有，请指出来。

e) 是否有已确定的相关参考资料，例如现有的规则或既定的惯例？

f) 是否有技术专家支持本标准的工作？是否有技术专家直接代表来自不同地域的各有关方的利益？

g) 从制定文件所需专家和会议次数/时间的角度估算需要开展哪些工作？

h) 预计什么时间完成？

A.2.2 被影响方

编制 MSS 时考虑回答如下问题：

a) 是否已确定各被影响方？例如：

1) （各种类型和规模的）组织：组织内批准实施和最终达到 MSS 的决策者；

2) 消费者/最终用户，例如购买或使用一个组织的产品（包括服务）的个体或单位；

3) 供方，例如产品制造商、经销商、零售商或商贩，或服务或信息提供者；

4) MSS 服务提供者，例如 MSS 认证机构、认可机构或咨询机构；

5) 监管机构；

6) 非政府组织。

b) MSS 是否是为组织提供一个指导性文件、合同规范或管理规范？

A.2.3 MSS 的需求

编制 MSS 时考虑回答如下问题：

a) MSS 的需求是什么？是地方需求、国家需求还是行业的需求？制定标准会带来什么样的附加值（例如促进不同地区间的交流）？

b) 是否存在一些专业性的需求而成为普遍性的需求？如果有，是哪些？这些需求是小型组织、中型组织还是大型组织的需求？

c) 这些需求重要吗？这些需求会持续下去吗？如果是，提出的 MSS 新工作项目的完成日期是否符合这些需求？有其他备选方案吗？

d) 描述一下如何确定这些需求及其重要性。列举被影响方和所在地理区域或经济区？

e) 预计 MSS 新工作项目建议提案会获得支持吗？列举这些支持的机构。预计 MSS 新工作项目建议提案会遭到反对吗？列举这些反对的机构。

A.2.4 专业 MSS 新工作项目建议提案

编制 MSS 时考虑回答如下问题：

a) 该 MSS 是某特定专业的 MSS 吗？

b) 该 MSS 将引用或纳入现有的、非特定专业的 MSS(例如来自 GB/T 19000 质量管理体系标准族)吗？如果是，制定该 MSS 将采用或引用现有的、非特定专业的 MSS 的术语、结构和基本要求吗？

c) 采取了哪些措施消除或降低专业 MSS 与通用 MSS 的偏差？

A.2.5 MSS 的价值

A.2.5.1 MSS 带给组织的价值

编制 MSS 时考虑回答如下问题：

a) 预计 MSS 将会给小型、中型或大型组织带来什么样的益处或成本？

b) 描述一下这些益处和成本是如何确定的。提供有关组织地理位置、经济重点、行业专业和规模方面的信息。提供有关咨询对象及其依据(例如公认惯例)、前提、假设和条件(例如推断条件或理论条件)方面的信息和其他信息。

c) MSS 鼓励组织积极参与管理体系创新吗？

d) 如果是从合同或管理的角度制定 MSS，那么有什么方法可以验证符合性(例如第一方、第二方或第三方)？该 MSS 能够使组织更加灵活地选择合格评定方法吗？或者可以让组织能够容纳经营、管理、地点和设备方面的变化吗？

e) 如果可以选择第三方注册/认证的话，预计可以给组织带来什么益处或成本吗？该 MSS 将会有助于结合其他 MSS 的联合评审或促进并行评定吗？

A.2.5.2 MSS 带给其他被影响方的价值

编制 MSS 时考虑回答如下问题：

a) 预计会给其他被影响方(包括边远地区)带来什么样的益处和成本？

b) 描述一下这些益处和成本是如何确定的？提供有关被影响方的信息。

c) 预计将给社会带来什么样的价值？

A.2.6 贸易壁垒的风险

编制 MSS 时考虑回答如下问题：

a) MSS 将会怎样促进或影响贸易？MSS 会产生还是防止技术性贸易壁垒？

b) MSS 是否会对小型、中型或大型组织产生或防止技术性贸易壁垒？

c) MSS 是否会对边远地区或发达地区产生或防止技术性贸易壁垒？

d) 如果 MSS 用于政府管理，是否有可能增加、重复、更新、促进或支持现有的政府法规？

A.2.7 不兼容、过剩和增生的风险

编制 MSS 时考虑回答如下问题：

a) 是否可能与其他现有或计划中的 ISO 或非 ISO 国际标准、区域标准和国家标准冲突或重复？是否有其他公共活动或私人活动、指导、要求和规定解决这些需求，比如技术文献、公认惯例、学术或专业研究或其他研究团体？

b) MSS或相关合格评定活动(例如评审、论证)是否有可能增加、更新、协调、重复、减弱现有活动或与现有活动冲突？正考虑采取哪些措施确保兼容性,防止冲突或避免重复？

c) 提出的MSS是否有可能促进或衍生行业或地方的MSS,或者工业界的MSS?

A.2.8 其他风险因素

编制MSS时考虑回答如下问题：

是否确定有其他风险因素(例如特定专业的时限或非预计结果)?

附 录 B
（资料性附录）
MSS的共有要素

表 B.1 MSS的共有要素

MSS共有主题	共有要素	需考虑的典型问题
B.1 方针	B.1 方针和原则	B.1说明组织满足关于MSS要求的承诺，确定方向和行动原则。为制定目标提供一个框架。
B.2 策划	B.2.1 确定需求、要求和主要问题分析 B.2.2 选择需要解决的重大问题 B.2.3 制定目标 B.2.4 确定资源 B.2.5 确定组织结构作用、职责和权力 B.2.6 运行过程的策划 B.2.7 可预测事件的意外准备	B.2.1确定要予以控制和/或改进的问题，以便满足有关各方的利益。术语"要求"包括法律要求。 B.2.2根据B.2.1的结果确定问题的重点。 B.2.3根据B.2.2的输出、组织的方针和管理评审的结果制定明确的目标(包括时间)。 B.2.4确定所需的资源和人力资源、基础设施和财务资源的供给。 B.2.5确定组织中用以确保有效性和运行效率的任务、职责、权力和相互关系。 B.2.6运行过程的策划安排，可以包括实现B.2.3所述目标所采取的行动。 B.2.7用以管理可预见紧急事件方面的安排。
B.3 实施和运行	B.3.1 运行控制 B.3.2 人力资源管理 B.3.3 其他资源管理 B.3.4 文件及其控制 B.3.5 交流 B.3.6 与供方和承包商的关系	B.3.1实施策划和根据既定目标控制活动所需的运行控制措施。 B.3.2雇员、承包商、临时工作人员等管理(包括诸如培养意识和培训在内的资格证明和活动)。 B.3.3影响组织业绩的基础设施、厂房、设备、财务等的运行管理和维护。 B.3.4成功实施和推行管理体系所必需的文件的管理。 B.3.5关于组织内外交流的安排。 B.3.6对组织业绩有影响的供方或承包商的安排和控制。
B.4 业绩评定	B.4.1 监督和措施 B.4.2 分析和处理不符合事件 B.4.3 体系的审核	B.4.1组织业绩评定机制。 B.4.2确定不符合事件以及处理方法。 B.4.3管理体系的审核。
B.5 改进	B.5.1 纠正措施 B.5.2 预防性措施 B.5.3 持续改进	B.5.1消除管理体系和运行过程中的不符合因素的机制。 B.5.2鼓励采取行动消除管理体系和运行过程中潜在的不符合因素的机制。 B.5.3持续改进管理体系的规定。
B.6 管理评审	B.6 管理评审	B.6体系的管理评审，用以确定当前业绩，以确保组织管理体系持续适宜和切实有效，并指出哪些地方需要改善，提出新的发展方向。

参 考 文 献

[1] GB/T 19001—2000 质量管理体系 要求
[2] GB/T 19004—2000 质量管理体系 业绩改进指南
[3] GB/T 24001—1996 环境管理体系 规范及使用指南
[4] GB/T 24004—1996 环境管理体系 原则、体系和支持技术通用指南
[5] ISO/IEC Guide 7:1994,*Guidelines for drafting of standards suitable for use conformity assessment*

ICS 97.220.10
Y 55

GB

中华人民共和国国家标准

GB/T 20033.3—2006

人工材料体育场地使用要求及检验方法 第3部分：足球场地人造草面层

Technical requirements and test methods for artificial material sport fields —Part 3: Artificial turf surface for football fields

2006-06-25 发布 2006-12-01 实施

中华人民共和国国家质量监督检验检疫总局
中国国家标准化管理委员会
发布

前　言

GB/T 20033《人工材料体育场地使用要求及检验方法》由下列部分组成：

——第1部分：室外合成面层田径场地

——第2部分：网球场地

——第3部分：足球场地人造草面层

……。

本部分是 GB/T 20033 的第3部分。

本部分主要参考了国际足球联合会(FIFA，简称国际足联)以及其他国际专业组织对人造草坪足球场的要求，其目的是与国际标准和惯例相一致，以适应国际比赛的要求，同时促进我国足球运动的发展。

本部分的附录A为资料性附录。

本部分由国家体育总局提出。

本部分由国家体育总局体育经济司归口。

本部分负责起草单位：国家体育总局体育设施建设和标准办公室。

本部分参加起草单位：中国足球协会、北京华体实业总公司、荷兰昙卡赛尔隆公司(Ten Cate Thiolon-Institute for Sport and Leisure)、爱奇得富人造草有限公司、利蒙塔运动有限公司(Limonta Sport)、比利时多诺有限公司(Domo N.V)。

本部分主要起草人：张志宏、李树青、王有民、杨秀珍、艾米尔.阿尔斯(Emiel R.G. Arts)、陈鹏、雷爱新、周云祥、何雅(Jan De Clerk)。

人工材料体育场地使用要求及检验方法 第3部分:足球场地人造草面层

1 范围

GB/T 20033的本部分规定了足球场地人造草面层使用要求、检验方法和合格判定规则。

本部分适用于竞技比赛用场地,其他类型场地可参照执行。

2 规范性引用文件

下列文件中的条款通过GB/T 20033本部分的引用而成为本部分的条款。凡是注日期的引用文件,其随后所有的修改单(不包括勘误的内容)或修订版均不适用于本部分,然而,鼓励根据本部分达成协议的各方研究是否可使用这些文件的最新版本。凡是不注日期的引用文件,其最新版本适用于本部分。

GB/T 16422.3 塑料实验室光源暴露试验方法 第3部分:荧光紫外灯

GB/T 20033.1 天然材料体育场地使用要求及检验方法 第1部分:足球场地天然草面层

EN 12228 运动场地面层 合成织物连接强度测定方法(Surfaces for sports areas—Determination of joint strength of synthetic surfaces)

EN 13672 运动场地面层 无填充料的人造草坪耐磨性能测定方法(Surfaces for sports areas—Determination of resistance to abrasion of non-sand-filled synthetic turf.)

EN 13864 运动场地面层 合成材料拉伸强度测定方法(Surfaces for sports areas—Determination of tensile strength of synthetic yarns)

EN 14808:2003 运动场地面层 冲击吸收测定方法(Surfaces for sports areas—Determination of shock absorption)

EN 14809:2003 运动场地面层 垂直变形测定方法(Surfaces for sports areas—Determination of vertical deformation)

国际足球联合会竞赛规则

3 术语和定义

GB/T 20033.1确立的以及下列术语和定义适用于GB/T 20033的本部分。

3.1

角度球反弹率 angled ball rebound rate

足球以一定入射角度和速率射向草坪后,足球的反弹速率与入射速率之比。

3.2

冲击吸收 shock absorbency (shock absoption)

草坪对冲击力的减缓性能。

3.3

垂直变形 vertical deformation

20 kg重物以规定高度落在地面时,受力地面垂直方向的变形。

4 要求

4.1 足球场地

4.1.1 场地规格、划线和朝向

场地规格、划线和朝向参照国际足球联合会(FIFA)竞赛规则的有关规定。

4.1.2 坡度

与场地长轴线成直角方向的坡度:无渗水功能的场地不大于8‰;有渗水功能的场地不大于3‰。

4.1.3 平整度

直径3 m范围内间隙应不大于10 mm。

4.1.4 渗水速率

铺装后场地面层的渗水速率应大于3 mm/min。

4.2 足球与人造草坪间的相互作用

足球与人造草坪之间相互作用的有关性能要求应符合表1的规定。

表 1

项　　目	要　　求
球反弹率/%	30～50
球滚动距离/m	4～10
角度球反弹率(50 km/h,15°入射角)/%	45～70

4.3 运动员与人造草坪间的相互作用

运动员与人造草坪之间相互作用的有关性能要求应符合表2的规定。

表 2

项　　目	要　　求
冲击吸收/%	55～70
垂直变形/mm	4～9
牵引力系数,μ	1.2～1.8
滑动阻力	120～220

4.4 耐久性能

4.4.1 拉伸强度、连接强度

草坪底衬的拉伸强度以及连接处的连接强度均应大于15 N/mm。

4.4.2 防磨损性能

耐磨模拟试验后,草坪颜色应无明显改变,其性能应符合4.2、4.3及4.4.1的要求。

4.4.3 抗老化性能

草坪经过紫外线照射和高温老化后,草坪底衬的拉伸强度应符合4.4.1的规定。

4.5 安全和环境保护

足球场地人造草面层材料,应具有阻燃性和抗静电性能,并应符合国家有关人身健康、安全及环境保护的规定。

室内人造草面层应符合室内环境的有关要求。

5 检验方法

5.1 基本要求

人造草坪足球场地的性能同样还取决于基础建造和现有基础的构成,场地测试应在草坪铺装好三

个月或使用 120 h 后进行。

5.2 足球场地

5.2.1 场地规格、划线和朝向

采用标定过的钢卷尺或测距仪并结合现场观察进行检验。

5.2.2 坡度

按 GB/T 20033.1 规定的方法进行检验。

5.2.3 平整度

按 GB/T 20033.1 规定的方法进行检验。

5.3 渗水速率

按 GB/T 20033.1 规定的圆筒法进行检验。

5.4 足球与人造草坪间的相互作用

5.4.1 球反弹率

按 GB/T 20033.1 规定的方法进行检验。

5.4.2 球滚动距离

按 GB/T 20033.1 规定的方法进行检验。

5.4.3 角度球反弹率

使用足球发射装置，在足球没有旋转的状态下，以(50±3) km/h 的速度与水平面成(15±1)°的夹角射向地面。(见图 1)。使用测速装置(雷达测速器或光电测速器，精度为±1 km/h)，测定入射球的末速度和反弹球的初速度。地面风速超过 5 m/s 时，将测试方向定为顺风方向(测量风速设备的精确度为 0.1 m/s)。

当测试结果受诸如条纹、坡度影响时，应剔除在同一区域以相对条件测出最大值组和最小值组。

按公式(1)计算，同一点测定 5 次取平均值。

$$P = \frac{S_2}{S_1} \times 100\% \qquad \cdots\cdots(1)$$

式中：

P——角度球反弹率，%；

S_1——入射球的末速度，单位为千米每小时(km/h)；

S_2——反弹球的初速度，单位为千米每小时(km/h)。

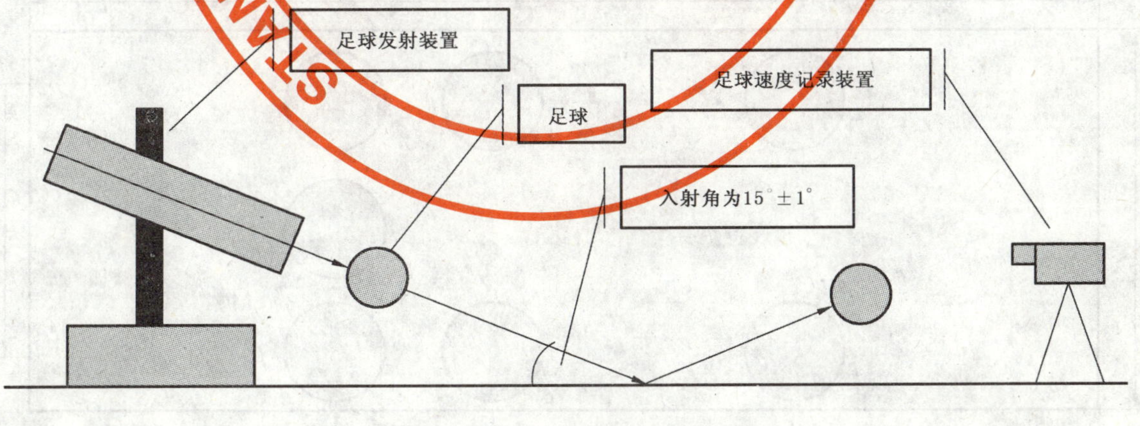

图 1 角度球反弹率测试装置

5.5 运动员与人造草坪间的相互作用

5.5.1 冲击吸收

按 EN 14808:2003 规定的方法 1 进行检验。

5.5.2 垂直变形

按 EN 14809:2003 规定的方法 1 进行检验。

5.5.3 牵引力系数

检验方法:按 GB/T 20033.1 规定的方法进行检验。

5.5.4 滑动阻力

5.5.4.1 设备:便携式阻力测试仪(见图 2)

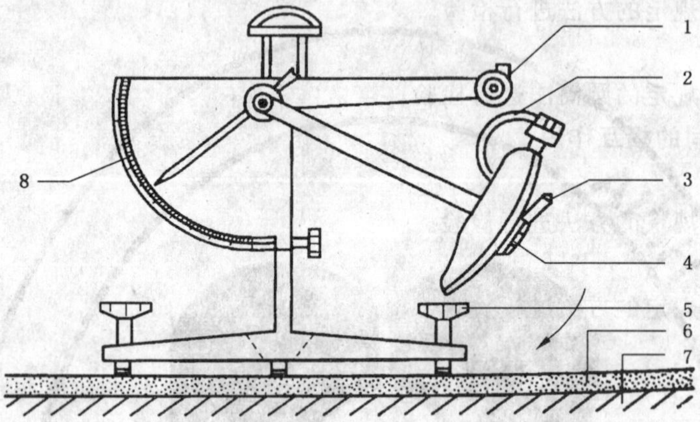

图示:

1——重物释放装置;

2——重物提升装置;

3——连接销;

4——鞋钉盘(见图 3);

5——测试台支撑脚;

6——场地材料表面;

7——基础层;

8——刻度表(标尺)。

图 2 便携式阻力测试仪

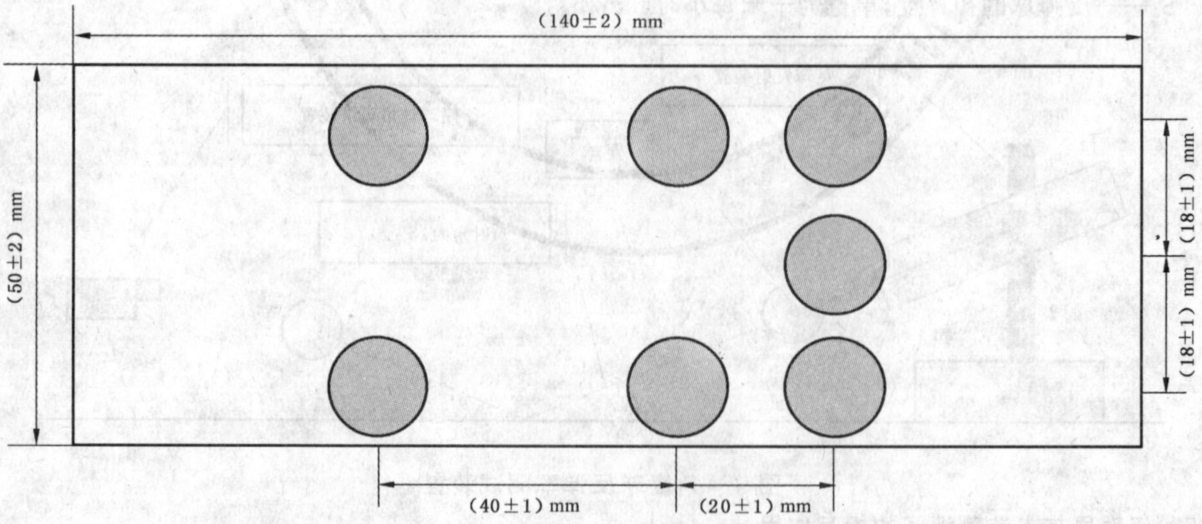

图 3 鞋钉盘示意图

5.5.4.2 方法

调整检测装置的底边,使其各个方向都趋于水平。调节摆锤装置的高度,使得当用手将摆锤沿摆动弧线移动到最高点时摆锤下悬挂的物体离检测样本的距离为(125±1) mm。让摆锤做3次适应性摆动,但不记录读数。

让摆锤摆动一次,记录刻度器上显示出来的读数,即为滑动阻力值。重复这一步骤获取5个读数。

注1:如果检测装置直接放在检测样本之上,注意避免检测过程中设备的底座陷入面层,在现场进行的测量也是这样。因为不断摆动的摆锤会对设备底座产生越来越大的向下力,这可能会造成路径长度读数误差。

注2:如果地面有某种方向性的特征,如有一层覆盖物,或者为了排水而设计有斜面,那么则需注意按能最大和最小反映摩擦的方向重复这一检测以获得一组读数。

5.5.4.3 检测结果的计算和表示

对于形态特征一致的面层,计算5次测量滑动阻力的平均值。

5.6 耐久性能

5.6.1 拉伸强度、连接强度

连接强度按EN 12228规定的方法进行检验,拉伸强度按EN 13864规定的方法进行检验。

5.6.2 防磨损性能

按EN 13672规定的方法进行磨损处理后,检验草坪底衬的拉伸强度和连接强度。

5.6.3 抗老化性能

首先在(45±3)℃环境温度下放置(120±2) min,然后在(55±3)℃环境下,用符合GB/T 16422.3要求的紫外灯照射(240±2) min,这为一次循环,共循环处理(3 000±1) h,每个循环间隔不小于120 min。样品处理完成后,再次检验草坪底衬的拉伸强度。

5.7 安全和环境保护

采用供货商、施工方声明,如审核其阻燃性和抗静电性能等相关资料。若现场发现明显的安全、环境保护问题,可进行专项检测。

6 合格判定规则

6.1 实验室检测合格判定规则

向有检验资格的检验机构提交2 m×2 m和10 m×1 m能够完全代表铺装场地的样品和填充料各一份进行实验室检测,检测项目包括本部分的4.2、4.3、4.4项目,并提供4.5项目和附录A的有关证明。当所检项目均达到本部分的要求,视该产品实验室检测合格。

6.2 场地检测合格判定规则

检验方应采取必要的措施,保证实验室检测与场地检测的草坪是同一个品种(序列)。

应提供实验室检测合格证书,无实验室检测合格证书的草坪,进行场地检测时,应增加4.4项目的测定,否则应在检测报告中注明未进行该项目检测。

草坪铺装完成后三个月或使用120 h后,可进行场地检测,检测项目包括本部分的4.1、4.2和4.3三个项目。在被测标准场地内随机取样不少于20个点,或每个点代表面积<400 m^2,覆盖被检测场地,所测点的合格率不小于95%,可判定该项合格。所有项目达到本部分要求为该场地合格。

附 录 A
（资料性附录）
生产厂家/铺装公司声明

本部分为足球场人造草面层使用要求和检测方法，所以主要关注其足球运动特性。但是对于足球场人造草坪这个综合系统，其质量和运动特性直接受诸如场地基础、人造草纤维、底衬、填充料、铺装工艺和管理维护水平等因素的影响，故要求生产厂家（铺装公司）对影响人造草坪质量的相关技术进行说明，如表 A.1。鼓励采用先进技术，使人造草坪更加满足足球运动的需要，将反映人造草坪一些本质特性和要求列在表 A.1 中，由生产厂家（铺装公司）在检测之前提供，承诺本表数据与所指草坪一致，有必要时，检验机构要进行验证。

表 A.1 人造草坪生产厂/铺装公司声明

行号	项　　　　目	指标要求	所用测试方法	检测结果
1	草坪纤维（主纤维）[a]			
1.1	生产商/品牌/品种（序列号）			
1.2	颜色			
1.3	草纤维伸展高度			
1.4	草纤维细度/dtex			
1.5	每平米草坪草簇重量/g/m^2			
1.6	每平米草簇数			
1.7	编织方式			
1.8	纤维抗拉力/N			
1.9	簇牢固度/N			
1.10	草纤维厚度/μm			
1.11	填充层表面留草高度/mm			
1.12	草纤维熔点			
1.13	草纤维化学名称			
2	草坪底衬			
2.1	生产商/品牌/品种（序列号）			
2.2	主衬			
2.3	附衬			
2.4	单位面积底衬重量			
3	草坪连接方式（缝、粘）			
3.1	辅料生产商/品牌/规格			
3.2	施工工艺			
3.3	草坪抗拉力			
4	稳定料（砂）			
4.1	生产商/品牌/品种（序列号）			

表 A.1（续）

行号	项　　　目	指标要求	所用测试方法	检测结果
4.2	颗粒形状			
4.3	每平米使用量/kg			
4.4	填充厚度/mm			
4.5	粒径分布			
5	缓冲料			
5.1	生产商/品牌/品种(序列号)			
5.2	颗粒形状			
5.3	每平米使用量/kg			
5.4	填充厚度/mm			
5.5	粒径分布			
5.6	颜色			
6	喷淋系统			
6.1	生产商/品牌/品种(序列号)			
6.2	技术标准和要求			
7	场地基础			
7.1	基础结构			
7.2	施工工艺及要求			
8	环境安全及健康要求			
8.1	燃烧后产生的有害物质			
8.2	重金属含量			
8.3	阻燃性			
8.4	抗静电			
[a] 如果使用两种以上的纤维应分别列示。				

ICS 67.020
X 00

中华人民共和国国家标准

GB/T 22000—2006/ISO 22000:2005

食品安全管理体系 食品链中各类组织的要求

Food safety management systems—Requirements for any organization in the food chain

(ISO 22000:2005,IDT)

2006-03-01 发布

2006-07-01 实施

中华人民共和国国家质量监督检验检疫总局
中国国家标准化管理委员会 发布

前 言

本标准等同采用国际标准 ISO 22000:2005《食品安全管理体系 食品链中各类组织的要求》(Food safety management systems—Requirements for any organization in the food chain)。

本标准的附录 A、附录 B、附录 C 均为资料性附录。

本标准由中国标准化研究院和国家认证认可监督管理委员会注册管理部提出。

本标准由中国标准化研究院归口。

本标准主要起草单位:中国标准化研究院、国家认证认可监督管理委员会注册管理部、中国合格评定国家认可中心、农业部畜牧局、卫生部卫生监督中心、商务部屠宰技术鉴定中心、国家认监委认证认可技术研究所、中国检验认证集团质量认证有限公司、方圆标志认证中心等。

本标准主要起草人:刘文、史小卫、王菁、杨志刚、吴晶、刘继业、包大跃、赵箭、刘克、刘俊华、姜宏、赵志伟。

ISO 前言

国际标准化组织(ISO)是各国标准化团体(ISO 成员团体)组成的世界性联合会。制定国际标准的工作通常由 ISO 的技术委员会完成,各成员团体若对某技术委员会确立的项目感兴趣,均有权参加该委员会的工作。与 ISO 保持联系的各国际组织(官方的或非官方的)也可参加有关工作。在电工技术标准化方面,ISO 与国际电工委员会(IEC)保持密切合作关系。

国际标准遵照 ISO/IEC 导则第 2 部分的规则起草。

技术委员会的主要任务是制定国际标准。由技术委员会通过的国际标准草案提交各成员团体表决,需取得至少 75%参加表决的成员团体的同意,才能作为国际标准正式发布。

本标准中的某些内容有可能涉及一些专利问题,对此应引起注意。ISO 不负责识别任何这样的专利权问题。

ISO 22000 由 ISO/TC 34 食品技术委员会制定。

引　言

食品安全与消费环节(由消费者摄入)食源性危害的存在状况有关。由于食品链的任何环节均可能引入食品安全危害,应对整个食品链进行充分地控制。因此,食品安全应通过食品链中所有参与方的共同努力来保证。

食品链中的组织包括:饲料生产者、初级食品生产者,以及食品生产制造者、运输和仓储经营者,零售分包商、餐饮服务与经营者(包括与其密切相关的其他组织,如设备、包装材料、清洁剂、添加剂和辅料的生产者),也包括相关服务提供者。

为了确保整个食品链直至最终消费的食品安全,本标准规定了食品安全管理体系的要求。该体系结合了下列普遍认同的关键要素:

——相互沟通;

——体系管理;

——前提方案;

——HACCP 原理。

为了确保食品链每个环节所有相关的食品危害均得到识别和充分控制,整个食品链中各组织的沟通必不可少。因此,组织与其在食品链中的上游和下游组织之间均需要沟通。尤其对于已确定的危害和采取的控制措施,应与顾客和供方进行沟通,这将有助于明确顾客和供方的要求(如在可行性、需求和对终产品的影响方面)。

为了确保整个食品链中的组织进行有效地相互沟通,向最终消费者提供安全的食品,认清组织在食品链中的作用和所处的位置是必要的。图 1 表明了食品链中相关方之间沟通渠道的一个实例。

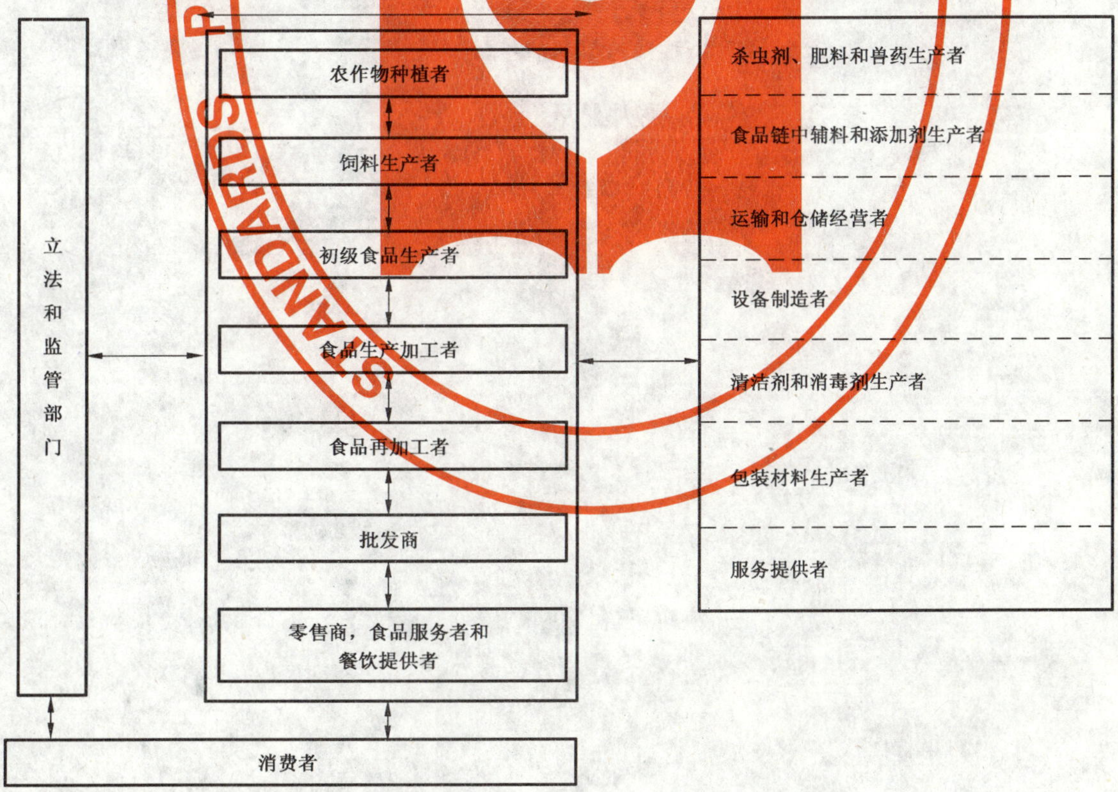

注:此图并未表示沿食品链的相互沟通的类型。

图 1　食品链的沟通示例

在已构建的管理体系框架内，建立、运行和更新最有效的食品安全体系，并将其纳入组织的整体管理活动，将为组织和相关方带来最大利益。本标准与 GB/T 19001—2000 相协调，以加强两者的兼容性。附录 A 提供了本标准和 GB/T 19001—2000 的对应关系表。

本标准可以独立于其他管理体系标准之外单独使用，其实施可结合或整合组织已有的相关管理体系要求，同时组织也可利用现有的管理体系建立一个符合本标准要求的食品安全管理体系。

本标准整合了国际食品法典委员会(CAC)制定的危害分析和关键控制点(HACCP)体系和实施步骤；基于审核的需要，本标准将 HACCP 计划与前提方案(PRPs)相结合。由于危害分析有助于建立有效的控制措施组合，所以它是建立有效的食品安全管理体系的关键。本标准要求对食品链内合理预期发生的所有危害，包括与各种过程和所用设施有关的危害，进行识别和评估。因此，对于已确定的危害是否需要组织控制，本标准提供了判断并形成文件的方法。

在危害分析过程中，组织应通过组合前提方案、操作性前提方案和 HACCP 计划，选择和确定危害控制的方法。

国际食品法典委员会(CAC)制定的危害分析和关键控制点(HACCP)原则和实施步骤(参考文献[11])与本标准的对应关系见附录 B。

为便于应用，本标准制定为可适用于认证的标准。但各组织也可根据各自的需要，选择相应的方法和途径来满足本标准要求。为帮助各组织实施本标准，ISO/TS 22004 提供了本标准的应用指南。

虽然本标准仅对食品安全方面进行了阐述，但本标准提供的方法同样可用于食品的其他特定方面，如风俗习惯、消费者意识等。

本标准允许组织[如小型和(或)欠发达组织]实施由外部制定的控制措施组合。

本标准旨在为满足食品链内经营与贸易活动的需要，协调全球范围内关于食品安全管理的要求，尤其适用于组织寻求一套重点突出、连贯且完整的食品安全管理体系，而不仅仅是满足于通常意义上的法规要求。本标准要求组织通过食品安全管理体系以满足与食品安全相关的法律法规要求。

食品安全管理体系
食品链中各类组织的要求

1 范围

本标准规定了食品安全管理体系的要求,以便食品链中的组织证实其有能力控制食品安全危害,确保其提供给人类消费的食品是安全的。

本标准适用于食品链中所有方面和任何规模的、希望通过实施食品安全管理体系以稳定提供安全产品的所有组织。组织可以通过利用内部和(或)外部资源来实现本标准的要求。

本标准规定的要求使组织能够:

——策划、实施、运行、保持和更新食品安全管理体系,确保提供的产品按预期用途对消费者是安全的;

——证实符合适用的食品安全法律法规要求;

——评价和评估顾客要求,并证实其符合双方商定的、与食品安全有关的顾客要求,以增强顾客满意;

——与供方、顾客及食品链中的其他相关方在食品安全方面进行有效沟通;

——确保符合其声明的食品安全方针;

——证实符合其他相关方的要求;

——寻求由外部组织对其食品安全管理体系的认证,或进行符合性自我评估,或自我声明。

本标准所有要求都是通用的,适用于食品链中各种规模和复杂程度的所有组织,包括直接或间接介入食品链中的一个或多个环节的组织。直接介入的组织包括但不限于:饲料生产者、收获者,农作物种植者,辅料生产者、食品生产制造者、零售商,餐饮服务与经营者,提供清洁和消毒、运输、贮存和分销服务的组织。其他间接介入食品链的组织包括但不限于:设备、清洁剂、包装材料以及其他与食品接触材料的供应商。

本标准允许任何组织实施外部开发的控制措施组合,特别是小型和(或)欠发达组织(如小农场、小分包商、小零售或食品服务商)。

注:ISO/TS 22004 提供了本标准的应用指南。

2 规范性引用文件

下列文件中的条款通过本标准的引用而成为本标准的条款。凡是注日期的引用文件,其随后所有的修改单(不包括勘误的内容)或修订版均不适用于本标准,然而,鼓励根据本标准达成协议的各方研究是否可使用这些文件的最新版本。凡是不注日期的引用文件,其最新版本适用于本标准。

GB/T 19000—2000 质量管理体系 基础和术语(idt ISO 9000:2000)

3 术语和定义

GB/T 19000—2000 确立的以及下列术语和定义适用于本标准。

为方便本标准的使用者,对引用 GB/T 19000—2000 的部分定义加以注释,但这些注释仅适用于本标准特定用途。

注:未定义的术语保持其字典含义。定义中黑体字表明参考了本章的其他术语,引用的条款号在括号内。

3.1

食品安全　food safety

食品在按照预期用途进行制备和(或)食用时,不会对消费者造成伤害的概念。

注1:改编自参考文献[11]。

注2:食品安全与**食品安全危害**(3.3)的发生有关,但不包括与人类健康相关的其他方面,如营养不良。

3.2

食品链　food chain

从初级生产直至消费的各环节和操作的顺序,涉及食品及其辅料的生产、加工、分销、贮存和处理。

注1:食品链包括食源性动物的饲料生产和用于生产食品的动物的饲料生产。

注2:食品链也包括与食品接触材料或原材料的生产。

3.3

食品安全危害　food safety hazard

食品中所含有的对健康有潜在不良影响的生物、化学或物理的因素或食品存在状况。

注1:改编自参考文献[11]。

注2:术语"危害"不应和"风险"混淆。对食品安全而言,"风险"是食品暴露于特定危害时,对健康产生不良影响的概率(如生病)与影响的严重程度(如死亡、住院、缺勤等)之间构成的函数。风险在ISO/IEC导则51中定义为伤害发生的概率与其严重程度的组合。

注3:食品安全危害包括过敏原。

注4:对饲料和饲料配料而言,相关食品安全危害是指可能存在或出现于饲料和饲料配料中,再通过动物消费饲料转移至食品中,并由此可能导致人类不良健康后果的因素。对饲料和食品的间接操作(如包装材料、清洁剂等的生产者)而言,相关食品安全危害是指按所提供产品和(或)服务的预期用途,可能直接或间接转移到食品中,并由此可能造成人类不良健康后果的因素。

3.4

食品安全方针　food safety policy

由组织的最高管理者正式发布的该组织总的**食品安全**(3.1)宗旨和方向。

3.5

终产品　end product

不再进一步加工或转化的产品。

注:需其他组织进一步加工或转化的产品,是该组织的终产品或下游组织的原料或辅料。

3.6

流程图　flow diagram

以图解的方式系统地表达各环节之间的顺序及相互作用。

3.7

控制措施　control measure

〈食品安全〉能够用于防止或消除**食品安全危害**(3.3)或将其降低到可接受水平的行动或活动。

注:改编自参考文献[11]。

3.8

前提方案　prerequisite program, PRP

前提条件　prerequisite

〈食品安全〉在整个**食品链**(3.2)中为保持卫生环境所必需的基本条件和活动,以适合生产、处理和提供安全**终产品**(3.5)和人类消费的安全食品。

注:前提方案决定于组织在食品链中的位置及类型(见附录C),等同术语如:良好农业规范(GAP)、良好兽医规范(GVP)、良好操作规范(GMP)、良好卫生规范(GHP)、良好生产规范(GPP)、良好分销规范(GDP)、良好贸易规范(GTP)。

3.9

操作性前提方案 **operational prerequisite program; operational PRP**

为减少**食品安全危害**(3.3)在产品或产品加工环境中引入和(或)污染或扩散的可能性,通过危害分析确定基本的**前提方案**(3.8)。

3.10

关键控制点 **critical control point, CCP**

〈食品安全〉能够进行控制,并且该控制对防止、消除**食品安全危害**(3.3)或将其降低到可接受水平所必需的某一步骤。

注:引自参考文献[11]。

3.11

关键限值 **critical limit, CL**

区分可接收和不可接收的判定值。

注1:改编自文献[11]。

注2:设定关键限值保证**关键控制点**(**CCP**)(3.10)受控。当超出或违反关键限值时,受影响产品应视为潜在不安全产品。

3.12

监视 **monitoring**

为评估**控制措施**(3.7)是否按预期运行,对控制参数进行策划并实施的一系列观察或测量活动。

3.13

纠正 **correction**

为消除已发现的不合格所采取的措施。[GB/T 19000—2000,定义3.6.6]

注1:在本标准中,纠正与潜在不安全产品的处理有关,所以可以连同**纠正措施**(3.14)一起实施。

注2:纠正可以是重新加工、进一步加工和(或)消除不合格的不良影响(如改做其他用途或特定标志)等。

3.14

纠正措施 **corrective action**

为消除已发现的不合格或其他不期望情况的原因所采取的措施。[GB/T 19000—2000,定义3.6.5]

注1:一个不合格可以有若干个原因。

注2:纠正措施包括原因分析和采取措施防止再发生。

3.15

确认 **validation**

获取证据以证实由HACCP计划和**操作性前提方案**(**PRPs**)(3.9)安排的**控制措施**(3.7)有效。

注:本定义基于文献[11],比GB/T 19000的定义更适用于**食品安全**(3.1)领域。

3.16

验证 **verification**

通过提供客观证据对规定要求已得到满足的认定。[GB/T 19000—2000,定义3.8.4]

3.17

更新 **updating**

为确保应用最新信息而进行的即时和(或)有计划的活动。

4 食品安全管理体系

4.1 总要求

组织应按本标准的要求建立有效的食品安全管理体系,并形成文件,加以实施和保持,必要时进行更新。

组织应确定食品安全管理体系的范围。该范围应规定食品安全管理体系中所涉及的产品或产品类别、过程和生产场地。

组织应：

a) 确保在体系范围内合理预期发生的与产品相关的食品安全危害得到识别、评价和控制，以避免组织的产品直接或间接伤害消费者；

b) 在整个食品链内沟通与产品安全有关的适宜信息；

c) 在组织内就有关食品安全管理体系建立、实施和更新进行必要的信息沟通，以满足本标准的要求，确保食品安全；

d) 定期评价食品安全管理体系，必要时更新，以确保体系反映组织的活动并包含需控制的食品安全危害最新信息。

组织应确保控制所选择的任何可能影响终产品符合性且源于外部的过程，并应在食品安全管理体系中加以识别，形成文件。

4.2 文件要求

4.2.1 总则

食品安全管理体系文件应包括：

a) 形成文件的食品安全方针和相关目标的声明(见5.2)；

b) 本标准要求的形成文件的程序和记录；

c) 组织为确保食品安全管理体系有效建立、实施和更新所需的文件。

4.2.2 文件控制

食品安全管理体系所要求的文件应予以控制。记录是一种特殊类型的文件，应依据4.2.3的要求进行控制。

文件控制应确保所有提出的更改在实施前加以评审，以明确其对食品安全的效果以及对食品安全管理体系的影响。

应编制形成文件的程序，规定以下方面所需的控制：

a) 文件发布前得到批准，以确保文件是充分与适宜的；

b) 必要时对文件进行评审与更新，并再次批准；

c) 确保文件的更改和现行修订状态得到识别；

d) 确保在使用处获得适用文件的有关版本；

e) 确保文件保持清晰、易于识别；

f) 确保相关的外来文件得到识别，并控制其分发；

g) 防止作废文件的非预期使用，若因任何原因而保留作废文件时，应确保对这些文件进行适当的标志。

4.2.3 记录控制

应建立并保持记录，以提供符合要求和食品安全管理体系有效运行的证据。记录应保持清晰、易于识别和检索。应编制形成文件的程序，规定记录的标志、贮存、保护、检索、保存期限和处理所需的控制。

5 管理职责

5.1 管理承诺

最高管理者应通过以下活动，对其建立、实施食品安全管理体系并持续改进其有效性的承诺提供证据：

a) 表明组织的经营目标支持食品安全；

b) 向组织传达满足与食品安全相关的法律法规、本标准以及顾客要求的重要性；

c) 制定食品安全方针；

d) 进行管理评审；

e) 确保资源的获得。

5.2 食品安全方针

最高管理者应制定食品安全方针,形成文件并对其进行沟通。

最高管理者应确保食品安全方针:

a) 与组织在食品链中的作用相适宜;

b) 既符合法律法规的要求,又符合与顾客商定的对食品安全的要求;

c) 在组织的各层次进行沟通、实施并保持;

d) 在持续适宜性方面得到评审(见 5.8);

e) 充分体现沟通(见 5.6);

f) 由可测量的目标来支持。

5.3 食品安全管理体系策划

最高管理者应确保:

a) 对食品安全管理体系进行策划,以满足 4.1 的要求,同时实现支持食品安全的组织目标;

b) 在对食品安全管理体系的变更进行策划和实施时,保持体系的完整性。

5.4 职责和权限

最高管理者应确保规定各项职责和权限并在组织内进行沟通,以确保食品安全管理体系有效运行和保持。

所有员工都有责任向专门人员报告与食品安全管理体系有关的问题。应授予指定人员明确的职责和权限,以采取措施并予以记录。

5.5 食品安全小组组长

组织的最高管理者应任命食品安全小组组长,无论其在其他方面的职责如何,应具有以下方面的职责和权限:

a) 管理食品安全小组(见 7.3.2),并组织其工作;

b) 确保食品安全小组成员的相关培训和教育;

c) 确保建立、实施、保持和更新食品安全管理体系;

d) 向组织的最高管理者报告食品安全管理体系的有效性和适宜性;

注:食品安全小组组长的职责可包括与食品安全管理体系有关事宜的外部联络。

5.6 沟通

5.6.1 外部沟通

为确保在整个食品链中能够获得充分的食品安全方面的信息,组织应制定、实施和保持有效的措施,以便与下列各方进行沟通:

a) 供方和承包方;

b) 顾客或消费者,特别是在产品信息(包括预期用途、特定贮存要求以及保质期等信息的说明)、问询、合同或订单处理及其修改,以及顾客反馈信息(包括抱怨)等方面进行沟通;

c) 立法和执法部门;

d) 对食品安全管理体系的有效性或更新具有影响或将受其影响的其他组织。

外部沟通应提供组织的产品在食品安全方面的信息,这些信息可能与食品链中其他组织相关。这种沟通尤其适用于那些需要由食品链中其他组织控制的已知的食品安全危害。沟通记录应保持。

应获得来自顾客和立法与监管部门的食品安全要求。

指定人员应具有规定的职责和权限以进行有关食品安全信息的对外沟通。通过外部沟通获得的信息应作为体系更新(见 8.5.2)和管理评审的输入(见 5.8.2)。

5.6.2 内部沟通

组织应制定、实施和保持有效的安排,以便与有关人员就影响食品安全的事项进行沟通。

为保持食品安全管理体系的有效性,组织应确保食品安全小组及时获得变更的信息,包括但不限于以下方面:

a) 产品或新产品;
b) 原料、辅料和服务;
c) 生产系统和设备;
d) 生产场所、设备位置和周边环境;
e) 清洁和消毒程序;
f) 包装、贮存和分销系统;
g) 人员资格水平和(或)职责及权限分配;
h) 法律法规要求;
i) 与食品安全危害和控制措施有关的知识;
j) 组织遵守的顾客、行业和其他要求;
k) 来自外部相关方的有关问询;
l) 表明与产品有关的食品安全危害的抱怨;
m) 影响食品安全的其他条件。

食品安全小组应确保食品安全管理体系的更新(见8.5.2)包括上述信息。最高管理者应确保将相关信息作为管理评审的输入(见5.8.2)。

5.7 应急准备和响应

最高管理者应建立、实施并保持程序,以管理能影响食品安全的潜在紧急情况和事故,并应与组织在食品链中的作用相适宜。

5.8 管理评审

5.8.1 总则

最高管理者应按策划的时间间隔评审食品安全管理体系,以确保其持续的适宜性、充分性和有效性。评审应包括评估食品安全管理体系改进的机会和变更的需求,包括食品安全方针。

管理评审的记录应予以保持(见4.2.3)。

5.8.2 评审输入

管理评审输入应包括但不限于以下信息:

a) 以往管理评审的跟踪措施;
b) 验证活动结果的分析(见8.4.3);
c) 可能影响食品安全的环境变化(见5.6.2);
d) 紧急情况、事故(见5.7)和撤回(见7.10.4);
e) 体系更新活动的评审结果(见8.5.2);
f) 包括顾客反馈的沟通活动的评审(见5.6.1);
g) 外部审核或检验。

注:“撤回”包括召回。

提交给最高管理者的资料的形式,应能使其理解所含信息与已声明的食品安全管理体系目标之间的关系。

5.8.3 评审输出

管理评审输出的决定和措施应与以下方面有关:

a) 食品安全保证(见4.1);
b) 食品安全管理体系有效性的改进(见8.5);
c) 资源需求(见6.1);
d) 组织食品安全方针和相关目标的修订(见5.2)。

6 资源管理

6.1 资源提供

组织应提供充足资源，以建立、实施、保持和更新食品安全管理体系。

6.2 人力资源

6.2.1 总则

食品安全小组和其他从事影响食品安全活动的人员应是能够胜任的，并受到适当的教育和培训，具有适当的技能和经验。

当需要外部专家帮助建立、实施、运行或评估食品安全管理体系时，应在签订的协议或合同中对这些专家的职责和权限予以规定。

6.2.2 能力、意识和培训

组织应：

a) 确定其活动影响食品安全的人员所必需的资格和能力；

b) 提供必要的培训或采取其他措施以确保人员具有这些必要的能力；

c) 确保对食品安全管理体系负责监视、纠正、采取纠正措施的人员受到培训；

d) 评价上述a)、b)和c)的实施及其有效性；

e) 确保这些人员认识到其活动对实现食品安全的相关性和重要性；

f) 确保所有影响食品安全的人员理解有效沟通(见5.6)的要求；

g) 保持b)和c)中规定的培训和措施的适当记录。

6.3 基础设施

组织应提供资源，以建立和保持实施本标准要求所需的基础设施。

6.4 工作环境

组织应提供资源，以建立、管理和保持实施本标准要求所需的工作环境。

7 安全产品的策划和实现

7.1 总则

组织应策划和开发实现安全产品所需的过程。

组织应实施和运行所策划的活动及其变更并确保其有效，包括前提方案、操作性前提方案和(或)HACCP计划。

7.2 前提方案(PRPs)

7.2.1 组织应建立、实施和保持前提方案(PRPs)，以助于控制：

a) 食品安全危害通过工作环境引入产品的可能性；

b) 产品的生物性、化学性和物理性污染，包括产品之间的交叉污染；

c) 产品和产品加工环境的食品安全危害水平。

7.2.2 前提方案(PRPs)应：

a) 与组织在食品安全方面的需求相适宜；

b) 与组织运行的规模和类型、制造和(或)处置的产品性质相适宜；

c) 在整个生产系统中实施，无论是普遍适用还是适用于特定产品或生产线；

d) 获得食品安全小组的批准。

组织应识别与以上相关的法律法规要求。

7.2.3 当选择和(或)制定前提方案(PRPs)时，组织应考虑和利用适当信息(如法律法规要求、顾客要求、公认的指南、国际食品法典委员会的法典原则和操作规范，国家、国际或行业标准)。

注：附录C提供了法典的相关出版物清单。

在制定这些方案时，组织应考虑如下信息：

a) 建筑物和相关设施的构造与布局；

b) 包括工作空间和员工设施在内的厂房布局；

c) 空气、水、能源和其他基础条件的供给；

d) 包括废弃物和污水处理在内的支持性服务；

e) 设备的适宜性，及其清洁、保养和预防性维护的可实现性；

f) 对采购材料(如原料、辅料、化学品和包装材料)、供给(如水、空气、蒸汽、冰等)、清理(如废弃物和污水处理)和产品处置(如贮存和运输)的管理；

g) 交叉污染的预防措施；

h) 清洁和消毒；

i) 虫害控制；

j) 人员卫生；

k) 其他有关方面。

应对前提方案的验证进行策划(见 7.8)，必要时应对前提方案进行更改(见 7.7)。应保持验证和更改的记录。

文件需规定如何管理前提方案中所包括的活动。

7.3 实施危害分析的预备步骤

7.3.1 总则

应收集、保持和更新实施危害分析需要的所有相关信息，形成文件，并保持记录。

7.3.2 食品安全小组

应任命食品安全小组。

食品安全小组应具备多学科的知识和建立与实施食品安全管理体系的经验。这些知识和经验包括但不限于组织的食品安全管理体系范围内的产品、过程、设备和食品安全危害。

应保持记录，以证实食品安全小组具备所要求的知识和经验(见 6.2.2)。

7.3.3 产品特性

7.3.3.1 原料、辅料和与产品接触的材料

应在文件中对所有原料、辅料和与产品接触的材料予以描述，其详略程度应足以实施危害分析(见 7.4)。适宜时，描述内容包括以下方面：

a) 化学、生物和物理特性；

b) 配制辅料的组成，包括添加剂和加工助剂；

c) 产地；

d) 生产方法；

e) 包装和交付方式；

f) 贮存条件和保质期；

g) 使用或生产前的预处理；

h) 与采购材料和辅料预期用途相适宜的有关食品安全的接收准则或规范。

组织应识别与以上方面有关的食品安全法律法规要求。

上述描述应保持更新，需要时，包括按照 7.7 要求进行的更新。

7.3.3.2 终产品特性

终产品特性应在文件中予以规定，其详略程度应足以进行危害分析(见 7.4)，适宜时，描述内容包括以下方面的信息：

a) 产品名称或类似标志；

b) 成分；

c) 与食品安全有关的化学、生物和物理特性；

d) 预期的保质期和贮存条件；

e) 包装；

f) 与食品安全有关的标志和(或)处理、制备及使用的说明书；

g) 分销方式。

组织应确定与以上方面有关的食品安全法规要求。

上述描述应保持更新，需要时，包括按照7.7的要求进行的更新。

7.3.4 预期用途

应考虑终产品的预期用途和合理的预期处理，以及非预期但可能发生的错误处置和误用，并将其在文件中描述，其详略程度应足以实施危害分析(见7.4)。

应识别每种产品的使用群体，适宜时，应识别其消费群体；并考虑对特定食品安全危害易感的消费群体。

上述描述应保持更新，需要时，包括按照7.7要求进行的更新。

7.3.5 流程图、过程步骤和控制措施

7.3.5.1 流程图

应绘制食品安全管理体系所覆盖产品或过程类别的流程图。流程图应为评价可能出现、增加或引入的食品安全危害提供基础。

流程图应清晰、准确和足够详尽。适宜时，流程图应包括：

a) 操作中所有步骤的顺序和相互关系；

b) 源于外部的过程和分包工作；

c) 原料、辅料和中间产品投入点；

d) 返工点和循环点；

e) 终产品、中间产品和副产品放行点及废弃物的排放点。

根据7.8的要求，食品安全小组应通过现场核对来验证流程图的准确性。经过验证的流程图应作为记录予以保持。

7.3.5.2 过程步骤和控制措施的描述

应描述现有的控制措施、过程参数和(或)其实施的严格程度，或影响食品安全的程序，其详略程度足以实施危害分析(见7.4)。

还应描述可能影响控制措施的选择及其严格程度的外部要求(如来自执法部门或顾客)。

上述描述应根据7.7的要求进行更新。

7.4 危害分析

7.4.1 总则

食品安全小组应实施危害分析，以确定需要控制的危害，确定为确保食品安全所要求的控制程度，并确定所要求的控制措施组合。

7.4.2 危害识别和可接受水平的确定

7.4.2.1 应识别并记录与产品类别、过程类别和实际生产设施相关的所有合理预期发生的食品安全危害。识别应基于以下方面：

a) 根据7.3收集的预备信息和数据；

b) 经验；

c) 外部信息，尽可能包括流行病学和其他历史数据；

d) 来自食品链中，可能与终产品、中间产品和消费食品的安全相关的食品安全危害信息。

应指出可能引入每一食品安全危害的步骤(从原料、加工和分销)。

7.4.2.2 在识别危害时，应考虑：

a) 特定操作的前后步骤;

b) 生产设备、设施和(或)服务和周边环境;

c) 在食品链中的前后关联。

7.4.2.3 针对每个识别的食品安全危害,只要可能,应确定终产品中食品安全危害的可接受水平。确定的水平应考虑已发布的法律法规要求、顾客对食品安全的要求、顾客对产品的预期用途以及其他相关数据。确定的依据和结果应予以记录。

7.4.3 危害评估

应对每种已识别的食品安全危害(见7.4.2)进行危害评估,以确定消除危害或将危害降至可接受水平是否为生产安全食品所必需;以及是否需要将危害控制到规定的可接受水平。

应根据食品安全危害造成不良健康后果的严重性及其发生的可能性,对每种食品安全危害进行评估。应描述所采用的方法,并记录食品安全危害评估的结果。

7.4.4 控制措施的选择和评估

基于7.4.3的危害评估,应选择适宜的控制措施组合,使食品安全危害得到预防、消除或降低至规定的可接受水平。

在选定的组合中,应对7.3.5.2中所描述的每个控制措施,评审其控制确定食品安全危害的有效性。

应按照控制措施是需要通过操作性前提方案还是通过HACCP计划进行管理,对所选择的控制措施进行分类。

应使用符合逻辑的方法对控制措施选择和分类,逻辑方法包括与以下方面有关的评估:

a) 针对实施的严格程度,控制措施对确定的食品安全危害的控制效果;

b) 对控制措施进行监视的可行性(如适时监视以便于立即纠正的能力);

c) 相对其他控制措施,该控制措施在系统中的位置;

d) 控制措施作用失效的可能性或过程发生显著变异的可能性;

e) 一旦控制措施的作用失效,结果的严重程度;

f) 控制措施是否有针对性地建立并用于消除或显著降低危害水平;

g) 协同效应(即两个或更多措施作用的组合效果优于每个措施单独效果的总和)。

属于HACCP计划管理的控制措施应按照7.6实施,其他控制措施应作为操作性前提方案按照7.5实施。

应在文件中描述所使用的分类方法学原理和参数,并记录评估的结果。

7.5 操作性前提方案(PRPs)的建立

操作性前提方案应形成文件,其中每个方案应包括如下信息:

a) 由每个方案控制的食品安全危害(见7.4.4);

b) 控制措施(见7.4.4);

c) 监视程序,以证实实施了操作性前提方案;

d) 当监视显示操作性前提方案失控时,所采取的纠正和纠正措施(分别见7.10.1和7.10.2);

e) 职责和权限;

f) 监视的记录。

7.6 HACCP计划的建立

7.6.1 HACCP计划

应将HACCP计划形成文件;并针对每个已确定的关键控制点(CCP),包括如下信息:

a) 该关键控制点(见7.4.4)所控制的食品安全危害;

b) 控制措施(见7.4.4);

c) 关键限值(见7.6.3);

d) 监视程序(见 7.6.4);

e) 当超出关键限值时,应采取的纠正和纠正措施(见 7.6.5);

f) 职责和权限;

g) 监视的记录。

7.6.2 关键控制点(CCPs)的确定

应对需要 HACCP 计划控制的每种危害,针对确定的控制措施确定关键控制点(见 7.4.4)。

7.6.3 关键控制点的关键限值的确定

应对每个关键控制点所设定的监视确定其关键限值。

关键限值的建立应确保终产品(见 7.4.2)的安全危害不超过已知的可接受水平。

关键限值应是可测量的。

关键限值选定的理由和依据应形成文件。

基于主观信息(如对产品、加工过程、处置的视觉检验等)的关键限值,应有指导书、规范和(或)教育及培训的支持。

7.6.4 关键控制点的监视系统

应对每个关键控制点建立监视系统,以证实关键控制点处于受控状态。该系统应包括所有针对关键限值的、有计划的测量或观察。

监视系统应由相关程序、指导书和记录构成,包括以下内容:

a) 在适当的时间范围内提供结果的测量或观察;

b) 所用的监视装置;

c) 适用的校准方法(见 8.3);

d) 监视频次;

e) 与监视和评价监视结果有关的职责和权限;

f) 记录的要求和方法。

监视的方法和频次应能够及时确定关键限值何时超出,以便在产品使用或消费前对产品进行隔离。

7.6.5 监视结果超出关键限值时采取的措施

应在 HACCP 计划中规定超出关键限值时所采取的策划的纠正和纠正措施。这些措施应确保查明不符合的原因,使关键控制点控制的参数恢复受控,并防止再次发生(见 7.10.2)。

为适当地处置潜在不安全产品(见 7.10.3),应建立和保持形成文件的程序,以确保对其评价后再放行。

7.7 预备信息的更新、规定前提方案和 HACCP 计划文件的更新

制定操作性前提方案(见 7.5)和(或)HACCP 计划(见 7.6)后,必要时,组织应更新如下信息:

a) 产品特性(见 7.3.3);

b) 预期用途(见 7.3.4);

c) 流程图(见 7.3.5.1);

d) 过程步骤(见 7.3.5.2);

e) 控制措施(见 7.3.5.2)。

必要时,应对 HACCP 计划(见 7.6.1)以及描述前提方案(见 7.2)的程序和指导书进行修改。

7.8 验证策划

验证策划应规定验证活动的目的、方法、频次和职责。验证活动应确定:

a) 前提方案得以实施(见 7.2);

b) 危害分析(见 7.3)的输入持续更新;

c) HACCP 计划(见 7.6.1)中的要素和操作性前提方案(见 7.5)得以实施且有效;

d) 危害水平在确定的可接受水平之内(见 7.4.2);

e) 组织要求的其他程序得以实施且有效。

该策划的输出应采用与组织运作方法相适宜的形式。

应记录验证的结果,且传达到食品安全小组。应提供验证的结果以进行验证活动结果的分析(见8.4.3)。

当体系验证是基于终产品的测试,且测试样品的结果不满足食品安全危害的可接受水平时(见7.4.2),受影响批次的产品应作为潜在不安全产品,按照7.10.3的规定进行处置。

7.9 可追溯性系统

组织应建立且实施可追溯性系统,以确保能够识别产品批次及其与原料批次、生产和交付记录的关系。

可追溯性系统应能够识别直接供方的进料和终产品初次分销的途径。

应按规定的期限保持可追溯性记录,以便对体系进行评估,使潜在不安全产品得以处理;在产品撤回时,也应按规定的期限保持记录。可追溯性记录应符合法律法规要求、顾客要求,例如可以是基于终产品的批次标志。

7.10 不符合控制

7.10.1 纠正

当关键控制点的关键限值超出(见7.6.5)或操作性前提方案失控时,组织应确保根据产品的用途和放行要求,识别和控制受影响的产品。

应建立和保持形成文件的程序,规定:

a) 识别和评估受影响的终产品,以确定对它们进行适宜的处置(见7.10.3);

b) 评审所实施的纠正。

超出关键限值的条件下生产的产品是潜在不安全产品,应按7.10.3要求进行处置。不符合操作性前提方案条件下生产的产品,评价时应考虑不符合原因和由此对食品安全造成的后果;必要时,按7.10.3进行处置。评价应予以记录。

所有纠正应由负责人批准并予以记录,记录还应包括不符合的性质及其产生原因和后果,以及不合格批次的可追溯性信息。

7.10.2 纠正措施

通过监视操作性前提方案和关键控制点所获得的数据,应由指定的具备足够知识(见6.2)和权限(见5.4)的人员进行评价,以启动纠正措施。

当关键限值超出(见7.6.5)和不符合操作性前提方案时,应采取纠正措施。

组织应建立和保持形成文件的程序,规定适宜的措施以识别和消除已发现的不符合的原因,防止其再次发生,并在不符合发生后,使相应的过程或体系恢复受控状态。这些措施包括:

a) 评审不符合(包括顾客抱怨);

b) 评审监视结果可能向失控发展的趋势;

c) 确定不符合的原因;

d) 评价采取措施的需求,以确保不符合不再发生;

e) 确定和实施所需的措施;

f) 记录所采取纠正措施的结果;

g) 评审采取的纠正措施,以确保其有效。

纠正措施应予以记录。

7.10.3 潜在不安全产品的处置

7.10.3.1 总则

除非组织能确保如下情况,否则应采取措施处置所有不合格产品,以防止不合格产品进入食品链:

a) 相关的食品安全危害已降至规定的可接受水平;

b) 相关的食品安全危害在进入食品链前将降至确定的可接受水平(见7.4.2);

c) 尽管不符合,但产品仍能满足相关规定的食品安全危害的可接受水平。

可能受不符合影响的所有批次产品应在评价前处于组织的控制之中。

当产品在组织的控制之外,并继而确定为不安全时,组织应通知相关方,并启动撤回(见7.10.4)。

注:“撤回”包括召回。

处理潜在不安全产品的控制要求、相关响应和授权应形成文件。

7.10.3.2 放行的评价

受不符合影响的每批产品应在符合下列任一条件时,才可作为安全产品放行:

a) 除监视系统外的其他证据证实控制措施有效;

b) 证据表明,针对特定产品的控制措施的组合作用达到预期效果(即符合7.4.2确定的可接受水平);

c) 抽样、分析和(或)其他验证活动的结果证实受影响批次的产品符合确定的相关食品安全危害的可接受水平。

7.10.3.3 不合格品的处理

评价后,当产品不能放行时,产品应按如下方式之一进行处理:

a) 在组织内或组织外重新加工或进一步加工,以确保食品安全危害得到消除或降至可接受水平;

b) 销毁和(或)按废物处理。

7.10.4 撤回

为能够并便于完全、及时地撤回被确定为不安全批次的终产品:

a) 最高管理者应指定有权启动撤回的人员和负责执行撤回的人员;

b) 组织应建立、保持形成文件的程序,以便:

1) 通知相关方[如:立法和执法部门、顾客和(或)消费者];

2) 处置撤回产品及库存中受影响的产品;

3) 安排采取措施的顺序。

撤回的产品在被销毁、改变预期用途、确定按原有(或其他)预期用途使用是安全的或为确保安全重新加工之前,应被封存或在监督下予以保留。

撤回的原因、范围和结果应予以记录,并向最高管理者报告,作为管理评审的输入(见5.8.2)。

组织应通过应用适宜技术验证并记录撤回方案的有效性(如模拟撤回或实际撤回)。

8 食品安全管理体系的确认、验证和改进

8.1 总则

食品安全小组应策划和实施对控制措施和(或)控制措施组合进行确认所需的过程,并验证和改进食品安全管理体系。

8.2 控制措施组合的确认

对于包含在操作性前提方案中和HACCP计划中的控制措施实施之前以及变更后(见8.5.2),组织应确认(见3.15):

a) 所选择的控制措施能使其针对的食品安全危害实现预期控制;

b) 控制措施及其组合时有效,能确保控制已确定的食品安全危害,并获得满足规定可接受水平的终产品。

当确认结果表明不能满足一个或两个上述要素时,应对控制措施和(或)其组合进行修改和重新评估(见7.4.4)。

修改可能包括控制措施[即过程参数、严格程度和(或)其组合]的变更和(或)原料、生产技术、终产品特性、分销方式、终产品预期用途的变更。

8.3 监视和测量的控制

组织应提供证据表明采用的监视、测量方法和设备是适宜的，以确保监视和测量程序的成效。

为确保结果有效，必要时，所使用的测量设备和方法应：

a) 对照能溯源到国际或国家标准的测量标准，在规定的时间间隔或在使用前进行校准或检定。当不存在上述标准时，校准或检定的依据应予以记录；

b) 进行调整或必要时再调整；

c) 得到识别，以确定其校准状态；

d) 防止可能使测量结果失效的调整；

e) 防止损坏和失效。

校准和检定结果记录应予以保持。

此外，当发现设备或过程不符合要求时，组织应对以往测量结果的有效性进行评估。当测量设备不符合时，组织应对该设备以及任何受影响的产品采取适当的措施。这种评估和相应措施的记录应予以保持。

当计算机软件用于规定要求的监视和测量时，应确认其满足预期用途的能力。确认应在初次使用前进行。必要时，再确认。

8.4 食品安全管理体系的验证

8.4.1 内部审核

组织应按照策划的时间间隔进行内部审核，以确定食品安全管理体系是否：

a) 符合策划的安排、组织所建立的食品安全管理体系的要求和本标准的要求；

b) 得到有效实施和更新。

审核方案策划应考虑拟审核过程和区域的状况和重要性，以及以往审核（见 8.5.2 和 5.8.2）产生的更新的措施。应规定审核的准则、范围、频次和方法。审核员的选择和审核的实施应确保审核过程的客观性和公正性。审核员不应审核自己的工作。

应在形成文件的程序中规定策划、实施审核、报告结果和保持记录的职责和要求。

负责受审核区域的管理者应确保及时采取措施，以消除所发现的不符合情况及原因，不能不适当地延误。跟踪活动应包括对所采取措施的验证和验证结果的报告。

8.4.2 单项验证结果的评价

食品安全小组应系统地评价所策划验证（见 7.8）的每个结果。

当验证证实不符合策划的安排时，组织应采取措施达到规定的要求。该措施应包括但不限于评审以下方面：

a) 现有的程序和沟通渠道（见 5.6 和 7.7）；

b) 危害分析的结论（见 7.4）、已建立的操作性前提方案（见 7.5）和 HACCP 计划（见 7.6.1）；

c) 前提方案（见 7.2）；

d) 人力资源管理和培训活动（见 6.2）的有效性。

8.4.3 验证活动结果的分析

食品安全小组应分析验证活动的结果，包括内部审核（见 8.4.1）和外部审核的结果。应进行分析以便：

a) 证实体系的整体运行满足策划的安排和本组织建立食品安全管理体系的要求；

b) 识别食品安全管理体系改进或更新的需求；

c) 识别表明潜在不安全产品高事故风险的趋势；

d) 确定信息，用于策划与受审核区域状况和重要性有关的内部审核方案；

e) 提供证据证明已采取纠正和纠正措施的有效性。

分析的结果和由此产生的活动应予以记录，并以相关的形式向最高管理者报告，作为管理评审的输入(见 5.8.2),也应用作食品安全管理体系更新的输入(见 8.5.2)。

8.5 改进

8.5.1 持续改进

最高管理者应确保组织通过以下活动,持续改进食品安全管理体系的有效性:沟通(见 5.6)、管理评审(见 5.8)、内部审核(见 8.4.1)、单项验证结果的评价(见 8.4.2)、验证活动结果的分析(见 8.4.3)、控制措施组合的确认(见 8.2)、纠正措施(见 7.10.2)和食品安全管理体系更新(见 8.5.2)。

注:GB/T 19001 阐述了质量管理体系有效性的持续改进。GB/T 19004 在 GB/T 19001 基础之上提供了质量管理体系有效性和效率持续改进的指南。

8.5.2 食品安全管理体系的更新

最高管理者应确保食品安全管理体系持续更新。

为此,食品安全小组应按策划的时间间隔评价食品安全管理体系,应考虑评审危害分析(见 7.4)、已建立的操作性前提方案(见 7.5)和 HACCP 计划(见 7.6.1)的必要性。

评价和更新活动应基于:

a) 5.6 中所述的内部和外部沟通信息的输入;

b) 与食品安全管理体系适宜性、充分性和有效性有关的其他信息的输入;

c) 验证活动结果分析(见 8.4.3)的输出;

d) 管理评审的输出(见 5.8.3)。

体系更新活动应以适当的形式予以记录和报告,作为管理评审的输入(见 5.8.2)。

附 录 A
（资料性附录）
GB/T 22000—2006 与 GB/T 19001—2000 之间的对应关系

表 A.1 GB/T 22000—2006 与 GB/T 19001—2000 之间的对应关系

GB/T 22000—2006		GB/T 19001—2000	
引言			引言
		0.1	总则
		0.2	过程方法
		0.3	与 GB/T 19004 的关系
		0.4	与其他管理体系的相容性
范围	1	1	范围
		1.1	总则
		1.2	应用
规范性引用文件	2	2	引用标准
术语和定义	3	3	术语和定义
食品安全管理体系	4	4	质量管理体系
总要求	4.1	4.1	总要求
文件要求	4.2	4.2	文件要求
总则	4.2.1	4.2.1	总则
文件控制	4.2.2	4.2.3	文件控制
记录控制	4.2.3	4.2.4	记录控制
管理职责	5	5	管理职责
管理承诺	5.1	5.1	管理承诺
食品安全方针	5.2	5.3	质量方针
食品安全管理体系策划	5.3	5.4.2	质量管理体系策划
职责和权限	5.4	5.5.1	职责和权限
食品安全小组组长	5.5	5.5.2	管理者代表
沟通	5.6	5.5	职责、权限与沟通
外部沟通	5.6.1	7.2.1	与产品有关的要求的确定
		7.2.3	顾客沟通
内部沟通	5.6.2	5.5.3	内部沟通
		7.3.7	设计和开发更改的控制
应急准备和响应	5.7	5.2	以顾客为关注焦点
		8.5.3	预防措施
管理评审	5.8	5.6	管理评审
总则	5.8.1	5.6.1	总则
评审输入	5.8.2	5.6.2	评审输入
评审输出	5.8.3	5.6.3	评审输出

表 A.1(续)

GB/T 22000—2006		GB/T 19001—2000	
资源管理	6	6	资源管理
资源提供	6.1	6.1	资源提供
人力资源 总则 能力、意识和培训	6.2 6.2.1 6.2.2	6.2 6.2.1 6.2.2	人力资源 总则 能力、意识和培训
基础设施	6.3	6.3	基础设施
工作环境	6.4	6.4	工作环境
安全产品的策划和实现	7	7	产品实现
总则	7.1	7.1	产品实现的策划
前提方案(PRPs)	7.2 7.2.1 7.2.2 7.2.3	6.3 6.4 7.5.1 8.5.3 7.5.5	基础设施 工作环境 生产和服务提供的控制 预防措施 产品防护
实施危害分析的预备步骤 总则 食品安全小组 产品特性 预期用途 流程图、过程步骤和控制措施	7.3 7.3.1 7.3.2 7.3.3 7.3.4 7.3.5	7.3 7.4.2 7.2.1 7.2.1	设计和开发 采购信息 与产品有关的要求的确定 与产品有关的要求的确定
危害分析 总则 危害识别和可接受水平的确定 危害评估 控制措施的选择和评估	7.4 7.4.1 7.4.2 7.4.3 7.4.4	7.3.1	设计和开发策划
操作性前提方案(PRPs)的建立	7.5	7.3.2	设计和开发输入
HACCP 计划的建立 HACCP 计划 关键控制点(CCPs)的确定 关键控制点的关键限值的确定 关键控制点的监视系统 监视结果超出关键限值时采取的措施	7.6 7.6.1 7.6.2 7.6.3 7.6.4 7.6.5	7.3.3 7.5.1 8.2.3 8.3	设计和开发输出 生产和服务提供的控制 过程的监视和测量 不合格品控制
预备信息的更新、规定前提方案和 HACCP 计划文件的更新	7.7	4.2.3	文件控制
验证策划	7.8	7.3.5	设计和开发验证
可追溯性系统	7.9	7.5.3	标志和可追溯性

表 A.1(续)

GB/T 22000—2006		GB/T 19001—2000	
不符合控制	7.10	8.3	不合格品控制
纠正	7.10.1	8.3	不合格品控制
纠正措施	7.10.2	8.5.2	纠正措施
潜在不安全产品的处置	7.10.3	8.3	不合格品控制
撤回	7.10.4	8.3	不合格品控制
食品安全管理体系的确认、验证和改进	8	8	测量、分析和改进
总则	8.1	8.1	总则
控制措施组合的确认	8.2	8.4	数据分析
		7.3.6	设计和开发确认
		7.5.2	生产和服务提供过程的确认
监视和测量的控制	8.3	7.6	监视和测量装置的控制
食品安全管理体系的验证	8.4	8.2	监视和测量
内部审核	8.4.1	8.2.2	内部审核
单项验证结果的评价	8.4.2	7.3.4	设计和开发评审
		8.2.3	过程的监视和测量
验证活动结果的分析	8.4.3	8.4	数据分析
改进	8.5	8.5	改进
持续改进	8.5.1	8.5.1	持续改进
食品安全管理体系的更新	8.5.2	7.3.4	设计和开发评审

表 A.2 GB/T 19001—2000 与 GB/T 22000—2006 之间的对应关系

GB/T 19001—2000		GB/T 22000—2006	
引言			引言
总则	0.1		
过程方法	0.2		
与 GB/T 19004 的关系	0.3		
与其他管理体系的相容性	0.4		
范围	1	1	范围
总则	1.1		
应用	1.2		
引用标准	2	2	规范性引用文件
术语和定义	3	3	术语和定义
质量管理体系	4	4	食品安全管理体系
总要求	4.1	4.1	总要求
文件要求	4.2	4.2	文件要求
总则	4.2.1	4.2.1	总则
质量手册	4.2.2	4.2.2	文件控制
文件控制	4.2.3	7.7	预备信息的更新、规定前提方案和 HACCP 计划文件的更新
记录控制	4.2.4	4.2.3	记录控制

表 A.2（续）

GB/T 19001—2000		GB/T 22000—2006	
管理职责	5	5	管理职责
管理承诺	5.1	5.1	管理承诺
以顾客为关注焦点	5.2	5.7	应急准备和响应
质量方针	5.3	5.2	食品安全方针
策划 质量目标 质量管理体系策划	5.4 5.4.1 5.4.2	 5.3 8.5.2	 食品安全管理体系策划 食品安全管理体系的更新
职责、权限与沟通 职责和权限 管理者代表 内部沟通	5.5 5.5.1 5.5.2 5.5.3	5.6 5.4 5.5 5.6.2	沟通 职责和权限 食品安全小组组长 内部沟通
管理评审 总则 评审输入 评审输出	5.6 5.6.1 5.6.2 5.6.3	5.8 5.8.1 5.8.2 5.8.3	管理评审 总则 评审输入 评审输出
资源管理	6	6	资源管理
资源提供	6.1	6.1	资源提供
人力资源 总则 能力、意识和培训	6.2 6.2.1 6.2.2	6.2 6.2.1 6.2.2	人力资源 总则 能力、意识和培训
基础设施	6.3	6.3 7.2	基础设施 前提方案(PRPs)
工作环境	6.4	6.4 7.2	工作环境 前提方案(PRPs)
产品实现	7	7	安全产品的策划和实现
产品实现的策划	7.1	7.1	总则
与顾客有关的过程 与产品有关的要求的确定 与产品有关的要求的评审 顾客沟通	7.2 7.2.1 7.2.2 7.2.3	 7.3.4 7.3.5 5.6.1 5.6.1	 预期用途 流程图、过程步骤和控制措施 外部沟通 外部沟通

表 A.2（续）

GB/T 19001—2000		GB/T 22000—2006	
设计和开发	7.3	7.3	实施危害分析的预备步骤
设计和开发策划	7.3.1	7.4	危害分析
设计和开发输入	7.3.2	7.5	操作性前提方案(PRPs)的建立
设计和开发输出	7.3.3	7.6	HACCP计划的建立
设计和开发评审	7.3.4	8.4.2	单项验证结果的评价
		8.5.2	食品安全管理体系的更新
设计和开发验证	7.3.5	7.8	验证策划
设计和开发确认	7.3.6	8.2	控制措施组合的确认
设计和开发更改的控制	7.3.7	5.6.2	内部沟通
采购	7.4		
采购过程	7.4.1		
采购信息	7.4.2	7.3.3	产品特性
采购产品的验证	7.4.3		
生产和服务提供	7.5		
生产和服务提供的控制	7.5.1	7.2	前提方案(PRPs)
		7.6.1	HACCP计划
生产和服务提供过程的确认	7.5.2	8.2	控制措施组合的确认
标志和可追溯性	7.5.3	7.9	可追溯性系统
顾客财产	7.5.4		
产品防护	7.5.5	7.2	前提方案(PRPs)
监视和测量装置的控制	7.6	8.3	监视和测量的控制
测量、分析和改进	8	8	食品安全管理体系的确认、验证和改进
总则	8.1	8.1	总则
监视和测量	8.2	8.4	食品安全管理体系的验证
顾客满意	8.2.1		
内部审核	8.2.2	8.4.1	内部审核
过程的监视和测量	8.2.3	7.6.4	关键控制点的监视系统
		8.4.2	单项验证结果的评价
产品的监视和测量	8.2.4		
不合格品控制	8.3	7.6.5	监视结果超出关键限值时采取的措施
		7.10	不符合控制
数据分析	8.4	8.2	控制措施组合的确认
		8.4.3	验证活动结果的分析
改进	8.5	8.5	改进
持续改进	8.5.1	8.5.1	持续改进
纠正措施	8.5.2	7.10.2	纠正措施
预防措施	8.5.3	5.7	应急准备和响应
		7.2	前提方案(PRPs)

附　录　B
（资料性附录）
HACCP与GB/T 22000—2006的对应关系

表B.1　HACCP原理和实施步骤与GB/T 22000—2006的对应关系

HACCP原理	HACCP实施步骤[a]		GB/T 22000—2006	
	组成HACCP小组	步骤1	7.3.2	食品安全小组
	产品描述	步骤2	7.3.3 7.3.5.2	产品特性 过程步骤和控制措施的描述
	识别预期用途	步骤3	7.3.4	预期用途
	制定流程图 流程图的现场确认	步骤4 步骤5	7.3.5.1	流程图
原理1 进行危害分析	列出与各步骤有关的所有潜在危害，进行危害分析，并对识别的危害考虑控制的措施	步骤6	7.4 7.4.2 7.4.3 7.4.4	危害分析 危害识别和可接受水平的确定 危害评估 控制措施的选择和评估
原理2 确定关键控制点（CCPs）	确定关键控制点	步骤7	7.6.2	关键控制点（CCPs）的确定
原理3 建立关键限值	建立每个关键控制点的关键限值	步骤8	7.6.3	关键控制点的关键限值的确定
原理4 建立关键控制点（CCPs）的监视系统	建立每个关键控制点的监测系统	步骤9	7.6.4	关键控制点的监视系统
原理5 建立纠正措施，以便当监控表明某个特定关键控制点（CCP）失控时采用	建立纠偏行动	步骤10	7.6.5	监视结果超出关键限值时采取的措施
原理6 建立验证程序，以确认HACCP体系运行的有效性	建立验证程序	步骤11	7.8	验证策划
原理7 建立有关上述原理及其在应用中的所有程序和记录的文件系统	建立文件和记录保持系统	步骤12	4.2 7.7	文件要求 预备信息的更新、规定前提方案和HACCP计划文件的更新

[a] 见参考文献[11]。

附 录 C
（资料性附录）
提供控制措施实例的法典参考文献
——包括前提方案和指南及其选择和使用

C.1 法典和导则[1]

C.1.1 通用

CAC/RCP 1—1969,Rev.4(2003) 推荐的国际操作规范——食品卫生总则；收录了HACCP体系及其应用指南

食品卫生控制措施确认导则[2]

与食品检验和认证相关的可追溯性/产品追溯应用原理

商品特定法典和导则

C.1.2 饲料

CAC/RCP 45—1997 降低产奶动物饲用原料和补充饲料中黄曲霉毒素 B_1 的操作规范

CAC/RCP 54—2004 良好动物饲养操作规范

C.1.3 特殊膳食食品

CAC/RCP 21—1979 婴幼儿食品卫生操作规范[3]

CAC/GL 08—1991 较大婴幼儿配方辅助食品导则

C.1.4 特殊加工食品

CAC/RCP 8—1976,Rev.2(1983) 速冻食品加工处理卫生操作规范

CAC/RCP 23—1979,Rev.2(1993) 低酸及酸化低酸罐头食品卫生操作规范

CAC/RCP 46—1999 延长货架期的冷藏包装食品卫生操作规范

C.1.5 食品辅料

CAC/RCP 42—1995 香辛料和干燥香辛植物卫生操作规范

C.1.6 水果和蔬菜

CAC/RCP 22—1979 花生卫生操作规范

CAC/RCP 2—1969 罐装果蔬制品卫生操作规范

CAC/RCP 3—1969 干燥水果卫生操作规范

CAC/RCP 4—1971 脱水椰子卫生操作规范

CAC/RCP 5—1971 脱水水果和蔬菜(包括食用菌)卫生操作规范

CAC/RCP 6—1972 木本坚果卫生操作规范

CAC/RCP 53—2003 新鲜水果和蔬菜卫生操作规范

C.1.7 肉类和肉制品

CAC/RCP 41—1993 屠宰动物宰前宰后检验及屠宰动物和肉类宰前宰后的评价规范

CAC/RCP 32—1983 用于进一步加工的机械分割肉和畜禽肉的生产、储存及拼配操作规范

CAC/RCP 29—1983,Rev.1(1993) 野味卫生操作规范

CAC/RCP 30—1983 青蛙腿加工卫生操作规范

---

1) 这些文件及其最新版本可从法典委员会的网址上下载：http://www.codexalimentarius.net。

2) 正在制定中。

3) 正在修订中。

CAC/RCP 11—1976,Rev.1(1993) 鲜肉卫生操作规范

CAC/RCP 13—1976,Rev.1(1985) 加工肉禽产品卫生操作规范

CAC/RCP 14—1976 禽类加工卫生操作规范

CAC/GL 52—2003 肉类卫生通则

肉类卫生操作规范[2)]

C.1.8 奶和奶制品

CAC/RCP 57—2004 奶和奶制品卫生操作规范

食品预防兽药残留和奶和奶制品(包括奶和奶制品)药物残留控制计划导则(修订版)[2)]

C.1.9 蛋和蛋制品

CAC/RCP 15—1976 蛋制品卫生操作规范(分别于1978和1985年进行了修订)

蛋制品卫生操作规范(修订版)[2)]

C.1.10 鱼和渔业产品

CAC/RCP 37—1989 头足类动物操作规范

CAC/RCP 35—1985 面糊和(或)面包包裹的速冻渔业产品操作规范

CAC/RCP 28—1983 蟹类操作规范

CAC/RCP 24—1979 龙虾操作规范

CAC/RCP 25—1979 熏鱼操作规范

CAC/RCP 26—1979 盐腌鱼操作规范

CAC/RCP 17—1978 小虾或大虾操作规范

CAC/RCP 18—1978 软体鱼贝类卫生操作规范

CAC/RCP 52—2003 鱼和渔业产品操作规范

鱼和渔业产品操作规范(水产养殖)[2)]

C.1.11 水

CAC/RCP 33—1985 天然矿泉水的采集、加工和销售卫生操作规范

CAC/RCP 48—2001 瓶装/包装饮用水(非天然矿泉水)卫生操作规范

C.1.12 运输

CAC/RCP 47—2001 散装和半包装食品运输卫生操作规范

CAC/RCP 36—1987,Rev.1(1999) 散装食用油脂贮存和运输操作规范

CAC/RCP 44—1995 热带新鲜水果和蔬菜包装和运输操作规范

C.1.13 零售

CAC/RCP 43—1997,Rev.1(2001) 街道食品制作和销售卫生操作规范(区域性规范——拉丁美洲和加勒比海地区)

CAC/RCP 39—1993 大众餐厅中预制和已制食品卫生操作规范

CAC/GL—22—1997,Rev.1(1999) 非洲街道贩卖食品控制措施设计导则

C.2 食品安全危害特定法典和指南[1)]

CAC/RCP 38—1993 兽药使用控制操作规范

CAC/RCP 50—2003 预防苹果汁及其他饮料中苹果汁成分棒曲霉素污染操作规范

CAC/RCP 51—2003 预防谷物中霉菌毒素污染操作规范,包括赭曲霉素A、玉米赤霉烯酮、伏马毒素、单端孢霉烯族毒素的附录

CAC/RCP 55—2004 预防和减少花生中黄曲霉毒素污染操作规范

CAC/RCP 56—2004 预防和减少食品中铅污染操作规范

食品中单核细胞增多性李斯特菌控制导则[2)]

预防和减少罐藏食品中无机锡污染操作规范[2)]
抗菌抗性最小化操作规范[2)]
预防和减少木本坚果中黄曲霉毒素污染操作规范[2)]

C.3 特定控制措施的法典和导则[1)]

CAC/RCP 19—1979 ,Rev.1(1983) 用于处理食品的辐照设施操作规范
CAC/RCP 40—1993 经防腐处理和包装的低酸食品卫生操作规范
CAC/RCP 49—2001 减少食品中化学制品污染源措施的操作规范
CAC/GL 13—1991 利用乳过氧化物酶体系保存原料奶导则
CAC/STAN 106—1983,Rev.1(2003) 辐照食品通用标准

参 考 文 献

[1] GB/T 19001—2000　质量管理体系　要求

[2] GB/T 19004—2000　质量管理体系　业绩改进指南

[3] GB/T 19022—2003　测量管理体系　测量过程和测量设备的要求

[4] ISO 14159:2002　设备安全　设备设计的卫生要求

[5] GB/T 19080—2003　食品和饮料行业 GB/T 19001—2000 应用指南

[6] GB/T 19011—2003　质量和(或)环境管理体系审核指南

[7] ISO/TS 22004:　食品安全管理体系——ISO 22000:2005 应用指南

[8] ISO 22005:[4]　饲料和食品链的可追溯性——体系设计和开发的通用原理和指南

[9] ISO/IEC 导则 51:1999　安全方面——包括在标准内的指南

[10] ISO/IEC 导则 62:1996　质量体系评审和认证/注册机构的通用要求

[11] 国际食品法典卫生学基本读本. 联合国粮农组织—世界卫生组织. 罗马, 2001

[12] 参考网址:http://www.iso.org
　　http://www.codexalimentarius.net

4) 即将出版。

ICS 01.040.03;03.120.20
A 00

中华人民共和国国家标准

GB/T 27000—2006/ISO/IEC 17000:2004

合格评定　词汇和通用原则

Conformity assessment—Vocabulary and general principles

(ISO/IEC 17000:2004,IDT)

2006-09-04 发布　　2006-12-01 实施

中华人民共和国国家质量监督检验检疫总局
中国国家标准化管理委员会　发布

前 言

本标准等同采用ISO/IEC 17000:2004《合格评定——词汇和通用原则》(英文版)。

ISO/IEC 17000:2004取消并代替ISO/IEC指南2:1996《标准化和相关活动的通用词汇》的第12章~第17章。GB/T 20000.1—2002《标准化工作指南 第1部分:标准化和相关活动的通用词汇》的2.12~2.17基本上等同采用了ISO/IEC指南2:1996(英文版)的第12章~第17章[1],因此建议GB/T 20000.1—2002在本标准实施后予以修订。

为了便于使用,本标准对ISO/IEC 17000:2004做了下列编辑性修改:

1) “本国际标准”一词改为“本标准”;
2) 修改了ISO/IEC 17000:2004的引言;
3) 附录B中的相关术语在ISO/IEC 17000:2004中按英文字母排序,在本标准中按其在相关标准中的出现顺序排序。

本标准的附录A和附录B为资料性附录。

本标准由全国认证认可标准化技术委员会(SAC/TC 261)提出并归口。

本标准起草单位:国家认证认可监督管理委员会、中国合格评定国家认可中心。

本标准主要起草人:赵宗勃、许增德、逄征虎、沈军、牛东波、李伟、杨铭、费杨、梁晓文、袁松宏、李洪。

1) GB/T 20000.1—2002的2.12~2.17与ISO/IEC指南2:1996的第12章~第17章的技术性差异仅为:在2.12“合格评定”标题下增加了一个注,说明在我国“合格评定”这个术语还有另一许用术语“符合性评定”,及这两个术语的使用情况。

ISO/IEC 前 言

国际标准化组织(ISO)和国际电工委员会(IEC)构建了全球标准化的专业体系。ISO 或 IEC 的国家成员机构,通过 ISO 或 IEC 为特定领域或技术活动设立的技术委员会参与国际标准的制定。ISO 和 IEC 的技术委员会在有共同兴趣的领域进行合作。其他与 ISO 和 IEC 保持联系的政府和非政府的国际组织也参与工作。在合格评定领域,ISO 合格评定委员会(CASCO)负责国际标准和指南的制定工作。

国际标准根据 ISO/IEC 导则第 2 部分的规则起草。

国际标准草案经技术委员会通过后被提交各成员机构表决。国际标准草案需至少获得 75%的参加表决的成员机构同意,才能作为国际标准发布。

本国际标准的某些内容可能涉及专利权问题,对此应引起注意。ISO 不应负责识别任何此类专利权。

ISO/IEC 17000 由 ISO 合格评定委员会(CASCO)制定。

本国际标准被提交 ISO 和 IEC 的国家机构表决,并为两个国际组织所批准。

本国际标准第 1 版取消并代替 ISO/IEC 指南 2:1996 的第 12 章～第 17 章。ISO/IEC 指南 2 的第 1 章～第 11 章不由 ISO/CASCO 负责,不受本国际标准影响。

引　言

0.1　适用于合格评定的术语和定义

在本标准制定前，GB/T 20000.1—2002 包含了合格评定活动的核心词汇，这些词汇由最初的少量术语和定义发展而来，编制这些术语和定义是为了促进对基于传统制造业产品标准的产品认证的理解和沟通。

本标准从 GB/T 20000.1—2002 中将合格评定术语(2.12～2.17)分离出来，形成了一套独立的词汇，使之更加适用于 GB/T 27000 系列国家标准的制修订。在本标准的统一框架内可以对更多的具体概念进行恰当定义，并用最适宜的术语加以表示。其他用于表示特定合格评定活动的专有概念(如认可、人员认证、符合性标志等)的术语已经包括在与其有关的国家标准中，故本标准没有包括这些概念。

对于本标准之前存在的、等同采用 ISO/CASCO 制定的国际标准或指南的国家标准所用的术语，在其修订前，在该标准的范围内仍然有效；本标准并不追溯地应用于此类标准。

合格评定与管理体系、计量、标准化及统计等其他领域相互影响。本标准没有规定合格评定的界限，以保持其灵活性。

0.2　适用于贸易政策的术语和定义

本标准第 7 章中的一些术语和定义主要来自 GB/T 20000.1—2002 的 2.12～2.17，但其所表示的概念比 GB/T 20000.1—2002 中的相关概念更宽。编制这些术语和定义的目的不仅是使合格评定界的用法标准化，而且是为那些在法规与国际条约的框架内促进贸易便利化的政策制定者提供帮助。

0.3　合格评定功能法

本标准所规定的术语和定义，特别是第 4 章和第 5 章中的术语和定义，体现了按功能划分合格评定活动的方法(简称“功能法”)。2001 年 11 月，ISO/CASCO 根据 ISO/CASCO—CEN/CENELEC TC 1 联合工作组的推荐，采纳了这一方法。

附录 A 对功能法的描述有助于更好地理解本标准所定义的概念及其分类和相互关系。

0.4　术语和定义的选择

本标准中的一些术语是被认为必须予以定义的概念，其他的则是被认为有必要予以解释的。用于区分合格评定概念的许多通用术语在普通用语中有更广泛的用途或含义。有一些还出现在其他国家标准的词汇中，被赋予了在相关应用领域中的特定含义。

本标准给出了所定义术语的中文索引(按拼音排序)和英文索引(按字母排序)。附录 B 还列出了定义其他相关术语的国家标准或国际标准，并单独列出了这些相关术语的中文和英文(按其在相关标准中的出现顺序排序)，首先是其他 GB/T 27000 系列国家标准所定义的适用于合格评定的特定领域的术语，然后是国际通用计量学基本术语(VIM)或 GB/T 19000—2000 所定义的可通用于合格评定领域的术语。对于广泛用于其他定义的“程序”和“产品”这两个术语，本标准在 3.2 和 3.3 中重述了 GB/T 19000—2000的定义。

0.5　术语的变化

请注意来自 GB/T 20000.1—2002 的 2.12～2.17 的术语或其定义在本标准中的显著变化。

本标准没有包括“合格”(conformity)的定义,因为没有必要。“合格”并不是“合格评定”(conformity assessment)定义的特征。“合格评定”的概念所关注的是“满足规定要求”,而不是“合格”的广义概念。本标准定义了术语“规定要求”(3.1)。在英语中,术语“compliance”(中文可译作“遵守”、“遵从”等)用于表示履行要求的行为(例如,一个组织的“compliance”可以是通过履行法规要求使产品符合要求)。

GB/T 19000 将服务作为产品的一个类别包括在“产品”(3.3)的定义中,因此再提“产品和服务”就不准确了。

本标准的 2.1 注 2 将接受合格评定的产品、过程、体系、人员或机构称作“合格评定对象”,其中“对象”对应英文“object”。而在 GB/T 20000.1—2002 的术语“标准化对象”中,“对象”对应英文“subject”。将实施合格评定的机构称为“subject”(主体)可能更为适宜。

本标准用术语“证明”(5.2)而不是用“合格保证”表示通过出具“符合性说明”来提供保证的活动。

术语“认可”(5.6)现在仅指与合格评定机构有关的证明,而 GB/T 20000.1—2002 对“认可”的定义还包括 GB/T 27024—2004 所规定的人员认证。根据这一变化,本标准分别定义了“合格评定机构”(2.5)和“认可机构”(2.6)两个术语。GB/T 27011 定义了更多与认可有关的特定术语。

为避免歧义,本标准仅在提及合格评定机构或认可机构时使用“机构”(body)这一术语,在其他情况下则使用 GB/T 19000 所定义的具有一般含义的术语“组织”(organization)。GB/T 20000.1—2002 对组织的定义具有更特定的含义(由成员组成的机构),不适用于合格评定领域。

合格评定　词汇和通用原则

1　范围

本标准规定了与合格评定(包括对合格评定机构的认可)及其在贸易便利化中的应用有关的通用术语和定义。附录A对合格评定功能法作了说明,以进一步为自愿性领域和强制性领域的合格评定服务使用者、合格评定机构及其认可机构间的沟通与了解提供帮助。

在对特定的合格评定活动进行描述时可能涉及许多概念,本标准的目的并不是为全部此类概念提供词汇表。只有在某一术语所定义的概念无法从该术语的一般语言用法来理解时,或现行标准的定义不适用时,才给出术语和定义。

注1:某些定义的注提供了有助于理解所述概念的澄清、解释和示例。

注2:术语和定义是有系统、按顺序编排的,并附有按拼音排序的中文索引和按字母排序的英文索引。本标准中已定义的术语出现在其他定义或注中时,用黑体字印刷,并在其后括号中附原词条号。这些术语可以被其完整的定义所替代。

2　与合格评定有关的通用术语

2.1

合格评定　conformity assessment

与**产品**(3.3)、过程、体系、人员或机构有关的**规定要求**(3.1)得到满足的证实

注1:合格评定的专业领域包括本标准其他地方所定义的活动,如**检测**(4.2)、**检查**(4.3)和**认证**(5.5),以及对**合格评定机构**(2.5)的**认可**(5.6)。

注2:本标准所称的"合格评定对象"或"对象"包含接受合格评定的特定材料、产品、安装、过程、体系、人员或机构。产品的定义(见3.3的注1)包含服务。

2.2

第一方合格评定活动　first-party conformity assessment activity

由提供合格评定对象的人员或组织进行的合格评定活动

注:本标准中的"第一方"、"第二方"和"第三方"用于区分针对给定对象的合格评定活动,不要与法律上用于识别合同各相关方的"第一方"、"第二方"和"第三方"混淆。

2.3

第二方合格评定活动　second-party conformity assessment activity

由在合格评定对象中具有使用方利益的人员或组织进行的合格评定活动

注1:实施第二方合格评定的人员或组织的例子有:产品的采购方或使用方,试图信任供方管理体系的潜在顾客,或代表此类利益的组织。

注2:见2.2注。

2.4

第三方合格评定活动　third-party conformity assessment activity

由既独立于提供合格评定对象的人员或组织、又独立于在对象中具有使用方利益的人员或组织的人员或机构进行的合格评定活动

注1:适用于合格评定机构和认可机构活动的国家标准(见参考文献)规定了机构独立性的准则。

注2:见2.2注。

2.5

合格评定机构　conformity assessment body

从事合格评定服务的机构

注:**认可机构**(2.6)不是合格评定机构。

2.6

认可机构　accreditation body

实施**认可**(5.6)的权威机构

注：认可机构的权力通常源自于政府。

2.7

合格评定制度　conformity assessment system

实施**合格评定**(2.1)的规则、**程序**(3.2)和对实施合格评定的管理

注：合格评定制度可以在国际、区域、国家或国家之下的层面上运作。

2.8

合格评定方案　conformity assessment scheme;conformity assessment programme

与适用相同**规定要求**(3.1)、具体规则与**程序**(3.2)的特定合格评定对象相关的**合格评定制度**(2.6)

注：合格评定方案可以在国际、区域、国家或国家之下的层面上运作。

2.9

准入　access

制度或方案的准入　access to a system or scheme

申请者根据制度或方案的规则获得**合格评定**(2.1)的机会

2.10

参与者　participant

制度或方案的参与者　participant in a system or scheme

按照适用规则运作但没有机会参加制度或方案管理的机构

2.11

成员　member

制度或方案的成员　member of a system or scheme

按照适用规则运作并有机会参加制度或方案管理的机构

3　基础术语

3.1

规定要求　specified requirement

明示的需求或期望

注：可在诸如法规、标准和技术规范这样的规范性文件中对规定要求做出明确说明。

3.2

程序　procedure

为进行某项活动或过程所规定的途径

[GB/T 19000—2000,3.4.5]

3.3

产品　product

过程的结果

[GB/T 19000—2000,3.4.2]

注1：GB/T 19000—2000 给出了四种通用的产品类别：服务(如运输)；软件(如计算机程序、词典)；硬件(如发动机、机械部件)；流程性材料(如润滑油)。许多产品由分属不同类别的成分所组成。产品应属于服务、软件、硬件还是流程性材料，取决于其中起主导作用的成分。

注2：5.2 注1 所述的符合性说明可以视为**证明**(5.2)的一项产品。

4 与选取和确定有关的合格评定术语(见图 A.1)

4.1

取样 sampling

按照**程序**(3.2)提供合格评定对象的样品的活动

4.2

检测 testing

按照**程序**(3.2)确定合格评定对象的一个或多个特性的活动

注:“检测”主要适用于材料、产品或过程。

4.3

检查 inspection

审查产品设计、**产品**(3.3)、过程或安装并确定其与特定要求的符合性,或根据专业判断确定其与通用要求的符合性的活动

注1:对过程的检查可以包括对人员、设施、技术和方法的检查。

注2:检查有时也称为检验。

4.4

审核 audit

获取记录、事实陈述或其他相关信息并对其进行客观评定,以确定**规定要求**(3.1)的满足程度的系统的、独立的和形成文件的过程

注:“审核”适用于管理体系,“评审”则适用于合格评定机构,且更为通用。

4.5

同行评审 peer assessment

协议集团(7.10)中其他机构或协议集团候选机构的代表依据**规定要求**(3.1)对某机构的评审

5 与复核和证明有关的合格评定术语(见图 A.1)

5.1

复核 review

针对合格评定对象满足**规定要求**(3.1)的情况,对选取和确定活动及其结果的适宜性、充分性和有效性进行的验证

注:复核有时也称为审查。

5.2

证明 attestation

根据**复核**(5.1)后作出的决定而出具的说明,以证实**规定要求**(3.1)已得到满足

注1:本标准中称为“符合性说明”的结论性说明是对规定要求已得到满足的保证。该保证本身并不足以提供合同方面或其他法律方面的担保。

注2:术语5.4～5.6区分了第一方和第三方证明活动。第二方证明没有特别的术语。

5.3

证明范围 scope of attestation

证明(5.2)所覆盖的合格评定对象的范围或特性

5.4

声明 declaration

第一方**证明**(5.2)

5.5

认证　certification

与产品、过程、体系或人员有关的第三方**证明**(5.2)

注1：管理体系认证有时也被称为注册。

注2：认证适用于除**合格评定机构**(2.5)自身外的所有合格评定对象，**认可**(5.6)适用于**合格评定机构**(2.5)。

5.6

认可　accreditation

正式表明**合格评定机构**(2.5)具备实施特定合格评定工作的能力的第三方**证明**(5.2)

6　与监督有关的合格评定术语(见图A.1)

6.1

监督　surveillance

合格评定活动的系统性重复，是保持符合性说明持续有效的基础

6.2

暂停　suspension

符合性说明中指出的全部或部分**证明范围**(5.3)的暂时无效

6.3

撤消　withdrawal

废止

符合性说明的取消

6.4

申诉　appeal

合格评定对象提供者请**合格评定机构**(2.5)或**认可机构**(2.6)就其对该对象所作出的决定进行重新考虑的请求

6.5

投诉　complaint

除**申诉**(6.4)外，任何人员或组织向**合格评定机构**(2.5)或**认可机构**(2.6)就其活动表达不满意并期望得到回复的行为

7　与合格评定和贸易便利化有关的术语

注：7.4～7.9使用“合格评定结果”这一通用表述来表示任何合格评定活动的**产品**(3.3)(如报告或证书)。该表述可以包括不符合发现。

7.1

批准　approval

根据明示的目的或条件销售或使用**产品**(3.3)或过程的许可

注：批准可以将满足**规定要求**(3.1)或完成规定**程序**(3.2)作为依据。

7.2

指定　designation

政府对**合格评定机构**(2.5)从事规定的合格评定活动的授权

7.3

指定机关　designating authority

政府内部设立的或政府授权的机构，以指定**合格评定机构**(2.5)、暂停或撤销其指定或者取消对**指定**(7.2)的暂停。

7.4

等效　equivalence

合格评定结果的等效　equivalence of conformity assessment results

针对相同的**规定要求**(3.1),不同的合格评定结果在提供相同水平的符合性保证方面是充分的、足够的

7.5

承认　recognition

合格评定结果的承认　recognition of conformity assessment results

对另一人员或机构提供的合格评定结果的有效性的认同

7.6

接受　acceptance

合格评定结果的接受　acceptance of conformity assessment results

对另一人员或机构提供的合格评定结果的使用

7.7

单边安排　unilateral arrangement

单边协议

一方承认或接受另一方的合格评定结果的安排

7.8

双边安排　bilateral arrangement

双边协议

双方承认或接受彼此的合格评定结果的安排

7.9

多边安排　multilateral arrangement

多边协议

两方以上的各方之间承认或接受彼此的合格评定结果的安排

7.10

协议集团　agreement group

一项安排所基于的协议的全部签约机构

7.11

互惠　reciprocity

双方彼此间拥有相同权利和义务的关系

注 1:互惠可以存在于由双边互惠关系的网络构成的多边安排中。

注 2:尽管权利和义务相同,但由此产生的机会可能不同;这可能导致双方关系不平等。

7.12

平等待遇　equal treatment

在可比的情况下,给予来自某一供方的**产品**(3.3)或过程的待遇不低于来自任何其他供方的类似产品或过程的待遇

7.13

国民待遇　national treatment

在可比的情况下,给予来自其他国家的**产品**(3.3)或过程的待遇不低于来自本国的类似产品或过程的待遇

7.14

平等和国民待遇　equal and national treatment

在可比的情况下,给予来自其他国家的**产品**(3.3)或过程的待遇不低于来自本国或任何其他国家的类似产品或过程的待遇

附　录　A
（资料性附录）
合格评定的原则

A.1　功能法

A.1.1　合格评定由以下三项功能有序组成，在需要证实满足规定要求时，这些功能可以满足这一需要：

——选取；

——确定；及

——复核与证明。

当声称满足规定要求时，这种证实能够使之更为切实可信，增加使用者的信任。标准所规定的要求是各方意见协调一致的产物，所以经常被用作规定要求。因此，合格评定通常被视为一项与标准相关的活动。

A.1.2　合格评定可以适用于产品（包括服务）、过程、体系和人员，还可以适用于从事合格评定服务的机构。为方便起见，本标准将这些实体统称为“合格评定对象”。

A.1.3　合格评定服务的各类使用者有其自身特定的需求。因此，不同类型的合格评定在实施时有很多不同。但是所有类型的合格评定都遵循相同的基本方法，如图 A.1 所示。

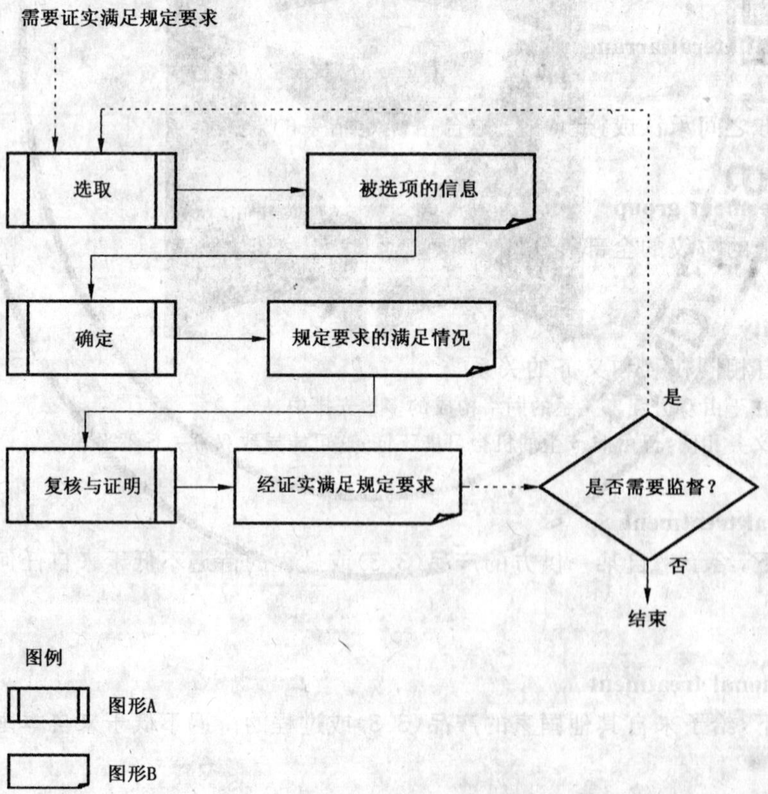

图 A.1　合格评定功能法

A.1.4　图 A.1 中，图形 A 代表合格评定的某项功能。每项功能包含的具体活动可以因合格评定的类型不同而不同，取决于使用方的需求、规定要求的性质和涉及的合格评定对象。

A.1.5　图 A.1 中，图形 B 代表某项功能的输出，同时也是下一项功能的输入。对于不同的具体活动，输出的性质会有所不同。

A.1.6 图 A.1 中,合格评定的功能与其输出/输入之间由实线箭头联接。虚线箭头表示可能存在的对合格评定服务的需求或需要。

A.1.7 合格评定活动可分为“第一方”、“第二方”或“第三方”的。一般地,每种合格评定活动

——受定义中所述的那类人员或机构的控制或指导,且

——出具证明时所依据的关键决定由定义中所述的那类人员或机构做出。

A.2 选取

A.2.1 选取包括一系列策划和准备活动,其目的是收集或生成后续的确定功能所需的全部信息和输入。选取活动在数量和复杂程度上有很大差别。在某些情况下,可能几乎不需要进行选取活动。

A.2.2 选取合格评定对象时可能需要有所考虑。很多情况下,合格评定对象可能是大量的相同物品、正在进行的生产、一个连续的过程或体系或涉及多个场所。在取样或选取样本以进行确定活动时,可能需要考虑这些情况。例如,对河水进行取样以证实污染防治要求的满足情况,是一项大规模的、重要的取样活动。但是,有时候对象可能是整个总体,比如合格评定的对象是一件单独的产品。即便如此,取样时仍可能需要选取整个对象的有代表性的一个部分(例如选择一座桥梁的关键部分来确定材料的疲劳情况)。

A.2.3 选取也可能需要考虑规定要求。在很多情况下已经存在标准或其他要求。但是,将已存在的要求用于合格评定的具体对象时应当注意。例如,将针对金属管件而制定的某项标准用于塑料管件时可能需要慎重考虑。在一些情况下,可能仅有非常通用的要求,必须加以细化,才能使评定对于使用者有意义或能够被其接受。例如,政府监管部门可能要求产品不得造成不可接受的安全风险(通用要求),此时认证机构对所认证的每个或每类产品有必要制定专门要求。又如,在用管理体系来表明特定服务要求的满足情况时,可能需要使通用的管理体系要求更具有针对性。

A.2.4 选取也可能包括选择进行确定活动的最适当的程序(如检测方法或检查方法)。为了进行确定活动,经常需要开发新的方法或对现有的方法进行改进。此外,还可能需要为程序的实施选择合适的场所与条件或人员。

A.2.5 最后,为适当地进行确定活动,以有效地证实规定要求得到满足,可能还需要附加的信息。例如进行实验室认可时,在进行适当的确定活动之前应明确认可所覆盖的检测范围。又如,在进行适当的确定活动前可能需要关于某项服务的描述。确定活动也可能只是对信息进行审查,这时就需要识别和收集该信息。例如,可能需要产品的使用说明或警示标记。

A.2.6 图 A.1 中,选取功能生成的所有信息、样品(如果进行取样)、决定和其他输出,用“被选项的信息”来表示。

A.3 确定

A.3.1 进行确定活动的目的是获得关于合格评定对象或其样品满足规定要求情况的完整信息。本标准的第 4 章定义了确定活动的一些类型。

A.3.2 **检测**(4.2)、**检查**(4.3)、**审核**(4.4)和**同行评审**(4.5)等术语仅表示不同类型的确定活动,可与“制度”或“方案”一起使用,表示该合格评定制度或方案包含该类型的确定活动。如“同行评审制度”是以同行评审作为确定活动的合格评定制度。

A.3.3 很多确定活动没有特定的名称或叫法。如按规定要求对设计或其他描述性信息的审查或分析。合格评定的每个分领域(如检测、认证、认可)所特有的确定活动可能有专门定义的术语。在本标准中或在实践中还没有用于表示所有确定活动的通用术语。

A.3.4 应当注意并清楚地理解检测和检查这两种确定活动的特点。

A.3.5 图 A.1 中,确定功能的所有输出以“规定要求满足情况的信息”来表示。确定活动的输出由确

定活动中产生的所有信息和确定功能的所有输入组成，并通常按照便于实施复核与证明活动的方式进行组织。

A.4 复核与证明

A.4.1 **复核**(5.1)是在做出合格评定对象是否已被可靠地证实满足规定要求的重要决定之前的最后核查阶段。**证明**(5.2)的结果是以最容易到达所有潜在使用者的形式做出的“说明”。“符合性说明”作为一种通用表述被用作“已证实满足规定要求”的传达手段。

A.4.2 如果没有证实满足规定要求，则可能要报告不符合发现。

A.4.3 **声明**(5.4)、**认证**(5.5)和**认可**(5.6)等术语仅表示不同类型的证明，可与“制度”或“方案”一起使用，表示该合格评定制度或方案以该类型的证明活动作为最终步骤。如“认证制度”是包括选取、确定、复核并最终以认证作为证明活动的合格评定制度。

A.4.4 图 A.1 中，复核与证明功能的所有输出以“已证实满足规定要求”来表示。

A.5 对监督的需求

A.5.1 合格评定活动可以在证明活动完成时终止。但是，在某些情况下，为使证明活动所产生的说明保持有效，可能需要有系统地重复进行图 A.1 中的功能。这些活动受使用者需求的推动。例如，合格评定对象可能随时间发生变化，从而影响其持续地满足规定要求。或者使用方可能需要不断地证实规定要求的满足情况，比如在连续地生产某产品时。

A.5.2 为使证明活动所产生的说明保持有效，需要对监督中实施的活动进行策划。通常没有必要在每次监督中完全重复初次评定时的所有活动。所以在监督中，图 A.1 中各项功能所包含的活动可能会减少，或与初次评定时进行的活动不同。

A.5.3 在初次评定和监督中都需要进行选取活动。但是监督中可能会有完全不同的选择。例如，初次评定可能选择对产品进行检测，而监督中可能选择通过检查来确定产品的样品是否与原先所检测的样品相同。事实上，在前一次监督提供的信息和其他输入的基础上，选取活动中做出的选择有时可能发生变化。监督中的选取活动可能包括开展持续风险分析或考虑与规定要求实际满足情况有关的市场反馈。

A.5.4 对规定要求的选择也可能有不同。例如，在每次监督中可能仅选择规定要求的一部分。另一种类似的情况是在监督中仅选择合格评定对象的一部分进行确定活动；比如监督中仅对已认可的认证机构的一部分进行评审。

A.5.5 如上所述，选取中的不同选择，会导致监督中有不同的确定活动。但是在初次评定和监督中，选取活动的输出均决定着确定活动的内容和实施方式。

A.5.6 初次评定和监督也都要使用复核与证明功能。监督时，在对图 A.1 中全部输入和输出进行复核的基础上，决定证明活动所给出的说明是否继续有效。在许多情况下，如果符合性说明继续有效，将不采取特殊行动。在其他情况下，例如证明范围已扩大时，可能需要出具新的符合性说明。

A.5.7 如果做出了符合性说明不再有效的决定，例如证明范围已被缩小或符合性说明已被暂停或撤消时，有必要采取适当的行动告知使用者。

附　录　B
（资料性附录）
其他标准中定义的相关术语

B.1　在 GB/T 27000 系列国家标准中的其他标准内被赋予特定含义的通用术语

B.1.1　GB/T 27011 中定义的与认可有关的复合术语

认可机构徽标　accreditation body logo
认可证书　accreditation certificate
认可标识　accredtation symbol
扩大认可　extending accreditation
缩小认可　reducing accreditation
认可范围　sope of accreditation
暂停认可　suspending accreditation

B.1.2　GB/T 27024 中定义的与人员认证有关的通用术语

能力　competence
评价　evaluation
考核员　examiner
资格　qualification

B.1.3　GB/T 27030 中定义的与符合性标志有关的复合术语

第三方符合性标志　third-party mark of conformity
第三方符合性标志的所有者　owner of a third-party mark of conformity
第三方符合性标志的颁发者　issuer of a third-party mark of conformity

B.2　GB/T 27000 系列标准以外的标准中定义的术语

能力	capability	GB/T 19000—2000
体系	system	GB/T 19000—2000
组织	organization	GB/T 19000—2000
顾客	customer	GB/T 19000—2000
供方	supplier	GB/T 19000—2000
过程	process	GB/T 19000—2000
特性	characteristic	GB/T 19000—2000
合格（符合）	conformity	GB/T 19000—2000
信息	information	GB/T 19000—2000
文件	document	GB/T 19000—2000
规范	specification	GB/T 19000—2000
验证	verification	GB/T 19000—2000
确认	validation	GB/T 19000—2000
能力	competence	GB/T 19000—2000
校准	calibration	VIM
测量	measurement	VIM

参 考 文 献

基于确定活动的合格评定制度

[1] GB/T 18346—2001 各类检查机构能力的通用要求(idt ISO/IEC 17020:1998)

[2] GB/T 15481—2000 检测和校准实验室能力的通用要求(idt ISO/IEC 17025:1999)

[3] GB/T 19011—2003 质量和(或)环境管理体系审核指南(ISO 19011:2002,IDT)

[4] ISO/IEC 17040:2005 合格评定——合格评定机构和认可机构同行评审通用要求

基于证明活动的合格评定制度

[5] GB/T 27011—2005 合格评定 认可机构通用要求(ISO/IEC 17011:2004,IDT)

[6] GB/T 27024—2004 合格评定 人员认证机构通用要求(ISO/IEC 17024:2003,IDT)

[7] GB/T 27065—2004 产品认证机构通用要求(ISO/IEC 指南 65:1996,IDT)

[8] ISO/IEC 17021:2006 合格评定——对提供管理体系审核与认证的机构的要求

符合性说明

[9] GB/T 27030—2006 合格评定 第三方符合性标志的通用要求(ISO/IEC 17030:2003,IDT)

[10] GB/T 27050.1—2006 合格评定 供方的符合性声明 第1部分:通用要求(ISO/IEC 17050-1:2004,IDT)

合格评定结果的承认与接受

[11] GB/T 27068——[2)] 合格评定结果的承认与接受协议(idt ISO/IEC Guide 68:2002)

相关术语

[12] GB/T 19000—2000 质量管理体系 基础和术语(idt ISO 9000:2000)

[13] ISO 3534(所有部分) 统计学——术语和符号

[14] ISO/IEC Guide 2:2004 标准化和相关活动——通用词汇

[15] VIM 国际通用计量学基本术语

2) 即将发布。

汉语拼音索引

英文对应词索引

M

N

P

R

S

T

U

W

ICS 03.120.20
A 00

中华人民共和国国家标准

GB/T 27030—2006/ISO/IEC 17030:2003

合格评定
第三方符合性标志的通用要求

Conformity assessment—
General requirements for third-party marks of conformity

(ISO/IEC 17030:2003,IDT)

2006-09-28 发布　　2007-05-01 实施

中华人民共和国国家质量监督检验检疫总局
中国国家标准化管理委员会　发布

前言

本标准等同采用 ISO/IEC 17030:2003《合格评定——第三方符合性标志的通用要求》(英文版)。

本标准是第三方符合性标志的通用要求。

本标准由全国认证认可标准化技术委员会提出并归口。

本标准起草单位:中国质量认证中心。

本标准主要起草人:许增德、陆梅、赵志伟、李铁男、王克勤、邴旭卫、薛守仁、张少君、赵家瑞、李华宁、刘晓红、姜文博。

ISO/IEC 前言

国际标准化组织(ISO)和国际电工委员会(IEC)构建了全球标准化的专业体系。ISO 和 IEC 的国家成员机构，通过 ISO 和 IEC 为从事特定领域的技术活动设立的技术委员会参与国际标准的制定。ISO 和 IEC 的技术委员会在共同感兴趣的领域进行合作。与 ISO 和 IEC 保持联系的其他政府和非政府国际组织也参与该项工作。在合格评定领域，ISO 的合格评定委员会(CASCO)负责制定国际标准和指南。

国际标准根据 ISO/IEC 导则第 2 部分的规则起草。

国际标准草案被分发给各国家成员机构表决。国际标准草案要求至少获得 75%的参加表决的国家成员机构同意，才能作为国际标准发布。

本标准的某些内容可能涉及专利权问题，对此应引起注意。国际标准化组织(ISO)不应对识别任何此类专利权负责。

ISO/IEC 17030 由国际标准化组织(ISO)的合格评定委员会(CASCO)制定。

本标准由 ISO 和 IEC 的国家成员机构审阅和表决，并获得该两个组织的批准。

引　言

符合性标志具有多种形式，并有不同的用途。它们能传递产品的有用信息，或表明产品的专门特性，如它的安全性、质量、性能、可靠性或对环境的影响。符合性标志出现在产品、证书和出版物上，表示产品、管理体系、服务、过程、人员或组织符合规定要求。对于所有的符合性标志，最重要的一点是获得市场(包括消费者)对使用这些标志的产品和其他合格评定对象的信任。

本标准的主要目的是在使用第三方符合性标志方面确立一个统一的方法，填补现有国家标准的空白，处理由于第三方符合性标志的不同使用而引起的一些潜在的问题，为标志的使用提供一个明确、合理的基础并规定通用的要求。本标准针对第三方的符合性标志，但也可以作为其他的符合性标志的应用指南。

本标准是建立在市场的反馈和合格评定标志的不同使用者和颁发者的要求的基础上。它参考了国际标准化组织(ISO)1999 年 5 月出版的关于合格评定标志的报告。使用本标准的作用在于提高市场的信任度，并使之得到国际承认以及增强消费者对第三方符合性标志的接受程度。

合格评定
第三方符合性标志的通用要求

1 范围

本标准规定了对第三方符合性标志，包括对其颁发和使用的通用要求。

注：本标准也可以作为第三方合格评定活动之外的其他符合性标志使用的指南。

2 规范性引用文件

下列引用文件对本标准的应用是不可缺少的。凡是标注日期的引用文件，仅仅是提到的版本适用。凡是没有标注日期的引用文件，其引用文件的最新版本(包括它的全部修正件)适用。

GB/T 27000—2006 合格评定 词汇和通用原则(ISO/IEC 17000:2004,IDT)

3 术语和定义

GB/T 27000—2006 中确立的以及下列术语和定义适用于本标准。

3.1

第三方符合性标志 third-party mark of conformity

由第三方合格评定机构颁发的受保护的标志，该标志表明合格评定对象(产品、过程、人员、体系或机构)符合规定的要求。

示例：第三方的符合性标志可以是：产品认证标志、质量/环境管理体系认证标志、环境符合性标志等。

注1：受保护的标志是指受到法律保护、未经授权不得使用的标志。

注2：规定的要求通常由诸如 ISO/IEC 国际标准、区域或国家标准、法规和规范等“规范性”文件阐述。

3.2

第三方符合性标志的所有者 owner of a third-party mark of conformity

对第三方符合性标志拥有法律权利的个人或组织。

3.3

第三方符合性标志的颁发者 issuer of a third-party mark of conformity

授予第三方符合性标志的使用权的机构。

注：颁发者可以不是第三方符合性标志的所有者，经所有者授权后，可以准许其他机构颁发第三方符合性标志。

4 通用要求

4.1 第三方符合性标志的所有者应有责任依法保护标志免遭未经授权的使用。

4.2 第三方符合性标志的所有者和(或)颁发者应：

a) 有管理第三方符合性标志使用的规则；

b) 采取措施，把可能导致第三方符合性标志有效性降低的那些对标志的误解或不清晰减少到最低程度；

c) 有规则确保第三方符合性标志及任何附带的信息不会造成误导，并采取措施防止其以误导的方式使用；

d) 有措施保护并监视第三方符合性标志的使用；

e) 采取措施解决第三方符合性标志的误用，包括撤回标志或采取适当的法律措施；以及

f) 对与第三方符合性标志的使用有关的所有投诉采取措施，并保持全部投诉记录。

4.3 当第三方符合性标志的所有者或颁发者授予其他方使用该标志的权利时，应按照4.2a)中的规则签订有约束力的协议。

5 第三方符合性标志的设计和应用

5.1 第三方符合性标志的设计、或其附带的或公开可获得的信息应以避免任何潜在误解的方式，标识出标志颁发者和标志所涵盖的方面(如安全、环境、性能、道德)。

第三方符合性标志的设计，应当使伪造或其他形式的误用的风险降到最低。

5.2 第三方符合性标志可带有使标志的含义更加清晰易懂的附加信息。该信息不应具有误导性，并宜采用预期接受者易懂的语言。

注：优先使用广泛接受、通俗易懂的符号，尽量不用描述性文字。

5.3 第三方符合性标志应能追溯到合格评定对象所符合的规定要求。

5.4 只有基于产品合格评定颁发的第三方符合性标志可以出现在产品上或产品包装上。所有其他的第三方符合性标志(如与质量或环境管理体系或服务相关的标志)不应出现在产品、产品包装上，也不应以有可能被解释为产品符合要求的方式出现。

5.5 当第三方符合性标志与有形产品相关时，标志应直接施加到每一个产品上，除非产品的物理尺寸不允许这样做，或者不适合在产品上施加标志，在此情况下可以施加到包装上或其他附带的资料上。如果第三方符合性标志仅与产品的某一部分相关，则标志使用管理规则应包括相应的要求，以使标志适用于整个产品的误解减到最低。

5.6 在文件和促销材料等资料中也可以引用第三方符合性标志。

6 第三方符合性标志的颁发

6.1 第三方符合性标志的颁发应以至少包含下列要素的合格评定制度或方案为基础：

a) 对合格评定对象特性的确定，适用时，包括检测、人员考核、机构评审、管理体系审核等；

b) 复核，即审查合格评定对象满足规定要求的程度；

c) 在审查之后做出的合格评定对象满足规定要求的决定；

d) 采用许可或其他方法授权他人使用第三方符合性标志，属于6.2的情况时除外；

e) 监督，评价合格评定对象对规定要求的持续符合性，以保证对第三方符合性标志的持续信任，属于6.2的情况时除外。

6.2 如果在施加第三方符合性标志之前，颁发者对制造出的每个合格评定对象逐一进行评价的合格评定制度或方案存在，许可和监督是不需要的。

6.3 只有在公开可获得的合格评定制度或方案的规则下，才能应用第三方符合性标志。

6.4 合格评定制度或方案的规则应确定：在规定的标准或其他规范性文件修订或废止之后，第三方符合性标志适合的最长使用期限。

7 所有权和控制

7.1 信息

7.1.1 标志的所有者或颁发者在接到请求时应提供解释第三方符合性标志含义的信息。对利益相关方的有关第三方符合性标志的问题或疑虑应做出明确答复。

7.1.2 标志的所有者或颁发者应保持和更新已被允许使用第三方符合性标志的合格评定对象的名录，并在接到请求时提供该名录[1)]。

---

1) 这一要求与ISO/IEC指南61:1996中2.1.7.1g)，ISO/IEC指南62:1996中2.1.7.1g)和GB/T 27065—2004中4.8.1g)的含义相似。

7.1.3　标志的所有者或颁发者应保持和更新对被许可方的权利与义务的说明以及第三方符合性标志使用的其他限制，并在接到请求时，予以提供。

7.2　许可

7.2.1　4.3规定的协议中应有条款确保被许可方遵守制度或方案的规则。

7.2.2　在许可文件中应要求被许可方：

a)　控制第三方符合性标志的使用；

b)　在出现不符合时采取纠正措施；以及

c)　保留有关第三方符合性标志使用的全部投诉记录，并使所有者和(或)颁发者可以获得这些记录。

7.3　对第三方符合性标志使用的监控

7.3.1　标志所有者、颁发者应建立程序处理尚未证实的对第三方符合性标志的错误或误导性使用，并应采取适宜的措施。

注：适宜的措施包括对被许可方的定期监督、纠正措施、撤消许可证、公告违规行为以及在必要时采取其他法律措施。本条款也适用于未与第三方符合性标志的所有者签约的个人或组织误用标志的情况。

7.3.2　针对第三方符合性标志的每次误用都应建立纠正措施方案。纠正措施方案应包括与其他利益相关方尽可能合作的步骤，该步骤取决于其参与降低误用所产生的负面影响的程度。

注：由于误用第三方符合性标志的情况存在差异，所以纠正措施方案可能各不相同。

参 考 文 献

[1] ISO/IEC Guide 61:1996 对认证/注册机构评审和认可的通用要求

[2] ISO/IEC Guide 62:1996 质量管理体系认证/注册机构通用要求

[3] GB/T 27065-2004 产品认证机构通用要求(ISO/IEC Guide 65:1996,IDT)

[4] ISO/IEC Guide 66:1999 环境管理体系认证机构通用要求

[5] GB/T 24024—2001 环境管理 环境标志与声明 Ⅰ型环境标志 原则和程序(idt ISO/IEC 14024:1999)

[6] GB/T 18346—2001 各类检查机构能力的通用要求(idt ISO/IEC 17020:1998)

[7] GB/T 27024—2004 合格评定 人员认证机构通用要求(ISO/IEC 17024:2003,IDT)

ICS 03.120.20
A 00

中华人民共和国国家标准

GB/T 27050.1—2006/ISO/IEC 17050-1:2004

合格评定　供方的符合性声明
第1部分:通用要求

Conformity assessment—Supplier's declaration of conformity—
Part 1:General requirements

(ISO/IEC 17050-1:2004,IDT)

2006-09-04 发布　　2007-04-01 实施

中华人民共和国国家质量监督检验检疫总局
中国国家标准化管理委员会　发布

前 言

本标准等同采用 ISO/IEC 17050-1:2004《合格评定——供方的符合性声明——第 1 部分:通用要求》。

本标准的附录 A 为资料性附录。

本标准由全国认证认可标准化技术委员会提出并归口。

本标准负责起草单位:中国质量认证中心。

本标准参加起草单位:国家认证认可监督管理委员会、中国家用电器研究院、广州日用电器检测所、深圳电子产品质量检测中心、中国国家实验室认可管理委员会、海尔集团、中国合格评定国家认可中心。

本标准主要起草人:陆梅、沈军、夏建军、王克勤、邴旭卫、曹实、张少君、赵家瑞、刘晓红、赵志伟、姜文博。

ISO/IEC 前言

国际标准化组织(ISO)和国际电工委员会(IEC)构建了全球标准化的专业体系。ISO 和 IEC 的国家成员机构,通过 ISO 和 IEC 为从事特定领域的技术活动设立的技术委员会参与国际标准的制定。ISO 和 IEC 的技术委员会在共同感兴趣的领域进行合作。与 ISO 和 IEC 保持联系的其他政府和非政府国际组织也参与该项工作。在合格评定领域,ISO 的合格评定委员会(CASCO)负责制定国际标准和指南。

国际标准根据 ISO/IEC 导则第 2 部分的规则起草。

国际标准草案被分发给各国家成员机构表决。国际标准草案至少获得 75%的参加表决的国家成员机构同意,才能作为国际标准发布。

本标准的某些内容可能涉及专利权问题,对此应引起注意。国际标准化组织(ISO)不应对识别任何此类专利权负责。

ISO/IEC 17050-1 由 ISO 的合格评定委员会(CASCO)制定。

本标准由 ISO 和 IEC 的各国家成员机构审阅和表决,并获得这两个组织的批准。

ISO/IEC 17050-1 与 ISO/IEC 17050-2 的第 1 版一起代替了 ISO/IEC 指南 22:1996《供方符合性声明的通用准则》(第 2 版),指南 22 被取消。

在《合格评定——供方的符合性声明》的总标题下,ISO/IEC 17050 由下列两部分组成:

——第 1 部分:通用要求;

——第 2 部分:支持性文件。

引言

制定 GB/T 27050 本部分的目的是提供供方符合性声明的通用要求。

本部分针对的是三类符合性证明中的一类，即由第一方(产品的供方)所提供的证明。其他类型的证明为第二方证明(即由使用产品的用户对该产品颁发的证明)或第三方证明。这三类符合性证明，每一类用于市场，均是为了提高对该对象符合性的信任。

当负责履行规定要求的个人或组织(供方)就产品(包括服务)、过程、管理体系、人员或机构符合规定要求(包括诸如标准、指南、技术规范、法律和法规等规范性文件)做出声明时，GB/T 27050 的本部分规定了所适用的要求。这样的符合性声明也能够引用由一个或多个第一方、第二方或第三方出具的评审结果。在任何情况下，这样的引用不应作为减少供方责任的解释。

这些通用要求适用于所有的行业。然而，这些要求在用于特定目的时(例如与法规结合使用时)，可能需要做一些补充。

供方就产品(包括服务)、过程、管理体系、人员或机构符合规定要求所作的声明，有责任通过支持性文件加以证实。在希望或需要这样做时，见 GB/T 27050.2《合格评定　供方的符合性声明　第 2 部分：支持性文件》。

合格评定　供方的符合性声明
第1部分:通用要求

1　范围

GB/T 27050 的本部分规定了供方符合性声明的通用要求。该符合性声明是在供方需要或必须证明某一对象符合规定要求时做出的,与所涉及的行业无关。就本部分而言,符合性声明的对象可以是产品、过程、管理体系、人员或机构。

对符合性声明来说,GB/T 27050 的本部分不限定任何特定的对象。

适用时,可使用"符合性声明"一词代替"供方的符合性声明"。

2　规范性引用文件

下列引用文件对本部分的应用是不可缺少的。凡是标注日期的引用文件,仅仅是提到的版本适用。凡是没有标注日期的引用文件,其引用文件的最新版本(包括它的全部修正件)适用。

GB/T 27000—2006　合格评定　词汇和通用原则(ISO/IEC 17000:2004,IDT)

3　术语和定义

GB/T 27000—2006 给出的术语和定义适用于 GB/T 27050 的本部分。

注 1:"供方的符合性声明"是 GB/T 27000—2006 中定义的"声明",即第一方证明。

注 2:为避免与认证机构的证明混淆,不赞成、也不宜使用"自我认证"这一术语。

4　符合性声明的目的

符合性声明的目的是对确定的对象符合其声明中所提及的规定要求做出保证,并且明确谁对符合性及该声明承担责任。供方符合性声明可单独使用,或与另外的合格评定程序结合使用以满足法规性要求或非法规性要求。

5　通用要求

符合性声明的出具方(出具声明的组织或人员)应对声明的出具、保持、扩大、缩小、暂停或撤消以及声明的对象符合规定要求承担责任。

符合性声明应以由一个或多个第一方、第二方或第三方进行的适当类型的合格评定活动(如检测、测量、审核、检查或考试)的结果为基础。适用时,涉及的合格评定机构应当符合相关的国家标准、国际标准、指南和其他规范性文件。

当符合性声明是针对一组类型相似的产品时,应覆盖该组中的每一个产品。当符合性声明是针对一段时间交付的类似产品时,应覆盖交付或接受的每一个产品。

作为一种合格评定的良好实践,建议合格评定结果的复核人员不同于签发人员。

6　符合性声明的内容

6.1　符合性声明的出具方应确保声明包含足够的信息,使符合性声明的接受者能够识别该声明的出具方、对象、符合的标准或其他规定要求,以及代表出具方签署声明的人员。

符合性声明至少应包含以下内容:

a)　符合性声明的唯一性标识;

b） 符合性声明出具方的名称和联系地址；

c） 符合性声明对象的识别特征[如：产品的名称、类型、生产日期或产品型号，对过程、管理体系、人员或机构的描述和(或)其他相关的附加信息]；

d） 对符合性的陈述；

e） 一份标准或其他规定要求以及所选项目(适用时)的完整、清晰的列表；

f） 出具符合性声明的日期和地点；

g） 代表出具方的被授权人的姓名、职务和签字(或等效标记)；

h） 对符合性声明有效性做出的任何限制。

6.2 可以提供以下方面的附加支持性信息，使声明与其所依据的合格评定结果相关联，例如：

a） 涉及的合格评定机构(如检测或校准实验室、检查机构和认证机构)的名称和地址；

b） 合格评定报告的引用信息和报告的日期；

c） 所涉及的管理体系的引用信息；

d） 合格评定机构的认可范围与符合性声明相关时，所涉及的合格评定机构的认可文件的引用信息；

e） 现有的支持性文件的引用信息，例如 GB/T 27050.2 中所描述的支持性文件；

f） 已获得的证书、注册或标志的附加信息；

g） 合格评定机构的其他活动或方案(如在某协议集团中的成员资格)。

对合格评定结果文件的引用不应错误表达结果的适用性，也不应误导符合性声明的接受者。

7 符合性声明的格式

符合性声明的示例参见附录 A。符合性声明可用硬拷贝、电子媒体或其他适宜媒介形式来表述。

8 可获得性

符合性声明复制件可以包含在诸如声明、产品目录、发票、用户说明书或网站等与符合性声明的对象相关的其他文件中。

9 产品标记

如果在产品上施加标记以表明具有符合性声明，则该标记的格式不应使该标记与任何认证标志混淆。该标记应能追溯到符合性声明。

10 符合性声明的持续有效性

10.1 符合性声明的出具方应有适当的程序确保交付或接受的对象持续符合“符合性声明”所陈述的要求。

10.2 符合性声明的出具方应有适当的程序，以便出现下列情况时重新评价符合性声明是否还有效：

a） 对对象的设计或规格有重大影响的变化；

b） 声明的对象所依据的标准发生变化；

c） 供方的所有权或管理结构发生变化(与声明有关时)；或

d） 相关信息表明产品可能不再符合规定要求。

附 录 A
（资料性附录）
供方的符合性声明

A.1 符合性声明表格填写指南

注：1)至 7)对应 A.2 表格。

1) 应该对每份符合性声明做惟一性标识。

2) 应该明确说明承担责任的出具方。对于大型组织，可能有必要对运作的机构或部门加以说明。

3) a) 应该对该“对象”明确描述，以使符合性声明与之相关。

b) 对于大批量生产的产品，不必给出每件产品的序列号。给出产品的名称、类型、型号等信息即可。

4) 对产品，也可选用下列符合性陈述：“交付时，上述声明对象符合下列文件要求”。

5) 相关要求的文件应该列出标识号、标题和发布日期。

6) 此处应该仅在对符合性声明的有效性做出任何限制和（或）给出任何附加信息时填写。附加信息可以与 6.2 对应，或引用第 9 章所述的产品标记。这种产品标记或其他指示信息（例如在产品上的）可以作为符合性声明的附件。

7) 应该给出由出具方的管理层授权的签字人（可以多人）的全名和职务。声明中签字（或等效标记）的数量将是由出具方的组织以法律形式所决定的最少数量。

A.2 符合性声明表格示例

中文版

供方符合性声明（依据 GB/T 27050.1）

1) 编号

2) 出具方名称

出具方地址

3) 声明的对象

4) 以上所描述的声明对象符合下列文件的要求：

文件号	标题	版本/发布日期
5)		

附加信息

6)

签字所代表的组织为：

（出具地点和日期）

7)

（出具方授权的签字人姓名和职务） （出具方授权的签字或等效标记）

英文版

Supplier's declaration of conformity (in accordance with ISO/IEC 17050-1)

1) No. ____________________

2) Issuer's name: ____________________

Issuer's address: ____________________

3) Object of the declaration: ____________________

____

____

4) The object of the declaration described above is in conformity with the requirements of the following documents:

Documents No.	Title	Edition/Date of issue
5) ______	______	______
______	______	______
______	______	______

Additional information:

6) ____________________

____

____

Signed for and on behalf of:

____

____

(Place and date of issue)

7) ____________________ ____________________

(Name, function) (Signature or equivalent authorized by the issuer)

参 考 文 献

[1] GB/T 19000—2000 质量管理体系 基础和术语(idt ISO 9000:2000)
[2] GB/T 19011—2003 质量和(或)环境管理体系审核指南 (ISO 19011:2002,IDT)
[3] GB/T 18346—2001 各类检查机构能力的通用要求(idt ISO/IEC 17020:1998)
[4] ISO/IEC 17021:2006 合格评定——对提供管理体系审核与认证的机构的要求
[5] GB/T 27024—2004 合格评定 人员认证机构通用要求(ISO/IEC 17024:2003,IDT)
[6] GB/T 15481—2000 检测和校准实验室能力的通用要求 (idt ISO/IEC 17025:1999)
[7] ISO/IEC 17040:——[1] 合格评定机构和认可机构同行评审的通用要求
[8] GB/T 27050.2—2006 合格评定 供方的符合性声明 第2部分:支持性文件(ISO/IEC 17050-2:2004,IDT)
[9] GB/T 27065—2004 产品认证机构通用要求 (ISO/IEC Guide 65:1996,IDT)

1) 即将出版。

ICS 03.120.20
A 00

中华人民共和国国家标准

GB/T 27050.2—2006/ISO/IEC 17050-2:2004

合格评定　供方的符合性声明
第2部分:支持性文件

Conformity assessment—Supplier's declaration of conformity—
Part 2:Supporting documentation

(ISO/IEC 17050-2:2004,IDT)

2006-09-04 发布　　　　2007-04-01 实施

中华人民共和国国家质量监督检验检疫总局
中国国家标准化管理委员会　发布

前　言

本标准等同采用 ISO/IEC 17050-2:2004《合格评定——供方的符合性声明——第 2 部分:支持性文件》。

本标准由全国认证认可标准化技术委员会提出并归口。

本标准负责起草单位:中国质量认证中心。

本标准参加起草单位:国家认证认可监督管理委员会、中国家用电器研究院、广州日用电器检测所、深圳电子产品质量检测中心、中国国家实验室认可管理委员会、海尔集团、中国合格评定国家认可中心。

本标准主要起草人:陆梅、沈军、夏建军、王克勤、邴旭卫、曹实、张少君、赵家瑞、刘晓红、赵志伟、姜文博。

ISO/IEC 前言

国际标准化组织(ISO)和国际电工委员会(IEC)构建了全球标准化的专业体系。ISO 和 IEC 的国家成员机构,通过 ISO 和 IEC 为从事特定领域的技术活动设立的技术委员会参与国际标准的制定。ISO 和 IEC 的技术委员会在共同感兴趣的领域进行合作。与 ISO 和 IEC 保持联系的其他政府和非政府国际组织也参与该项工作。在合格评定领域,ISO 的合格评定委员会(CASCO)负责制定国际标准和指南。

国际标准根据 ISO/IEC 导则第 2 部分的规则起草。

国际标准草案被分发给各国家成员机构表决。国际标准草案至少获得 75%的参加表决的国家成员机构同意,才能作为国际标准发布。

本标准的某些内容可能涉及专利权问题,对此应引起注意。国际标准化组织(ISO)不应对识别任何此类专利权负责。

ISO/IEC 17050-2 由 ISO 的合格评定委员会(CASCO)制定。

本标准由 ISO 和 IEC 的国家成员机构审阅和表决,并获得这两个组织的批准。

ISO/IEC 17050-2 与 ISO/IEC 17050-1 的第 1 版一起代替了 ISO/IEC 指南 22:1996《供方符合性声明的通用准则》(第 2 版),指南 22 被取消。

在《合格评定——供方的符合性声明》的总标题下,ISO/IEC 17050 由下列两部分组成:

——第 1 部分:通用要求;

——第 2 部分:支持性文件。

引　言

供方的符合性声明是为了满足市场和监管部门或机构的要求,以取得其信任的一种符合性证明的形式。保持并在要求时提供作为供方声明基础的文件化信息,能够提高供方符合性声明的接受度。

GB/T 27050 的本部分规定了对供方符合性声明的支持性文件的要求。这些文件除了增强对供方符合性声明的信任外,还可以在相关政府部门的监督活动中为其提供帮助。

不论涉及到哪个行业,都可能需要供方有责任严密地证实产品(包括服务)、过程、管理体系、人员或机构对规定要求(可以包括诸如标准、指南、技术规范、法律和法规等规范性文件)的符合性。

合格评定　供方的符合性声明
第2部分:支持性文件

1 范围

GB/T 27050的本部分规定了为证实GB/T 27050.1所述的供方符合性声明,对其支持性文件的通用要求。

在GB/T 27050的本部分中,符合性声明的对象可以为产品、过程、管理体系、人员或机构。

适当时,可以使用"符合性声明"代替"供方的符合性声明"。

2 规范性引用文件

下列引用文件对本标准的应用是不可缺少的。凡是标注日期的引用文件,仅仅是提到的版本适用。凡是没有标注日期的引用文件,其引用文件的最新版本(包括它的全部修正件)适用。

GB/T 27000—2006　合格评定　词汇和通用原则(ISO/IEC 17000:2004,IDT)

GB/T 27050.1—2006　合格评定　供方的符合性声明　第1部分:通用要求(ISO/IEC 17050-1:2004,IDT)

3 术语和定义

GB/T 27000—2006给出的术语和定义适用于GB/T 27050的本部分。

注1:"供方的符合性声明"是指GB/T 27000—2006所定义的"声明",即第一方证明。

注2:为避免与认证机构所作的证明混淆,不赞成、也不宜使用"自我认证"这一术语。

4 通用要求

4.1 可追溯性

应以可对供方符合性声明进行追溯的方式,制定、保存、控制和保持支持性文件。

4.2 可获得性

符合性声明的出具方(出具声明的组织或人员)应按照相关监管部门或机构的要求,在满足法规要求所需的限度内,使其能够获得支持性文件。出具方可以使任何其他提出请求的人员或机构能够获得支持性文件。

4.3 保存期限

支持性文件的保存期限应符合适用法律法规的要求,但出具方可以规定更长的保存期限。应考虑顾客和其他利益相关方的特定需求。

5 支持性文件的内容

5.1 适用时,支持性文件应包括下列信息,以证实符合所声明的要求(见GB/T 27050.1—2006,第6章和附录A):

a) 对声明对象(产品、过程、管理体系、人员或机构)的描述;

b) 设计文件(例如说明、图表、图纸、专业领域和能力的识别、规格书);

c) 合格评定的结果,如:

——对所用方法的描述(例如审核、审核程序、批次检测、设计评审、设计验证、设计确认、检查、抽样方案、系列检测、检测方法、型式试验)及选择这些方法的理由;

——结果(例如审核报告、检测报告);以及

——对结果的评价(包括偏离和让步)。

d) 所涉及的第一方、第二方或第三方合格评定机构的识别信息、相关资质和技术能力,及其被认可状况的详细信息(例如认可范围、认可机构名称)。

5.2 当需要证实对象符合所声明的要求时,还应该包括下列内容:

a) 与声明对象相关的管理体系的描述;

b) 其他相关信息(例如风险分析、复评程序和计划安排)。

5.3 当5.1和5.2所述支持性文件的变更影响符合性声明的有效性时,应使该变更文件化。

ICS 03.120.20
A 00

中华人民共和国国家标准

GB/T 27060—2006/ISO/IEC Guide 60:2004

合格评定　良好操作规范

Conformity assessment—Code of good practice

(ISO/IEC Guide 60:2004,IDT)

2006-12-20 发布　　2007-06-01 实施

中华人民共和国国家质量监督检验检疫总局
中国国家标准化管理委员会　发布

前　言

本标准等同采用 ISO/IEC 指南 60:2004《合格评定——良好操作规范》。

本标准对 ISO/IEC 指南 60:2004“参考文献”中列出的国际标准或指南进行了编辑性修改,对已有相应国家标准的,采用了国家标准的编号和名称。

本标准由全国认证认可标准化技术委员会(SAC/TC 261)提出并归口。

本标准由中国合格评定国家认可中心负责起草。

本标准起草单位:中国合格评定国家认可中心、中国认证认可协会、中国质量认证中心、广州电器科学研究院。

本标准主要起草人:宋桂兰、张明霞、刘平、朱慧明、吴国平、牛兴荣、李爽。

引 言

合格评定是指证明产品、过程、体系、人员或机构是否满足规定要求的活动。合格评定包括提供各种类型保证的活动，即保证产品、过程、体系、人员或机构满足规范规定的要求，如国际、区域或国家标准、指南或其他规范性文件。

技术的快速发展、经济和生产体系的结合以及国际贸易的发展日益强调合格评定程序和体系的共同性。统一的国际标准作为加强竞争和消除技术贸易壁垒的一种有效工具越来越被广泛地接受。但是，协调的合格评定国际规范的使用进展缓慢，不同的规范和方式依然存在。这种情况可能会给生产者、出口商和消费者带来额外的费用，并对包括发展中国家在内的所有国家管理机构和行业构成挑战。

国际、区域和特定领域的合格评定制度和方案的形成也是值得关注的。这些制度不断发展，并在合格评定服务的用户（包括工业界、监管机构和消费者）中树立信心，通过不同的方法促进全球接受。此外，符合性声明（DoCs）的使用在许多产品领域也持续增加。

由于合格评定程序和要求的不同，以及对合格评定结果缺少承认，会限制产品和服务的往来。为确保力争容纳所有相关方的合格评定制度和程序的非歧视性、透明并避免对贸易形成不必要的障碍，还需作出努力。鼓励合格评定领域的成员参与国际标准和指南的制定，并将其作为合格评定活动和制度的基础，进行信息交换和建立信心，以增进了解，并接受其他制度和方式。

本标准以适合于国际的、区域的、国家的或地区的、政府或非政府的合格评定机构、认可机构和其他相关方使用的方式编写。本标准旨在与合格评定相关的国际标准或指南、国家标准联合使用，或在制定与合格评定相关的国际标准或指南时使用，也可与国际贸易组织（WTO）的技术性贸易壁垒（TBT）协议联合使用。

本标准的采用是自愿的，旨在促进合格评定操作的公开、透明、公正、保密、一致和有效。

合格评定 良好操作规范

1 范围

本标准给出了合格评定活动所有要素的良好操作规范,包括规范性文件、机构、制度和方案以及结果。

本标准旨在为希望提供、促进或使用合乎职业道德和可靠的合格评定服务的个人及机构使用。适当时,这些包括监管机构、贸易组织、校准实验室、检测实验室、检查机构、产品认证机构、管理体系认证机构、人员认证机构、认可机构、提供符合性声明的组织、合格评定制度和方案的设计者及管理者,以及合格评定结果的用户。

本标准的制定旨在促进国际、区域、国家和地方贸易。

2 规范性引用文件

下列引用文件是应用本标准所必需的。凡是注日期的引用文件,只有所引用的版本适用。凡是不注日期的引用文件,其最新版本适用于本标准(包括所有修订)。

GB/T 27000—2006 合格评定 词汇和通用原则(ISO/IEC 17000:2004, IDT)

注:其他 ISO/IEC 国际标准、指南和引用文件列于参考文献中。

3 术语和定义

本标准采用 GB/T 27000 给出的术语和定义。

4 合格评定良好操作原则

4.1 概述

与合格评定良好操作有关的通用原则包含四个方面:1)合格评定规范性文件;2)合格评定活动;3)合格评定制度和方案;4)合格评定结果。

4.2 合格评定规范性文件

合格评定机构和认可机构在工作和活动中所使用的合格评定规范性文件(如:标准、指南和程序)应当:

a) 以透明、公开、公正和一致的方式制定;
b) 与法律法规和市场需求相适应;
c) 技术上是可行的;
d) 适用时,阐明对相关机构的技术能力要求;
e) 避免对贸易形成不必要的障碍,体现非歧视和国民待遇原则;
f) 适用时,编写方式可直接用于第一方、第二方和第三方合格评定活动;
g) 考虑发展中国家的参与和使用。

4.3 合格评定活动

所有参与合格评定活动的组织,包括合格评定机构和认可机构应当:

a) 尽可能采用已达成共识的国际标准和指南实施合格评定活动,如 ISO/IEC 国际标准和指南;
b) 在管理和运作上对产品、过程、体系、人员或机构符合规定要求提供足够的保证;
c) 保护所有秘密信息;
d) 以合乎职业道德和非歧视方式实施活动,保持职业诚信,避免利益冲突;

e) 及时、公正、有效地处理申请和评审，确保与客户就预期的时间安排沟通；

f) 及时、公正、有效地处理投诉或申诉(适用时)，必要时采取纠正措施；

g) 准备适当的合格评定活动记录，保存期限符合机构的合同和法律义务。这些记录应当包括作出否决、撤消、暂停或终止符合性证明使用权决定足够的相关文件；

h) 保持并随时提供服务和相关费用的信息，持有或授予的证书、认可范围等信息；

i) 实施监控程序(适当时)；

j) 以适当的机制(如认可、同行评审)证明其能力；

k) 提供充分的合格评定过程书面报告，适用时，注明不符合或必要的纠正措施；

l) 在使用标志时，确保有关标志使用的规则或条件得以实施，以防误用；

m) 考虑发展中国家的参与和使用。

注：b)条款意味着保持足够的技术能力，以促进合格评定结果的承认。

4.4 合格评定制度和方案

合格评定制度和方案应当：

a) 由遵守4.3中所规定原则的机构运作；

b) 以透明、公正、非歧视和可靠的方式设计和管理；

c) 以避免对贸易产生不必要障碍的方式设计和管理；

d) 适应特定情况或行业领域，以促进合格评定结果的接受；

e) 以规则和程序进行控制管理，规则和程序应形成文件，有要求时，应当及时以合理的方式提供给相关利益方，并规定以下内容：

——进入制度或方案的准则和过程；

——如何控制文件；

——制度或方案所依据的规范和(或)标准；

——如何获得并保持符合性证明；

——符合性证据如何形成文件；

——如何保持诚信、公正和能力；

——公正处理实质性的和程序性申诉或投诉的机制，该机制是明确的、可实现的并随时可获得的。

f) 考虑发展中国家的参与和使用。

4.5 合格评定结果

合格评定结果(评审报告、测试报告、声明、证书、标志等)应当：

a) 清晰、明确、容易理解，设计上不会以任何方式产生误导；

b) 标明合格评定活动依据的规定要求(如标准、指南、法规或技术规范)、评定的适用范围和如何保证结果(如通过认可、正式承认和同行评审)的信息；

c) 由合格评定机构、制度或方案予以准确地保持，且在保密的前提下，经过索取，可以获得。

d) 具有可比性，以促进相互承认或接受。

参 考 文 献

[1] GB/T 19001—2000 质量管理体系　要求(idt ISO 9001:2000)

[2] ISO/IEC 指南 7:1994　起草适用于合格评定标准的指南

[3] ISO/IEC 指南 28:2008　合格评定——第三方产品认证体系的指南

[4] GB/T 15483.1—1999　利用实验室间比对的能力验证　第1部分：能力验证计划的建立和实施(idt ISO/IEC 指南 43-1:1997)

[5] GB/T 15483.2—1999 利用实验室间比对的能力验证　第2部分：实验室认可机构对能力验证计划的选择和使用(idt ISO/IEC 指南 43-2:1997)

[6] ISO/IEC 指南 53:1988　在第三方产品认证中使用供方质量体系的方法

[7] ISO/IEC 指南 59:1994　标准化良好操作规范

[8] GB/T 27065—2004　产品认证机构通用要求(ISO/IEC 指南 65:1996，IDT)

[9] GB/T 27068—2006　合格评定结果的承认和接受协议(ISO/IEC 指南 68:2002，IDT)

[10] GB/T 27011—2005　合格评定　认可机构的通用要求(ISO/IEC 17011:2005,IDT)

[11] GB/T 18346—2001　各类检查机构能力的通用要求(idt ISO/IEC 17020:1998)

[12] ISO/IEC 17021:2006　合格评定　对提供审核和质量管理体系认证机构的指南

[13] GB/T 27024—2004　合格评定　人员认证机构通用要求(ISO/IEC 17024:2003,IDT)

[14] ISO/IEC 17025:2005　检测与校准实验室能力的通用要求

[15] GB/T 27030—2006　合格评定　第三方符合性标志的通用要求(ISO/IEC 17030:2003,IDT)

[16] GB/T 27050.1—2006　合格评定　供方的符合性声明　第1部分：通用要求(ISO/IEC 17050-1:2004,IDT)

[17] GB/T 27050.2—2006　合格评定　供方的符合性声明　第2部分：支持性文件(ISO/IEC 17050-2:2004,IDT)

[18] GB/T 19011—2003　质量和(或)环境管理体系审核指南(ISO 19011:2002,IDT)

[19] 世界贸易组织(WTO)：有关技术性贸易壁垒的协议(TBT):1994(特别是第5条——中央政府机构实施的合格评定程序，第6条——中央政府机构对合格评定的承认，第7条——由当地政府机构实施的合格评定程序，第8条——由非政府机构实施的合格评定程序，第9条——国家和区域体系)

[20] 世界贸易组织(WTO)：对技术性贸易壁垒协议运作和实施第二次三年审议，2000(G/TBT/9)

[21] 世界贸易组织(WTO)：对技术性贸易壁垒协议运作和实施第三次三年审议，2003(G/TBT/13)

ICS 03.120.20
A 00

中华人民共和国国家标准

GB/T 27067—2006/ISO/IEC Guide 67:2004

合格评定　产品认证基础

Conformity assessment—Fundamentals of product certification

(ISO/IEC Guide 67:2004,IDT)

2006-09-28 发布　　2007-05-01 实施

中华人民共和国国家质量监督检验检疫总局
中国国家标准化管理委员会　发布

前　言

本标准等同采用 ISO/IEC Guide 67:2004《合格评定——产品认证基础》。

本标准由全国认证认可标准化技术委员会(SAC/TC 261)提出并归口。

本标准负责起草单位:国家认证认可监督管理委员会、方圆标志认证集团有限公司。

本标准参加起草单位:中国合格评定国家认可中心、中国质量认证中心、中标认证中心。

本标准主要起草人:张伟、许增德、陆梅、赵志伟、曹雅斌、陈云华、刘晓红、李铁男、费杨、曹钢。

ISO/IEC 前言

国际标准化组织(ISO)和国际电工委员会(IEC)构建了全球标准化的专业体系。ISO 和 IEC 的国家成员机构,通过 ISO 和 IEC 为技术活动的特定领域设立的技术委员会参与国际标准的制定。ISO 和 IEC 的技术委员会在有共同兴趣的领域进行合作。其他与 ISO 和 IEC 保持联系的政府和非政府的国际组织也参与工作。在合格评定领域,ISO 合格评定委员会(CASCO)负责国际标准和指南的制定工作。

国际标准根据 ISO/IEC 导则第 2 部分的规则起草。

相关委员会或工作组通过的指南草案被提交各成员机构投票表决。指南草案需至少获得 75%的参加表决的成员机构同意,才能作为指南发布。

ISO/IEC 指南 67 由 ISO 合格评定委员会(CASCO)制定。

引　言

在产品设计、生产、销售、使用和最终处置时，它们有可能引起社会的关注，常见的一种关注就是产品是否如其表述的那样。对产品的关注会涉及产品的各种特征，如安全性、对健康或环境的影响、耐久性、兼容性、对预期用途或规定条件的适用性等特性。通过产品认证来解决这些关注具有以下双重目的：

a)　便于用户和消费者能够在市场上更好地选择产品；

b)　供方可以通过证实符合性来更有效地获得市场的认可。

为证实产品与要求的符合性而进行的活动的类型，往往由不符合的后果的严重程度来决定。当后果不重要或不严重时，由于造成的问题在发生后可能易于处理或解决，社会可能很少(要求)或不期望证实产品的符合性，在这些情况下，供方的声明可能就足够了，不过可将自愿性的第三方产品认证作为这些声明的补充。但是，如果不符合的后果关系重大，社会可能要求在允许产品进入市场前、在产品上市的同时或在这两种情况下，完成证实产品符合要求的活动。提供上述保证的方法之一是开展产品认证。

产品的合格评定可由各方(第一方、第二方和第三方)以多种方式进行。产品认证是一种第三方就产品符合特定标准和其他规范性文件提供保证的方法。制定本标准是为了更好地理解产品认证的多种功能和类型。

本标准描述了产品认证的一些活动，识别了产品认证的基本要素和类型，并给出了结合这些要素来设计产品认证制度的一些方法。

产品认证所涉及的各方通常仅根据产品认证在其自身特定的环境下实施的方式来看待产品认证。因此，本标准强调有很多产品认证的方法，每种方法均有其应用的合理性。

本标准还识别了通常情况下产品认证可能包括的各种活动。本标准考虑每个要素并不意味着在产品认证制度中应当包含所有这些要素，而是为了提出每个要素的应用方法。本标准给出了选用这些要素来设计产品认证制度时的各种方法。

本标准的目的是尽可能增进对产品认证的广泛理解，并给为特定目的制定产品认证制度方以及负责评价这些制度的人提供帮助。

合格评定　产品认证基础

1　范围

本标准依据现有实践识别产品认证制度的各种要素，给出了对产品认证制度的指南。

本标准供希望了解、开发、建立或比较第三方产品认证制度的产品认证机构和其他利益相关方使用。

本标准的目的不是描述产品认证现有的所有形式。本标准不涉及第一方和第二方的产品合格评定。

注 1：术语“产品”在本标准中具有最广泛的含义，包括过程和服务；术语“标准”包括其他规范性文件，如规范或技术法规（示例参见 GB/T 27065）。

注 2：产品认证是一种第三方合格评定活动（见 GB/T 27000）。

2　规范性引用文件

下列文件中的条款通过本标准的引用而成为本标准的条款。凡是注日期的引用文件，其随后所有的修改单（不包括勘误的内容）或修订版均不适用于本标准，然而，鼓励根据本标准达成协议的各方研究是否可使用这些文件的最新版本。凡是不注日期的引用文件，其最新版本适用于本标准。

GB/T 27000—2006　合格评定　词汇和通用原则（ISO/IEC 17000:2004，IDT）

3　术语和定义

GB/T 27000—2006 中确立的以及下列术语和定义适用于本标准。

3.1

产品认证制度　product certification system

实施第三方产品合格评定的规则、程序和对实施第三方产品合格评定的管理

注：改编自 GB/T 27000—2006 的定义 2.7。

3.2

产品认证方案　product certification scheme

与适用相同的规定要求、具体规则与程序的特定产品相关的产品认证制度

注 1：改编自 GB/T 27000—2006 的定义 2.8。

注 2：在国家一级的层面上不一定区分“产品认证方案”和“产品认证制度”。

4　产品认证的背景

4.1　总则

4.1.1　解决对有关产品的关注首先是制定相关产品标准（或其他规范性文件），下一步是确定产品与标准相符合的方法。

对是否满足标准或其他规范性文件的要求进行评定，是解决社会对产品关注的一种技术手段。

4.1.2　产品认证是第三方就产品（包括过程和服务）满足规定要求给予书面保证的一项活动。

鉴于产品认证在全世界的普遍应用，本标准针对产品认证应达到的基本目标提出了一些观点。

4.2 产品认证的目标

4.2.1 产品认证主要应用于其重要性要求独立机构参与的那些社会关注。产品认证的应用证实了这一观点，因为产品认证通常仅用于重要的关注(如安全、健康或环境保护)。

产品认证还有可能被供方(制造商、零售商、仓储、其他服务提供者等等)用于提高市场对其产品的接受程度。

4.2.2 产品认证的三个基本目的：

——产品认证应当逐步为消费者、用户以及更为广泛的所有利益相关方树立关于产品满足要求的信心，以此来解决他们对产品的关注；

——产品认证可用于供方向市场表明有第三方参与；

——产品认证不应当要求过多的资源，导致产品成本超出社会通常愿意承受的限度。

4.2.3 通常，产品认证应当为关注产品是否满足要求的各方逐步树立信心，而且应当提供足够的价值，以便供方能够有效地进行产品的市场营销。当产品认证利用尽可能少的资源提供所需的信心时，是最成功的——即价值最大化。

4.3 产品认证的应用

4.3.1 产品认证的应用有各种方式。例如，在一些国家，政府可以对与通讯、食品和药品等有关事项提出认证要求；地方政府部门依靠产品认证来保证诸如电气布线和建筑产品这些技术领域在建筑工程中是适用的；消费品的零售商通过认证来证明第三方已对电器安全等方面提供了保证，从而使人们相信他们出售的产品不会给消费者造成伤害；制造商可以要求供方对其所提供的货品进行认证。

4.3.2 上述每种情况均关系到不同的相关方，每一方都有其特定的利益。例如，政府对关系到广大公众的利益和福利的事务负有管理和控制的责任。很多情况下，所关注问题的性质超出了国界。在这些情况下，通常各国政府共同制定基本规则和要求，这样的例子包括电磁兼容(EMC)、终端装置和航空飞行等。

4.3.3 政府同样关注仅限于其国内的事务，如高速公路建设或供水。在建筑工程领域，有些国家可能实施国家一级的管理，而另外一些国家则可能由省或州一级乃至地方市政当局管理。在更基础的层次上，零售商和消费者可以自由地做出自己的选择。

4.3.4 虽然这些示例说明了在认证应用方面的主要区别，但这些简要的概述既没有充分解释每种情况中的认证细节，也没有包括认证的全部应用方面。

4.3.5 个人对认证的理解和认识通常取决于其自身在特定领域或认证应用方面的经验和熟悉程度。由于认证可以有不同的方式，所以单一的一套规则不可能普遍适用于认证的各种应用和各种情况，例如制度本身的选择和细节，或者在双边、多边或全球基础上进行相互承认。因此有必要了解谁是参与方、以什么方式参与和要达到什么目的(详细内容参见 ISO/IEC 指南 68)。

4.3.6 认证就其本质而言是一种约束，否则认证将不具任何价值。因此，从事产品认证是一项挑战。但是，有着共同目标的各方可以通过合作，在不增加不合理的负担和约束的情况下来实现认证的价值。

5 产品认证的基本原则

5.1 总体考虑

5.1.1 产品认证，作为解决与产品的设计、生产、销售、使用和处置有关的关注的一种技术手段，已经应用了 100 多年。世界上可以找到产品认证的很多有效形式。虽然产品认证的所有形式都可能非常有效，但需要用产品认证解决的特定关注和产品认证运作条件(自愿和强制)将会限制特定产品认证制度的要素最优组合方式的选择。

5.1.2 产品认证至少包括以下三个功能阶段：

——选取(取样)；

——确定；

——复核与证明(决定)。

5.1.3 根据表1的产品认证制度以及质量管理体系，产品认证可以包含各种其他要素(例如生产过程的评定和市场抽样)。

5.2 选取(取样)

选取(取样)阶段，需要确定拟评定的特性、要求(产品的合格评定所依据的规定要求)以及对评定和抽样适用的程序。

5.3 确定

按照适用的规定要求进行的确定可以包括检测、测量、检查、设计评价、服务评定和审核，这些都是用于检查产品是否符合规定要求的方法的示例。

确定特性时，可结合测量(为了确定量值或限值)以及测量值同要求值的比较。

注：在国际计量学基本词汇和通用术语(VIM)中定义了测量的概念。

5.4 复核与证明

在做出授权使用证书或符合性标志的决定前，需要对与产品有关的定量和定性的证据的充分性进行审查，并形成文件。

如果具有了足够的信息，可以做出能否颁发证书或授权使用符合性标志的决定。

对于具体的产品，认证决定应由不承担认证确定职能的人员做出。

5.5 分包

根据各制度的规则，可以将产品认证制度中的若干要素进行分包，但认证决定不应当分包。

6 产品认证制度的要素和类型

6.1 要素的总体考虑

6.1.1 产品认证的基本要素由附加要素来支持或补充。对基本要素在产品认证中实际的实施方式予以进一步的、更具实质性和更具体的考虑时，附加要素将可识别。

例如，应当决定如何来选择适当的标准。标准应当适用于所选择的产品认证方案。在确定标准的适宜性时，可以考虑标准制定、保持或解释时所采用的方法。

对于产品的初次评定，应当确定如何获取样品和进行哪些检测。

6.1.2 虽然在有限框架内无法说明所有问题和更多选择，但是关注那些更具通用性的要素，并说明它们如何能够共同组成产品认证制度是有益的。通过这一结构化的阐述可以看出，没有哪一种要素组合可以作为定义产品认证的惟一的要素组合和安排。相反，它表明在产品认证的设计与实施过程中，需要仔细考虑所认识到的与产品认证需求有关的各种情况。

6.2 产品认证制度的要素和类型矩阵

表1中的要素矩阵给出了产品认证中一些更具通用性和普遍性的要素。该矩阵就如何组合使用这些要素以建立具体的认证制度提出了建议。为方便引用，可以为每种组合指定一个类型编号。这些要素也可以用于其他组合以建立其他制度。而且，使用者可以根据自身目的增加其他子要素，以进一步细化矩阵。

注：以下所用的产品认证制度编号与参考文献[16]中的编号不完全相同。参考文献[16]中的制度1对应表1中的制度第1a种和第1b种。此外，表1中增加了符号 N，以表示基于不同要素的未予编号的、可能的其他制度。

表 1　产品认证制度的建立

产品认证制度的要素[a]	产品认证制度[b,c,d]							
	1a	1b	2	3	4	5	6	N^e
1）选取[f]（取样），适用时	√	√	√	√	√	√		
2）确定[f,g]特性，适用时通过下列方法： a）检测（ISO/IEC 17025） b）检查（GB/T 18346） c）设计评价 d）服务评定	√	√	√	√	√	√	√	
3）复核[f,g]（评价）	√	√	√	√	√	√	√	
4）认证决定 批准、保持、扩大、暂停、撤消认证	√	√	√	√	√	√	√	
5）许可（证明[f]） 批准、保持、扩大、暂停、撤消使用证书或标志的权利		√	√	√	√	√	√	
6）监督，适用时通过下列方法进行：								
a）从公开市场抽样检测或检查			√		√	√		
b）从工厂抽样检测或检查				√	√	√		
c）结合随机检测或检查的质量体系审核						√	√	
d）对生产过程或服务评定				√	√	√	√	

[a] 适用时，这些要素可以与申请方质量体系的初次评审和监督（ISO/IEC 指南 53 给出了示例）或对生产过程的初次评审相结合。实施这些评审的次序可以不同。

[b] 产品认证制度应当至少包含 2）、3）和 4）的要素。

[c] ISO/IEC 指南 28 描述了一种经常使用且被证明有效的产品认证制度模式，它是对应于制度 5 的产品认证制度。

[d] 对于涉及具体产品的产品认证制度，使用"方案"这一术语（见 3.2 的注 2）。

[e] 参考文献[16]提到了制度 7（批次检测）和制度 8（100％检测）。这些制度须至少包含 1a 的要素，才可以被认为是产品认证制度。

[f] 定义见 GB/T 27000。

[g] 在某些制度中，评价意指确定，而在其他制度中则指复核。

6.3　对产品认证制度类型的描述

6.3.1　总则

以下示例无需反映所有可能的产品认证制度形式。它们可以与许多类型的要求一起使用，而且可以使用更广泛的机制表示符合性。

6.3.2　制度 1a

包括检测；对产品样品的符合性进行评定。对产品总体的抽样可以具有显著的统计学特性，也可以不具有显著的统计学特性。

本认证制度包括：

a）认证机构要求的样品；

b）通过检测或评定来确定特性；

c）检测或评定报告的评价；

d）认证决定。

6.3.3 **制度 1b**

包括检测;对产品样品的符合性进行评定。以所有产品为基数进行抽样。对样品所代表的每个产品颁发符合性证书。

本认证制度包括:

a) 认证机构要求的样品;

b) 通过检测或评定来确定特性;

c) 检测或评定报告的评价;

d) 认证决定;

e) 颁发许可证。

6.3.4 **制度 2**

包括检测和市场监督。实施工厂监督并对从生产现场抽取样品的产品持续符合性进行评定。

本认证制度包括:

a) 认证机构要求的样品;

b) 通过检测或评定来确定特性;

c) 适用时,对生产过程或质量体系进行初次评审;

d) 检测和评定报告的评价;

e) 认证决定;

f) 颁发许可证;

g) 通过对从市场抽取样品的检测或检查来实施监督。

注:虽然本制度可以确定销售链对符合性的影响,但可能需要大量的资源。而且,在发现严重不符合时,由于产品已经投放市场,所能采取的有效预防措施可能受到限制。

6.3.5 **制度 3**

包括检测和工厂监督。实施工厂监督并对从生产现场抽取样品的产品持续符合性进行评定。

本认证制度包括:

a) 认证机构要求的样品;

b) 通过检测或评定来确定特性;

c) 适用时,对生产过程或质量体系进行初次评审;

d) 检测和评定报告的评价;

e) 认证决定;

f) 颁发许可证;

g) 通过对从工厂抽取样品的检测或检查和对生产过程的评审来实施监督。

注:本制度没有提供有关销售渠道对符合性影响的表示。当发现严重不符合时,如果产品尚未大批量投放市场,尚有机会解决不符合的问题。

6.3.6 **制度 4**

包括对从工厂或(和)公开市场获得的样品的检测和监督。

本认证制度包括:

a) 认证机构要求的样品;

b) 通过检测或评定来确定特性;

c) 适用时,对生产过程或质量体系进行初次评审;

d) 检测和评定报告的评价;

e) 认证决定;

f) 颁发许可证;

g) 通过对从工厂抽取样品的检测或检查和对生产过程的评审来实施监督;

h） 通过对从公开市场抽取样品的检测或检查来实施监督。

注：本制度不仅能够表示销售渠道对符合性的影响，而且可以提供在产品投放市场前识别和解决严重不符合的机制。对于那些符合性在销售过程中没有受到影响的产品，可能会产生大量的重复工作。

6.3.7 制度5

包括检测和相关质量体系的评审。质量体系实施监督，并对取自市场或（和）生产现场的样品的产品持续符合性进行评定。

本认证制度包括：

a） 认证机构要求的样品；
b） 通过检测或评定来确定特性；
c） 适用时，对生产过程或质量体系进行初次评审；
d） 检测和评定报告的评价；
e） 认证决定；
f） 颁发许可证；
g） 对组织的生产过程或（和）质量体系的监督；
h） 通过检测或检查取自工厂或（和）公开市场的样品来进行的监督。

注：持续监督中三个要素的实施程度可以根据具体情况调整。所以本制度为持续监督提供了很大的灵活性。

6.3.8 制度6

特别针对过程和服务的认证。

本认证的要素包括以下内容：

a） 通过对过程或服务的评定来确定特性；
b） 适用时，对质量体系进行初次评审；
c） 评价；
d） 认证决定；
e） 颁发许可证；
f） 通过对质量体系的审核实施监督；
g） 通过对过程或服务的评定实施监督。

参 考 文 献

[1] GB/T 19000—2000 质量管理体系 基础和术语(idt ISO 9000:2000)
[2] GB/T 19011—2003 质量和(或)环境管理体系审核指南(ISO 19011:2002,IDT)
[3] GB/T 18346—2001 各类检查机构能力的通用要求(idt ISO/IEC 17020:1998)
[4] ISO/IEC 17021:2006 合格评定——对提供管理体系审核与认证的机构的要求
[5] GB/T 27024—2004 合格评定 人员认证机构基本要求(ISO/IEC 17024:2003,IDT)
[6] ISO/IEC 17025:——1) 检测和校准实验室能力的通用要求
[7] GB/T 27030—2006 合格评定 第三方符合性标志的通用要求(ISO/IEC 17030:2003,IDT)
[8] ISO/IEC Guide 2:2004 标准化和相关活动——通用词汇
[9] ISO/IEC Guide 23:1982 第三方认证制度表示合格的方法
[10] ISO/IEC Guide 28:2004 合格评定 第三方产品认证制度指南
[11] GB/T 15483.1—1999 利用实验室比对的能力验证 第1部分:能力验证计划的建立和运作(idt ISO/IEC Guide 43-1:1997)
[12] GB/T 15483.2—1999 利用实验室比对的能力验证 第2部分:实验室认可机构对能力验证计划的选择和使用(idt ISO/IEC Guide 43-2:1997)
[13] ISO/IEC Guide 53:1988 第三方产品认证中利用供方质量体系的方法
[14] GB/T 27065—2004 产品认证机构通用要求(ISO/IEC Guide 65:1996,IDT)
[15] ISO/IEC Guide 68:2002 合格评定结果的承认和接受协议
[16] 认证和相关活动——标准和技术规范的合格评定与验证.国际标准化组织(ISO)和国际电工委员会(IEC),1992
[17] VIM,国际通用计量学基础术语.BIPM,IEC,IFCC,ISO,IUPAC,IUPAP,OIML,1993
[18] 与产品认证有关的网站:
——http://www.ts.nist.gov
——http://www.iecee.org/cbscheme
——http://www.wssn.net

1) 即将出版。(对 ISO/IEC 17025:1999 的修订)

ICS 03.120.20
A 00

中华人民共和国国家标准

GB/T 27068—2006/ISO/IEC Guide 68:2002

合格评定结果的承认和接受协议

Arrangements for the recognition and acceptance of conformity assessment results

(ISO/IEC Guide 68:2002,IDT)

2006-12-20 发布　　2007-06-01 实施

中华人民共和国国家质量监督检验检疫总局
中国国家标准化管理委员会　发布

前　言

本标准等同采用 ISO/IEC 指南 68:2002《合格评定结果的承认和接受协议》。

本标准对 ISO/IEC 指南 68:2002“参考文献”中列出的国际标准或指南进行了编辑性修改，对已有相应国家标准的，采用了国家标准的编号和名称。

在本标准中，未特别指明是“政府间协议”的，均指“机构间协议”。

本标准的附录 A 为资料性附录。

本标准由全国认证认可标准化技术委员会(SAC/TC 261)提出并归口。

本标准由国家认证认可监督管理委员会、中国合格评定国家认可中心负责起草。

本标准起草单位：国家认证认可监督管理委员会、中国合格评定国家认可中心、中国质量认证中心、中国电子技术标准化研究所、中国家用电器研究院。

本标准主要起草人：陈英、翟培军、张宏、葛红梅、林峰、许士玉、陆梅、邴旭卫、周文权、李喜俊。

引　言

合格评定的首要目标是向用户提供信任，表明适用于产品、服务和体系的要求已得到满足。而这种信任可直接促进市场对产品、服务和体系的接受（可能包括符合法规规定）。

对国际贸易中货物和服务重复进行合格评定的原因之一是：某国的合格评定用户对他国从事合格评定活动机构的能力缺乏信任。因此，私有和公共的采购方、监管部门和其他用户对合格评定机构和认可机构工作的信任是必要的。

这种用户信任能够通过合格评定机构和（或）认可机构之间的合作来获得，这种合作旨在实现互认并促进各国参与方工作的国际化。

本标准描述了当前建立和保持这种合作所应用的要素和程序。

合格评定结果的承认和接受协议

1 范围

本标准对从事同类合格评定及相关活动的机构工作结果的承认和接受协议的制定、发布和执行进行了阐述。本标准适用于非政府监管的跨境市场交易的相关活动。尽管政府间有关监管货物和服务交易的协议可参考本标准的内容，但本标准本质上是说明性的和通用性的，而未具体涉及政府间协议中可能规定的那些特殊要求。

对于如何获得和不断充实参与机构间协议必需的合格评定的人力和机构资源，不在本标准范围内。

2 规范性引用文件

下列引用文件是应用本标准所必需的。凡是注日期的引用文件，只有所引用的版本适用。凡是不注日期的引用文件，其最新版本适用于本标准（包括所有修订）。

ISO/IEC 指南 2:1996 标准化及相关活动——通用词汇

3 术语和定义

ISO/IEC 指南 2 中确立的以及下列术语和定义适用于本标准。

注：ISO/IEC 17000:2004 已取代了 ISO/IEC 指南 2:1996 中关于合格评定的第 12 至 17 章。

3.1

承认协议 recognition arrangement

参加协议的机构承认其他参加方有效运行等效程序产生的合格评定结果的协议。

3.2

接受协议 acceptance arrangement

参加协议的机构使用经承认的其他参加方采用有效运行的等效程序产生的合格评定结果的协议。

3.3

协议集团 agreement group

一项安排所基于的协议的全部签约机构。

3.4

同行评审 peer assessment

协议集团中其他机构或协议集团候选机构的代表依据规定要求对某机构的评审。

注：本标准中，术语“协议”是指协议集团参加者签署的文件。

4 协议要素

4.1 总则

4.2 至 4.12 中给出了合格评定结果相关协议中包含的完整要素清单。通常情况下，一份协议包括其中的大部分要素。

4.2 标题

当协议具有法律约束力时，有时使用术语“相互承认协议”（mutual recognition agreement），例如，不同国家的政府部门之间关于强制性监管领域的互认协议。因此，为了将自愿性应用协议（voluntary applications）和政府协议（government agreement）区别开来，“相互承认协议（mutual recognition arrangement）”或“多边相互承认协议（multilateral recognition arrangement）”通常用于自愿性协议，诸如，认可和认证体系。

4.3 引言

协议通常包括引言或前言，简要描述签署协议的原因、历史背景及协议试图表述的需求的详细内容，例如，促进贸易或减少重复评审的活动。

4.4 签约方

协议应明确组成协议集团的组织或组织类型，适用时，还包括其法律地位、地理位置或其他资格条件的详细规定。

4.5 范围

本要素通常明确地规定协议覆盖的产品和(或)行业的类别及合格评定活动。

4.6 资格条件

协议通常规定加入协议集团的资格条件。这些条件通常以文件(见“参考文献”)为依据，并包括满足下面各项要求的证明：

a) 对适用于有资格机构的相关文件要求的符合性；

b) 具有确保在协议范围内有效实施评审的程序；

c) 具有可利用的资源来维持承诺，并有能力持续履行对协议集团的义务。

4.7 签约方单方义务

签约方同意承担义务的声明，或所承诺的其他要求构成协议中的一项重要内容。现有协议中典型义务条款如下：

a) 承认协议签约方在协议范围内开展活动的等效性；

b) 适宜时，接受其他签约方在协议范围内的工作结果；

c) 推动公众对协议签约方的工作及其结果(适宜时)等效性的认识；

d) 对其他签约方标明的保密信息予以保密；

e) 承担法律责任和债务，以及向其他签约方通报重大变化的责任。

注：在要求签约方接受结果的程度上，协议间存在着不同。有些协议不要求接受任何结果，有些协议则要求一个签约方完全采用其他签约方的结果，从而避免签约方在决策过程中的不必要工作。

4.8 签约方共同义务

签约方同意共同承担义务的声明是协议的另一项重要内容。在协议中经常出现并详细说明的共同责任如下：

a) 评价和解决协议执行中的有关投诉；

b) 保持和运行定期监督和(或)复评的现行体系；

c) 在协议范围内处理和解决发生在签约方内部的争议；

d) 如果达成一致，签约方使用共同的徽标和(或)文件。

注：在同意使用共同徽标之前，签约方最初可限制协议的范围直到他们之间建立了信任。

4.9 与其他协议集团的关系

有些国际协议规定了与其他协议集团的关系，其中典型的是工作范围类似的各区域性组织间的关系。为使这种关系有效，协议将可能规定区域性组织加入并保持成员资格的条件，以保证区域性组织的签约方能够满足4.7的要求。

4.10 协议的期限

协议中要标明协议的生效日期，还可规定协议的有效期、暂停或撤消某个或几个签约方的条件，或终止整个协议的条件。

4.11 联系人

大多数协议都明确签约方联系人。联系人负责更新和交换信息、在各自地域内发布协议的详细信息，以及识别签约方不能履行协议规定义务的情况。

4.12 协议签署

协议文本通常包含代表协议签约方机构的授权人员的签名和职务，并注明签字日期。

4.13 修订条件

协议文本通常包含对协议条款修订或更改的条件(及其程序)。

注：附录A列举了一些签订了协议的组织并且给出了包含协议文本的网址(URLs)。通过查询这些网址可以了解本标准阐述的要素在协议中是如何表述的。

5 协议集团的建立

5.1 符合国际承认要求的证实

5.1.1 为建立协议集团，签约方需要充分相信可能成为签约方的符合签约条件的机构是有足够能力的，并以相似方式开展工作。在建立和保持信任的过程中，可使用各种方法来证实参与机构符合国际承认的要求。

5.1.2 在证实参与机构符合适用文件中规定的要求时，有几种常用的方法。这些方法的选择通常由签约方根据协议范围内的合格评定活动协商确定。在5.2.1和5.2.2中描述了这些方法，当两个或多个机构参与时可采用。

5.2 证实符合性的方法

5.2.1 直接方法

当能通过直接接触对拟签约机构建立信任时，选择直接方法。这种方法的技术基础是同行评审，由其他所有签约方或其代表对拟签约机构进行评审。为便于操作，通常由参与机构组建一个评审组，代表签约方进行符合性评审。

注：同行评审是ISO/IEC 17040《对合格评定机构和认可机构同行评审的通用要求》的主要内容。

除这种符合性评审外，合作伙伴可通过安排会议、见证或讨论典型案例或共享培训课程来进行工作上的合作。适用时，可采用诸如能力验证的方法作为证实工作等效性的手段。通过上述方法可以在合作伙伴之间建立持续的信任。

5.2.2 间接方法

在间接方法中，参与者之间的信任建立在承认外部评价体系提供的评审结果基础上。特别是，由认可机构使用等效程序对参与者进行认可是普遍采用的方法，可包括认可机构本身是某协议集团成员的情况。因此，承认彼此工作的认可机构间协议可支持合格评定机构之间的协议。

另外，在协议中经常规定可由一个或多个机构(例如，认证机构)评审参与者。应选择具备能力且不从事协议范围内涵盖的合格评定活动的机构。因此，本方法使相互影响的合格评定机构不直接参与建立信任的过程。

5.2.3 其他方法

以上所述的直接方法和间接方法不一定是互相排斥的，也可以结合使用于其他目的，例如对签约的产品认证机构进行直接评审，同时对他们所用的检测实验室进行间接评审。又如，在一项国际协议中，可以直接或间接地证实一个机构有资格成为签约方(直接证实是对机构进行评审，间接证实是接受某个区域性团体的参与方)。

不论是哪种方法，参与这些评审的机构应当具备相近的能力，并且应当以等效的方式运作。在任何情况下，应该遵循他们之间在运行中的合作原则。

5.3 国际承认的原则和要求

为了使对合格评定结果建立信任的过程更便捷，其关键措施可包括以下内容：

——确保透明度和文件可获得性的程序；

——使用的检测和检查方法的要求；

——共同构成批准程序的检测、检查或评审的要素；

——评价测量设施和校准试验设备的方法；
——环境试验条件的控制方法；
——检测、检查或评审报告的格式；
——对报告进行评价(据此决定批准与否)的程序；
——向各参与方通报依据程序做出的批准结果的所用方式(例如证书、标志)；
——评审和做出决定的程序；
——有关检测、检查和认证机构遵循的申请程序；
——人员能力的评价方法；
——认可程序。

国际承认的对合格评定机构和认可机构的要求已被制定成ISO/IEC指南和国际标准文件。有关文件在参考文献中列出。

附 录 A
（资料性附录）
协 议 实 例

A.1 概述

目前，已有双边、区域性和国际性协议在实施，认可机构协议集团和合格评定机构协议集团也已形成。下面是区域性和国际性协议、认可机构间协议及认证/注册机构间协议的实例。所有实例均受到第4章规定的协议内容的约束，且在实例运行中，提供了与协议建立时的要求（见第5章）相符的协议维持机制。

A.2 认可机构间相关协议

A.2.1 国际性协议

以国际认可论坛（IAF）多边承认协议（IAF MLA）为例。IAF MLA 是承认协议，以成员机构实施的有关认可制度的等效性为基础，并通过 IAF 成员机构间的同行评审来确认。

参加该协议的认可机构（如：质量管理体系认证机构的认可机构）承认彼此的能力。签约方实施的同行评审过程为该多边承认协议提供了建立信任的机制。

为了保证签约方机构持续满足相关要求，协议的签约方大约每隔4年进行一次同行评审。

A.2.2 区域性协议

以亚太实验室认可合作组织（APLAC）的相互承认协议（MRA）为例。APLAC MRA 是区域性承认协议。这是典型的实验室认可机构之间的区域性协议。通过这一协议，各认可机构承认彼此认可的实验室颁发的报告/证书在技术上的等效性，并且推动它们被用户所接受。

为了保证签约方机构持续满足相关要求，协议的签约方大约每隔4年进行一次同行评审。

A.2.3 网址

可查阅以下网址：

国际认可论坛（IAF） http://www.iaf.nu

国际实验室认可合作组织（ILAC） http://www.ilac.org

欧洲认可合作组织（EA） http://www.european-accreditation.org

太平洋认可合作组织（PAC） http://www.apec-pac.org

亚太实验室认可合作组织（APLAC） http://www.aplac.org

A.3 认证机构间相关协议

A.3.1 检测报告的接受

以国际电工委员会（IEC）电工产品合格测试与认证组织（IECEE）产品认证互认体系（CB）为例，CB 体系是接受协议，CB 签约方同意在规定条件下接受其他签约方的测试数据报告。这种信任是通过对检测能力进行同行评审来建立的。由于某些签约方在以认证机构身份运作方面具有法律义务，因而这种信任的建立存在法律方面的限制。信任的建立还可能存在利益方的限制。CB 体系是产品认证机构之间类似于双边协议的多边协议。

A.3.2 认证结果的承认

以国际认证联盟（IQNet）为例，IQNet 是实施管理体系认证/注册领域多边承认协议的认证机构联盟。按照 ISO/IEC 指南、国际标准和同行评审规则，通过对其成员进行初次评审和定期复评来保证能力的等效性并保持信任。IQNet 成员机构承认彼此的证书。IQNet 成员机构使用 IQNet 标志和 IQNet

统一格式的注册文件。

再以 IEC 防爆认证体系(IEC-IECEx)为例,IECEx 体系是接受协议。该体系为在易爆环境中使用的电气设备生产商提供获得符合性证书的手段,该证书在所有的成员国中均被接受为与本国的认证具有同等效力。符合性证书可从参加该体系的任何认证机构获得。该证书证明生产商运行满足 IECEx 体系要求和 ISO9001 要求的质量体系,持有符合性证书的生产商可在已被证实合格的设备上加贴 IECEx 标志。该体系的目标是在世界范围内接受单一标准、单一证书和单一标志。

A.3.3 网址

可查阅以下网址:

IECEE-CB 体系 http://www.cbscheme.org

IECEx 体系 http://www.iecex.com

国际认证联盟(IQNet) http://www.iqnet-certification.com

参 考 文 献

[1] GB/T 19001—2000 质量管理体系 要求(ISO 9001:2000,idt)

[2] GB/T 27000—2006 合格评定 词汇和通用原则(ISO/IEC 17000:2004,IDT)

[3] ISO/IEC/TR 17010:1998 检查机构的认可机构通用要求

[4] GB/T 18346—2001 各类检查机构能力的通用要求(idt ISO/IEC 17020:1998)

[5] GB/T 15481—2000 检测和校准实验室能力的通用要求(idt ISO/IEC 17025:1999)

[6] GB/T 15486—1995 校准和检验实验室认可体系 运作和承认的通用要求(idt ISO/IEC 指南 58:1993)

[7] ISO/IEC 指南 61:1996 对认证/注册机构评审和认可的通用要求

[8] ISO/IEC 指南 62:1996 从事质量体系评审和认证/注册的机构的通用要求

[9] GB/T 27065—2004 产品认证机构通用要求(ISO/IEC 指南 65:1996,IDT)

[10] ISO/IEC 指南 66:1999 环境管理体系认证机构通用要求

注 1:文献[3]、[6]、[8]对应的国际标准,已被合并为 ISO/IEC 17011:2004《合格评定——认可机构通用要求》(GB/T 27011—2005《合格评定 认可机构通用要求》)。

注 2:文献[5]对应的国际标准,已被 ISO/IEC 17025:2005 标准所取代。

补　　充

ICS 65.060.80
B 96

GB

中华人民共和国国家标准

GB 10395.4—2006/ISO 4254-4:1990

农林拖拉机和机械　安全技术要求
第4部分:林用绞盘机

Tractor and machinery for agriculture and forestry—Technical means ensuring safety—Part 4: Forestry winches

(ISO 4254-4:1990,IDT)

2006-12-18 发布　　　　2008-01-01 实施

中华人民共和国国家质量监督检验检疫总局
中国国家标准化管理委员会　发布

前　言

本部分为强制性国家标准，强制性条款为第5章至第12章。

GB 10395 在《农林拖拉机和机械　安全技术要求》总标题下，包括以下部分：

——第1部分：总则；

——第3部分：拖拉机；

——第4部分：林用绞盘机；

——第5部分：驱动式耕作机械；

——第6部分：植物保护机械；

——第7部分：联合收割机、饲料和棉花收获机；

——第8部分：排灌泵和泵机组；

——第9部分：播种、栽种和施肥机械；

——第10部分：抛雪机；

——第11部分：动力草坪割草机、草坪拖拉机、草坪和园艺拖拉机、专用割草机和带割草附加装置的草坪和园艺拖拉机；

——第12部分：便携式动力绿篱修剪机；

——第13部分：后操纵式和手持式动力草坪修整机和草坪修边机；

……

本部分为 GB 10395 的第4部分。

本部分等同采用国际标准 ISO 4254-4:1990《农林拖拉机和机械——保证安全的技术措施——第4部分：林用绞盘机》。

本部分由国家林业局提出。

本部分由全国林业机械标准化技术委员会归口。

本部分起草单位：国家林业局哈尔滨林业机械研究所、黑龙江省绥化林业机械厂。

本部分主要起草人：马志远、刘良基。

本部分首次发布。

农林拖拉机和机械　安全技术要求
第4部分:林用绞盘机

1　范围

GB 10395 的本部分规定了安装在林业机械和用于林业生产的农业机械上的绞盘机的安全要求。

本部分仅适用于安装在自行式林业机械(如集材机和集运机)上的集材绞盘机和安装在用于林业生产的农业机械上的绞盘机,不适用于索道集材系统的绞盘机。

GB 10395.1 给出了安全技术要求的总则。

林用绞盘机除应满足本部分外,还应满足 GB 10395.1 所给出的要求。

2　规范性引用文件

下列文件中的条款通过 GB 10395 的本部分的引用而成为本部分的条款。凡是注日期的引用文件,其随后所有的修改单(不包括勘误的内容)或修订版均不适用于本部分,然而,鼓励根据本部分达成协议的各方研究是否可使用这些文件的最新版本。凡是不注日期的引用文件,其最新版本适用于本部分。

GB/T 4269.4　林业机械　操作者控制符号和其他标记(GB/T 4269.4—2006, ISO 3767-4:1993, Tractors and machinery for agriculture and forestry powered lawn and garden equipment—Symbols for operator controls and other displays—Part 4:Symbols for forestry machinery,IDT)

GB/T 9480　农林拖拉机和机械　草坪和园艺动力机械　使用说明书编写规则(GB/T 9480—2001,eqv ISO 3600:1991)

GB 10395.1　农林拖拉机和机械　安全技术要求　第1部分:总则(GB 10395.1—2001, eqv ISO 4254-1:1989,Tractors and machinery for agriculture and forestry—Technical means for ensuring safety—Part 1: General)

GB/T 19407　农业拖拉机　操纵装置　最大操纵力(GB/T 19407—2003,ISO/TR 3778:1987, Agricultural tractors—Maximum actuating forces required to operate controls,IDT)

ISO 3108　普通钢丝绳实际破断拉力的确定(ISO 3108:1974,Steel wire ropes for general purposes—Determination of actual breaking load)

ISO 6687　林业机械　绞盘机性能要求(ISO 6687:1994,Machinery for forestry—Winches—Performance requirements)

3　铭牌

3.1　绞盘机铭牌应字迹清晰、耐久,且应包含如下内容:

a)　制造商或进口商的名称和地址;

b)　绞盘机的型号;

c)　生产日期(年);

d)　系列号;

e)　最大牵引力,即按 ISO 6687 计算出的卷筒内层钢丝绳的最大牵引力。

3.2　安装在林业机械上的绞盘机,例如安装在集材机上的绞盘机或安装在拖拉机三点悬挂装置上的绞盘机,均应在装备有绞盘机的机器或绞盘机框架的显著位置上粘贴标识符号,标识符号应标明如下内容:

a) 绞盘机卷筒内层钢丝绳的最大牵引力;

b) 按第7章要求计算出的绞盘机采用的钢丝绳的最小破断拉力;

c) 按6.1和第7章要求计算出的钢丝绳的直径(即外径)。

标识应能被正确阅读,拼音字母应采用大写字母印刷。标识的格式和文字的书写应符合GB/T 4269.4的要求,同时应标出如下注意事项:“注意:该绞盘机不可用来提升重物”。

4 技术条件

绞盘机或装有绞盘机的机械供应商应提供符合4.1和4.2要求的使用说明书,其文字应能被正确阅读。使用说明书应按GB/T 9480的要求编写。

4.1 使用说明书应包括绞盘机的全部使用和维护说明,说明书至少应包含如下内容:

a) 符合第3章要求的铭牌内容;

b) 载荷性能:最大输入扭矩,分别给出卷筒内层钢丝绳和外层钢丝绳的最大许用牵引力;

c) 推荐使用的钢丝绳结构型式、型号、材质和直径;

d) 钢丝绳最大长度容绳量(这与钢丝绳的直径有关);

e) 绞盘机的功能和动力传递装置的说明(除了机械式绞盘机外,对液压和电力传动的绞盘机还应分别给出其系统图、最大压力、容积、流量、电压和电流);

f) 安全装置的说明;

g) 绞盘机操纵说明;

h) 维修说明的内容应包括安全装置的调整、钢丝绳的检查、预防性的维修保养、检查和结构润滑。

4.2 应提供零部件目录。

5 机械安全防护装置

5.1 在绞盘机的钢丝绳通过滑轮的地方,钢丝绳与滑轮的接触点(咬入点)应适当地设置安全防护装置,若采用的是集材机所使用的弧形导索轮,则可不设置安全防护装置。

5.2 机械运转时,如果操作者在其操纵位置能够触及到钢丝绳或卷筒,则应在驾驶位置与触及到的钢丝绳或卷筒等部件之间设置安全防护装置。

5.3 与拖拉机的三点悬挂或类似的悬挂装置连接的绞盘机,在保证连接稳定性的前提下,绞盘机及其支架的设计应便于安全地安装和拆卸。

5.4 在绞盘机与拖拉机的三点悬挂或类似的悬挂装置连接状态下,当绞盘机正常运转时,如果可能发生翻车的危险,则应设置支撑或其他装置以确保机械的稳定性。

6 卷筒

6.1 当钢丝绳的直径小于等于16 mm时,卷筒直径与钢丝绳直径之比不应小于10;当钢丝绳直径大于16 mm时,卷筒直径与钢丝绳直径之比不应小于8。

6.2 计算钢丝绳的长度时,应按ISO 6687中的安全距离进行计算。

6.3 绞盘机的设计应保证在任何情况下外层钢丝绳都不会缠绕到卷筒两侧辐板以外。

7 钢丝绳的破断拉力

按ISO 3108规定的新钢丝绳的推荐使用尺寸,其静态破断拉力值不应小于装有绞盘机的机器或绞盘机系统最大许用拉力的1.4倍。

8 钢丝绳的固定

卷筒应设有固定钢丝绳的装置,该装置的设计应当避免损伤钢丝绳,特别是固定处更应引起注意。

该装置的设计应符合8.1到8.3的要求。

8.1 将钢丝绳固定在卷筒上的装置应设计成安全脱钩式的，当绞盘机失去控制而卷筒处于自由状态时，在一定的外力作用下，钢丝绳能与卷筒分离。

8.2 将钢丝绳固定在卷筒上的装置应设计成能使钢丝绳与卷筒分离，分离力为：当卷筒上没有任何钢丝绳缠绕时，其分离力不得大于卷筒内层钢丝绳最大牵引力的0.3倍。当卷筒上缠绕有三圈钢丝绳时，固定装置应能承受卷筒内层钢丝绳最大许用牵引力的1.25倍。

8.3 当人工放索时，将钢丝绳固定在卷筒上的装置不应使钢丝绳意外脱落。

9 制动

9.1 绞盘机如果设有制动系统，则当动力与卷筒分离时，制动系统应能自动对卷筒实施制动，还应有解除制动的机械装置使卷筒能处于自由状态。

9.2 绞盘机如果设有制动系统或等效系统，则当牵引力至少是绞盘机钢丝绳最大许用牵引力的1.25倍时，制动系统或等效系统应能保证制动的可靠，不出现打滑现象。

9.3 绞盘机如果设有制动系统，制动系统对卷筒实施制动和解除制动应平稳柔和。

10 过载保护装置

10.1 如果装有过载保护装置，该装置应能保证装有绞盘机的机器或绞盘机系统的牵引力不超过最大许用牵引力。

10.2 必须配备必要的工具以调整过载保护装置设置(如滑动离合器、安全阀等)。

11 操纵

11.1 人工操纵装置所需的最大操纵力不应超过GB/T 19407所给出的范围。

11.2 操纵装置的设计和安装应尽量减小绞盘机的空行程。

11.3 除处于分离位置外，当解除操纵时，动力操纵装置应能自动回到中立位置。

11.4 当解除操纵时，制动系统应能自动变换到制动位置。

11.5 制动控制和(或)分离离合器的操纵装置可以设置空转位置的锁定装置。

11.6 固定式绞盘机操纵位置的设计应能在任何时候保护操作者不被绞集物、断裂的钢丝绳或索带钩击伤。其功能和操作方法应符合GB/T 4269.4的规定，在操纵装置上或在操纵位置附近用符号表示出来。

11.7 如果绞盘机的操纵装置为杠杆形式，通常操纵杆应布置成：操作者拉动操纵杆时，执行的是绞集功能。

11.8 如果解除制动的操纵装置为杠杆形式，通常操纵杆应布置成：操作者推离操纵杆时，执行解除制动，并使绞盘机的滚筒处于自由状态的功能。

12 向后倾翻保护装置

这些要求应用于农业拖拉机。

12.1 如果装有倾翻保护装置，在装有绞盘机的机器或绞盘机系统超过预先设定的倾角之前，倾翻保护装置应能保证切断绞盘机的动力。

12.2 必须配备必要的工具以调整防止倾翻装置的设置。

后　记

2006年制修订国家标准1913项，除以下7项未收入外，其余全部收入在《中国国家标准汇编》第327～351分册和2006年修订-1～修订-27分册中，未收入的标准编号及名称如下：

1　GB 20425—2006　皂素工业水污染物排放标准

2　GB 20426—2006　煤炭工业污染物排放标准

3　GB 20426—2006　煤炭工业污染物排放标准

4　GB/T 20257.2—2006　国家基本比例尺地图图式　第2部分：1∶5 000 1∶10 000地形图图式

5　GB/T 20257.3—2006　国家基本比例尺地图图式　第3部分：1∶25 000 1∶50 000 1∶100 000地形图图式

6　GB/T 20258.2—2006　基础地理信息要素数据字典　第2部分：1∶5 000 1∶10 000基础地理信息要素数据字典

7　GB/T 20258.3—2006　基础地理信息要素数据字典　第3部分：1∶25 000 1∶50 000 1∶100 000基础地理信息要素数据字典

除以上7项国家标准请读者购买单行本外，其余全部标准可配套购买52个分册的《中国国家标准汇编》，则可收齐2006年发布的所有国家标准。

中国标准出版社总编室

2007年10月